为中国而设计

DESIGN FOR CHINA 2014

第六届全国环境艺术设计大展获奖作品集

中国美术家协会　中国美术家协会环境设计艺术委员会　上海大学美术学院　编

中国建筑工业出版社

图书在版编目（CIP）数据

为中国而设计 第六届全国环境艺术设计大展获奖作品集/中国美术家协会，中国美术家协会环境设计艺术委员会，上海大学美术学院编. —北京：中国建筑工业出版社，2014.6

ISBN 978-7-112-16929-0

Ⅰ.①为… Ⅱ.①中… ②中… ③上… Ⅲ.①环境设计-中国-学术会议-文集 Ⅳ.①TU-856

中国版本图书馆CIP数据核字（2014）第111642号

责任编辑：李东禧 唐 旭 张 华
责任校对：陈晶晶

为中国而设计
第六届全国环境艺术设计大展获奖作品集
中国美术家协会
中国美术家协会环境设计艺术委员会 上海大学美术学院 编

*
中国建筑工业出版社出版、发行（北京西郊百万庄）
各地新华书店、建筑书店经销
上海盛通时代印刷有限公司制版
上海盛通时代印刷有限公司印刷
*

开本：880×1230毫米 1/16 印张：19¼ 字数：600千字
2014年6月第一版 2014年6月第一次印刷
定价：198.00元

ISBN 978－7－112－16929－0
(25716)

写在前面

“为中国而设计”这一学术口号自环境设计艺委会提出十年之际，正值进入中国文化大发展、“建设文化强国”的良好时期。2014 年 6 月由上海大学美术学院承办的“为中国而设计第六届全国环境艺术设计大展暨论坛“活动即将如期在上海大学美术学院举行。

十年以来，中国美协环境设计艺委会在中国美术家协会领导下，环艺委委员们共同努力积极工作，开展了各项学术活动，得到全国环境设计工作者和在校师生的积极支持，已经成功举办了五次全国大展及论坛活动，以及多次专题考察研讨活动。配合这些大型活动，得到中国建筑工业出版社、华中科技大学出版社、设计之都（香港）杂志社等媒体单位的大力支持，得以配合活动同时编辑出版了”优秀设计作品集“、”优秀论文集“、”环境设计年鉴“等专业书籍二十余本，加上我会会刊《设计之都》十期共计三十余本正式出版物，作为学术交流的成果，对中国环境设计业界的学术交流和发展产生积极推动作用。

此次《第六届全国环境艺术设计大展获奖作品集》和《第六届全国环境艺术设计大展优秀论文集》的出版是从全国征集到的千件作品中严格认真评选出来的优秀作品和论文，分两册出版，交大会首发，供大家交流参考。

本次大展及论坛主题：

美丽中国——设计关注生态、关注民生。

大展四大专题：

(1) 环境空间原创设计；

(2)“东鹏杯”卫浴产品原创设计；

(3) 实验性原创家具设计（圣象集团等厂家制作样品）；

(4) 上海城市轨道交通公共空间设计。

本次活动征集入选作品，评委会一致认为学生组的作品设计水平有很大提高，反映了中国环境设计教育水平的快速提升，以及作品中不乏关注生态、关注民生、低碳、创新、传承中国文化的好作品。我们欢迎更多的业界同仁们能积极参与我们的学术交流活动，共同打造中国环境设计第一学术平台，为中国建设贡献力量。

环境设计艺委会十年来的出版工作，长期得到中国建筑工业出版社的大力支持和友情协助，我们特别对中国建筑工业出版社领导、深入现场工作的李东禧主任、唐旭副主任的忘我工作致以衷心的谢意和敬意！

張绮曼

2014 年 6 月

目 录

论坛组织机构 VII

参评委员介绍 IX

获奖作品及作者名单 XII

参赛者名单 XX

“中国美术奖”提名作品 1

优秀作品 25

最佳概念设计作品 57

最佳手绘表现作品 71

“东鹏杯”卫浴产品原创设计获奖作品 81

入围作品 97

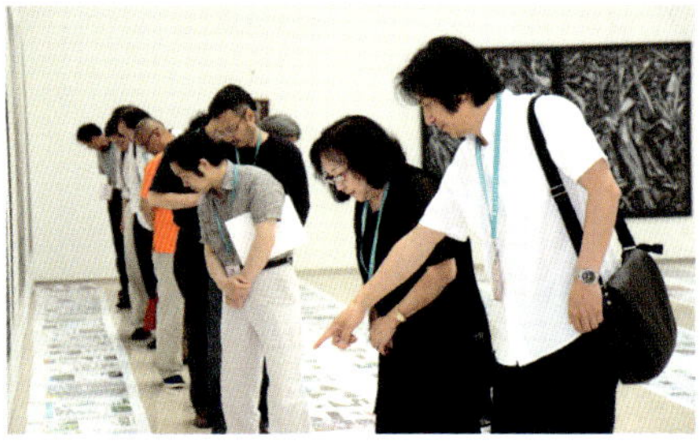

上海大学美術学院
FINE ARTS COLLEGE SHANGHAI UNIVERSITY

论坛组织机构

“为中国而设计”第六届全国环境艺术设计大展暨学术研究论坛

大展主题：为中国而设计

本届大展及论坛主题：美丽中国——设计关注生态、关注民生

主办单位：中国美术家协会

承办单位：中国美术家协会环境设计艺术委员会　上海大学美术学院

协办单位：中央美术学院　清华大学美术学院　中国美术学院　鲁迅美术学院　四川美术学院　广州美术学院　西安美术学院　湖北美术学院　天津美术学院　同济大学城市规划与建筑学院　上海大学数码艺术学院　北京大学景观设计研究院　北京服装学院　深圳大学艺术设计学院　天津大学建筑学院　东华大学　上海应用技术学院艺术与设计学院　上海师范大学　上海理工大学　华东师范大学　太原理工大学　中南大学　东北师范大学　东南大学　山东工艺美术学院　深圳市家具行业协会　东鹏股份有限公司　圣象集团有限公司

大展组委会

名誉主任：靳尚谊　刘大为　常沙娜

主任：吴长江

副主任：徐　里　张绮曼　汪大伟

秘书长：丁　杰　马克辛　俞孔坚　黄建成　蔡　强

副秘书长：何小青

办公室主任：咸　懿　董卫星

委员（按姓氏笔画排名）：

丁　圆　王　荃　王　铁　王　琼　王向荣　王铁军　朱　力　朱育帆　刘　波　齐爱国　苏　丹　李　宁　李　沙　李炳训　吴　昊　何小青　沈　康　宋立民　张　月　陈　易　陈六汀　陈顺安　邵　健　林学明　郑曙旸　孟建国　赵　慧　郝大鹏　郭去尘　梁　梅　梁景华　董　雅　潘召南

执行委员会

主任：汪大伟　张绮曼

执行主任：咸　懿　蔡　强　何小青

副主任：贺绚绚　阮　俊

委员：董卫星　董春欣　田云庆　魏　秦　宋国栓　田佳佳

“为中国而设计”第六届全国环境艺术设计大展评委会

主任：吴长江

副主任：徐　里　张绮曼

秘书长：丁　杰　梅启林　汪大伟

委员（排名不分先后）：

蔡　强　马克辛　黄建成　郝大鹏　苏　丹　吴　昊　何小青
潘召南　王向荣　王铁军　李炳训　沈　康　赵　慧

监审：咸　懿

参评委员介绍

张绮曼

中央美术学院教授，博士生导师
中国美术家协会环境设计艺术委员会主任
IAI 亚太设计师联盟，名誉理事长

梅启林

中国文联艺术中心副主任

汪大伟

上海大学美术学院院长，教授，博士生导师
上海市创意设计工作者协会主席
上海美术家协会副主席

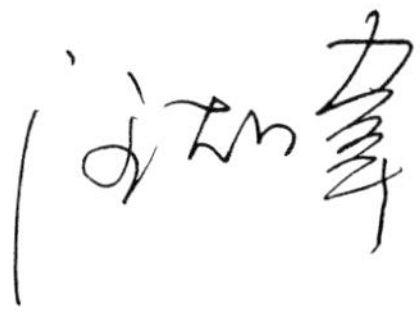

蔡强

深圳大学艺术设计学院教授，博士生导师
中国美术家协会环境设计艺术委员会副主任

参评委员介绍

马克辛

鲁迅美术学院环境艺术系主任，教授，硕士生导师
中国美术家协会环境设计艺术委员会副主任

黄建成

中央美术学院城市设计学院副院长，教授
中国美术家协会环境设计艺术委员会副主任

郝大鹏

四川美术学院副院长，教授，硕士生导师
中国美术家协会环境设计艺术委员会委员

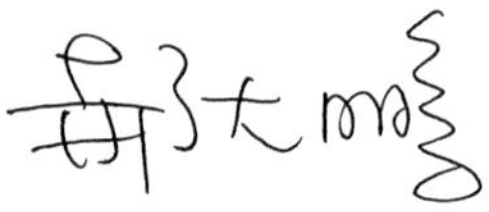

苏丹

清华大学美术学院副院长，教授
中国美术家协会环境设计艺术委员会委员

吴昊

西安美术学院院长助理，教授，博士生导师
西安美术学院建筑环境艺术系主任
中国美术家协会环境设计艺术委员会委员

何小青

上海大学数码艺术学院副院长，教授，博士，博士生导师
中国美术家协会环境设计艺术委员会委员

参评委员介绍

潘召南

四川美术学院创作科研处处长
四川美术学院设计艺术学院教授，硕士生导师

王铁军

东北师范大学美术学院院长，教授，博士生导师
中国美术家协会环境设计艺术委员会委员

李炳训

天津美术学院学术委员会副主任，教授，硕士生导师
中国美术家协会环境设计艺术委员会委员

沈康

广州美术学院建筑与环境艺术设计学院院长，教授，硕士生导师
中国美术家协会环境设计艺术委员会委员

赵慧

太原理工大学轻纺工程与美术学院院长，教授，博士，硕士生导师
中国美术家协会环境设计艺术委员会委员

咸懿（监审）

中国美术家协会艺术委员会工作部主任

获奖作品及作者名单

“中国美术奖”提名作品

专业组

四校联合 • 为中国西部农民生土窑洞改造公益设计 作者：中央美术学院 太原理工大学
——山西平遥横坡村沿崖覆土窑保护与改造
生态 • 传承 • 共享——四川美术学院新校区设计 作者：罗中立
汇聚 • 第十二届中华人民共和国全国运动会火炬塔及舞台设计 作者：曹德利 金常江 胡楚凡 赵时珊
见乡土 留乡愁——重庆市走马古镇传统景观延续计划 作者：赵宇 穆瑞杰 陈欢欢 张昕怡
世博源 • 快乐源 作者：金江波
人、自然、共融 作者：吴伟
上海轨道交通 9 号线醉白池站设计施工方案 作者：韩晓骏

学生组

都市矩阵——CCTV 媒体公园城市开放空间设计 作者：吴尤 毛晨悦
漂浮的叶绿体——解放碑高密度景观概念设计 作者：陈育强 赵勇
生态工业——建设与自然平衡的工业环境 作者：林舒欣

优秀作品

专业组

撒哈拉——古城伊斯兰文化主题酒店 作者：代启霞 任志飞 李琳 侯明承 赵悦柠 权威 李佳女 侯宗含
观 • 景 作者：韩军
光迁——中关村 作者：金常江 杨满丰 赵笔翚 李芳竹 姜双双
可拆装家具设计系列 作者：李昊宇
乌拉街满族博物馆 作者：刘治龙
大地 DreamHealth 作者：刘晨晨
盘锦大洼县红海滩大街商业区景观设计 作者：赵时珊 隋昊 李宏录
陕西宁陕上坝河国际狩猎场 作者：李宪英 冯月华
空间新语——四川美术学院围墙 • 创业街交融空间创意设计 作者：余毅 陈凯锋 覃祯 张灵梅
老味家 作者：李宪英 李昆 冯月华
朝阳——西安交大附小室内外整体设计方案 作者：张豪 郭治辉 吴雪 薛晓杰 李晓亭
文化形女性高端私人会所 作者：张银鹭
卫浴产品创新设计 作者：潘杰 纪仕池
嵌入窑洞的卫浴设计 作者：郑韬凯

学生组

生态窑洞酒店 作者：舒闻洋 徐莹莹
灾急效应——灾后避难住宅设施设计 作者：李轩铭 杨立君 郑铁盈 马金龙
禅茶一味——基于地域空间组织的茶馆空间探索 作者：尹春然
共生空间 作者：张策

艺术家之家 作者：董晟
绿·动乡野 乡村健身融入城郊农村社区设计 作者：洪婧
窑居——黄土高原窑洞改造可行性研究 作者：李秀媛 司清
负空间 富空间 作者：孙瑞含 卞少豪
城市生长线——江津滨水区景观概念设计 作者：佟佳
《衍生 • 草木之间》——生态茶空间设计 作者：赵雪
七巧板——广场设计 作者：袁金辉
凹 作者：柯嫣嫣
黛山佳境 作者：马艺林
979 城市活动中心 作者：陈晨
工业艺术会展中心 作者：冯潇潇
方玉——实验性卫浴设计 作者：魏诗又 黄阳 罗敏
矿山记忆 作者：杨东豪
乡村治愈系 作者：李嘉漪
生命景观体 作者：盘帅

最佳概念设计作品

专业组

麦田 • 守望 作者：于博 胡书灵
城市中的峡谷 作者：宿一宁
当代美术馆设计 作者：郭贝贝 吴尤
走出的蓝图 作者：张群菘
兵圣宫室内装饰设计 作者：王永强
裂变 作者：卓旻
上海大学纪念园地 作者：王海松

学生组

公共休息椅设计 作者：仇一帆
随遇而安——可拆卸的百变房屋 作者：张思琦
衍生 • 草木之间 作者：唐旗
移动空间设计 作者：许晰
生态补偿 作者：罗志强

最佳手绘表现作品

专业组

基于活态保护的非遗传承环境设计——以中原回族“文狮舞”为例 作者：周雷 赵晶 李芳
参数化·小学概念规划设计·模式 作者：金常江 尹航 李睿 刘中远
创作进行时 作者：李博男

回归乐园 作者：李江 张博
彩色景观、彩色中国——白马湖森林公园 作者：罗曼

学生组

大连渔人码头度假村规划设计 作者：郑婷婷 廖望
盘锦湿地景观度假村概念规划设计 作者：王小雨

“东鹏杯”卫浴产品原创设计获奖作品

一等奖

嵌入窑洞的卫浴设计 作者：郑韬凯

二等奖

凹 作者：柯嫣嫣

三等奖

卫浴产品创新设计 作者：潘杰 纪仕池
方玉——实验性卫浴设计 作者：魏诗又 黄阳 罗敏

优秀奖

关爱老弱病残孕——无障碍卫生洁具系列设计方案 作者：刘波 牛文豪
卡纳湖谷别墅卫浴空间设计方案 作者：盛恒溢
卫浴马桶设计 作者：王明飞
儿童卫浴 作者：陈伟晨 苏羽婕 邓尧洪
三生石伴 作者：黄闯
自然元素之：“沙丘”——实验性卫浴空间设计 作者：李政达
钻石品质及双生系列 作者：罗彬彬
中国元素——整体卫浴空间设计 作者：张少鹏
“花语” 作者：王翔
圆金——实验性卫浴设计 作者：魏诗又 黄阳 罗敏 李书奇

入围作品

专业组

珊瑚庐舍 作者：陈小斗
蚌埠市博物馆新馆空间展陈概念设计方案 作者：杨冰 郝春宇 刘旭

生态建筑中国农谷接待中心 作者：何明
传承文化 编织幸福手编非遗体验式酒店设计 作者：周雷 赵晶
关爱老弱病残孕——无障碍卫生洁具系列设计方案 作者：刘波 牛文豪
仁爱 • 智慧 作者：王勇
寻觅中的湖湘记忆——湖湘人文馆 作者：曾煜
阿拉山口“国门”主题文化展示馆方案设计 作者：闫飞 张弘逸
武汉地铁 2 号、4 号线艺术空间设计 作者：尹传垠
BAINA 柏纳国际影城 作者：任文东 张健
折叠的公厕 作者：戴乐来
绩溪博物馆景观设计 作者：李兴钢 李力 于超 张音玄 张哲 赵祎 邢迪
为中国而设计——众智云集创业主题咖啡吧室内设计 作者：钱晓宏 钱晓冬
多彩云计划——珠海有轨电车站站台设计 作者：王铬 谢耀盛 陈洲 林娜
书馨斋 作者：任志飞 王思天 刘旭 周媛
上海宝山国际民间民俗博物馆——中国馆展示设计 作者：董春欣 仇凤发 董卫星
电影主题体验中心概念设计 作者：洪霞
土楼印象漆艺家具系列 作者：陈顺和
零耗·沈阳 作者：金常江 刘健 柴也 宁芙儿
河北淮化清东陵博物馆 作者：金常江 施济光 陈德胜 王博
腾飞两江——两江新区御临河大桥设计 作者：韦爽真
Sunbloc 阳光住宅与日常的诗意 作者：何夏昀
城市的“缝合”——长春南部新城概念设计 作者：富尔雅
简 · 易 作者：刘晨晨 张婷 王娜娜
多样与统一的建筑构想——城市文化中心概念设计 作者：尤洋 罗田 王晓萌
未来的交通——Smart lift 作者：姜民 刘中远
沈阳私人订制量贩式 KTV 作者：徐麟
工业景观设计——白云边博物馆文化馆规划、建筑及景观设计 作者：黄学军 陈晓阳 范思蒙
星际国际俱乐部 作者：徐麟
工业景观设计——沌口艺术中心（武汉现代美术馆） 作者：陈顺安 黄学军 王鸣峰
沈阳夏宫城市广场大型浮雕 作者：林春水
唐渤海国上京龙泉府历史博物馆展陈设计 作者：林春水
水之墓园 • 纪念堂 作者：冯丹阳 施济光
文轩美术馆旧建筑改造及室内设计 作者：王牧
全球暖化博物馆 作者：张俊竹
慈光精舍 作者：蒋中秋 徐进波 黄槐贤
慢谷茶经 作者：方斐
生土窑洞改造——生态酒吧概念设计 作者：庞冠男
生土窑洞景观概念设计 作者：张珏 崔娟玲
绿隙户外家具 作者：郭宗平 李艳华
蓝艺——绳编书房家具 作者：郭宗平 李艳华 周文浩
“时间”影视主题沙龙 作者：崔笑声
榆林市阳光广场文化身份的塑造 作者：王晓华
天津雷迪森广场酒店 作者：刘鸿明 张楠 张瑞钊 梁晓琳 解光明 刘炳砚 田艳美 许绍璐 王旭卓 张争光 石怡聪
天津古海岸文化谷工程 作者：刘鸿明 叶永权 姜欣 赵莹 杨静 白文宗 王胜男 赵国洲
天津市现代科技渔业园景观规划项目 作者：刘鸿明 彭震 吴建中 吕懿 叶永权 朱茂辉 赵明星 常欣 贾阳阳

解民忧、促民生——重庆市九龙坡区创意公厕设计　作者：龙国跃 王冉 彭程 梁轩
方标建筑设计公司办公楼　作者：韩帅 石明卫
桂林漓江逍遥湖景区规划设计　作者：苑军 温军鹰
方标世纪办公空间　作者：韩帅
耕心——黔东南地区农村景观规划更新设计　作者：张倩 王玉龙
长和生物办公楼　作者：刘雅正 曲秋澎
艺术盒子——重庆市文联美术馆方案设计　作者：谭晖
天津空港经济区图书馆　作者：刘鸿明 张楠 张瑞钊 梁晓琳 解光明 刘炳砚 田艳美 许绍璐 王旭卓 张争光 石怡聪
天津蓟县文化中心　作者：刘鸿明 张瑞钊 张楠 梁晓琳 解光明 刘炳砚 田艳美 许绍璐 王旭卓 张争光 石怡聪
绿色淘气乐园　作者：杨吟兵 杨西 达发亮
重庆南雾源度假山庄　作者：许亮 周宇晨 邹蓉 雷淯茜
天津财经大学教学科研综合楼　作者：刘鸿明 张瑞钊 张楠 梁晓琳 解光明 刘炳砚 田艳美 许绍璐 王旭卓 张争光 石怡聪
中国银行天津市分行办公楼投标设计项目　作者：周鹏
天津曹禺剧院室内设计　作者：赵迺龙
海南甘肃家园售楼处设计项目　作者：杨恺
汉中普汇中金物流园区接待中心建筑景观室内设计　作者：李建勇
西固汉丝路文化展示公园建筑设计　作者：梁锐
秦风汉韵——西咸新区秦汉新城城市公共家具设计　作者：吴雪 张豪
山东省东营市某酒店室内空间方案设计　作者：黄国涛 李鹏
复合式空间——商业空间的地下站设计　作者：邵茜茜
怡园　作者：邵新然
勃朗营——世界之巅　作者：孙博楠
结构主义下的当代艺术中心　作者：王舒瑶
印象 19 号　作者：王拓濛
长征红军馆景观建筑设计　作者：玉娇娇
溪栖科普湿地公园规划设计　作者：袁维
“讴歌伟大母亲”——延安清凉山长征女红军苑景观规划设计　作者：曹德利 金常江 孙震 王拓濛 李琳 王小雨 柴也 张世芬 张
我的砖印象——别墅设计　作者：王海亮 王蓉
古生物博物馆设计　作者：赵笔翚 张穆明
会呼吸的建筑——生态实验基地　作者：曹阳
中国山东潍坊市潍柴集团信息化中心设计方案　作者：鲁睿
绿盾循环经济教育示范基地设计方案　作者：杨炜德
水 . 融深圳 • 南山智园展厅设计 • 方案设计　作者：潘茗敏
花谷美境　作者：樊帆 陈卓
景宁县大漈乡历史村落保护利用规划　作者：刘勇 姚正厅 蒋超亮 李瑜 张伯伟
景宁澄照乡历史村落保护利用规划　作者：刘勇 姚正厅 蒋超亮 李瑜 张伯伟
禅意郑州　作者：刘斐
陆家嘴滨江大道概念方案　作者：罗曼 张治斌
邻里 更新 互动 自然回归生活　作者：沈莉 陈健
循环再生办公环境自建系统　作者：沈莉 陈健
行云流水——上海轨道交通 12 号线南京西路站装饰设计　作者：张胜
上海市轨道交通 12 号线龙华站设计方案　作者：韩晓骏
地铁 2 号线陆家嘴车站概念装修设计　作者：于文欢 张胜 韩晓骏
上海地铁汉中路车站　作者：岑沫石

上海地铁龙华寺车站　　作者：岑沫石

学生组

福州市麦埔村水循环景观改造　　作者：李沙沙
POROSPACE——多孔性室内空间形态设计实验　　作者：褚佳妮
湘西凤凰苗族博物馆建筑概念设计　　作者：吴旭辉
放飞梦想——生态小学设计方案　　作者：刘中原
新加坡城市动物园　　作者：那航硕
城市会展中心城市综合体概念设计　　作者：任航
阿斯兰的调色盒　　作者：王帅贺
Wind house　　作者：徐睿
海洋生态度假酒店　　作者：赵凯
聚落•纵深——吐鲁番地区维吾尔族生土民居体验馆　　作者：张琪
最后的鱼“悦”——厦门市沙坡尾避风坞景观改造　　作者：陈小云
现代美术馆概念设计　　作者：宁芙儿
苏步青数学园项目公共设施设计——“嬉学”空间系列　　作者：虞金蕾
云展示——展示设计的公共性拓展　　作者：张天钢
微型之家——模块化设计　　作者：孙浩 汤秋艳 李佳 王景玉 徐磊 许敏霞 赵蕊 杨锐
街边之“场”上海江苏路地铁站入口广场设计　　作者：阎思达 陈野
快捷商务酒店设计　　作者：刘善敏 蔡楚宇
环保汽车体验馆　　作者：杨杰 陈小玲
“城市倒影”——广州西门口地铁站创意性空间设计　　作者：黄芷莹 林培锋 潘志城 杨舒雅
漫动力•新生活——上海泗泾古镇动漫数字媒体产业园改造设计　　作者：曹英楠 周育杰
餐具系列座椅　　作者：仇一帆
虎文化生态岛屿设计　　作者：王思天
浙江省丽水市松阳县吴弄村古民居改造和维护　　作者：张应诏
卡纳湖谷别墅卫浴空间设计方案　　作者：盛恒溢
禅意空间　　作者：黄璐平
乡土•建造——竹构建筑及材料研究　　作者：王建芹 杜丽丽 成云
社区书屋设计　　作者：郑安妮
海洋主题游乐园方案设计　　作者：李琳
“笼 /12.65m^3”——引入“生态观”的绿色建构　　作者：张鸣 郑明跃
Back Bone 躺椅　　作者：姜洋
蚕境　　作者：董自法 胡明
趣味空间——概念主题餐厅设计　　作者：张星星 余幸悻
竹之韵　　作者：周义 李厚臻
水产品养殖及展示中心设计　　作者：鞠慧慧
“折立方”——探索新型模块化微型住宅　　作者：李佳
卫浴马桶设计　　作者：王明飞
家园——未来人居环境空间　　作者：刘莹莹 王晶 任文鑫 杨帅 周承祖
渗透——齐齐哈尔市嫩江流域自然体验型酒店设计　　作者：那航硕
黑白记忆　　作者：刘清月
Modern bridge　　作者：许振潮 胡秀姻 马晓敏 刘欣

慢 • 时尚——西北生土窑洞环境改造设计　作者：张艺
震后重建 熊猫老家 • 彩虹乡村——四川雅安雪山村村后重建　作者：王艺霏
齐齐哈尔“市民中心”生态体验馆概念景观设计　作者：袁向阳
东北地区满族文化建筑设计——长春市实践教育拓展训练学校园区规划方案　作者：刘艾鑫 罗广宇
LIGHT OF SOULS 亡灵之光　作者：张家赫 张素素
单体的复杂化演变——元大都遗址公园局部改造　作者：杨智宇
曲线艺术的美　作者：李艾琳 李杨 刘清月
儿童卫浴　作者：陈伟晨 苏羽婕 邓尧洪
流变　作者：李婷婷 孟可鑫
灵动邂逅　作者：于涵夕
拯救消失中的水系　作者：柏思宇
消失的建筑——会所空间设计　作者：蔡士佳 史晶晶 姚漪婷
可移动工作站　作者：史晶晶 刘蕾 郑鑫
信息化办公空间设计　作者：郭涛
西式餐饮空间设计　作者：潘栋尧
棋遇　作者：邓冰旎 丘卉敏 张嘉欣 寇瑞冰
常州市三江口新北公园景观概念设计　作者：徐艳艳
文化沙龙书店设计　作者：张亦沁
融与合——重庆自然博物馆——中央大厅方案设计　作者：陈凯锋 覃祯
“黑白山水”校园公共空间环境设计　作者：田婷仪
“米素”办公空间设计　作者：袁金辉
纸介——纸文化艺术交流展馆　作者：王颖 金丹 陈艳 张思嘉 茅胡飞
滩上新水乡　作者：吴冬梅
延续 • 从传统街巷到都市后花园——嘉陵江磁器口制动化特钢厂河段滨水景观设计　作者：张素辉 彭馨仪 罗婷
空中花园　作者：黄一鸿
就其深浅，泳之游之——重庆市江北嘴 CBD 河岸概念设计　作者：杨杰 易玮
行走在故事里——最后的绿皮火车（重庆火车南站景观改造）　作者：李倩婷 吴迪
体悟——山东省济宁市微山湖民俗文化生态博览园　作者：关国蕊 苏雯
四川雅安宝兴县学山村单体建筑与景观设计　作者：郑映丽
隐藏之地——核能博物馆　作者：叶柳燕 陈泽霖
韩城市老城区东营村规划改造与景观设计　作者：冯蕾
绿 • 境　作者：刘振滨
丝路生态旅游驿站连锁模式——带动中国西部农村发展　作者：彭振 张琼椰 曾妍雯 王宇朦
记忆 涅槃——碾畔村窑洞博物馆规划设计　作者：薛晓杰
方的三次方杨晓阳博物馆建筑设计及周边景观规划设计　作者：张子云 李寒烟 史雯澜 黄琦焜
涅槃——天津市西青区文化中心设计　作者：刘怡斐
共振——天津海河中心广场规划设计　作者：刘月阳 龚骁
当代国际文化活动中心　作者：段雨婷
材料基因研究院办公空间环境设计　作者：田婷仪 罗曼 袁金辉 花东旭
Motivated，evolutional，adaptable——Castle　作者：王冠
深海之蓝生态海洋馆设计　作者：王嘉晗
当代国际文化活动中心　作者：吴丹
旧工厂改造 -loft 设计工作室　作者：杨钧艺
生物科技馆　作者：周密

互动文化——互动性滑雪场规划设计 作者：牟小萌
城市新能源体验馆感念设计 作者：赵文夫
三生石伴 作者：黄闯
自然元素之：“沙丘”——实验性卫浴空间设计 作者：李政达
“角斗场”桌面游戏主题酒店设计 作者：刘晨
钻石品质及双生系列 作者：罗彬彬
中国元素——整体卫浴空间设计 作者：张少鹏
“花语” 作者：王翔
圆金——实验性卫浴设计 作者：魏诗又 黄阳 罗敏 李书奇
“绿岛生命” 加油站——服务区空间设计 作者：马艳
安托山博物馆公园设计——关于展示模式的探讨 作者：黄广良
模块化建筑研究 作者：靳辰亮
往来之间——安托山采石场主题公园设计 作者：李立尧
景观的生命 作者：罗曼
景观再生——安托山采石场公园景观设计 作者：张辉
叠 作者：马羚
" 阡陌南山 " 广东省深圳南山区南山村公共文化设施建筑及景观设计 作者：倪泽辉
售楼中心设计——隐心居 作者：苏广栋
海洋魅影 作者：施爱玲
扬州东区运河景观设计 作者：杨怡
对话·自然 作者：刘明 邱新生

参赛者名单

北京市

安　石 柏思宇 曹淏铭 曹景龙 曾　煜 崔笑声 邓斐斐 丁　圆 盖　先 管沄嘉 郭蔓菲 郭亦家 郝　龙
何　宽 黄兆成 姜靖波 康雪晨 李嘉豪 李　力 李星星 李兴钢 刘　晨 刘东雷 刘凌子 刘永超 刘泽琦
吕　帅 马浚诚 沈媛媛 石俊峰 宋立民 孙　文 覃　俊 汪建松 王沛璇 王骁夏 王雪翚 王艺霏 谢俊青
邢　迪 杨嘉惠 杨婧雯 杨智宇 姚慧婷 衣若华 于　超 于历战 于　瑶 张　浩 张家赫 张素素 张天钢
张　文 张　艺 张音玄 张　哲 赵嘉曦 赵　祎 郑韬凯 周　旭 朱云帆 邹雪梅

上海市

闫　飞 吴　伟 张弘逸 王　勇 张伯伟 刘　勇 姚正厅 高思洲 孔繁强 金江波 黄国涛 董春欣 仇凤发
程雪松 朱晓雯 朱佳慧 周　静 钟婷婷 赵亦珺 赵　晶 赵　妍 张玉婷 张应诏 张亦沁 张雯雯 张　茜
袁金辉 李　鹏 虞金蕾 易　雪 姚哲豪 施博文 董卫星 杨　阳 杨　扬 许玉婷 徐艳艳 徐辛恺 徐　力
徐极光 谢　园 夏圣雪 奚澎亮 吴樱子 吴旭辉 吴文治 吴　婧 翁晨迪 王志鸿 王元清 王晓琦 王少勇
王冠夷 田婷仪 罗　曼 谈蓓蓓 宋佳丽 施博文 姚哲豪 魏樱妍 盛佳红 沈　翔 邵以凡 邱子珅 彭晓烨
潘荣奇 潘栋尧 马艺林 刘宇轩 刘　宇 刘　笑 刘佳伦 李勤勤 李梦哲 李嘉漪 季文珺 计　英 黄艺颖
胡　靖 胡伯龙 洪　婧 何佳微 郭　涛 郭晨艳 顾　怡 宫之祺 董　晟 丁梦晓 单　莹 仇一帆 邓尧洪
陈　悦 陈伟晨 陈　韬 常　璐 曹英楠 卞云逸 张　胜 苏羽婕 于文欢 周育杰 韩晓骏 方姝梦 梅一枝
朱一丹 叶文仪 徐　韵 盛恒溢 白笑菲 杨　怡 王海松 蒋超亮 许　晶 李　瑜 覃海栓 戴　军 王　彦
陈婧媛 张敏茹 杨怡雯 丁　祎 王智辉 黄月弓 杭伟燕 顾雯瀛 陈晓杰 金梦婷 邱　荔 苏　挹 谢伧澜
徐兰婷 易红杜 殷　雯 张应诏 章　颖 郑　敏 岑沫石

天津市

白文宗 曹艳茹 常　欣 陈　健 陈景常 陈　磊 陈　平 陈　萍 戴　超 董丽丽 杜彩丹 杜欣欣 费佳鑫
冯　佳 盖　也 巩月同 关国蕊 郭达宇 郭文瀚 韩　帅 华　卉 黄　俊 黄思达 贾会颖 贾阳阳 姜　欣
解光明 李　楠 李　伟 李文静 梁晗爽 梁晓琳 林洋昕 刘炳砚 刘鸿明 刘　君 刘　明 刘　强 刘晓丽
刘雅正 刘　瑶 刘怡斐 刘　宇 刘月阳 鲁　睿 吕　懿 马　杰 马　駷 马向南 毛亚敏 孟霓霓 裴　元
齐　娜 邱新生 曲秋澎 尚飒飒 沈　莉 石明卫 石怡聪 苏　雯 孙奎利 孙小婷 田笑然 田艳美 万明坤
王　川 王　钫 王　琦 王胜男 王　欣 王旭卓 温军鹰 吴建中 胥文娟 许绍璐 杨　静 杨　恺 杨亚娇
杨　旸 叶永权 苑　军 张　丹 张　利 张　楠 张　强 张瑞钊 张舒岚 张天伊 张　映 张争光 赵国洲
赵　洁 赵明星 赵迺龙 赵　莹 郑惠媛 郑映丽 周　鹏 朱茂辉

重庆市

陈欢欢 陈凯锋 陈育强 段吉萍 方　进 胡雅岚 黄璐平 黄一鸿 黄　艺 姜　洋 雷渁茜 李　岱 梁　轩 刘　皖
龙国跃 罗　婷 罗中立 莫　凯 穆瑞杰 彭　程 彭馨仪 覃　祯 谭　晖 佟　佳 王　迪 王　冉 王玉龙 谢　睿
徐又辉 许　亮 杨　杰 易　玮 易亚运 余　毅 张　倩 张素辉 张昕怡 赵　勇 赵　宇 周　杰 周宇晨 邹　蓉

河北市

孙　锦 张文廷 苑红磊 邵　茹 李志强 李赛飞 康建勇 贾　蕾 高敏哲 曹龙祥 谭琢麒 白超宾 李玲玲
刘　兰 靳文露 姬雅倩 曹秋月 赵亮波 刘　飞 张　霏 郭　彬 李姿雨 张晋瑶 李　杨 孙　超 耿赛男
王海琪 安晓凤 陈　丽 王晓洁 万军丽 张巧丽 骆　璐 刘草原 刘铁雷

内蒙古自治区

李东生　韩　军

辽宁省

赵文夫　赵笔翠　张银鹭　张　旺　张群菘　袁　维　玉娇娇　杨　冰　徐　麟　王舒瑶　王海亮　王　蓉　孙博楠
邵新然　邵茜茜　牟小萌　林春水　金常江　杨满丰　施济光　刘　健　代启霞　曹　阳　孙　震　胡楚凡　曹德利
周　密　郑婷婷　郑金玲　赵维国　赵　凯　张世芬　张俊博　于涵夕　杨凯凯　杨钧艺　杨　冰　徐　睿　王小雨
王帅贺　王嘉晗　滕兆赫　任　航　宁芙儿　那航硕　马诗萌　吕思安　刘中原　刘　旭　林子秀　李　琳　李芳竹
鞠慧慧　胡　旸　胡梦蝶　冯潇潇　方虹博　段雨婷　丁宁宁　丁金权　陈　晨　柴　也　阎思达　赵时珊　张　正
翟晓男　于　博　王拓濛　任志飞　任文东　李　时　李　江　姜　民　江　南　高　贺　冯丹阳　周　兵　王思天
王　冠　廖　望　李佳女　徐　麟　张穆明　刘　旭　郝春宇　王　蓉　刘中远　李　睿　尹　航　姜双双　李芳竹
赵笔翠　王　博　陈德胜　宁芙儿　柴　也　侯宗含　李佳女　权　威　赵悦柠　侯明承　李　琳　任志飞　张　爽
张世芬　柴　也　王小雨　张雪娇　权　威　吕思安　赵笔翠　王　博　刘晓龙　王思天　廖　望　宁芙儿　王浩宇
刘　健　尹　航　赵时珊　张　坡　谢　冰　伏晨强　田海龙　徐浩鑫　魏敬贤　许文凯　翟社芳　黄焕焕　陈红艳
胡旭薇　徐嘉璐　程　双　路云祥　杨　森　徐书伟　武子熙　郑　杰　田家波　金灿浩　于　洋　姜舒曼　李　影
王　鑫　王　锐　王英博　杨青青　霍明慧　李宏录　隋　昊　陈　野　周　媛　刘　旭　胡书灵　张　健　张　博
刘中远　施济光　王玉娟　郑婷婷

吉林省

尤　洋　宿一宁　周　义　周　浩　赵紫浩　张星星　张思琦　张　凯　张海峰　张　斌　袁向阳　于嘉悦　尹春然
叶鑫帅　杨　帅　杨晴晴　闫召夏　武　捷　魏云飞　王钰双　王明飞　王　菲　孙　杨　孙　博　宋昌林　邵玉莲
乔　琳　彭文静　那航硕　罗　田　卢　影　刘俊峰　刘国伟　刘艾鑫　李梧源　李红钰　胡　通　何　杰　郭　靖
关诗翔　冯　鑫　房海峰　杜　状　董自法　仇亚玲　陈维侨　肖宏宇　刘治龙　李　帅　李博男　郑铁盈　张　妍
张　策　展　宏　杨立君　王　爽　王　晶　宋峥峥　刘莹莹　刘利华　李轩铭　李艾琳　贾　蒙　洪家宇　董　伟
王晓萌　罗　田　李厚臻　苗曦彤　余幸悻　原佳伟　李定宇　李　杨　梁　爽　张　策　周承祖　刘莹莹　任文鑫
王　晶　梁　霄　肖　祎　宋昌林　刘雪丁　苏丽梅　隋　洋　许伟杰　王　菲　苏丽梅　崔志港　张晓旭　王思懿
林佳慧　廖立凯　洪广佳　罗广宇　邹杭延　崔圣男　李　瑾　司明月　郑文慧　李启真　潘丽新　任　涛　盛俊美
鲁　阳　胡　明　金　一　于　洋　李欣桐　李轩铭　杨立君　马金龙　石艳春　石砚侨　鄂励莎　王美琪　苏日娜
郑铁盈　李轩铭　马金龙　徐佳敏　周承祖　杨　帅　刘莹莹　任文鑫　王　敏　王靖雯　万思佳　周承祖　杨　帅
任文鑫　王　晶　李　云　郑铁盈　杨立君　刘清月　李　杨　蔡　淼

黑龙江省

富尔雅

江苏省

蔡哲君　曹　杨　曹伊辛　陈　昕　陈玉飞　成　云　褚佳妮　杜丽丽　冯淼宁　黄成伟　季婷婷　金　晶　孔莉莉
李　彬　李　佳　李婷婷　李　晓　刘慧珺　陆祥熠　孟可鑫　钱晓冬　钱晓宏　施　艺　宋　娥　苏海昆　孙　浩
汤秋艳　王建芹　王景玉　吴　芳　吴剑斌　吴志刚　武雪缘　夏立成　谢　双　徐　磊　许敏霞　杨　锐　杨叶秋
姚　君　俞　菲　张　蕾　张　鸣　张舒璐　赵　蕊　郑明跃　周予希　周子玉　朱美辰

浙江省

刘文沛　方　斐　王博文　范秀君　戴骏玮　卓　旻　杨小军　黄卡伦　刘　畅

安徽省

刘紫薇　杨润华　孙　玮

福建省

戴乐来　陈顺和　张建勇　张　超　吴素贞　王丝丝　舒志君　佘佳伟　马　艳　麻建超　陈　伟　刘珠凤　李沙沙
李洪涛　魏丽君　秦启深　张　婷　柯宝贝　共陈红　冯华俊　陈小云　曾晓琳　曹玉娟　蔡馨乐　梁腾飞　梁新阳
戴　辉　周　宁　郭琪磊　陈　艳　张思嘉　茅胡飞　苏蒋健　史晶晶　沈丹玲　徐　娇　刘　蕾　郑　鑫　何强强
杨家迪　施一帆　李尧融　王　欣　刘琳鑫　李　冉　李尧融　王　欣　时永强　李　洁　黄雪芸　陈　艳　张思嘉
李　惠　蔡士佳　姚漪婷

江西省

刘剑锋　裴　攀　赵　源

山东省

王俊涛　韩广清　王瑞龙　梁晓琳

河南省

赵　晶　周　雷　李　芳　刘　斐　张琪佳　刘　斐　李磊磊

湖北省

陈　畅　陈顺安　陈晓阳　谌　超　丁　凯　顿文昊　范思蒙　付　笛　何东明　何　凡　何　明　黄槐贤　黄学军　蒋中秋
李卫婷　梁竞云　刘　波　刘　阳　吕　洋　牛文豪　王枞聪　王　慧　王鸣峰　吴　珏　吴　宁　向东文　向明炎　熊阳漾
徐进波　尹传垠　詹旭军　张　贲　张　进　赵　俊　周若兰　周　彤　朱亚丽

湖南省

易　奕　寇瑞冰　邓冰旎　丘卉敏　张嘉欣

广东省

蔡楚宇　蔡臻炀　曹　旻　曹彦萱　曾凡健　柴怡舟　陈鸿雁　陈华俊　陈华庆　陈惠琼　陈秋怡　陈文展　陈小斗
陈小娟　陈小玲　陈晓丽　陈泽霖　陈　洲　陈子君　邓海玲　邓思雅　冯国锐　付安琪　龚泽兴　韩冬绿　何夏昀
胡秀姻　黄爱璇　黄碧胜　黄　闯　黄广良　黄倩桦　黄清娜　黄芷莹　纪仕池　靳辰亮　柯嫣嫣　黎　伴　李　冬
李昊宇　李建兴　李立尧　李秋容　李书奇　李小莲　李政达　梁明捷　梁秋霞　梁薇薇　林伯韬　林嘉桓　林建飞
林　娜　林培锋　林舒欣　刘芊芊　刘善敏　刘　欣　刘子豪　罗彬彬　罗　曼　罗　敏　罗奇祺　罗志强　马　羚
马晓敏　倪嘉旻　倪泽辉　潘　杰　潘茗敏　潘志城　盘　帅　彭　虎　钱　缨　邱　悦　沈　康　沈文龙　宋红阳

苏广栋　苏镜科　苏展浩　孙陈华　孙凯阳　陶盈盈　王　铭　王　睿　王　翔　王永强　魏诗又　温刚毅　翁威奇
吴东蔚　吴志伟　萧嘉豪　谢建国　谢耀盛　谢昭霞　许晓宁　许振潮　颜梅英　杨斌平　杨东豪　杨　杰　杨舒雅
杨炜德　杨映西　叶柳燕　叶佩文　尹华实　余俊玮　余　明　袁铭栏　张丹娜　张鸿燕　张　辉　张俊竹　张少鹏
张逍涵　张雅宁　赵　阳　郑安妮　郑潇童　周景仁　朱　斌　邹曙光

广西壮族自治区

王　亮　王　炼

海南省

张　引

四川省

李倩婷　刘卫兵　卞少豪　达发亮　李秀媛　廖　望　蔺　聪　路桐遥　舒闻洋　司　清　孙瑞含　唐　旗　王佳妮
王　力　王　牧　王若琛　韦爽真　吴　迪　吴冬梅　吴嘉蕾　吴明楸　徐莹莹　杨　梅　杨吟兵　杨　西　叶祎昕
袁瑞聪　张德凯　张可人　赵　雪　周　瑶　朱　静

陕西省

曾妍雯　陈　卓　樊　帆　冯　蕾　冯月华　葛哲敏　郭贝贝　郭治辉　郝钰婧　黄琦焜　李寒烟　李建勇　李　昆
李宪英　李晓亭　梁　锐　刘晨晨　刘振滨　马美慧　毛晨悦　裴俊超　彭　振　史雯澜　王娜娜　王晓华　王宇朦
翁　萌　吴　雪　吴　尤　许　晰　薛晓杰　杨天一　叶海晨　尹艳子　张　豪　张琼椰　张　婷　张子云

山西省

张　珏　庞冠男　姜　鹏　周文浩　郭宗平　李艳华　路艳红　洪　霞　王秀秀　崔娟玲

新疆维吾尔自治区

朱代根　张　琪　余劲成　许二鹏　邢志超　魏继涛　王凤仓　田风琳　邵秋亚　刘　姣　李　康　郭煜锋　常鸿飞
曹　旭　赵　会　侯科远

宁夏回族自治区

曾　明

香港特别行政区

梁锦标

为中国而设计
DESIGN FOR CHINA 2014

“中国美术奖”提名作品

四校联合·为中国西部农民生土窑洞改造 公益设计

山西平遥横坡村沿崖覆土窑保护与改造 —— 总体调研与规划

作品名称：四校联合·为中国西部农民生土窑洞改造公益设计——山西平遥横坡村沿崖覆土窑保护与改造

作者：中央美术学院 太原理工大学

前期成果 - 西安三原县柏社村地坑窑院改造设计和施工

中国美术家协会环境设计艺委会 2004 年筹备研究第一届全国环境艺术设计大展暨论坛活动时提出了"为中国而设计"的学术主张，号召中国设计师立足中国本土、面向未来、创新设计，走低碳减排的绿色设计之路。关注民生、关注环境，为中国国家发展贡献力量。

2009 年在筹备第四届大展活动时结合国家开发西部的政策指向，我们决定在西安召开大展暨论坛活动，并将中央美院、西安美院、北京服装学院环艺专业、太原理工大学艺术学院师生组成四校联合设计组对陕西省、山西省等地进行农村生土住宅调研，开展为农民生土窑洞改造的无偿设计活动。经由西安美院选点牵线联系，落实在靠近西安的三原县柏社村完成了十组地坑窑院的设计和七组窑院的改造施工。

四校联合公益设计活动"为西部农民生土窑洞改造设计"项目已先后获得国际、国内四项大奖：

① 2012 亚洲最具影响力可持续发展特别奖（香港设计中心）
② 2012 亚洲最具影响力环境设计银奖（香港设计中心）
③ 2013 北京国际设计周设计大奖
④ 2013 广州国际设计周金堂奖—中国室内设计"年度设计行业推动奖"

获亚洲最具影响力可持续发展特别奖的评语：四所院校联合设计"以公益的行动持续数年，结合当地政府与民间力量，将废弃的西北窑洞改造成可以居、可以赏的可持续生态空间。"

"项目最有趣的，是由数家大学合作，寻求地方政府支持，利用建筑和设计上的创意，面向社会需要，改善大众生活，并证明古老的生活方式，可以与时俱进。"

获亚洲最具影响力环境设计银奖的评语："这生土窑洞环境改造设计专为中国西部地区农民而设计且的是提升窑洞住宅的居住素质，改变一般人对窑洞的观念，同时保留原生态原则。四所大学的教授和学生携手研究、调查，并为三原县柏社村的窑洞提出一种新的设计模式。这个新方案既能维持窑洞天然的冬暖夏凉优势，也保持自然保温、隔热隔音，并融入可持续发展策略。"

"住宅的设计就地取材，采用了环保材料与技术，减少建筑废料，顾及未来世代。新添的供水与卫生系统、太阳能与热能科技、电视与电讯设备、通风设施以及更好的自然采光功能，均保证房子可以迎合二十一世纪的生活水平。此外，设计更利用了民俗艺术来装饰室内庭院。"

作为一项长期为农民而设计的公益性实践活动，此次将以山西省平遥县横坡村沿崖式覆土窑洞保护与改造为课题，通过环境综合改造和窑洞建筑的保护与现代技术融合，拓展窑洞建筑的适应性，探索在环境友好型发展前提下，未来新型建筑的新趋势。

区位分析

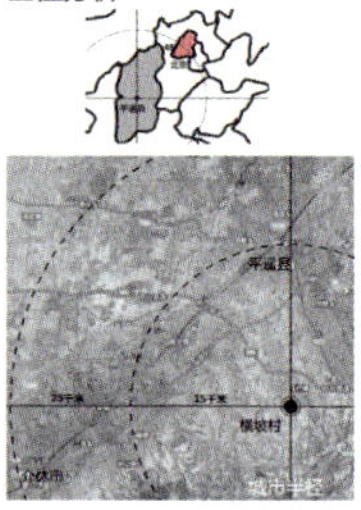

横坡村位于世界文化遗产平遥古城西南 17 公里，处丘陵地区，村庄占地面积 1500 余亩，全村有耕地 786 亩，现有人口 721 人，年人均纯收入 4200 元。近几年来，该村两委班子带领全体党员干部和广大村民积极探索社会主义新农村建设的新路子，把建设山川秀丽、经济富裕、和谐文明的山村旅游度假村作为奋斗目标，在绿化工作上取得了显著成效，村庄绿化覆盖率达 30% 多，并先后获得了"省级园林示范村"和"省级生态文明村"的荣誉称号。

2009 年横坡村峰威集体经济合作社正式成立，全村农民以土地或资金入股，登记注册 207 户，社员出资总额 156.1 万元，合作社以"共同富裕"为宗旨，开展了土地合理流转，促进农业园区化建设，推进农业适度规模经营，大力发展规模种植、饲料加工、规模养殖、汽车运输队、农家乐生态游。2009 年，合作社总收入达 91.00168 万元，实现利润 38 万元，集体经济合作社的发展，壮大了集体经济实力，增加了村民收入，实现了村域经济社会的科学发展。

现状交通分析

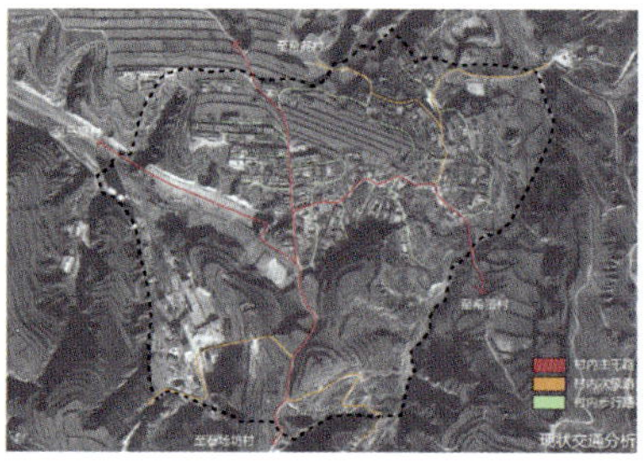

横坡村内的现状道路主要分为村内主干路、村内次级路、村内步行路三个等级。

村内主路路宽约 6m，分别朝东西南北四个方向延伸，解决村内与外界的交通联系，南向与石垛坊村相连，向东至希贤村，北边与希菊村联系，西至马鼎村。

村内现状机动车次级路宽约 4m，主要满足村内与村庄与周边生态林的联系，以及村庄与外界的联系需求，路况质量较差，局部路段宽度不足，需要进行改造。

村内现状步行路主要满足村庄内部交通和登山的需要，路宽约为 2m，交通系统组织不够完善，需要重新进行规划和设计。

现状建筑调查与评估

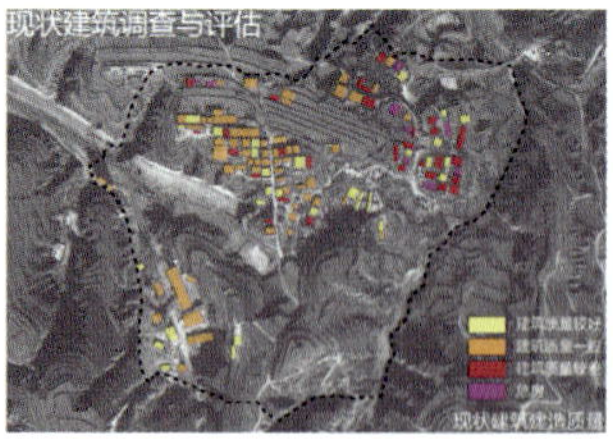

建筑建造质量根据建筑结构、建筑材料、建造年代等因素分为质量较好、质量一般、质量较差危房，明确场地现状的建筑质量有助于进一步规划、利用场地现有民居等建筑，体现地域特色。

现状建筑的建筑风貌根据其与周围环境的关系、建造年代、建造质量、保养情况、保存价值等因素综合分为重点保护、风貌较好、风貌一般及风貌较差，该分析为下一步规划中的保护及改建提供依据。

现状竖向分析

现状横坡村山形地貌已经形成丰富的景观空间，为形成横坡村风貌提供了良好的山形骨架基础。大部分陆地标高在海拔 1010-1015m 之间，山脚村落标高在海拔 960-1000m 之间，规划范围内山体主要以生土为主，其中最高海拔为 1035m 以上。整体村落呈现西侧低，东侧高，北侧低，南侧高的趋势。

现状的多样的山形与植物体系为进一步创造当地特色的传统村落景观和空间格局奠定了良好的基础。

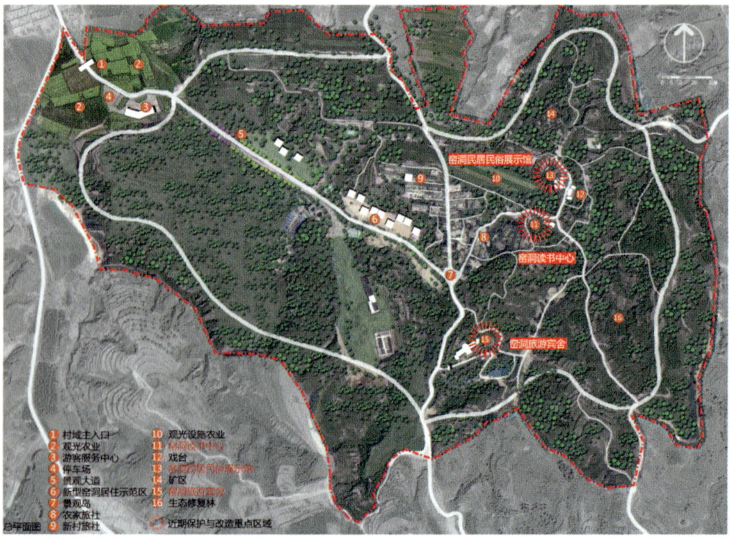

总平面图

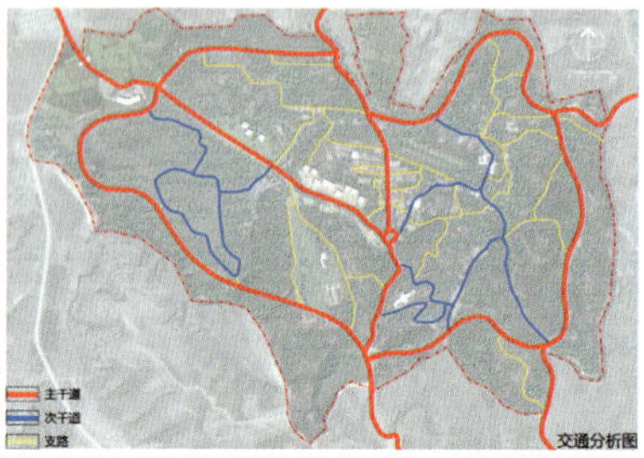

交通分析图

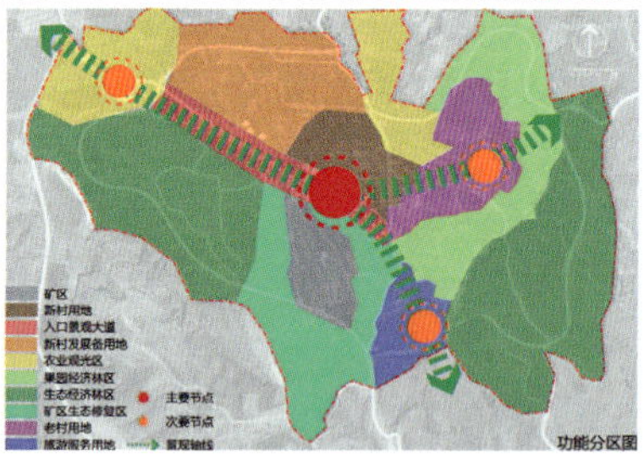

功能分区图

作品名称：四校联合·为中国西部农民生土窑洞改造公益设计——山西平遥横坡村沿崖覆土窑保护与改造

作者：中央美术学院 太原理工大学

四校联合·为中国西部农民生土窑洞改造 公益设计

山西平遥横坡村沿崖覆土窑保护与改造 —— 窑洞民居民俗展示馆

平遥

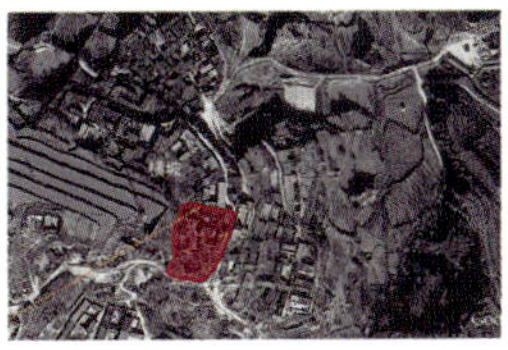

背景介绍：

横坡村位于平遥县西南方向13公里处的段村镇辖区内，人口342户共计1268人，耕地面积1361.8亩。该村地势呈南高北低，平均海拔800米，属于切割强烈的黄土沟梁区。

本项目所涉及的是横坡村历史最悠久的区域，多以覆土式箍窑为主，少数为靠崖式土窑洞，多为清代和民国遗产，由于年久失修，且水土流失严重、目前多数窑洞已被废弃，濒临坍塌。

修复前
施工中
效果图

南侧剖面图
东侧剖面图
北侧剖面图

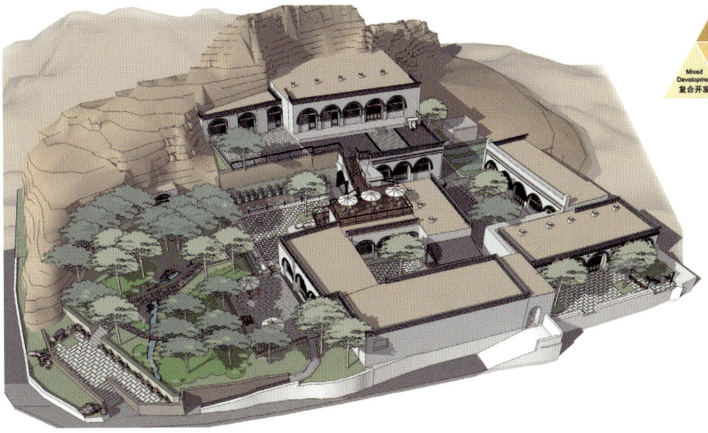

Cultural Context
文化延续
Sustainable Development
可持续发展
Mixed Development
复合开发
Green low-carbon
绿色低碳
Country Vacations
乡间度假
Green Village
有机新农村
New "Yaodong"
窑洞新居
Creative Base
文创基地
Building Repair
古窑修复
Renaissance
古村新生
Interior Renovation
室内改造
Unique Landscape
精品景观

设计说明：

横坡村所面临的问题非常典型，城镇化和工业化导致传统乡村社会和环境体系崩溃、村庄建设缺乏有机更新，农民遗弃或者拆掉了大量具有自然层次和历史文脉的老宅，很多地方的“新农村建设”新建了许多既不美观又不环保的民居，加剧了乡村发展与传统文化的割裂。

随着环境的恶化和经济的繁荣，现代人已经厌倦了城市的喧闹生活，希望体验乡村淳朴自然的田园生活。横坡村紧邻世界文化遗产“平遥古城”，保留有大量明清古窑洞，具有开发乡村体验式度假旅游的先天条件。平遥国际摄影节等现代艺术资源和平遥推光漆器、刺绣、剪纸、陶瓷等传统民间艺术资源，成为横坡发展新型经济和乡村文化建设的优质资源。其新农村建设目标不应仅仅是美化环境、修复和保护老建筑，还应开创新的经济和文化发展模式，让农民在本土就业，重拾传统窑洞建造技艺，再造低碳环保可持续发展的乡土建筑，赋予新农村建设持久的活力。

横坡村的民居改造以恢复历史风貌、营造闲适恬淡的传统田园情调、织补碎片化的农村景观为重点，同时引入公共服务项目和适合农民生活的卫浴厨房设施，满足农民追求现代舒适生活的需求。修复和改建破旧甚至废弃的老窑洞，在遵循国际通行的文化遗产保护规则的基础上，室内设计做到让农民新的生活方式与传统习俗相融，体现出农耕文化的内涵。景观设计则合理规划交通及公共卫生等基础设施，体现横坡当地的地域文化特色。同时，延展当地民间艺术、增加文化站、有机农家餐饮、小型精品旅舍等公共空间，开辟中国传统农耕文化展示中心，激活乡村文化生活，建设乡村多元文化与产业的发展平台。

通过对横坡民居的保护和重建，充分利用其特有的文化和自然资源，打造一个人文氛围浓郁、自然景观优美的中国“最美乡村”。吸引中外喜爱中国传统农耕文化的人士，感受中国式生态休闲的乡间生活和古老文明的魅力。

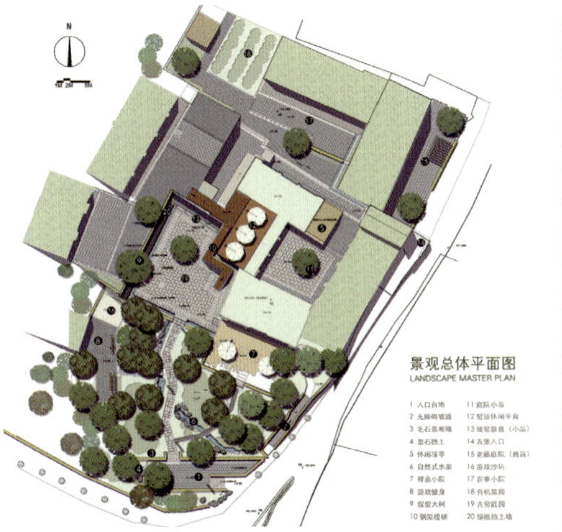
5 休闲凉亭
6 自然式水渠
8 游戏健身
9 保留大树
10 钢架楼梯
12 窑顶休闲平台
14 古堡入口
16 游戏沙坑
17 农事小院
18 有机菜园
20 绿植挡土墙

景观总体平面图
LANDSCAPE MASTER PLAN

开工平整土地

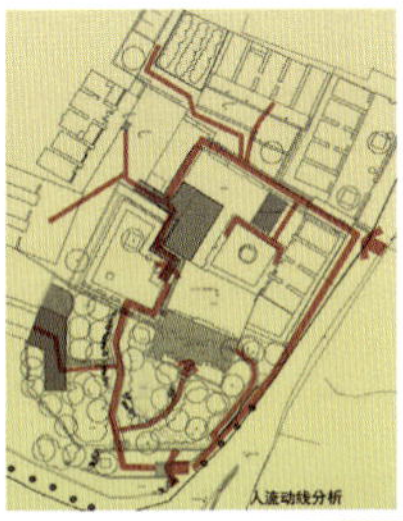

人流动线分析

现状问题及解决方案：

1、土壤坍塌：

局部修建挡土墙及护坡；加强植物种植，从根本上减少水土流失；建设坡道排水体系，使水流及时排走，防止雨水对砖土窑洞的侵蚀。

2、空气不流通、潮湿：

利用窑洞原有烟道，改造或新增通风口，促进空气对流，提高室内空气质量，降低潮湿度；进行窑顶防水处理，解决窑顶渗水对窑洞的危害。

3、采光不佳：

重新设计窗户格栅，增强自然光摄入；改善窑壁和窑顶的表面材质，加强漫反射；同时通过全面的人工照明彻底改善窑内采光。

4、道路系统差：

依据建筑分布及地形变化设置便于行走的坡道。铺装就地取材，主要用旧砖块及砂岩材料，形成与环境和谐的系统、完善的交通体系。

5、公共空间缺乏：

在每个居住组团中设置公共活动空间，并通过道路使这些空间相连，形成村内的公共空间体系，为村民生活及对外接待提供活动场所。

6、碎片化景观：

加强景观细节设计，通过挡土墙、植草砖、景观排水渠、小品以及植物提升景观品质，同时提高植物覆盖度，将农耕景观与窑洞民居相结合，形成完整的村落景观体系。

7、现代生活设施缺乏：

将部分窑洞改建为文化站、商店、餐厅、公厕等，增设垃圾箱、庭院灯、健身设施，完善窑洞内厨房卫浴和上下水系统，彻底改善居住环境。

作品名称：四校联合·为中国西部农民生土窑洞改造公益设计——山西平遥横坡村沿崖覆土窑保护与改造

作者：中央美术学院 太原理工大学

四校联合·为中国西部农民生土窑洞改造 公益设计

山西平遥横坡村沿崖覆土窑保护与改造 —— 窑洞民居民俗展示馆

十字窑会议接待厅1

设计说明：

经实地调研，村内常住居民大多数为四口、六口之家组合，日常生活中卧室和厨房、餐厅不分，卫生间多在室外露天设置，条件极差。亟需提炼和重组厨房、餐厅、卫生间、起居室等功能区域，以三孔窑洞为例，中间入户窑洞为厨房和餐厅（可兼会客接待功能）组合，两侧窑洞作为户主及其父母或子女的起居室，起居室中卫浴设施和土炕的改造成为设计重点。

卫生间的引入是窑洞室内设计必须解决的一个重要问题，设计要点一是因窑洞空间有限，卫生间一定要够小，我们集喷淋洗浴和蹲便空间于一体，用约1.08平米的空间解决了洗浴如厕的全部问题；二是因山西缺水，够节水卫生间才可能推广，我们在洗面台下方设计蓄水箱与蹲便器连接，村民洗面净手的废水被收集起来可冲洗厕所。考虑到老年人如厕十分不便，在蹲便器两侧设计了两个支撑结构，上面可安装便携式坐便板。

起居室中土炕的功能主要是卧具，很多家庭都有用床榻取代的意向。本案中新设计的炕形大床集炕和榻的功能于一体，当嵌入式桌子被抬起时，中间的下凹的方形空间正好被用来放置双腿，充分解决了农民晚上有炕、白天有沙发的需求。

另外，我们在采光、通风、窑洞加固等方面都进行了设计改造，保证了窑洞这种生土建筑在低碳、环保、节能基础上，增加安全舒适的特性，从而满足广大西部地区农民日益增长的对现代化生活方式的需求。

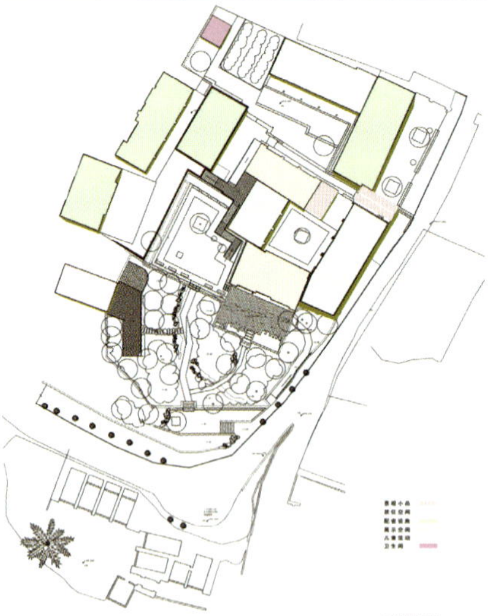
建筑分布图

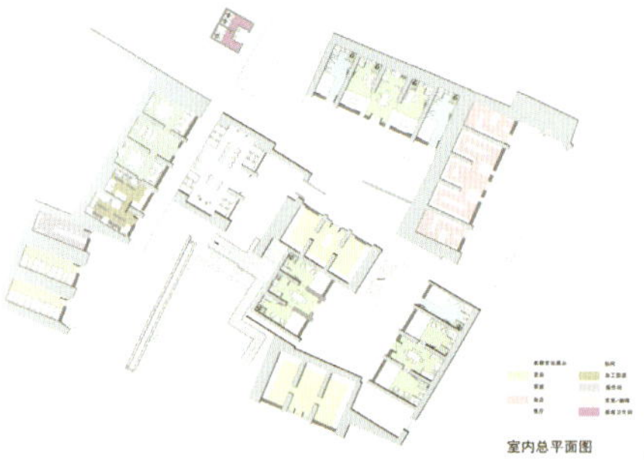
室内总平面图

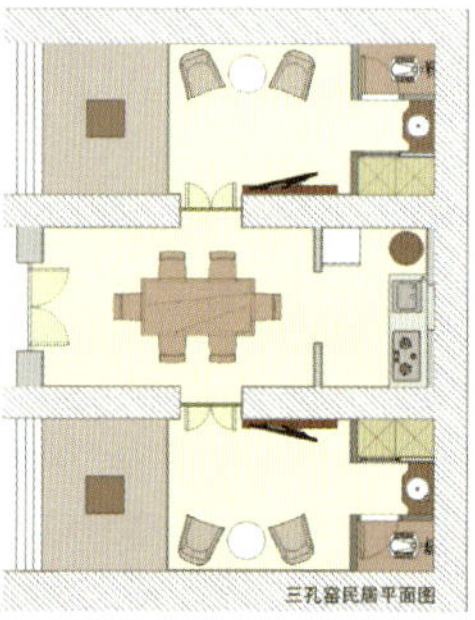
三孔窑民居平面图

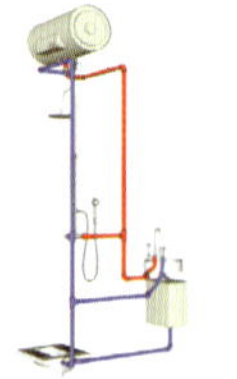
卫生节水系统

起居室

起居室

餐厅厨房

十字窑会议接待厅2

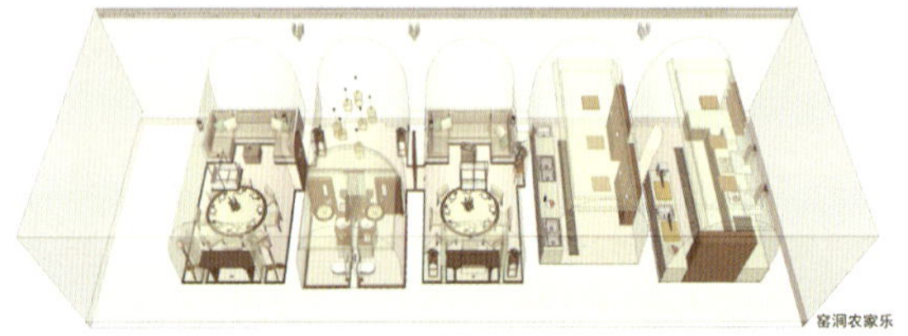
窑洞农家乐

农家乐餐厅

五孔窑民居透视图

多功能储物炕

展厅透视图

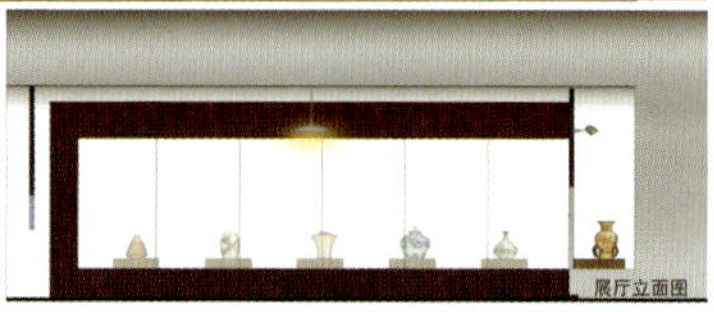
展厅立面图

窑洞原貌 施工现场 民俗艺术

作品名称：四校联合·为中国西部农民生土窑洞改造公益设计——山西平遥横坡村沿崖覆土窑保护与改造
作者：中央美术学院 太原理工大学

四校联合·为中国西部农民生土窑洞改造 公益设计
山西平遥横坡村沿崖覆土窑保护与改造——横坡读书中心

当地民俗艺术

横坡村窑洞废弃现状现状

横坡村内现存很多老窑洞住宅，甚至有明清时的窑洞。大部分老窑洞由内层砖拱与黄土窑洞内壁结合；结构坚实，经久耐用，沿用至今。由于近年来劳动力外流，使村落空心化，村内窑洞大多遭到废弃，读书中心的选址就是一处废弃的窑院。

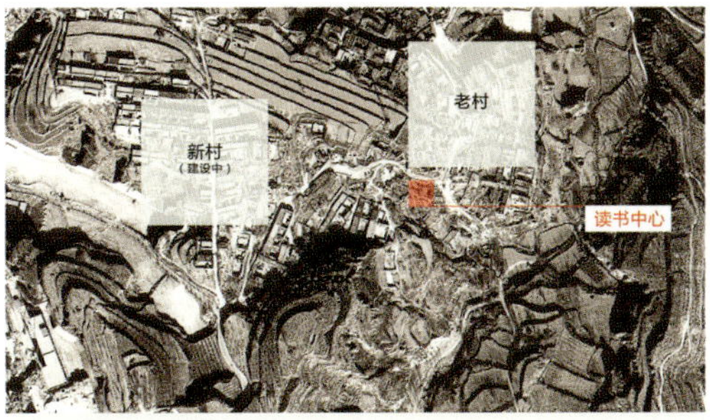

转角防护　灶台配套地坑　壁面橱柜　灶台热量供土炕使用　壁面大龛、小龛、木搁架

横坡村窑洞室内细部设计可传承借鉴

横坡村概况

山西省有文字记载的历史达三千年，被誉为“华夏文明摇篮”，素有“中国古代文化博物馆”之称。横坡村便位于世界文化遗产山西省平遥古城西南17公里，处丘陵地区，村庄占地面积1500余亩，全村有耕地786亩，现有人口721人。近几年来，该村积极探索社会主义新农村建设的新路子，把建设山川秀丽、经济富裕、和谐文明的山村旅游度假村作为奋斗目标，在绿化工作上取得了显著成效，村庄绿化覆盖率达百分之三十以上，并先后获得了“省级园林示范村”和“省级生态文明村”的荣誉称号。村内环境幽静，地势险要，风景宜人。有县级文物保护单位——文化大院、观音庙、真武庙、村内上院堡保存一些明清古民居七、八处整体集中、基本骨架完整，其中不少构建较为精美。

筹建读书中心原址照片

横坡读书中心小公园效果

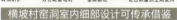

作品名称：四校联合·为中国西部农民生土窑洞改造公益设计——山西平遥横坡村沿崖覆土窑保护与改造

作者：中央美术学院　太原理工大学

四校联合·为中国西部农民生土窑洞改造 公益设计

山西平遥横坡村沿崖覆土窑保护与改造——横坡读书中心

施工现场

效果图片

横坡读书中心及小公园平面图

横坡村读书中心位于新村与老村之间，紧靠村内主要道路。通过村内现有的台级坡道进入。利用坡道西侧的现有窑洞小院作为读书中心，东侧小块荒地改为配套景观休息区。读书中心对所有村民开放，依据村内人口现状，设老年图书室和儿童图书室各两间。其余房间为阅读茶室和操作间、库房等。院内红砖铺地，为儿童开设游玩沙坑一个；南向设观景休息平台；西侧加设公共卫生间区，男女分厕，墙外设化粪池；用一道夯土墙与大院空间分隔开来，夯土墙挂幕布时，夜间可投放电影，供村民观赏。读书中心建成后，除了读书喝茶之外，还兼有电影、娱乐、婚庆、聚会等活动功能。

窑院的改造设计遵循新旧结合的原则，利用旧有建筑的结构，引入新型建材和当地材质。设置太阳能照明与热水系统、水循环利用系统、自然通风及采光系统，使这个已废弃的窑洞小院成为农民获取知识、丰富生活内容的福祉场所。

作品名称：四校联合•为中国西部农民生土窑洞改造公益设计——山西平遥横坡村沿崖覆土窑保护与改造
作者：中央美术学院 太原理工大学

四校联合 · 为中国西部农民生土窑洞改造 公益设计

山西平遥横坡村沿崖覆土窑保护与改造 —— 窑洞旅游宾舍

鸟瞰图

功能分析图

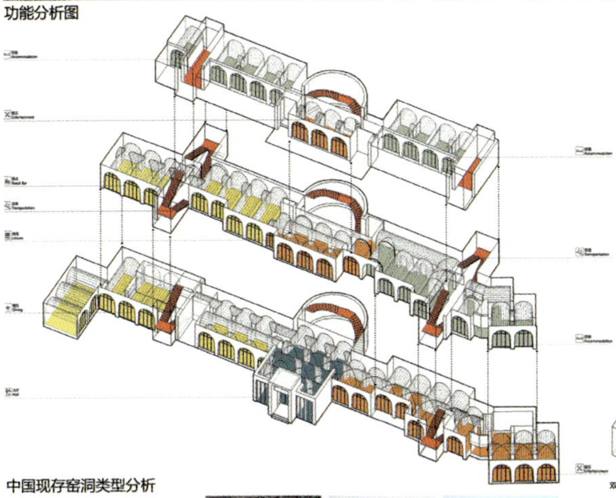

窑洞建筑创新点

冬暖夏凉的窑洞是我国传统的建筑形式，具有防火、防噪音的特点，既节省土地，又经济省工，是因地制宜的完美建筑形式。

窑洞根据其建造方式和所处环境特点，分为靠崖式窑洞（崖窑）、下沉式窑洞（地窑）、独立式窑洞（锢窑）。
窑洞的建造方式由完全依赖自然环境和土质条件的靠崖式窑洞（崖窑）、下沉式窑洞（地窑），转化为通过砌筑土墼土坯拱或者砖石拱，并掩土的拱形房屋，即独立式窑洞（锢窑）。使得这种窑洞能自身独立，又不失窑洞的优点。同时，其结构显杂化，发展成"窑上窑"、"窑上房"。
自古以来，窑洞受到其结构方式的影响，建筑的开间和进深受到制约。长时间来窑洞多作为一种居住型建筑存在，限制了窑洞的运用拓展，从而导致其逐步衰落。因此，在当今省资源省能源的现代环境友好型发展背景下，急需发挥窑洞优点，拓展空间结构，扩大窑洞建筑的适用范围：
1）采用十字砌筑拱为基础，通过多重组合形成多重复合十字拱结构，扩大空间体量规模，将窑洞从单一居住建筑功能，拓展至公共建筑领域，提高适应性；
2）积极拓展窑洞建筑的竖向变化，通过退台及窑洞内部空间楼层化，将窑洞的单层空间转化为类似楼房的多层化，进一步提升窑洞的多样对应性；
3）引入现代建筑的梁柱板体系，即窑洞自身的砖石拱结构与钢结构等有机结合，创造更富有想象力的现代窑洞建筑空间；
4）改善传统窑洞建筑采光、通风、卫生、材料和装饰方面的不足，通过自然与人工系统的融合，并引入现代建筑材料、卫生设备、当代艺术装饰等，改善窑洞建筑室内环境品质。

传统十字拱结构的现代创新

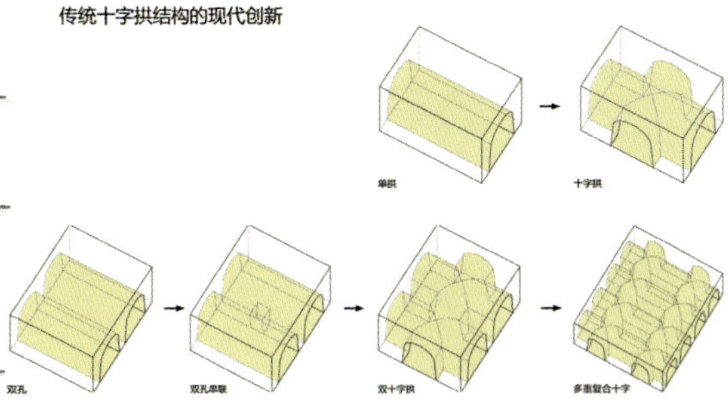

中国现存窑洞类型分析

（一）靠崖式
优点：形成后土前水，后高前低，后实前虚的天然形态。从人的生理角度讲，前面开阔，远眺有益于"悦目"视觉的健康保养；从心理的角度讲，背靠大山给人以稳实、牢靠、无后顾之忧的心理影响。就近出土，添加了庭院和地坪的宽敞度，又大大减少了土方量，最大限度地保持了自然风貌，采光较好。

（二）下沉式（地坑院）
优点：上见天、下接水的天井仍然保持北方传统四合院的格局，形成一个舒适的地下庭院。院子上面朝天，下面以地表面为基能够保持院子和院子周围的房间有良好的气候环境。地坑式窑洞顶上的土地，仍然可以种植庄稼。
缺点：采光较差，只单面开门窗，通风不好。一旦居民生活条件提高，用水量增大时，排水问题不易解决。

（三）锢窑
优点：结构稳固，砖砌的纹理装饰了建筑立面。

窑洞空间推演

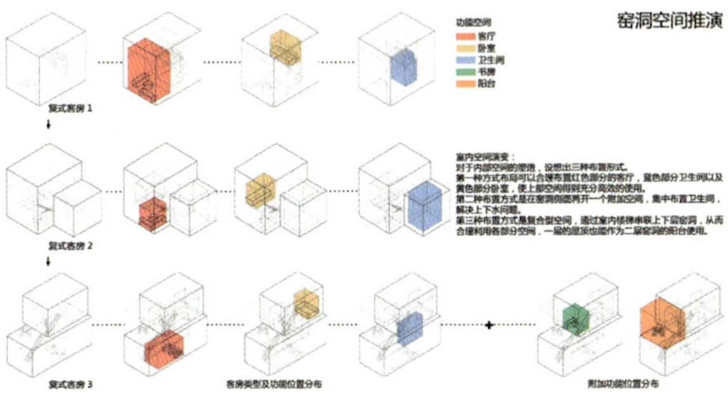

室内空间演变：
对于内部空间的塑造，设想出三种布局形式。
第一种方式布局可以合理布置红色部分的客厅，蓝色部分卫生间以及黄色部分卧室，使上部空间得到充分高效的使用。
第二种布置方式是在窑洞侧壁再开一个附加空间，集中布置卫生间，解决上下水问题。
第三种布置方式是复合型空间，通过室内楼梯串联上下层窑洞，从而合理利用各部分空间，一层的屋顶也能作为二层窑洞的阳台使用。

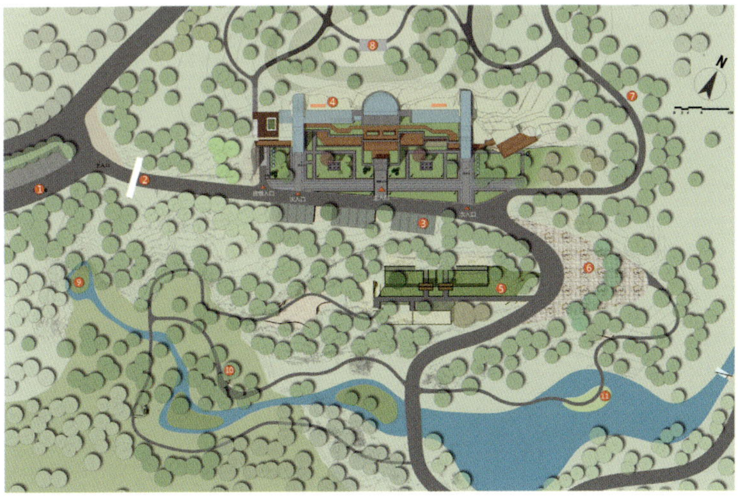

总平面图

1. 停车场
2. 堡门
3. 临时停车位
4. 太阳能集热板
5. 院落式客房
6. 休闲广场
7. 休闲步道
8. 观景台
9. 煤矿水源口
10. 散步道
11. 观景栈道

横坡窑洞旅游宾舍基地西北靠山，东南面向视野开阔。地形北高南低，高程落差较大。
建筑依山势而建，形成主体宾舍建筑群与窑院式建筑高低呼应。
依托高山而望的煤窑自流地下出水，通过净化处理，引水筑池，形成与环境相融合的水体。环湖四周顺势修筑散步道和观景台，可远观亦可近临戏水，在黄土旱地打造崭样山水风貌。

旅游宾舍效果图

作品名称：四校联合·为中国西部农民生土窑洞改造公益设计——山西平遥横坡村沿崖覆土窑保护与改造

作者：中央美术学院　太原理工大学

四校联合·为中国西部农民生土窑洞改造 公益设计

山西平遥横坡村沿崖覆土窑保护与改造 —— 窑洞旅游宾舍

大厅效果图

复式客房 3- 卫生间

复式客房 1- 卫生间

复式客房 2- 客厅

复式客房 1- 卧室

复式客房 2- 卫生间

复式客房 2- 卧室

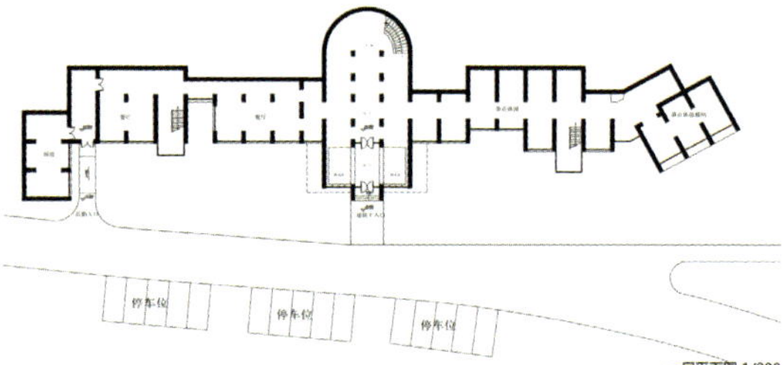

一层平面图 1/200

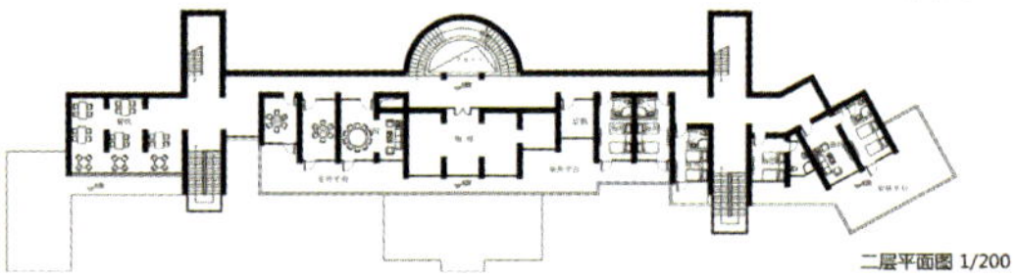
二层平面图 1/200

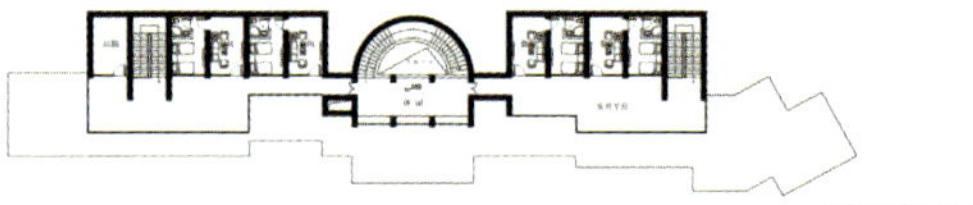
三层平面图 1/200

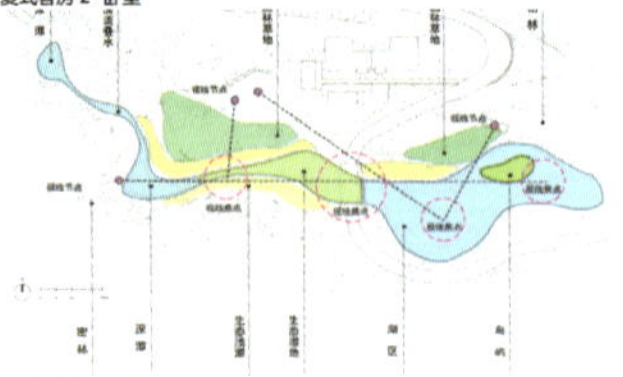
景观空间形态分析

剖面图

生态分析图

种植河畔灌木林
灌木林在水面上形成树荫，使河水发生微妙变化，为鱼类等水生生物提供重要的栖息场所。同时，河畔林树叶上还生活着各种昆虫，掉落水中的昆虫是鱼类的重要食物。秋天的枯叶飘落在河上，沉积在河底，又成为水生昆虫的筑巢材料和食粮。树枝是食鱼鸟类的落脚点。

构筑生境岛
为水生植物提供生长场所，为水生动物提供栖息地。同时，通过构筑多个生境岛，起到分割水面的作用，保证水体与水生植物充分接触。

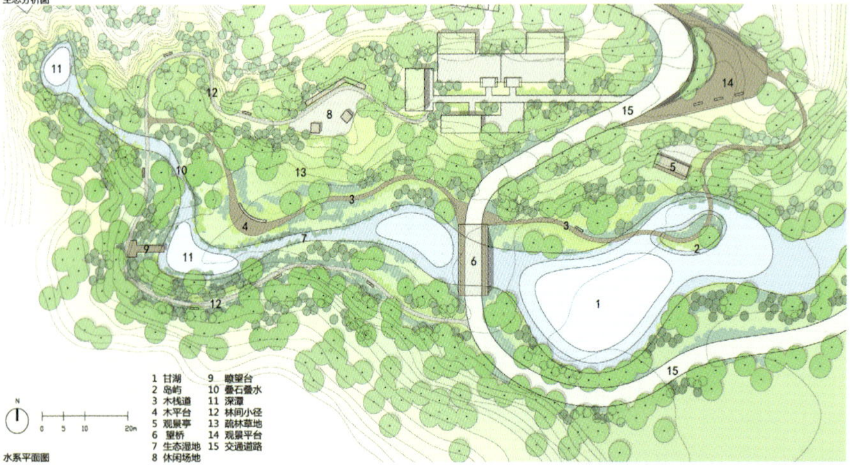

水系平面图

地形坡度

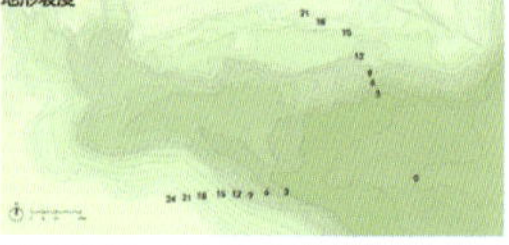

交通系统及设施

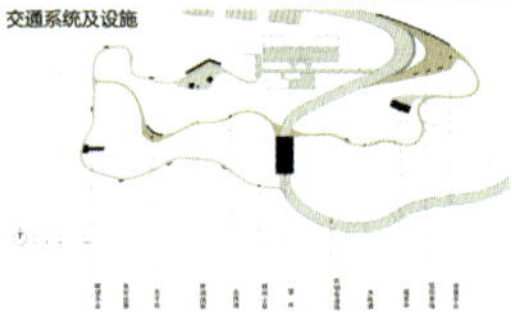

水系及种植

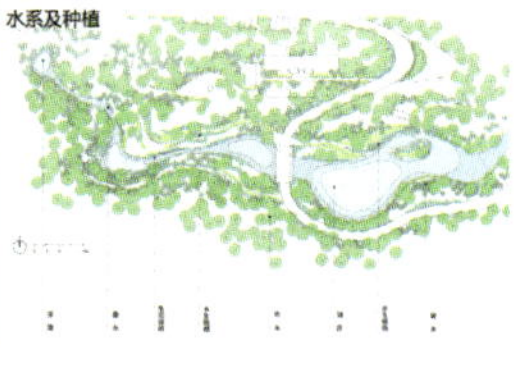

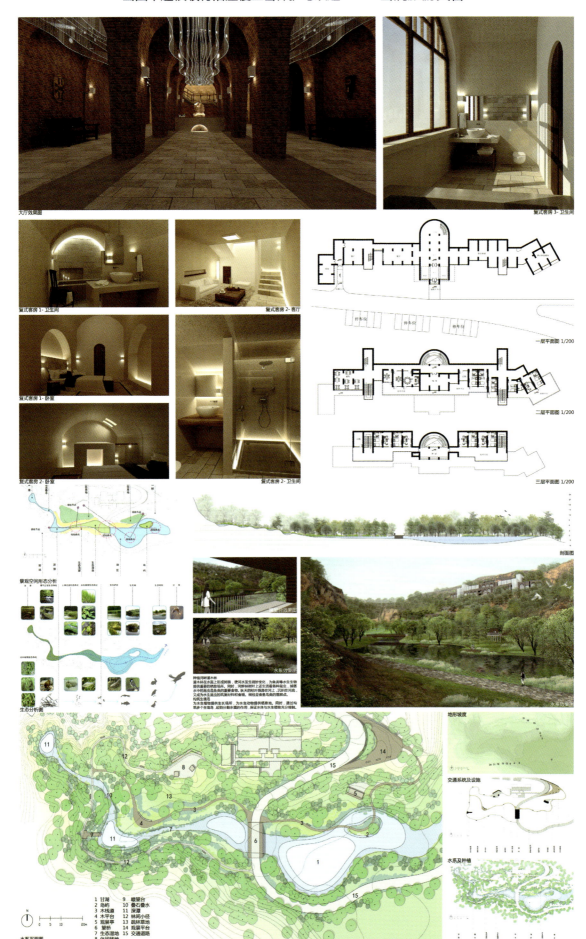

作品名称：生态·传承·共享——四川美术学院新校区设计
作者：罗中立

生态·传承·共享
四川美术学院虎溪校区设计

ECOLOGICAL HERITAGE SHARED
HUXI CAMPUS OF
SICHUAN FINE ARTS INSTITUTE

十面埋伏　|　2003～未来

1000亩用地：用以传承历史的印迹，用以担当现实的责任，用以承载未来的希望。
一切的理想和主张都将潜藏于这片土地中。

大学校园的建造
是一个关乎
理想主义的过程

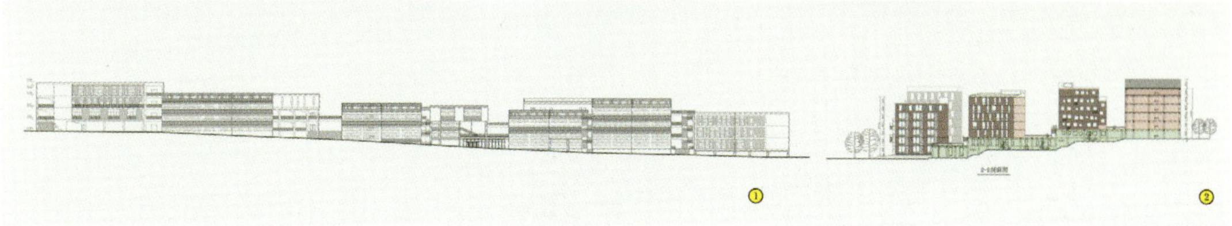

—“中国美术奖”提名作品—专业组—

作品名称：生态·传承·共享——四川美术学院新校区设计

作者：罗中立

生态 Ecological

四川美术学院虎溪校区

HUXI CAMPUS

Of SICHUAN FINE ARTS INSTITUTE

绿　色　重庆大学城“城市绿肺”。

低　碳　充分利用原场地拆除的旧材料旧物，延伸乡土固有的根基。

低成本　充分发展低成本材料和乡土材料的使用可能性。1000亩土地，40万方建筑，建设经费4.6个亿，建设成本极低。

低尺度　充分尊重原场地地形特征，体现“十面埋伏”的设计理念，最高楼层限高6楼。

不铲一个山头
不填一个池塘
不贴一块瓷砖

留耕地
留大树
留农房
留住场地的原点

作品名称：生态·传承·共享——四川美术学院新校区设计

作者：罗中立

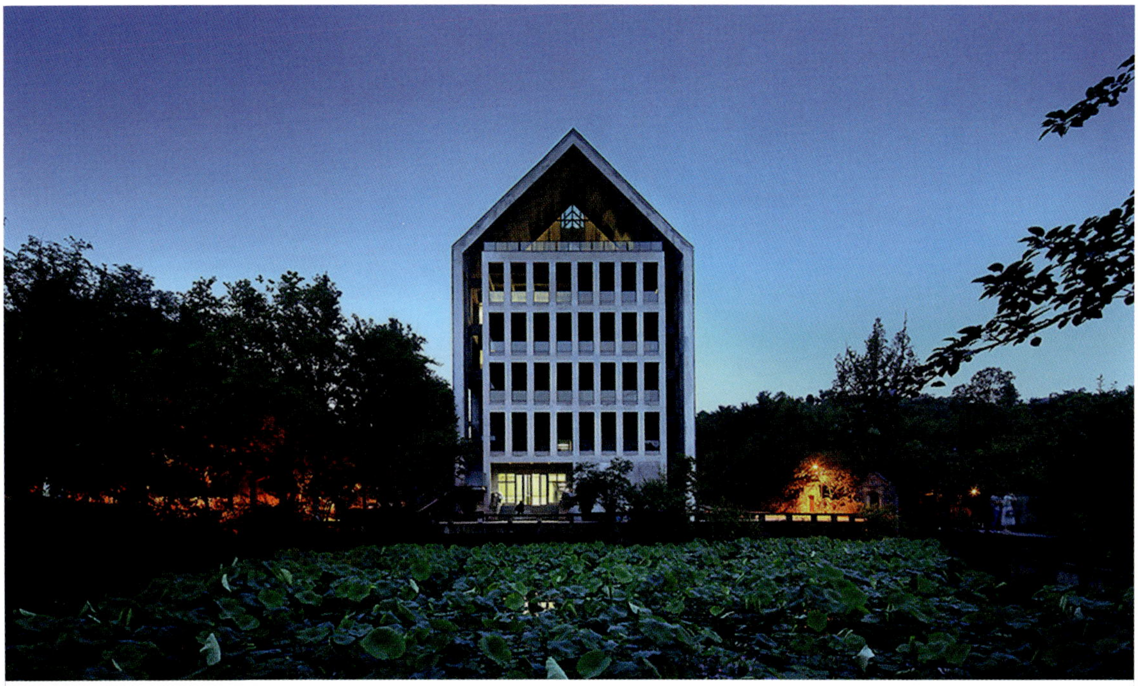

传承 HERITAGE

四川美术学院虎溪校区
HUXI CAMPUS
Of SICHUAN FINE ARTS INSTITUTE

传承70年办学传统，传承民间营建技艺，传承民俗文化风貌，传承本土艺术精神，以传承促创造，营建“新乡土”校园景观。

形态的延续
材质的再生
技艺的承袭
风貌的重塑

作品名称：生态·传承·共享——四川美术学院新校区设计

作者：罗中立

共享 SHARED

四川美术学院虎溪校区
HUXI CAMPUS
OF SICHUAN FINE ARTS INSTITUTE

这里是：
育人的校园——师生共享；市民的公园——社会共享；儿童的乐园——寓教于乐；
原住民的家园——和谐共融；艺术家的追梦园——碰撞交流。

关注设计之用
为何而设计

作品名称：汇聚·第十二届中华人民共和国全国运动会火炬塔及舞台设计

作者：曹德利　金常江　胡楚凡　赵时珊

Liaoning2013
中国 辽宁
汇聚
THE 12TH
第十二届
NATIONAL GAMES CAULDRON DESIGN
中华人民共和国全国运动会火炬塔及舞台设计
现场照片
设计由来
火炬盆有 3 部分组成。火炬盆的外侧底部是由火车、机床、
汽车等具有代表工业形象的齿轮咬合而成，
体现辽宁工业大省的强大凝聚力，图案的边缘由 38 个外齿围绕收边，
象征着 38 个代表团队伍，同时更加突出了"工业"强大的汇聚感。
THE TORCH BASIN IS COMPOSED OF THREE PARTS. THE TORCH THE
OUTER EDGE OF THE BASIN BOTTOM IS BY RAIL, MACHINE TOOLS,
CARS WITH THE IMAGE OF THE INDUSTRIAL GEAR WHEELS, REFLECT THE STRONG
COHESION OF INDUSTRY IN LIAONING PROVINCE.
OUTSIDE THE EDGE OF THE PATTERN BY 38 TEETH AROUND THE EDGE,
A SYMBOL OF THE 38 DELEGATION TEAM, AT THE SAME TIME EVEN
MORE HIGHLIGHTED "INDUSTRIAL" STRONG SENSE OF CONVERGENCE.
56 个金属管汇聚到火炬盆中，寓意着全国 56 个民族同心协力、共办全运。
在全运精神的引导下共创团结、和平、发展、昌盛的和谐社会。
56 TUBE INTO THE TORCH BASIN. THE SIGNIFICANCE OF THE 56 ETHNIC GROUPS WORK
TOGETHER, SHARE THE WHOLE SHIPMENT UNDER THE GUIDANCE OF TOTAL SHIPPED TO CREATE UNITY,
PEACE, DEVELOPMENT AND PROSPERITY OF A HARMONIOUS SOCIETY.
随着柱状火炬塔的缓缓升起，逐渐呈现出"竹节状"火炬塔形象，
体现出"节节高"与"步步高"的中华民族意向。
AS THE COLUMNAR TORCH TOWER RISES, GRADUALLY SHOWING A "BAMBOO-LIKE CAULDRON" IMAGE
REFLECTS THE "SUCCESSIVELY HIGH" AND "PIPELINE" OF THE INTENTION OF THE CHINESE NATION.
第二节由 38 个金属管编织出的中国结形象组成，
体现全国人民像中国结那样凝聚成和谐共生。
SECOND QUARTER BY 38 METAL WEAVE IMAGE OF CHINESE KNOT, REFLECT
THE PEOPLE ACROSS THE COUNTRY LIKE CHINESE KNOT CONDENSED INTO A HARMONIOUS COEXISTENCE.
火炬塔的第一节是由 38 个金属管组成，代表着 38 个团队。
THE TORCH TOWER IS COMPOSED BY 38 METAL TUBES, THE FIRST QUARTER REPRESENTS THE 38 TEAMS.
舞台整体效果灵感源自辽宁朝阳红山文化遗
址出土的玉猪龙形象，代表着辽沈大地人类文化辉煌的延。
整个会场的布置都是根据玉猪龙身体走势依次排开。
十二运火炬塔—"汇聚"坐落在象征玉猪龙龙眼部位。
儿童童声合唱台、升降台、军乐台依次按玉猪龙舒展而丰满圆润的身体形象展开。
STAGE. THE OVERALL EFFECT IS INSPIRED BY THE LIAONING CHAOYANG U
NEARTHED RUINS OF HONGSHAN CULTURE JADE PIG DRAGON IMAGE, REPRESENTS A LIAOSHEN EARTH HUMAN CULTURE OF GLORY.
THE WHOLE LAYOUT OF THE VENUE IS LINED IN ORDER ACCORDING TO THE JADE PIG DRAGON BODY MOVEMENTS.
TWELVE CARRYING THE TORCH TOWER - "CONVERGENCE" IS LOCATED IN THE SYMBOL JADE
PIG HAVING EYE. CHILDREN'S CHILDREN'S CHOIR, LIFTING PLATFORM, MARTIAL MUSIC STATION IN TURN BY THE JADE PIG
DRAGON STRETCH AND PLUMP BODY IMAGE.

见乡土 留乡愁

——重庆市走马古镇传统景观延续计划

Nostalgia at the sight of homeland--Sustainable Plan for The Traditional Landscape of Zouma Ancient Town , Chongqing

正在凋敝的乡土景观

伴随着我国城乡一体化建设、社会主义新农村建设、城乡统筹发展等惠民政策的实施，广大乡村群众的物质生活水平得到了不断的改善和提高，乡村风貌也发生了翻天覆地的变化。然而在这个进程中，传统的乡土景观正在遭到前所未有的破坏，消失的速度也逐步加快。

今天，国内乡土景观的命运主要有三种：

一是自生存，在一些交通闭塞、经济落后的乡村聚落尤明显；二是大拆建，拆除旧的民居、街道，重新建设一片新的仿古景观；三是小修补，在其现有的基础上进行改造和修复。缺乏对乡土景观有意识的延续和复兴。

平淡乡村叙事

走马古镇没有显耀的遗迹，也缺乏轰轰烈烈的历史，它的普通，有如根植于大地的禾苗，是中国千千万万平淡乡村的真实模板。原住民世代在此繁衍生息，与爬满沧桑的古街古屋一道，见证了中国传统乡村的历史变迁，也定格了让人魂牵梦萦的中国乡愁。

“走马古镇传统景观延续计划”是一个跟随历史足迹的研究和设计过程，与古镇的平淡一样，没有大拆大建，不追求轰动效果，陈旧的依然陈旧，过时的依然过时，设计的只是

让荒芜变成沧桑，让破败变成痕迹，
让沉沦获得生机，让乡土勾起乡愁。

计划始于前年，今天已有一些实验，过程还在进行，未来尚在期待。

历史走马

地理環境

走马古镇位于东经106°17′35″、北纬29°27′40″交汇的重庆缙云山麓，地处缙云山脉与中梁山脉之间。相传赵云当年镇守江州，家兵每日在走马的高家石坝骑射操练，诸葛孔明视察江州时，观石坝形若奔腾的巨马，加之将士兵丁演练的人欢马跃，随称此地为“走马岗”，从此“走马岗”的名称便被流传下来。乾隆《巴县志》记载：“（重庆）正西陆路八十里至走马岗交璧山县界，系赴成都驿路”，说明了走马古镇是昔日往返成渝两地的必经之路，是成渝古驿道上的一个重要驿站。

17℃
212.5天
1083毫米
年均温度
年均日照
年均降雨
经纬度
海拔

文化地圖

物质文化遗产
汉墓20座
戏楼3个
茶馆12个
药铺2个
书院1个
古井3个
古树4棵
池塘1个
石门2个
非物质文化遗产
民俗
古驿道文化

历史建筑分布

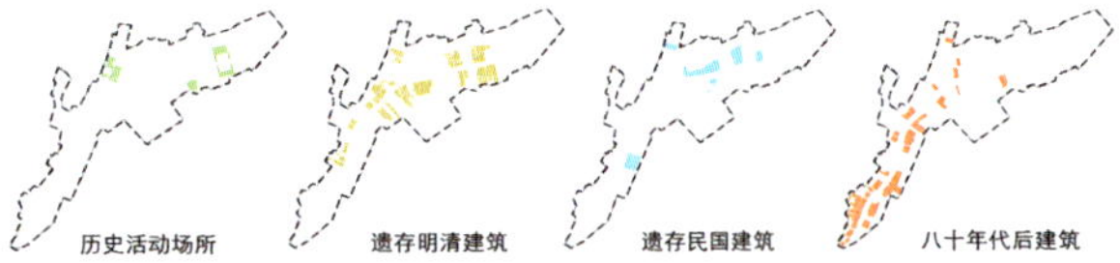
历史活动场所
遗存明清建筑
遗存民国建筑
八十年代后建筑

传统景观延续计划

走马古镇乡土景观延续的方法建立在尊重古镇历史风貌的基础上，保持其平淡、普通、真切的风格。

走马古镇乡土景观延续复兴计划以四种方式进行：保护、修复、改造、补充。

计划实施分布

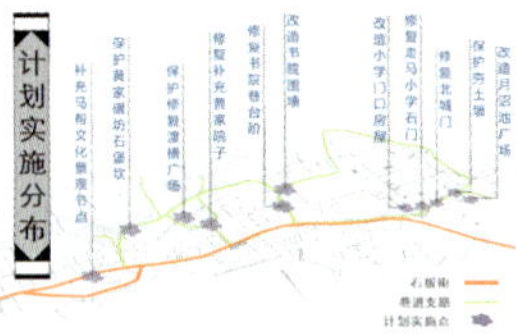
石板街
普道支路
计划实施点

保 护

对存在安全隐患的房屋、土墙采取保护措施

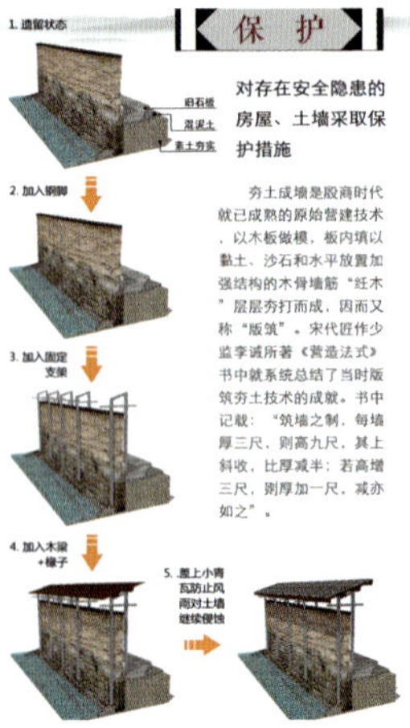
1. 遗留状态
旧石板
混泥土
素土夯实
2. 加入钢脚
3. 加入固定支架
4. 加入木梁+椽子
5. 盖上小青瓦防止风雨对土墙继续侵蚀

夯土成墙是殷商时代就已成熟的原始营建技术，以木板做模，板内填以黏土、沙石和水平放置加强结构的木骨墙筋“纴木”层层夯打而成，因而又称“版筑”。宋代匠作少监李诫所著《营造法式》书中就系统总结了当时版筑夯土技术的成就。书中记载：“筑墙之制，每墙厚三尺，则高九尺，其上斜收，比厚减半；若高增三尺，则厚加一尺，减亦如之”。

月沼池处夯土墙利用现代技术与材料对其进行保护和修复，为其遮挡风雨的剥蚀，可以使其获得新生，以便长久屹立不倒。

作品名称：见乡土 留乡愁——重庆市走马古镇传统景观延续计划

作者：赵宇 穆瑞杰 陈欢欢 张昕怡

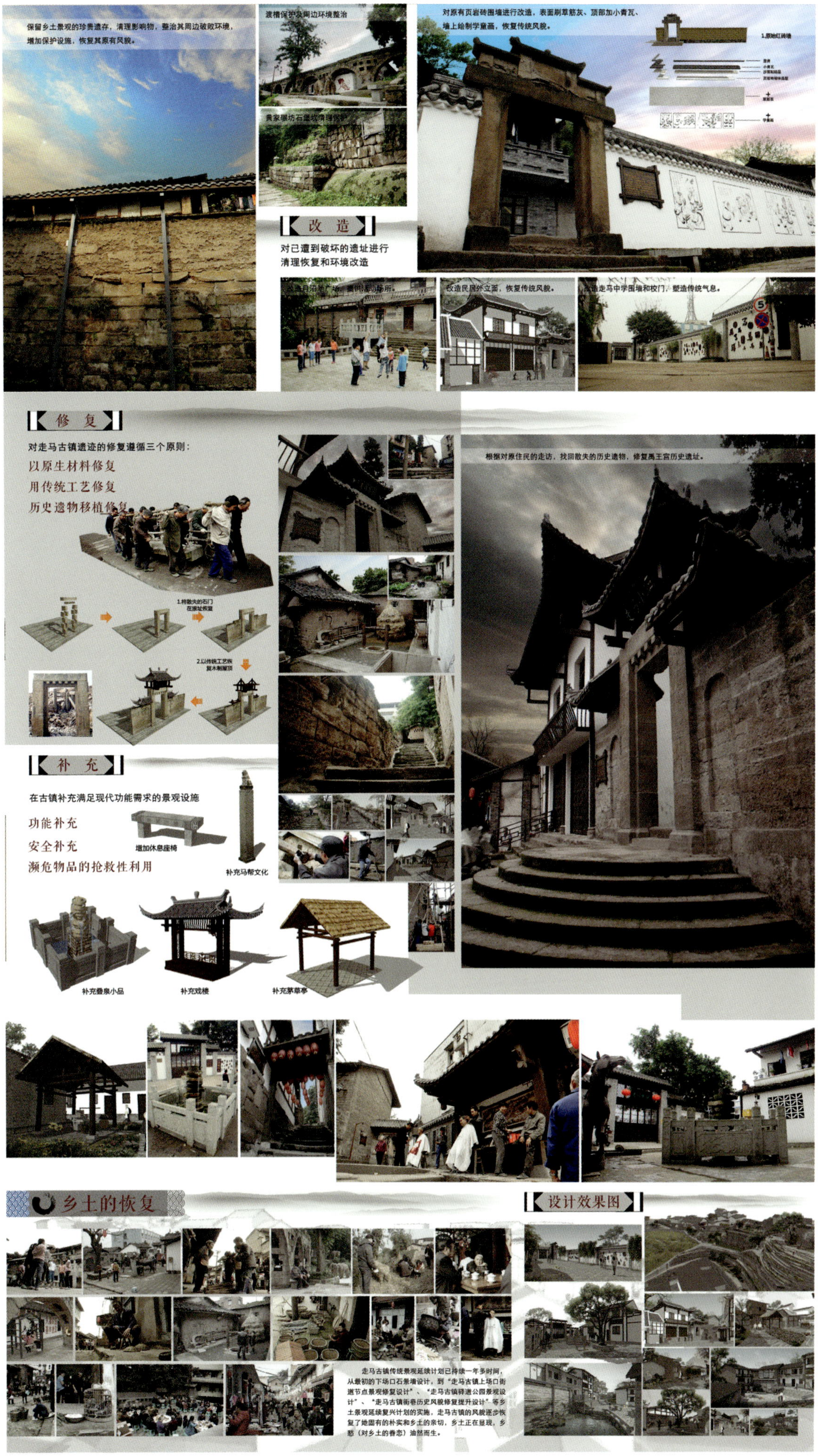
保留乡土景观的珍贵遗存，清理影响物，整治其周边破败环境，
增加保护设施，恢复其原有风貌。
渡槽保护及周边环境整治
对原有页岩砖围墙进行改造，表面刷草筋灰、顶部加小青瓦、
墙上绘制学童画，恢复传统风貌。
1.原始红砖墙
改造
对已遭到破坏的遗址进行
清理恢复和环境改造
改造民居外立面，恢复传统风貌。
修复
对走马古镇遗迹的修复遵循三个原则：
以原生材料修复
用传统工艺修复
历史遗物移植修复
根据对原住民的走访，找回散失的历史遗物，修复禹王宫历史遗址。
1.将散失的石门
在原址恢复
2.以传统工艺恢
复木制屋顶
补充
在古镇补充满足现代功能需求的景观设施
功能补充
安全补充
濒危物品的抢救性利用
增加休息座椅
补充马帮文化
补充叠泉小品
补充戏楼
补充茅草亭
乡土的恢复
设计效果图
走马古镇传统景观延续计划已持续一年多时间，从最初的下场口石景墙设计，到“走马古镇上场口街道节点景观修复设计”、“走马古镇驿道公园景观设计”、“走马古镇街巷历史风貌修复提升设计”等乡土景观延续复兴计划的实施，走马古镇的风貌逐步恢复了她固有的朴实和乡土的亲切，乡土正在显现，乡愁（对乡土的眷恋）油然而生。

作品名称：世博源·快乐源
作者：金江波

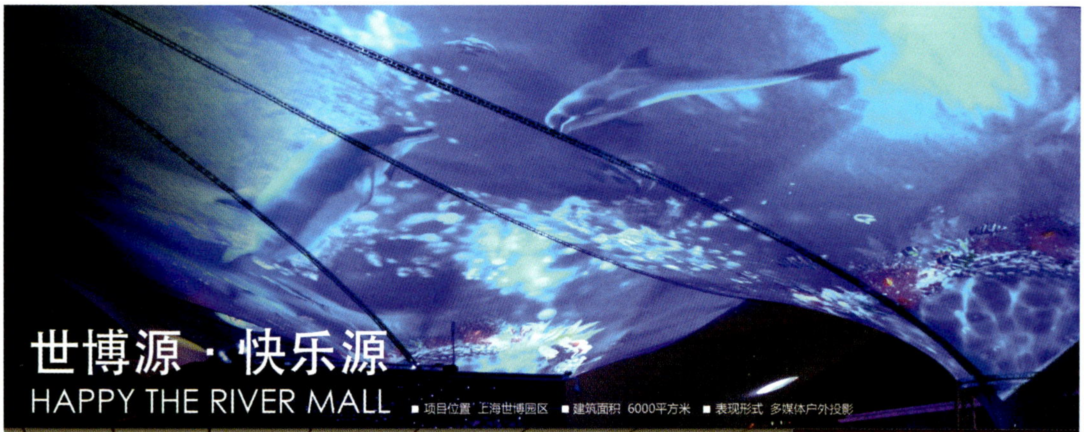

"以水为源·快乐为本"为主题，以多媒体户外投影的方式来表现"生命之源"、"智慧之源"、"快乐之源"三个篇章。演绎以水为主线的欢乐世博源的主旨概念。

世博源天幕影像位于世博轴阳光谷的核心区域，是一个在国际上具有"超大面积"、"超大数据"、"超复杂曲面"的户外投影项目。借助广域 LED 智能投影技术，由 1600 万种色彩构成的绚烂图景被投影在超过 5000 ㎡的巨型艺术天幕（阳光膜）之上，成就了国内最具观赏性的户外影像。晚间表演期间，白天的阳光膜化身为华丽的天幕，由底部升起的灯光从简单的线条逐渐演变成炫丽的图像，时间旅行的变化莫测、自然春色的精彩演绎呈现、壮观海洋的魅力深邃等主题将在这里向您娓娓道来。

136 台 68 组投影仪对位
+
不规则异形屏幕投影及互动体验
亚洲最大最复杂的户外影像
6000 ㎡

效果图＋实拍图 Effect Drawing

巨大天幕梦幻影像秀在公共领域以大数据媒体、超视觉经验、人景互动化的新媒体影像与公共交流互融。不仅仅让新媒体力量的介入使公共艺术的传播发挥更大的影响力，更重要的是让媒体艺术在公共领域与公众之间的对话，带给公众们更多公共文化的阅读体验，挑战已有的文化经验

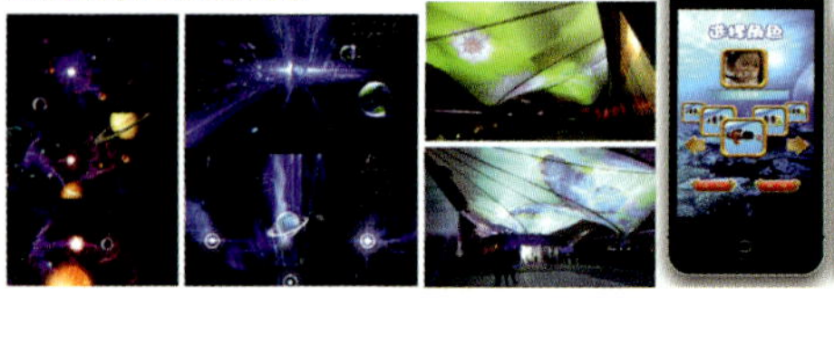

"中国美术奖"提名作品／专业组／

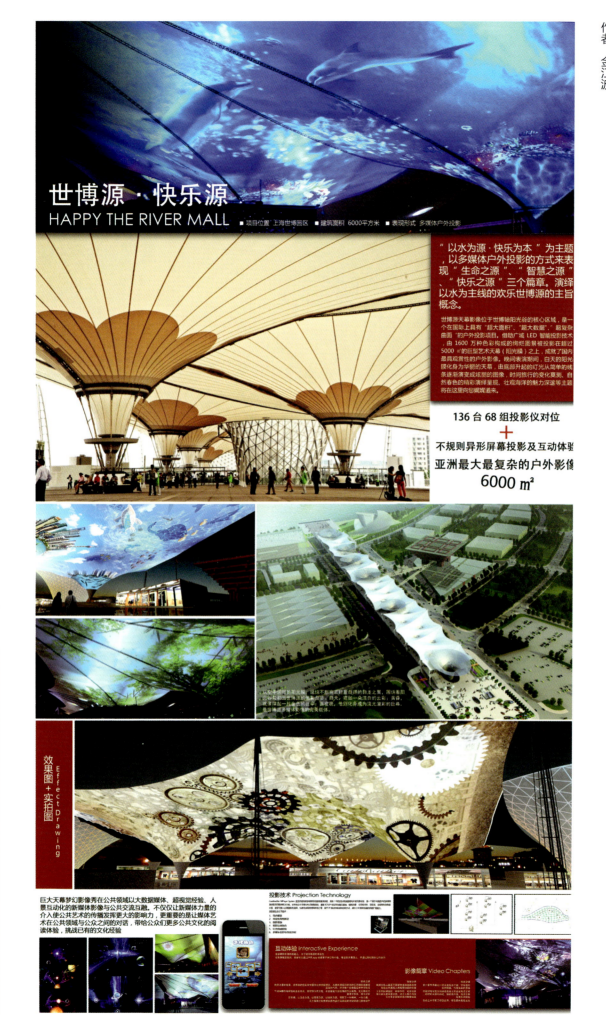

作品名称：人、自然、共融
作者：吴伟

人、自然、共融

自然 轻松
便捷 简单

将"人、自然、共融"作为整体家居设计理念
传达人对简单、自然、轻松、便捷的生活主张
让生活在钢筋混凝土丛林中的我们
热爱自然、关注自然、保护自然，激发人们亲近大自然的渴望

厅

在起居之间，处处感受自然、
轻松、便捷的生活情趣

在衣柜的移动柜门上，将各种自然的种子元素运用在柜门设计上，增加了自然情趣。
厅柜的移动柜门背后，设计自光源的自然景观画，柜门推拉开启之间，感受大自然的气息，观看视频时，享受置身大自然中的乐趣。
客厅沙发的背景墙采用嵌入式设计，巧妙地将自然风光作为背景，使摆设的物品仿佛置身在大自然中。
客厅的阳台，自然景观的设计，使客厅与外界环境融为一体，实现人与自然的共融。

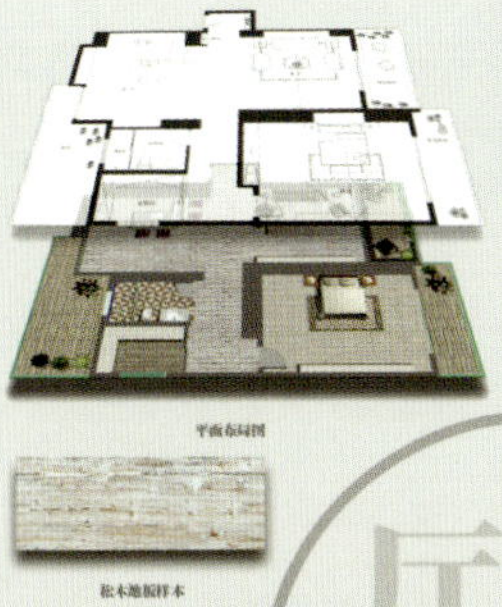

平面布局图

松木地板样本

厨

石材台面样本

橱柜板材样本

将烹饪环境置换成大自然
烹饪不再是繁复的工作而是一种乐趣、享受

橱柜与餐台的组合设计，通过简约的结构
淡雅的色彩，自然景观画面的巧妙设计
凸显一种轻松、便捷、自由自在的烹饪乐趣

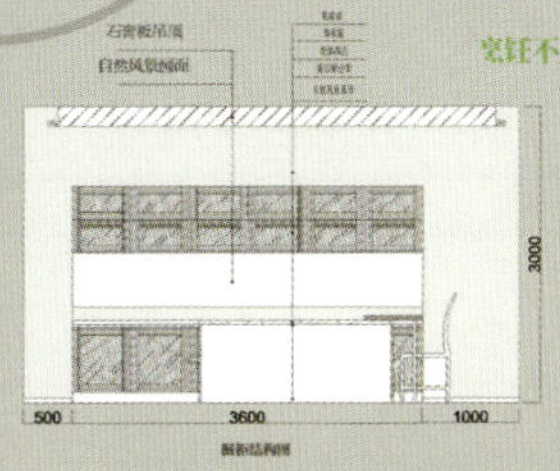

毛石台面
花卉灯箱
吧台－小岛

卧

在明媚的大自然风光中，轻松的睡一晚，是多少城市人的梦想。大自然的元素出现在卧室空间中，让精神更舒展，身心更轻松。

卧室的床头墙背景，巧妙的嵌入式设计，自然植物的画面出现床头背景墙内，使摆设的物品仿佛呈现在自然环境中。
卧室衣柜门的材料采用朴实、多彩的自然肌理，赋予了原始的自然情趣。
移动的衣柜门，推拉开启后，明亮的大自然风光画出现，使挂衣架完全呈现在大自然的意境中。

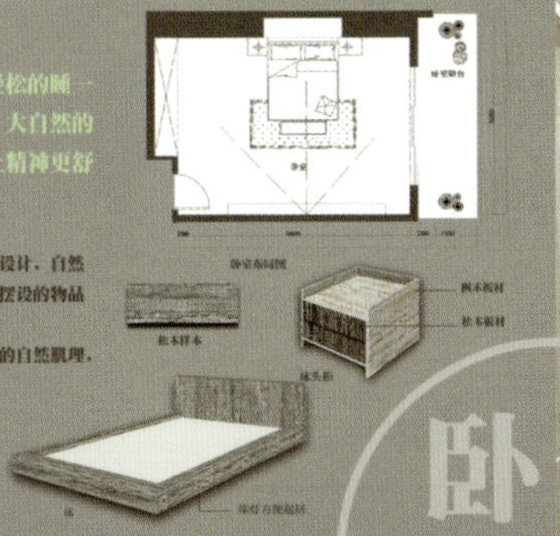

墙

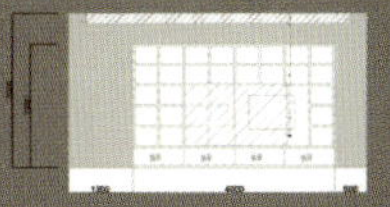

电视墙的移动柜门背后，设计自光源的自然景观画，柜门推拉开启之间，感受大自然的气息，观看视频时，享受置身大自然中乐趣。

背景图案样本

生命的种子，是自然万物的开始
让生命在自然的环境中生长，让我们与大自然共呼吸

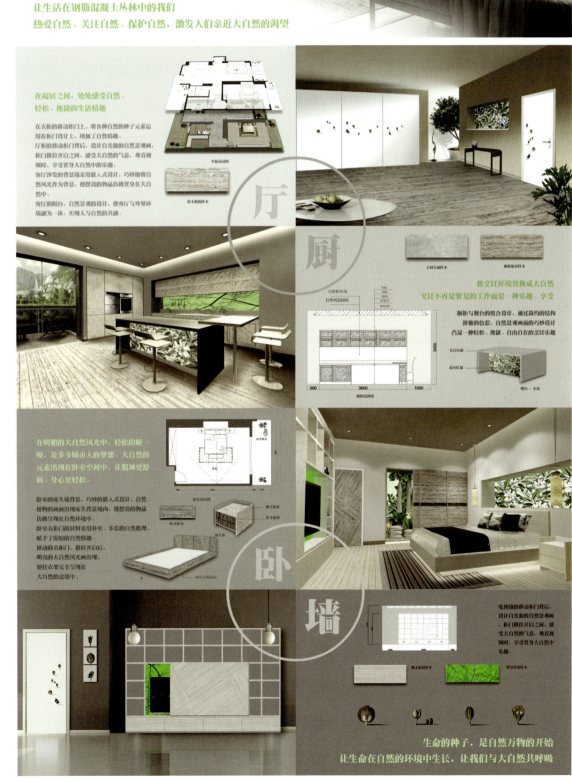

作品名称：上海轨道交通9号线醉白池站设计施工方案
作者：韩晓骏

自然形态的设计元素在城市轨道交通公共空间中的应用与实践

轨道交通9号线醉白池站设计施工方案

本次毕业创作以上海轨道交通9号线醉白池站设计方案为原型。在设计装修理念上把自然元素抽离出来转化为设计形式，并与站点中的各界面进行巧妙的衔接与结构组合。以自然仿生的设计观念使自然美学与人类工业建造美学相结合，柔化工业建筑空间冰冷的结构，提纯公共空间的空间形式美感同时把空间内的功能区域进行优化布局与最大化的空间利用。

上海轨道交通9号线醉白池站为矩形框架的单柱岛式车站。鉴于其旁的著名古迹园林醉白池而命名。设计构思以醉白池内的池水为设计灵感，抽离出池水的碧蓝色与水纹波纹的曲线形态，从色与型两方面把水这一自然元素的特点与形式美感转换为独特的设计元素并巧妙地结合到站点地装修设计中去。

形式演绎

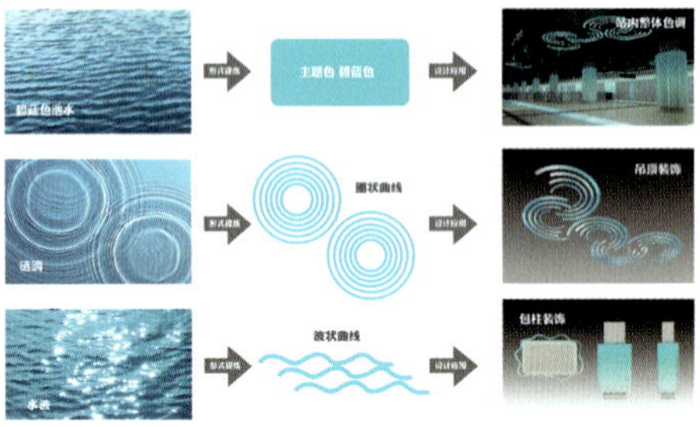

上海轨道交通9号线醉白池站的设计在色调上以池水的碧蓝色为整体色调，给人安静清凉的视觉感受。

在装修形式上以水纹的曲线形式取代以往轨道交通装修的直线形式，意在从视觉上打破上海轨道交通方形框架结构的单板感觉。

吊顶　抽离出水面涟漪中的波状曲线制作异性吊顶装饰型材与照明结合。

立柱　以水纹般的曲线板材整体包柱。并从上至下做色彩渐变处理。

墙面与地面　结合水循环系统，设置宽度不一的水流感线槽并附上钢化玻璃盖板，引循环水流过，形成站内水景观。

整个站点使人犹如身临一汪池水般的透彻与舒适。

轨道交通站点雨水循环景观系统流程图

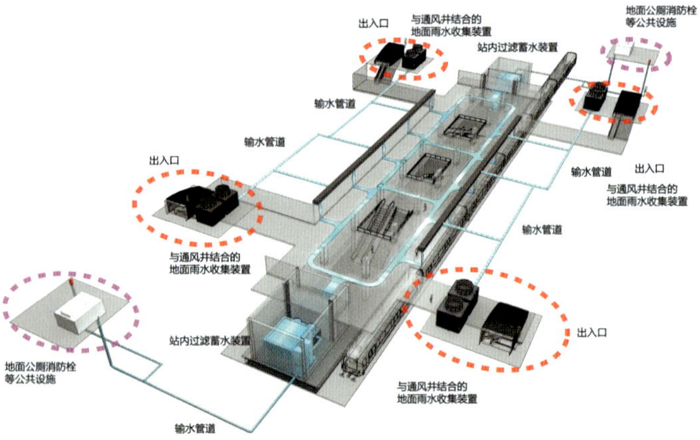

轨道交通站点雨水循环景观系统分析图

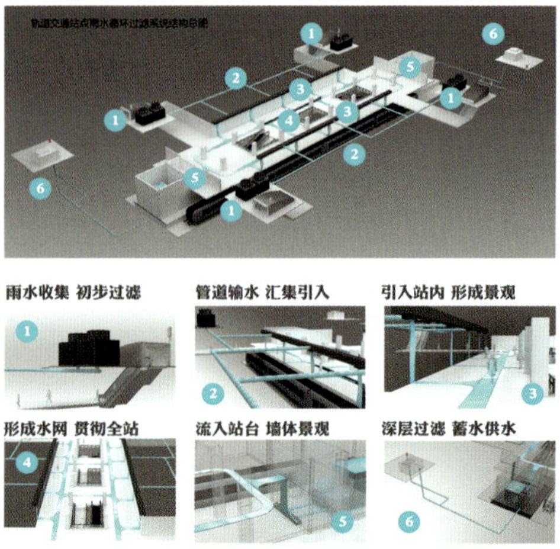

作品名称：都市矩阵——CCTV 媒体公园城市开放空间设计

作者：吴尤 毛晨悦

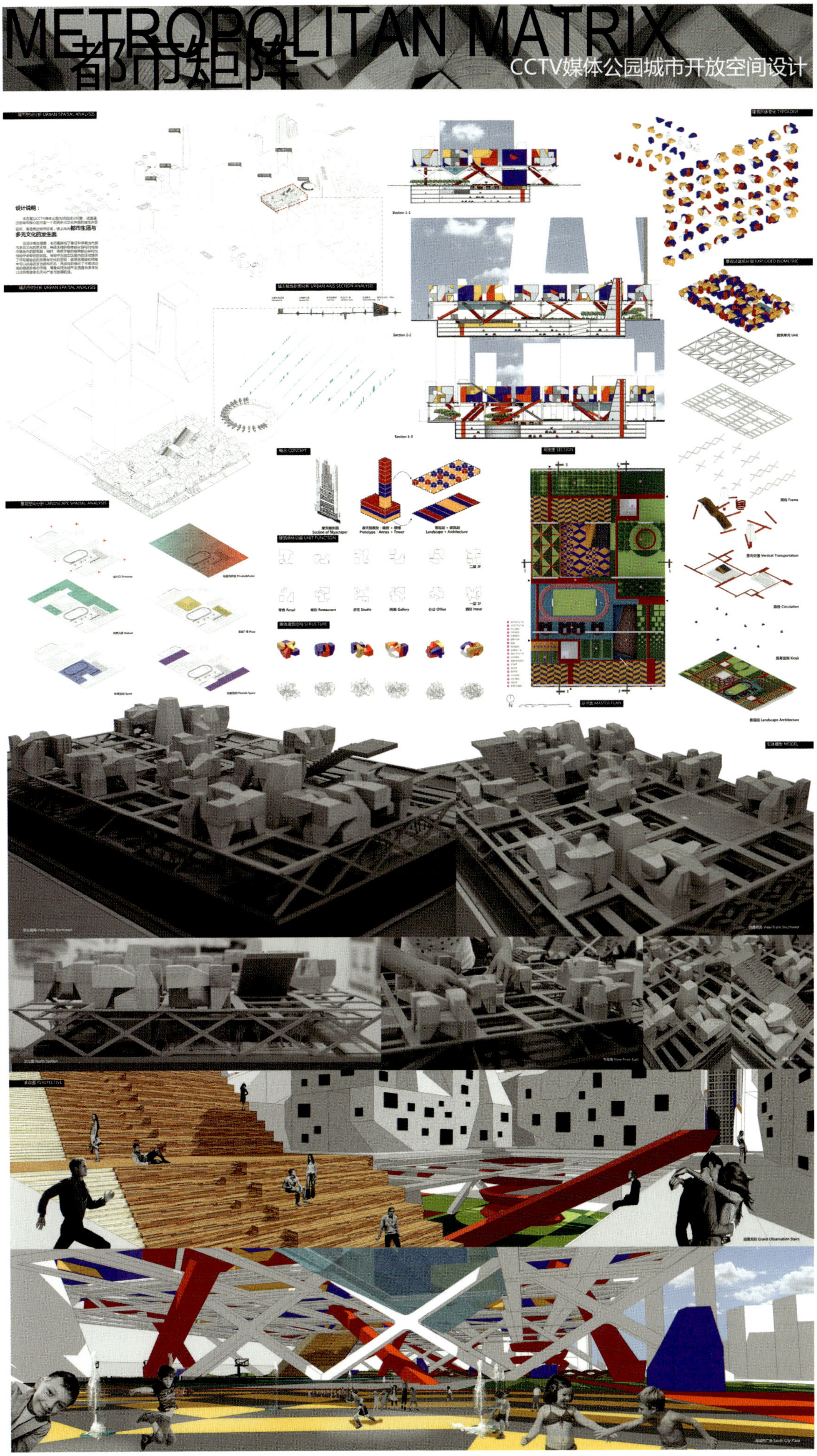

作品名称：漂浮的叶绿体——解放碑高密度景观概念设计

作者：陈育强　赵勇

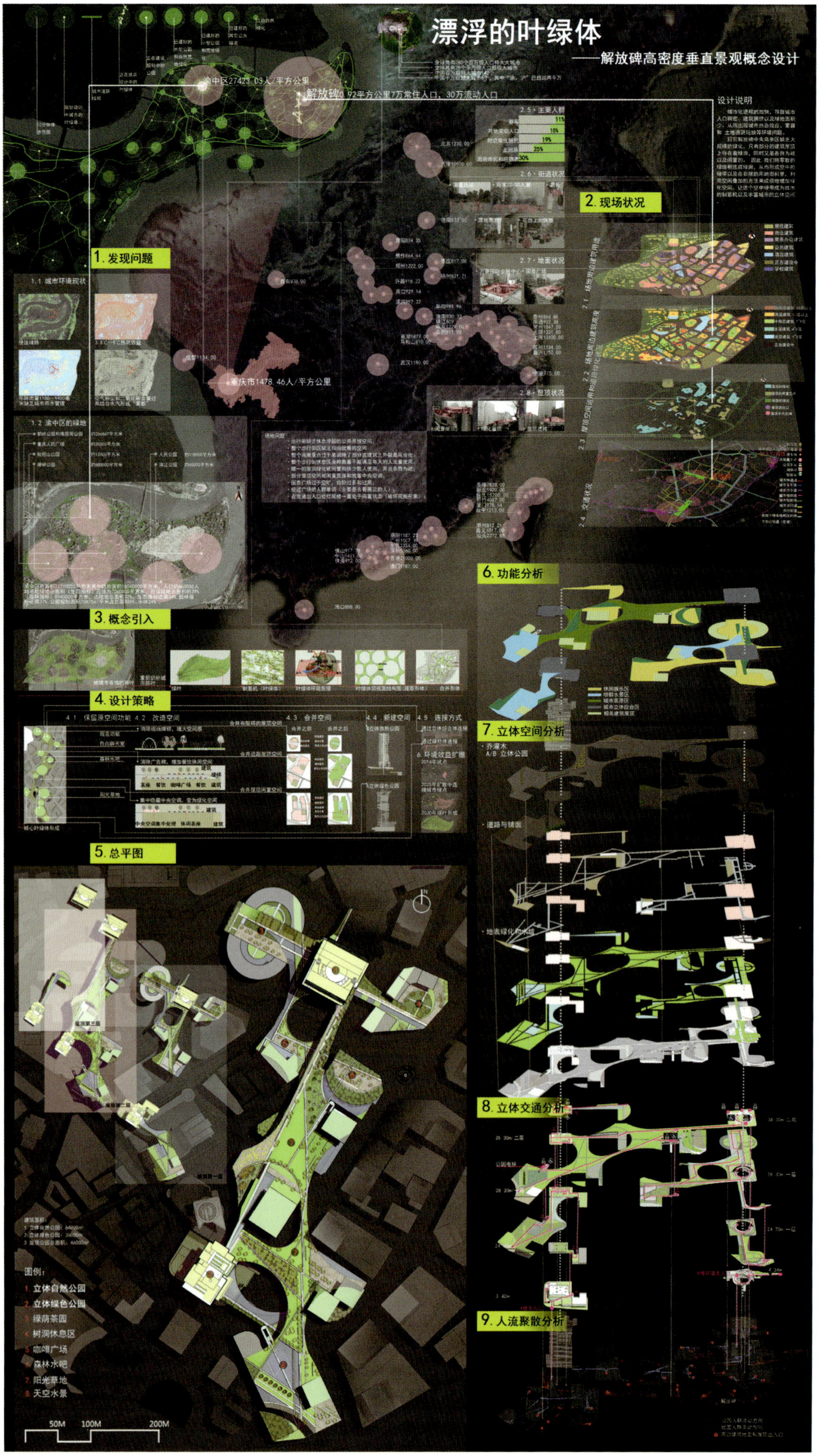

作品名称：漂浮的叶绿体——解放碑高密度景观概念设计

作者：陈育强　赵勇

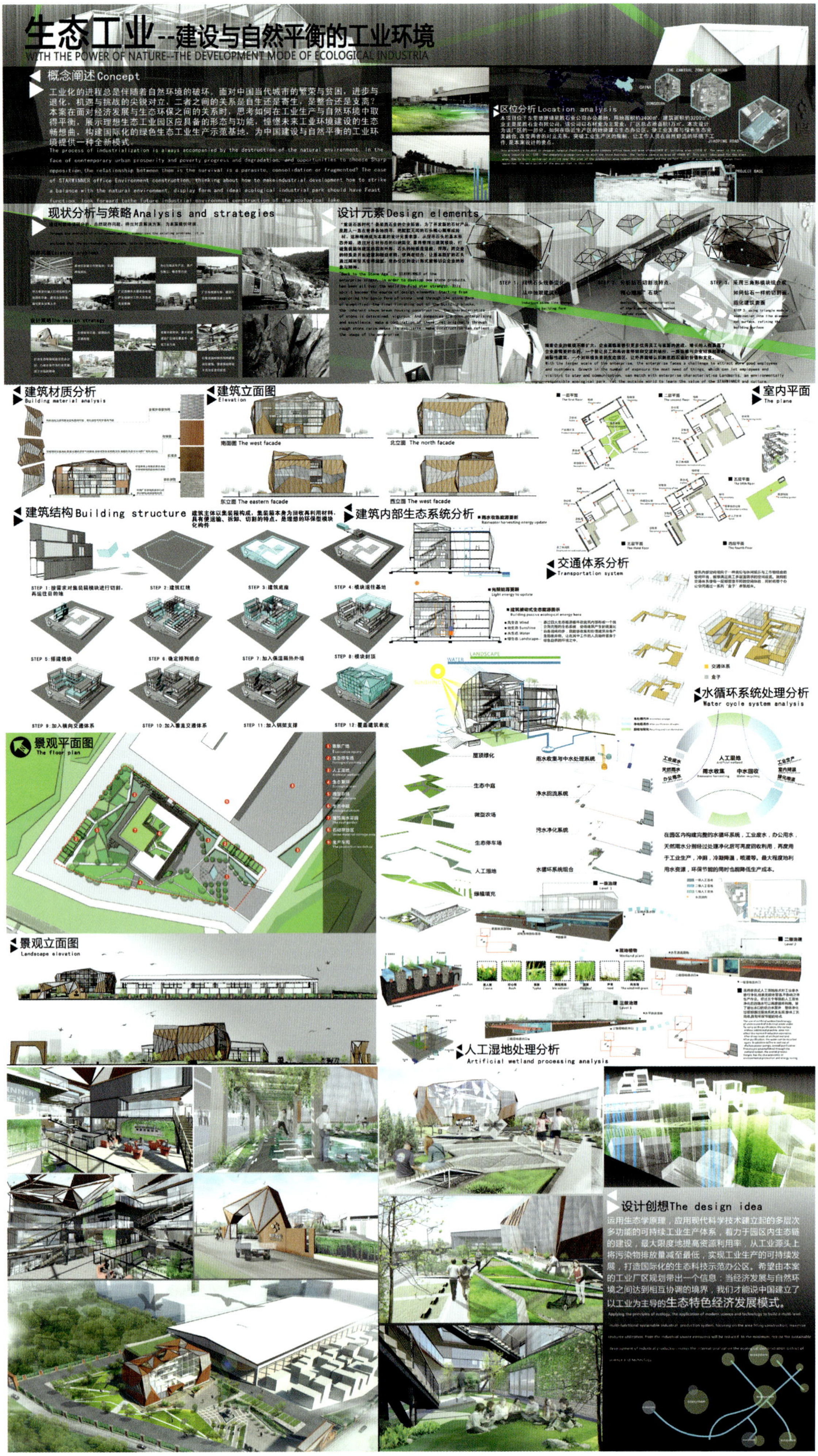

生态工业--建设与自然平衡的工业环境
WITH THE POWER OF NATURE--THE DEVELOPMENT MODE OF ECOLOGICAL INDUSTRIA
概念阐述 Concept
工业化的进程总是伴随着自然环境的破坏，面对中国当代城市的繁荣与贫困，进步与退化，机遇与挑战的尖锐对立，二者之间的关系是自生还是寄生，是整合还是支离？本案在面对经济发展与生态环保之间的关系时，思考如何在工业生产与自然环境中取得平衡，展示理想生态工业园区应具备的形态与功能，憧憬未来工业环境建设的生态畅想曲，构建国际化的绿色生态工业生产示范基地，为中国建设与自然平衡的工业环境提供一种全新模式。
The process of industrialization is always accompanied by the destruction of the natural environment. In the face of contemporary urban prosperity and poverty progress and degradation, and opportunities to choose Sharp opposition, the relationship between them is the survival is a parasite, consolidation or fragmented? The case of STARWINNER office Environment construction, thinking about how to makeindustrial development how to strike a balance with the natural environment, display form and ideal ecological industrial park should have Feast function, look forward tothe future industrial environment construction of the ecological lake.
区位分析 Location analysis
现状分析与策略 Analysis and strategies
设计元素 Design elements
建筑材质分析
Building material analysis
建筑立面图
Elevation
南立面 The west facade
北立面 The north facade
东立面 The eastern facade
西立面 The west facade
室内平面
The plane
建筑结构 Building structure
建筑内部生态系统分析
交通体系分析
Transportation system
水循环系统处理分析
Water cycle system analysis
景观平面图
The floor plan
景观立面图
Landscape elevation
人工湿地处理分析
Artificial wetland processing analysis
设计创想 The design idea
运用生态学原理，应用现代科学技术建立起的多层次多功能的可持续工业生产体系，着力于园区内生态链的建设，最大限度地提高资源利用率，从工业源头上将污染物排放量减至最低，实现工业生产的可持续发展，打造国际化的生态科技示范办公区。希望由本案的工业厂区规划带出一个信息：当经济发展与自然环境之间达到相互协调的境界，我们才能说中国建立了以工业为主导的生态特色经济发展模式。

作品名称：生态工业——建设与自然平衡的工业环境

作者：林舒欣

/ "中国美术奖"提名作品 / 学生组 /

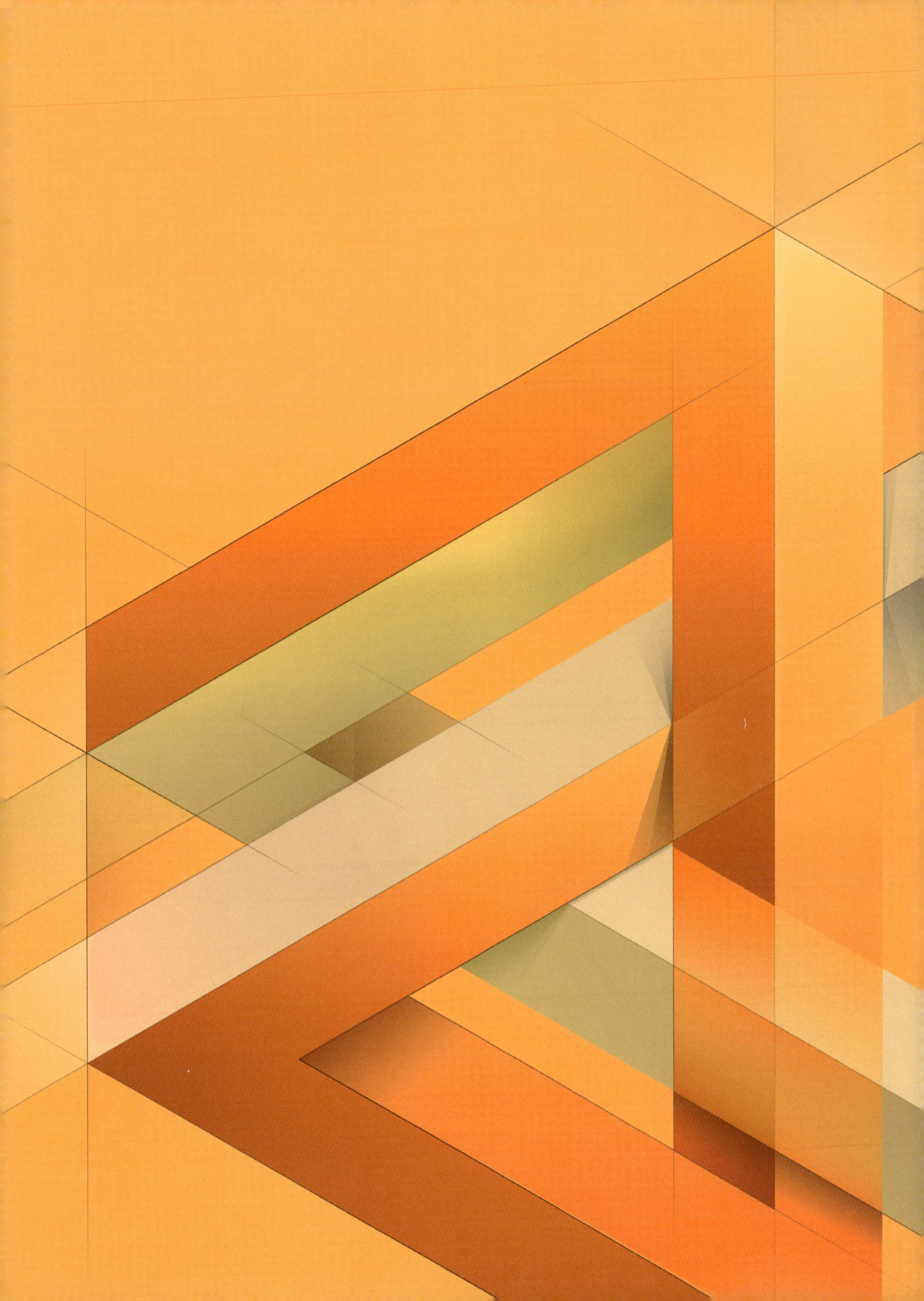

为中国而设计

DESIGN FOR CHINA 2014

优秀作品

作品名称：撒哈拉——古城伊斯兰文化主题酒店

作者：代启霞　任志飞　李琳　侯明承　赵悦柠　权威　李佳女　侯宗含

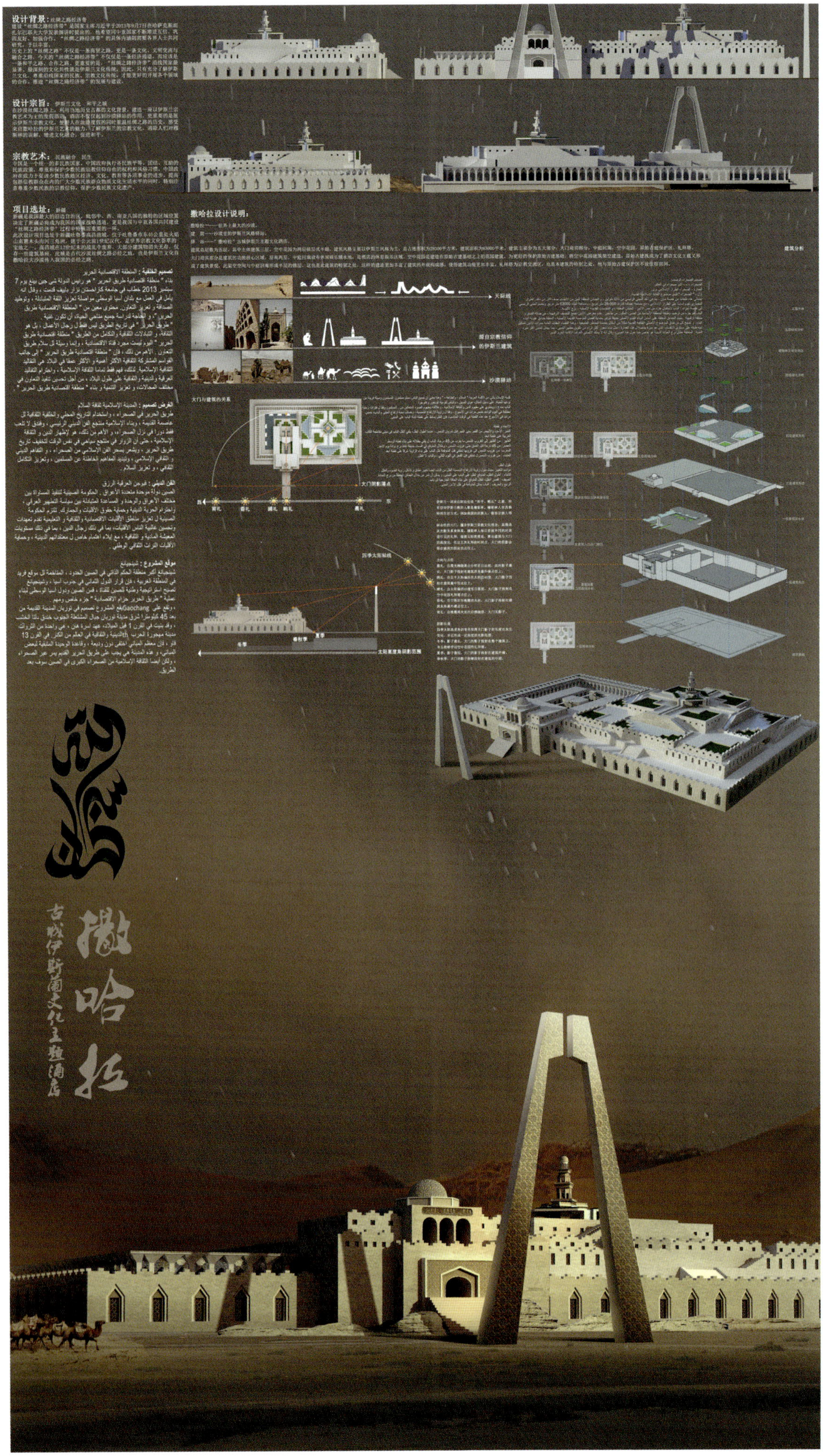

作品名称：观·景
作者：韩军

观·景

新神农园林会馆
New Shennong Garden Club

“新神农园林景观有限公司”综合楼整体建筑面积 8900 平方米，地下一层，地上五层。

其中主要功能区有：大堂公共区、荣誉展馆、综合办公和接待会馆等，本方案是针对综合楼的各层空间做出具体设计，设计重点首先放在各功能区的布置与摆放上，在充分考虑到功能区合理使用的前提下同时考虑室内各空间之间的关系及室内与室外之间的关系，力求打造出来的室内空间环境能够给人带来视觉上的愉悦感、心理上的新奇感与惊喜感。

设计思想上以提取、打造空间情节为立意出发点，在充分考虑“新神农园林有限公司”的企业属性与企业文化的背景下，借鉴提取园林景观情节，以中国传统造园方法打造整个室内环境，强调园林景观概念，使整个室内空间成为对外展示的一个窗口，起到展现企业雄厚的综合实力的目的。最终给人眼前一亮、过目不忘的深刻印象。

尤其是在一些公共空间、半私密空间的打造上努力营造出如同室外庭院般的艺术效果，给人以置身园林中的感受，希望能为办公的人们带来轻松的生态环境，使人从一进入大楼开始就能感受到“迎面有景”，并且随着人流动线的变化始终做到“身边有景”，并且根据不同楼层的改变与不同功能区域的划分，做到“一步一景”，最后来到屋顶花园达到高潮，最终呈现出“景外有景”的艺术效果。可以将整个人流动线看作是对新神农园林有限公司的了解、发现之旅，在不断给人新奇感的同时展现独特空间文化魅力。

在室内环境设计上将“对景”、“透景”、“框景”、“借景”等中国传统造园方法运用到设计中，运用传统造园理念，在处理手法、用材与取光等方面却又融入现代设计手法体现国际性与时代性；从而打造出精巧别致、生动有趣的室内环境，使人能够处处感受到园林气息。并且将室内景观与室内各功能区进行融合，使人能够走进景观进行体验，使最终打造出的室内景观在观赏的同时真正成为体验式景观、参与性景观。

外观方案

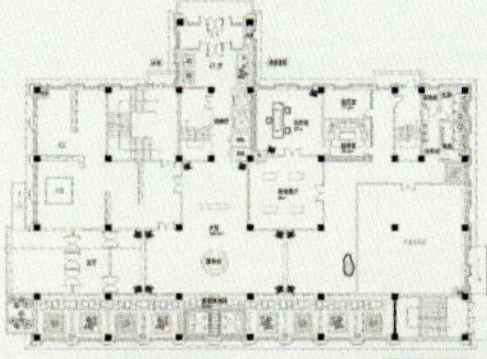
一层平面图

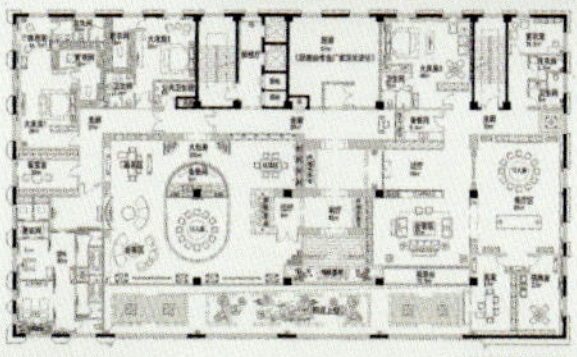
五层平面图

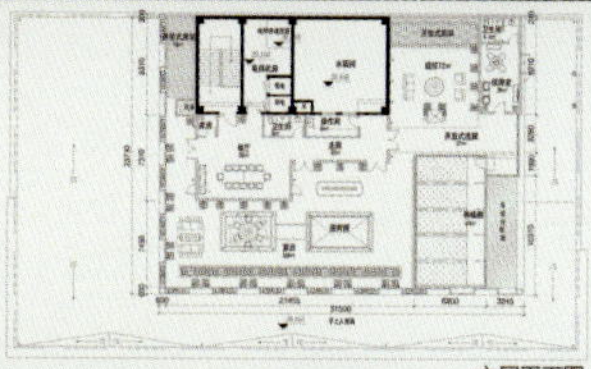
六层平面图

大堂景观长廊

大堂

会馆走廊

电梯厅

会馆餐厅

休息区

康体区

茶室

六层阳光花园

作品名称：光迁——中关村
作者：金常江　杨满丰　赵笔翟　李芳竹　姜双双

光迁中关村

------中关村时代广场改造项目

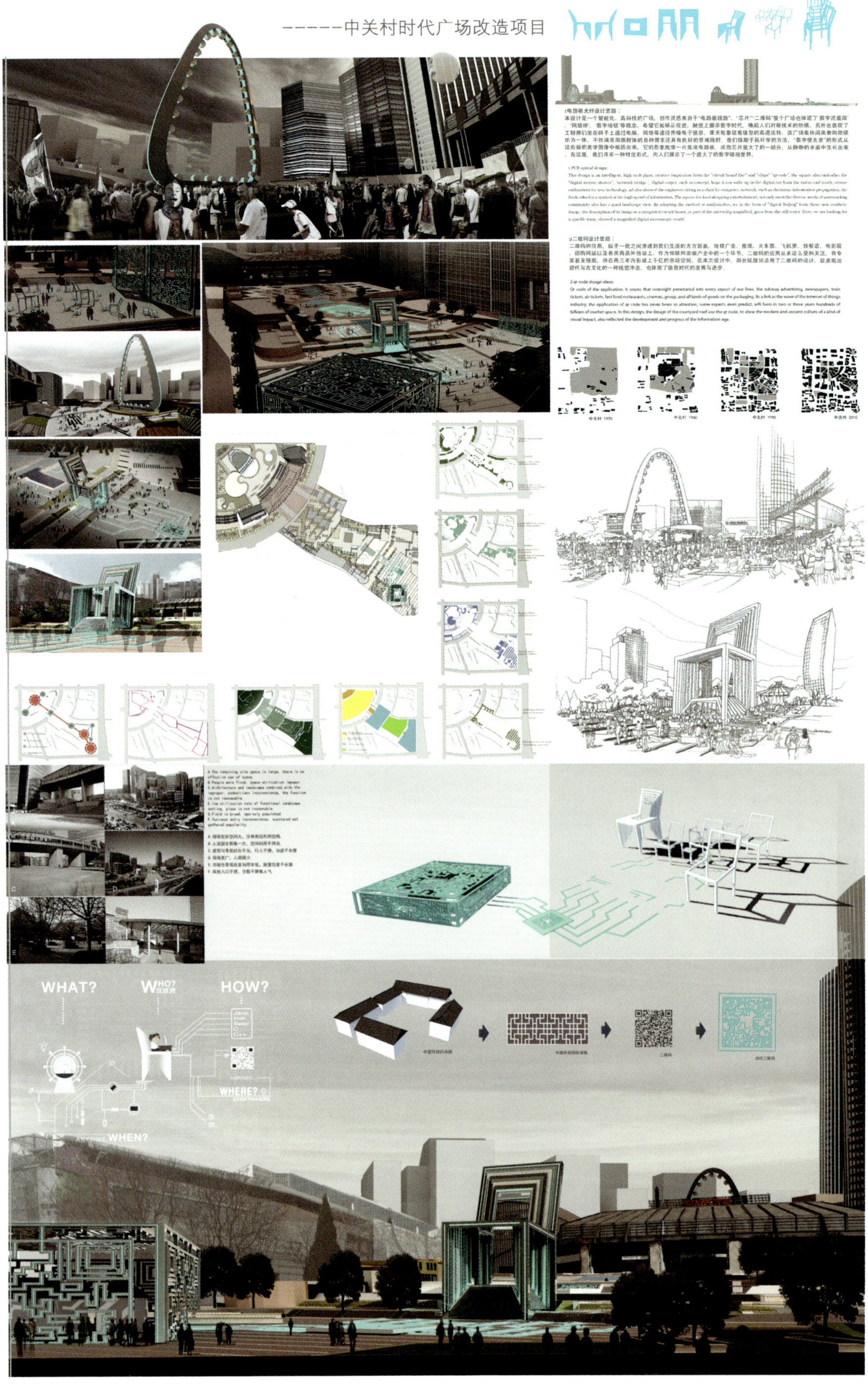

作品名称：可拆装家具设计系列
作者：李昊宇

拆装家具设计系列 1

2007年回国到CKAD从事教育。经领导同意将一个有天窗的仓库改建成一个既做工作室，又能够和企业讨论的空间，为了节约空间，只能将家具变为模型，一石二鸟。

空间大部分研究讨论、工作区、电脑工作区模型制作区、材料仓储区、摄影空间，只有95×210cm的入口，怎能搬进容纳6人用讨论桌子和4人用模型台。因此产生了可拆装技术的研究方案。只制作了电脑桌、办公桌、模型架、书架、凳子、办公柜子。

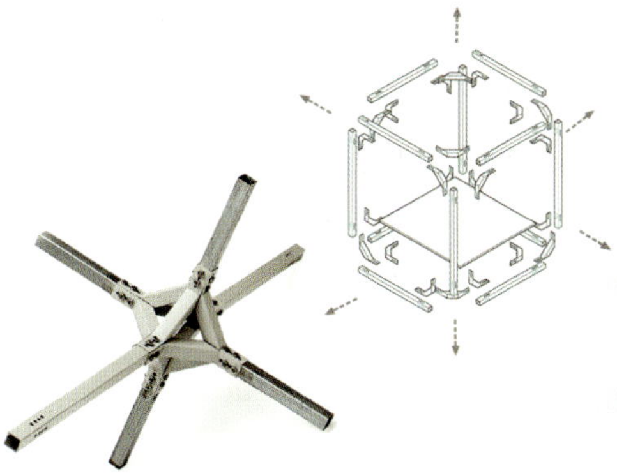

实木是耐磨材料和稳固金属折弯结构，这样才能达到质量标准，我和我的助手进行几次实验，最后模型台组件精简到24个，其中12个是主要支撑组件，12个辅助支撑组件，组件之间完全用螺丝连接，每个会议桌需要14个组件。

结果的可拆装促使我的助手用纸皮箱坐公车可以把这些组件从工厂运回来。

在国内特殊的社会环境下，重重的阻碍将成为一种特殊的设计动力。

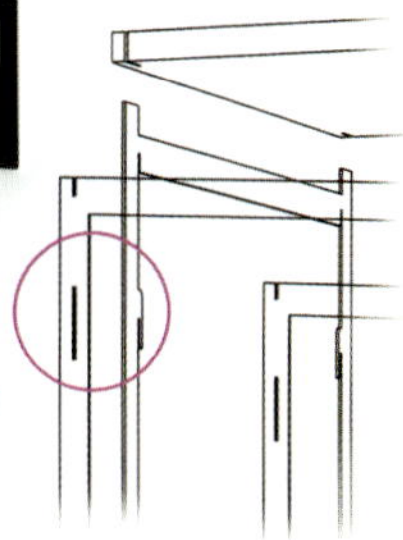

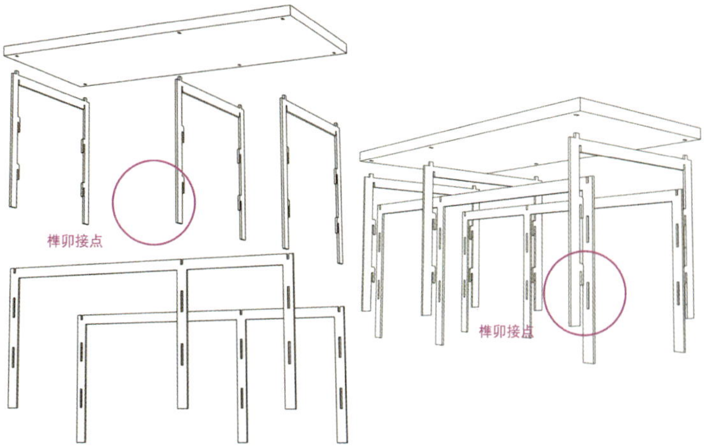

作品名称：乌拉街满族博物馆

作者：刘治龙

CONTEXT 项目背景

The Evolution of Space 空間演變

Space Nodes 空間節點

Base Condition 基地狀況調整

The Courtyard Form 院落形式的產生——引江水入叠院

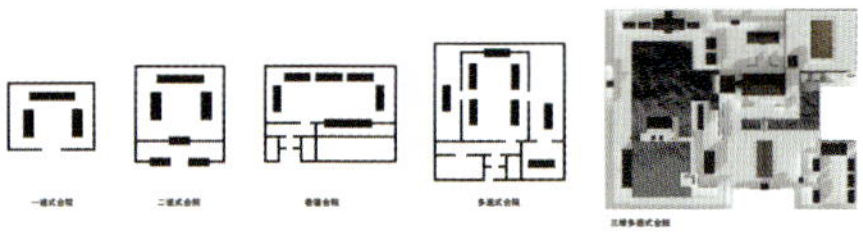

Vertical Relations and Spatial Characteristics 立面關系與空間特質

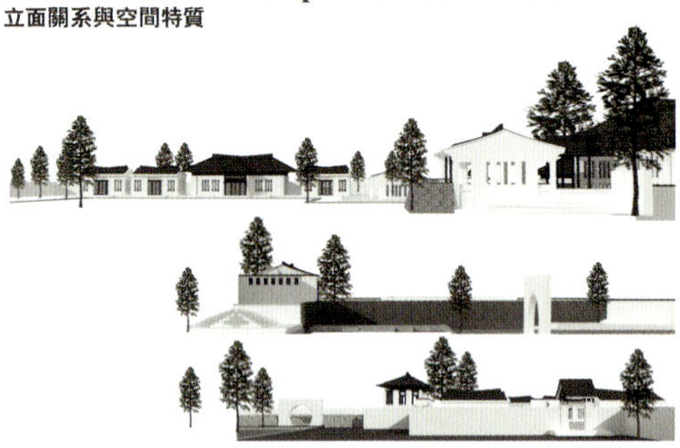

1. 現代藝術品中心 Modern Art Center
2. 后府（烏拉街三府）遺址 The Master house "three Fu" Fu Wulajie site
3. 歷史博物館 History Museum
4. 民俗博物館 Museum of folk custom
5. 戲臺 Stage
6. 民族服飾展覽館 National costume exhibition hall
7. 薩滿祭祀臺 The shaman station
8. 石碑古籍陳列館 Stone Classics Museum
9. 剪紙藝術中心 paper-cutting center

當歌曲和傳說已經緘默的時候，建築還在說話

民族性不是某些固定的外在格式、手法、形象，而是一種內在的精神，假使我們了解了我們民族的基本精神，又緊緊抓住現代性的工藝技術和社會生活特征，把這兩者結合起來，就不用擔心會喪失我們的民族性。

——李澤厚

作品名称：大地 DreamHealth

作者：刘晨晨

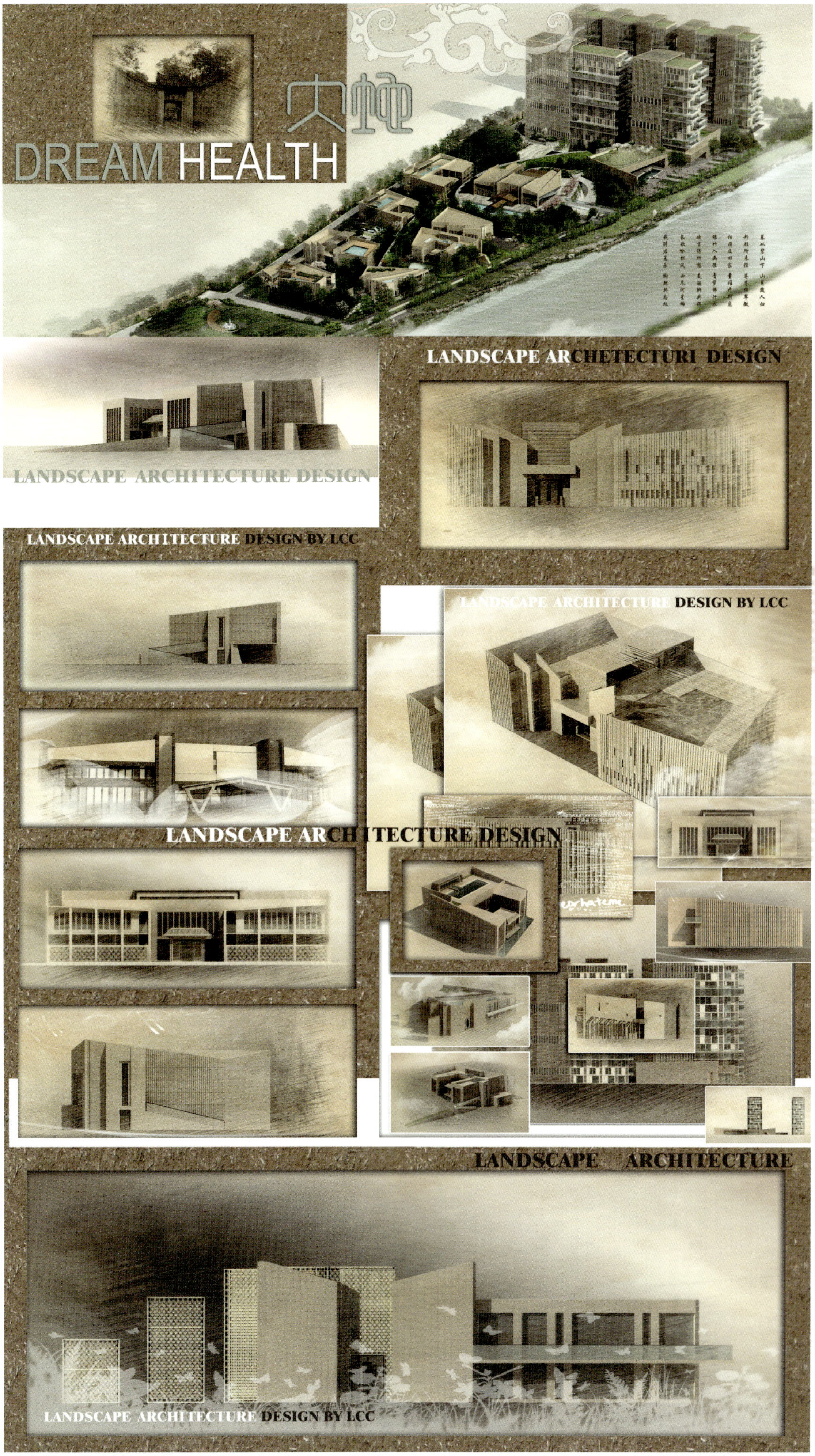

作品名称：盘锦大洼县红海滩大街商业区景观设计

作者：赵时珊　隋昊　李宏录

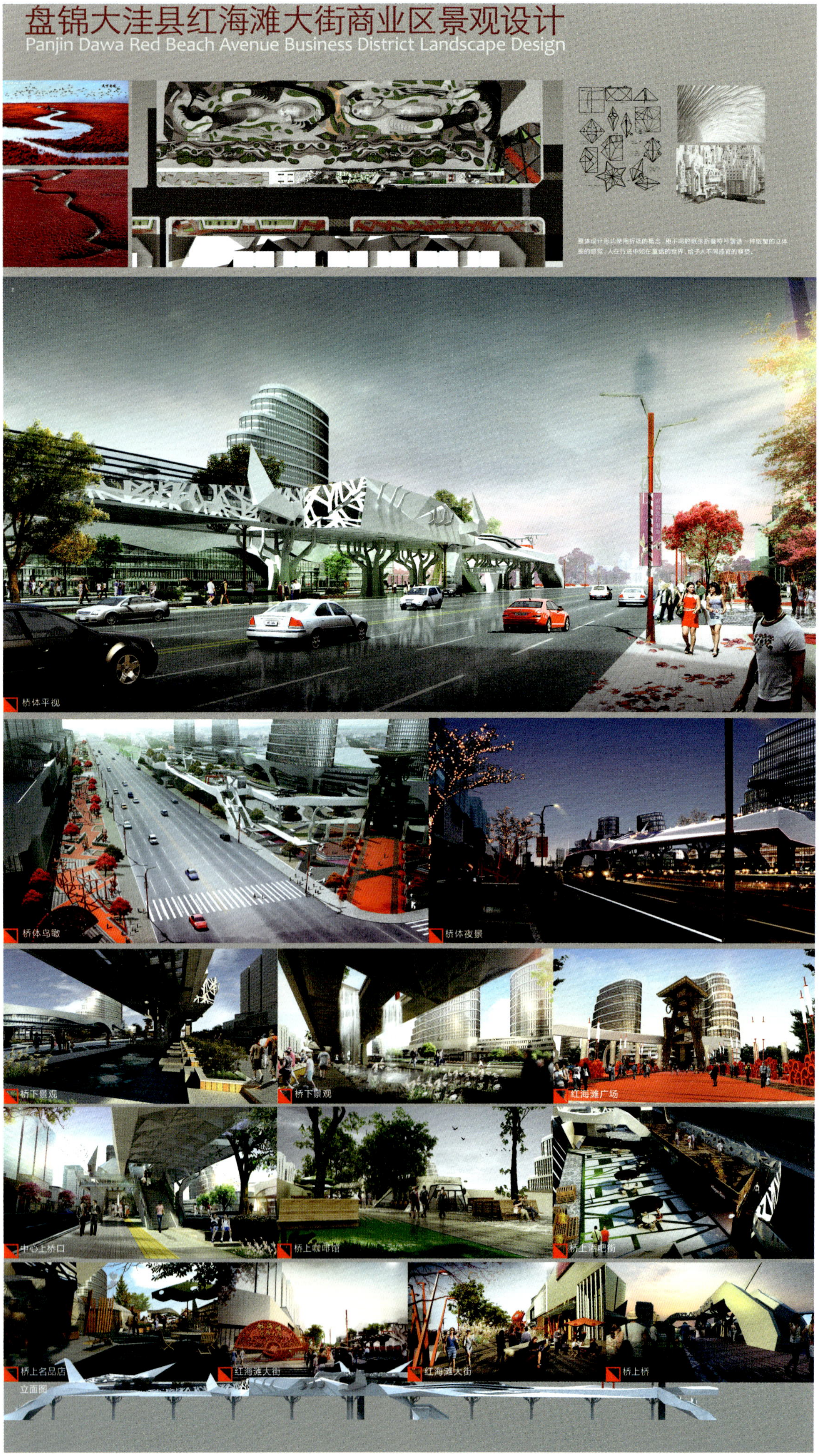

作品名称：陕西宁陕上坝河国际狩猎场

作者：李宪英　冯月华

QinlingShangbahe
秦岭上坝河国家森林公园

设计说明

项目背景：

狩猎场这个项目是秦岭上坝河国家森林公园整个项目的一部分。秦岭上坝河国家森林公园，地处宁陕，风景独秀，历史悠久厚重，是秦岭自然风光区与汉江人文自然风光交汇过渡地带。由于经济的发展与人的思想观念的改变，追求自然、生态、古建文化旅行的群体越来越多，该项目倾力打造古建、民居文化、自然生态景观，设计中着重强调“无痕迹消失”的设计理念，充分挖掘地区古建民居文化资源与自然环境的协调关系。把历史性、文化性、自然性用现代的发展变化观念和古典的精神通过设计将其充分展现出来。

规划思想：

结合现状用地的地形、地貌、水体、森林等自然生态景观和丰富的动植物资源，以及地理位置的特殊性，采用无痕迹消失手法设计原理按照历史文化的发展，以古建文化性、自然生态性、观赏性以及人的参与性为设计思想，展现地区文化底蕴改善狩猎环境，提供休闲文化的层次多元性。

总体理念：

狩猎场设计方案，具有显著的地域特征，主要体现陕南古建文化、民居、民俗文化、自然生态风格为主。运用中国传统民居建筑结构，采用当地民居建筑材料，以本土原木、石块组合，避免复杂装饰，给人以拓荒工匠使用有限工具来完成达到与周围自然环境与历史环境的协调。营造一种亲切感增加人们的狩猎情趣，表达对传统民居自然生态的情感。

景区规划：

狩猎场入口的设计运用当地传统的自然毛石结构，通过岩刻文字，寓意石文化是始祖文化“石群组合”迎接人们的到来，目送人们离去，真实触摸洋溢着亲切的感觉。分为七个景区：狩猎场服务管理中心、猎人射箭场、猎人射击场、猎人飞碟场、打靶管理区、弓箭靶区、接待、停车服务区。都是采用陕南传统民居建筑结构，采用当地民居建筑材料，以本土原木、石块组合构建而成。

作品名称：空间新语——四川美术学院围墙•创业街交融空间创意设计

作者：余毅 陈凯锋 覃祯 张灵梅

施工示意图

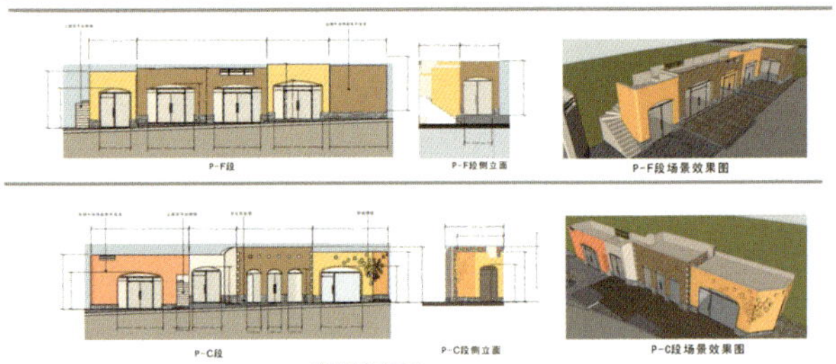

店铺屋顶平面示

创新点：

该方案在延续围墙作为区域划分的功能基础上，做了与创业实践活动和文化艺术表现相结合的大胆探索，结合周边地域优势将本土人文与艺术、学生创业实践行为作为本方案的创新点，形成集空间界定功能、文化艺术载体以及创业实践相交融的独特景观带。

此项目不仅解决了学校的安全和私密性，内侧连体空间也为学生提供了独特艺术氛围的创业实践场所。它的建成将成为大学城片区一个新的文化创意产业带和公共艺术长廊。

艺术性：

在整个形式上采用了围墙和店铺相结合的形式，融合了当地虎溪镇特有的农耕文化水渠作为围墙创作的主要元素，并结合多种艺术表

多元性：

既解决了学院的安全与私密性，又为学生提供了独具艺术氛围的创业实践场所，形成了新型的文化创意产业带和公共艺术长廊，集功能性、艺术性、观赏性与参与性于一体。

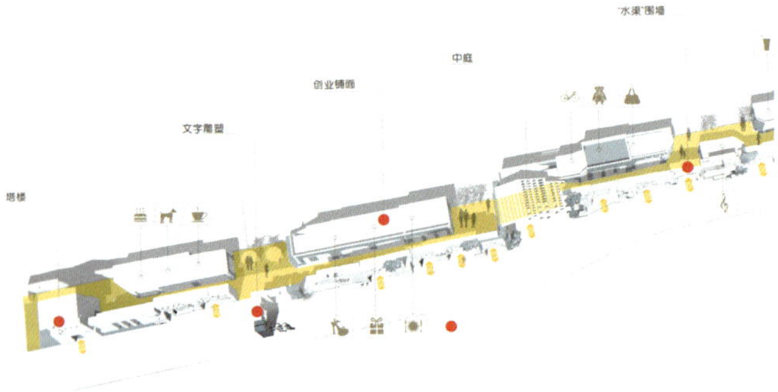

作品名称：老味家
作者：李宪英　李昆　冯月华

老味家 laoweijiafan

设计说明

老味属于一个改造项目，原有几家连锁店，现在老板自己保留的只有两家。她有固定的客户，桌椅都极其紧密的挤在狭小的空间里，高峰时期不免有些嘈杂。老味的升级改造，是想给爱他的人一个更好的环境，除了吃饭还可以窃窃私语。矮小隔断的围合让每一桌都拥有了独立的空间，大胆的白色造型砖，有一种原始石材的味道，灯光洒下来如水纹波动，恍惚间似在原野中静坐。桌椅板凳都大胆的选择了饱和度较高的色彩，嫩绿的翠，忧郁的蓝……特别选择的灯具也是各不相同，没有刻意的去适应空间，反而是这种看似的不融洽却使其更有亲切感了。在氛围的营造中，更倾向对于回忆的积淀，老旧的木板，简洁的书架巧妙的立在隔断上面，既实用又美观。

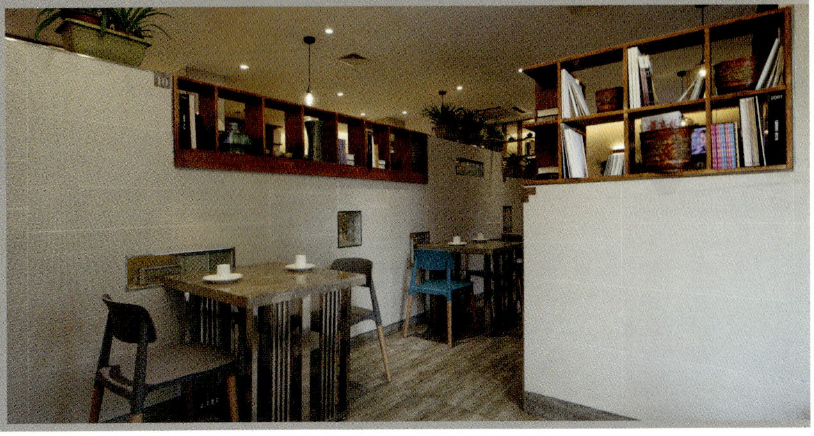

作品名称：朝阳——西安交大附小室内外整体设计方案

作者：张豪 郭治辉 吴雪 薛晓杰 李晓亭

朝阳 西安交大附小室内外整体设计方案

Xi'an Jiaotong University Preparatory School Interior And Exterior Design Program

项目概况

项目名称：

西安交通大学附属小学曲江校区分部室内外装修设计

基地概况：

该项目位于交大曲江校区内，项目占地约3600m²，建筑面积约5000 m²，北邻东邻交大家属区，西邻交大附中曲江校区，地势南高北低，基地为三级台地，落差分别为3.6米，3.3米。校内主要建筑为一栋四层教学楼，总高19.5米。

受众分析

受众年龄：

5~12岁年龄区间的小学生

受众喜好：

卡通动漫、动物、零食、游戏、服饰穿着

受众特征：

各方面处于迅速发育阶段、

单纯天真、好奇心强、体格差异较大、

富有想象力、色彩识别性强、群聚性、表现欲等

色彩系统

我们在设计过程中对整个新校址的校园色彩系统进行重新构建。

- 我们用白色来代表学生纯真的天性；
- 我们用彩色来代表学生们独特多样的性格特征和他们五彩缤纷的童年生活；
- 我们用渐变的红色来延续交大悠久的历史底蕴和文化色彩。

孩子是建筑的使用者，孩子们拥有发言权

年级色彩识别系统

楼层导视牌系统

年级牌视觉导视系统

校园一角

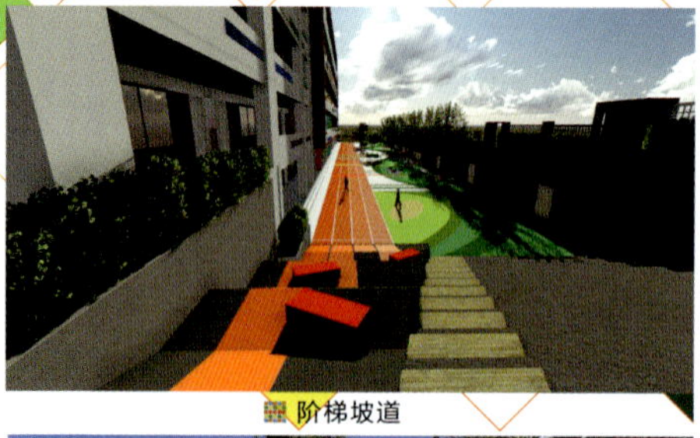

阶梯坡道

校史文化长廊

建筑立面

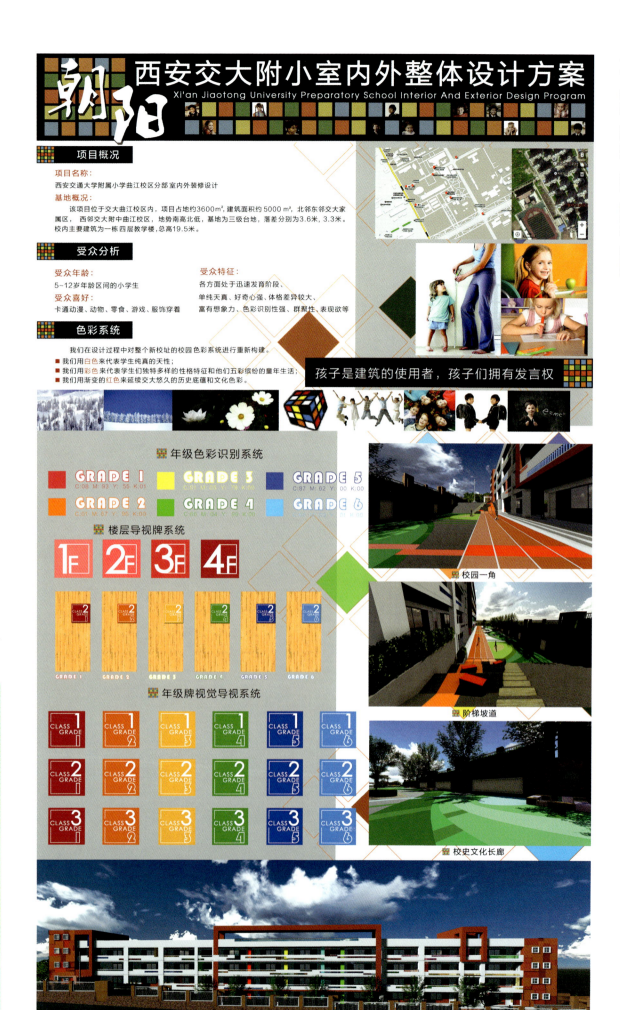

作品名称：文化形女性高端私人会所

作者：张银鹭

PANDORA
HIGH-END
WOMEN'S
PANDORA
PRIVATECLUBDESIGN
最一开始的主题定位是文化型的女性高端私人会所，顾名思义，是为有深层文化内涵的、独立自主的、成功的女士而量身定做的。我命其名为"潘多拉"（Pandora),源于希腊神话中黏土做成的的第一位女性，她被诸神赋予美丽、性感、聪明等一系列女人想要拥有的东西，却缺少了智慧。于是我将设计的这个会所命名为"潘多拉"是希望来这的知识女性把"潘多拉"的美中不足补充上，让这个室内空间给人一种完美女人的想法。整体空间设计现代，大胆，扭曲的造型和"草间弥生"的艺术作品都带给观者视觉的冲击，点线面的综合运用有体现女性该有的细腻，整体空间文化韵味源远流长。
Theme positioning the first cultural female high-end private clubs, as the name implies, is tailored to have deep cultural connotation, stand on one's own, successful women. I named the "Pandora" (Pandora), derived from the Greek myth of the clay into the first woman, she was beautiful, with the gods gave a series of sexy, smart woman wants, but the lack of wisdom. The club so I will design named "Pandora" is the hope to the intellectual female "Pandora" a fly in the ointment is added on top, make the indoor space gives people a perfect woman. The overall design of modern, bold, distorted shapes and "Yayoi Kusama" works of art to the audience the visual impact, the integrated use of point line side of some of the delicate female culture has a long history, the overall space.
< 室内主入口设计 >
INDOOR MAIN ENTRANCE DESIGN
< 两性空间对比分析 >
ANALYSIS OF GENDER SPACE CONTRAST
守时
理性
善于左脑
OPEN
开放空间
情绪稳定
单一
安静
政治
MAN
GENDER
INTERIOR DESIGN
WOMAN
迟到
感性
善于右脑
私密
闭合空间
情绪波动
敏感
瑕疵
八卦
INTERIOR DESIGN
< 室内空间设计 >
ARCHITECTURE DESIGN
< 女性高端会所建筑设计 >

优秀作品 / 专业组

2 酒店大厅、大厅吧、特色精品店

关键词：风蚀山体的曲线纹理　窑洞　自然　生土　地域特色

作品名称：生态窑洞酒店

作者：舒闻洋　徐莹莹

设计说明：整个空间的布局是对窑洞四合院下沉住宅的一种再设计。首先是入口，陕北的纹样多是外方内圆，我把这种天人合一的形式运用在门口，并将形状设为倒梯形和半圆的关系，既活跃了入口的氛围，又不失传统意味。

在入口和大厅之间我设计了一个长长的廊道，整个空间用曲线的走势以及曲面的墙面，淋漓尽致的展现陕北曲线的自由感。同时用水景和植物来渲染空间氛围，制造一个生态的景观长廊，给人神秘舒适的感觉。

大厅入口则以一个连接地面天棚的雕花服务台迎接顾客，意在展现陕北的历史文化感，给人壮观的印象。整个空间以棕色黄色为主，用亮黄色、金色为主要点缀，红色为次要点缀，使整个空间爽朗中又不失陕北的色彩感。在肌理上也会用毛石做为点缀增加朴实亲切感。

面临的问题

a. 西方的强势文化侵袭，一味的"拿来主义"。→ b. 地域文化差异明显，但却被人逐渐的淡忘。→ c. 室内空间肌理单一化，空间缺乏情感。→ b. 传统的民族文化渐渐淡出人们的视线。

设计概要：

色彩
- a. 色彩上以土黄、红棕色为基底
- b. 空间以金色、黄色为主要亮色调，以少量红色烘托热烈气氛。

形式
- a. 窑洞分为靠崖式、下沉式、四明头式，我们结合了几种居住方式。
- b. 生土的可塑性被我充分的利用，负一层的空间给了我更多自由发挥的空间。整个空间时而蜿蜒时而开敞，可以营造出更加舒适的空间。

地形走势：下沉入口，负一层的大厅，扶手电梯可到达一层花园式中庭。

视线及交通流线：主要的上升下沉关系，随着人的前行室内的节点有节奏的变化。

酒店入口及中庭

入口及入口长廊：在入口和大厅之间我设计了一个长长的廊道，整个空间用曲向的走势以及曲面的墙面面，淋漓尽致的展现陕北曲线的自由感。同时用水景和植物来渲染空间氛围，制造一个生态的景观长廊，给人神秘舒适的感觉。

前期分析草图

酒店接待大厅

酒店大厅：大厅入口则以一个连接地面天棚的雕花服务台迎接顾客，意在展现陕北的历史文化感，给人壮观的印象。整个空间以棕色黄色为主，用亮黄色、金色为主要点缀，红色为次要点缀，使整个空间爽朗中又不失陕北的色彩感。在肌理上也会用毛石做为点缀增加朴实亲切感。

特色精品店

酒店大厅吧

大厅吧：a. 大厅吧用来强化我的空间肌理，我大量的运用生土，制造一种原生态的自然肌理，选用大厅的热烈平面构成"安塞腰鼓"作为空间的点缀。

b. 将曲线的纹理强化，在座椅的选择上也以环形为主。大厅吧连接室外下沉花园式中庭，可以充分融入自然。

下沉式花园广场

下沉式花园广场：整个酒店地处陕北千沟万壑的空间中，如置身于"世外桃源"，可以和陕北神奇辽阔的土地充分接触。这里种有陕北特色的枣树、胡杨树、沙柳等植物。在小广场的中心有一条小河，和辽阔的黄土镶嵌而生，更显得湖水的静和黄土高原的辽阔。

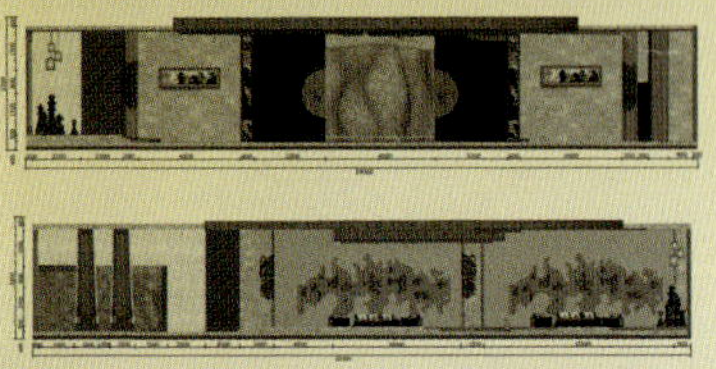

作品名称：灾急效应——灾后避难住宅设施设计
作者：李轩铭 杨立君 郑铁盈 马金龙

灾后避难住宅设施设计
Post disaster emergency housing
应急效应
Emergency Effect
36%
The transport 运输方式
向灾区运送：无外乎水运、陆运和空运等手段。本套方案的运输也极其简便，可以使用大型运输车辆；同时中小型船只也能满足运输需要；或者也可以使用大型运输机进行空投。在必要时运往灾区。它的拆装十分简便，大大节省了人力物力。
整体折叠过程 The overall folding process
本套设计方案最大的亮点就在于它如同电动推拉门一般，可以自由拉伸。这样在节约了空间的同时，也可以自由组织建筑的组合形式。可以在不同种地形有多种选择。
它的工作原理很像电动推拉门，并且只需要几个小小构架便可以将这么从一个如同集装箱一样的物体变为一排排房屋。这种结构很好的节约了拼装的时间，同样节省了更多的人力物力。所节省的人力物力完全可以确保黄金救援72小时顺利开展，争取更多的人员救助。
门窗折叠过程
The process of folding doors and windows
这一组示意图，是单体住宅门窗的折叠过程，门与窗都是可以通过折叠与六边形空间每块板材表面重叠在一起。门窗都是由轻薄的钢架与亚克力板组合在一起，十分轻质，易于折叠和展开，所围合的空间是一种半开敞状态，他的采光与通风较好。如果有需要，可以把遮光窗帘拉上，阻挡阳光直射的同时，可以起到保护隐私的作用。在六边形空间每个板材正反面贴有反光的材料，起到警示作用。
47%
警示灯
警示条
抗震减压胶垫
反光警示条
遮光窗帘
滚轮
警示灯
2

作品名称：禅茶一味——基于地域空间组织的茶馆空间探索

作者：尹春然

自然通风

通过半开放式建筑空间语言的介入，利用风压、热压的作用，增强了室内、外空气的流动，为建筑内部提供清新、洁净的空气，使原本较为封闭的空间提高了自身的自然通风和自然采光能力。

垂直流线分析

通过对地域建筑元素的提取，应用于茶馆空间设计。茶馆入口处通过上升台阶进入封闭感较强的入口空间，由狭窄辗转到半封闭半开放的中庭空间。局部上升及下沉空间的设计丰富了品茶者对茶馆的整体空间体验。吧台空间部分青竹元素的植入，为整个空间提供了一丝绿意，位于茶馆外的路人通过过渡空间，被室内的青竹所吸引，步入整个空间，在不同的视角可以通过被打开局部墙体看到青竹，墙体局部开口且低于正常人视线，通过遮挡人视线，加强了人与空间的互动交流，给人一种探索的乐趣，增强了整体空间的趣味性。

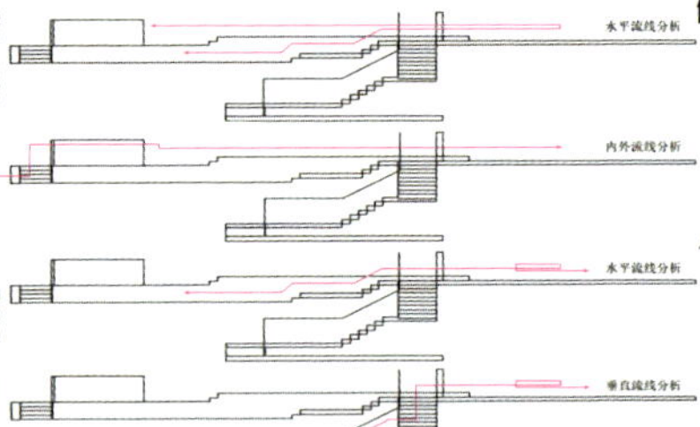

俯视分析

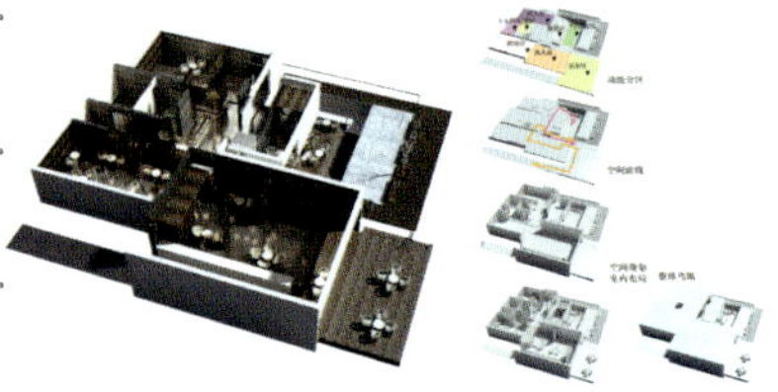

材料语言

在材料的选择方面，主要以竹、青砖、纤维玻璃作为主要材料，选用具有君子象征意义的竹，是因为竹的挺拔洒脱、正直清高、清秀俊逸是中国文人的人格追求，古今文人墨客对竹充满了赞美，为无数仁人志士喜爱。通过对竹材料的运用，营造一种文人书香的意境。通过使用厚重感较强的青砖与较为灵动的纤维玻璃两种材质，旨在加强空间材质之间的对比变化，使空间整体有一种较强的材质碰撞感。

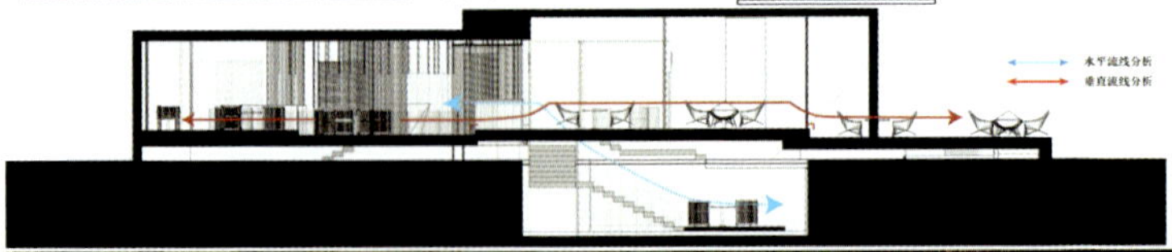

视角分析

作品名称：共生空间

作者：张策

作品名称：艺术家之家
作者：董晟

艺术家之家

yishujiazhijia

会稽山文化积淀深厚。中国山水诗的重要发源地之一，历代文人雅士留下了众多诗文佳作。这正是画家们所追求的理想的居住及工作的地方。因此我选址在此，不单单因为它优美的环境更因为它的文化底蕴。给画家提供了源源不断的绘画灵感。

客厅外 sitting room outside

泳池给客厅带来了丰富的景色，作为主要是夏天活动的区域，在附近种植芭蕉树。

会稽山别墅小区项目概况 Kuaijishan villa project survey

北靠山间溪流，南面有绿化坡地。有一条小区的快车道经过。地块呈西大东小的梯形。另外，沿中部的折线，西部地块比东部高出2.5米，形成这地块最重要的地块特征。

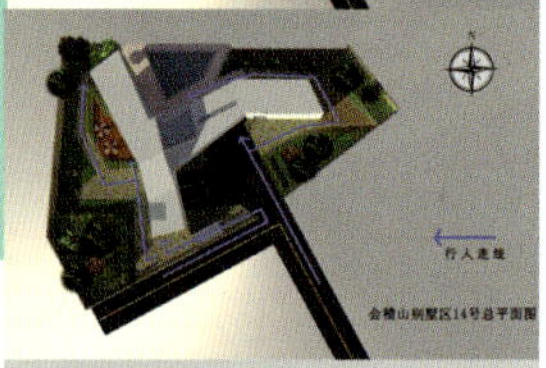

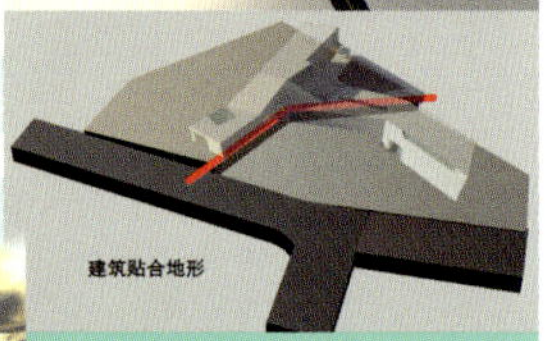

建筑主体呈横置的“丁”字。丁字上横与游泳池骑在西面高地的地基折线上。使地基和建筑有自然的贴合，同时方便人流及车辆的通行。

画室外 Outside the studio

主要种植竹子一些低矮的灌木，结合附近的一条溪流，再配上太湖石做为装饰，组合出一幅如同园林般美景。画家在作画之余远眺室外时，不但可以舒缓心情带来宁静外甚至提供创作的灵感。

作为一个画家，生活情趣一般是高雅的，对生活的品质也会是苛求的，对于这样的业主，应该提供一个优质的居住环境。在室外的环境的安排上考虑到各区域不同的使用功能，及不同的使用时间，还有建筑内部窗外景色的安排合适的植物。

别墅环境

Villa environment

茶座 teahouse

由于处于室外，不具有抗寒耐热功能，因此主要是春秋两季使用，在视野范围内种植樱花以及枫树。

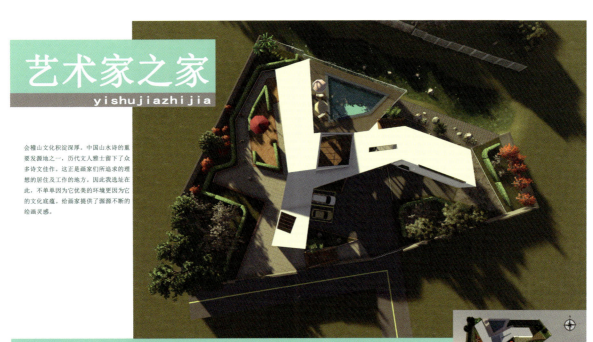

作品名称：绿·动乡野 乡村健身融入城郊农村社区设计

作者：洪婧

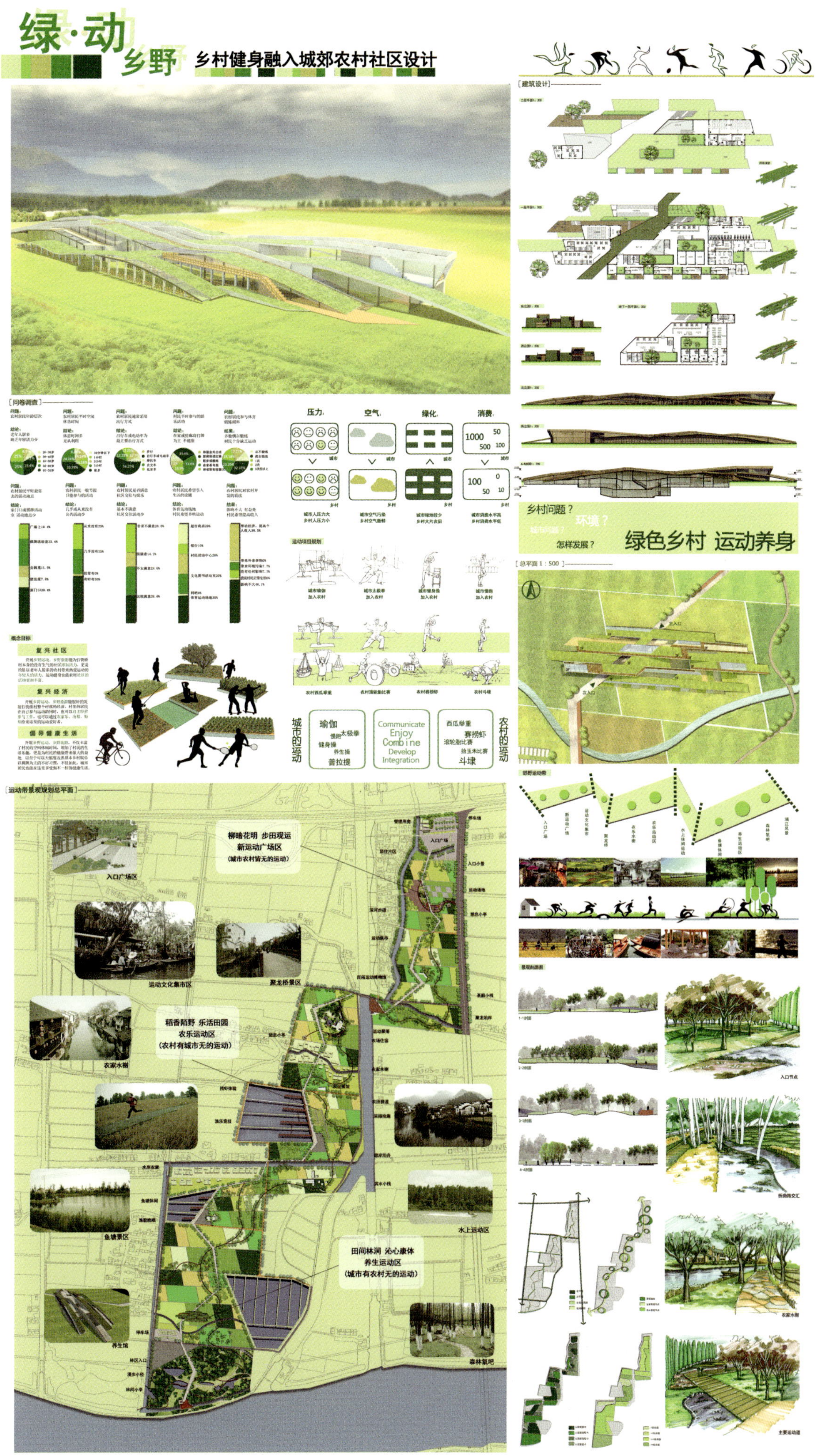

优秀作品／学生组

窑居

——黄土高原窑洞改造可行性研究

作品名称：窑居——黄土高原窑洞改造可行性研究

作者：李秀媛　司清

项目背景

山西省临县的瓷窑村和陕西省长武县十里铺村，分别是典型的靠崖式窑洞村落和下沉式村落，我们以它们为研究的基础，分别进行了研究和改造。打造出适合当地实情和文化传统的以休闲娱乐为主题的度假村落。不仅可以增加当地人的经济收入，还可以让更多的人体验到这一原生态本土建筑的特色，并让这一文化传承和发展下去，真正形成可持续发展，也尽可能保护维持了世界文化的丰富多样性共存之风貌。

本设计主要研究的方向为靠崖式窑洞和下沉式窑洞。山西省临县的瓷窑村和陕西省长武县十里铺村，分别是典型的靠崖式窑洞村落和下沉式村落，我们以它们为研究的基础，分别进行了研究和改造。打造出适合当地实情和文化传统的以休闲娱乐为主题的度假村落 。不仅可以增加当地人的经济收入，还可以让更多的人体验到这一原生态本土建筑的特色，并让这一文化传承和发展下去，真正形成 可持续发展，也尽可能保护维持了世界文化的丰富多样性共存之风 貌。

A 项目位置

山西省临县招贤镇瓷窑村位于黄土高原的山西高原吕梁山西侧。临县招贤镇以产窑货著名。窑货都比较粗糙，以大型的缸、盆等为主，黑土釉。瓷窑村就是其中产窑货的村子之一。村子的住户都集中在一条黄土沟里，延绵数里。

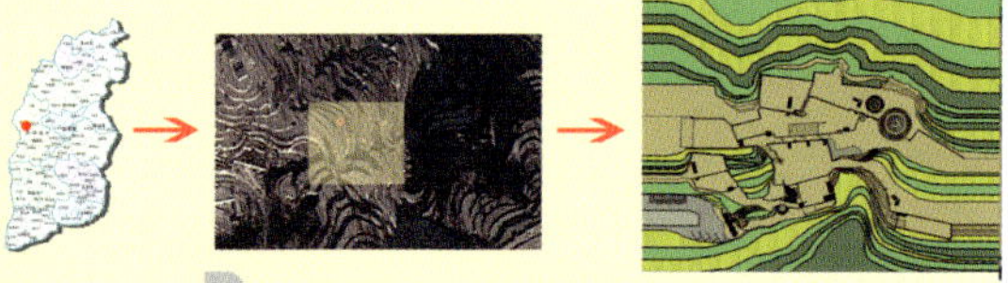

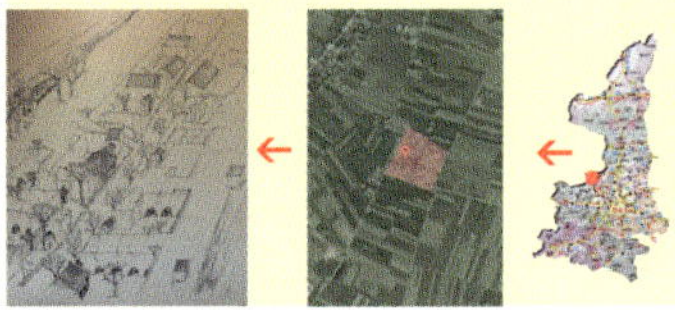

B 项目位置

陕西省长武县十里铺村位于陕西长武县，渭北黄土高原，这里贴近甘肃，邻彬县和旬邑，这一省两县地区古名为“豳”，是周王朝先人的发祥之地。黄土塬区植被稀少，常年雨水冲刷，形成众多沟壑，因此耕作在塬面，沟底为河流。由于自然环境恶劣，灾害繁，清宣统《长武县志》云：“陶居穴处，时见崖决，地瘠民贫，莫此为甚”。

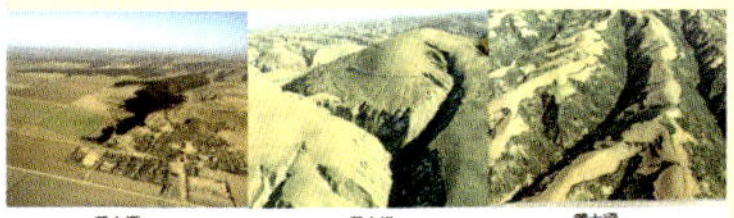

黄土塬　　黄土峁　　黄土梁

黄土高原在中国北方地区与西北地区的交界处，它东起太行山，西至乌鞘岭，南连秦岭，北抵长城，主要包括山西、陕西、以及甘肃、青海、宁夏、河南等省部分地区，为世界最大的黄土堆积区。黄土塬、梁、峁地形是今天黄土高原基本的地貌类型。山、原、川三大地貌类型是黄土高原的主体。黄土高原土地地质均一、土粒细小、直立性强、透水性好。

正是由于这样的地质地貌、气候特征，造就了我国建筑文化中的瑰宝——窑洞。窑洞民居也是我国黄土文化的重要象征。

下沉式窑洞　　靠崖式窑洞　　独立式窑洞

窑洞是一种民居建筑形式，是中国大陆黄土高原地区的特色建筑。由于自然环境、地貌特征和地方风土的影响，窑洞形成各式各样的形式。但从建筑的布局结构形式上划分可归纳为靠崖式、下沉式和独立式三种形式。

窑洞是中国西北黄土高原上居民的古老居住形式，这一“穴居式”民居的历史可以追溯到4千多年前，那时人们便开始依黄土凿洞安身。时至今日，窑洞式房屋还广泛分布在黄河中上游的各省、自治区，如陕西、甘肃和宁夏，居住人口达4千多万。

山西省临县瓷窑村

A 设计说明

山西省瓷窑村的改造主要以整体规划为主，分别有接待区、窑院住宿、休闲娱乐餐饮中心、文化博物馆，采用各种植物搭配进行绿化，很好的治理水土流失等问题，又使自然环境更加优美，将现代的生活方式很好的融入到生土建筑文化当中，使自然建筑可以传承并更好的延续下去。

窑洞的优点

1、满足人的居住需求

2、冬暖夏凉、绿色环保、造价低廉；

3、防火、挡风隔音

4、坚固耐用、防震抗震、零排放量，是天然的“会呼吸”的建筑

窑洞的缺点

1、通风差、有地域性、交通不方便

2、卫生条件不好

3、遇到黄土地区的雨季，室内潮湿通风极差，令人窒息。洞越深采光越差。

4、采光的局限性—单面采光

需要着重解决的问题

1、保持原有的传统文化，将现代生活方式引用进去。

2、窑洞建筑是历史文化的延续，始终把改造偏向于文化传承，使这种因地制宜的建筑方式能够延续下去

3、对以前窑洞的结构安全方面进行改善

4、合理安排布局，使适合现代人类居住

5、合理安排排污、用水等功能

6、为窑洞加上现代的饮水和卫生系统、太阳能与热能科技、通风设施、沼气利用系统等，使生土窑洞成为了完全是自体循环的绿色建筑。

景观植物

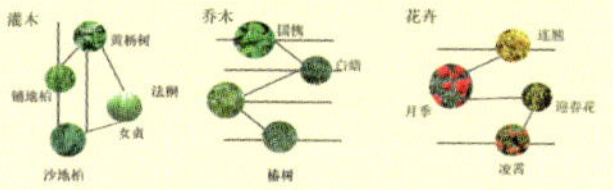

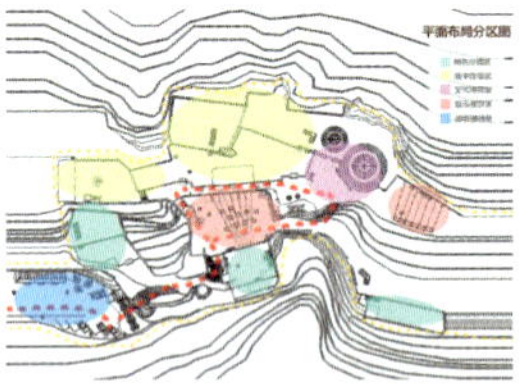

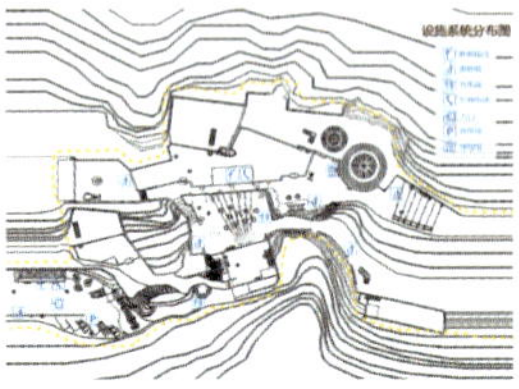

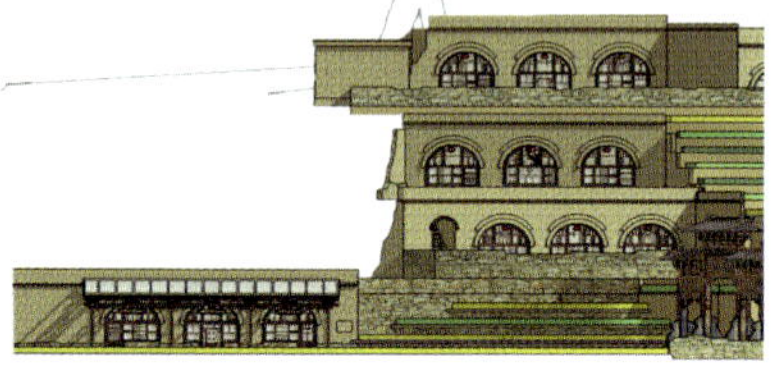

作品名称：负空间 富空间
作者：孙瑞含 卞少豪

负空间.富空间 02
NEGATIVE SPACE . RICH SPACE
城市地上地下空间一体化设计
THE INTERGRATION OF UNDERGROUND SPACE DESIGN

1、让地下通风 /LET IT BREATH

地下呼吸/净化系统

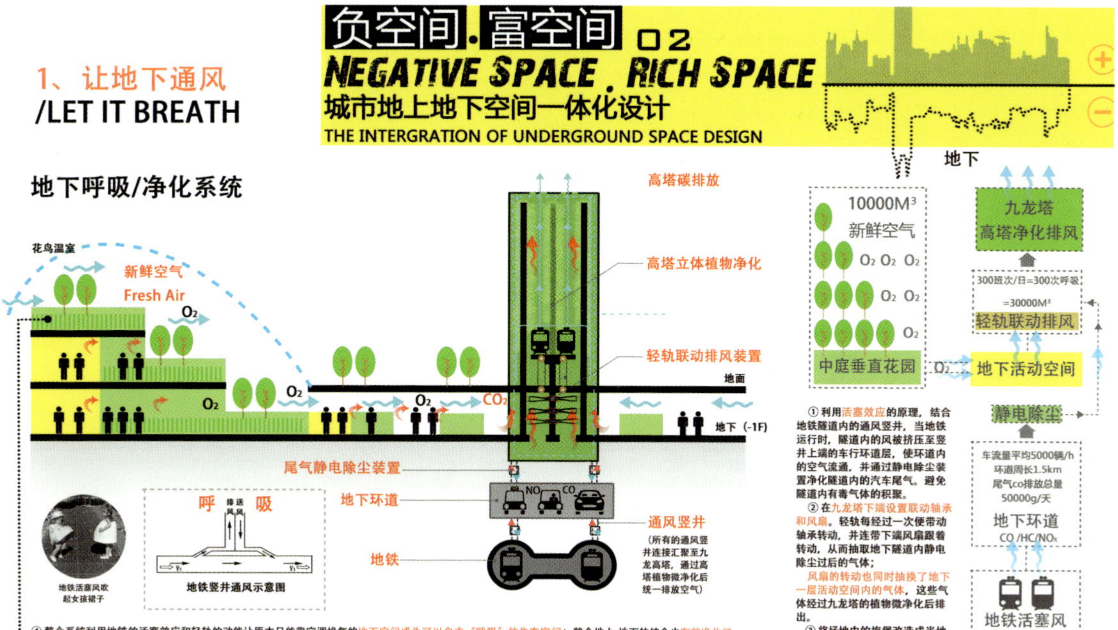

① 利用活塞效应的原理，结合地铁隧道内的通风竖井，当地铁运行时，隧道内的风被挤压至竖井上端的车行环道层，使环道内的空气流通，并通过静电除尘装置净化隧道内的汽车尾气。避免隧道内有毒气体的积聚。

② 在九龙塔下端设置联动轴承和风扇。轻轨每经过一次便带动轴承转动，并连带下端风扇跟着转动，从而抽取地下隧道内静电除尘过后的气体；

风扇的转动也同时抽换了地下一层活动空间内的气体，这些气体经过九龙塔的植物微净化后排出。

③ 将场地内的梅堡改造成半地下的花鸟温室，为地下空间提供新鲜的空气。

④ 整个系统利用地铁的活塞效应和轻轨的动能让原本只能靠空调换气的地下空间成为可以自主“呼吸”的生态空间；整个地上、地下的结合也有效净化了被污染的空气，一定程度上缓解了雾霾。

① 花鸟植物温室

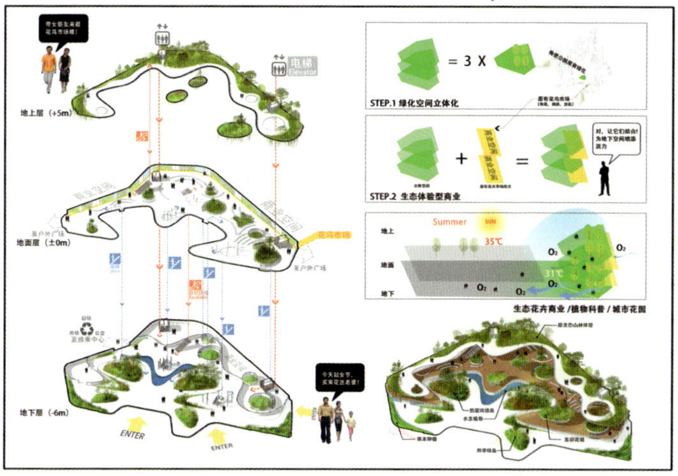

② 地下文化综合体

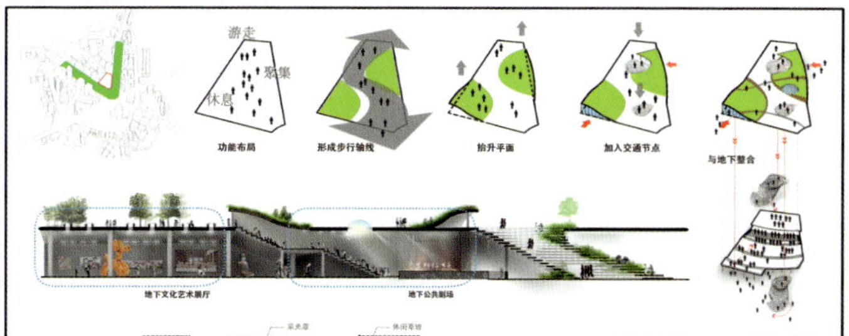

通过抬升部分广场的平面，一方面丰富，增大了广场的活动空间，另一方面也增加了绿化面积，同时也利用广场塑造了地下剧场的入口，能让地下在城市地面环境中的存在明显，并让地下与地面环境融合成为城市重要景观，创造出自然环境引入至地下内部的机会。

在步行交通的组织上，将活动停留的区域与步行通过的区域分开，使广场的功能划分明确，有效组织人们的公共活动。

2、让地下采光/LET IT BRIGHT

1、采光大梯步

多重功能的交混形成触媒景观，激发自然元素、空间元素与大众活动的交互发生.形成具有地方意识(山城特点)的活动节点.促进城市上下空间场所联系，有效提高城市空间运行效率.

交通上连接上下地面，
空间上形成游憩点，
生态上采光通风。

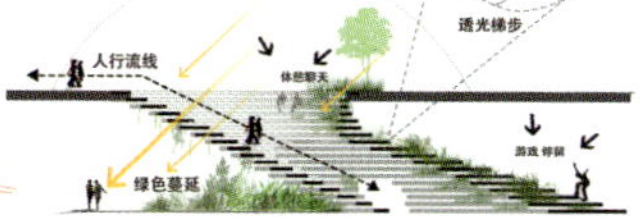

2 采光座椅

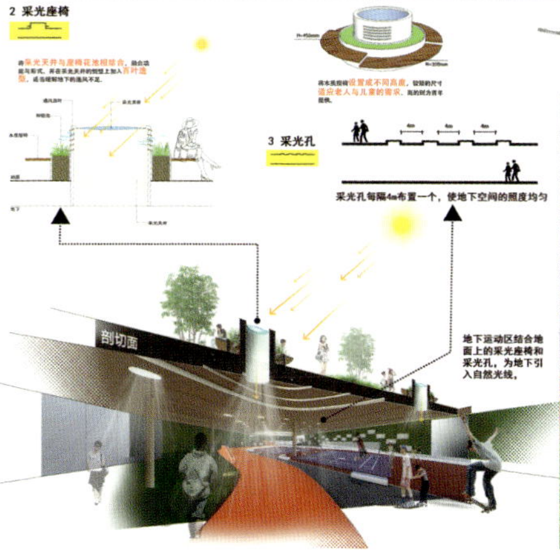

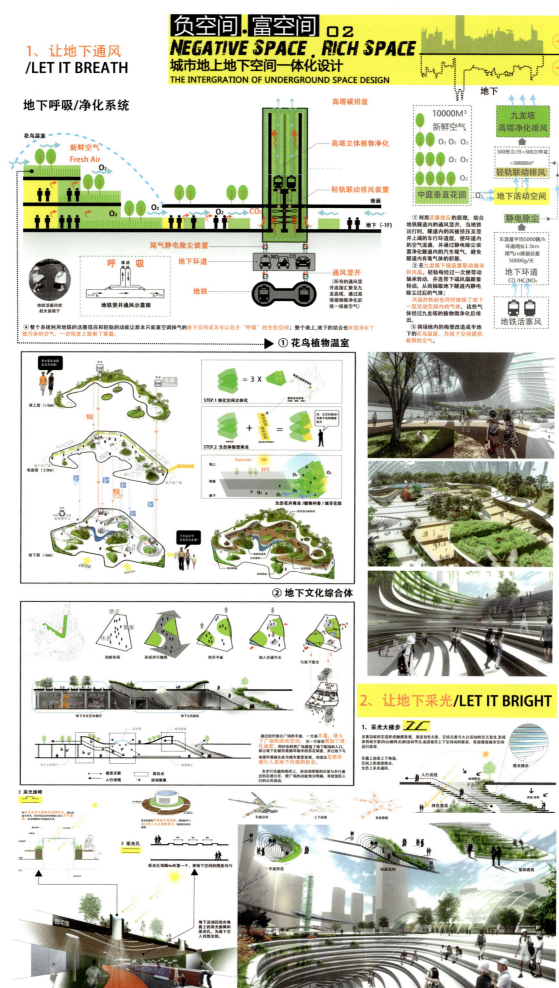

作品名称：城市生长线——江津滨水区景观概念设计

作者：佟佳

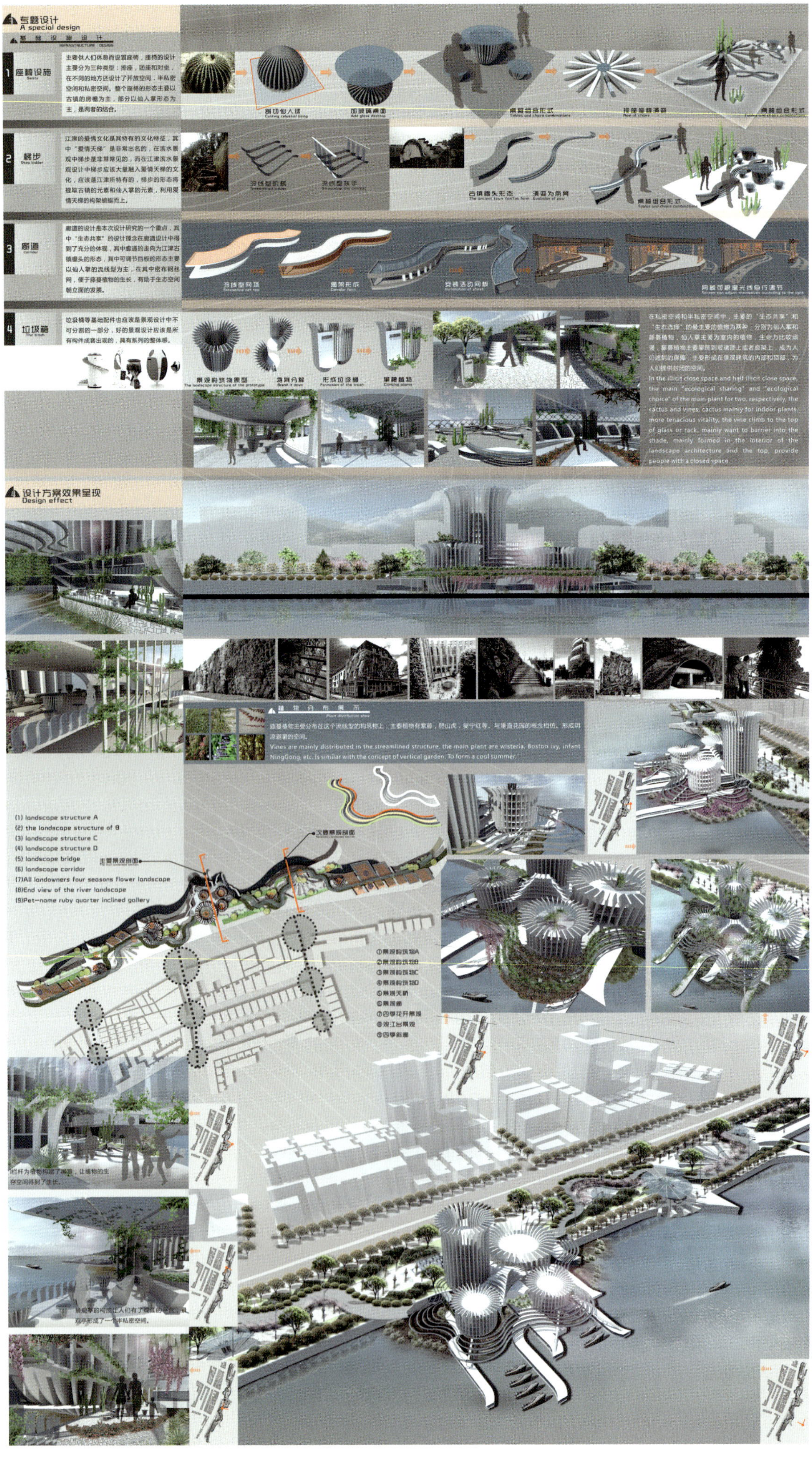
专题设计
A special design
基础设施设计
INFRASTRUCTURE DESIGN
1 座椅设施 Seats
主要供人们休息而设置座椅，座椅的设计主要分为三种类型：排座，团座和对坐，在不同的地方还设计了开放空间，半私密空间和私密空间。整个座椅的形态主要以古镇的房檐为主，部分以仙人掌形态为主，是两者的结合。
2 梯步 Step ladder
江津的爱情文化是其特有的文化特征，其中"爱情天梯"是非常出名的，在滨水景观中梯步是非常常见的，而在江津滨水景观设计中梯步应该大量融入爱情天梯的文化，应该是江津所特有的，梯步的形态将提取古镇的元素和仙人掌的元素，利用爱情天梯的构架蜿蜒而上。
3 廊道 corridor
廊道的设计是本次设计研究的一个重点，其中"生态共享"的设计理念在廊道设计中得到了充分的体现，其中廊道的走向为江津古镇蟠头的形态，其中可调节挡板的形态主要以仙人掌的流线型为主，在其中密布钢丝网，便于藤蔓植物的生长，有助于生态空间朝立面的发展。
网板可根据光线自行调节
4 垃圾箱 The trash
垃圾桶等基础配件也应该是景观设计中不可分割的一部分，好的景观设计应该是所有构件成套出现的，具有系列的整体感。
在私密空间和半私密空间中，主要的"生态共享"和"生态选择"的最主要的植物为两种，分别为仙人掌和藤蔓植物，仙人掌主要为室内的植物，生命力比较顽强，藤蔓植物主要攀爬到玻璃顶上或者扉架上，成为人们遮阴的屏障，主要形成在景观建筑的内部和顶部，为人们提供封闭的空间。
In the illicit close space and half illicit close space, the main "ecological sharing" and "ecological choice" of the main plant for two, respectively, the cactus and vines, cactus mainly for indoor plants, more tenacious vitality, the vine climb to the top of glass or rack, mainly want to barrier into the shade, mainly formed in the interior of the landscape architecture and the top, provide people with a closed space.
设计方案效果呈现
Design effect
植物分布展示
Plant distribution show
藤蔓植物主要分布在这个流线型的构筑物上，主要植物有紫藤，爬山虎，婴宁红等。与垂直花园的概念相仿。形成阴凉遮暑的空间。
Vines are mainly distributed in the streamlined structure, the main plant are wisteria, Boston ivy, infant NingGong, etc. Is similar with the concept of vertical garden. To form a cool summer.
次要景观剖面
(1) landscape structure A
(2) the landscape structure of B
(3) landscape structure C
(4) landscape structure D
(5) landscape bridge
(6) landscape corridor
(7)All landowners four seasons flower landscape
(8)End view of the river landscape
(9)Pet–name ruby quarter inclined gallery
主要景观剖面

作品名称：《衍生·草木之间》——生态茶空间设计
作者：赵雪

衍生·草木之间

——生态茶空间设计

茶——一片树叶的故事，中国几千年历史文化的传承

设计推导

茶是一种人生
茶，是人处于草木之间
茶，是人面对自己的态度，也是面对内心的态度
沧海桑田，时代变迁，无论是人还是茶，本源依旧是——自然

茶空间总平面图
树叶内部
平面图推导
（生态循环系统）

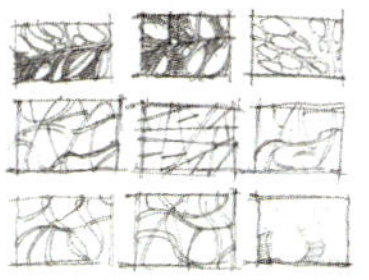

色调提取

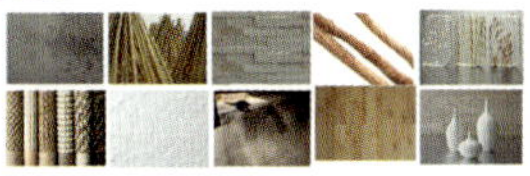

环保材料选取

①原生态竹地板　②装饰混凝土地面　③传统生态藤条　④新型环保绝缘亚克力　⑤生态材料麦草白水泥的运用　⑥可再生人造文化石　⑦中国传统白陶　⑧中国传统夏布、麻布

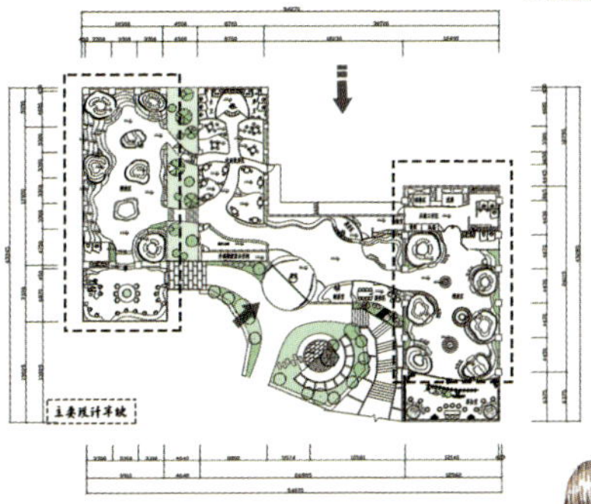

设计说明

设计根源
中国被称为茶的故乡，茶文化源远流长。但随着世界经济的全球化与区域经济一体化的进程加快，传统文化正在被外来文化侵蚀，传统文化渐渐的被人们所遗忘。发扬，传承茶文化设计成为此次设计的核心要点，同时把突破传统茶空间环境设计，作为设计的重点。

设计方向
以传承中国古老茶文化为设计目标，以归根（回归自然）这一绿色生态理念为核心来进行室内空间的整体设计和意境的塑造。

设计思维
一片树叶绿色生态的概念贯穿于设计的始终，透彻茶本身的自然气息，把室内光影效果的变化交还给自然。

茶的衍生（茶的两次生命）
茶走过漫长的旅程，经过水与火的历练生与死的历练与我们相遇，生命历经枯萎、重生、绽放。茶的命运也是人的命运。在私密区空间环境氛围的塑造中主要营造茶的两次生命：土生和水生这两种意境。第一次生命来源于土壤（茶山丘陵）。第二次生命来源于水，茶遇水重生（宁静的湖泊）。

设计理念
突破传统设计中茶空间以男性阳刚之气来塑造茶的意境氛围，反之在设计中通过以女性的柔美、包容、淡雅来塑造整体的茶空间环境。

关键词　朴素　衍生　绿色　东方　归属

实地选址：“重庆天地”国际商务区，重庆市渝中区化龙桥瑞天路156号
受众人群：不仅包括讲究生活品质的爱茶人士，也是为了吸引更多年轻人关注茶文化，重拾对中国古老茶文化的关注与喜爱。
设计定位：生态与文化相结合的商业性茶空间。

精座区，子空间装置设计推导

包裹形式由3片概念树叶组合而成，不同的包裹形式呈现不同的空间视觉效果，材料选用生态环保的藤条，在室内形成一个个大小不一的子空间，同时也是室内的视觉亮点。

自然情趣实为精神栖息之场

精座区地面高差、光照分析

左侧私密空间室内地形模拟分析

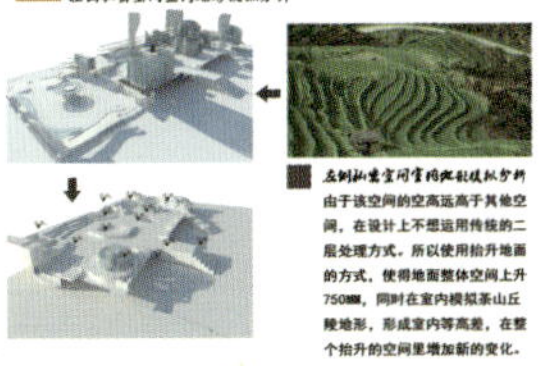

左侧私密空间室内地形模拟分析
由于该空间的空高远高于其他空间，在设计上不想运用传统的二层处理方式，所以使用抬升地面的方式，使得地面整体空间上升750MM，同时在室内模拟茶山丘陵地形，形成室内等高差，在整个抬升的空间里增加新的变化。

精座区室内光源分析

——对于自然光源的运用：通过对南方中式建筑屋顶的深入了解，瓦片下是椽子，就是一种规整排列的木棍，瓦片和横梁的组合之间有着可以利用和设计的一些小面块，通过对传统中式瓦片和现代环保节能玻璃瓦片之间的规则组合来为阳光让出通道，让光斑成为室内墙面、地面、天棚的装饰图案。

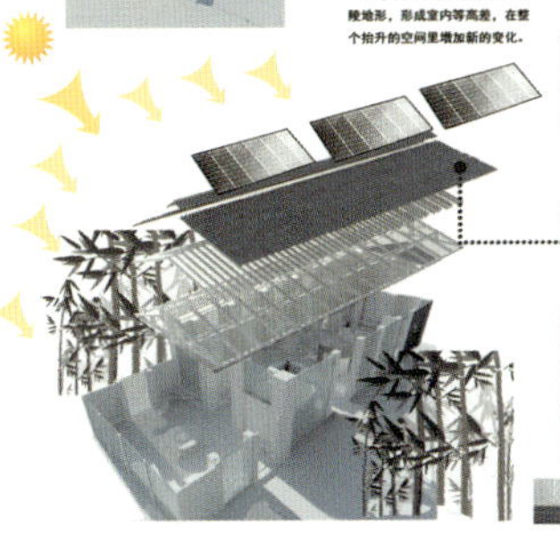

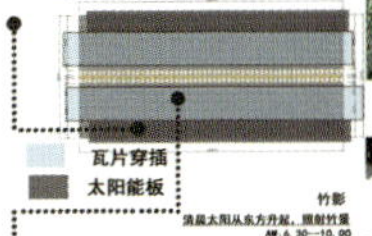

光影的时段分析
不同时间段室内的不同光影效果
太阳能满足夜间室内照明需求

精座区入口

左侧精座区意境的塑造
第一次生命：来自土壤（意境：雪中的茶山丘陵）

（空间设计意境亮点）

右侧精座区意境的塑造
第二次生命：来自水源（意境：茶叶落入静水）

作品名称：七巧板——广场设计
作者：袁金辉

城市道路硬质景观的趣味性研究与实践

七巧板

东华大学袖珍广场设计

Pocket Square Design Of Donghua University

上海市中心城区公共空间艺术设计

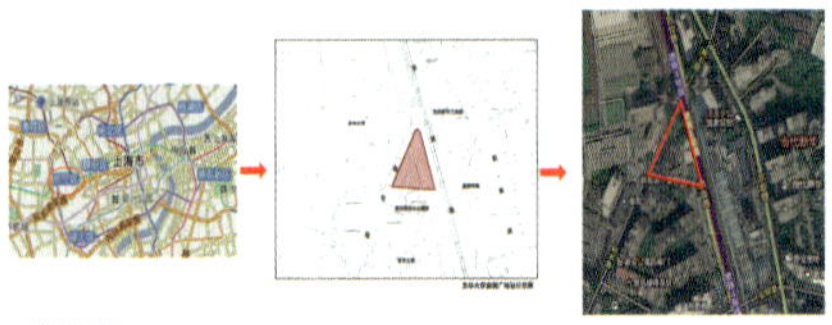

一、基地概况

（1）基地位置

基地位于凯旋路杨宅路交叉口，北面为东华大学，南面为新安公寓，西面为东华大学创意园，东面为轻轨交通3、4号线。

（2）基地面积

广场设计范围约2000㎡。

（3）现状概况

基地规划属于绿地，现状已拆平，南侧已有商务办公项目入驻基地，位于规划环东华创意产业带内。

小品设计

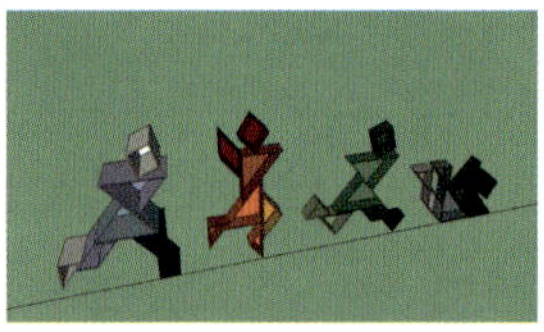

景观资源优势

位置的优越性，起到连接周围人群的重要位置；

便利的交通，具有良好的规划发展趋势；

景观资源劣势

欠缺植被基础；

缺乏生态性；

设计来源：由于地形呈三角形，为突出整个地块的几何感，采用七巧板为广场设计元素。

特点：变换、分散、聚集

植物分析

袖珍广场在保持植物景观色相、季相变化的基础上，突出广场种植的规则、通透感，密林区域的幽深，书林草坪区开敞，通过乔灌木，常绿树和地被植物的合理搭配，从而形成不同的空间感受.

整个广场的植物配置尽量满足生物多样性的要求，优先选定构成整个广场的基调树种，作为广场植物的主要组成部分，再根据不同分区的特色景观要求，适当加入特色树种，形成总体协调统一的配置形式。

总平面图

杨宅路
凯旋路
规划商务办公楼

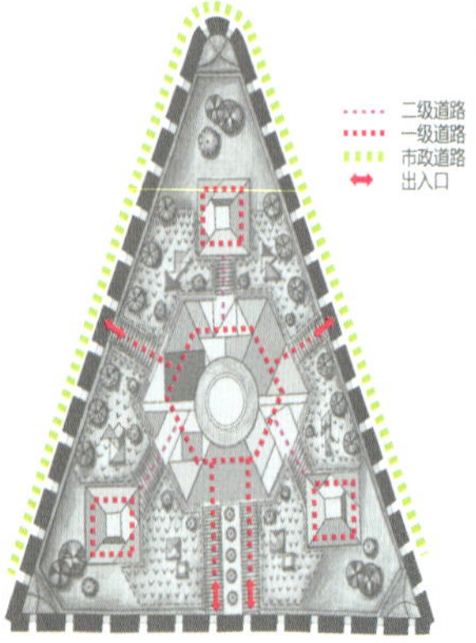
二级道路
一级道路
市政道路
出入口

现场

①七巧板雕塑（一）
②七巧板雕塑（二）
③七巧板雕塑（三）
④主题雕塑
⑤六边形休息区
⑥南入口

基地本身是由简单的三角形构成，在设计内部环境时，采用了弧形作为外轮廓，铺地以七巧板基础图形任意拆散、组合。整个广场设计以七巧板为主题，形状简单，视觉分辨率强，易识别，在构图上呈几何体形式，突出一种几何立体感。雕塑也选用了七巧板构成，与整体布局相呼应，不论远观与近观都可以让人感受到一种无形的几何感。布局方中有圆，圆中有方，加之七巧板趣味十足，不论孩子、老人还是白领，都可以带给他们耳目一新的感觉。

设计说明

Pocket Square Design Of Donghua University

七巧板

作品名称：黛山佳境
作者：马艺林

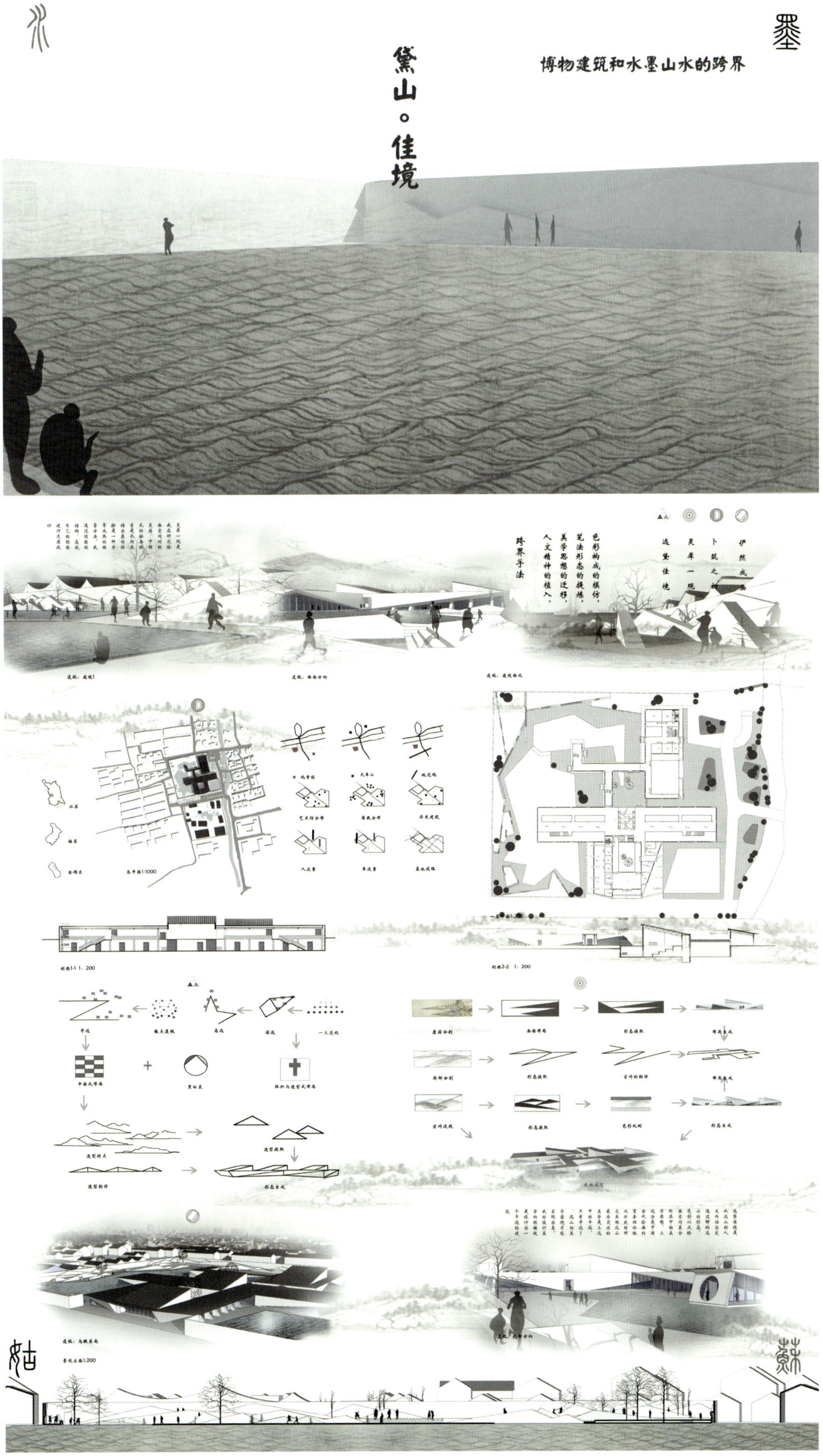

作品名称：979 城市活动中心
作者：陈晨

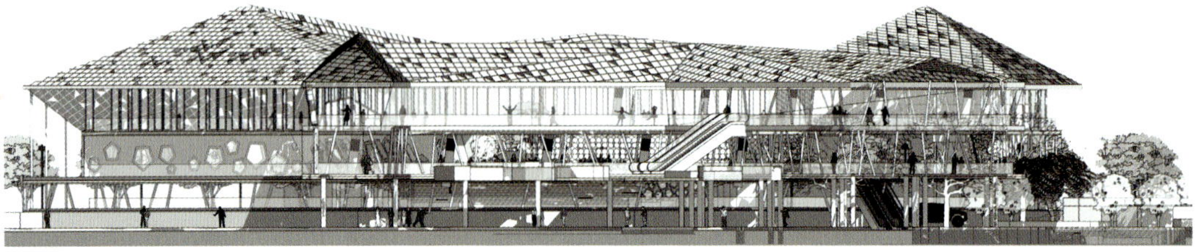

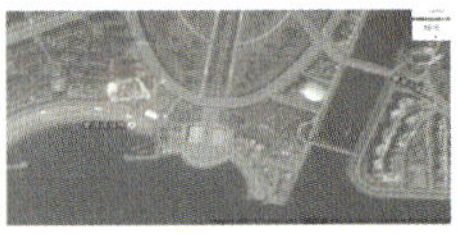

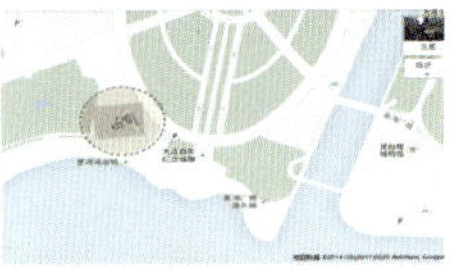

地理位置分析

THE GEOGRAPHICAL POSITION ANALYSIS

本案例坐落于著名的海滨城市大连。风景宜人，功能齐全，是一座以国际新理念建设的现代化的活动中心。随着社会的进步，人们的审美也在不断的提高，我只想在满足功能的前提下，为人们创造一个有新意，设计独特而又新颖的公共建筑，美轮美奂，让人们有个美丽的心情来此处购物消遣。

This case is located in the famous coastalcity of dalian. The scenery pleasant, the function is all ready, is an international centre of the modernization construction of the new concept. Alongwith the progress of the society, people's aesthetic and constantly improve,I just want to on the premise of meet thefunction, for people to create an intention, unique design and new public buildings, beautiful, let people have a beautiful mood to shopping here.

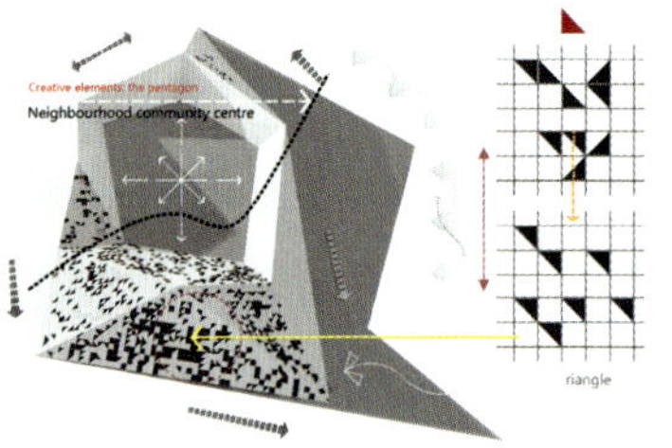
Creative elements: the pentagon
Neighbourhood community centre
riangle

地理位置分析

THE GEOGRAPHICAL POSITION ANALYSIS

邻里中心是源于新加坡的新型社区服务概念，其实质是集合了多种生活服务设施的综合性市场。邻里中心作为集商业、文化、体育、卫生、教育等于一体的“居住区商业中心”，围绕12项居住配套功能“油盐酱醋茶”到“衣食住行闲”，为百姓提供“一站式”的服务。邻里中心摒弃了沿街为市的粗放型商业形态的弊端，也不同于传统意义上的小区的零散商铺，而是立足于“大社区、大组团”进行功能定位和开发建设。

Using pentagon development association, constitute the comprehensive architectural space, the use of irregu-lar triangle at the top of the glass, satisfy the indoor lighting needs, and make indoor light and shadow have a strong interest, the shadow of the geometry, virtually, enrich the modelling and decorative effect of indoor.

979度城市活动中心
979DEGREES CITY CENTER
REATIVE SKETCH

作品名称：工业艺术会展中心

作者：冯潇潇

设计理念

本次毕业设计是以重工业产区为背景设计的一处工业创意园区。整个园区基本采用钢筋结构，富有工业感觉的重量感，也符合园区的设计理念。加上玻璃结构的穿插，也让整个设计更加丰富。附近的水体和玻璃交相辉映，使整个园区更加有现代感。

THE DESIGN CONCEPT

This graduation design is a heavy industrial areas for bac-kground to design a creative industries park. The entire parkbasic steel structure, rich industrial feel weight feeling,also accord with the design concept of park. Add insert glass structure, making the design more rich. Near the water and glass add radiance and beauty to each other, so that the whole park more modern.

建筑设计

风格建筑的设计风格以棕色蓝色为主，棕色代表着复古的旧工业感觉，蓝色是新希望的象征。整个建筑风格是一个基本围和的建筑群。感觉是一个向上的阶梯。象征着工业建筑的延续和创新会不断延续，也向人们展示新工业的新生命。

ARCHITECTURAL STYLE

Design style architecture with brown, blue, brown representa-tive retro feeling blue is a symbol of the old industry, new hope. The architectural style is a basic round and buildings.The feeling is a ladder. Symbolized the continuation and inn-ovation of industrial buildings will continue.

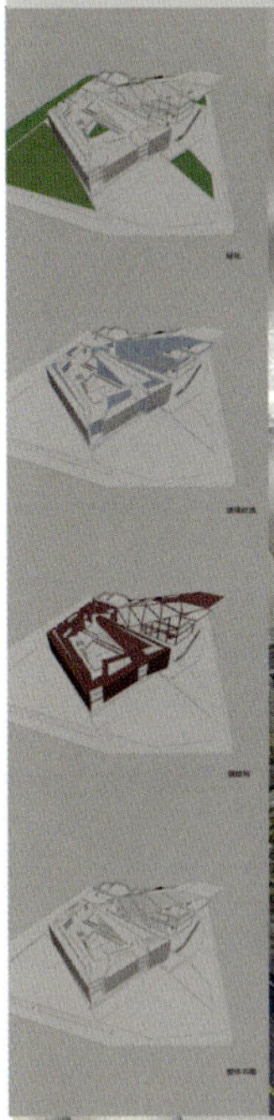

建筑功能分区

园区内包括室内展区和室外活动区，室内展区由两方面组成，建筑外部采用回廊式结构，人们在参观的步入的同时也可以眺望远方。这种设计不仅在结构上有丰富的设计感，而且在人文体验下也非常的有意义。使人们有特别的体验感。在欣赏工业展区的同时也可以观赏展区外面的风景。向上的阶梯式建筑，人们在上面也有奇妙的体验。视野的广阔，使观赏者产生更多的冥想，体验未来工业的意义。

THE ARCHITECTURAL FUNCTION ZONE

The park includes indoor exhibition area and outdoor activities area, indoor exhibition hall is composed of two aspects. The outside of the building.With a cloister type structure, the people at the same time visit into also can look afar. This design not onlyA rich sense of design in structure, but also in the human experience is also very meaningful. Make peopleSpecial experience. In the appreciation of indust-rial exhibition also can enjoy the scenery outside exhibition. UpwardLadder type building, people also have a wonderful experience in the above. The broad vision, so that the viewer hasMore meditative exper-ience, meaning the industry of the future.

整体特点

室外的绿化区和观赏区也具有很大的特点，园区的绿化给园区带来盎然生机，和园区的建筑产生很大的对比。使人们在欣赏工业设计的同时也可以感受绿色给人们带来的舒适心情。园区的分区设计也很有特色。整个园区以回廊式的连接为整体向上延伸。延伸角是钢筋式柱结构的链接，不仅给人视觉上的享受，更给人带来别样的体验。

THE OVERAL CHARACTERISTICS

Outdoor green area and viewing area also has a large green park park features, to create dynamic studen-tsMachine. And the park construction has a great contrast. So that people can enjoy the industrial desi-gn at the same timeFeel green brings comfortable feeling. Partition design park is also very special.The whole parkTo connect a cloister type for the overall upward extension. Extension angle is reinforced c-olumn structure of the link, not only to thePeople enjoy the visual, more bring unique experience.

作品名称：矿山记忆
作者：杨东豪

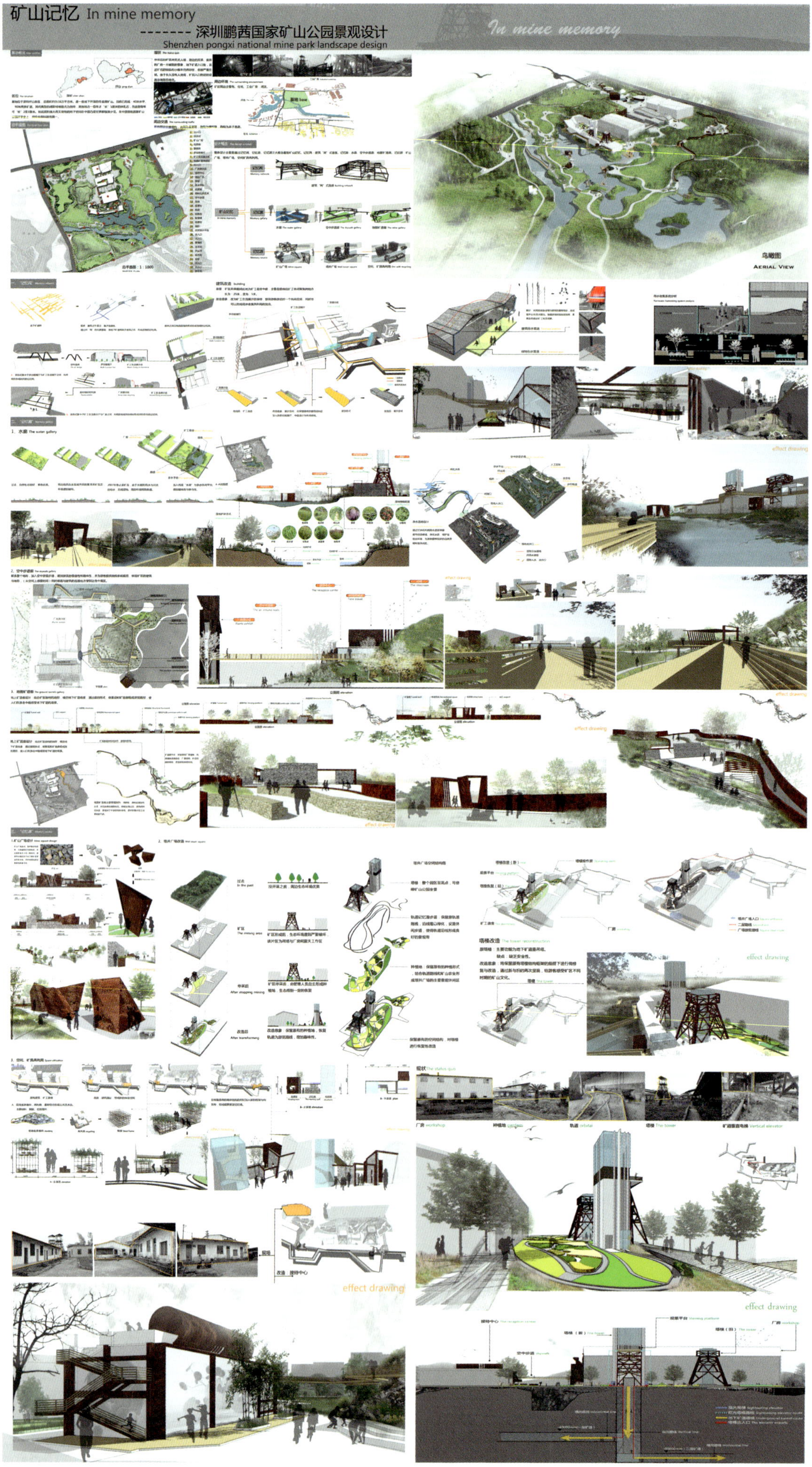

作品名称：乡村治愈系

作者：李嘉漪

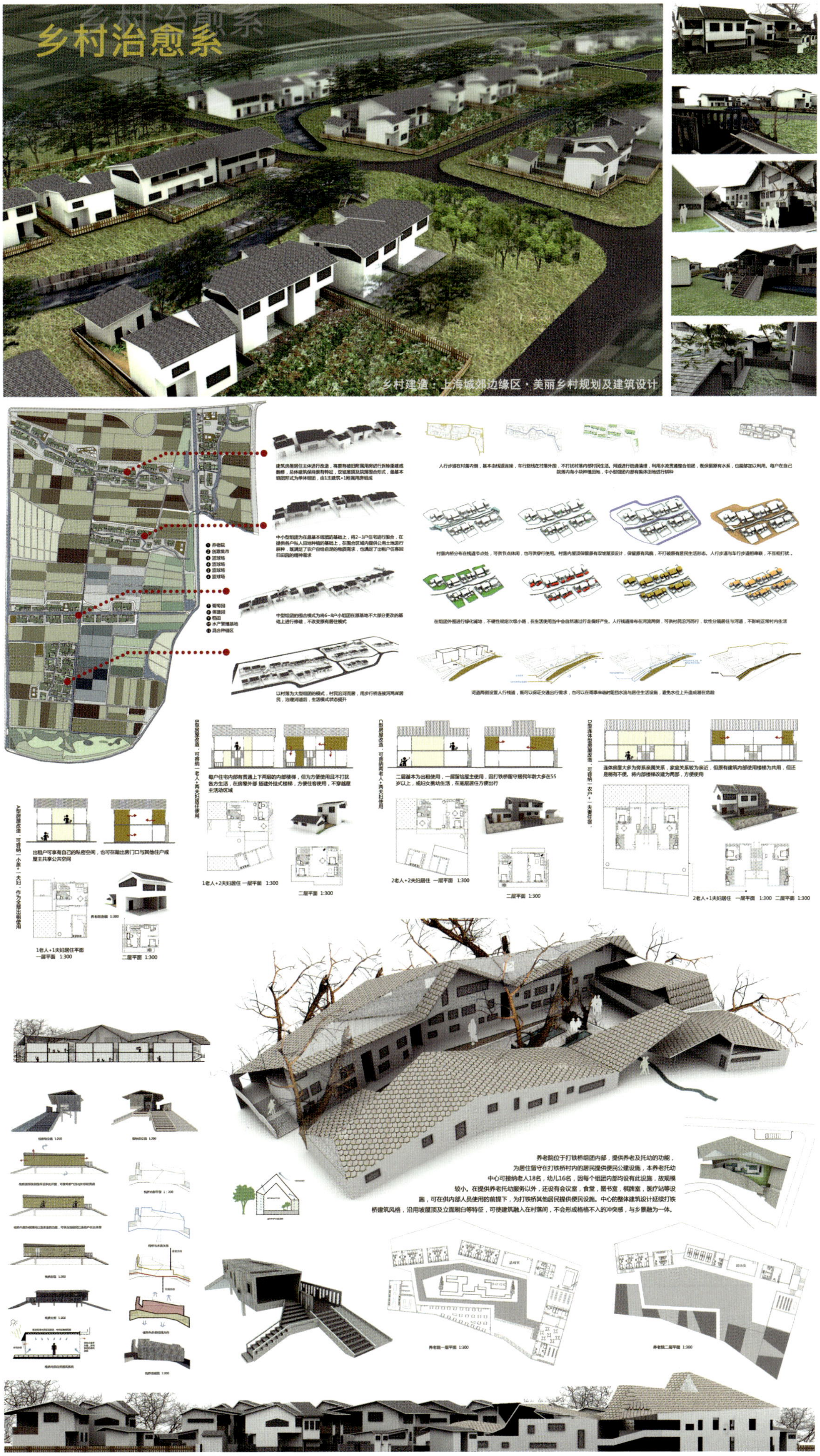
乡村治愈系
乡村建造：上海城郊边缘区·美丽乡村规划及建筑设计
养老院位于打铁桥组团内部，提供养老及托幼的功能，为居住留守在打铁桥村内的居民提供便民公建设施，本养老托幼中心可接纳老人18名，幼儿16名，因每个组团内部均设有此设施，故规模较小。在提供养老托幼服务以外，还设有会议室，食堂，图书室，棋牌室，医疗站等设施，可在供内部人员使用的前提下，为打铁桥其他居民提供便民设施。中心的整体建筑设计延续打铁桥建筑风格，沿用坡屋顶及立面刷白等特征，可使建筑融入在村落间，不会形成格格不入的冲突感，与乡景融为一体。

作品名称：生命景观体

作者：盘帅

为中国而设计
DESIGN FOR CHINA 2014

最佳概念设计作品

作品名称：麦田·守望
作者：于博　胡书灵

麦田·守望
现代农业文化中心

在中国，民以食为天，农业生产现代化是我国一项基本国策，作为农业大国的中国，尤其是中国北方是最为重要的农作物种植基地。近年来，由食物，食品安全引发的问题成为大众议论的热点，都市人群想要了解自然作物的播种、灌溉、培育、收割以至加工到可食用这一过程。甚至愿意参与其中，既能强健身心，置身于自然之中，又能够得到一份收获的喜悦。此项目的初衷正基于此。（鸿缘）现代农业文化中心地处中国东北辽宁省丘陵山区。项目总面积为45600平方米，其中主要建筑面积18000平方米，景观面积约为27000平方米。此项目旨在为人们提供一个了解现代农业生产过程及农业发展史的场所。同时园区部分利用当地田园景观，自然生态及环境资源，结合农林渔牧生产，农业经营活动，是集旅游功能，农业增效功能和改善环境功能于一体的新型农业景观园。

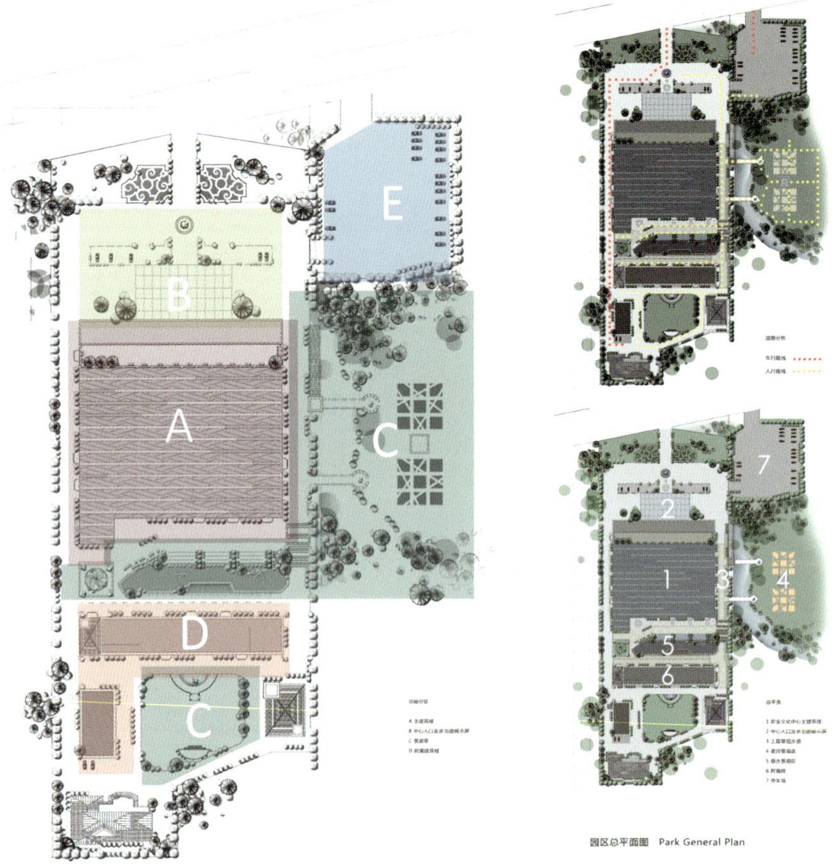
A
B
C
D
E
1
2
3
4
5
6
7
园区总平面图　Park General Plan

园区景观效果图　Park landscape effect diagram

作品名称：城市中的峡谷
作者：宿一宁

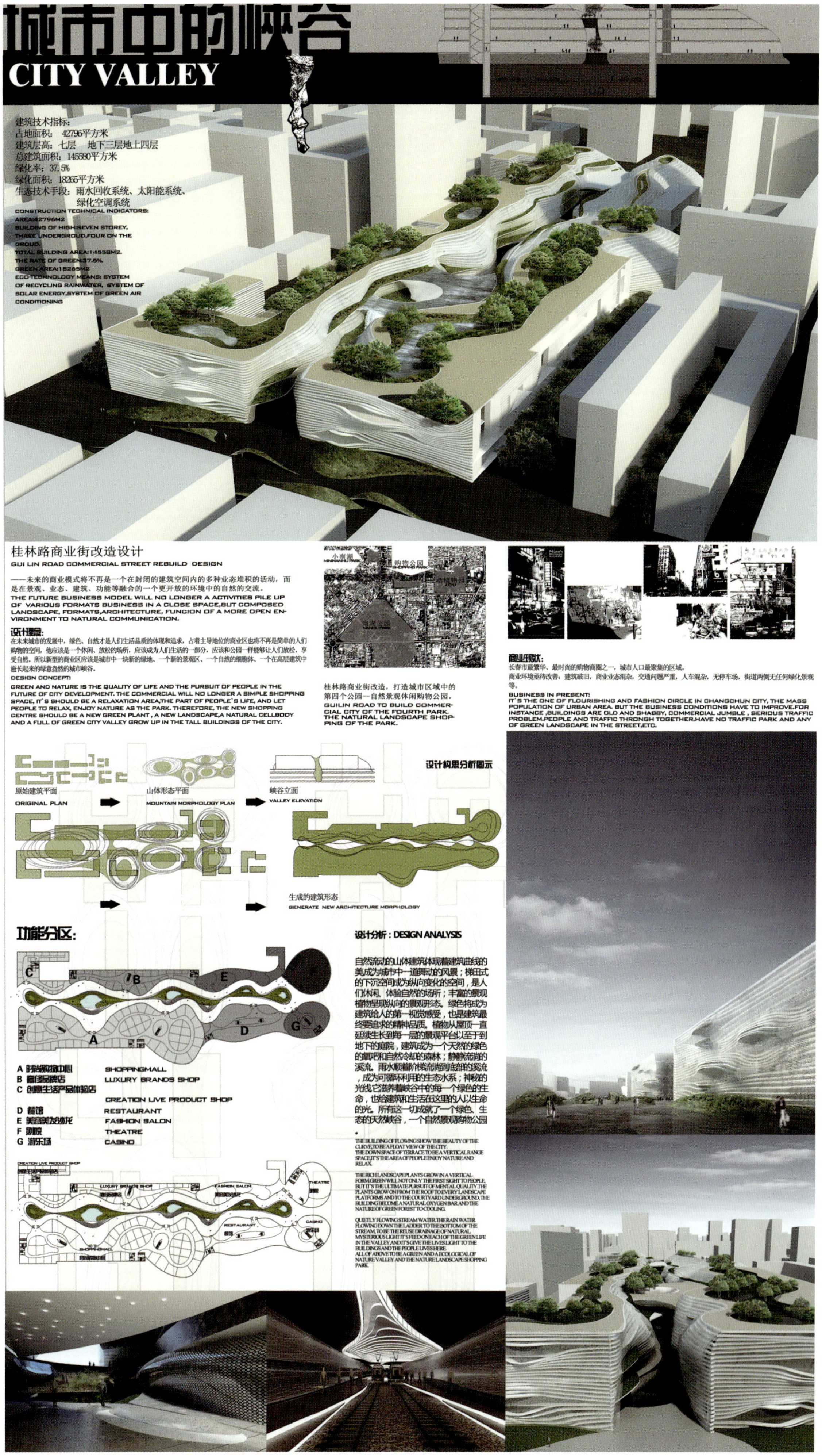
城市中的峡谷
CITY VALLEY
建筑技术指标：
占地面积：42796平方米
建筑层高：七层　地下三层地上四层
总建筑面积：145580平方米
绿化率：37.5%
绿化面积：18265平方米
生态技术手段：雨水回收系统、太阳能系统、绿化空调系统
CONSTRUCTION TECHNICAL INDICATORS:
AREA:42796M2
BUILDING OF HIGH:SEVEN STOREY, THREE UNDERGROUD,FOUR ON THE GROUD.
TOTAL BUILDING AREA:14558M2.
THE RATE OF GREEN:37.5%.
GREEN AREA:18265M2
ECO-TECHNOLOGY MEANS: SYSTEM OF RECYCLING RAINWATER, SYSTEM OF SOLAR ENERGY,SYSTEM OF GREEN AIR CONDITIONING
桂林路商业街改造设计
GUI LIN ROAD COMMERCIAL STREET REBUILD DESIGN
——未来的商业模式将不再是一个在封闭的建筑空间内的多种业态堆积的活动，而是在景观、业态、建筑、功能等融合的一个更开放的环境中的自然的交流。
THE FUTURE BUSINESS MODEL WILL NO LONGER A ACTIVITIES PILE UP OF VARIOUS FORMATS BUSINESS IN A CLOSE SPACE,BUT COMPOSED LANDSCAPE, FORMATS,ARCHITECTURE, FUNCION OF A MORE OPEN ENVIRONMENT TO NATURAL COMMUNICATION.
设计理念：
在未来城市的发展中，绿色、自然才是人们生活品质的体现和追求，占着主导地位的商业区也将不再是简单的人们购物的空间，他应该是一个休闲、放松的场所，应该成为人们生活的一部分，应该和公园一样能够让人们放松、享受自然。所以新型的商业区应该是城市中一块新的绿地、一个新的景观区、一个自然的细胞体、一个在高层建筑中滋长起来的绿意盎然的城市峡谷。
DESIGN CONCEPT:
GREEN AND NATURE IS THE QUALITY OF LIFE AND THE PURSUIT OF PEOPLE IN THE FUTURE OF CITY DEVELOPMENT. THE COMMERCIAL WILL NO LONGER A SIMPLE SHOPPING SPACE, IT`S SHOULD BE A RELAXATION AREA,THE PART OF PEOPLE`S LIFE, AND LET PEOPLE TO RELAX, ENJOY NATURE AS THE PARK. THEREFORE, THE NEW SHOPPING CENTRE SHOULD BE A NEW GREEN PLANT , A NEW LANDSCAPE,A NATURAL CELLBODY AND A FULL OF GREEN CITY VALLEY GROW UP IN THE TALL BUILDINGS OF THE CITY.
南湖公园
NANHU PARK
桂林路商业街改造，打造城市区域中的第四个公园—自然景观休闲购物公园。
GUILIN ROAD TO BUILD COMMERCIAL CITY OF THE FOURTH PARK. THE NATURAL LANDSCAPE SHOPPING OF THE PARK.
商业现状：
长春市最繁华、最时尚的购物商圈之一，城市人口最聚集的区域。
商业环境亟待改善：建筑破旧，商业业态混杂，交通问题严重，人车混杂，无停车场，街道两侧无任何绿化景观等。
BUSINESS IN PRESENT:
IT`S THE ONE OF FLOURISHING AND FASHION CIRCLE IN CHANGCHUN CITY, THE MASS POPULATION OF URBAN AREA. BUT THE BUSINESS CONDITIONS HAVE TO IMPROVE.FOR INSTANCE ,BUILDINGS ARE OLD AND SHABBY, COMMERCIAL JUMBLE , SERIOUS TRAFFIC PROBLEM.PEOPLE AND TRAFFIC THRONGH TOGETHER.HAVE NO TRAFFIC PARK AND ANY OF GREEN LANDSCAPE IN THE STREET,ETC.
设计构思分析图示
原始建筑平面
ORIGINAL PLAN
山体形态平面
MOUNTAIN MORPHOLOGY PLAN
峡谷立面
VALLEY ELEVATION
生成的建筑形态
GENERATE NEW ARCHITECTURE MORPHOLOGY
功能分区：
A 时尚购物中心　SHOPPINGMALL
B 奢侈品牌店　LUXURY BRANDS SHOP
C 创意生活产品体验店　CREATION LIVE PRODUCT SHOP
D 餐馆　RESTAURANT
E 美容美发沙龙　FASHION SALON
F 剧院　THEATRE
G 游乐场　CASINO
CREATION LIVE PRODUCT SHOP
LUXURY BRANDS SHOP
FASHION SALON
THEATRE
RESTAURANT
CASINO
设计分析：DESIGN ANALYSIS
自然流动的山体建筑体现着建筑曲线的美成为城市中一道舞动的风景；梯田式的下沉空间成为纵向变化的空间，是人们休闲、体验自然的场所；丰富的景观植物呈现纵向的景观形态。绿色将成为建筑给人的第一视觉感受，也是建筑最终要追求的精神品质。植物从屋顶一直延续生长到每一层的景观平台以至于到地下的庭院，建筑成为一个天然的绿色的氧吧和自然冷却的森林；静静流淌的溪流。雨水顺着阶梯流淌到底部的溪流，成为可循环利用的生态水系；神秘的光线它滋养着峡谷中的每一个绿色的生命，也给建筑和生活在这里的人以生命的光。所有这一切成就了一个绿色、生态的天然峡谷，一个自然景观购物公园。
THE BUILDING OF FLOWING SHOW THE BEAUTY OF THE CURVE,TO BE A FLOAT VIEW OF THE CITY.
THE DOWN SPACE OF TERRACE TO BE A VERTICAL RANGE SPACE.IT'S THE AREA OF PEOPLE ENJOY NATURE AND RELAX.
THE RICH LANDSCAPE PLANTS GROW IN A VERTICAL FORM.GREEN WILL NOT ONLY THE FIRST SIGHT TO PEOPLE, BUT IT'S THE ULTIMATE PURSUIT OF MENTAL QUALITY.THE PLANTS GROW ON FROM THE ROOF TO EVERY LANDSCAPE PLATFORMS AND TO THE COURTYARD UNDERGROUND, THE BUILDING BECOME A NATURAL OXYGEN BAR AND THE NATURE OF GREEN FOREST TO COOLING.
QUIETLY FLOWING STREAM WATER.THE RAIN WATER FLOWING DOWN THE LADDER TO THE BOTTOM OF THE STREAM, TO BE THE REUSE DRAINAGE OF NATURAL.
MYSTERIOUS LIGHT IT'S FEED ON EACH OF THE GREEN LIFE IN THE VALLEY, AND IT'S GIVE THE LIVES LIGHT TO THE BUILDINGS AND THE PEOPLE LIVES HERE.
ALL OF ABOVE TO BE A GREEN AND A ECOLOGICAL OF NATURE VALLEY AND THE NATURE LANDSCAPE SHOPPING PARK.

一 最佳概念设计作品 / 专业组 一

作品名称：当代美术馆设计

作者：郭贝贝　吴尤

展区三效果

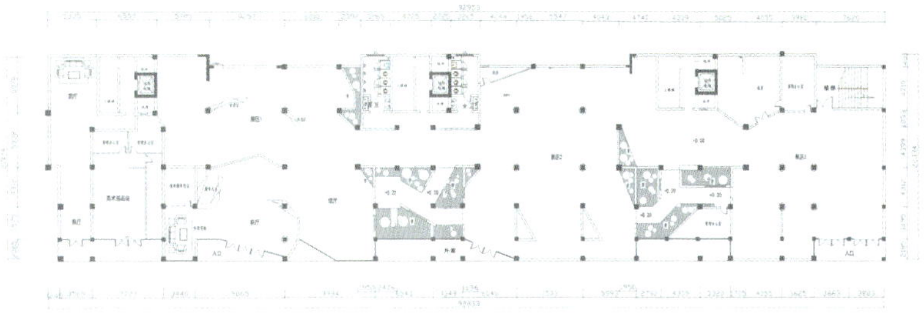

当代美术馆平面图

洛阳当代美术馆，位于洛阳新区的牡丹大道，是一处闹中取静的安逸之地，面积约两千平方米，在洛阳是集艺术作品展示、收藏、交流一体最高的文化平台。本设计基于传统美术馆的宽阔与素净，亮点在于融入中式传统园林的构造理念，用点、线、面的构成手法和极简义手法共同来诠释东方精神，赋予空间独特的当代艺术气息。黑与白、线与面的对比通过“墙”的分割与“窗”的渗透为空间带来了灵动，抒写了空间的张力，“木”与“石”的组合也散发出传统园林特有的儒雅情怀。多重元素共同交织成了祥和多变的篇章。

展区二效果

洛阳当代美术馆
空间设计方案

作品名称：走出的蓝图
作者：张群菘

小区设计--《"出走"的蓝图》
BLUEPRINT OF "DEPARTUE"

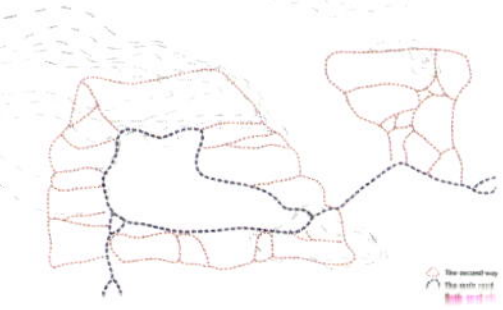

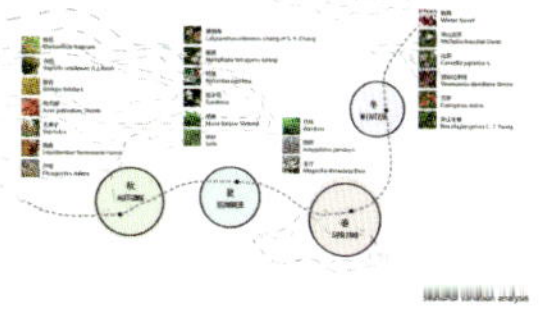

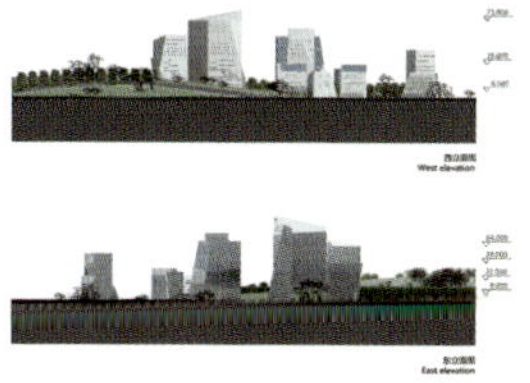

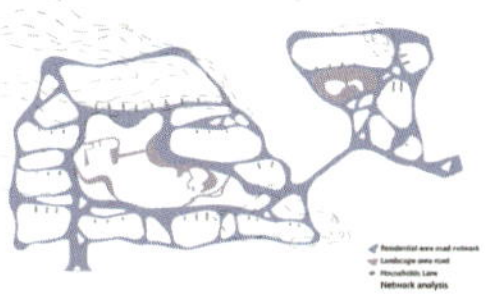

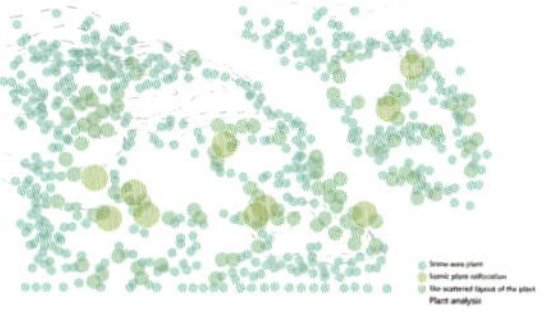

WINTER SCENE RE

BIED' S EYE VIEW

The landscape is densely composed and the bold brushstrokes add vigor. The mountains and waters here must be conceived from numerous mountains and waters the painter had visited, and they not only reflect nature but the interior world of the painter. That is what a Chinese painting requires: imitation of nature guided by the soul. A landscape must show mountains and waters cultivated by the painter in his interior world.
If what a landscape gives the viewers is nothing more than the objective image, such a work can only be ranked as secondary.
The mountains and hills are seen from a fine perspective, and a blue-green color dominates the scenery.
In Chinese painting there are both blue-green and ink-and-wash landscapes. Mountains on the Fuchun River (Fuchun Shan Ju Tu) by painter Huang Gongwang of the Yuan Dynasty is an ink-and-wash landscape. The scroll painting depicts a myriad of scenes on the Fuchun River in Zhejiang Province, east China: woods on the ridges and peaks along the river, trees of different shapes, houses and cottages in the woods, fishing boats, bridges, pavilions and waterfalls.
For landscape painters, nature is their best teacher and closest friend. They have to travel far and wide to receive inspiration from famous mountains and rivers. And they cannot simply copy the scenes but synthesize and make abstractions from what they have seen.
All the Strange Peaks in One Draft (Sou Jin Qifeng Da Caogao), a landscape by Shi Tao of the Qing Dynasty, shows lofty mountains, dense forests, springs, roads, castles, houses, pavilions, bridges and fishing boats.
As Chinese painting requires artistic conception, a good landscape must contain rich connotation in its objective image. Take works by Ni Zan of the Yuan Dynasty, for instance. The objects in his works are quite simple: in some cases there are only a few trees or even one tree, one cottage, without any human figures.
Such works present an ancient, remote conception, reminding viewers of the painter's lofty sentiments.
Artistic conception is an important criterion for judging Chinese paintings.
This project is located in Zhejiang Hangzhou, in Zhejiang University Zijingang river area environment, strong cultural atmosphere. Architectural design culture of respect, respect for nature, adhering to the "people-oriented" design concept, design means are the combination of traditional and modern, To form the pattern of classical, modern "form of Beishan, water, tree garden" landscape system.
BIED' S EYE VIEW

最佳概念设计作品／专业组

作品名称：兵圣宫室内装饰设计

作者：王永强

山东省广饶县是春秋时期伟大军事家、思想家、兵圣孙武的故里。为弘扬孙子文化，着力打造的广饶县孙子文化旅游区，将树立起"孙武故里、兵圣之都、文化圣地、度假天堂"的文化旅游品牌。旅游区占地1300亩，依山傍水，交通便利，地理位置优越，具备建设成城市标志性建筑的空间条件。本项目总建筑面积为：34324.97㎡，其中地下建筑面积：3691.13㎡，地上建筑面积：30633.84㎡，建筑共有两层，建筑高度为：22.45M。

作为整个园区的核心区域——兵圣宫，承载着弘扬一代兵圣的伟大历史成就与普及军事理论知识的重大任务，是整个园区设计的重中之重。

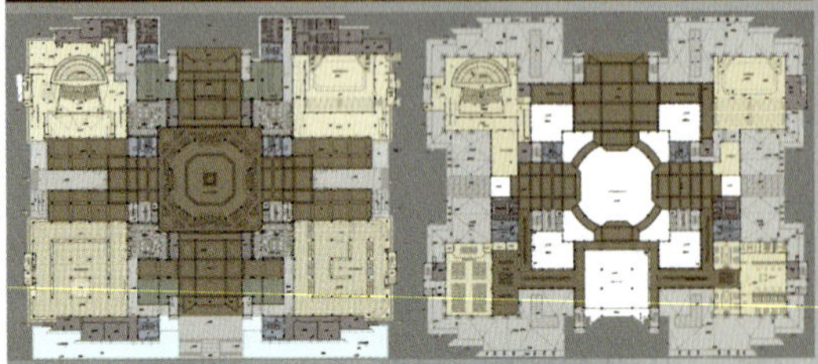

由于兵圣宫是整个园区的核心，设计风格也应当最具有强烈的时代特征，因此，我们将春秋战国直至秦汉时期典型的装饰纹样与建筑内部构建作为设计的主要依据，采取如斗栱、藻井、饕餮纹、卷草纹、窃曲纹、祥云纹等极具代表性的符号，运用古典纹样、构件与现代手法相结合的设计理念，结合声光电等高科技多媒体手段，为参观者打造出一个全方位、立体化、多角度了解兵圣成就与军事知识的公共文化空间。

作品名称：裂变
作者：卓旻

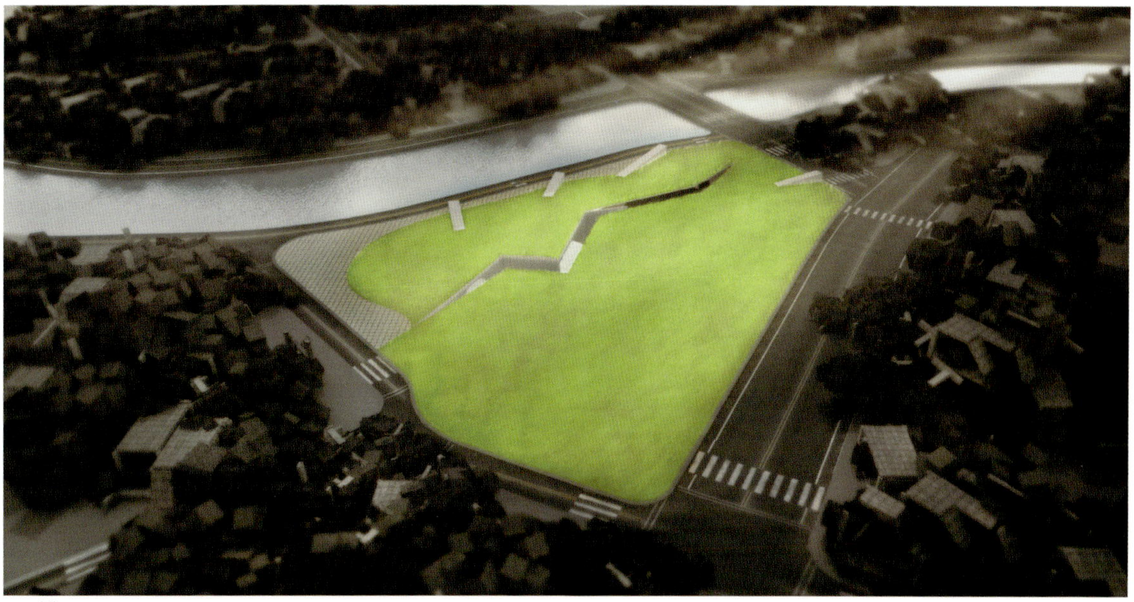

鸟瞰

节点透视

裂变

地震纪念公园设计

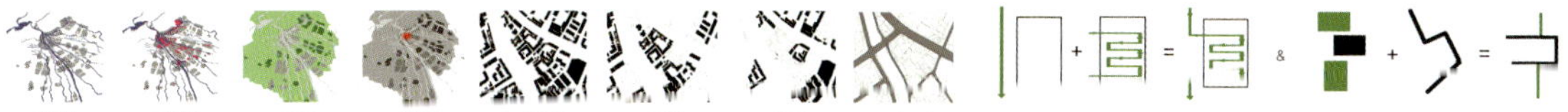

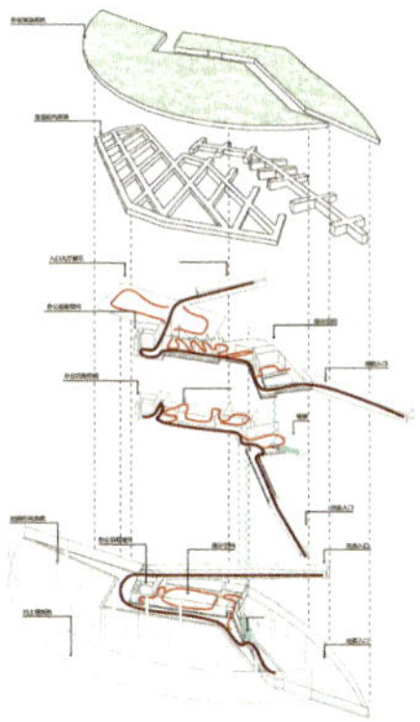

分层分析

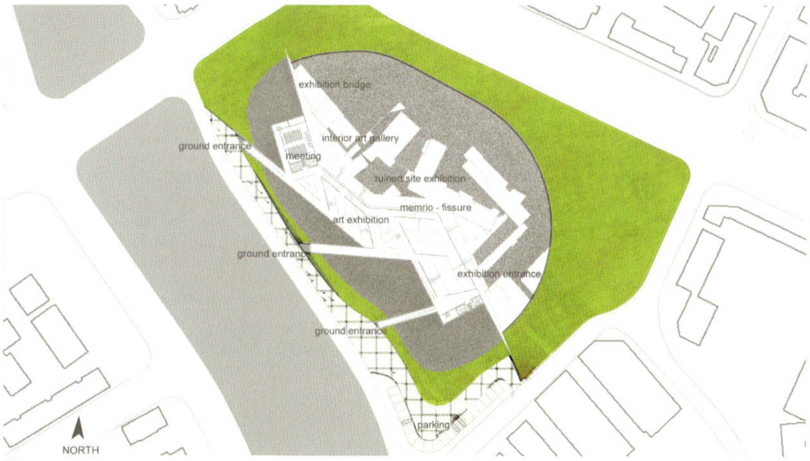

总平

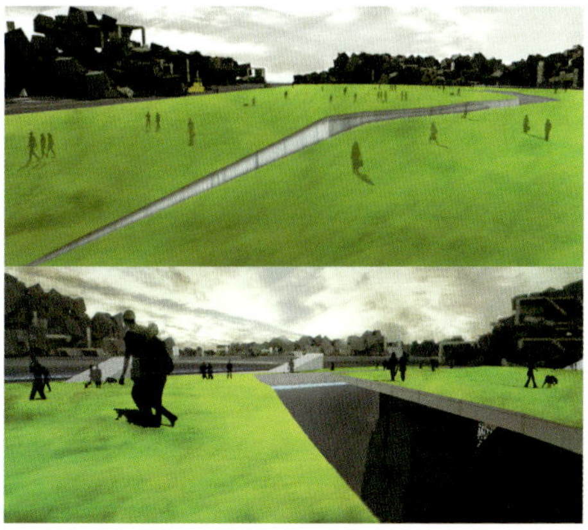

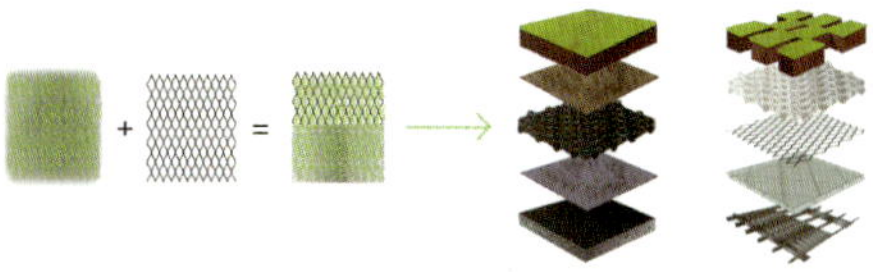

草坡屋面构造

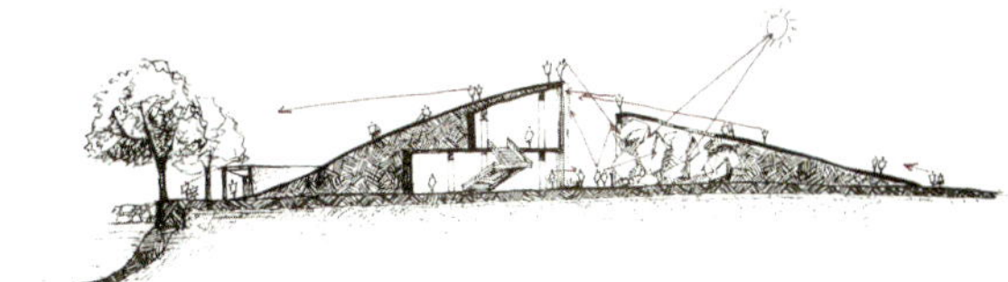

剖面概念草图

作品名称：上海大学纪念园地
作者：王海松

空间······

下行的空间序列隐喻回到过去，拂开尘封的历史，先抑后扬的空间节奏便于展品分段陈列。

墙体······

旋转的墙体隐喻年轮，暗示上海大学的悠久历史，又如展开的历史长卷，为后续展品的陈列提供载体。
粗糙的清水混凝土墙面似竹简，又似宣纸缓缓打开。

作品名称：公共休息椅设计
作者：仇一帆

公共休息椅设计
The Public Lounge design

狗形休息椅
The Doggy Lounge

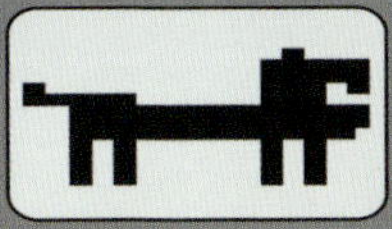

这件作品取材于狗，由狗联想到词语“狗咬狗”，既而衍生出了制作可以自由衔接的座椅的想法。作品主要由PVC软管制成，在头尾处做了可以嵌套的设计，使得两件相同的座椅可以互相拼接在一起，从而形成“狗咬狗”的抽象形态。

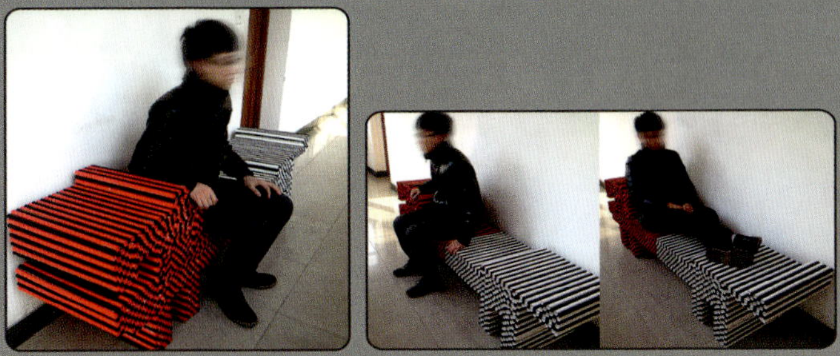

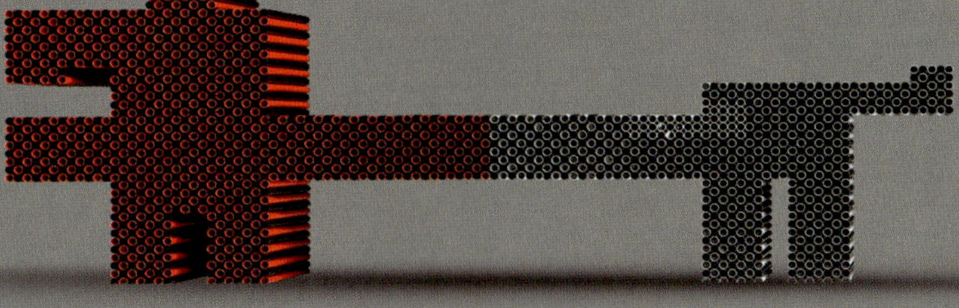

随遇而安——可拆卸的百变住宅

RECONCILE ONESELF TO ONE' S SITUATION

据统计2014年全球人口已达71亿，是50年前的一倍。2050年预计达到80-100亿，2100年可达160亿。不断增长的人口推动着人们寻求未来城市的安居乐业。

它可以在繁华的北京、上海落脚，也可以在青藏高原安营扎寨。小而完美的空间得以满足最起码的住房要求，可以移动的空间和立面使生活变得更加流畅、更加机动，不像传统住宅那样固定死板。可拆卸的百变住宅满足了人们随意走动、不断探索的愿望，引领人们回归自然，遗忘物质填补空缺的生活，是一种时尚而又现实的新型生活方式。

According to the global population statistics in 2014 has reached 7100000000, has doubled in the past 50 years. 2050 is expected to reach 80-100 billion, 16000000000 up to 2100. The increasing population pushes people live and work in peace for future city.

It can be located in downtown Beijing, Shanghai, also can be in the Qinghai Tibet Plateau pitch camp. Small but perfect space to meet the housing demand at least, can move in space and facade to make life become more fluid, more mobile, unlike the traditional residential as fixed and rigid. Removable changeable residential meet people walk around freely, continuous exploration desire, leading people to return to nature, forgetting the material to

fill the vacancy of life, is a new way of life a kind of fashion and practical.

Reconcile oneself to one's situation — removable changeable residential.

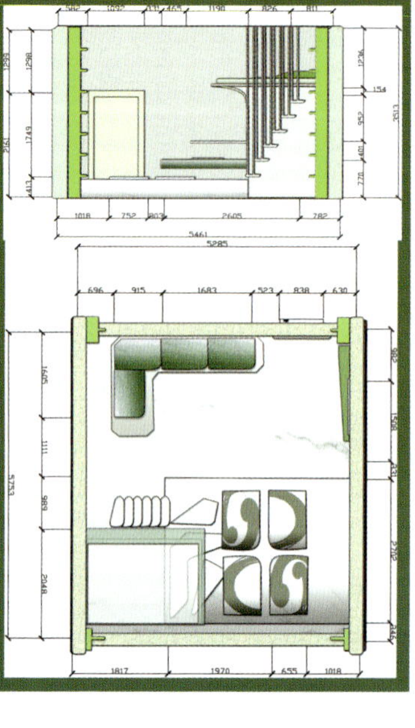

作品名称：衍生·草木之间
作者：唐旗

originating in Nature

『衍生·草木之间』
Chinese Tea House

"一碗茶汤，几千年的韵味，中国人的所念所想，依然是茶的本源----自然。"
"A cup of tea,containing thousands of years history,what Chinese enjoy is not only the tea itself but athe original---NATURE".

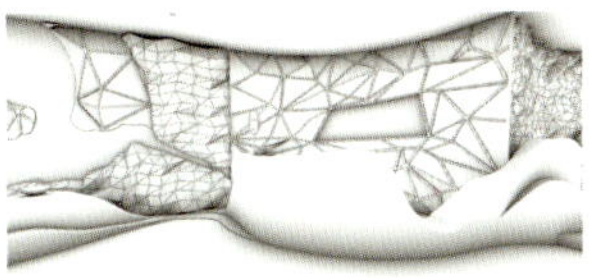

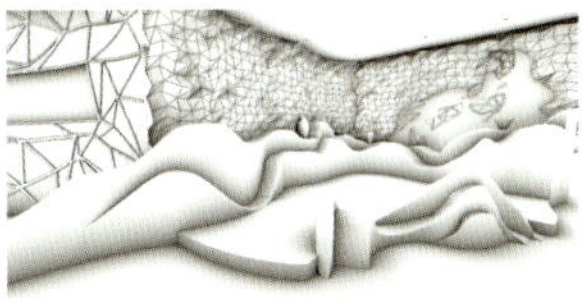

设计方向 Design Goal

以茶文化传承与发展为目标，将其作用于空间，实现空间设计与人饮茶行为的交互，把非物质的事物转化为物质化的语言，通过视觉、嗅觉、味觉、触觉感染到访的每一位"爱茶人"或者说是未来的"爱茶之人"；重拾遗忘的东西，让其能后续发展；

» 绿色：绿色，是当代设计的主流干线，不浮夸与过多的元素堆积，实现能源的循环利用，空间的多利用，材料的生态环保。在我的预想方案中，将摈弃传统的视觉上的，表面的符号表达，尽量的"弱化符号"，通过意境的塑造来获得空间的设计，即"弱化建筑，塑造空间"，通过材料方面，能源的合理方面，落实"绿色生态"的理念。

» 持续：可持续在精神文化层面可以理解为"传承"，即一种文化的传承，"茶"文化是中国古老的一门学问，承载着中国数千年的文明，如何处理好"传统文化"与"当代艺术"以及"全球化"是本次设计方案重点解决的问题，重拾遗忘的事物，让其能后续发展，这也是一种可持续。

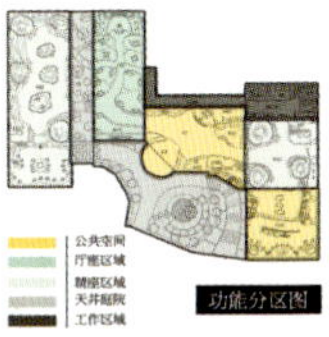

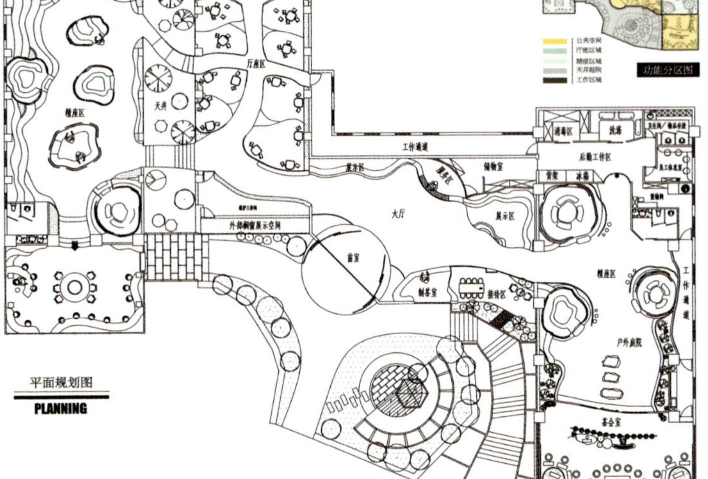

平面规划图
PLANNING

设计灵感
DESIGN INSPIRATION

随着全球化的发展，传统文化逐步被人们遗忘，如何再次唤醒人们对古老文明的热爱，甚至是让更多人的去思考与品味祖先的智慧与谦卑成了我们应该思考的问题；

茶，古老的手工技艺，在今天依然有着无可替代的价值，融合着土地与手掌温度的手工茶，是中国人守护心灵的一种方式。由此，我选择茶文化空间，思考自然作用于古老文明的力量，希望通过"最原始""最自然"的设计手法，呈现在当今社会，与当代艺术融合，带给人们对茶文化全新的再认识和青睐；

设计理念
DESIGN IDEA

"茶"一是个很刚健的灵魂，它经过了水与火，生与死的历练与我们相遇，茶的命运，也是我们的命运。在本次的设计作品中，期望运用女性的柔美手段来表现空间；

宁静

质朴

回归本真

脉络

人对茶叶的认识过程体现
叶子→茶叶
水泉→茶汤
文化→茶叶
设计意向分布图

脉络是主要的切入点，包括平面布局应用和立面意向的提取，一些设施和设计可以直接通过墙面的造型衍生出来脉络是整体设计的重点思想；脉络是树叶的构成支架，是茶存在的根本；脉络也代表着历代文化的传承并意味着继续衍生，所以我将此寓意引入设计之中，在整体的空间形态塑造基础上，将立面的整体材料衍生出附加形态和造型，在这些形态上赋予功能和故事.

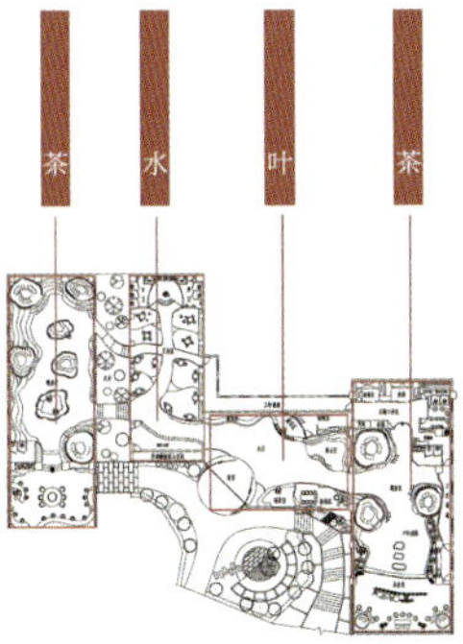

天棚布置图

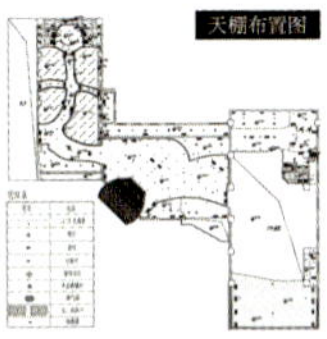

地铺布置图

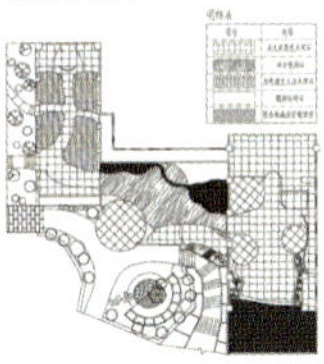

移动空间设计 MOBILE SPACE

VARIANT INSECT
昆虫变形记

概念分析

收获的季节，虽略带萧瑟却掩盖不了热闹气氛。

以昆虫为原型，利用其结构并加以形变，虽不能飞，但本性相似——亲近自然。

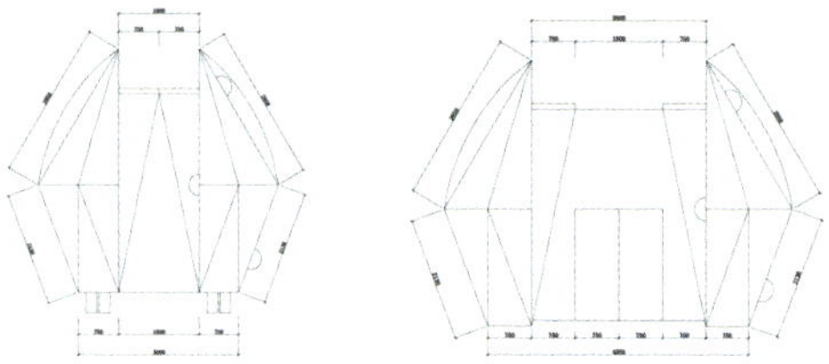

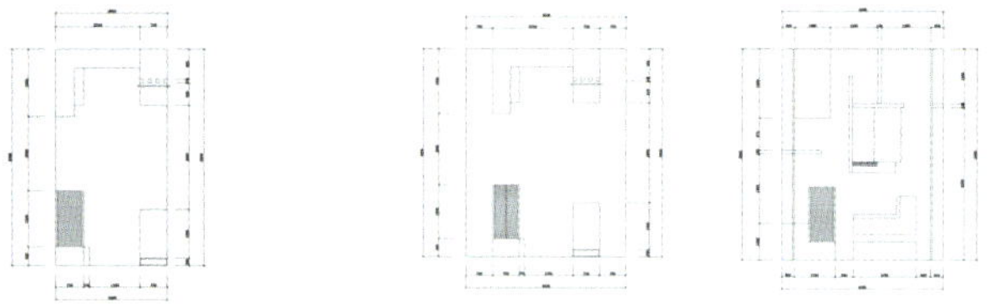

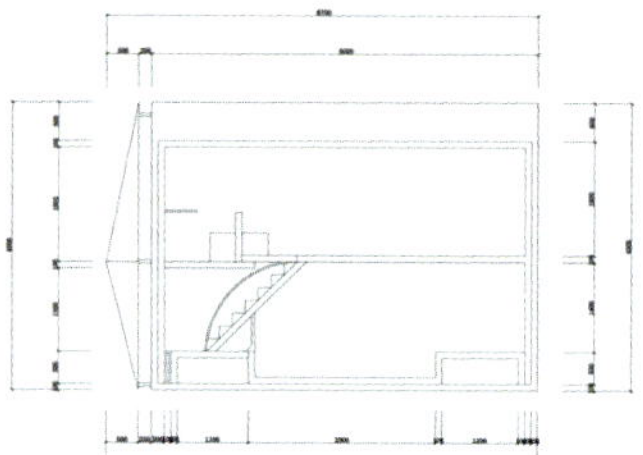

空间分为上下两部分，下部分以公共空间为主，上部分以私密空间为主。观景台自然设在上部，可以远眺，视野更为开阔。

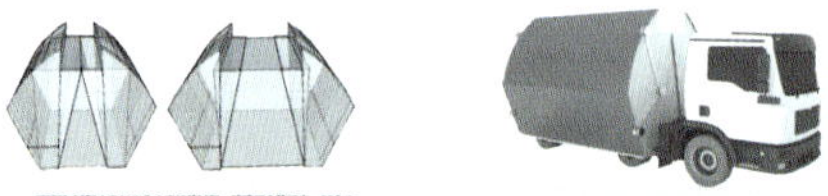

"展翼"过程也是扩充室内空间的过程，玻璃部分的展出，不会使室内变化得太突然，却的确起到了加大使用空间的作用。

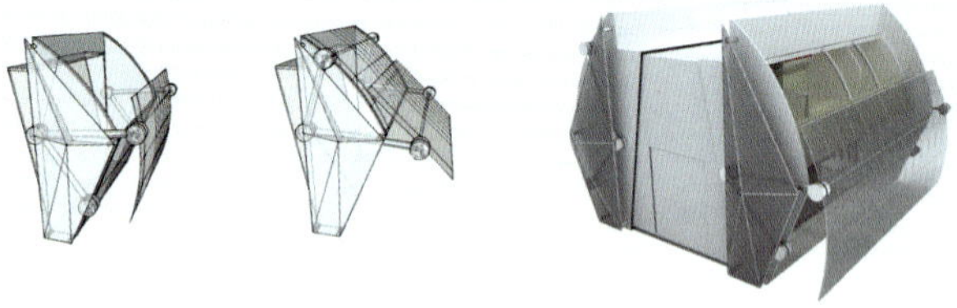

液压装置和旋转装置是移动和变形的核心。

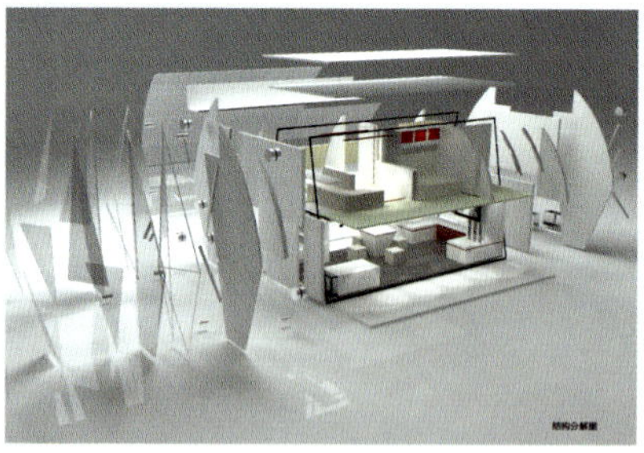

SNOEFLAKE
雪花

概念分析

寒风凛冽，虽冷但晶莹尤美。

每一片雪花都不一样，每一片都很精彩，提取其中的一角或一片就已很美。

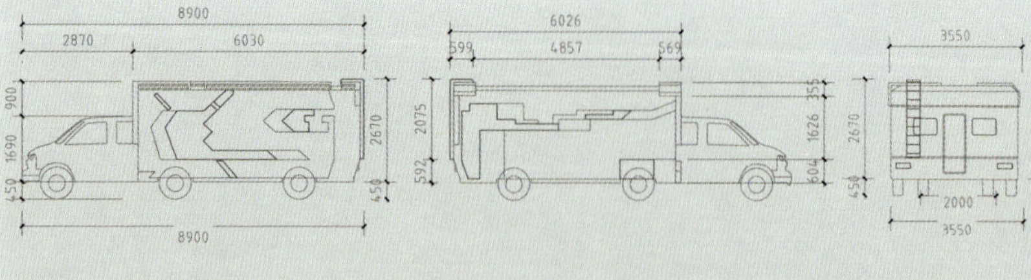

两个立面开窗不一，但均提取雪花的元素。不同的开窗，两面的光线与风景也不一样，丰富了室内光影效果，同时也满足了人的视觉享受。

作品名称：生态补偿

作者：罗志强

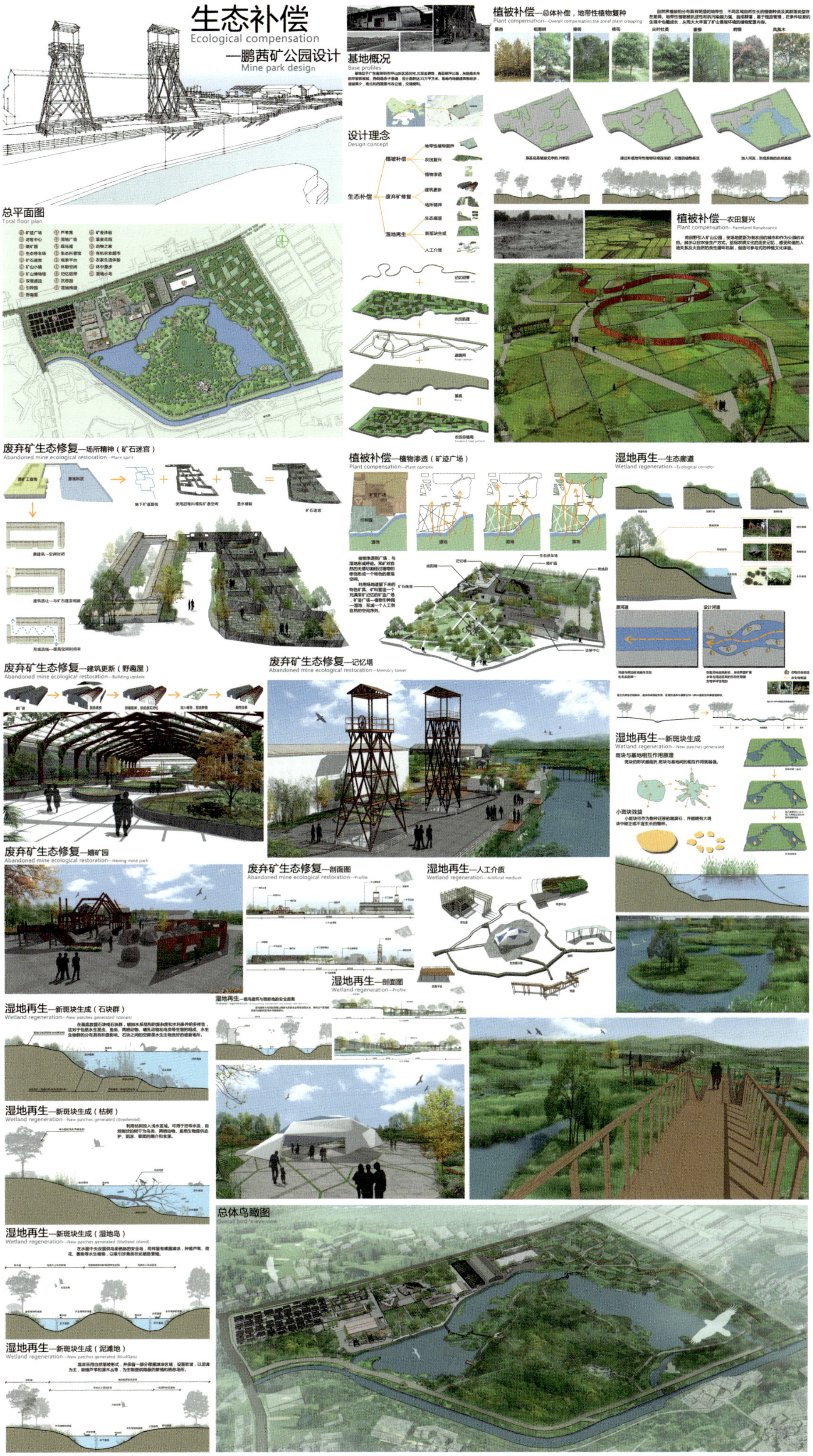

/ 最佳概念设计作品 / 学生组 /

为中国而设计
DESIGN FOR CHINA 2014

最佳手绘表现作品

作品名称：基于活态保护的非遗传承环境设计——以中原回族『文狮舞』为例

作者：周雷 赵晶 李芳

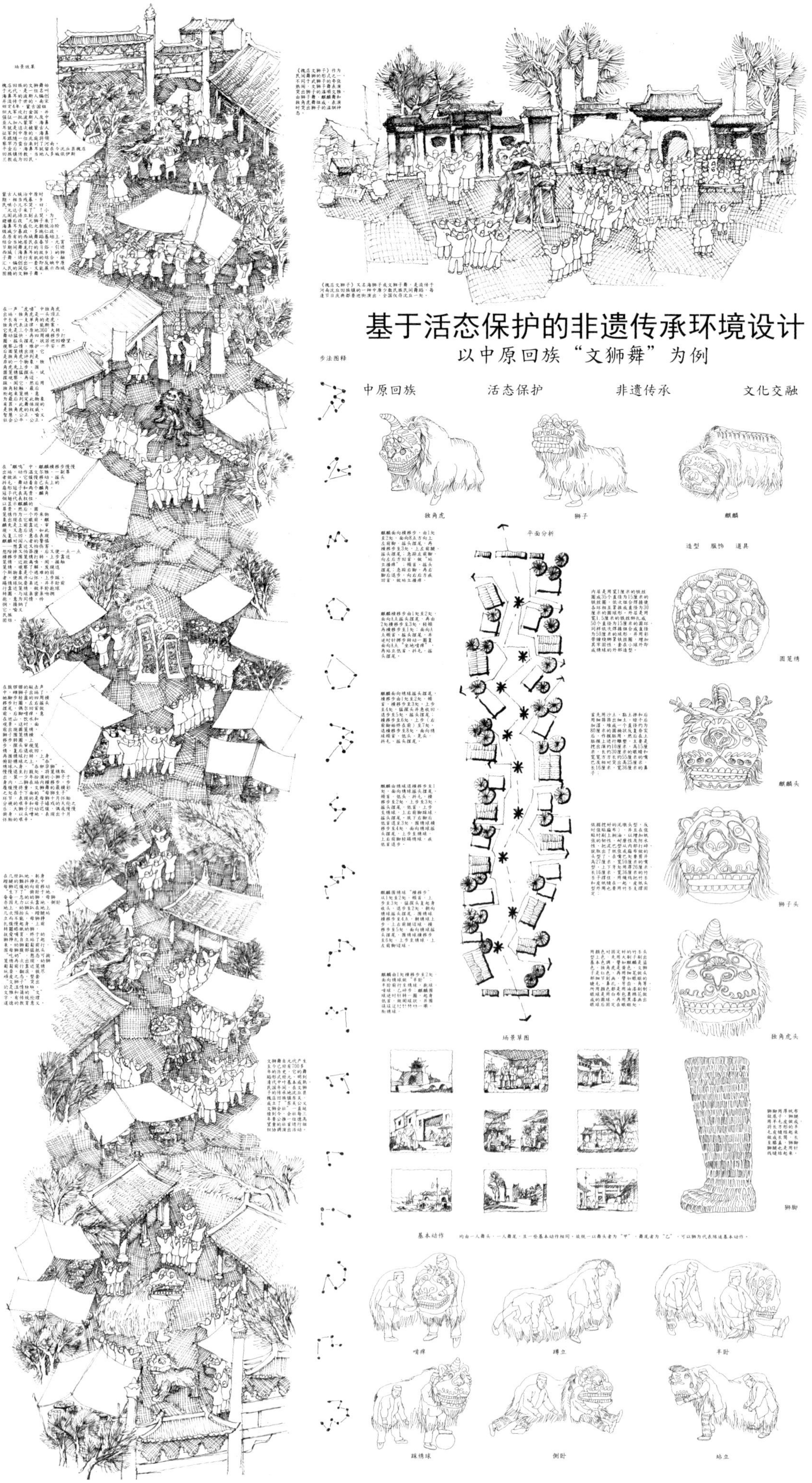

作品名称：参数化·小学概念规划设计·模式

作者：金常江　尹航　李睿　刘中远

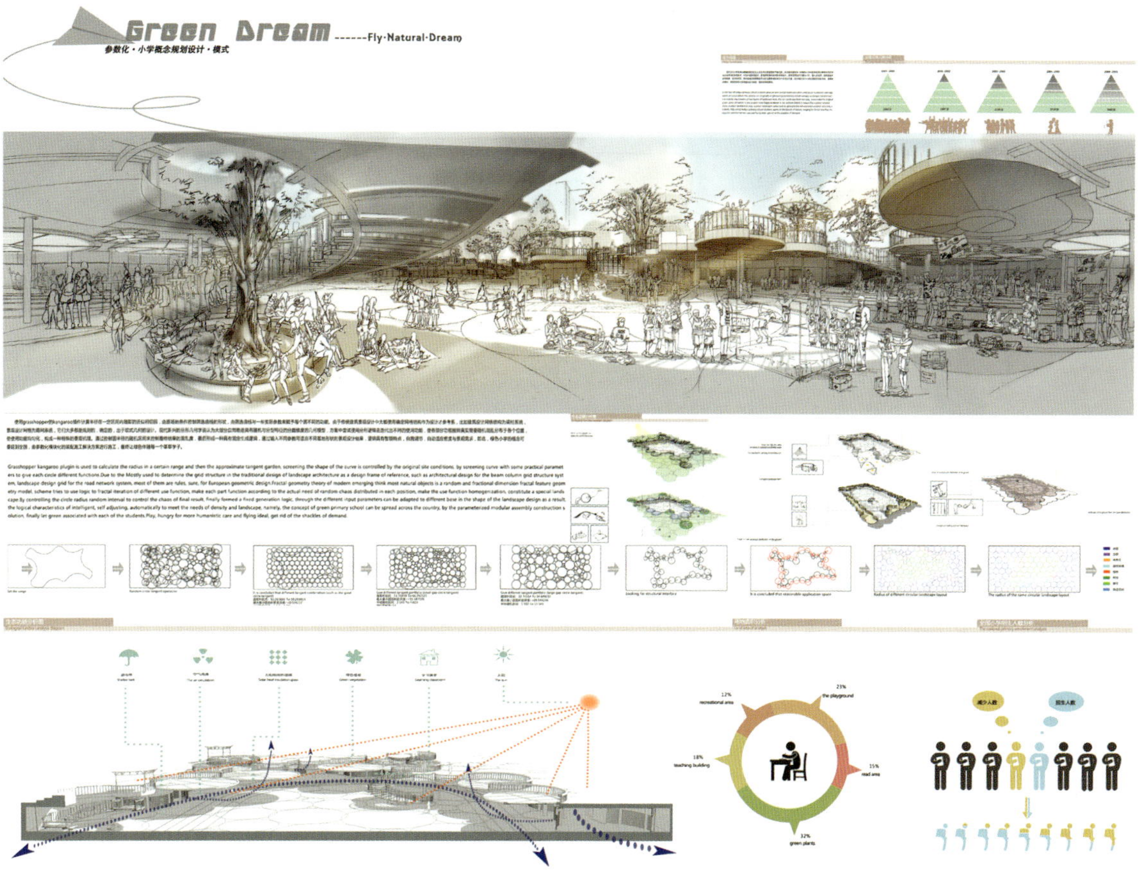

作品名称：创作进行时

作者：李博男

创作进行时...

长春中东湖西路商业综合体室内主题游乐场规划与设计

这个时代是"存在"与"表象"分离的时代，人们更关心的是看起来效果如何，设计行业的本初意义逐渐变得模糊，一切变得急功近利，浮躁不安。这不得不让我们反思：设计是否应该回归一切的本原，以找回创作本身的价值和意义，重新发现创作的乐趣。

"创作进行时"是三宅一生提出的设计理念，这个词很特别，也很具有动感，也许应该理解为一种讯息：邀我们积极地投入未来，投入创作，或者更深刻的理解为：

"创作进行时"本身的定义和内涵就是"分享"与"互动"，这也是设计的核心所在，是做设计最基本的态度。

"创作进行时"追求回到生活原点，重新审视生活本身，以最平易近人的方式来探讨设计在生活中的本质和内涵。

"创作进行时"传达的信息，并不是通过强烈的视觉冲击来吸引人们的注意，而是要渗透到人的生活当中去，成为人们生活习惯的一部分，这样传达的信息是最成熟、最有力的。

"创作进行时"从本原角度思考设计到底是什么，这样就会促使我们在面对各种变化的时候，自觉地把纷杂、缭乱、五花八门的东西还原到一个永恒的生活起点来重新审视，踏踏实实的做设计。

"创作进行时"倡导的是从生活中发现新问题，它所走向的前方就是生活意识和科学技术一体化的未来。

随着科技发展的日趋成熟，建立智能商业空间的时代日趋渐进，人们的物质文化需求与精神文化需增高，市民城市归属意识的增强，城市商业建筑综合体地域形象是城市文化的表象之一，其内部空间环境景观质量的提高，也具有很重要的意义。本方案意在探求一种新的设计理念与设计方法，即：如何有机的从单体向复合化转变；如何艺术性的把多样的空间有效地组织利用，创造出特色的商业综合体室内环境，使之与商业活动互相促进、协调发展。城市商业建筑综合体室内景观设计的优良体现将会是一个城市的经济发展程度，地域文化特色的代表。设计以城市的历史文化为背景，以城市的经济发展为基础，以城市的人民精神面貌为形象特征，结合商业建筑综合体的多项功能，并融入城市独有的文化特点，使得商业建筑功能与景观环境相互融合，相互协调，共同创造和谐的、创新的商业建筑综合体室内景观环境，体现"创作进行时"的设计理念。

总之，**"创作进行时"**的概念就是想表达：我们不仅要表达自我，为人们传达新的设计理念，更要为那些努力活在当下的人，做出我们应该如何在这样的时代生活的回答，重要的是分享和互动，用最少和最单纯的方式来表现功能和美感，创造出前所未有的体验。

生日派对主题景观

主题广场部分景观

对角巷奇幻小镇景观

主题景观分区示意图

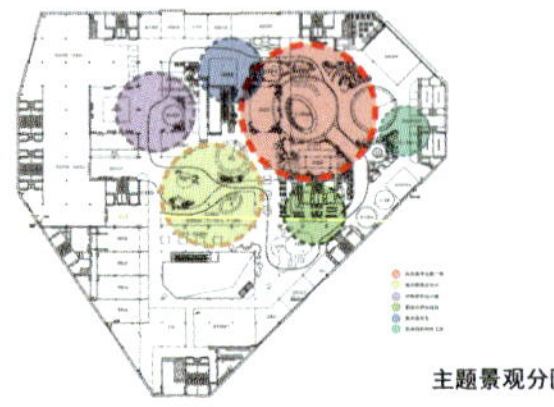

流线分析示意图

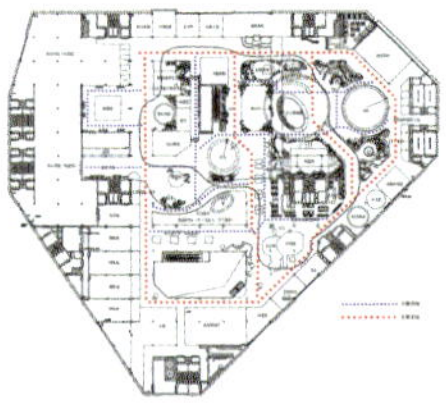

冒险岛与沙滩城堡景观立面

设计说明

长春中东湖西路商业综合体室内主题游乐场总体规划思路为一核心、二主线、三分区、四系统、六主题，具体内容如下：

一核心：本案以"创作进行时"为核心，贯穿人与自然的和谐共生的思想，不仅充分考虑人的需求，体现人文关怀，更是全力打造以体验为主的自然、轻松、舒适、独具特色的空间环境。

二主线：地面游览流线与空中游览流线。

三分区：集娱乐、休闲、集会三大功能于一身，点线面结合，丰富而有序的空间划分，互相促进，形成良性循环。

四系统：导视系统、服务系统、照明系统、绿化系统完美配合，烘托主题。

六主题：

欢乐海港主题广场：主题游乐场以"欢乐海港主题广场"为中心，在这里，以海洋生物为原型的天花造型灯、悬吊的船舶模型、横跨南北的观景天桥、扬起海盗帆布的加勒比海岛、中央天井的港湾碰碰船以及天井一周海洋主题的墙面等如梦幻般的世界，设计手法上充分考虑到商业的整体定位，在抽象与具象中寻找最合理的表达形式，这样更有利于展现当代商业文化，符合现代人的审美观，而且设计注重植物的搭配，与顾客之间互动感加强，更加突出"亲民"感！天井区的景观设计与游乐新项目相结合，将多层空间有机结合到一起，形成互动关系。

对角巷奇幻小镇：西北口主题区，娱乐项目为镜宫、奇幻魔屋、恐怖城、4D飞车、跳楼机等，整个区域是以给人无法抵御的诱惑，包含恐怖、惊奇、神秘，有如"哈利波特"中的魔法小镇，处处有惊，时时惊心，另人们心惊胆战，而又其乐无穷。

勇闯竞技岛：娱乐项目为爬山车、天翻地覆、跟踪追击、射击、射箭、甄虫等，整体区域设计手法以动感、炫目、刺激为主，重点打造爬山车、天翻地覆两大区域，让本来不占优势的区域充满活力！

爱丽丝梦幻绿岛休闲区：此区域是以休闲水吧、咖啡吧、甜点吧为主的餐饮休闲区，设计风格以东南亚风格体现，热带雨林植物较多，休闲座椅以藤类、竹类为主，体现别样的异域情怀。

嘻天嘟童话派对：因为此区域为南北娱乐区的中间过渡带，不适合放置娱乐设备，所以经营项目以儿童培训、儿童手工、儿童生日主题派对等体验式项目为主，设计风格将以"童话、梦幻"来体现，在整体娱乐区域中色彩多变，造型以曲线为主。

鲁滨逊的制作工坊：此区域为印第安式的设计风格，利用造景手法让原本靠近边缘的区域变得更具吸引力。

作品名称：回归乐园
作者：李江 张博

Scenery amusement park
Spiral divsion design

“回归”乐园
RETURN TO EDEN

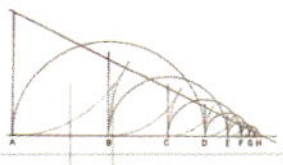

“回归”游乐园概念设计以自然几何学为切入点，寻找人与自然共同的形态规律

设计思路来源于自然几何学由螺旋分割形式进行设计符号的提取，最终形成此概念方案，方案主要表达设计应符合自然规律，尊重自然，回归隐喻。

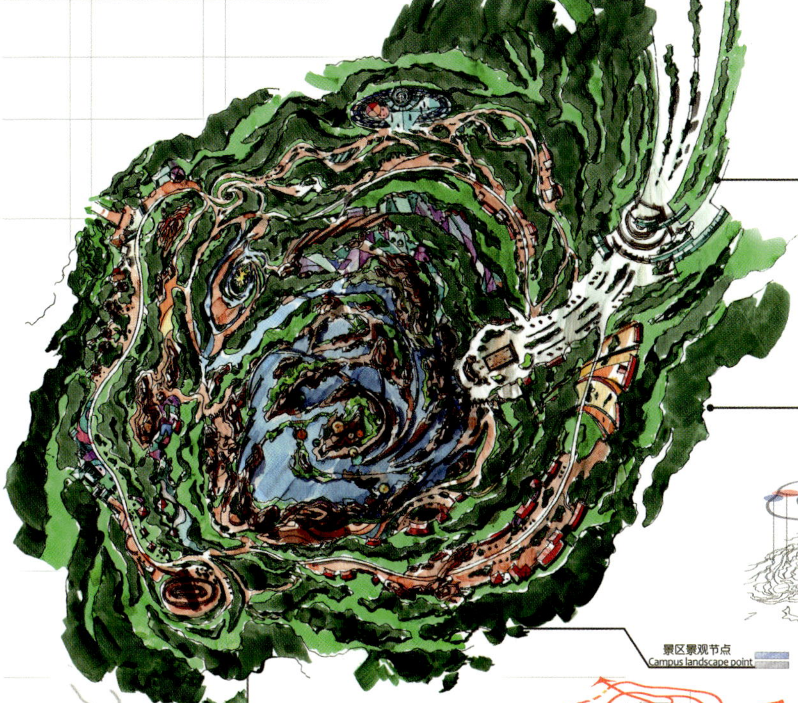

“海螺”入口
Conch Entrance

景观区域的设置强调了点位的对景关系，并且利用高差变化，强调的设计重点，加大空间的视觉效果。

园区利用山谷、盆地等地形进行设计，来暗喻地球的几个不同的地貌形式。

游乐场景区平面分析图
Analysis of playground plan

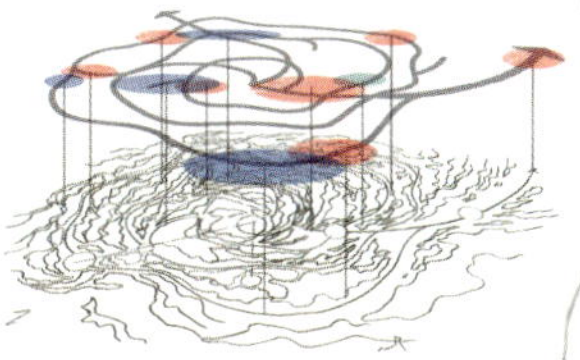

景区景观节点
Campus landscape point
功能服务区
主要通行路线
主要景观节点

人流路线形式
Traffic routes form

主要通行路线
次要游览路线
重要景观通行口

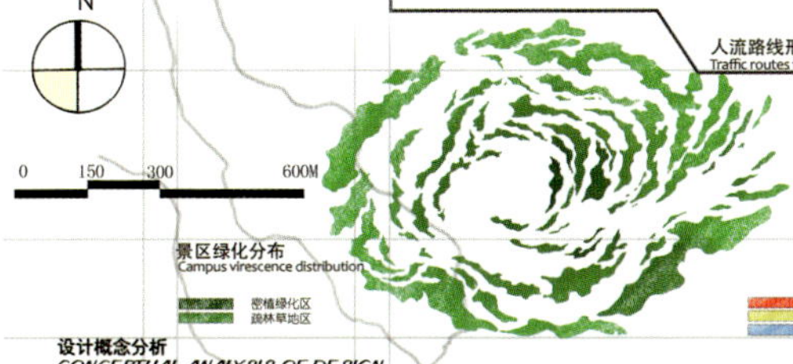

景区绿化分布
Campus virescence distribution
密植绿化区
疏林草地区

设计概念分析
CONCEPTUAL ANALYSIS OF DESIGN

提取宇宙星云的基本运转形式——螺旋线，并将其进行黄金分割点的划分，按分割出的点位设置相应的景观组团。

The basic operation of extracting cosmic nebula forms - spiral, and Divide its golden point, according to the segmentation of the point Set the appropriate landscape Tour.

在进行螺旋线分割的基础上，借用荷兰构成主义画家蒙德里安的新造型主义作品作为创作来源，形成独特的色彩构成美。

Conducting basic helix split on borrowed Netherlands constitutive A painter Piet Mondrian's work for a newform of Marxism Source for the design, color constitute a unique beauty.

在景观处理上，有意利用绿化、建筑等元素进行景观的向心式扭转，使得空间呈现一种向外螺旋式的散射状态，增加景观的节奏感和力量感，同时也暗示了园区的设计重点，衬托了设计的主题，即一切自然都是平衡的，有它存在的秩序的，人们不应破坏自然运行的规律，而应有节制的保护，保护生态，倡导以人为本的设计。

On landscape processing, intends to use greening, building landscape on the element such as centripetal type torsional, make space presents a state of spiral outward scattering.

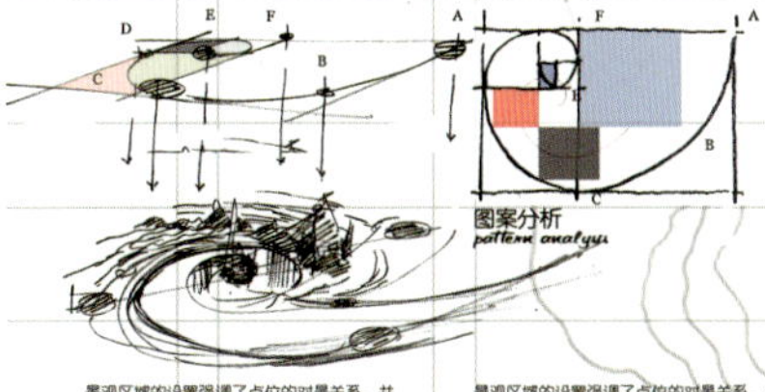

图案分析
pattern analysis

景观区域的设置强调了点位的对景关系，并且利用高差变化，强调的设计重点，加大空间的视觉效果。

Set landscape areas highlighted points of view relationships and And the use of elevation changes, emphasizing the design focus.

景观区域的设置强调了点位的对景关系，并且利用高差变化，强调的设计重点，加大空间的视觉效果。

Set landscape areas highlighted points of view relationships and And the use of elevation changes, emphasizing the design focus.

景观立面图
Landscape elevation

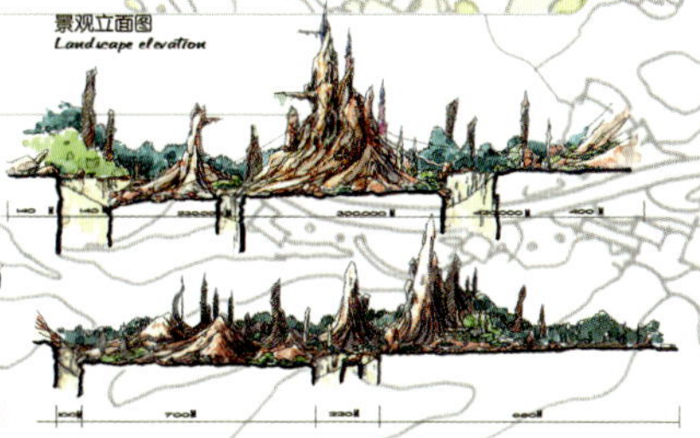

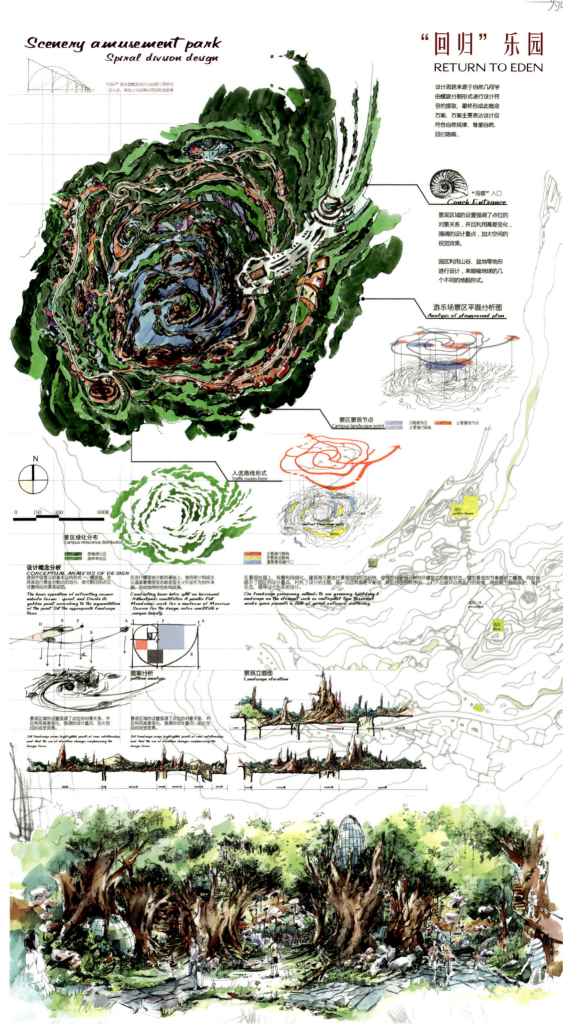

作品名称：彩色景观、彩色中国——白马湖森林公园

作者：罗曼

Colorful landscape colorful China
白马湖森林公园

城市色彩表现整座城市的历史文化底蕴，是自然条件的积淀。城市公共空间中的景观作为城市色彩的一个最重要载体，承担着向外界表达整座城市个性与魅力的语言。公园的总体规划设计愿景及理念设定为城市之肺、氧气之源、彩色生态林，重构生态，物种多样是公园的目标定位。营造复合森林，重建当地植被多样性，形成地表生态，复合型的生态资源、彩色生态植被群、复合游憩功能的绿色天堂。绘制生态涵养的彩色名片，通过明亮与艳丽的生态景观，提升旅游价值、驱动养生居所、先进服务配套于一体的大型综合体项目落实，为森林的物质储备。以林养研，以旅游带动科研，提升区域林质资源的保护层次，目标成为全球植物保护与可持续性研究的中心并不断壮大。科普教育，为孩童以及成人提供亲近自然了解自然的机会，普及森林生态系统重建的知识，提高公众相关意识及参与性。

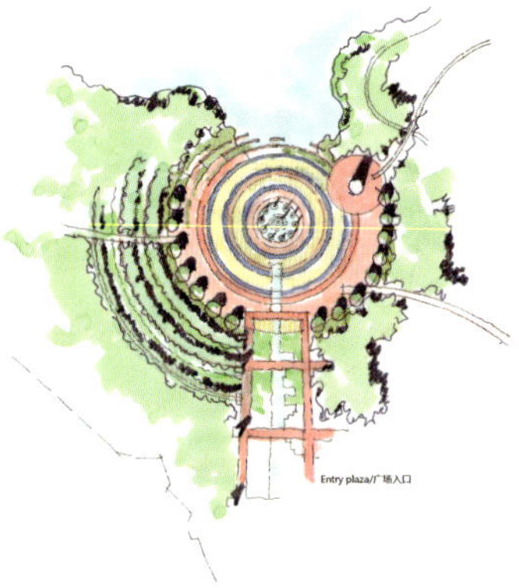
Entry plaza/广场入口

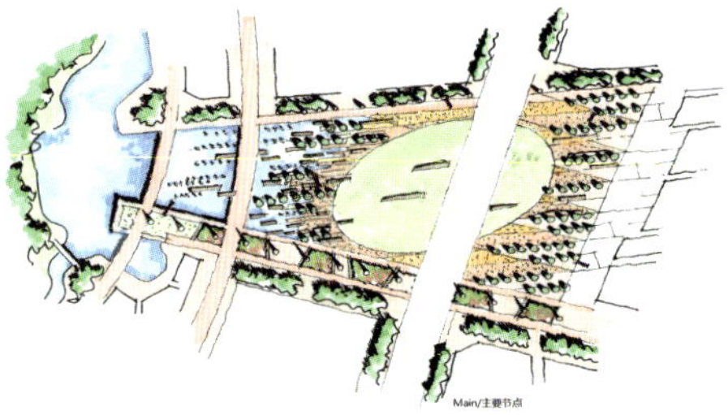
Main/主要节点

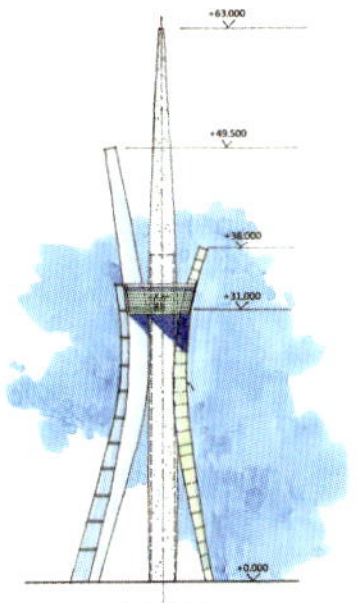

Outlook1/观景塔方案

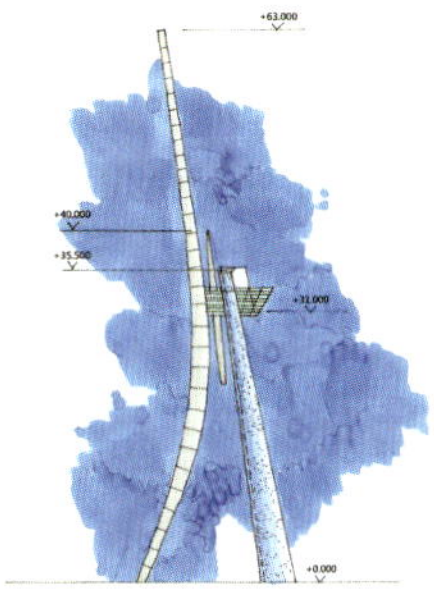

Outlook2/观景塔方案

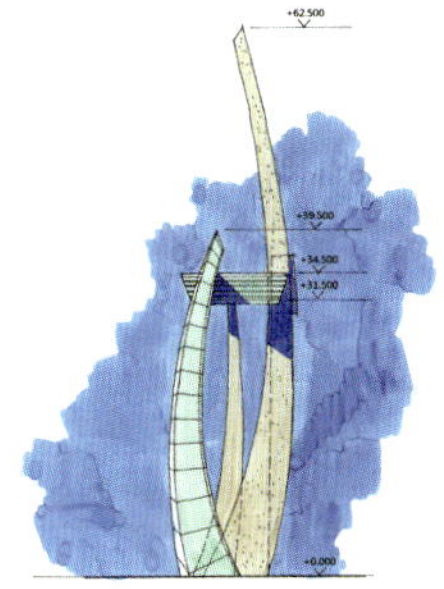

Outlook3/观景塔方案

Plaza plan/广场方案

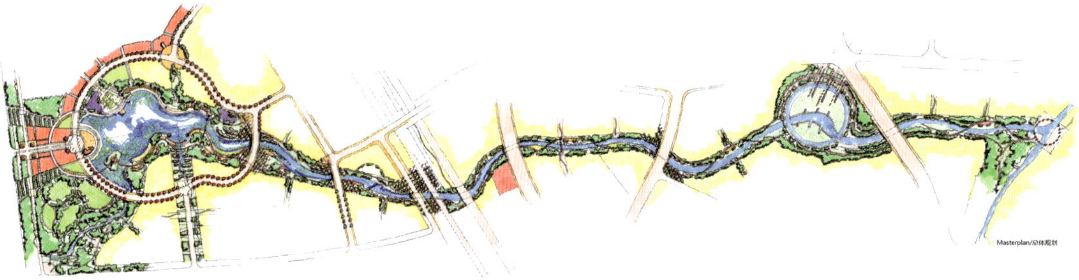
Masterplan/总体规划

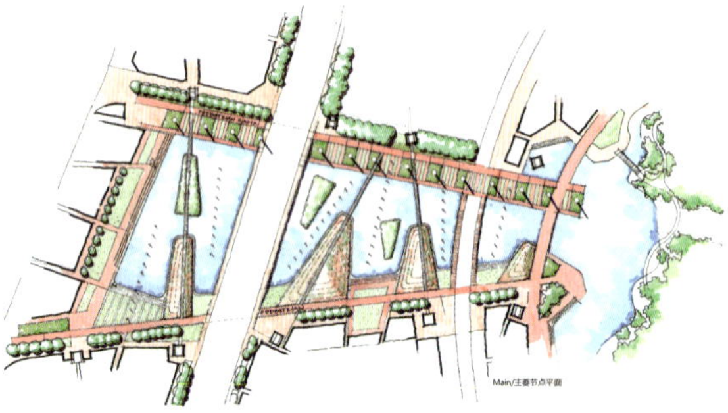
Main/主要节点平面

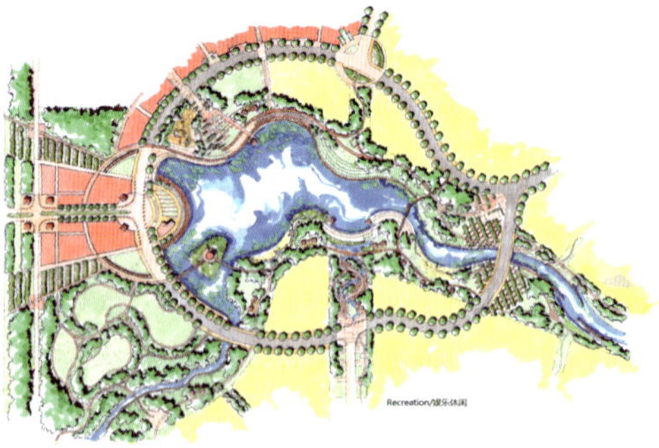
Recreation/娱乐休闲

作品名称：大连渔人码头度假村规划设计
作者：郑婷婷 廖望

Tiger Beach, fisherman's Wharf is located in Zhongshan District, Dalian coastal Land Rover beach fishing port in east of Ocean Park, Tiger Beach, north of the coastal road, south of the Yellow Sea, E ast and west sides are the natural mountain, Shanhai dependencies, geographical condition is superior, beautiful natural scenery.
Covers an area of nearly 60000 square meters. Thing long 480 meters, 500 meters long from north to south, with 1768 meters long coastline, the West and the southeast corner of regional natural beach, with a length of about 280 meters of the Zhanqiao in the south.
Integrated with sightseeing, entertainment, culture, catering, shopping, vacation and other functions into one theme commercial district.

大连渔人码头度假村 规划设计

设计说明

此度假村设计位于大连滨海风景名胜区内，度假村以大自然天造地设的美景拟建成环境优美、设施先进管理先进、极富海岛情调的海滨旅游观光休闲度假胜地，度假村所针对的人群是情侣爱人新婚夫妇等，以浪漫主义风格来诠释度假村的独特魅力。最特别的就是度假村的房屋建筑，大量的运用曲线，产生一种优美的旋律感。海水、碧海、蓝天所散发的自然魅力是无穷的，哪怕是仅仅坐在海边也是一种享受，度假村内以人工开凿的水，成为景观中亮丽而又充满生命力的造景元素，艺术的再现自然之神韵创造出富有个性和充满色彩的神宫仙境。

Design notes

The resort design in Dalian coastal scenic areas, resort to nature created by nature beauty to be built into a beautiful environment, advanced facilities management advanced, highly exotic beach island tourism leisure resort, resort to the person is married lovers love the new, unique charm to the romantic style to the interpretation of the resort. Building the most special is the resort, with lots of curves, a beautiful melody. The sea, blue sea, blue sky from natural charm is infinite, even just sitting on the beach is a kind of enjoyment, resort to man-made water becomes the landscape elements, landscape beautiful and full of vitality, art reproduction of natural charm to create a rich and colorful shrine of wonderland.

设计原理

度假村的规划设计运用各种浪漫色彩、绿地规划设计、园林设计、园林景观设计等来表现度假村的抒情主义风格。使人可以深入体会到抒情浪漫的氛围达到放松、休闲、娱乐度假村的目的。

Design principle

The resort planning and design using various romantic color, green space planning and design, landscape design, landscape design to the performance of the lyric style resort. The customer can deeply realize the romantic atmosphere to relax, leisure, entertainment, resort to.

WHAT ?
HOW ?
see
sketch
think

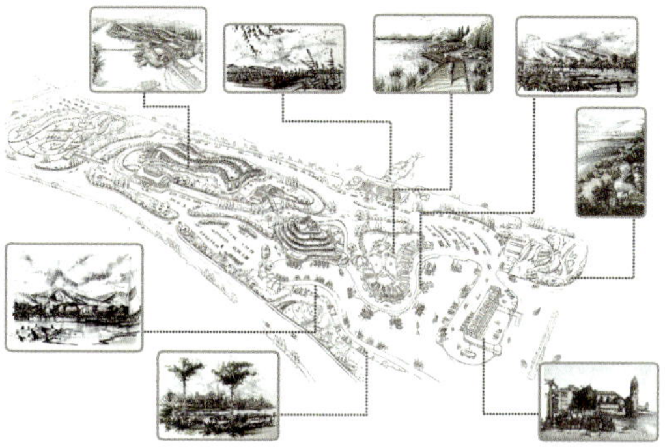

盘锦湿地景观度假村概念规划设计

作品名称：盘锦湿地景观度假村概念规划设计
作者：王小雨

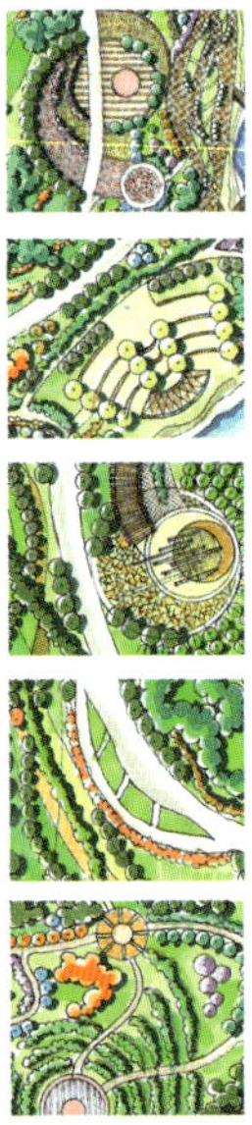

地形特点：

盘锦属华北陆台东北部从"燕山运动"开始形成的新生代沉积盆地，经过漫长历史年代的河流冲积、洪积、海积和风积作用，不断覆盖着深厚的第四系松散沉积物。地势地貌特征是北高南低，由北向南逐渐倾斜，比降为万分之一，坡度在2°以内，地面海拔平均高度4米左右，地面平坦，多水无山。本设计方案的地点就位于景色优美，湿地资源丰富的辽河入海口。

The Panjin terrain features:

Panjin the case of Cenozoic sedimentary basins of the North China Taiwan northeast from the Yanshan movement began to take shape after a long historical periods of fluvial, alluvial, marine and wind deposition, and constantly covered with a deep Quaternary unconsolidated sediments. Terrain topography is characterized by a north to south, and gradually tilt from north to south, than reduced to one ten thousandth of the slope of less than 2°, the ground above sea level the average height of about four meters, the ground is flat, multi-water mountain. The location of this design is located in the beautiful wetlands resource-rich mouth of the Liaohe River.

气候特点：

盘锦市属暖温带大陆性半湿润季风气候区。其特点是：四季分明，雨热同季，干冷同期，温度适宜，光照充足。这给在此地建设湿地景观度假村提供了良好的条件。

Climatic characteristics:

Panjin city a warm temperate continental semi-humid monsoon climate zone. Its characteristics are: the four seasons, in the same quarter of the rain and heat, cold and dry over the same period, suitable temperature, illumination sufficient. This gives here the construction of the wetland landscape resort offers good conditions.

先天条件：

盘锦自然景观比较优美，可谓特色天成。平原地貌、稻田、苇海、草原、滩涂、红海滩、珍稀鸟类与河流交织成美丽壮观的画卷，使这里成为旅游观光、回归大自然的理想之地。盘锦，地势平坦，景观独特，资源丰富，可谓鱼米之乡，堪称美丽、富饶的辽河金三角。

Panjin more beautiful natural landscape can be described as natural features. The landforms of plains, rice fields, reed sea, grassland, marshes, red beaches, rare birds and rivers are woven into a beautiful and spectacular picture, making it a tourist, return to nature, an ideal place for. Panjin, flat terrain, a unique landscape, rich in resources, can be described as of Fish Man, to be called beautiful, fertile Liaohe Golden Triangle landscape super of ceremony

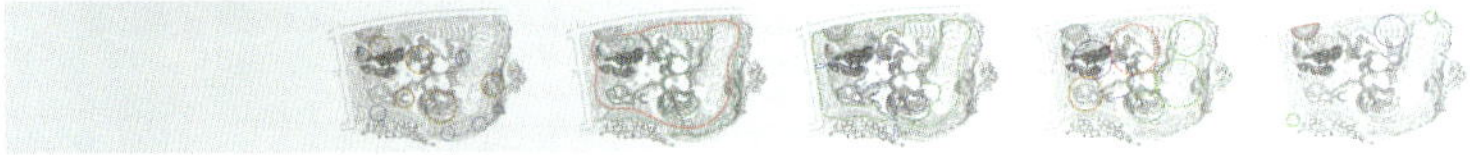

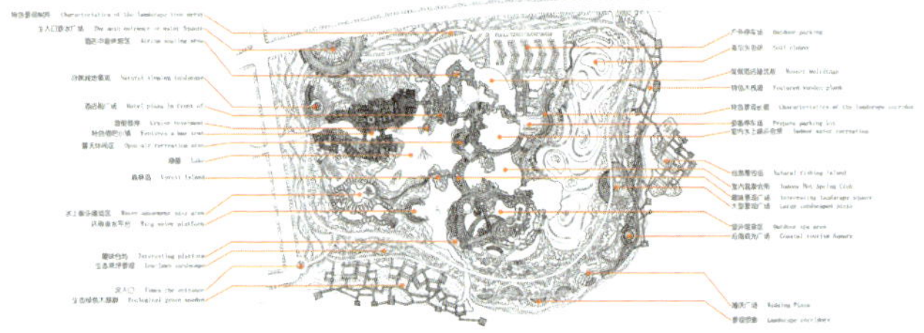

景观的仪式感

水系较多，蜿蜒曲折，给盘锦这座城市留下了一个独一无二的肌理，也在这一系列的曲线、转折中和与城市渗透在一起，造就了无数的景观空间。这种蜿蜒迂回的景观设计与本身现在审美观点相结合，体现出别具一格的风格。

理性的景观主轴线

我们把进入度假村的主环线作为主体景观线，这条景观线流畅蜿蜒，其形式、布景都充满较强的平面几何感，这样才能形成更好的延伸观感。

生动的景观次轴线

他是从"蜿蜒"的概念和流水渗入地下的微观世界图像衍生而来，进入各个组团的次轴线和树枝般从主轴上分散开来，每条次轴依旧保持着有序的姿态，将"美"控制在平衡的"度"上。

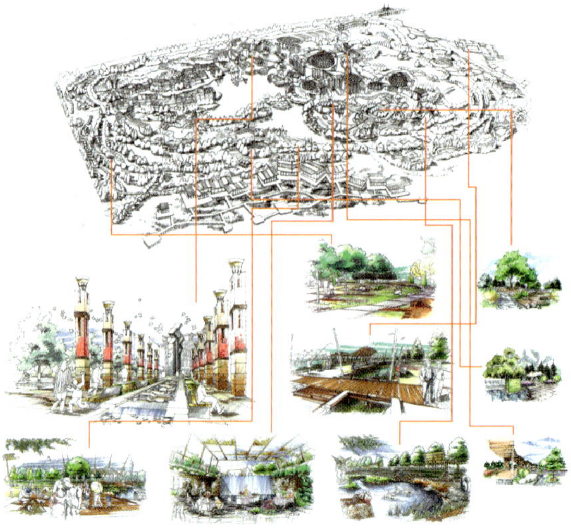

为中国而设计
DESIGN FOR CHINA 2014

"东鹏杯"卫浴产品原创设计获奖作品

作品名称：嵌入窑洞的卫浴设计

作者：郑韬凯

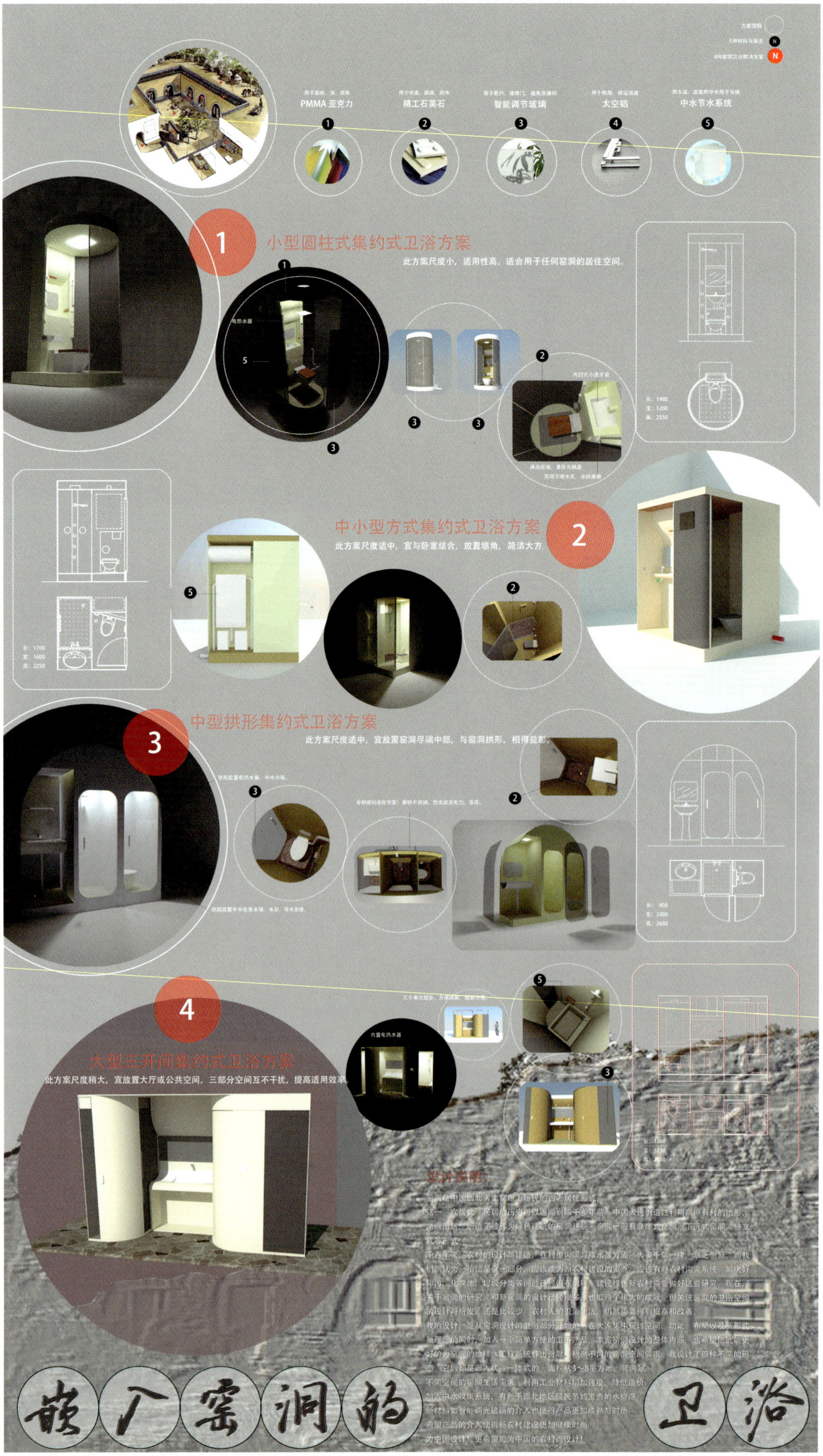
PMMA 亚克力
精工石英石
智能调光玻璃
太空铝
中水节水系统
1
小型圆柱式集约式卫浴方案
此方案尺度小，适用性高，适合用于任何窑洞的居住空间。
长：1400
宽：1200
高：2350
中小型方式集约式卫浴方案
2
此方案尺度适中，宜与卧室结合，放置墙角，简洁大方。
长：1700
宽：1600
高：2250
3
中型拱形集约式卫浴方案
此方案尺度适中，宜放置窑洞尽端中部，与窑洞拱形，相得益彰。
长：900
宽：2400
高：2600
4
大型三开间集约式卫浴方案
此方案尺度稍大，宜放置大厅或公共空间，三部分空间互不干扰，提高适用效率。
设计说明：
窑洞是中国西北黄土高原上居民的古老居住形式，
这一"穴居式"民居的历史可以追溯到四千多年前，中国人民创造性利用高原有利的地形，凿洞而居，创造了被称为绿色建筑的窑洞建筑。窑洞一般有靠崖式窑洞、下沉式窑洞、独立式等形式。
千百年来，农村的设计与建造，在村里沟渠与排水等方面，大多千篇一律，缺乏创新。而我们则认为，恰恰是这一部分，应该成为新农村建设的重点。应该有新农村沟渠系统，解决好排污、化粪池、垃圾分类等问题已经迫在眉睫，建设绿色新农村需要做好这些研究。现在，关于窑洞的研究，和新窑洞的设计已经很多，也取得了很大的成就，但关注窑洞的卫浴空间的设计与研发，还是比较少。农村人的卫浴生活，仍然需要得到提高和改善。
我的设计，是从窑洞设计的卫浴部分开始的。在大家集中探讨空间、功能、布局以及新形式、新理念的同时，加入一个简单方便的卫浴产品，丰富窑洞设计的整体内涵，也希望借此能更好的为窑洞的给排水工程系统作出贡献。根据不同的窑洞空间需求，我设计了四种不同的形态，它们都是嵌入式、一体式的，面积从3～8平方米，可满足不同空间的窑洞生活需求，利用工业材料增加强度，降低造价
加入中水收集系统，有利于西北地区居民节约宝贵的水资源
新材料如智能调光玻璃的介入也使得产品更加成熟与时尚
希望产品的介入使得新农村建设更加健康时尚
为中国设计！更希望能为中国的农村而设计！
嵌入窑洞的卫浴

82

/"东鹏杯"卫浴产品原创设计获奖作品/一等奖/

作品名称：凹
作者：柯嫣嫣

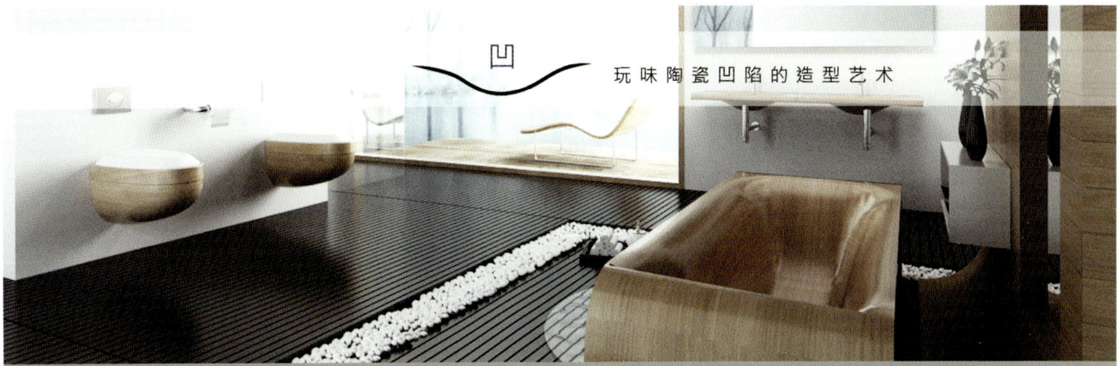

洗脸池

就是整体/一个洗脸池就是一个独立的个体
就是个性/木纹也可以是陶瓷

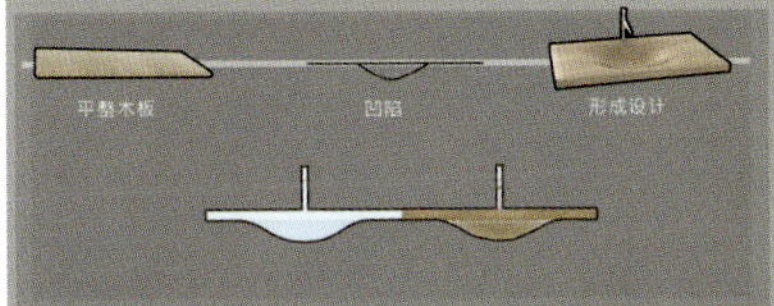

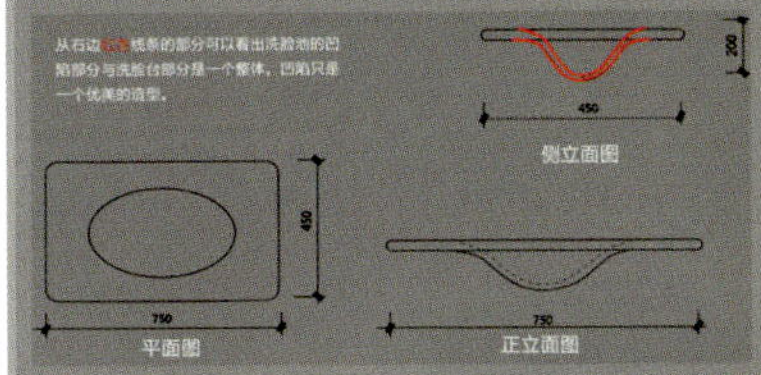

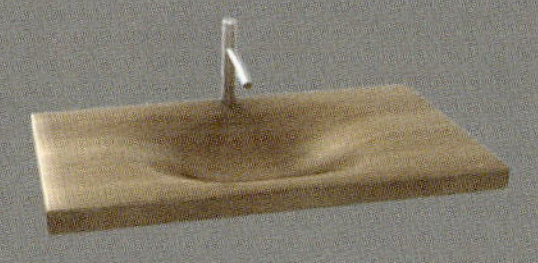

效果图

浴缸

就是陶瓷/要陶瓷的洁净，易清洗，使用持久，也要木材的原始质感

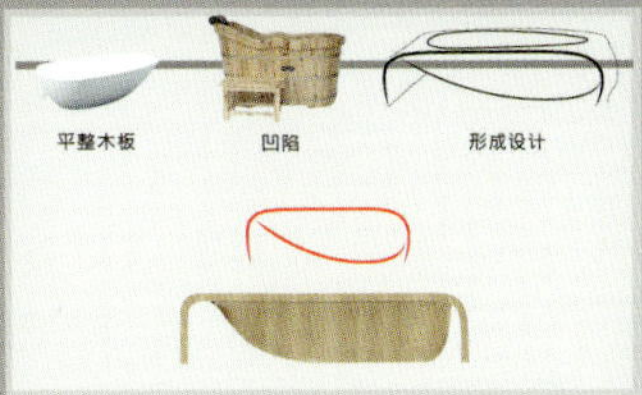

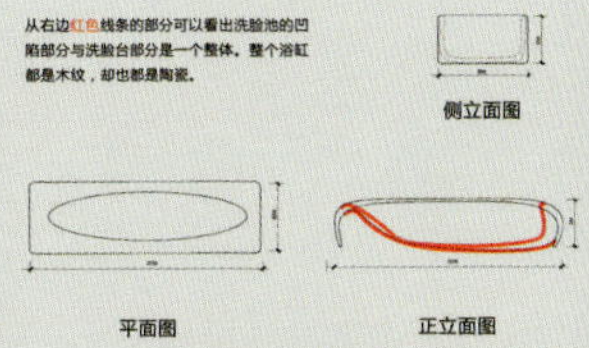

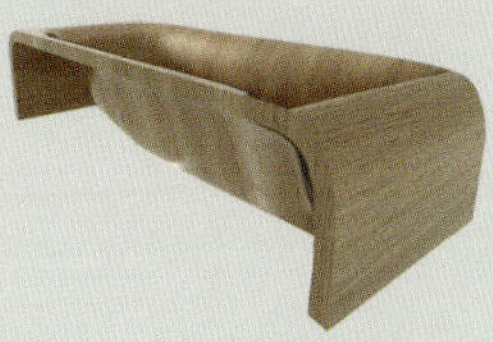

效果图

马桶

就是曲线/陶瓷的质感是圆润的，充分利用陶瓷的圆润质感，结合曲线的美感

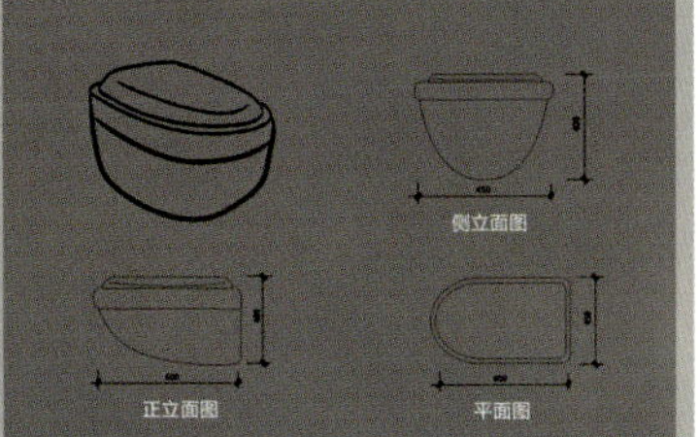

在中国，最原始的坐便器，其实就是木制的，用陶瓷仿制木纹，是一个很好的选择。马桶排水采取墙排，不影响功能的同时，还能顾全马桶的整体造型效果。

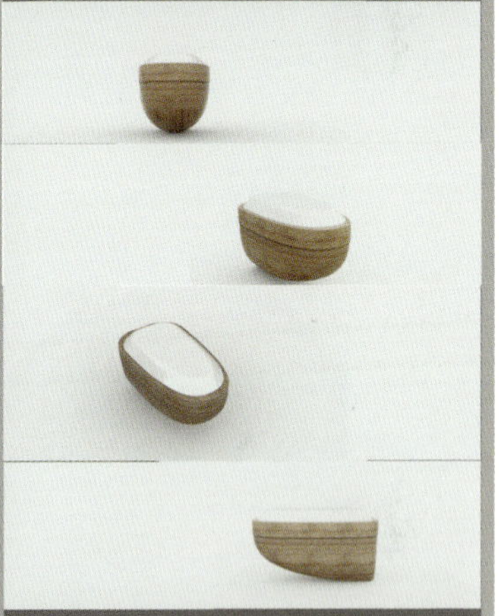

陶瓷仿制技术说明：陶瓷具有良好的仿制其它材质问题的特点，本产品充分利用此特点，用陶瓷材料仿制木纹。

椅子：利用木板的热压成型，将平整木板部分凹陷，部分突出，形成优美曲线。

设计说明：
整个设计作品包括浴缸、洗脸池、马桶以及椅子4个产品，设计元素采用平板凹的艺术，形成优美曲线，同时结合陶瓷的仿制优良特性，使得设计作品即有陶瓷的耐清洁性，良好质感，也有木纹的质朴和传统的木制浴缸的回归感。

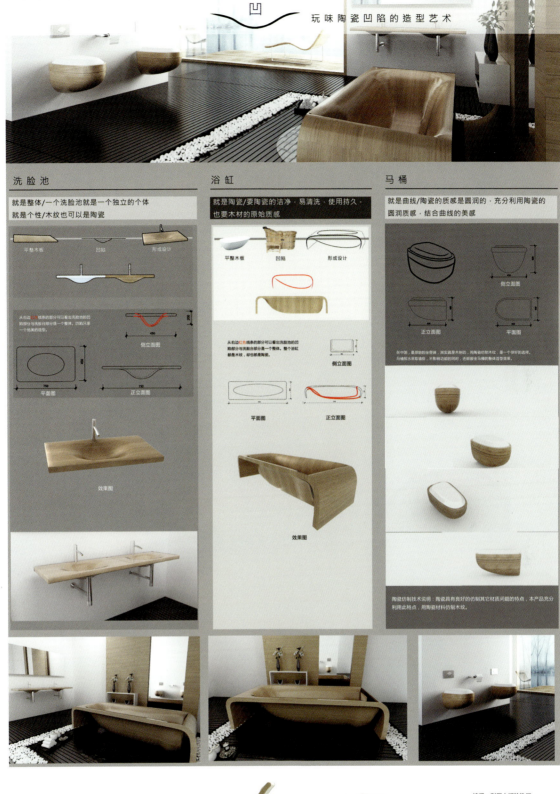

作品名称：卫浴产品创新设计
作者：潘杰 纪仕池

卫浴产品设计

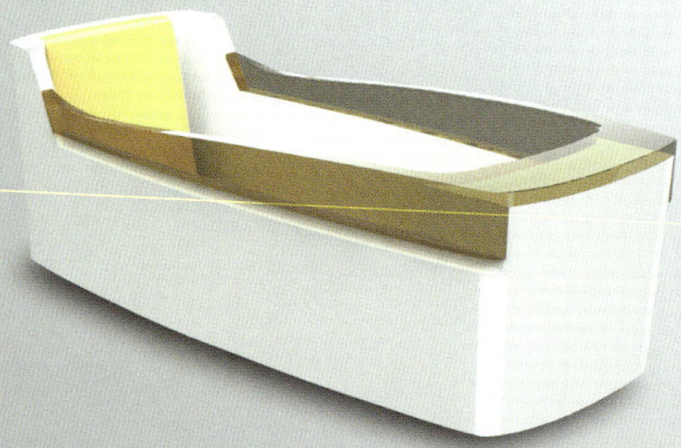

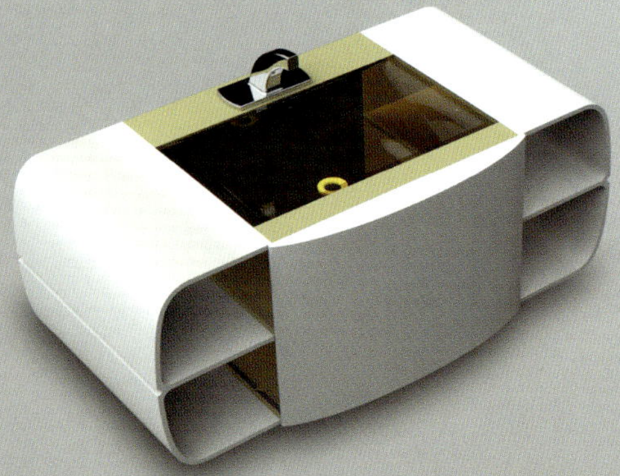

背景：现代人生活节奏快，工作压力大。在追求新的审美与情感满足的同时需要放松心情，舒缓压力。

卫浴空间及卫浴产品除去其基本功能外还能让人身心放松，缓解压力。但是现有卫浴产品大多过于雷同，几乎同一白色面孔，不能满足人的审美需求，也不能很好的使人放松心情。

设计目的：针对现代化城市居民对卫浴产品功能，审美，情感及身心放松，缓解压力的需求提供相应的设计方案。

设计定位：为的城市居民提供新颖，亲切，美的视觉感受。通过马桶，面盆，浴缸等卫浴产品创造一个使人放松，身心愉快，缓解紧张情绪的气氛环境。

马桶设计：与当下马桶设计不同，以直线，几何曲面为主，塑造一个简洁，单纯的形体，结合哑光，透明，半透明亚克力，陶瓷等材料与有明度，彩度变化，让人轻松愉快的兰，绿，橙等色系的色彩，共同构成一个亲切，清新，轻松愉快，新颖的综合视觉形象。

面盆设计：为了能很好的与马桶，浴缸相协调统一，采取了将面盆嵌入浴室柜中的整体设计，面盆两侧与台面平滑的过渡，连接，是使面盆与柜体很好的融为一体。方便清洗与将洒落台面的水回收到盆中，方便使用材质色调与马桶，浴缸统一，共同营造轻松，愉快的视觉形象。

浴缸设计：采用与面盆，马桶相同材质，色彩，造型风格，塑造了一个与前两者风格统一的形体饱满的新颖视觉形象。

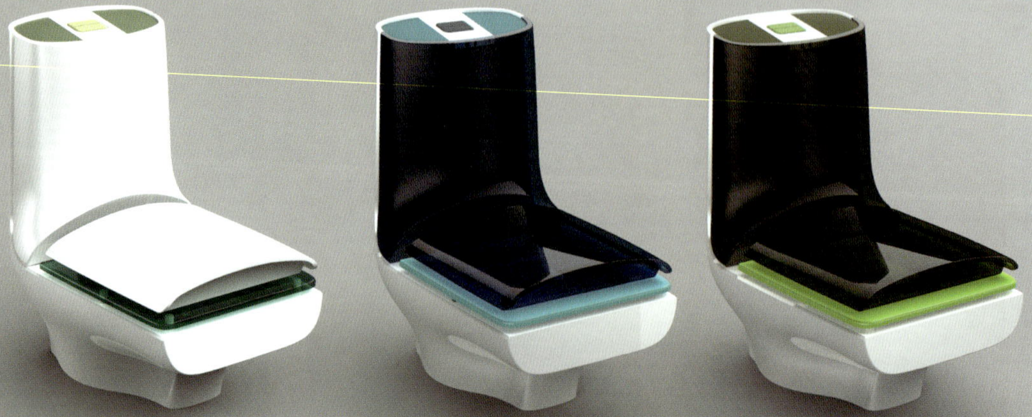

三视图

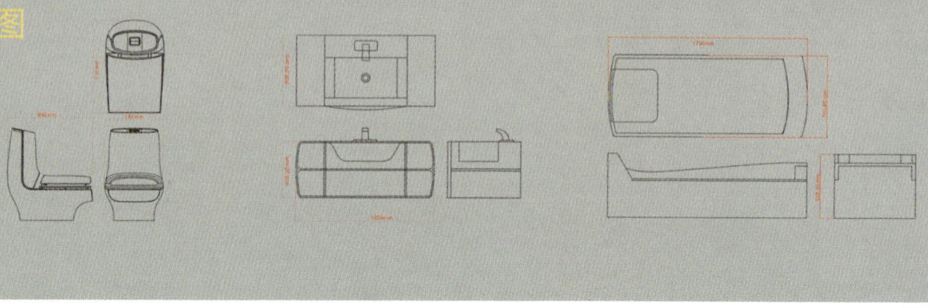

作品名称：方玉——实验性卫浴设计

作者：魏诗又 黄阳 罗敏

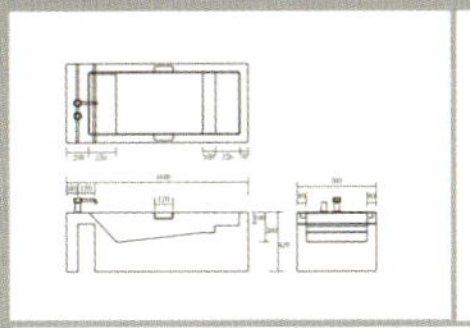

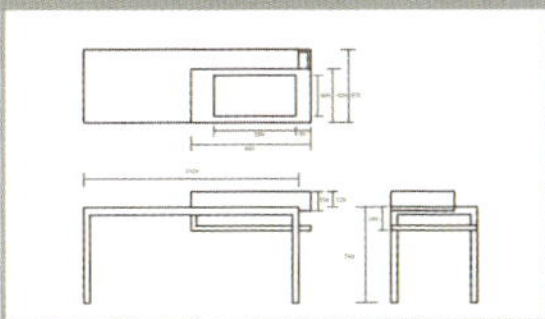

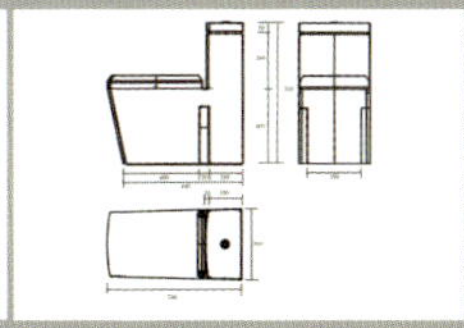

方玉

--实验性卫浴空间设计

设计说明

方玉------是本设计的主题。它以直线、长方体元素构成卫浴空间的三件套“面盆”“浴缸”“马桶”产品。设计充分体现了简约之美，实现了有度的时尚设计语言。平静、典雅的完成了视觉协调的满足及产品功能设计，并以洁白纯净的直线形式和体量，隐喻地表达了“冰清玉洁“的主题设计含义。

1、在洗面盆的设计上不仅体现了造型的创新性并做了节约用水的思考，结合台面现状并做了毛巾搭放的细节功能设计。

2、浴缸外观造型设计简洁明快，在完成形体功能的基础上求细微变化，立面上预留的一条缝，一下子解决了许多设备安装的问题。

3、马桶外观造型设计简洁、大气，有高贵儒雅之风，在做减法设计的同时，注重功能、智能设计一体化。

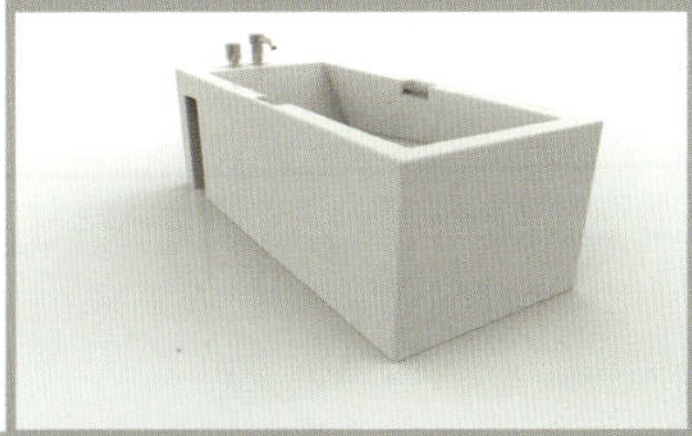

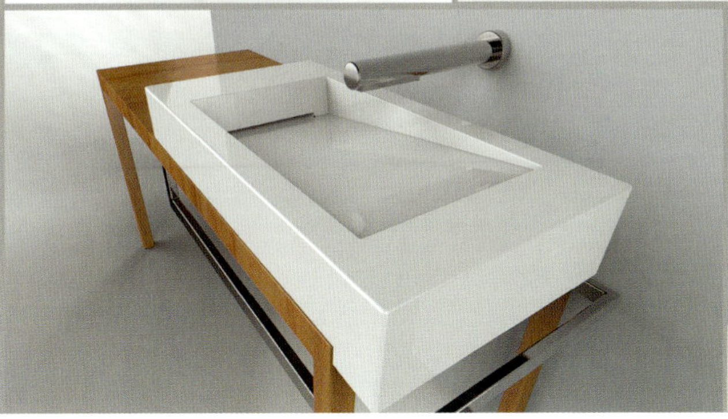

作品名称：关爱老弱病残孕——无障碍卫生洁具系列设计方案

作者：刘波 牛文豪

组合式无障碍卫生洁具效果图

无障碍卫生洁具设计旨在为老弱病残孕群体入厕提供便利，将蹲便器更换为专用坐便器，并在坐便器的两侧设立扶手架、后面设置靠背方便老弱病残孕群体使用。同时将洗手池与小便池相结合，上面放置洗手池，下面设置小便器，并在小便池的两旁设立挡板防止小便溢出。对于腿脚不方便的男士在使用时只需通过洗手池上方的扶手来支撑双臂，进行小便，小便后洗手用水会顺着流下来冲洗便池，这样既能方便使用又能节约水资源。洁具两旁设置专用栏杆、支架，尽可能的照顾弱势群体的各种需求。

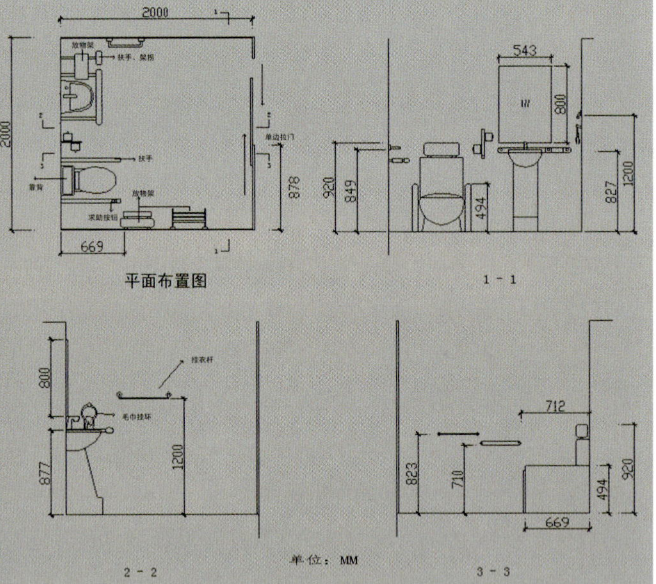

组合式无障碍卫生洁具三视图

在每个蹲位间中设计一个置物架，方便人们存放自己的私人物品，为使用者提供一个安心便利的如厕空间。

蹲位间储物架效果图

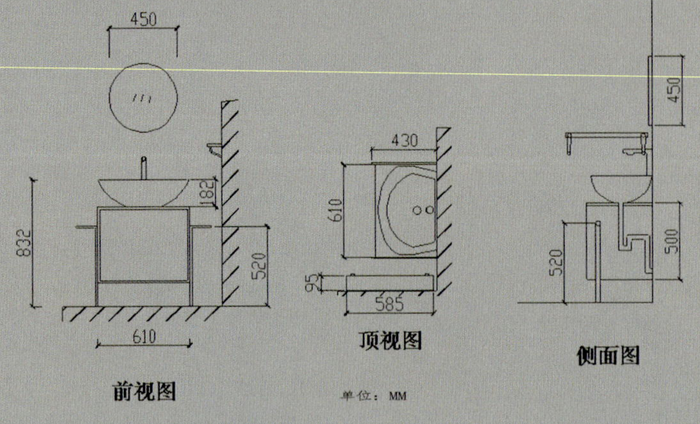

婴儿护理台三视图

婴儿护理台效果图

在传统卫浴洁具设计中的婴幼儿专用卫生洁具较少，由于婴幼儿尚未形成独立的生活自理能力，设立一处婴儿护理台是十分重要的。同时在婴幼儿专用护理台内配置护理镜、婴儿护理池、毛巾架、储物架等，方便给婴儿清洗和换尿布。

关爱老弱病残孕——无障碍卫生洁具系列设计方案

作品名称：卡纳湖谷别墅卫浴空间设计方案
作者：盛恒溢

卡纳湖谷别墅卫浴空间设计方案

Tuscany Lake Valley Villa bathroom space design

设计说明： 整体空间由黑白灰三色搭配，永恒经典，却也简约时尚。同时局部采用曲线，使空间更具延展性，更显别致典雅。采用挂壁式坐便器，无卫生死角容易清洁，冲水噪声被削弱。垂直冲淋的使用，减少水花飞溅，让人充分体验淋雨的乐趣。

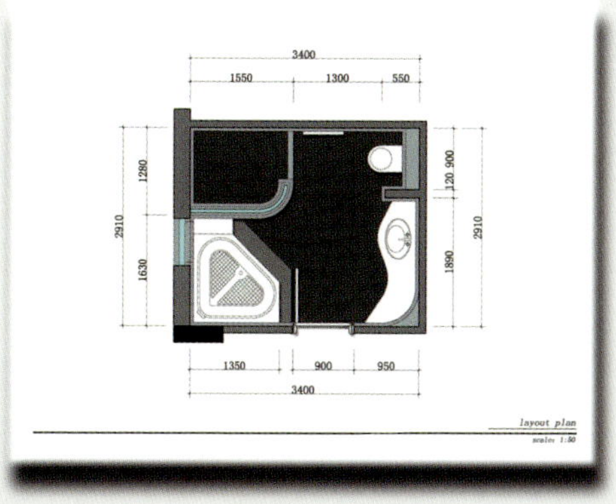

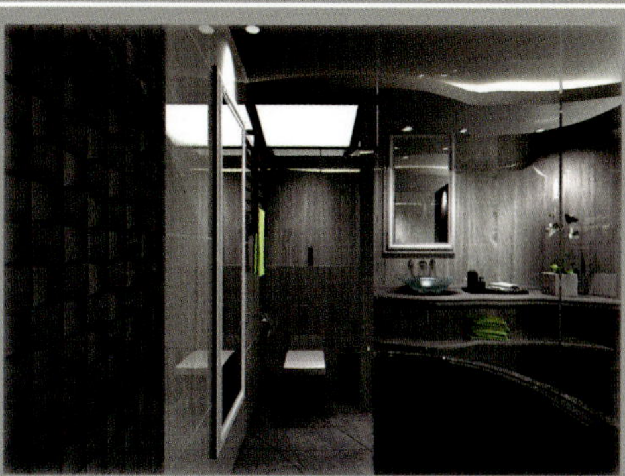

Shanghai University Acadevmy of Fine Arts The environmental art design department

作品名称：卫浴马桶设计

作者：王明飞

设计说明：日常生活中，有些人群不习惯蹲便或是坐便，而这款可升降马桶可以解决这一问题，
让这些人们自由选择合适自己的方便形式。

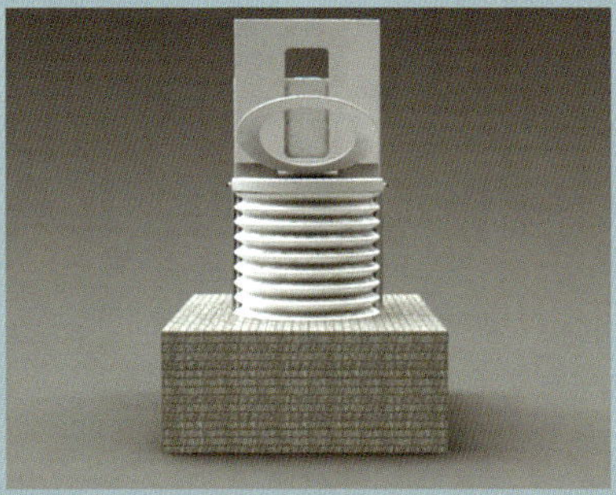

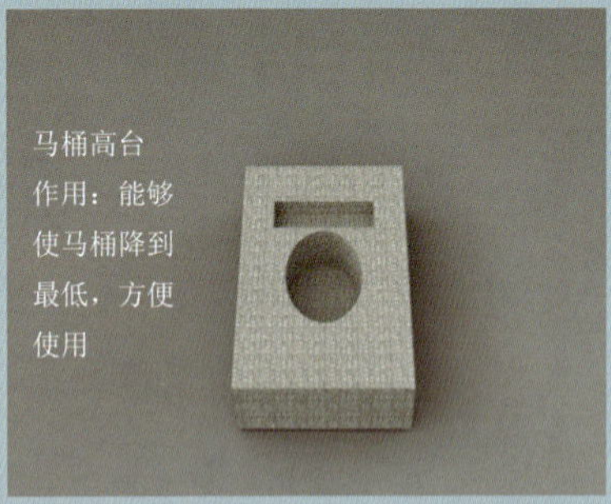

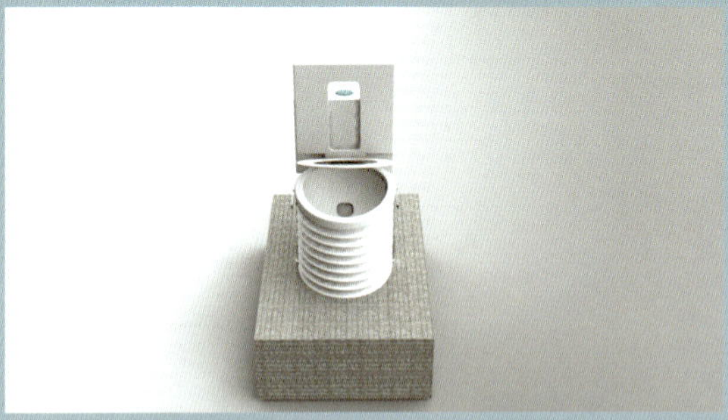

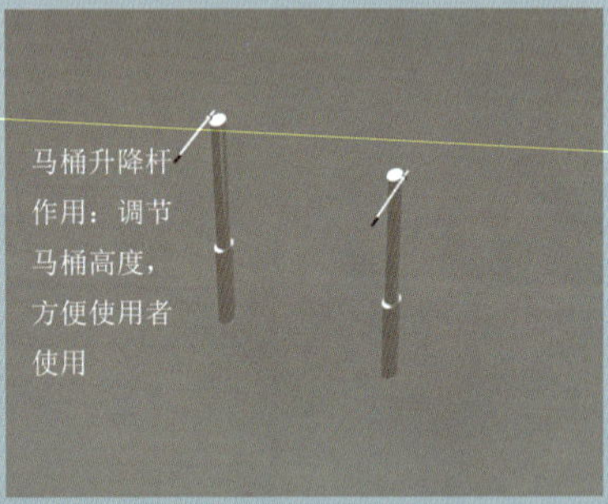

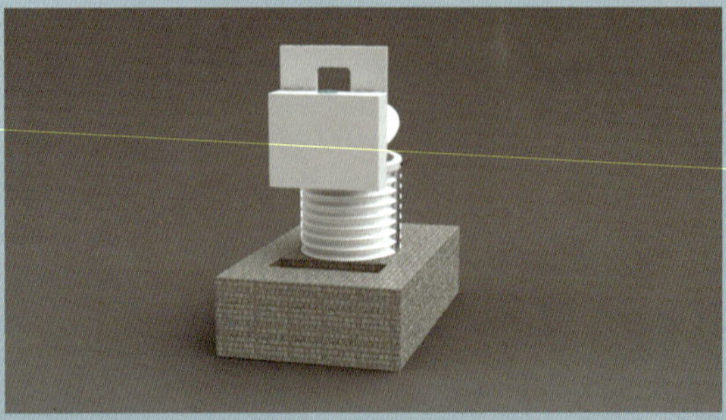

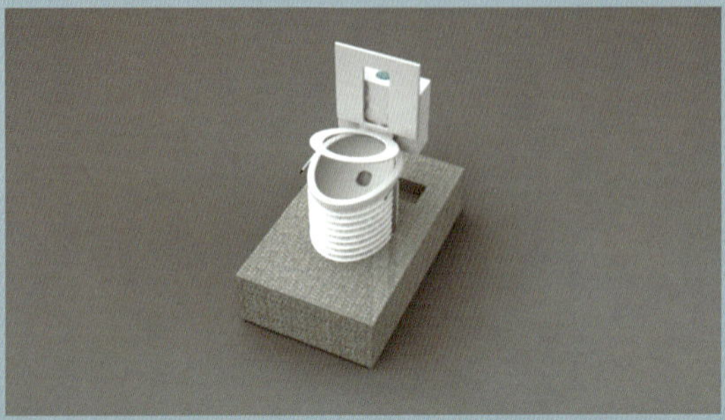

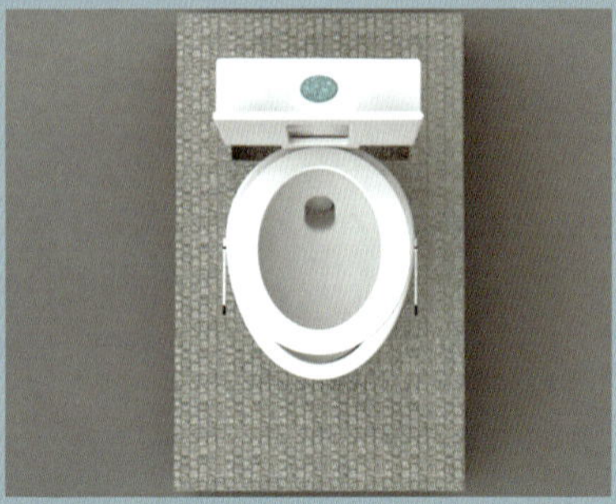

作者：王明飞

作品名称：儿童卫浴
作者：陈伟晨 苏羽婕 邓尧洪

儿童卫浴设计 3.3mX3m

设计理念：

专门为3至15岁的女孩设计的与卧室相连的独立卫浴间。考虑到适合儿童成长不同阶段的需求，卫浴的大部分都是可拆卸组装，并且可以按照适合儿童身高来调整的卫浴用具。同时，地板为防滑的软木地板结构，所有卫浴用具均为圆角，防止磕碰，以安静的蓝色为基调，给人以宁静的感觉。

1. 适合孩子的成长不同阶段的身高使用
2. 当孩子只能依靠父母的帮助时，方便父母
3. 具有安全性和可持续使用性，材料环保。
4. 适合小空间的家庭，但卫浴满足女孩的需求。

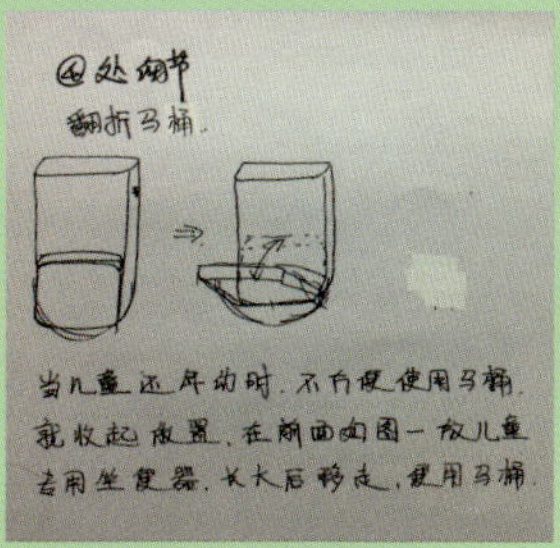

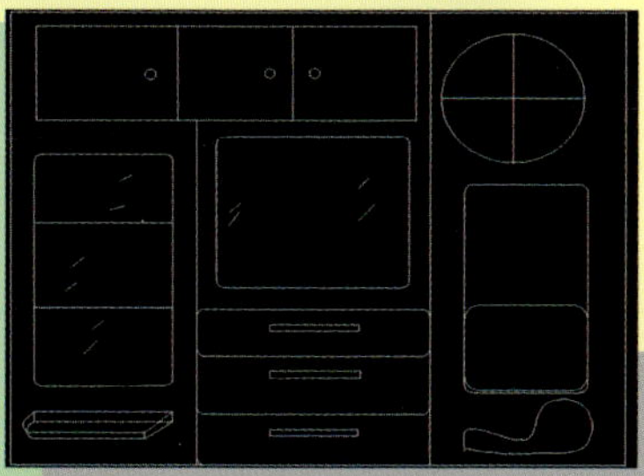

由于女生爱美需要有大量的时间在梳妆打扮上，为满足女孩的此项需求卫浴间有大量的镜子以及梳妆台等存放化妆品的地方，同时又有柜子及架子存放浴巾等物品，尽量做到小地方大储物。

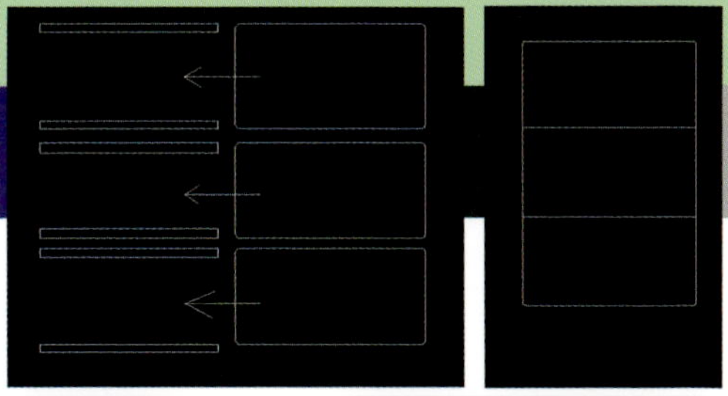

上面2图，以横向插入的方式随意组装的贴墙式镜面。可以随孩子身高的变化，随时调整镜面的高低，满足不同阶段的需求。

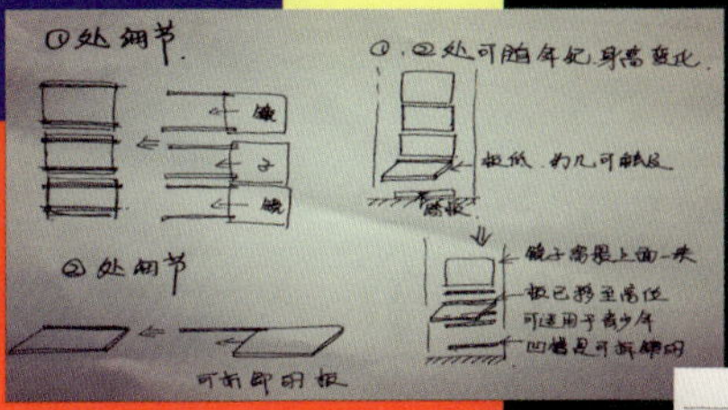

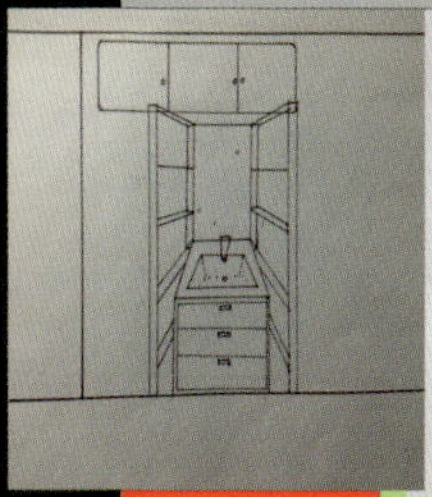

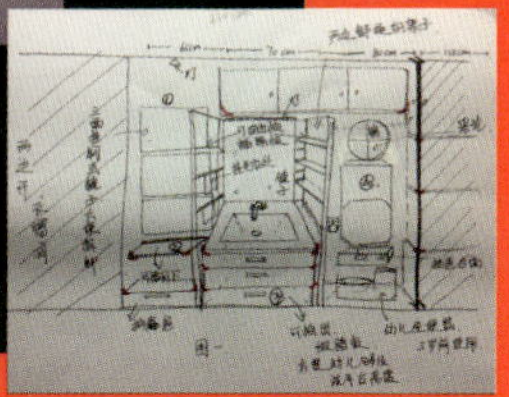

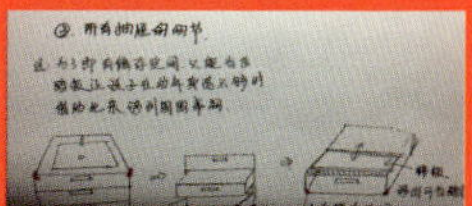

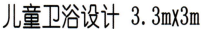

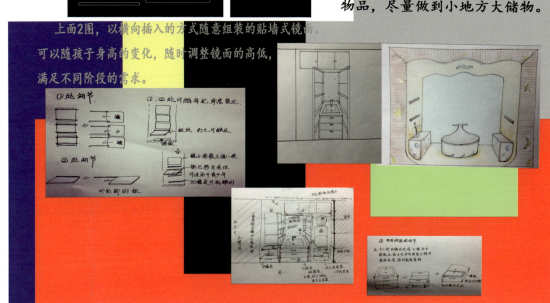

作品名称：三生石伴
作者：黄闯

三生石——伴

設計說明

祇因西方靈河岸上三生石畔有絳珠草一株，時有赤瑕宮神瑛侍者，日以甘露灌溉，這絳珠草便得久延歲月。後來既受天地精華，復得雨露滋養，遂得脫卻草胎木質，得換人形

——石頭記

頑石，吸取天地之精華，復得雨潤之滋養，故其有一股超脫于世間之外的靈性，但同時，其終究是：頑石：估也有其叛逆的一面。在設計中，設計作品以：頑石：爲概念進行設計，用圓潤的弧綫表達其靈性的一面，以方綫表達其叛逆的一面。

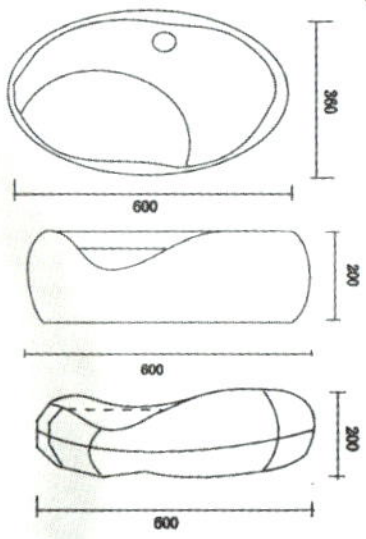

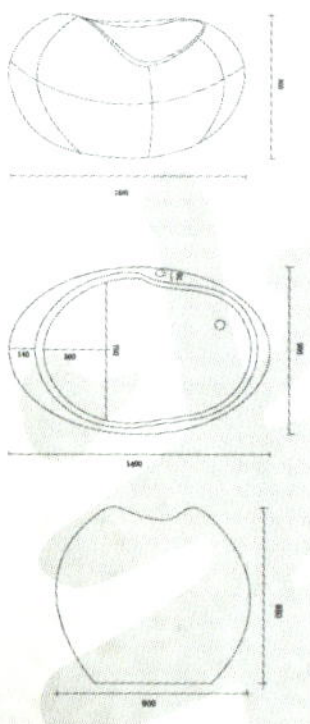

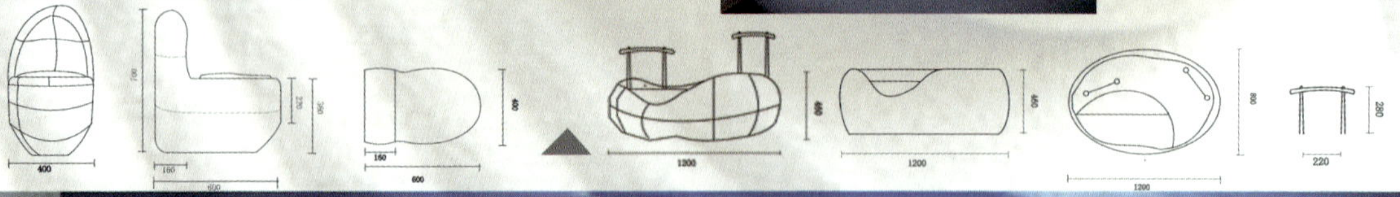

作品名称：自然元素之："沙丘"——实验性卫浴空间设计

作者：李政达

自然元素之"沙丘"

——实验性卫浴空间设计

卫浴展示图

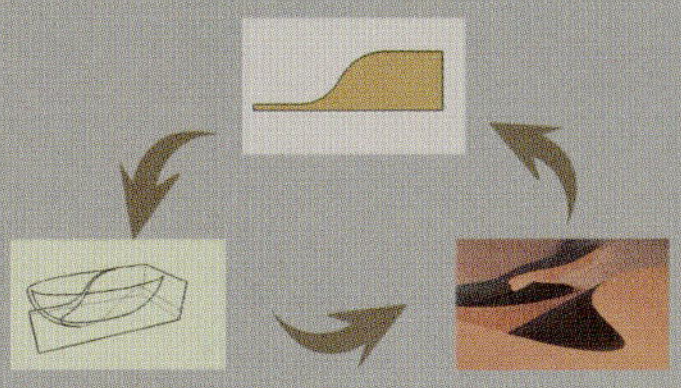

坐便器——沙丘具有起伏和流线的特点，坐便器的底座采用了弧线的设计，犹如阳光下的流沙。材料采用易洁釉，表面平滑，便于清洁，节约水源，节能环保。

洗浴柜——设计构思源于流沙的弧线，木质的抽屉既美观又具有放置物品的实用功能，上层的白色人造大理石也采用曲线造型，与木质抽屉交相辉映。木柜材料采用生态环保实木，性能稳定不开裂；陶瓷盆采用易洁釉，节能环保。

浴缸——浴缸以弧形为底座，与坐便器的底座相似，像沙丘迎风的一侧，如细沙缓缓涌动。椭圆的浴缸似沙漠中被强风揭开的瓷碗的一角，晶莹剔透。材料为易洁釉，便于冲洗，生态环保。

设计说明：

本设计来源于沙丘，以沙丘流线的形态为主要设计元素。整个空间以曲线为主，曲线曾被称为"优雅的线条"，它的起伏和延伸使沙丘显得美而柔和。在本卫浴设计中，木质的墙壁和地板以黄色为主调，呈弧线型，犹如涌动的沙丘；浴缸、坐便器以及洗手台等卫浴造型以流线型为主，合乎沙丘的柔美的曲线。整个空间犹如起伏的沙丘，避免了卫浴设计中僵直的线条，给人柔美之感。卫浴材料采用新一代釉料——易洁釉，具有强效去污、高效抑菌、晶莹剔透等特点，拥有三大釉层，实现完全平滑，便于清洁，节约用水，为环保材料中的较先进的技术。

卫浴空间展示图

墙面与地板——木质墙壁与地板以曲线连接，仿佛随风涌动的流沙瀑布，使整个空间更加流畅。地面为木质地板，由条木拼接而成，类似沙漠中，微风拂过留下的痕迹；浴缸四周以白色鹅卵石铺垫，既符合整体的曲线构造，又可供足底按摩，美观而实用。

平面图——整个空间比较大，视野较开阔，给人以大漠辽阔空旷的感觉。色调以暗黄，银灰为主，旨在呈现粗狂的原野体验。

曲线——从整个空间来看，曲线的运用比较普遍，大的如墙面的弯曲、浴缸的弧度、小至坐便器、洗浴台的设计、加上流线型的椅子和椭圆花瓶，无一不呈现曲线的元素，与主题"沙丘"相映成趣。

作品名称：钻石品质及双生系列
作者：罗彬彬

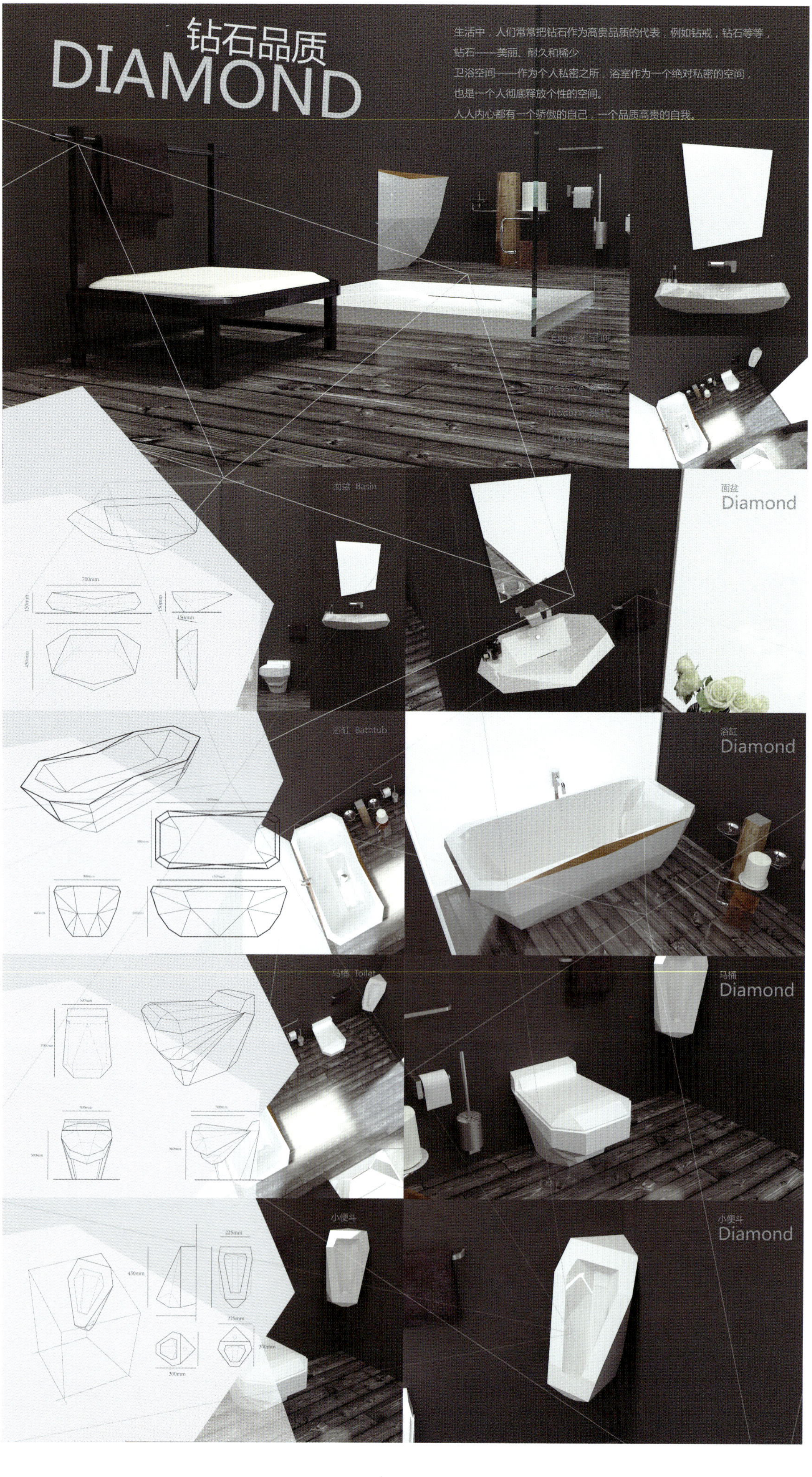
钻石品质
DIAMOND
生活中，人们常常把钻石作为高贵品质的代表，例如钻戒，钻石等等，
钻石——美丽、耐久和稀少
卫浴空间——作为个人私密之所，浴室作为一个绝对私密的空间，
也是一个人彻底释放个性的空间。
人人内心都有一个骄傲的自己，一个品质高贵的自我。
面盆 Basin
面盆
Diamond
浴缸 Bathtub
浴缸
Diamond
马桶 Toilet
马桶
Diamond
小便斗
小便斗
Diamond

作品名称：中国元素——整体卫浴空间设计

作者：张少鹏

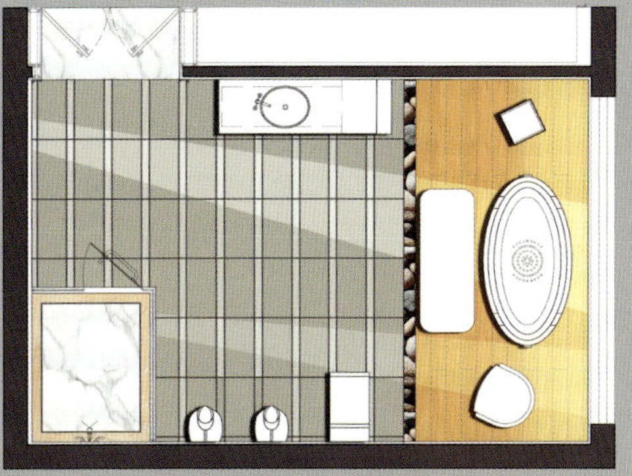

“中国元素”

Chinese elements

实验性卫浴空间设计

■空间设计说明

“小空间，大卫浴”，卫浴空间在室内设计中所占的面积虽小，但却是非常重要的。卫浴设备及空间装饰已不再只是洁身净体、舒适体验等实际功能，更体现了人性化、有品位、放松身心等精神功能和内涵。

本案卫浴空间及产品的设计以“中国元素”为主题和构思理念，试以中国传统卫浴文化来诠释空间及产品，融合中国传统卫浴的元素，结合现代的审美观念、设计手法，营造舒适、有品位的卫浴空间，体现古今交融的独特风貌，赋予卫浴空间生活新内涵、新体验。把卫浴的产品变成家具的概念，当做家具来设计，使之不仅是满足功能的产品，又是装置摆设物品，造型简洁优美，同时又带有一点点古典的韵味，让空间精致而温暖，使人们充分享受卫浴空间的优雅生活。

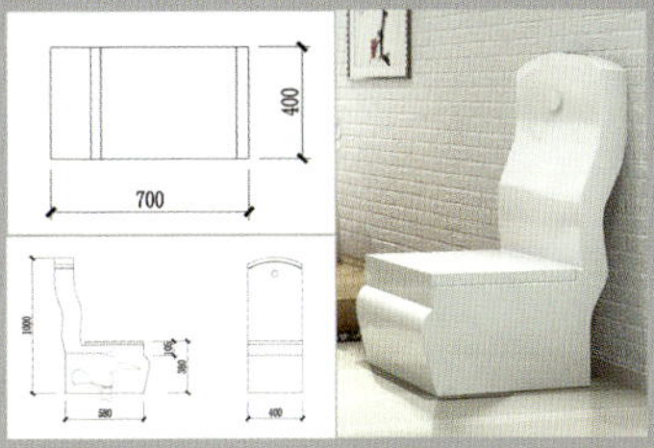

大便器俗称马桶。在我国，其历史悠久，不仅解决了人们生理问题，有的地方还将马桶视作生育的象征，是陪嫁的必备物件。古人喜欢在陪嫁的马桶上写上“百子千孙”的字样，因此这种马桶还被称为“子孙桶”。这种独特的文化，为中国马桶赋予了独有的文化韵味。此马桶的设计从传统家具造型中提取设计元素，整体造型以传统座椅造型元素提炼概括，张弛有度的轮廓线条，传达出坚实简练的特质，体现出质朴的风格和文化的气息。大便器为连体式坐便器，兼具净身功能，并可当做座椅使用。

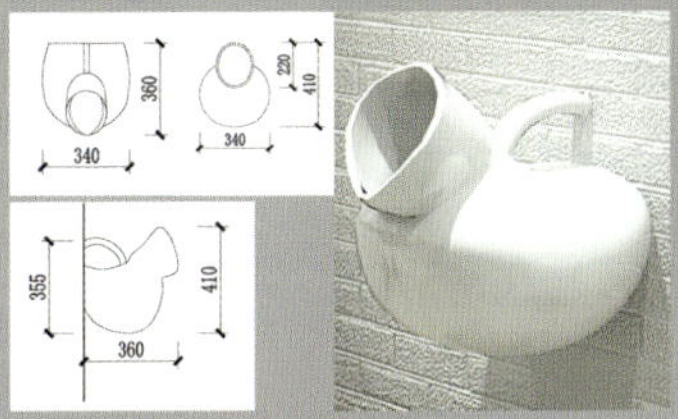

小便器的设计来源于中国传统的尿壶（也叫虎子），与马桶一样，它也是具有浓郁文化韵味的器物。整体造型简洁圆润，线条柔和，融合传统与现代，美观而实用，体现出中国卫浴文化的气息。小便器为壁挂式，采用自动感应冲水装置，水通过与墙身相连的把手状圆管流动冲洗。

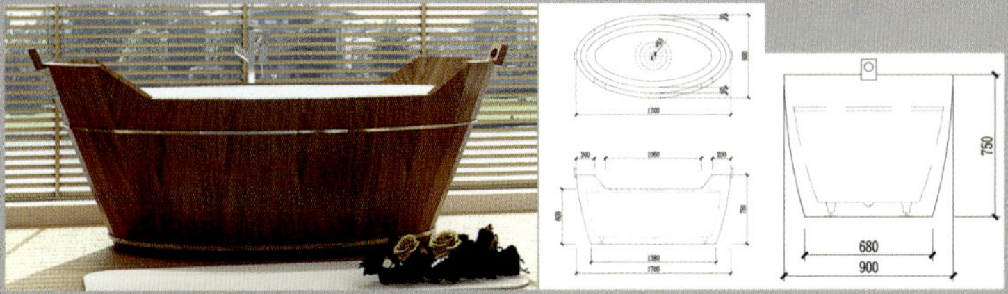

浴缸以中国传统的木浴桶为设计来源，但并非纯木制作，采用木材质围边，而内胆则是白色陶瓷材质。木材古朴、柔软，陶瓷精致、细腻，两者有机结合，创造出兼具纯自然美感和良好实用功能的浴缸，整个造型简洁、稳重、大方。浴缸功能追求简单，以舒适洗浴泡澡为主，主要为淋浴和盆浴之用，不设置按摩功能。

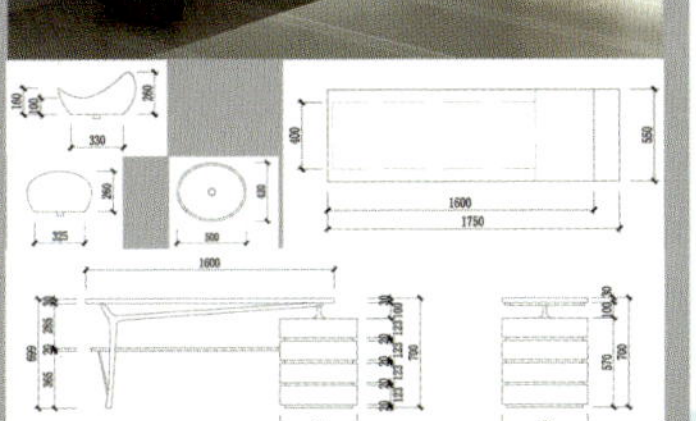

浴室柜采用家具案台的理念进行设计，使之成为给空间增色的家具装饰品。线、面、体的造型元素有机结合，构成简约实用的柜体，以原木材质为主，配以雪花白大理石隔板，颜色、材质的对比，造型的立体构成，使整个柜子层次丰富，时尚而有品味。浴室柜具采用活动抽屉与台板结合的储物方式，具有强大的储物功能，同时兼有案台展示的功能。

台盆采用中国传统陶瓷的造型元素为设计理念，外形圆润，自成方圆，将水的张力完美呈现，两边向上包起，盆口宽敞，进深合理，有效防止水花溅出，平滑表面，污垢难以沾附，清洁更为轻松，排水口带有装饰盖，美观大方。

作品名称：『花语』

作者：王翔

整体卫浴空间效果图

“花语”

Flower language

整体卫浴空间设计

设计概念阐述：

1. 现如今都市人们生活节奏快，内心浮躁，急需一个远离喧嚣，释放压力，放松身心的场所，卫浴空间的出现正迎合了人们的心理需求。此卫浴空间设计将打造一个回归原始自然的状态，寻求那份宁静、幽雅、自然的意境。让都市人们真正体会到一个从身体洗礼到精神升华的过程。
2. 此整体卫浴空间的创意来自于自然中盛开的花朵，花道家认为花不仅是美丽的，而且还反映了人们内心的情感。这就需要人们通过平静的内心达到人、花一体的境界。花儿可以勇敢的宣布自己的成熟，之后便会褪去耀眼的外表，朴素的成长，这不禁会使人沉下心来思考生命的意义。此套卫浴空间设计就是想为人们打造出那份闲寂自然朴素之气。
3. 当你在沐浴时，抬头仰望蓝天，周围绿色环绕，大面积的落地窗以及自然的石头和树枝、天然的石材墙面。这一切让你仿佛置身于大自然之中，感受面朝大海，春暖花开的自然气息。从而使人们的心灵得到回归和沉淀。

水龙头场景效果图

水龙头设计：

同样来源于花的枝叶演变而来，自然的生长的状态。龙头嘴的设计取自于花蕊的造型，通过它给花（面盆）浇灌水分，这也使人思考花、水、人三者的和谐关系。并且此水龙头是通过触摸进行冷热水的调配以及水量的控制。

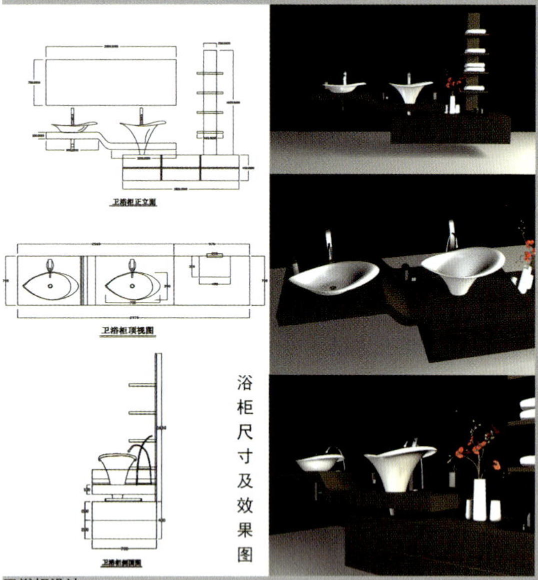

浴柜尺寸及效果图

坐便器场景效果图

坐便器设计：

造型由花朵的造型演变而来，形式独特，设计语义是传达一种强烈的自然生命力，和水这一主题具有共通性，相互呼应，生生相惜。

卫浴柜设计：

灵感来源于自然中盛开的花朵，栩栩如生，自然的绽放着。此卫浴柜采用非对称的设计手法，运用自由的线条赋予了具有韵律感的台面，台面上的面盆采用花朵的造型，仿佛自由蜿蜒的土地上盛开的两个花朵，并仿佛在对话，诉说着它们的内心的喜悦。这难道不会另人平静下来去聆听花语吗？

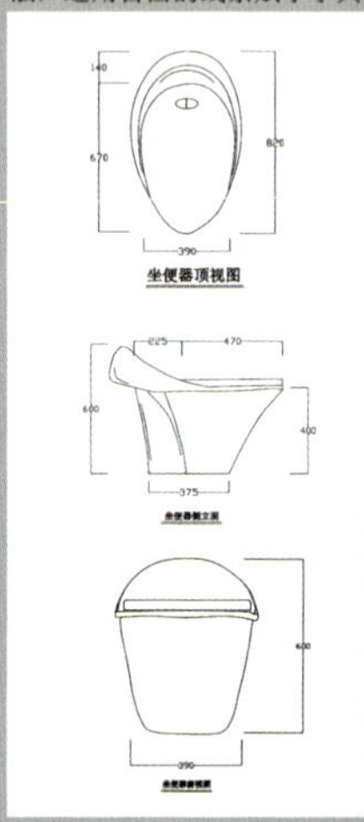

坐便器尺寸及效果图

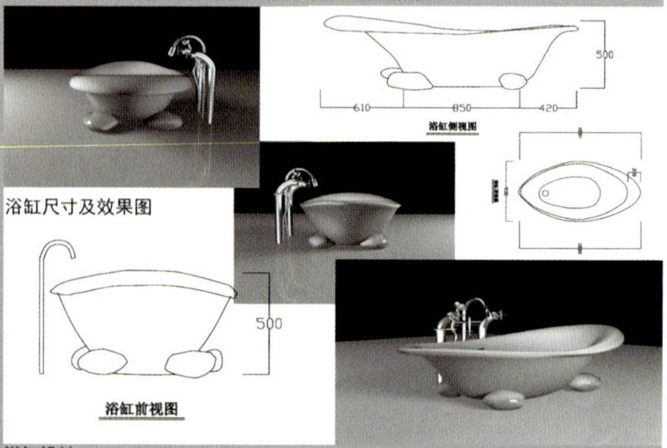

浴缸尺寸及效果图

浴缸设计：

道家云：“人法地，地法天，天法道，道法自然。”是啊， 一花一石，莫不含有幽深玄妙的哲理，浴缸的设计同样是花朵的造型和石头的结合，它置身在草地上，将花儿和石头放置在一起，既能欣赏鲜花的娇艳，也能看到她的脆弱；既能看到石头的丑陋，也能读懂它的坚强。让我们的人生如花亦如石，也曾喧嚷着绽放，也曾沉默着坚强……

浴柜场景效果图

浴缸场景效果图

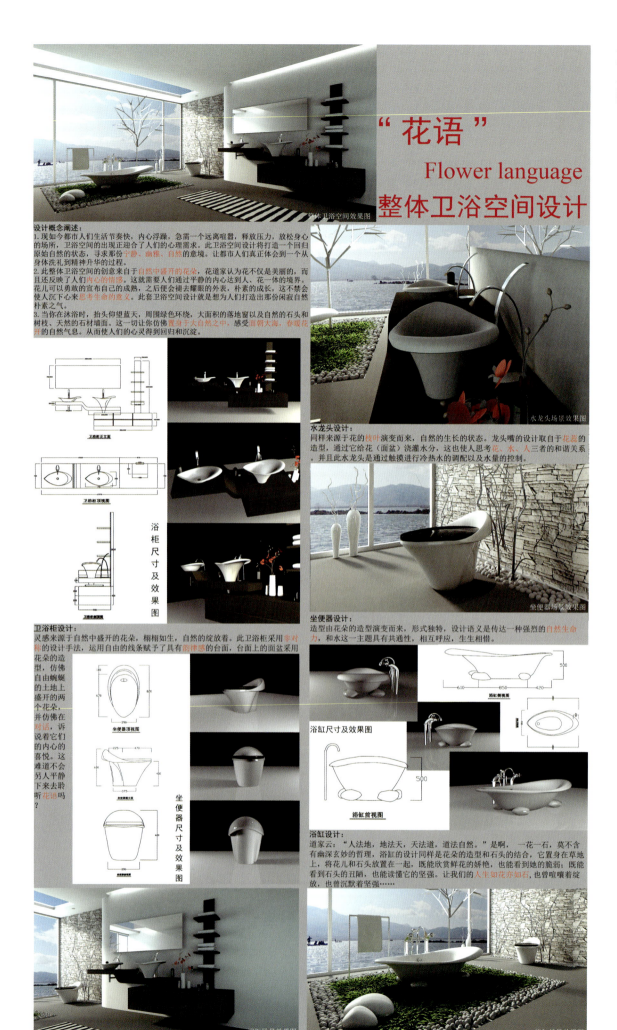

作品名称：圆金——实验性卫浴设计
作者：魏诗又　黄阳　罗敏　李书奇

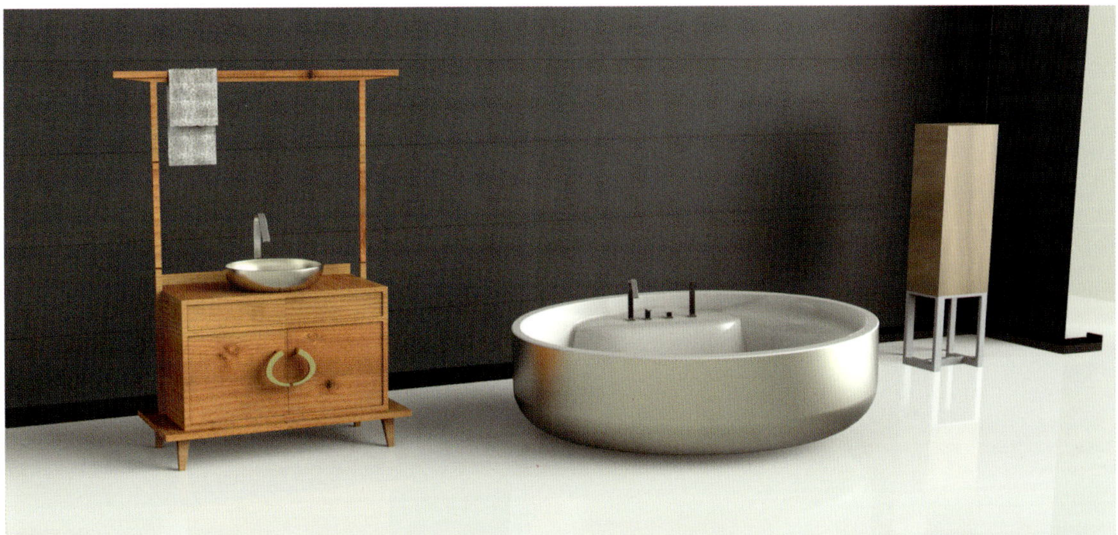

卫浴产品空间效果图

圆金——卫浴产品设计说明

圆金------是本设计方案的主题和宗旨。它突出的特点是以圆线形、弧形和圆形体构成卫浴空间的二件套“面盆”和“浴缸”产品。设计来源：在学习中国传统陶瓷艺术创作思想的同时努力追求中式原创现代设计服务于人民生活的理念，在设计中充分体现中国古宋瓷的“韵”味和高贵之美，实现了圆润有度、简而不空的现代设计之风。以圆润饱满、典雅大方的设计语言满足了视觉的完美性及产品的功能设计力度，将产品以纯净洁白的内部处理和外部香槟金色瓷釉相结合的处理体现了富丽圆润的形式体量及和谐自然的艺术搭配，表达了“金玉满堂“的主题设计含义。

卫浴产品空间效果图

卫浴产品空间效果图

浴缸设计说明：
浴缸内、外观造型设计简洁明快，两种颜色应用既体现中国现代艺术的大气沉稳，又体现有中国传统民俗思想的“金玉满堂”之寓意。在满足使用基本功能的前提下保持圆润、大方的风格而不求过多的细微造型变化，达到纯静完美而统一境界。

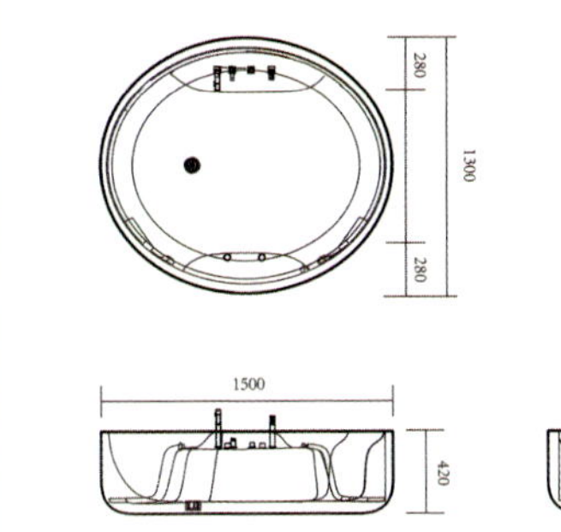

浴缸三视图

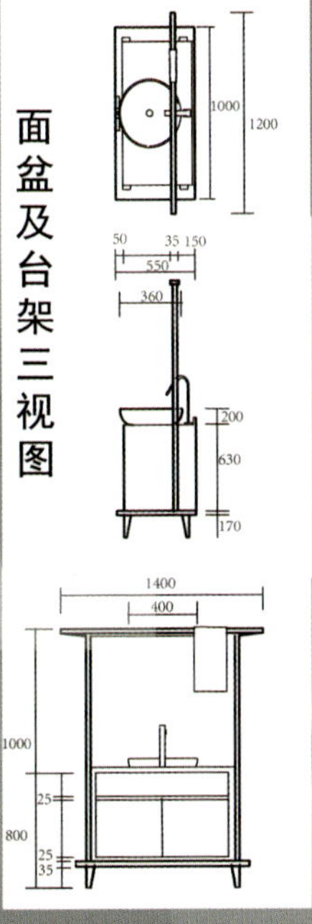

面盆及台架三视图

面盆台架设计说明：
面盆台架借鉴中国传统浴室的毛巾搭放细节功能及形式与现代中式设计语言结合。既体现东方中国的艺术之风格又体现了造型的创新性和灵活性。面盆台架的产品设计它可在浴室使用也可以在办公室和艺术工作室使用，在方便工作生活使用的同时又增添了中国现代的陈设艺术效果。

为中国而设计
DESIGN FOR CHINA 2014

入围作品

作品名称：珊瑚庐舍
作者：陈小斗

珊瑚庐舍

引申凡物之所安皆日宅

珊瑚石**凹凸嶙峋**、玲珑宛转、灵动多孔，无须加以修饰就构成了千姿百态的表皮和**畅朗轻盈**的体态。

珊瑚石的色彩**朴拙素净**亲切宜人、**别具海韵**，这是珊瑚石处在乡土环境色彩中给人的心理通感。

珊瑚石就地取材、经济耐用、**冬暖夏凉、美观经济**；珊瑚石的形之美、色之美、质之美，是乡土文化的底色之一，是风土色彩和文化氛围的综合反映。

一、乡土材料，海洋文化：雷州半岛沿海先民世代耕海，从浅海里挖掘出的珊瑚石，放置数年，经过风吹、雨淋、日晒，除去原本的咸味，成为当时最具特色的乡土材料，珊瑚石千姿百态、灵动而多孔、畅朗轻盈，作为主要装饰材料富有岭南特色，是独特的海洋文化表征。

二、低碳生活，再生设计：珊瑚石源于海洋，归于自然，不污染大地，经济实用、就地取材、冬暖夏凉、防潮抗蚀、坚固耐用、美观经济，每一块都带有海的气息和潮的声响。在科技高度发达、新材料、新技术层出不穷的工业化背景下，传统的珊瑚石屋正处于衰落状态，逐渐被拆除、淘汰，而珊瑚石具有循环利用，再生设计的潜能，依然有着不可估量的艺术价值和美好的前景。

三、传统内涵，现代传承：黑川纪章提出两种方法：内隐传统的继承和外显符号的演变。本方案力求简洁、中性、朴素的设计语言，运用现代材料、技术内隐和外显本土文化特色，富有岭南风格，试图唤醒沉淀于人们内心中的中国传统民居，为现代主义的苍白加入一种意义的追求，一种历史的幽思。

四、美丽乡村，新乡土特色：“引申凡物之所安皆日宅”。美丽乡村建设应当运用现代材料、技术寻找符合当代人的审美情趣的切合点，但并不是掩盖和忽略乡土材料的真实美和低技术性，而是充分发挥各种材料之间搭配的空间感、色质感、美感等表现力，从而避免全国“千城一面”的局面。建造具有气质的、乡土的、现代的社会主义新农村居所，应该是我们努力的方向。

作品名称：蚌埠市博物馆新馆空间展陈概念设计方案
作者：杨冰　郝春宇　刘旭

蚌埠市博物馆新馆

EXHIBITION DESIGN
空间展陈概念设计方案
THE NEW BUILDING OF BENGBU MUSEUM

展陈空间概述：

作为蚌埠城市的个性名片，蚌埠市博物馆是展示蚌埠地方历史、文化、社会、民俗等的重要窗口，因此，博物馆应向观众介绍蚌埠市的自然、地理和历史沿革等基本情况，再而集中串联展示蚌埠历史、人文等方面最典型，最出彩的景象，旨在让观众获得对蚌埠历史文化的总体印象，并激发观众进一步参观展览的兴致和欲望。

As personality business card of bengbu city, is at the museum of arts and bengbu local history, culture, society, folk customs, such as an important window, therefore, the museum should be introduced to the audience of bengbu basic situation, such as natural, geographical and historical evolution and concentrated again series show bengbu the most typical history, culture and other aspects, the most impressive scene, aims to let the audience get the overall impression of bengbu city history and culture, and inspire the audience to visit the exhibition further interest and desire.

（一）主题性：依据主题，烘托主题。把握主题与陈展空间的微妙关系，将情感内容渗透与释放，来共同演绎主题。
（二）文化性：文化性是博物馆设计的"灵魂"，安徽文化的的独特性，蚌埠古朴厚重的文化特征是展陈设计的亮点。
（三）艺术性：蚌埠历史文化具备足够的艺术属性和艺术价值，通过浮雕、绘画、舞台艺术、多媒体、场景复原等艺术手段，呈现安徽的艺术特色。
（四）人文性：人文性就是以人为本，尊重人性，充分肯定人的行为及精神，体现人文关怀，从视觉、触觉、听觉、感觉与心灵上给人以享受、愉悦。从视觉上的唯物感受变成心灵上的精神提升和认识，给人感悟与熏陶。看空间，想文化，造就一种境界的升华，一种精神价值的思考。
（五）当代性：全新的时代，全新的视野，设计超时代的未来感与稳重的历史感十足的安徽文化结合在一起，达到视觉效果与历史文化对立统一。设计简洁、明快、直观，具有包容性的多媒体交互，感受知识的快捷，彰显博物馆当代科技魅力，形成智能化、信息化、数字化的新型博物馆，是一种整合性、无界性的当代人文需求。
（六）低碳环保
从初期策划到合理运营方面入手，循序渐进，逐步实现低碳、节能、环保的设计构建，打造全新的绿色生态博物馆。
（七）可持续发展
将可持续发展始终贯彻于空间展陈设计之中，博物馆将呈现出多元共生、个性彰显的动态格局。使整个空间设计成为可持续的建筑实践活动，形成多层面的可持续发展，实现"生长的博物馆"这一概念。

(a) thematic: according to the theme, foil theme.To grasp the theme and Chen Zhan subtle relationship of the space, to penetrate the emotional content and release, to jointly interpret the theme.
(2) culture: culture is the "soul" of the museum design, cultural uniqueness, anhui bengbu of of primitive simplicity massiness culture characteristics is the highlight of ZhanChen design.
(3) the artistic: bengbu history and culture have enough properties and artistic value of art, through the relief, painting, stage art, artistic means such as multimedia, reconstruction of scene, anhui artistic features.
(4) humanism: humanism is people-oriented, respect for human nature, and fully affirmed the person's behavior and spirit, embodied humanistic care, from the vision, touch, hearing, feeling and heart to the people to enjoy and pleasure.From the vision of materialist feel the spiritual ascension into the heart and understanding, perception and edification to the person See space, want to culture, create a realm of sublimation, a kind of spiritual value.
(5) contemporary: new era, a new field of vision, sense of design is the era of the future and sedate sense of anhui culture together, visual effect and the historical culture and the unity of opposites.Design concise, lively, intuitive, inclusive of multimedia interaction, feel the knowledge quickly, to reveal their charm of modern science and technology museum, an intelligent, informatization and digitization of the new museum, is a kind of integrated and unboundedness of contemporary human needs.
(6) low carbon environmental protection
From initial planning to a reasonable operation aspects, step by step, gradually achieve the design of the low carbon, energy saving, environmental protection, build, build green ecological museum.
(7) and sustainable development
Will always carry out sustainable development in space ZhanChen design, museum will present a pluralistic symbiosis, reveal the dynamic pattern of personality.Make whole space design of sustainable construction practice, the formation of sustainable development of the multifaceted, realize the concept of "growth of the museum".

庭空间分析

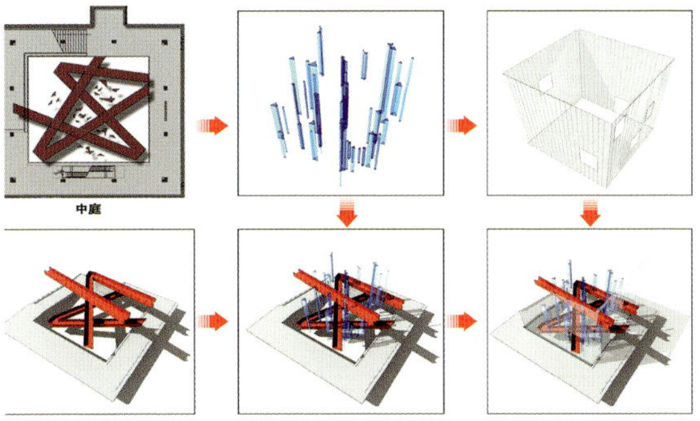

《古代蚌埠：文明历程》轴侧图

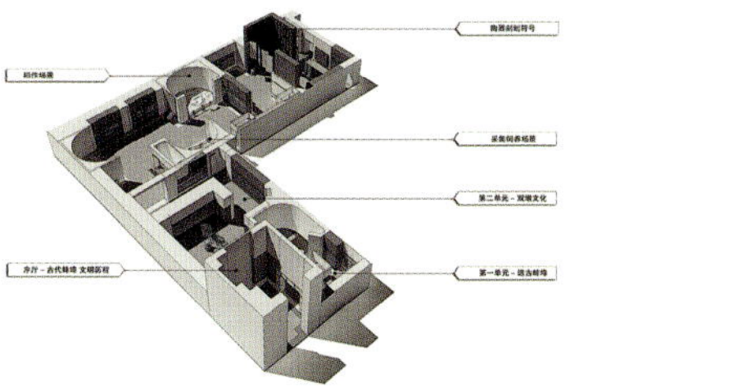

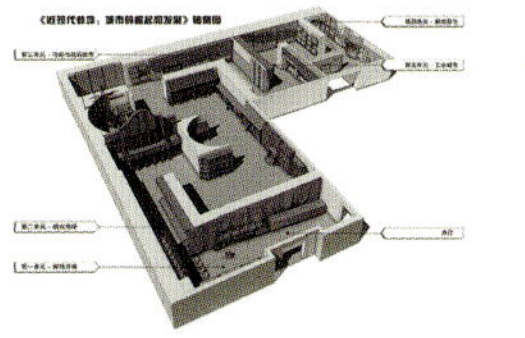

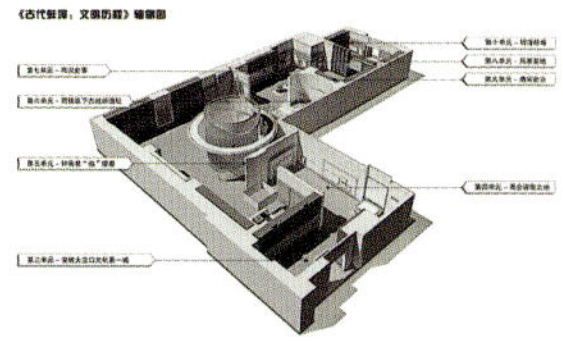

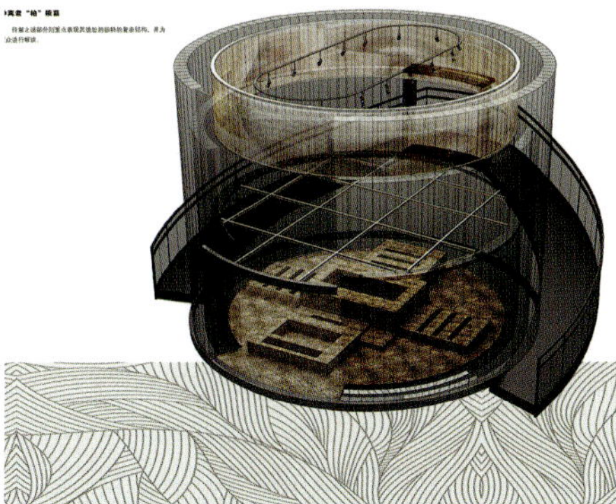

工业城市

入围作品 专业组

作品名称：生态建筑中国农谷接待中心
作者：何明

CHINA AGRICULTURE VALLEY RECEPTION CENTER

GREEN INFRASTRUCTURE · ART CITY
绿色建设 · 艺术城市

CHINA AGRICULTURE VALLEY RECEPTION CENTER
中国农谷接待中心

陶渊明诗中有言：榆柳荫后檐，桃李罗堂前。暧暧远人村，依依墟里烟。狗吠深巷中，鸡鸣桑树颠。诗中淡定安然的田园风光总是为人所向往，而中国农谷正是为我们提供了这样一个契机"复得返自然"。秉承着这样的信念，我们通过艺术介入农谷，寻找诗情画意。在整个地标性空间设计中，我们一直致力探讨如何减少建筑对当地景观的冲击力，最少程度影响附近森林中的美丽景色，采取了倾斜的屋顶设计，使绿化与屋顶草坪无缝相接。坡屋顶的设计让建筑从某些角度看，只能看见绿色屋顶和后面的山坡，使建筑在无形中隐藏进自然中，达到真正的建筑与自然完美的融为一体。整个建筑围绕生态这一主题，建筑立面材质使用当地石材与木材进行碰撞及对话，建筑景观则使用了目前先进的现代农业景观，通过现代设计语言对当地稻田进行规划，使之自然但是有序的呈现在人们眼前，坡地阶梯性的延伸设计使建筑更好的融入其中。

构思草图 SKETCH

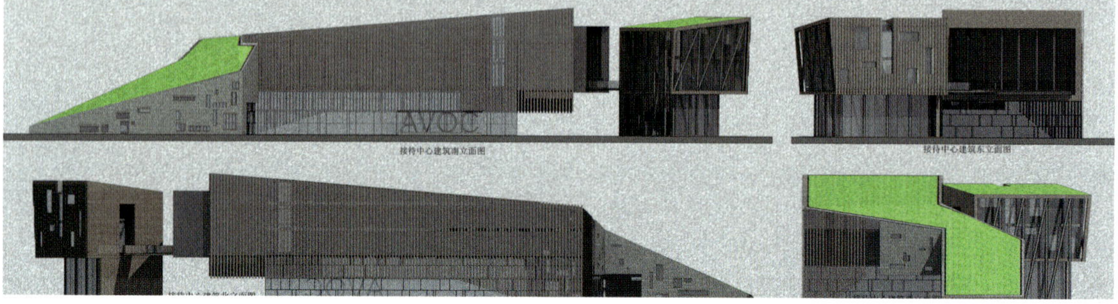

接待中心建筑南立面图

接待中心建筑东立面图

入围作品 / 专业组

作品名称：传承文化 编织幸福手编非遗体验式酒店设计

作者：周雷 赵晶

传承文化 编织幸福 手编非遗体验式酒店设计

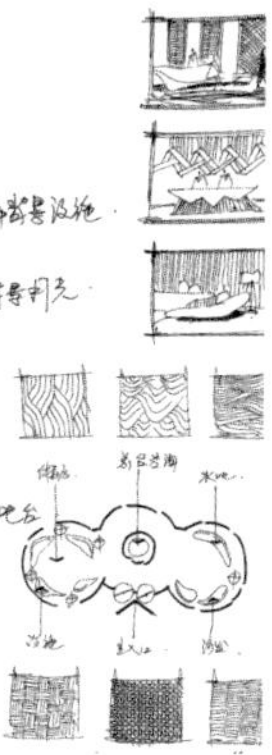

编织手法

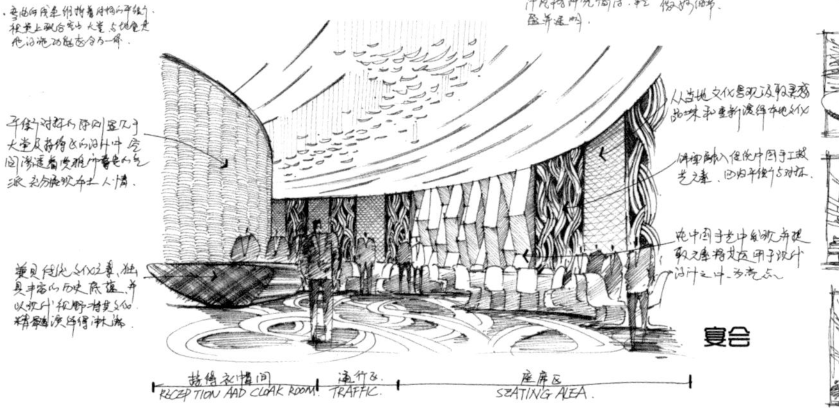

设计示意图

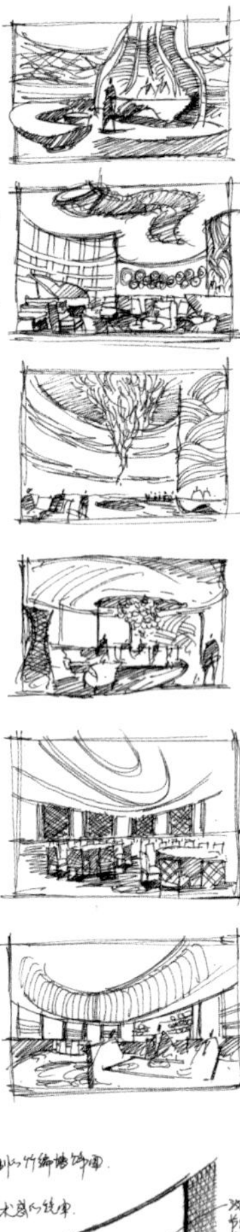

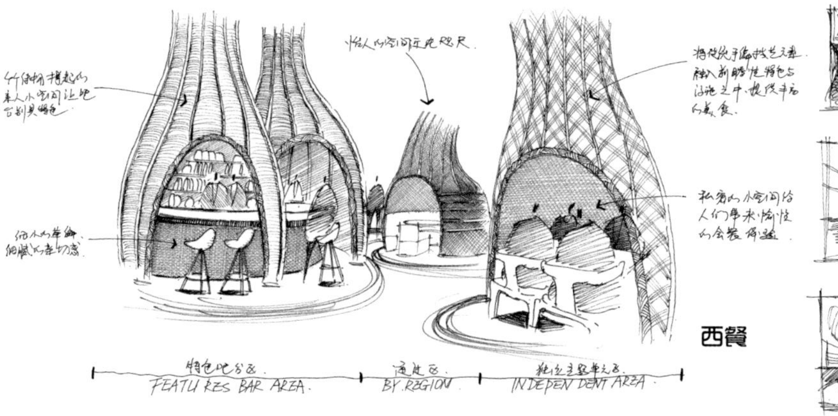

材料精选

手工编织

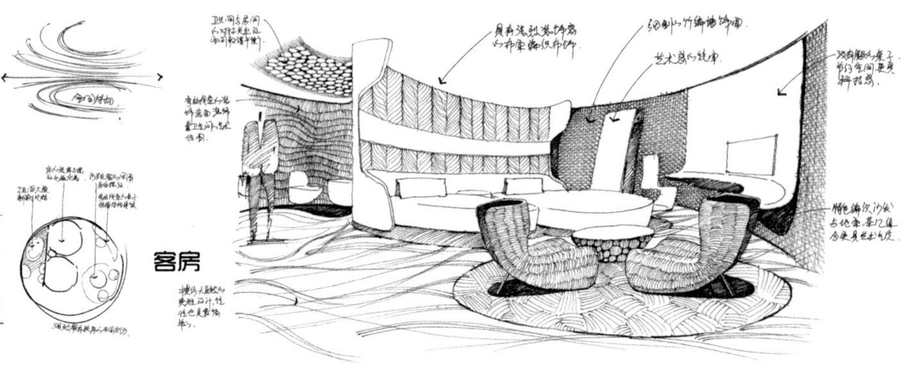

作品名称：仁爱·智慧
作者：王勇

仁爱 智慧
——谢侠逊故居环境改造设计

认识谢侠逊

智慧——棋奕；仁爱——爱国
中国象棋运动的开拓者、
中国国际象棋的先驱、
首创挂式大棋盘等多个象棋之最

1918年，谢公在上海力挫群雄获全国象棋个人冠军；1928年被推为全国棋坛总司令，称“中国棋王”；1929年至1931年，三次国际象棋大赛中，连连夺冠，扬威世界。

抗战期间，作为国家特使赴南洋诸国，以弈棋宣传抗战，募捐支持抗日，并动员3000余华侨青年归国投身抗战，被周恩来总理赞誉为“爱国象棋家”。

1933年与周恩来总理对弈，三局皆和，第二局因谢公撰《共抒国难》记载，发表在重庆《大公报》副刊《象棋残局》上，成为著名的“共抒国难”残局。

设计立意

山·水·仁爱·智慧

子曰：智者乐水，仁者乐山；
智者动，仁者静；智者乐，仁者寿

谢老的仁爱
像山一样宽厚坚贞，
品德像山一样隐忍坚实、不屈不挠

谢老的智慧
像水一样深厚渊广，
学识像水一样蕴含广阔、绵绵不绝

设计构思

故居纪念性场所的灵魂：在于统领设计的理念与定位，在于与自然大环境的和谐，在于与历史背景的再连接

以故居建筑作为历史“标本”

采用解构重组的手法

对残缺的次要建筑不是“原址原貌”重建，而是采用“以新补新”的手法

情节空间层次

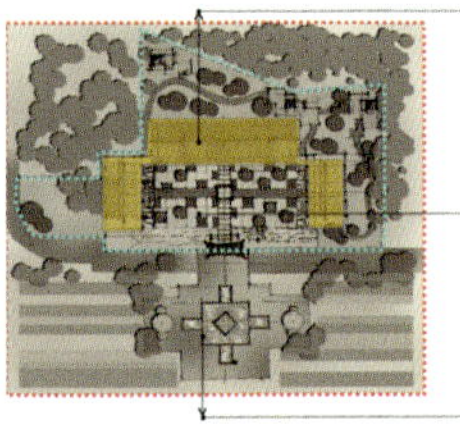

第一层次：核心保护空间
历史遗迹元素——故居正房、厢房遗址、后院水井

第二层次：前后院落空间
入口牌坊，围墙遗址及复原围墙、三合院及后院

第三层次：外围环境空间
围墙残垣、仙人承露广场
稻田、溪流、山林

情节空间布局

情节：基于体验的空间编排艺术

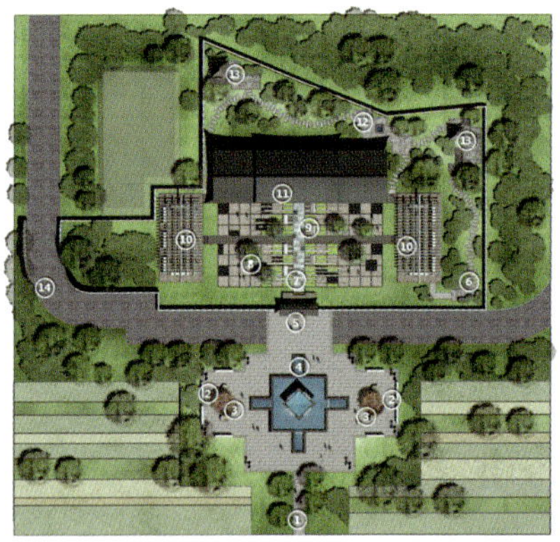

空间结合周边自然环境，形成枕山、环水、面屏、双臂环抱的领域特征

① 院前广场
② 残局景墙
③ 对弈平台
④ 承露台
⑤ 入口牌楼
⑥ 院落围墙
⑦ 楚河汉界甬道
⑧ 景观条石
⑨ 生平石刻
⑩ 复原厢房构架
⑪ 正房
⑫ 水井遗迹
⑬ 亭
⑭ 景点入口残垣

中式自然园林

故居长屋

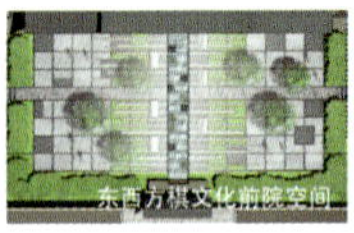
东西方棋文化前院空间

楚河汉界甬道

承露台涌泉

由东向西主轴空间序列：
中式自然园林——故居长屋——东西方棋文化的前院空间——楚河汉界甬道——入口门楼——承露台涌泉——四面八方水景、田野，
象征谢老的智慧、仁爱如同宝贵财富，生于这片自然山水之间，绵绵不绝惠及四面八方、子孙后代。

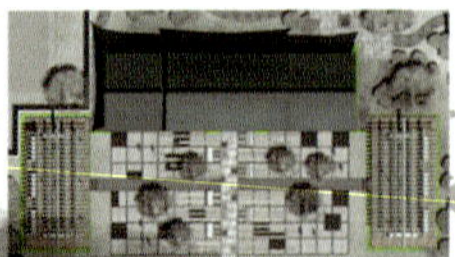

智慧

一、核心空间
以建筑保护为主，遗迹复建吸取传统元素，
用现代构图及现代材料对原型空间环境进行重组、
重构区别、陪衬历史建筑，使新旧拉开时间层次，
凸显主体保护建筑的原真性

三、外围空间
起过渡作用，形成故居建筑的前景空间，
与未来周边旅游功能衔接，营造环境的文化意境

二、院落空间
起烘托作用，限定故居建筑相对独立的空间场所，
与故居建筑空间相互渗透，营造故居建筑环境的
特殊文化氛围

作品名称：寻觅中的湖湘记忆——湖湘人文馆
作者：曾煜

寻觅中的湖湘记忆——湖湘人文馆空间设计

将空间作为记忆的载体，用情境化的语言来表达空间，空间会在情境化的作用下再现记忆，并营造出个体与集体的情境体验，记忆也将通过情境化的空间来唤醒人们深层的记忆认同。

项目选址在长沙岳麓山的中轴线上，是考虑到湖湘人文圣地的地缘性优势。

湖湘情节是存在于作者的个体家乡记忆，更体现在所有湘人的集体记忆中。借用博物馆的功能形态来表达记忆中的湖湘人文精神，其目的是尝试用空间来典藏记忆，用情境来营造精神。

外部建筑空间创作中，以岳麓山为背景，在寻觅中形成了文脉、人杰、事件三条“客观”一主线，空间将在交织的路径中形成情境化的空间格局，在凝结的记忆碎片中生成建筑的空间形态。

内部展示空间设计中，以寻觅为主线，以湖湘文脉、湖湘人杰、湖湘事件为内容，在寻湘问道中了解湖湘学派；在尘封的碎片中感知湖湘人杰的面孔；在凝结的记忆中体认湖湘的精神。

空间将在情境化的语境中传达出湖湘的人文精神。

一座岳麓山，半部湖湘史

地接衡岳气，首起洞庭峰，方圆八百里，收归岳麓山；

山间儒释道，位居于一体；

麓山古寺，“湖湘第一道场”，传南禅正宗法脉；

岳麓书院，“道南正脉”，兴理学道统；

云麓道宫，“洞真虚福地”，行武当派道法；

有贤达者，圆融三教，建湖湘学派，以经世致用，延麓山湘学，久传不绝；

辛亥志士，黄兴蔡锷，北伐抗战，建国兴邦，一以贯之，湖湘人文，尽在麓山；

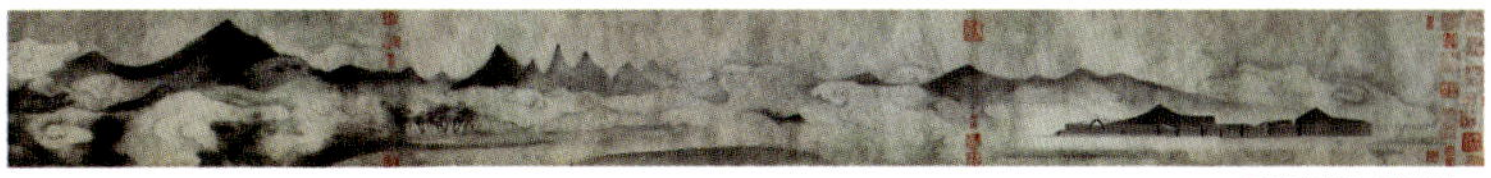

潇湘奇观图（局部）——湖湘人文馆

建筑造型空间

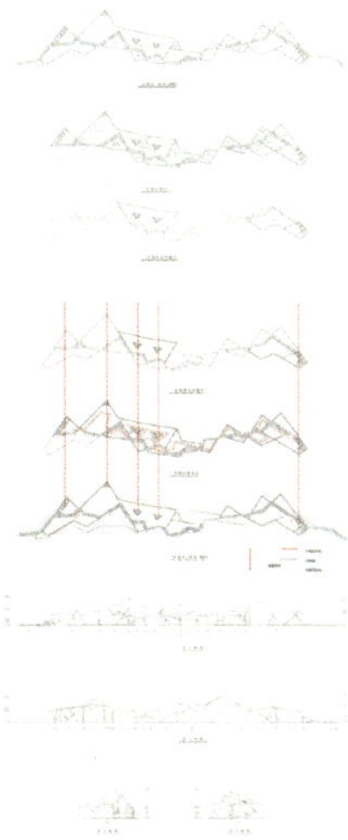

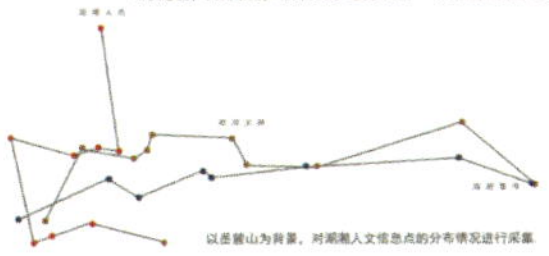

以岳麓山为背景，对湖湘人文信息点的分布情况进行采集，从中可以归纳为：湖湘文脉、湖湘人杰、湖湘事件。

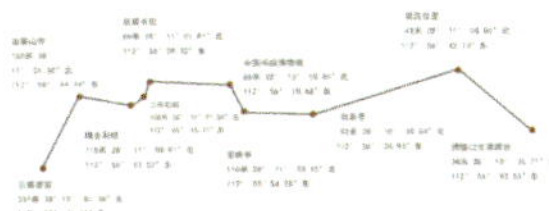

将“湖湘文脉”的信息点进行海拔与坐标分析并对其串联。

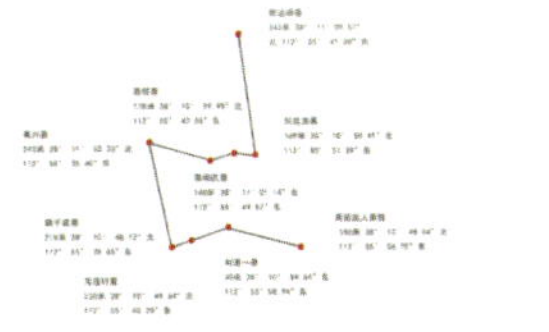

将“湖湘人杰”的信息点进行海拔与坐标分析并对其串联。

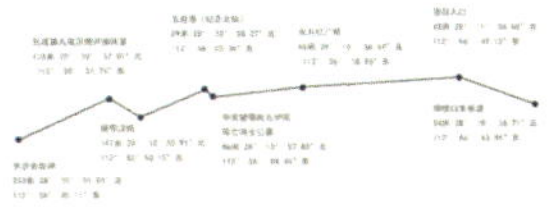

将“湖湘事件”的信息点进行海拔与坐标分析并对其串联。

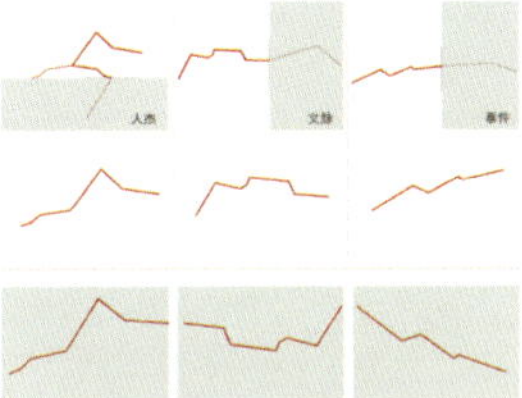

将形成三条客观的“主题线索”，打散后并贯成一条“人文精神”主线。

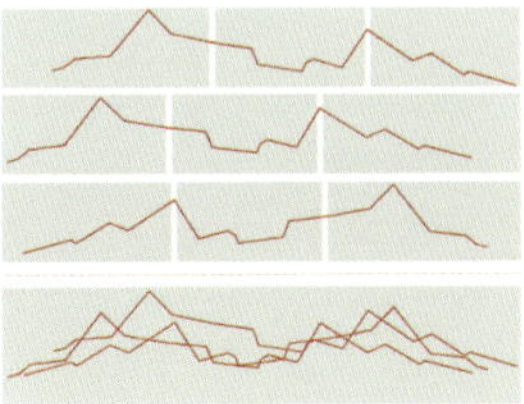

“镜像”成“人、文、精神”的三条情境线索，
在“三一三”的转化过程中形成了交织中的“湖湘记忆”，构成了空间中的“情境格局”

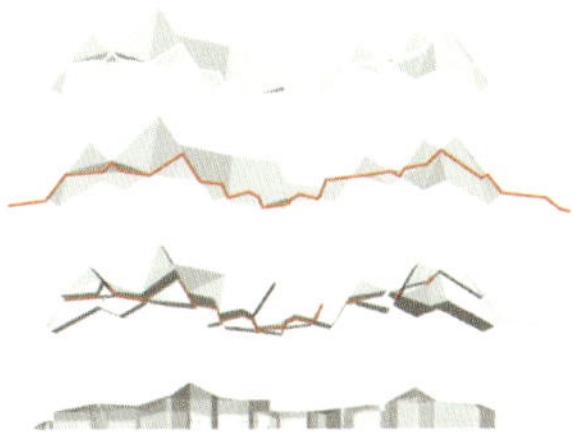

最终在“凝聚的碎片”中，生成情境化的“寻觅路径”，在行径间感知湖湘的人文记忆

内容体块

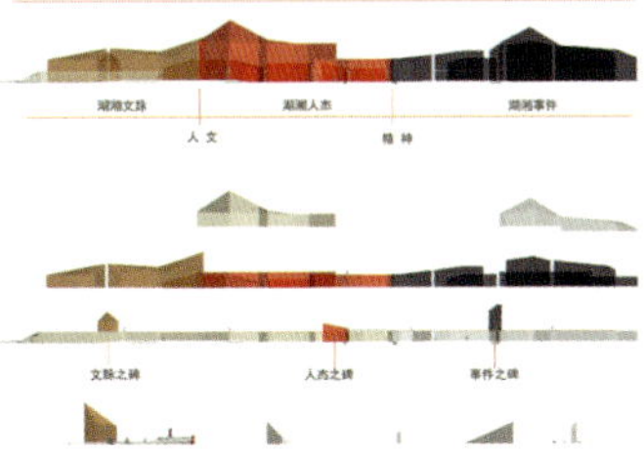

内部展示空间

展示主题：	寻觅中的湖湘记忆						
展示板块：	文脉——寻道中的湖湘		人杰——印象中的面孔			事件——凝结中的记忆	
展示内容：	寻学问道	湖湘学派	印象的面孔	封冻的碎片	时势人杰	凝结的记忆	永恒的精神

参观人流动线图

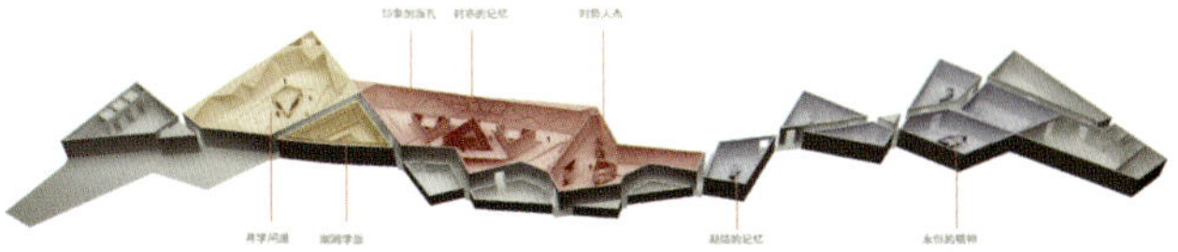

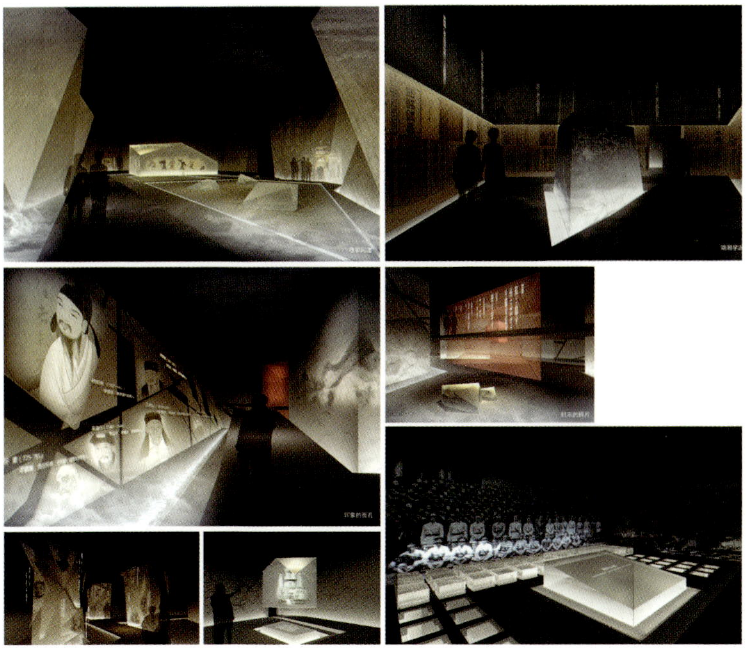

作品名称：阿拉山口『国门』主题文化展示馆方案设计
作者：闫飞　张弘逸

| 阿拉山口“国门”主题文化展示馆方案设计 |

阿拉山口“口岸”位于新疆西北角，东邻塔城地区托里县，南依艾比湖，西接州府博乐市，北与哈萨克斯坦共和国毗邻，是中国最大的陆路口岸，是集铁路、公路、管道、航空、四种运输方式为一体的国家优先发展口岸，是新疆对外贸易的首个国家级综合保税区。　2011年6月，口岸建立“国门”。该建筑为“H”形的现代风格，共4层，面积达3095㎡。“国门”的设立，不仅象征着中华人民的国防实力，同时也为阿拉山口市增添了一抹亮色，更为国内外游客搭建了一个旅游参观的平台。他是亚欧大陆桥的经济桥头堡。因此本案设计方案主要依托国门建筑基础，突出以下六个主题内容：一、阿拉山口国门的口岸文化展示；二、阿拉山口的地方文化展示；三、新丝绸之路文化展示；四、阿拉山口城市发展的规划展示；五、爱国主义教育展示；六、地方特色商贸展示。

关键理念：

“国门”室内设计整体上以中国深层次文化内涵为导向，赋予空间环境、视觉环境、心理环境以及声光热等物理环境的诸多设计理念，来展示一个当代的、国际的综合性文化口岸。

| 城市礼品展示空间

| 边贸纪念品展示空间

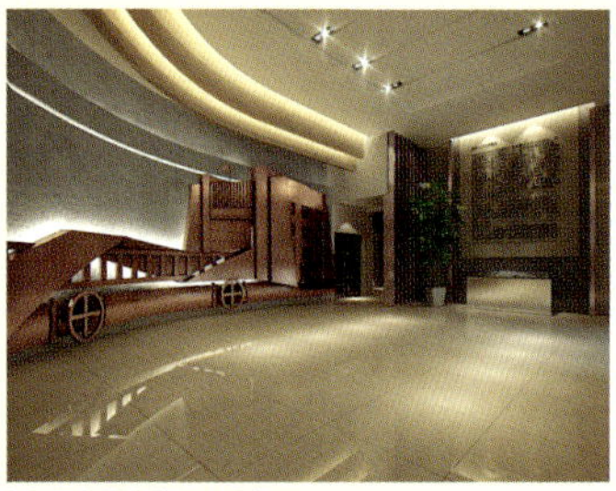

| 门厅主题文化展示空间

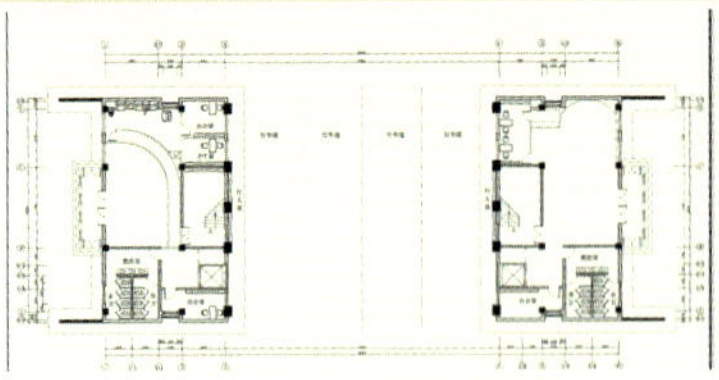

一层平面布置图

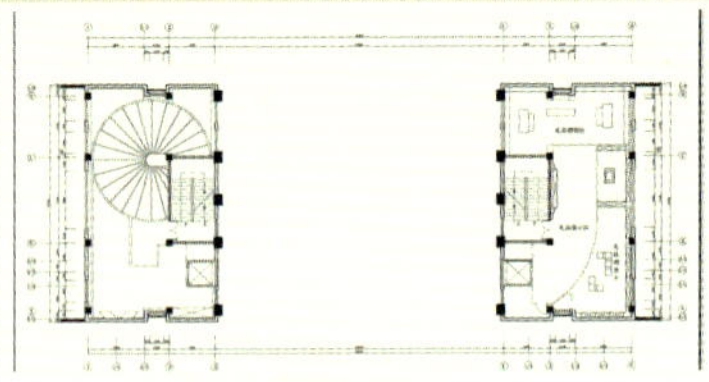

三层平面布置图

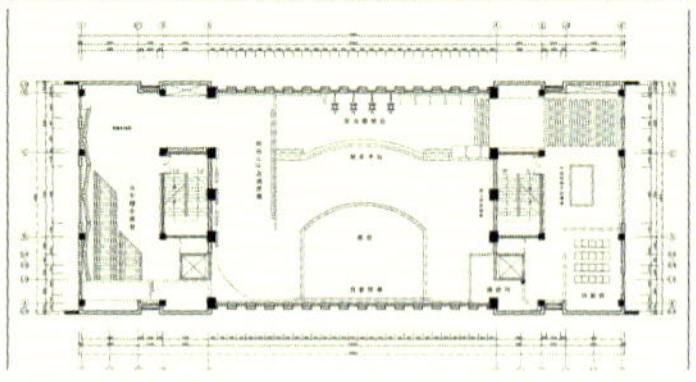

四层平面布置图

1 2
3 4

| 1.中哈石油首站文化展示空间　2.新丝绸之路主题展示空间　3.陆路口岸文化展示空间　4.博州主题展示空间

作品名称：武汉地铁2号、4号线艺术空间设计
作者：尹传垠

城市記憶 文化地鐵

武漢地鐵2號綫、4號綫藝術空間設計

壹

地鐵已不再僅僅是一種現代的交通運輸工具，如今它同樣是一種傳播文化、藝術的空間載體。

武漢地鐵藝術空間的設計以楚文化爲背景，立足于當代人群的精神訴求，創作出一系列具有人文精神和藝術創造性的作品。例如2號綫的漢口火車站站"江城印象"壁畫和"黄鶴歸來"的藝術裝置的結合含蓄的回顧了老漢口的歷史貢獻，亦熱情謳歌了新漢口的與時俱進、開拓創新、海納百川、追求卓越的時代精神。而4號綫的壁畫"東湖掠影"采用瓷片的拼貼方式展現出武漢東湖烟波浩渺的美景，使來往乘客都能在此欣賞到沁人心脾的東湖美景。

江漢路站的櫥窗藝術區結合江漢路商業的區域特點，運用簡潔明快的時尚色彩和展示設計的表現手法進行創作，既迎合了江漢路時尚、商業的氛圍，同時也考慮到了江漢路消費群體的受衆品位。

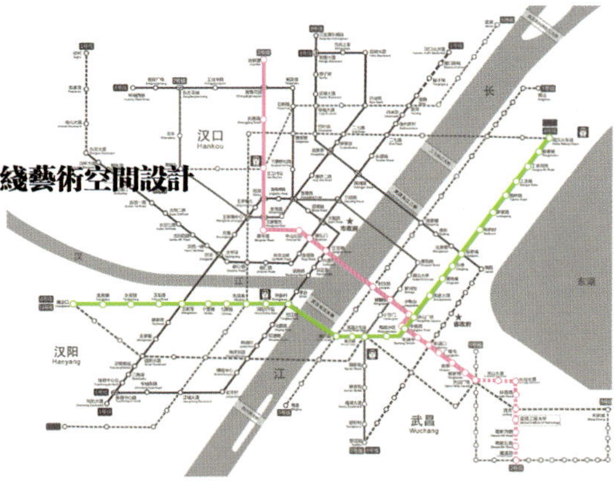

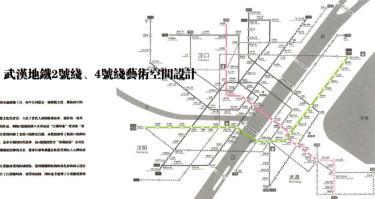

作品名称：BAINA 柏纳国际影城

作者：任文东　张健

设计说明：

柏纳国际影城是按照超国家五星级标准建造，总建筑面积6000多平方米，座位数1500个，有9个影厅，其中超大型巨幕厅；特色情侣厅；国内独一无二的顶级VIP商务厅；酷奢纳4D动感影厅；4个3D影厅和2个数字放映厅。是目前国内档次最高，功能最齐全的，特色最鲜明的超五星级国际影城。其主题设计风格：法兰西浪漫主题，大堂阶梯式立体设计，既具有强烈的冲击力，还充满和汇聚了浪漫的爱情、温馨的暖意、美丽的回忆、祝福的期许等恒久的话题，主旨与核心设计理念—"永恒"。永恒即为爱的定义，只有爱、永不止息。永恒的花语即是TULIP（郁金香）的情谊，永恒的爱，存天地之间，暖世人心意。

主旨设计以缠绵、连续、变幻为主张空间语义，演绎着永恒的话题。色彩上运用象征永恒时尚的色彩，黑、白及金色共同渲染空间氛围。以流动的水、绽放的花瓣及象征生命脉络的动感曲线为造型元素，演绎灵动且具有十足的氛围与空间环境。

项目名称：

柏纳国际影城

BaiNa International Studios

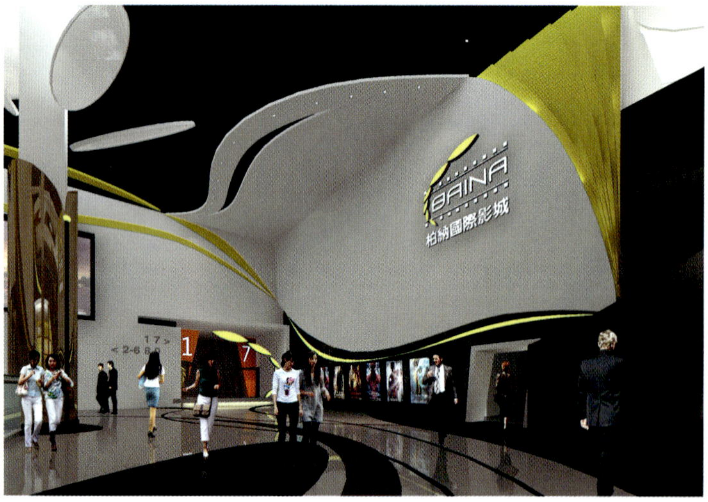

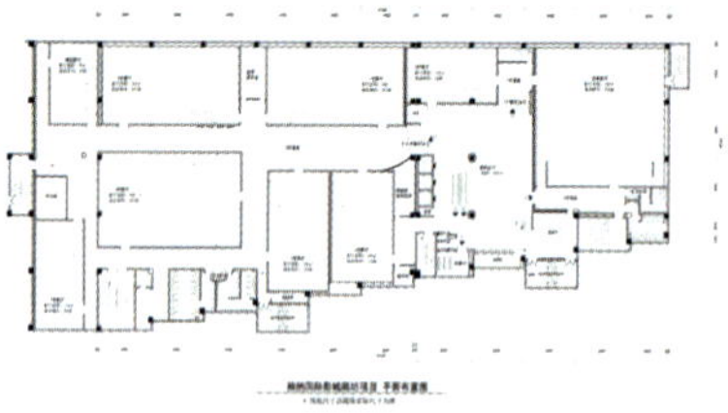

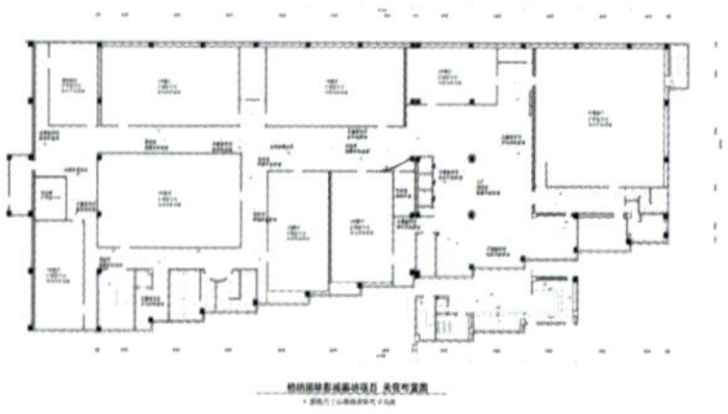

作品名称：折叠的公厕

作者：戴乐来

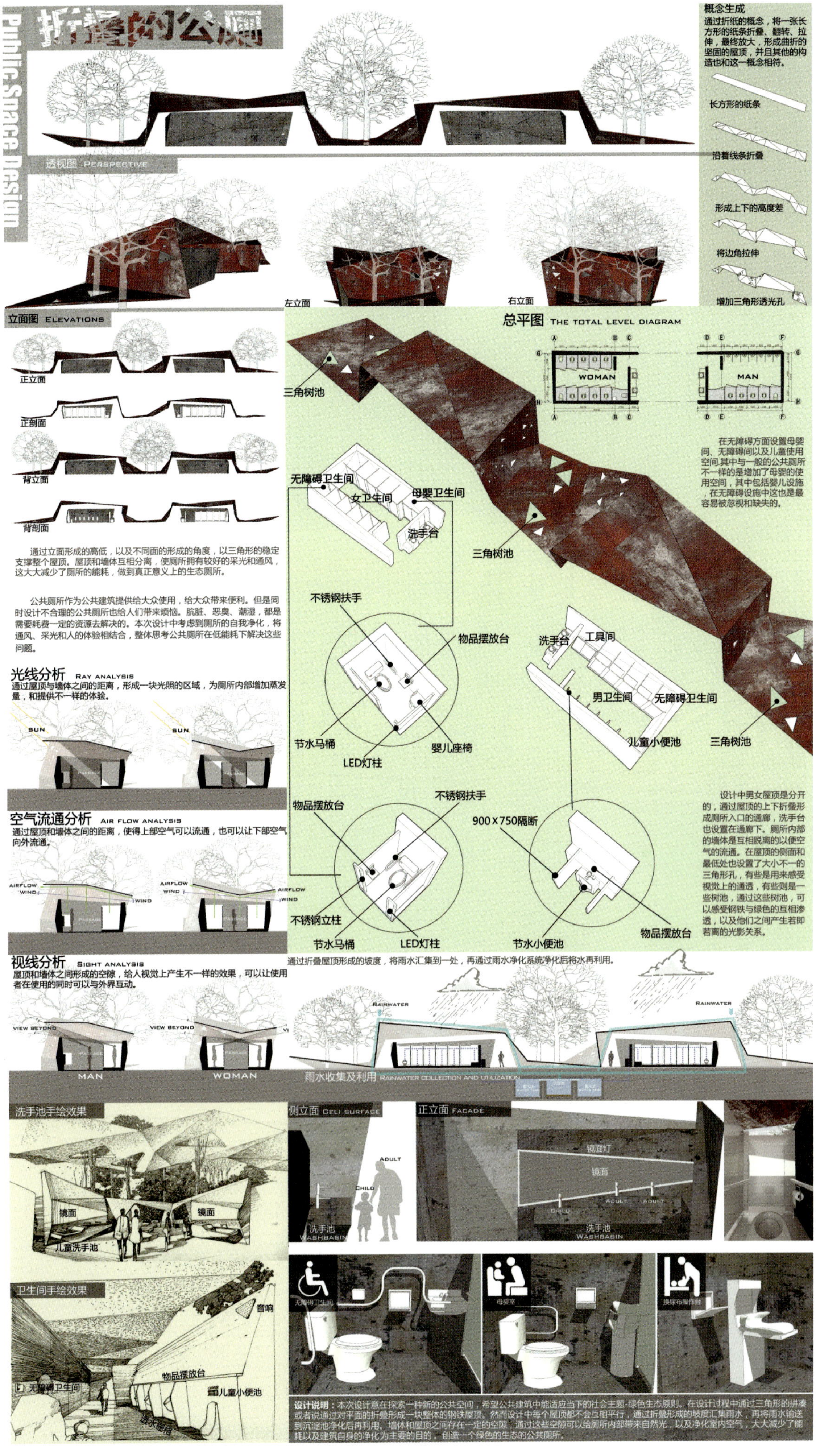
折叠的公厕
Public Space Design
透视图 Perspective
左立面
右立面
概念生成
通过折纸的概念，将一张长方形的纸条折叠、翻转、拉伸，最终放大，形成曲折的坚固的屋顶，并且其他的构造也和这一概念相符。
长方形的纸条
沿着线条折叠
形成上下的高度差
将边角拉伸
增加三角形透光孔
立面图 Elevations
正立面
正剖面
背立面
背剖面
通过立面形成的高低，以及不同面的形成的角度，以三角形的稳定支撑整个屋顶。屋顶和墙体互相分离，使厕所拥有较好的采光和通风，这大大减少了厕所的能耗，做到真正意义上的生态厕所。
公共厕所作为公共建筑提供给大众使用，给大众带来便利。但是同时设计不合理的公共厕所也给人们带来烦恼。肮脏、恶臭、潮湿，都是需要耗费一定的资源去解决的。本次设计中考虑到厕所的自我净化，将通风、采光和人的体验相结合，整体思考公共厕所在低能耗下解决这些问题。
光线分析 Ray analysis
通过屋顶与墙体之间的距离，形成一块光照的区域，为厕所内部增加蒸发量，和提供不一样的体验。
SUN
SUN
空气流通分析 Air flow analysis
通过屋顶和墙体之间的距离，使得上部空气可以流通，也可以让下部空气向外流通。
AIRFLOW
WIND
WIND
AIRFLOW
WIND
AIRFLOW
WIND
视线分析 Sight analysis
屋顶和墙体之间形成的空隙，给人视觉上产生不一样的效果，可以让使用者在使用的同时可以与外界互动。
VIEW BEYOND
VIEW BEYOND
MAN
WOMAN
总平图 The total level diagram
WOMAN
MAN
三角树池
无障碍卫生间
女卫生间
母婴卫生间
洗手台
三角树池
在无障碍方面设置母婴间、无障碍间以及儿童使用空间.其中与一般的公共厕所不一样的是增加了母婴的使用空间，其中包括婴儿设施，在无障碍设施中这也是最容易被忽视和缺失的。
不锈钢扶手
物品摆放台
节水马桶
LED灯柱
婴儿座椅
洗手台
工具间
男卫生间
无障碍卫生间
儿童小便池
三角树池
物品摆放台
不锈钢扶手
900X750隔断
不锈钢立柱
节水马桶
LED灯柱
节水小便池
物品摆放台
设计中男女屋顶是分开的，通过屋顶的上下折叠形成厕所入口的通廊，洗手台也设置在通廊下。厕所内部的墙体是互相脱离的以便空气的流通。在屋顶的侧面和最低处也设置了大小不一的三角形孔，有些是用来感受视觉上的通透，有些则是一些树池，通过这些树池，可以感受钢铁与绿色的互相渗透，以及他们之间产生若即若离的光影关系。
通过折叠屋顶形成的坡度，将雨水汇集到一处，再通过雨水净化系统净化后将水再利用。
RAINWATER
RAINWATER
雨水收集及利用 Rainwater collection and utilization
洗手池手绘效果
镜面
镜面
儿童洗手池
侧立面 Celi surface
ADULT
CHILD
洗手池
WASHBASIN
正立面 Facade
镜面灯
镜面
ADULT
ADULT
CHILD
洗手池
WASHBASIN
卫生间手绘效果
音响
物品摆放台
无障碍卫生间
儿童小便池
无障碍卫生间
母婴室
设计说明：本次设计意在探索一种新的公共空间，希望公共建筑中能适应当下的社会主题-绿色生态原则。在设计过程中通过三角形的拼凑或者说通过对平面的折叠形成一块整体的钢铁屋顶。然而设计中每个屋顶都不会互相平行，通过折叠形成的坡度汇集雨水，再将雨水输送到沉淀池净化后再利用。墙体和屋顶之间存在一定的空隙，通过这些空隙可以给厕所内部带来自然光，以及净化室内空气，大大减少了能耗以及建筑自身的净化为主要的目的。创造一个绿色的生态的公共厕所。

作品名称：绩溪博物馆景观设计

作者：李兴钢　李力　于超　张音玄　张哲　赵祎　邢迪

项目旨在将“我的中国景观梦”凝聚、融入中国新式徽派建筑，演形、聚气之延续。

项目简介：

绩溪博物馆的设计基于对绩溪地理环境的理解、名称由来及对徽派建筑与聚落的表现特征与周边的山形水系相融合之理念，是“北有乳溪，与徽溪相去一里并流，离而复合，有如绩焉”的“绩溪之形”的充分演绎和展现。整个建筑覆盖在一个连续的屋面之下，起伏的屋面轮廓和肌理仿佛绩溪周边山形水系。

用地整体布局尽量多地保存用地内的现状树，设有多个庭院、天井和街巷。既是舒适宜人的室内外空间环境，又是徽派建筑空间布局的重释。使建筑和景观庭院本身成为一件最直观的展品，让参观者宛若置身在古老的徽州古镇之中。建筑群落内沿着街巷设置有东西两条水圳，汇聚于山院内的水面，有如乳溪徽溪汇聚一起的形态，也符合“聚气”的基本风水思想。建筑南侧设内向型主庭院——“明堂”，中国传统的“聚拢风水之气”；主入口水院正对方位设置一组被抽象化的“假山”。围绕大门、“明堂”、水面有对市民开放的、立体的“观赏流线”，将游客引至建筑东南角的“观景台”，俯瞰建筑的屋面、庭院和秀美的远山。

实景鸟瞰

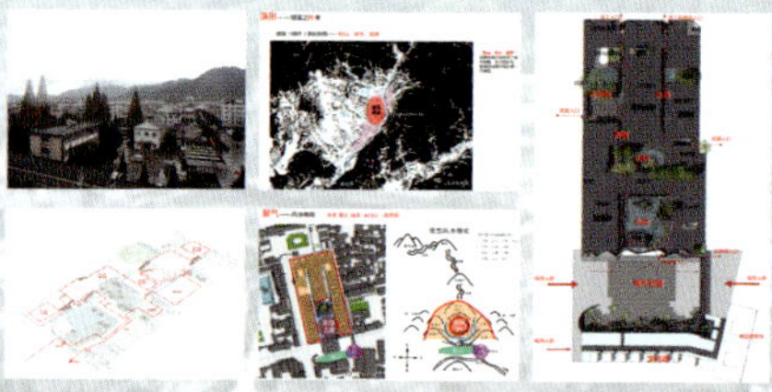

分析图

水院

山院

作品名称：为中国而设计——众智云集创业主题咖啡吧室内设计

作者：钱晓宏　钱晓冬

众智云集创业主题咖啡吧室内设计

传统生态材料青砖合欢与实滚镶思相结合的砌筑方式与古城墙的外环竞相呼应。原木铁艺与青砖叠瓦的相互相融打造一种基于传统历史环境下的生态模式。

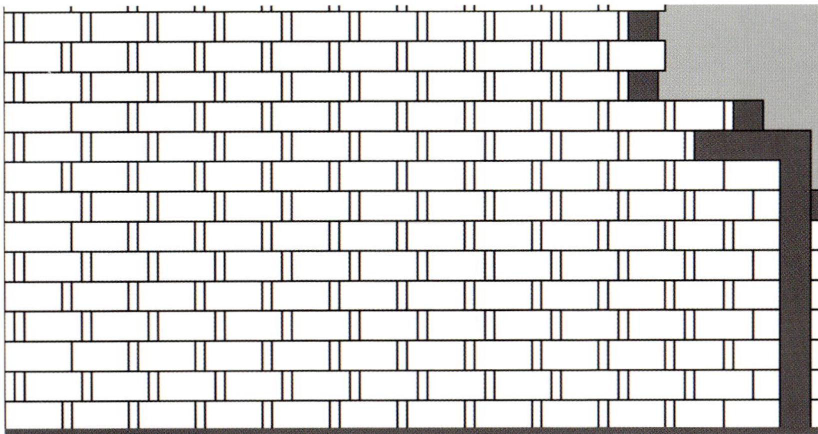

地理位置，周边环境

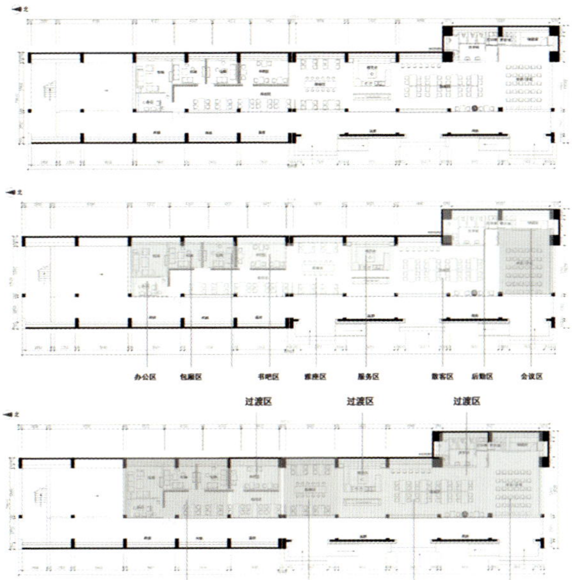

施工现场，未完待续

集： 合欢树筑墙体所围合的小型集会场所，以集的聚合创造出全新的格局。

云： 锈蚀的顶面、斑驳树皮和玻璃的巧妙组合营造出云逸的意境，以云的飘逸演绎出随机的可能。

智： 两片满布的logo墙体起动出孵化器的作用，为企业的成长记录点点滴滴，以智的过程孵化出更强的勇者。

众： 青砖密布与大体块木饰面相间的听众区与干净通体，信息量布墙的演讲区对比出会议的独创性，以众的力量激荡出思想的火花。

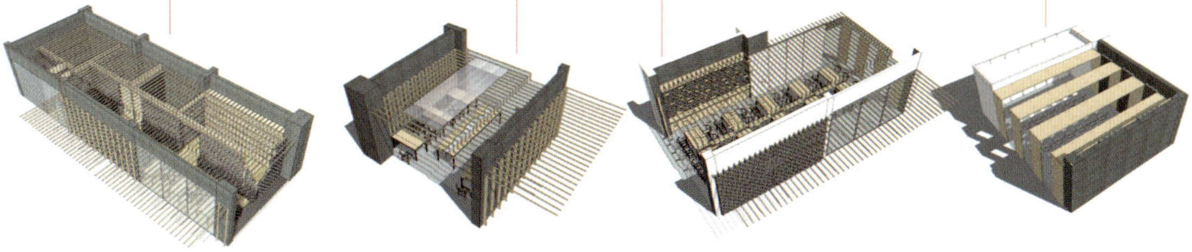

作品名称：多彩云计划——珠海有轨电车站站台设计

作者：王铬 谢耀盛 陈洲 林娜

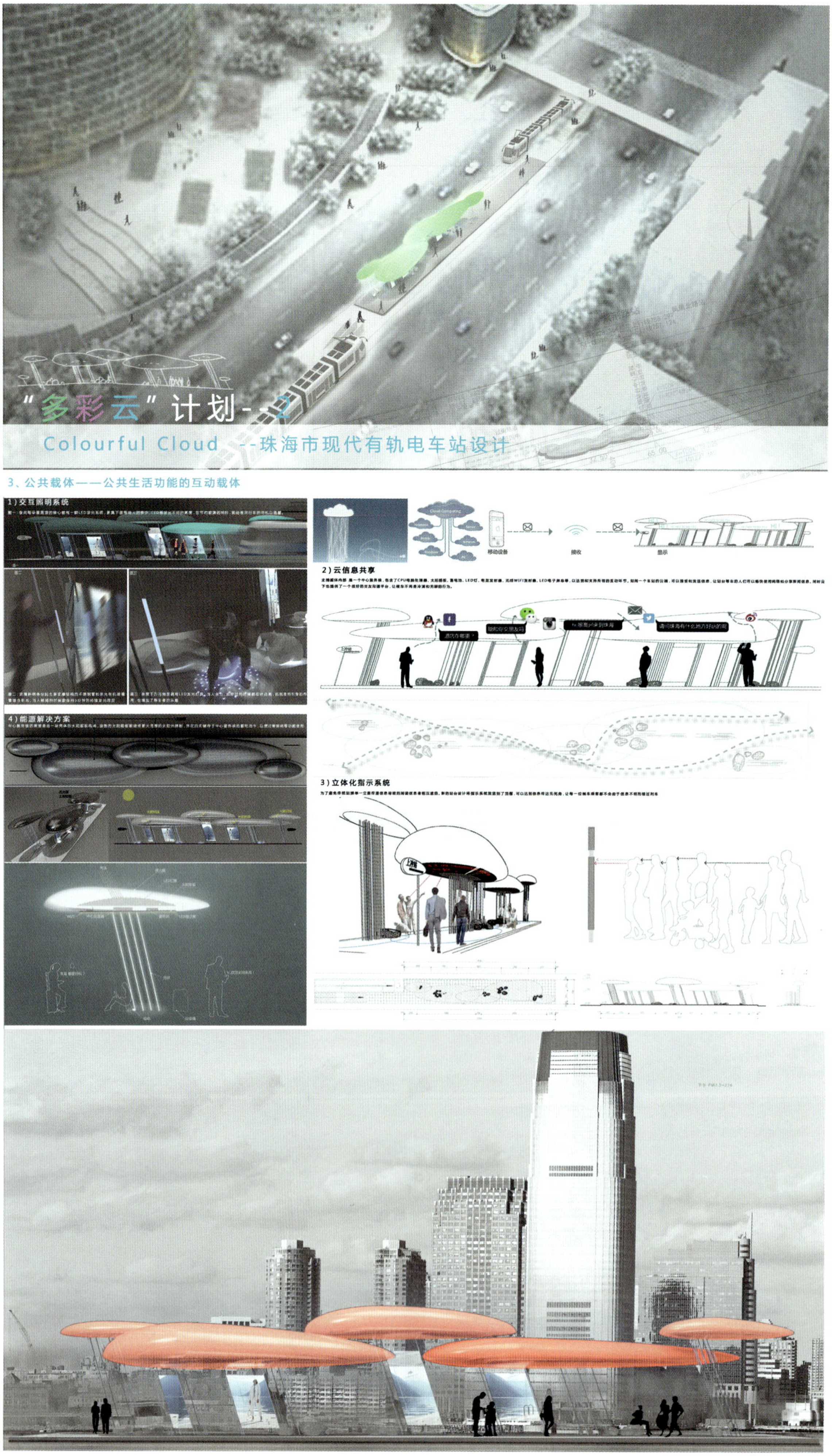

"多彩云"计划--2
Colourful Cloud --珠海市现代有轨电车站设计
3、公共载体——公共生活功能的互动载体
1）交互照明系统
4）能源解决方案
2）云信息共享
移动设备
接收
显示
请问珠海有什么地方好玩的呢
3）立体化指示系统

作品名称：书馨斋

作者：任志飞　王思天　刘旭　周媛

从透明的入口處都觀見內部人們探索知識世界的景象—静謐而忙碌。遨游在知识海洋的人们在深邃和灯火中拾级而上。这是一个为使人们沉浸期间而构思的空间这是一个智慧的境界。一个知识的天地和一片育人的沃土。从功能和视觉效果来看建筑体的各部分空间与城市、文化、历史乃至整片草原形成了一个珠联璧合的整体，纯明度不同的花岗岩材质，古朴自然，象征着这片广袤土地上亦如岩石般坚毅的人们所传承下来的文化。高耸的天花上木质的装饰造型，恰似一卷卷盛开的竹简，向人们诉说着这片草原叉壁动听的史诗·······

People from inside the transparent entrance could see at the bottom of the search for knowledge, quiet and busy world. People swim in the knowledge Hu Haiyang ascend the stairs in the deep and lights. This is an idea to make people immersed during space it is a state of wisdom. A knowledge of heaven and earth and a piece of education. From the function and visual effect to see the parts of the building space and city, culture, history, and even the entire prairie shape of formed into a whole. Pure brightness different granite material, natural style, a symbol of this vast land is determined by people like rock down the transmission of culture. On the smallpox of tall woodiness adornment modelling, like rolls blooming bamboo slips, telling people that with this piece of grassland and gobi wonderful epic·······

交通流线体系设计说明

交通流线体系通过分开设置办公、读者学术报告及内部书库流线，保证了众多复杂的交通流线互不干扰，各司其职。读者主要从一层前厅进入大厅，再分至各个阅览室。前厅两侧各设置客梯一部，同时北侧增设货梯一部在保证书本进出图书馆，同时内部办公人员也使用这一个出口。

The traffic flow system design specifications

Traffic flow system through a separate set of office, academic report and internal stacks of readers, streamline, guarantees the numerous complex traffic streamline noninterference, do their job. Readers mainly from a layer of the front office to enter the hall, and then points to the reading room. Part of the front office set up passenger lift on each side, at the same time, the north set up transfer at a guarantee books in and out of the library, at the same time the internal office workers also use the export.

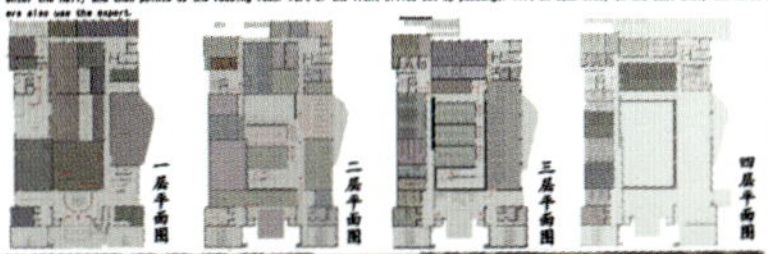

设计理念

1打破传统图书馆“库室分离”的模式，适应当今图书馆“全面开架，藏阅合一”及“藏阅一体化’的运作管理模式，通过公共的门禁进入借阅区后，读者可自由选择不同阅览区，以可持续发展的角度考虑的开放性布局也为图书馆今后的发展创造胃灵活变更的条件。

2图书馆在当今社会生活中正承担起日益综合的文化服务职能、教育职能与休闲娱乐职能。这就使单纯意义上的 图书馆逐步演变成综合的信息文化中心，内部功能的配置趋向复合化。方案围绕图书馆的核心功能和空间，穿插布置相关的衍生功能，如休息空间、展厅、报告厅、电子阅览区、媒体演示区、学术交流区等相关功能。

3方案打破阅览空间的房间概念，提出流动阅览空间的概念，藏书区阅读区的界限弱化，不同主题阅览区的范围可根据实际需要进行调整，阅览室及公共空间均有开放的视野，为读者提供舒适的学习和休息环境。

Design concept

1 to break the traditional library "library room separation" mode, to adapt to the modern library open in an all-round way, unity and reading, hidden reading integration operation management mode, through the public after the entrance into the lending section, readers are free to choose a different reading area, with sustainable development point of view ho hu open layout also ho in the future for the library development to create flexible change of stomach conditions.

Take 2 library in today's society life is becoming more and more comprehensive Hu Benhuo service function, education and entertainment functions. This makes simple sense of the library gradually evolved into a comprehensive information culture center, ho internal functions of configuration to the points. Solutions around the library core function and space, interspersed with layout related derivative functions, such as rest space, exhibition hall, lecture hall, electronic-reading area, media demonstration area, academic exchange area and related functions.

3 break reading room space concept, the author puts forward the concept of mobile reading space, library area reading area boundary weakening, the range of different subjects reading area may be adjusted according to actual needs, reading rooms and public Spaces are all in open field of vision and provide comfortable study and rest environment.

作品名称：上海宝山国际民间民俗博物馆——中国馆展示设计

作者：董春欣　仇凤发　董卫星

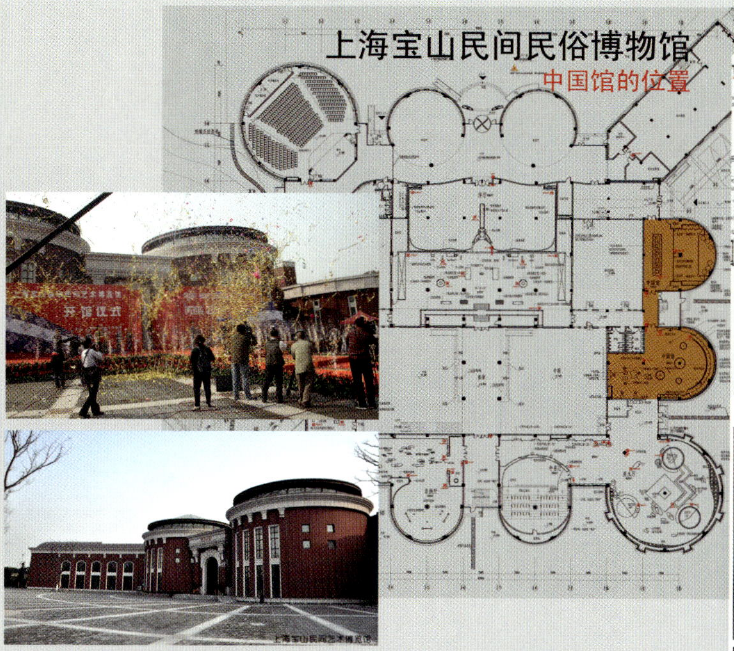

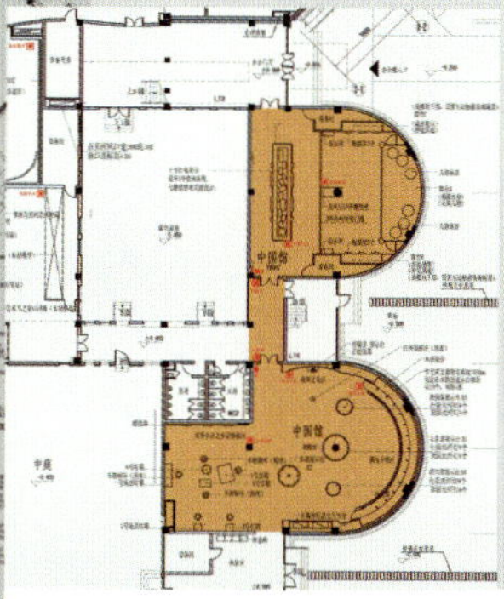

中国厅展项空间分布

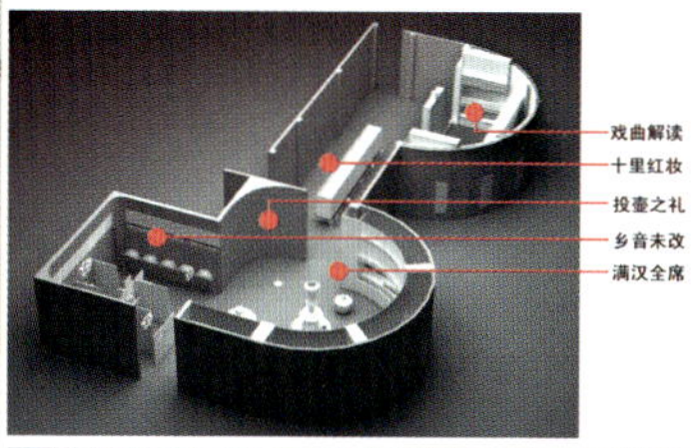

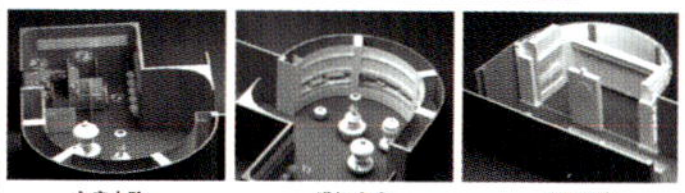

上海宝山国际民间艺术博览馆总建筑面积约1.4万平方米，座落于顾村公园内，以上海非物质文化遗产项目为重点，以国际民间艺术交流展示为补充，突出多元文化的精彩，是集收藏、展示、活动、交流、研究、服务等多功能于一体的公益性文化旅游设施。

展示设计

展示板面设计

序厅和序厅主题壁画

上海宝山国际民间民俗博物馆-中国馆展示设计

SHANGHAIBAOSHANGUOJIMINJIANMINSHUBOWUGUAN-ZHONGGUOGUANZHANSHISHEJI

展项：十里红妆

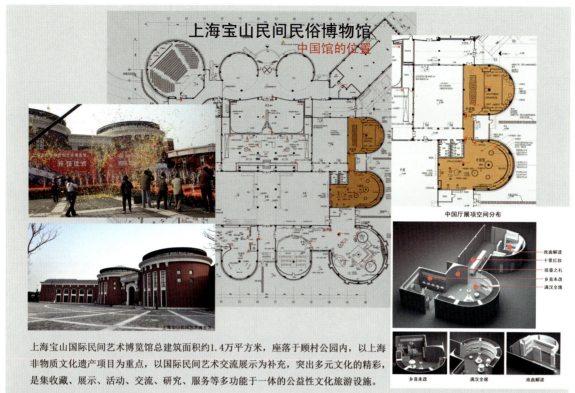

作品名称：电影主题体验中心概念设计
作者：洪霞

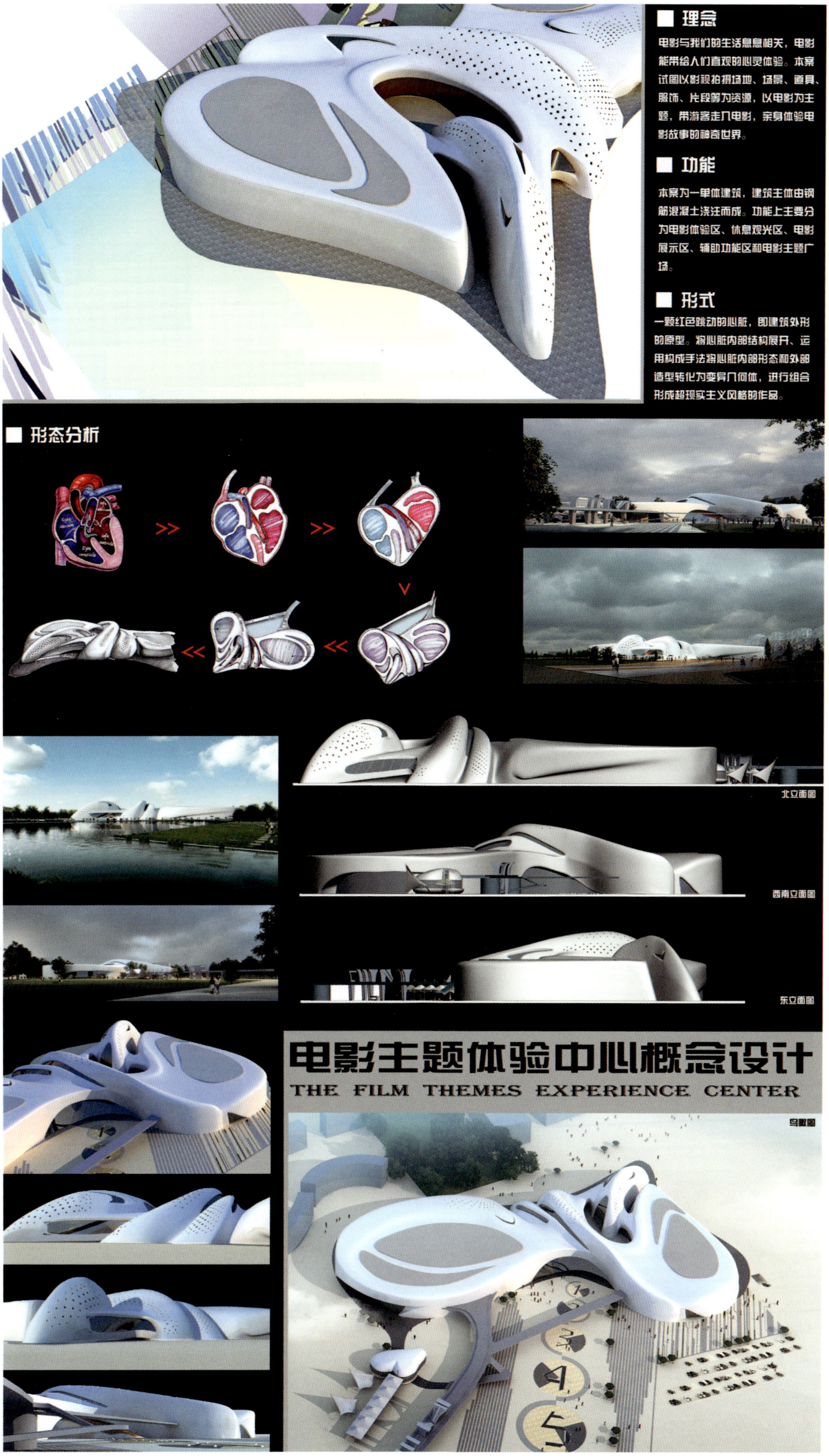
■ 理念
电影与我们的生活息息相关，电影能带给人们直观的心灵体验。本案试图以影视拍摄场地、场景、道具、服饰、片段等为资源，以电影为主题，带游客走几电影，亲身体验电影故事的神奇世界。
■ 功能
本案为一单体建筑，建筑主体由钢筋混凝土浇注而成。功能上主要分为电影体验区、休息观光区、电影展示区、辅助功能区和电影主题广场。
■ 形式
一颗红色跳动的心脏，即建筑外形的原型。将心脏内部结构展开、运用构成手法将心脏内部形态和外部造型转化为变异几何体，进行组合形成超现实主义风格的作品。
■ 形态分析
北立面图
西南立面图
东立面图
电影主题体验中心概念设计
THE FILM THEMES EXPERIENCE CENTER
鸟瞰图

作品名称：土楼印象漆艺家具系列

作者：陈顺和

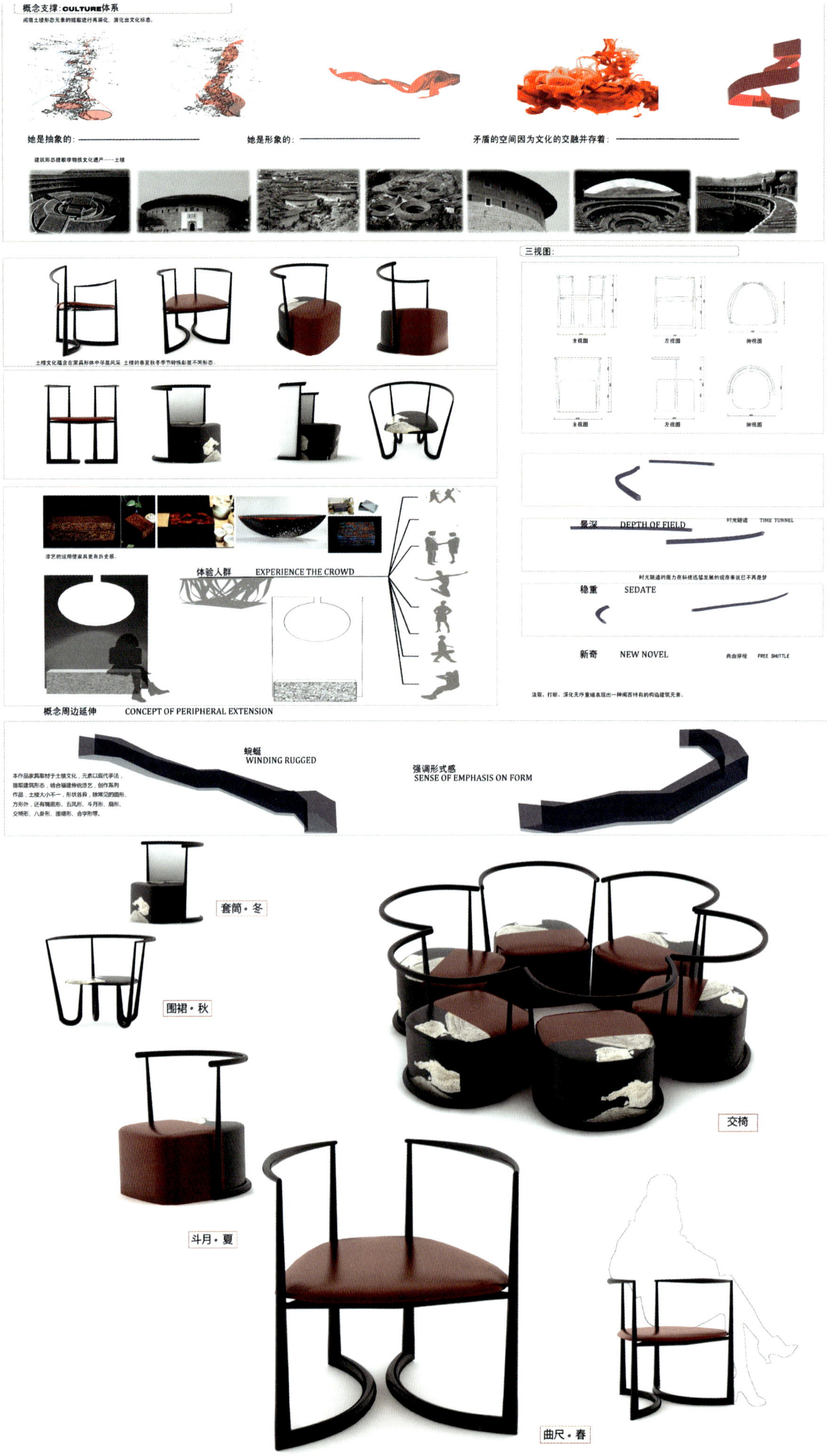
概念支撑:CULTURE体系
闽南土楼形态元素的提取进行再深化，演化出文化标志。
她是抽象的：
她是形象的：
矛盾的空间因为文化的交融并存着：
建筑形态提取非物质文化遗产——土楼
三视图：
主视图
左视图
俯视图
土楼文化蕴含在家具形体中尽显风采，土楼的春夏秋冬季节转换彰显不同形态。
景深 DEPTH OF FIELD
时光隧道 TIME TUNNEL
时光隧道的魔力在科技迅猛发展的现在来说已不再是梦
稳重 SEDATE
新奇 NEW NOVEL
自由穿梭 FREE SHUTTLE
漆艺的运用使家具更有历史感。
体验人群 EXPERIENCE THE CROWD
汲取、打断、深化无序重组表现出一种闽西特有的构造建筑元素。
概念周边延伸 CONCEPT OF PERIPHERAL EXTENSION
蜿蜒
WINDING RUGGED
本作品家具取材于土楼文化，元素以现代手法，提取建筑形态，结合福建传统漆艺，创作系列作品，土楼大小不一，形状各异，除常见的圆形、方形外，还有椭圆形、五凤形、斗月形、扇形、交椅形、八卦形、围裙形、合字形等。
强调形式感
SENSE OF EMPHASIS ON FORM
套筒·冬
围裙·秋
交椅
斗月·夏
曲尺·春

作品名称：零耗·沈阳

作者：金常江　刘健　柴也　宁芙儿

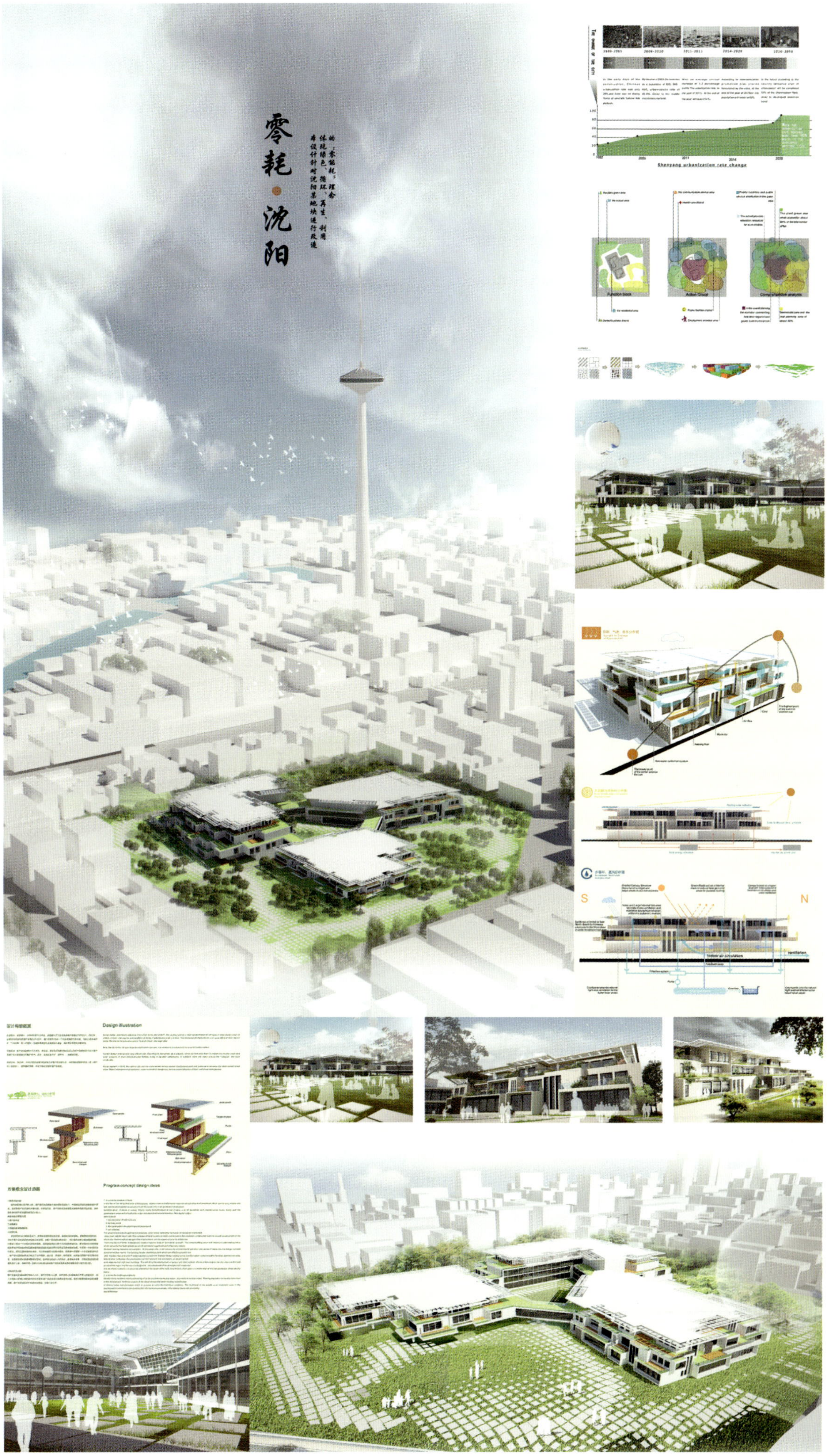

作品名称：河北淮化清东陵博物馆

作者：金常江　施济光　陈德胜　王博

清东陵博物馆

清东陵博物馆设计概念解读

设计的最初形式由"玉玺"的形状拟定。皇帝使用的大印才可称之为玉玺其方形设计，上纽交五龙，正面刻有李斯所书

"受命于天，既寿永昌"八篆字，以作为"皇权神授、正统合法"之信物。在古代玉玺是一个朝代的传承得到了如今社会我们可以把玉玺看做是一个文化的传承。

》结合

拥有世界文化遗产和重点文物保护单位两大牌子的清东陵经过十年来的风风雨雨，面临着提升改造的困境。如何重现其极高的历史文化价值，如何在全国甚至是世界的舞台上迈出重要的具有改革性的一步，是清东陵博物馆所要急迫解决的问题。

》简化

由"玉玺"+"当随"+"现代的设计理念"相结合，用融会贯通的想法，通过反复推敲将历史与现代进行创新的结合。最终将博物馆定位成现在的模式，采用大量的玻璃屋顶保证了建筑日间的采光也给人以通透之感。

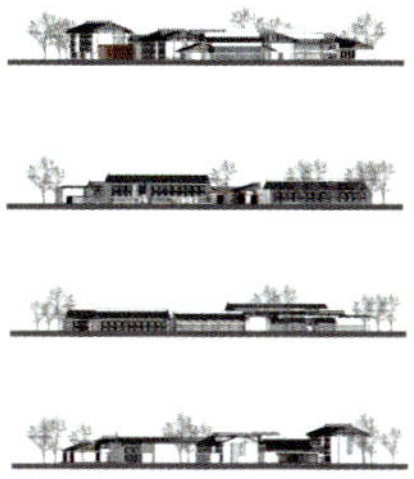
四合院立面图

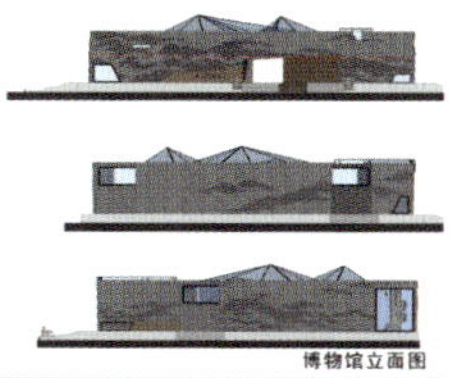
博物馆立面图

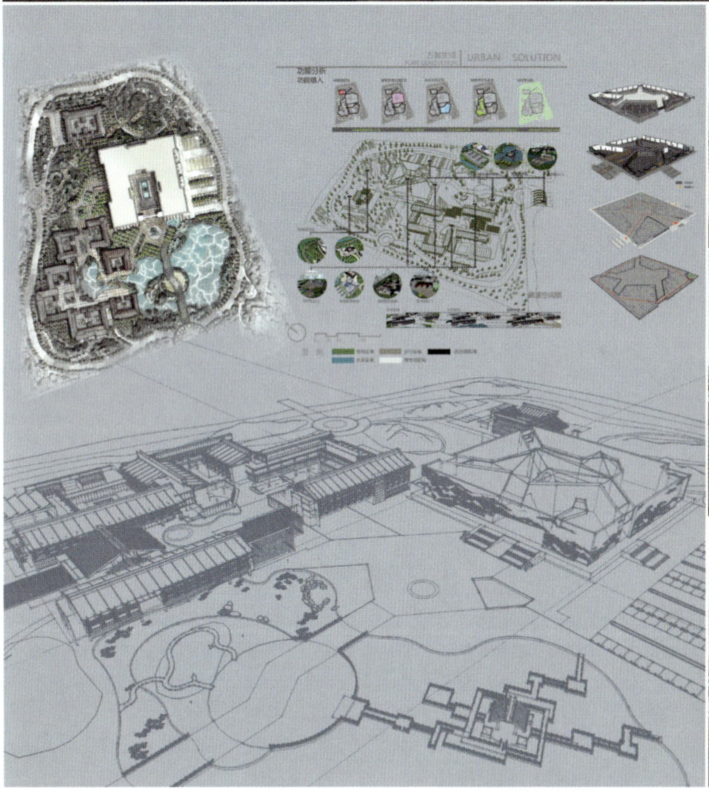

清东陵坐落在河北省唐山市的遵化市境内，占地78平方公里，是我国现存规模最宏大、体系最完整、布局最得体的帝王陵墓建筑群，是世界文化遗产，国家4A级旅游景区，距离北京市区125公里，清东陵是一块难得的"风水"宝地。

Eastern Qing Tombs is located in Tangshan City, Hebei Province of the territory Zunhua, covering 78 square kilometers, is China's most ambitious existing scale, the most complete system, the layout of the most decent imperial mausoleum buildings, is the world's cultural heritage, national 4A-class tourist area 125 km from the Beijing area. Eastern Qing Tombs is a rare "feng shui" treasure.

可持续发展原则、、综合性原则突出特色原则，文物保护第一原则，市场导向原则，统一规划，分期实施原则，规划既是一个系统工程又是一个动态的过程，因此，从系统的角度对项目地进行梳理，对整个旅游区进行统一规划是具有前瞻性的。

The principle of sustainable development, the principle of comprehensive principles prominent feature, the first principle of heritage conservation, market-oriented principles, unified planning, phased implementation of the principles. Planning is both a systems engineering is a dynamic process, therefore, from the perspective of the system to sort out the project, the whole tourist area of unified planning is forward-looking. But the plan is based on the long-term development.

建筑文化是中国现存规模最大、体系最完整的古帝陵建筑；有中国现存最阔最宽的石牌坊；中国保存最完整的长6000多米的孝陵主神路。

China Architectural Culture is the largest and most complete ancient Mausoleum system architecture; has China extant Miankuo widest stone arch; Chinese best preserved length over 6000 meters of road Xiaoling Lord God

作品名称：腾飞两江——两江新区御临河大桥设计
作者：韦爽真

腾飞两江

Active Revers

重庆两江新区御临河大桥方案汇报

The Bridge Of Yuhe In Two Rivers New Region

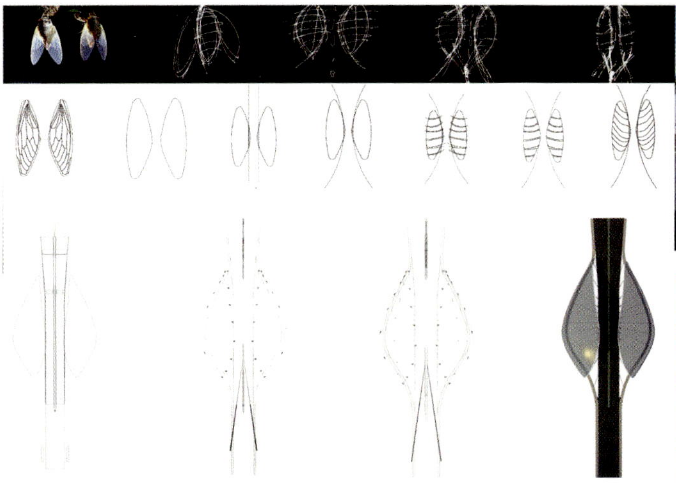

在城市规划史上，许多著名的新区开发都是依托标志性的建筑物或者桥梁作为城市发展的风向标，由此扩大改新区的影响力如上海浦东新区的东方明珠塔，巴黎新区的巴黎新区-拉·德方斯凯旋门，英国伦敦者区的伦敦之眼大桥，它们的兴建无疑给新区带来了活力和知名度，提升着整个区域的城市影响力。

总体思路1-桥梁多元价值分析

The Bridge Of Yuhe In Two Rivers New Region

我们在现有的桥梁中看到重庆已具备国际化大都市的气魄与活力，桥梁，已经是深入人心的城市标志和记忆，但是与发达国家在桥梁多元价值的开发和创新上相比，我们的桥梁形象还显得单一，创新力度不够，在桥梁的多元价值开发上没有前瞻性。

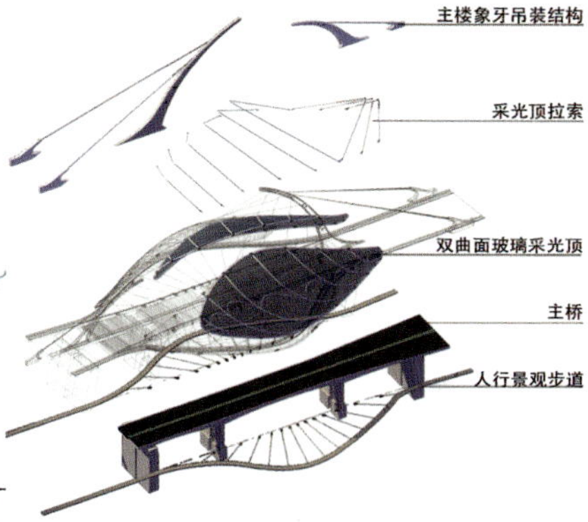

设计思路由两江新区朝气蓬勃的形象产生联想，好比一只脱壳而出的冬蝉，春天将它唤醒，展翅飞翔、蓬勃发展、锐意进取通过对蝉的外形进行了一系列抽象的概括与简化，保留了其基本的外形及质感，完成了对整体概念的初步演变，方案的线条流畅、一气呵成，大气而简约，象征两江新区崭新的城市面貌，朝气蓬勃的气势。

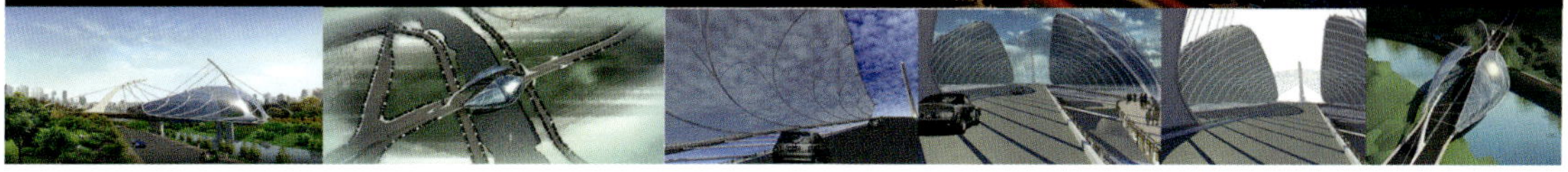

设计图纸 Drawing of Design

作品名称：Sunbloc 阳光住宅与日常的诗意

作者：何夏昀

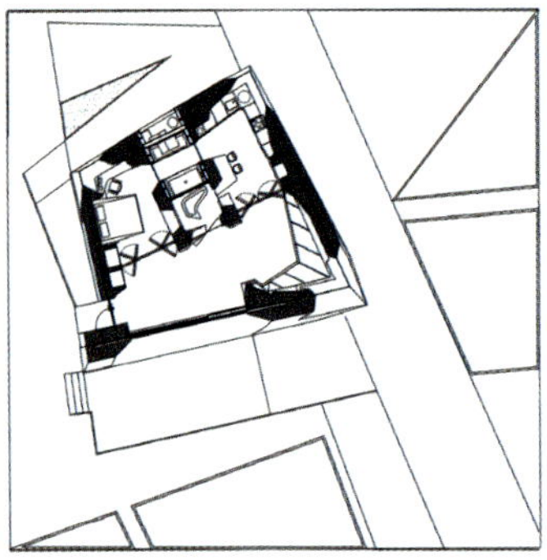

总平面图 plan

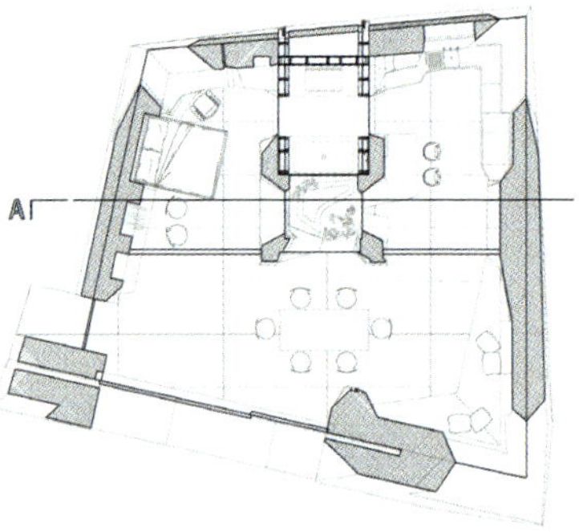

室内平面图 Interior plan

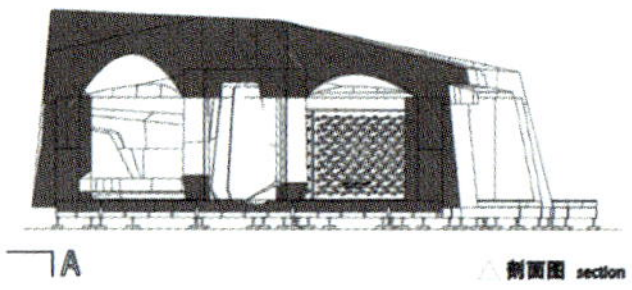

剖面图 section

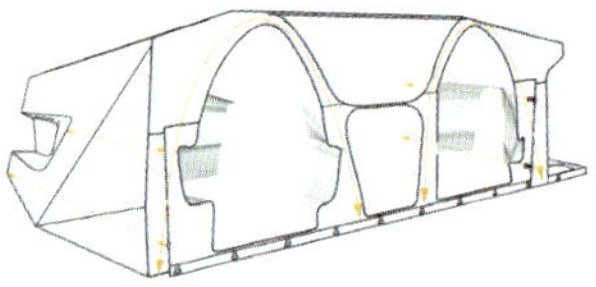

剖面透视图 sectional perspective view

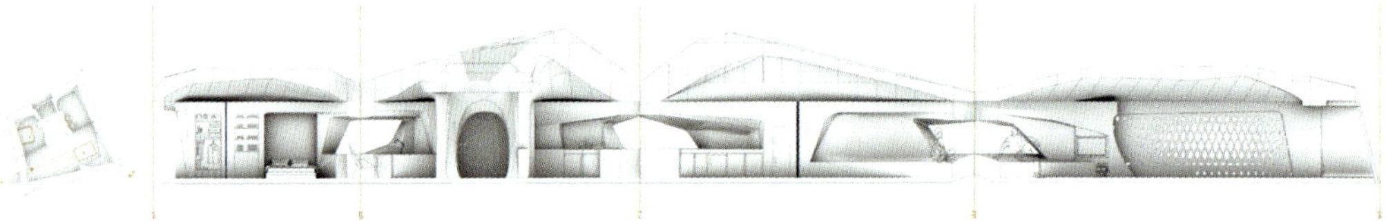

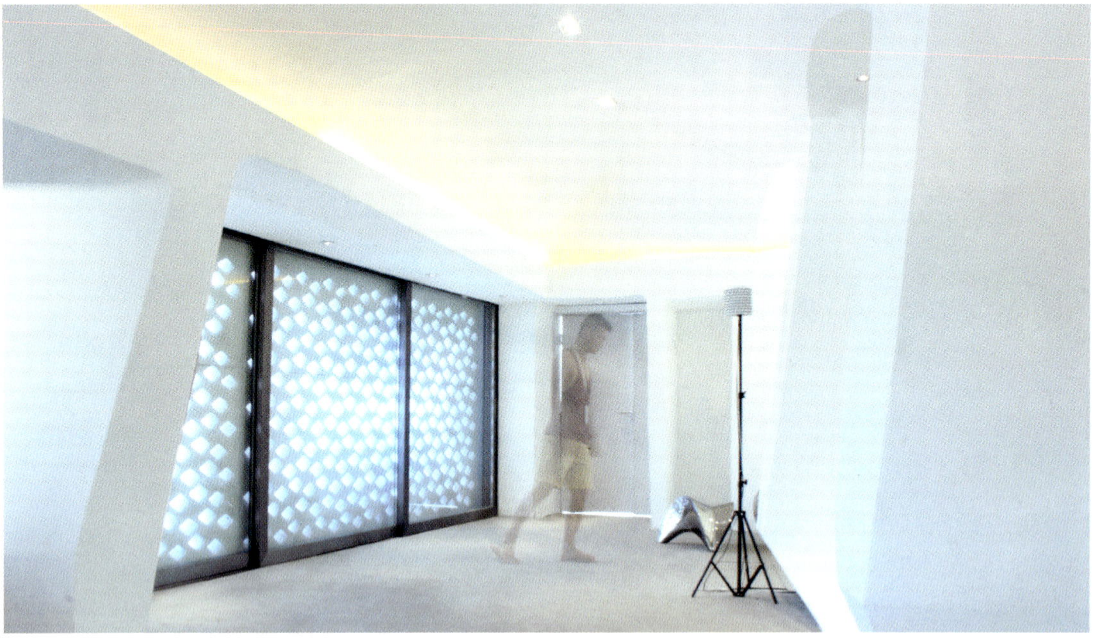

作品名称：城市的『缝合』——长春南部新城概念设计

作者：富尔雅

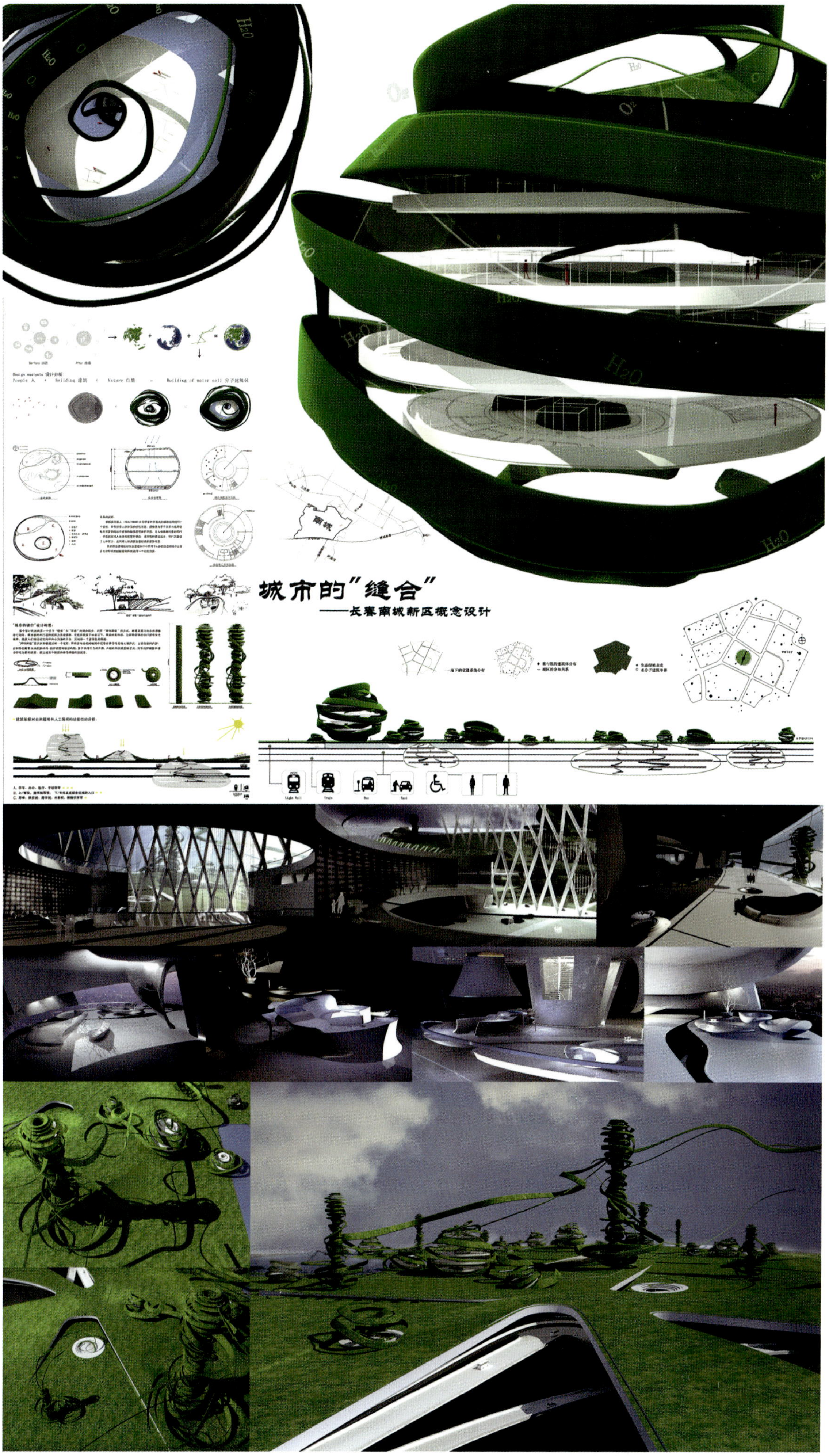

作品名称：简·易

作者：刘晨晨　张婷　王娜娜

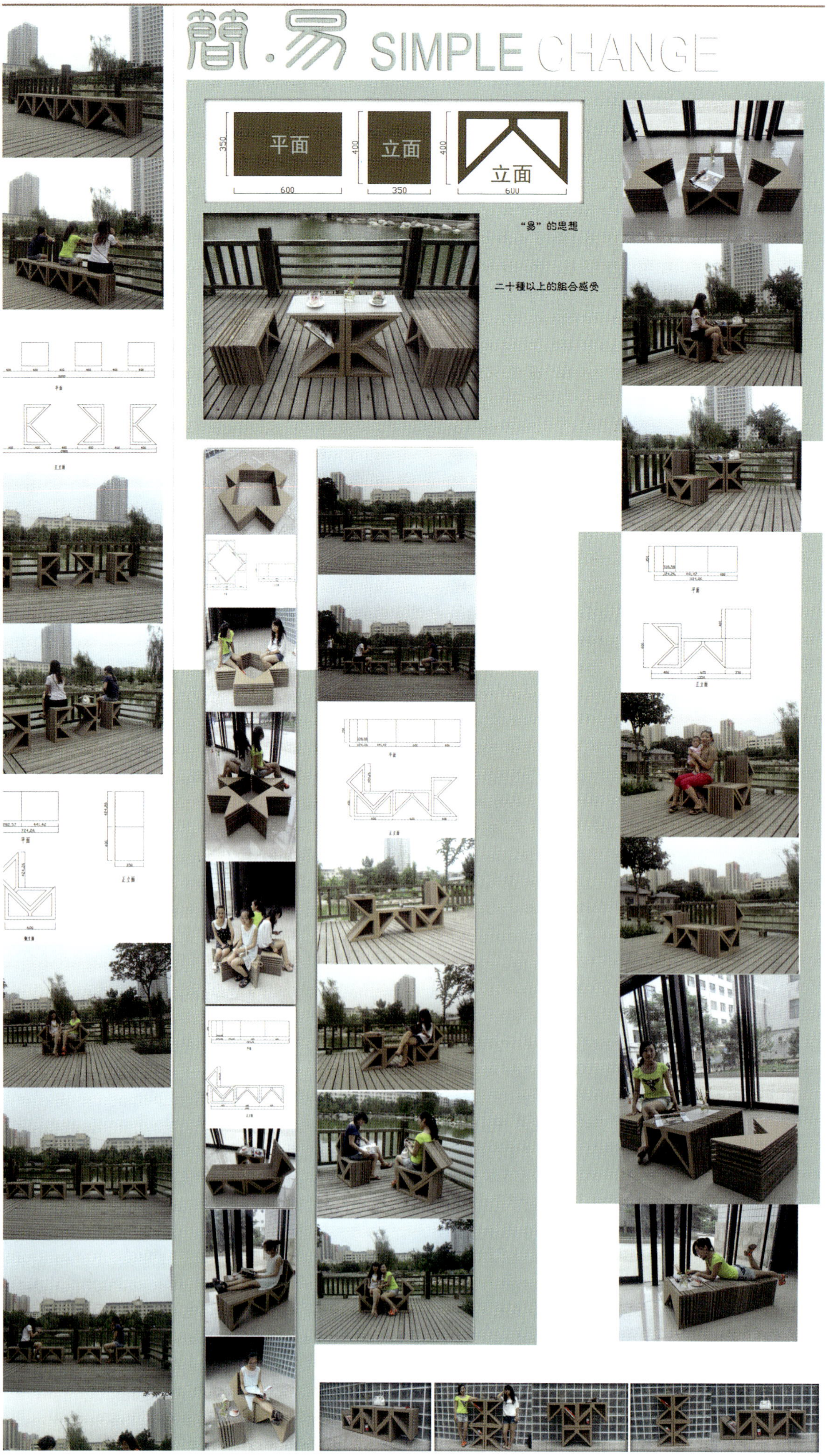

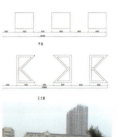

作品名称：多样与统一的建筑构想——城市文化中心概念设计

作者：尤洋　罗田　王晓萌

多樣與統一的建築構想——城市文化中心概念設計

Diversity and unity of architecture conception -- city cultural center in conceptual design

■ 區位分析 | LOCATION ANALYSIS

建筑区位：长春市经济技术开发区新城大街与南三环交汇处 西南角

1. 道路宽
2. 连接即将建设的CBD区，车流量大
3. 临街立面较长

结论：注重此侧立面景观设计，可设主出入口

两条道路交汇处——场地对外视廊较好
结论：可设景观重要节点

1. 面对居民区
2. 沿街立面较长

结论：注意出次入口设置数量及位置，合理处理建筑与周围居民的关系

建筑交通区位分析结论：建筑所在区域交通便利，建筑四周为交通干道，车流量大，车流人流方向影响出入口设置。

■ 設計構想 | THE DESIGN IDEA

设计希望自然、景观建筑与人在多样的变化中形成统一。自然与人工，不只是建筑，也不只是自然，而是几者独一无二的融汇。多样与统一的构想，秩序与模糊和谐共存，复杂却微妙，鼓舞人们与其互动，并以多样方式探索。这是一种以人工精确方法营造出的自然“有机体”。基于前卫性的空间设计构想，在材质的搭配上也追求简约不繁琐的设计理念，以黑白色搭配作为主色调给体验者带来感官上的强烈刺激。为诉说大自然元素的材质语言蒙上一层更赋现代前卫意义的色彩。关于空间的构成主义设计：空间通过直线条的变化，可以让体验者感受到不同的具有平面构成意义的体会。空间线条用灯光强化处理，从视觉上增加空间的视觉冲击力，与反光材料交相辉映，形成凝结在空间中的构成画，在画中购物，体验者与空间对话，强化空间与人的互动关系，使体验者耳目一新。

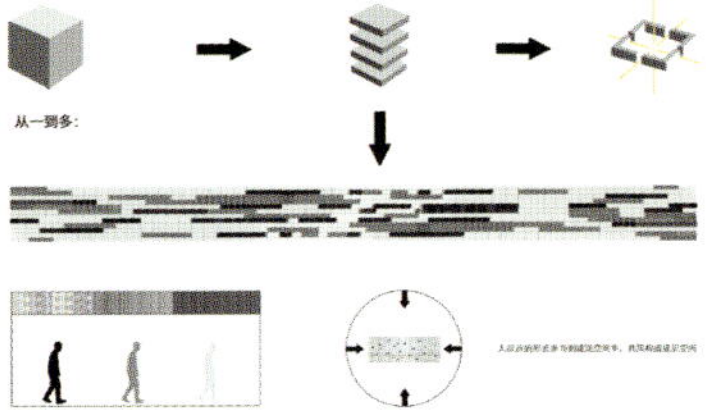

■ 效果圖 | RENDERING

■ 總平面圖 | THE TOTAL FLOOR PLAN

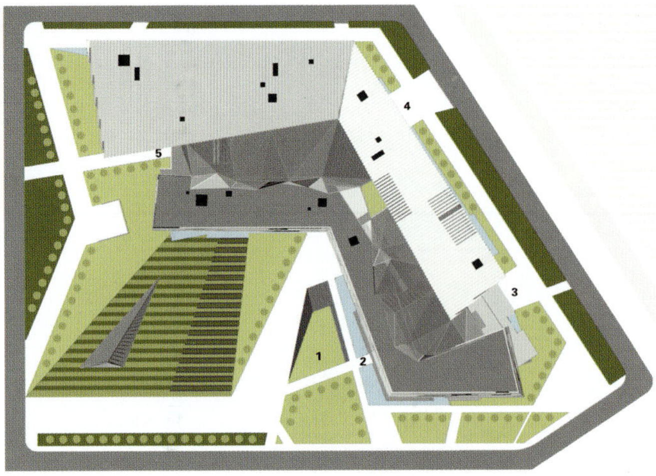

■ 立面圖 | ELEVATION

作品名称：未来的交通——Smart lift

作者：姜民 刘中远

Maglev Transport [Concept Design]

未来的交通---------- 未来的生活方式 LIFE STYLE IN THE FUTURE

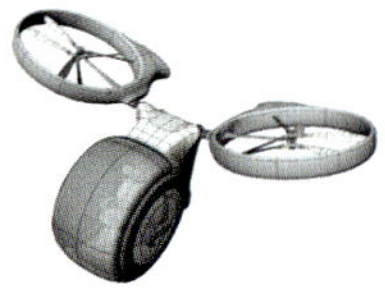

磁悬浮-可以飞走的电梯

Maglev-Smart lift

磁悬设计-----Smart lift

elevator or aircraft

磁悬浮技术（Maglev Magnetic suspension）Maglev Transport [Maglev Technology]

现状:

由于磁悬浮具有快速、低耗、环保、安全等优点，因此前景十分广阔。常导磁悬浮列车可达400至500公里/小时，超导磁悬浮列车可达500至600公里/小时。它的高速度使其在1000至1500公里之间的旅行距离中比乘坐飞机更优越。磁悬浮列车在运行时不与轨道发生摩擦，发出的噪声很低。它的磁场强度非常低，与地球磁场相当，远低于家用电器。由于采用电力驱动，还避免了烧燃油给沿途带来的污染。基于如此优越的磁悬浮技术，电梯也改变了原有的运行模式，不再需要在建筑的内部垂直升降，而是在建筑的外部自由移动，以最便捷的方式到达建筑的任何部位，大大地节省了建筑物内部的空间。建筑的外墙的金属结构既是建筑构件同时也是飞行器的着陆点，电梯在加装了助推器之后还可以实现建筑物之间的快速连接，与其他交通方式相结合形成城市新形立体交通模式，进而影响人们的生活方式。

高　速 - - - - - High speed
低　噪 - - - - - Low noise
环　保 - - - - - Low carbon
敏　捷 - - - - - Smart
舒　适 - - - - - Comfortable

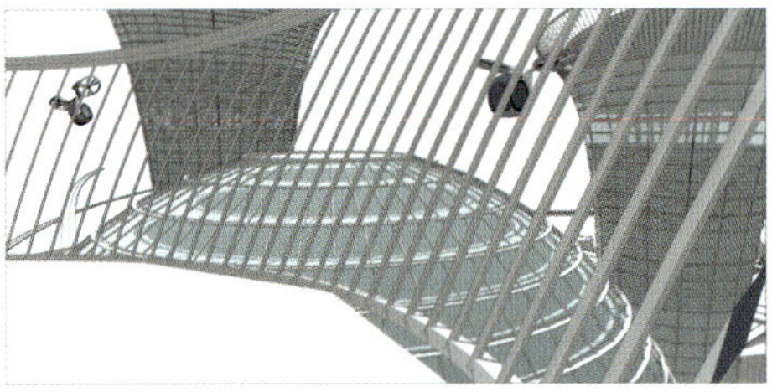

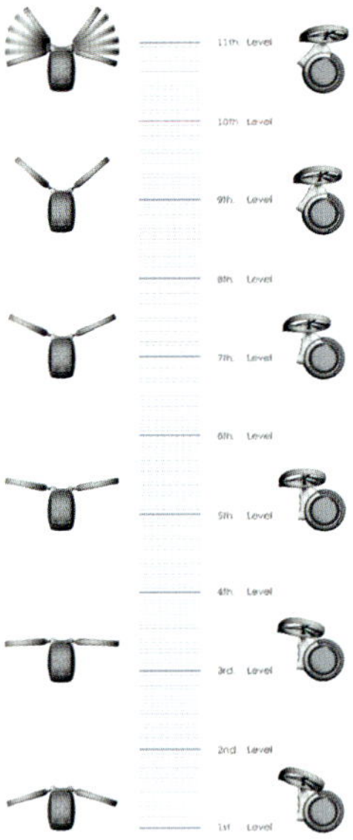

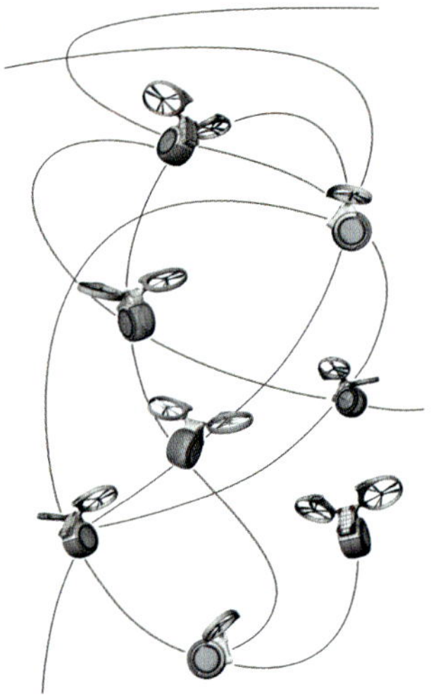

[N] pole —— [S] pole

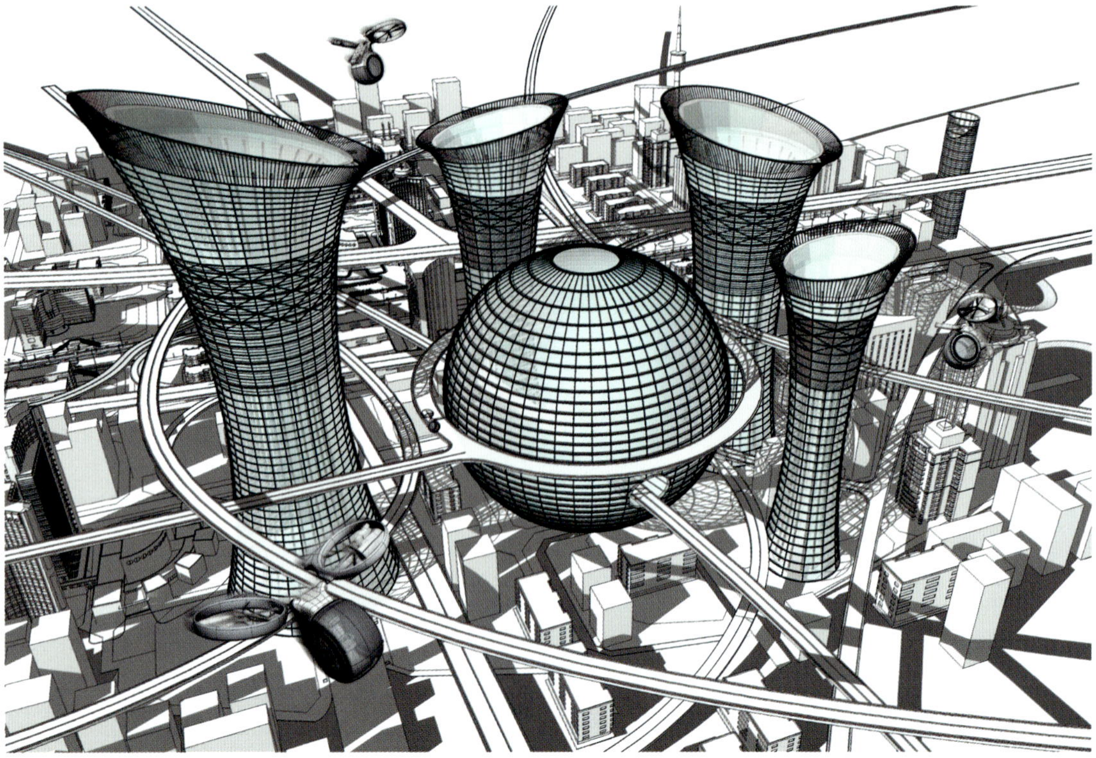

Maglev Transport [Maglev Technology]

作品名称：沈阳私人订制量贩式 KTV

作者：徐麟

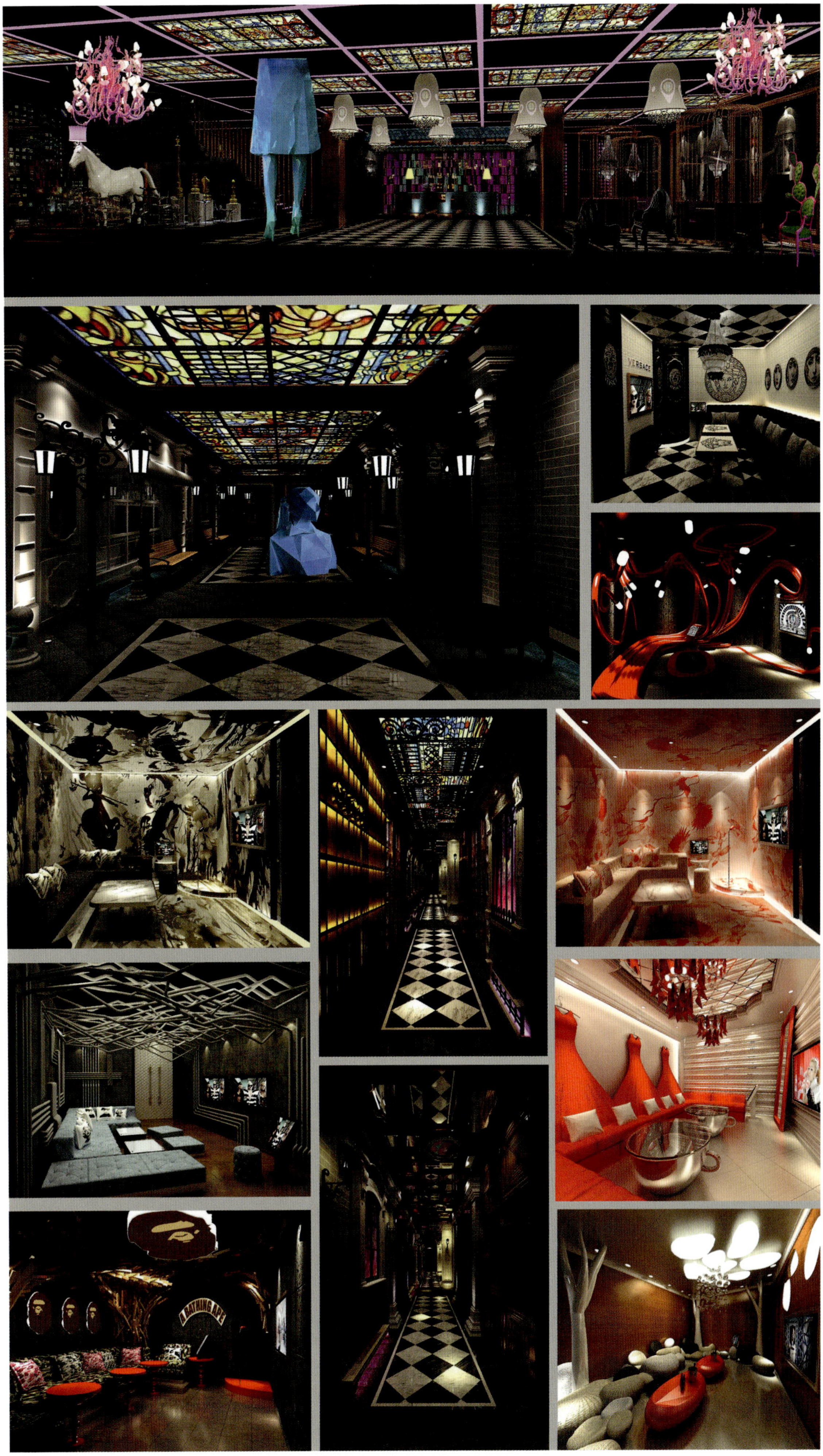

作品名称：工业景观设计——白云边博物馆文化馆规划、建筑及景观设计

作者：黄学军　陈晓阳　范思蒙

工业景观设计　白云边博物馆文化馆规划、建筑及景观设计

建筑体系按照功能不同分为两大板块，东面入口处的较大主体块为该项目的核心部分——酒文化博物馆，西北面体块的是陶坛酒库与酒坊，而西南面的是传统酿造、粮仓、与陶坛酒库。

主体文化馆以较为方正的中国古建形式展现丰富的酒文化内涵，将源远流长的精神财富进行完整的传承与表达。在设计中不仅仅只关注其外在的美学特征，更是从结构、造型、空间、材料等方面进行设计，四大块的古建由长廊连接，每个转角处都充满了丰富的空间趣味。

遵循合理利用土地、美化环境、满足企业生产规划要求，在建筑设计上力求简洁大方、充分考虑到中国上千年浓厚的酒文化。

酒坊西侧的是陶坛酒库，满足生产参观要求，长80米宽32米的大跨度建筑，南面的是圆形造型的粮仓，其南面的两个方正体块则是传统酿造区与陶坛酒库。六米宽的参观长廊平行于酿造车间，连接酿造车间、粮仓、陶坛酒库，东西两大分区，功能明确，相互呼应，相互贯穿。

作为一个较为开放性的参观厂区，强调与周边环境的连贯性，厂区内每个建筑体块都考虑到车行口、工作人员出入口、参观入口与消防逃生通道等细节。

建筑群之间相互联系，与周边环境融为一体，以广场道路、参观长廊进行连接，以增强每个建筑之间的浏览通达性，形成独特且富有趣味的参观连廊，连廊或曲或折，可以俯览整个园区的壮观景像，同时也可以直接进入传统酿造与陶坛酒库等车间的内部，观看白云边独特的酿造工艺。

作品名称：星际国际俱乐部

作者：徐麟

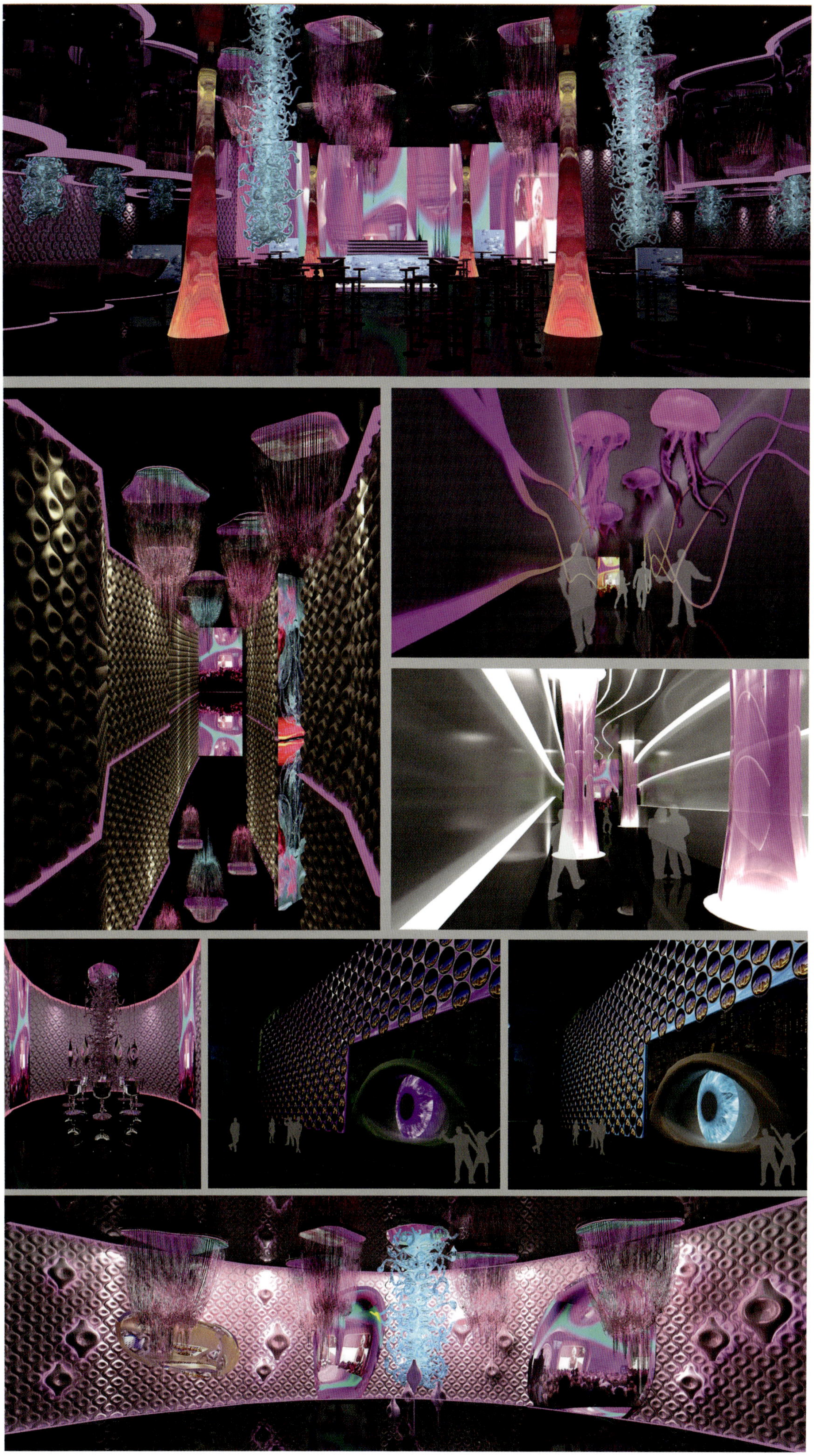

作品名称：工业景观设计—沌口艺术中心（武汉现代美术馆）

作者：陈顺安　黄学军　王鸣峰

工业景观设计—沌口艺术中心（武汉现代美术馆）

超尺度　在园区南北外侧的主体建筑处理上根据大尺度公共建筑特点及城市立面形态的需要，以超尺度的大体块、大柱廊、大台阶等构造，与城市常态建筑拉开视觉反差，以强调文化公共建筑的纪念性与厚重感。

丰富性　为打破园区内原有建筑形态的平淡及规整，采取了体块造型穿插与局部增高等方式来丰富其空间的构成形式及建筑群天际线的层次。材料方面主要使用的是腐蚀钢板和石材。

开放性　园区内设计中强调园区与周边社区的互动开放性。园区内建筑一、二层也采取了取消部分封闭实墙，组织成开放性的连廊与可视觉穿越的橱窗形态，使室内外交融为一体，人们可以自由穿行，休憩停留。人与景、人与人之间形成一个自由开放的灵动交流空间。

展示性　作为一个艺术创意园区，艺术氛围的营造是设计中所关注的重点，整个园区都应该是各类艺术品展示的一个界面平台，在场地及建筑立面的处理上，都为以后装置、雕塑、行为及产品发布等各类艺术表现形式上留下了许多展示空间或表现界面。所以在建筑立面的设计中，在形式的变化上有所节制，以期望让园区建筑空间在后续使用中有各类艺术家的作品介入，自身成为一个恰当的衬托背景。

北立面图

西立面图

南立面图

东立面图

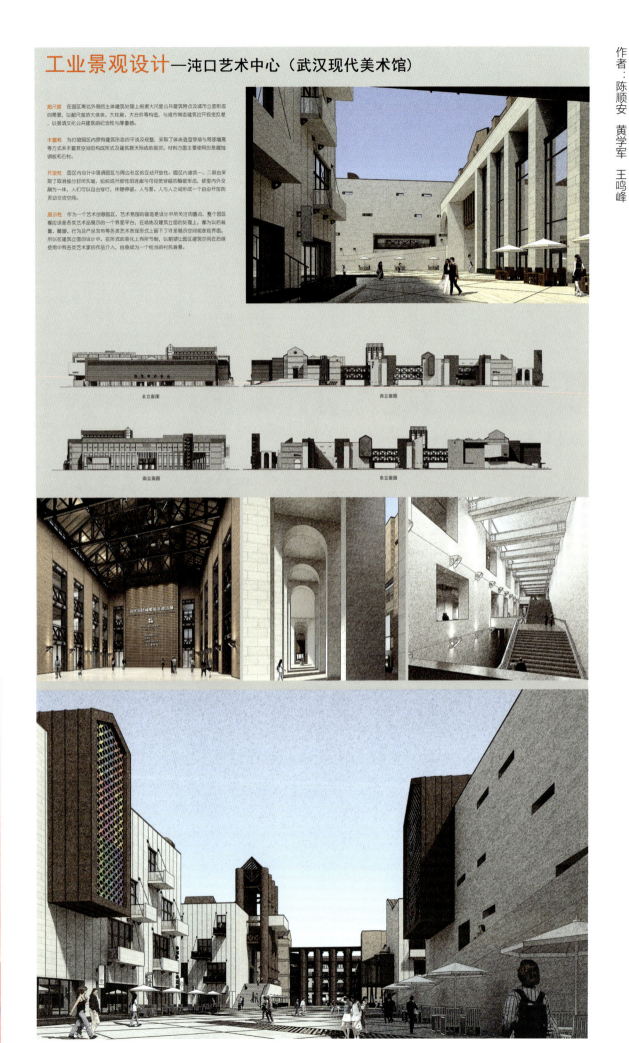

作品名称：沈阳夏宫城市广场大型浮雕

作者：林春水

沈陽夏宮城市廣場主題浮雕設計
Shenyang Summer Palace City Plaza The theme of the sculpture design
設計說明：設計主題〈夏〉創意源于中國古典書法中篆書與行書對夏字的詮釋，經過對書法藝術的提煉、重塑并結合夏宮建築
在沈陽人心目中水元素聯想，使主題浮雕在設計中提取中國古典枯山水寫意山水畫的意境及現代簡約浮雕風格相互融合，
詮釋沈陽地標建築夏宮城市廣場及酒店、公寓、商場等多元性功能大堂簡約設計風格完美融合極具裝飾感、藝術性、
時尚性相浮想成的高主題浮雕藝術設計作品。

作品名称：唐渤海国上京龙泉府历史博物馆展陈设计

作者：林春水

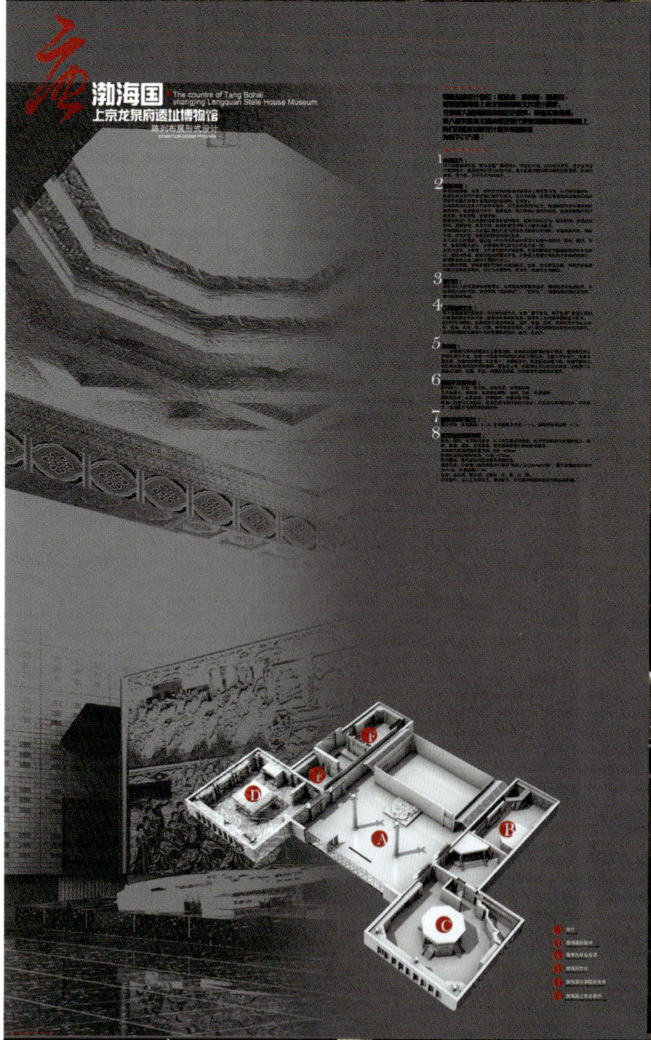

作品名称：水之墓园·纪念堂
作者：冯丹阳 施济光

相传过了鬼门关便上一条路叫黄泉路，路上盛开着只见花,不见叶的彼岸花。花叶生生两不见,相念相惜永相失,路尽头有一条河叫忘川河，河上有一座桥叫奈何桥。走过奈何桥有一个土台叫望乡台。望乡台边有个亭子叫孟婆亭，有个叫孟婆的女人守候在那里，给每个经过的路人递上一碗孟婆汤。忘川河边有一块石头叫三生石。喝下孟婆汤让人忘了一切。三生石记载着前世今生来世。石身上的字鲜红如血，最上面刻着四个大字“早登彼岸”。走过奈何桥，在望乡台上看最后一眼人间，喝杯忘川水煮今生。

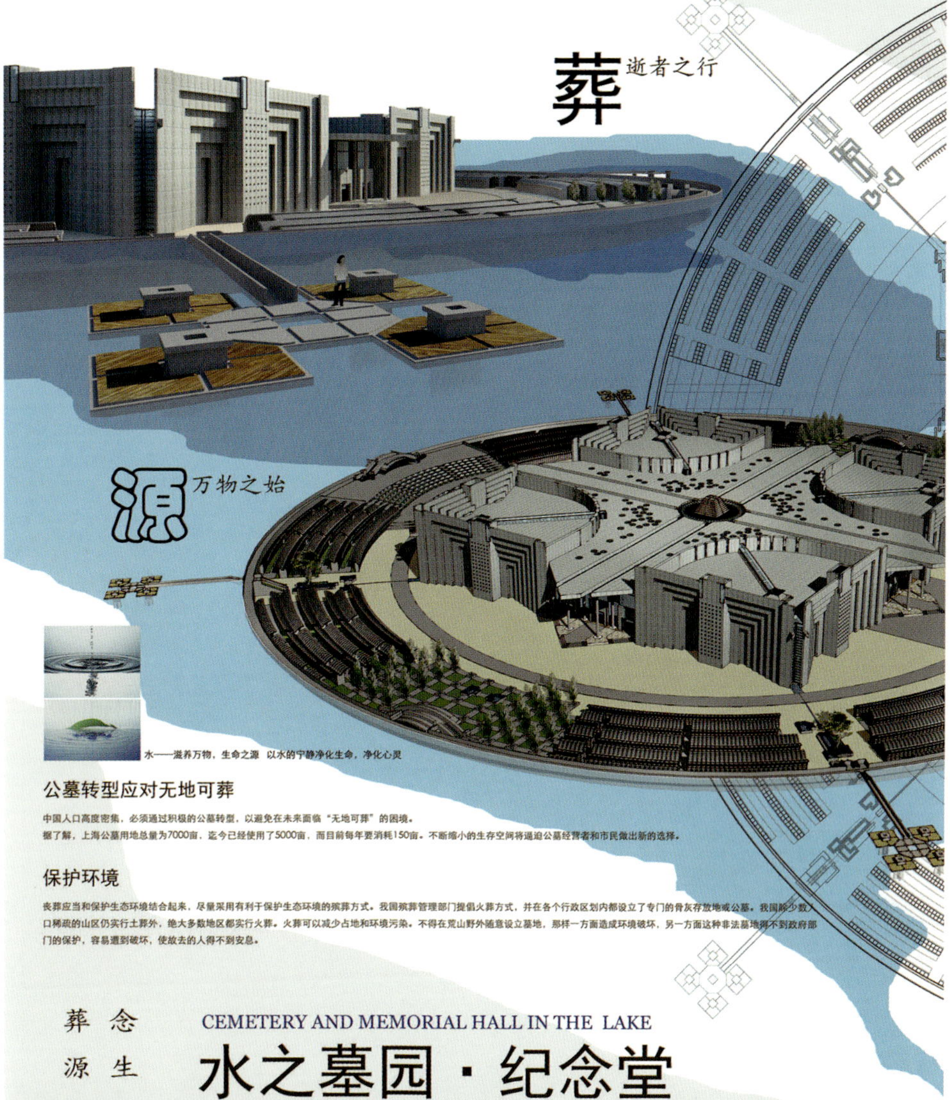

水——滋养万物，生命之源 以水的宁静净化生命，净化心灵

公墓转型应对无地可葬

中国人口高度密集，必须通过积极的公墓转型，以避免在未来面临“无地可葬”的困境。

据了解，上海公墓用地总量为7000亩，迄今已经使用了5000亩，而目前每年要消耗150亩。不断缩小的生存空间将逼迫公墓经营者和市民做出新的选择。

保护环境

丧葬应当和保护生态环境结合起来，尽量采用有利于保护生态环境的殡葬方式。我国殡葬管理部门提倡火葬方式，并在各个行政区划内都设立了专门的骨灰存放地或公墓。我国除少数人口稀疏的山区仍实行土葬外，绝大多数地区都实行火葬。火葬可以减少占地和环境污染。不得在荒山野外随意设立墓地，那样一方面造成环境破坏，另一方面这种非法墓地得不到政府部门的保护，容易遭到破坏，使故去的人得不到安息。

葬 念　CEMETERY AND MEMORIAL HALL IN THE LAKE

源 生

水之墓园·纪念堂

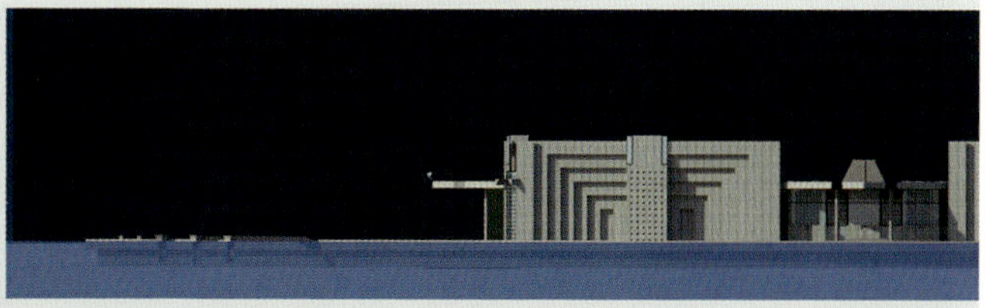

纯粹——纯粹的思之空间。思念、思考、思想、思辨。　足迹——人类的足迹，人生的足迹。

作品名称：文轩美术馆旧建筑改造及室内设计

作者：王牧

文轩美术馆 —旧建筑改造与室内设计 NO.1

Winshare Gallery Of Art

旧建筑正立面

旧建筑侧立面

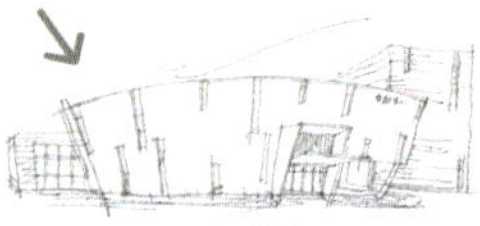

设计概念草图

文轩美术馆位于成都市新会展中心，占地1600平方米，室内面积5000多平方米，由一栋旧建筑改建而成。原建筑正面全为透明玻璃幕墙，不适于艺术展览。

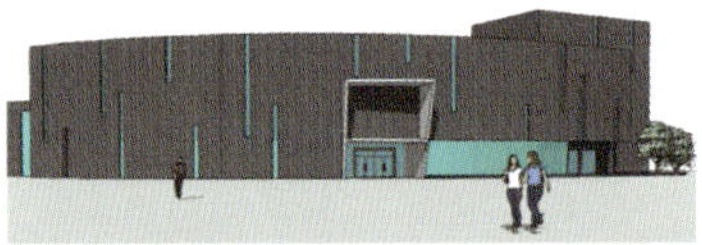

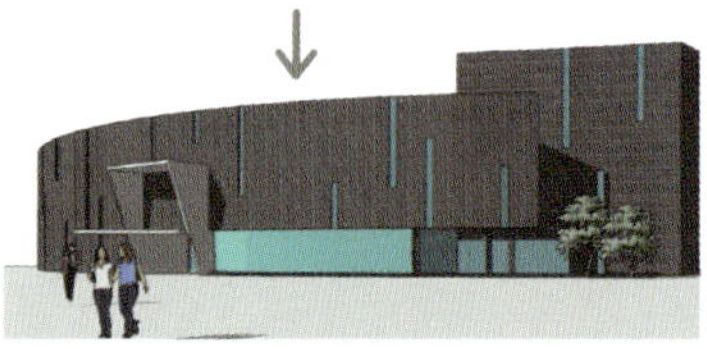

基于旧建筑原有的外在形态与内部功能，设计充分考虑到了建筑的艺术性及其使用功能的有机结合，对其进行了从整体到细部的一系列设计工作。

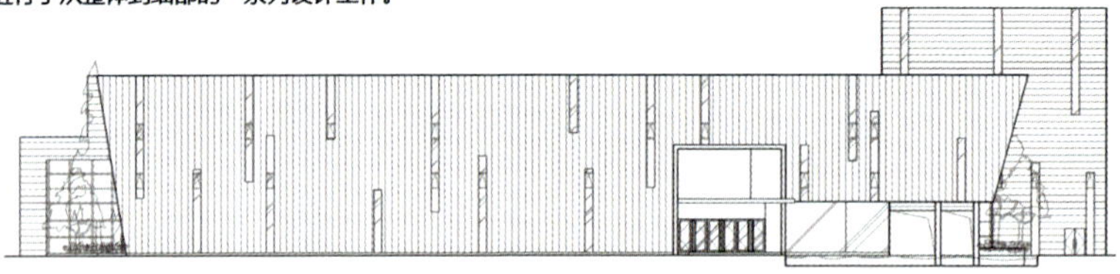

建筑正立面

设计完全利用原建筑骨架进行局部改动，外墙用造价低廉的黑色瓦楞钢将原建筑包裹，建筑外立面东南角有意切掉一块，一层局部通透玻璃倒影在地面的水景中，黑色瓦楞钢与当代艺术理念的对接使美术馆呈现出独特的美学格调。

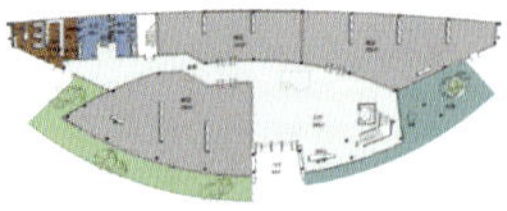

一层平面图

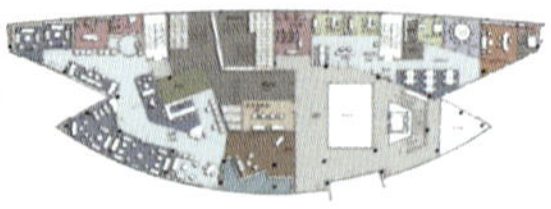

二层平面图

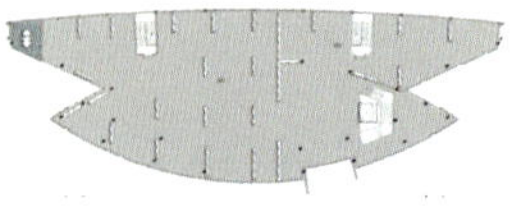

三层平面图

作品名称：全球暖化博物馆
作者：张俊竹

冰裂 BING LIE 全球暖化博物馆

全球暖化：

全球暖化是一种“自然现象”。人们焚烧化石矿物或砍伐森林并将其焚烧时产生的二氧化碳等多种温室气体，造成温室效应，导致全球变暖。

全球暖化原因分析：

人为因素：人口剧增因素，大气环境污染因素，海洋生态环境恶化因素，土地遭侵蚀、盐碱化、沙化等破坏因素，森林资源锐减因素，酸雨危害因素，物种加速灭绝因素，水污染因素，有毒废料污染因素。

自然因素：火山活动，地球周期性公转轨迹变动 冰.水为之.水凝结成冰而没有了水.或者冰融化成水而没有了冰.这样会让人们感到害怕。

全球暖化的危害：

建筑设计：

形体来源：

简洁大气的形态构建本方案的设计理念

不规整的形体　冰块　简洁的表面
断口很锋利　闪电一样的裂

概念分析

建筑由一个倾斜坡度和几个不同的几何体组合成，高大修长的的形体造型，显得整个建筑具有形体美，灰色白的水泥墙体和斜度不一的落地玻璃幕墙相结合，把整个建筑变得大气而不失轻巧，与漂流在大海上的冰块一般。建筑顶部采用圆形开口设计，极大的提高阳光的照射和室内的流通性，利用建筑的坡度设计出休息区域，提高了建筑本身的价值，更好的达到建筑与人的和谐共处。

建筑设计：

墙体的裂缝透出室内的灯光，极大的提高建筑观赏性和实用性。

7

冰裂 BING LIE 全球暖化博物馆

建筑设计：

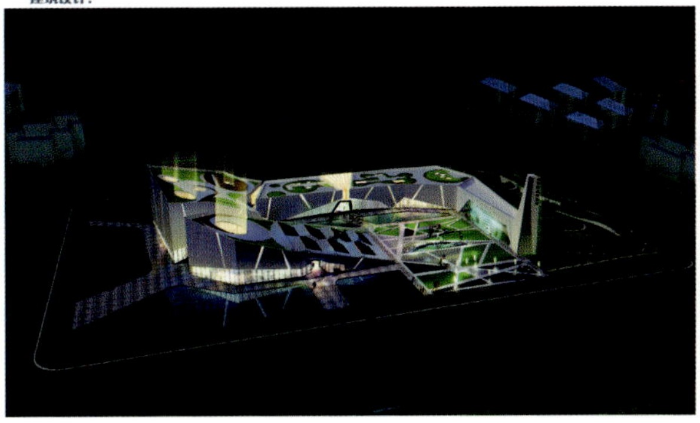

大厅设计：

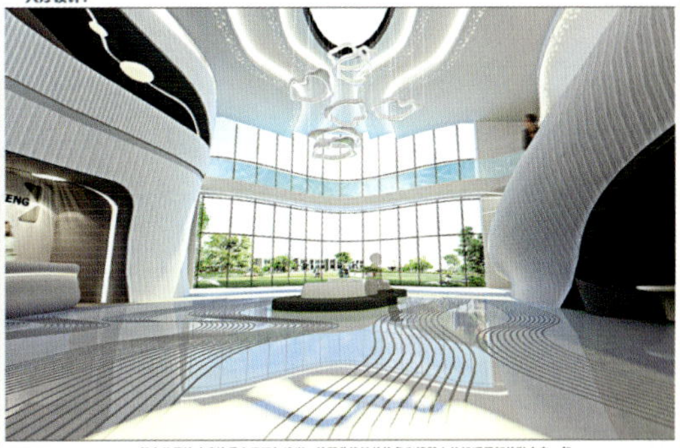

超大的落地玻璃使得大厅更加清晰，地面曲线性的线条和墙壁上的机理很好的融合在一起。

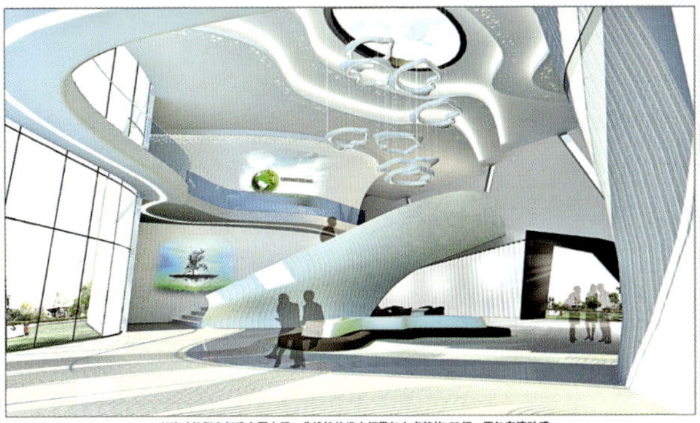

以流动的形态打造主要大厅，曲线性的发光灯带加上点状的LED灯，更加有流动感。

大厅设计：

超大的落地玻璃使得大厅更加清晰，地面曲线性的线条和墙壁上的机理很好的融合在一起。

冰裂 BING LIE 全球暖化博物馆

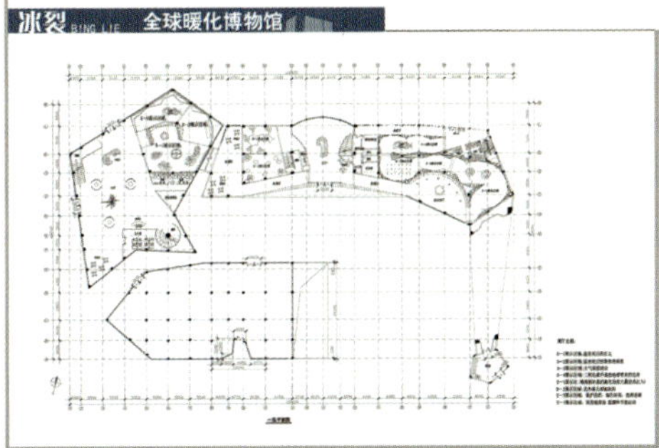

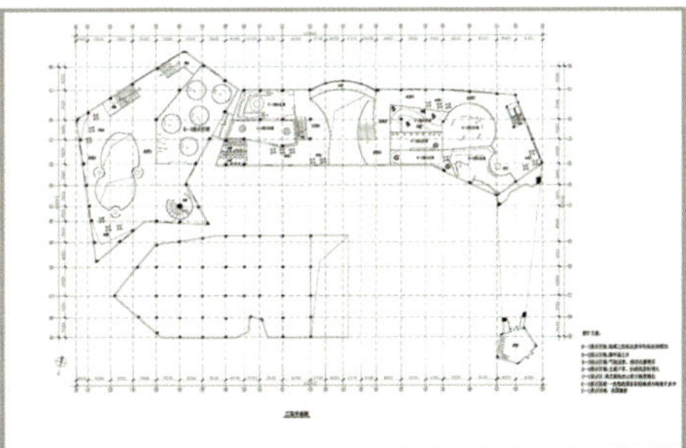

人流路线

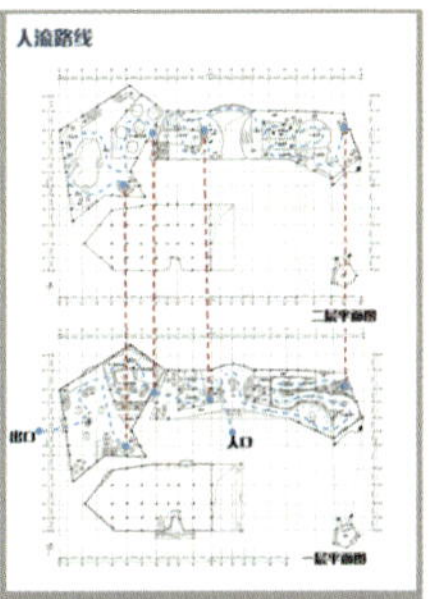

作品名称：慈光精舍

作者：蒋中秋　徐进波　黄槐贤

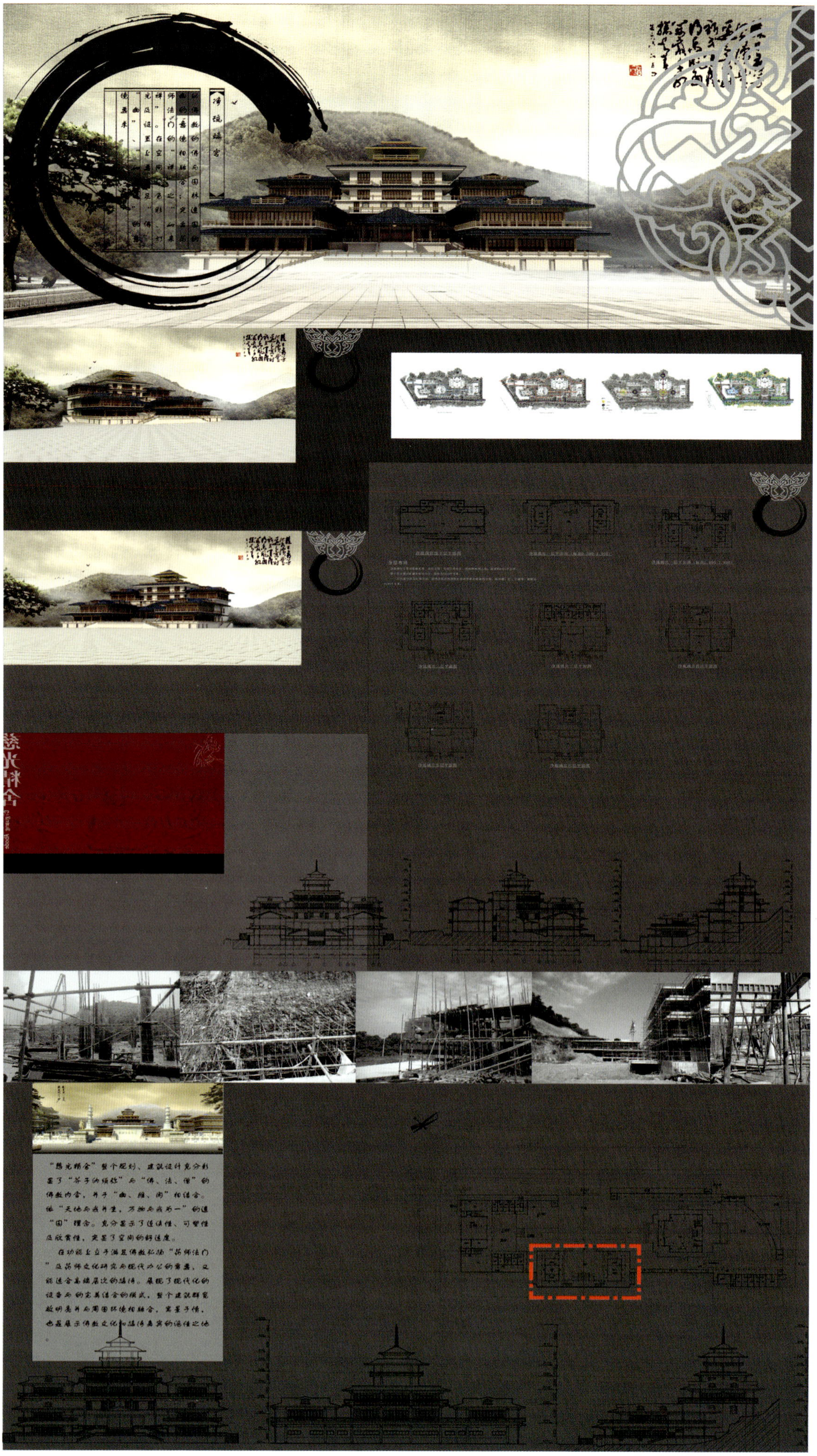

作品名称：慢谷茶经

作者：方斐

慢谷·茶經
徑山慢谷是一個以慢生活爲主題的養生養老鄉村風情小鎮，它以浙江杭州余杭徑山小古城村爲地理范圍，面積約12平方公裡，本項目規劃有三大板塊：農業公園、養生社區和運動公園。
慢谷茶經，位于農業公園板塊金色池塘區域，范圍面積約4萬平方米，主要以休閑垂釣、餐飲活動、商務會議並提供特色住宿爲其主要功能業態。
一葉小舟效果圖
茶經會議廳效果圖
建成景色
總平面圖

入围作品 / 专业组

作品名称：生土窑洞改造——生态酒吧概念设计

作者：庞冠男

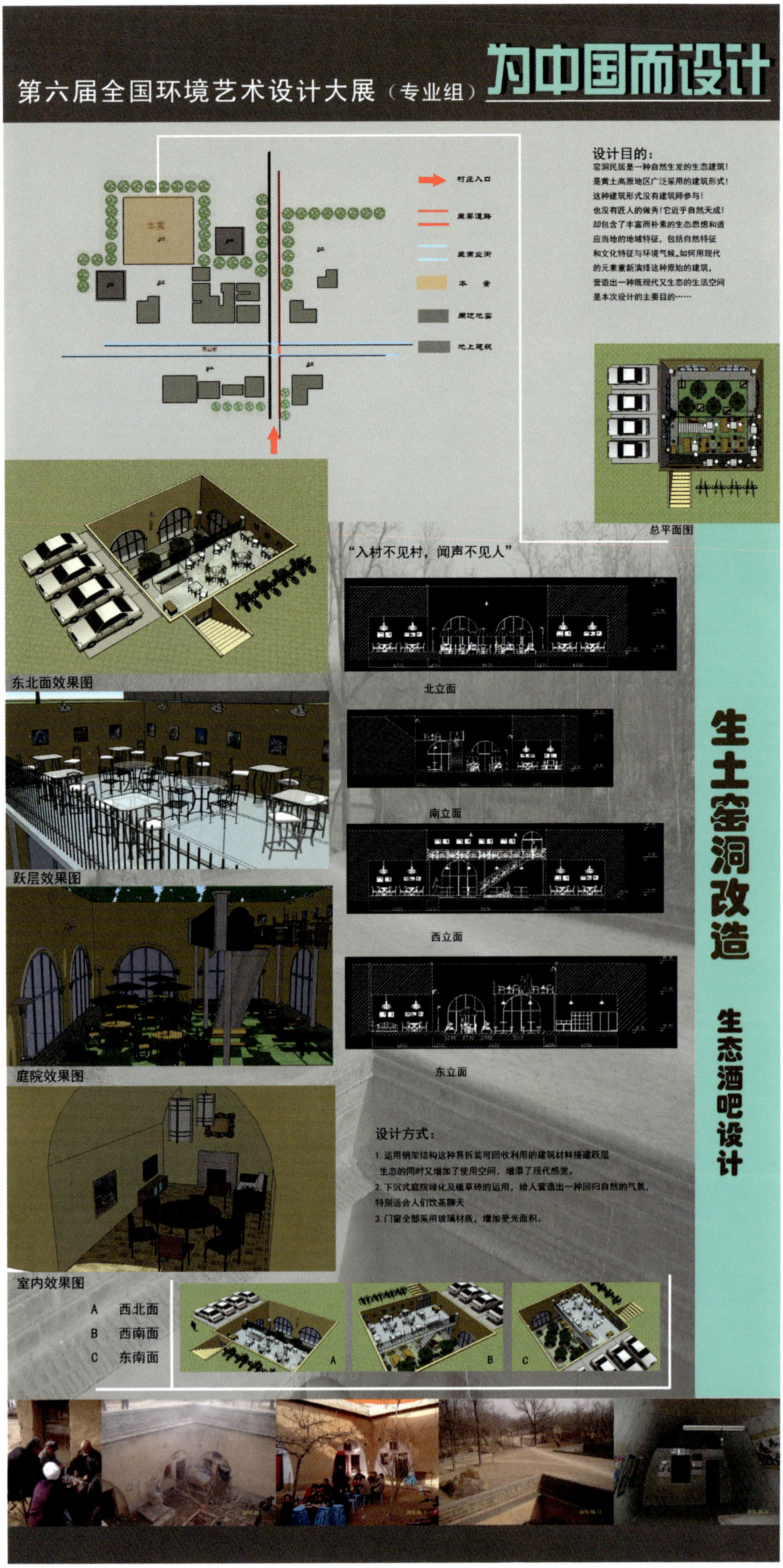

第六届全国环境艺术设计大展（专业组）
为中国而设计
村庄入口
主要道路
主商业街
本 案
地上建筑
设计目的：
窑洞民居是一种自然生发的生态建筑！
是黄土高原地区广泛采用的建筑形式！
这种建筑形式没有建筑师参与！
也没有匠人的做秀！它近乎自然天成！
却包含了丰富而朴素的生态思想和适
应当地的地域特征，包括自然特征
和文化特征与环境气候。如何用现代
的元素重新演绎这种原始的建筑，
营造出一种既现代又生态的生活空间
是本次设计的主要目的……
总平面图
东北面效果图
"入村不见村，闻声不见人"
北立面
南立面
西立面
东立面
跃层效果图
庭院效果图
室内效果图
生土窑洞改造
生态酒吧设计
设计方式：
1. 运用钢架结构这种易拆装可回收利用的建筑材料搭建跃层
生态的同时又增加了使用空间，增添了现代感觉。
2. 下沉式庭院绿化及植草砖的运用，给人营造出一种回归自然的气氛，
特别适合人们饮茶聊天
3. 门窗全部采用玻璃材质，增加受光面积。
A 西北面
B 西南面
C 东南面

作品名称：生土窑洞景观概念设计
作者：张珏　崔娟玲

第六届全国环境艺术设计大展（专业组）　为中国而设计

生土窑洞景观概念设计

遗产廊道与印章文化

设计理念：

• 遗产廊道：heritage corridors【美】 Green Way

遗产廊道=绿色走廊+遗产区域

遗产廊道是“拥有特色文化资源集合的线性景观”，它既可以是自然或历史形成的河流、峡谷、道路以及铁路线，也可以是专门修建的将单个的遗产点串联起来的线性廊道。遗产廊道最重要的特点是，将同一地理区域内的多个文化旅游吸引物和旅游设施串联在一起，它不仅强调了一系列遗产保护的文化意义，而且强调了其生态价值和经济性，其目标是包括遗产保护、休闲、教育及生态功能在内的多赢战略。

• 线性景观：linearity landscape

线性景观特征之一：若干景观节点+公共通道（邻里空间、餐饮休闲、生土体验节点）

线性景观特征之二：运用连接、补齐的方法，实现阵列式景观规模，从而将廊道串联，集中体现遗产生态景观。

• 山地肌理：

黄土高坡特有的土质和山地沟壑文脉为设计提供了很好的设计素材，尊重历史文脉和山地肌理，契合当地特有的幽深意境是设计的初衷。

设计方法：

• 提取陕西特有的“印章文化”为主要设计元素，在整体遗产廊道阵列式设计理念的统筹之下，运用“地印”设计手段，形成“一坑一景”的特有视觉效果，使地坑具有强烈的识别性，进而突出景观特性。

• 力图营造和谐宜人的景观氛围，使景观与生土建筑相呼应，充分发挥土质坚硬的特性和可塑性，实现“景从土中生”的艺术效果，使人、地、景和谐共生。

• 构造完整的生态系统，形成自我调节和更新的永续利用，把各种设计元素都看成有机系统中的活的细胞，具有生命体质特征，与大地同呼吸。

遗产廊道总体鸟瞰图

印章地景图一

印章地景图二

设计构思：

• 乡情：“情”之根源在于原生活方式的留存与变革问题，变？不变？

分析现状居民构成，论证旅游开发的利弊，带来收益的同时如何保护原有的生态结构和居住形式。强调遗产保护的重要性，消除人们对于窑洞的错误的认识。

• 乡愁：“愁”之症结在于“黄土地象征贫困”与“幸福感指数低”问题，交通不便利，经济收入低，生活质量差，信息交流闭塞。

• 乡思：“思”之差别在于“思考立场”与“身份置换”的问题。

政府之思：作为一种“导演”身份，如何找到一种符合生态体质特征的致富路。

群众之思：作为一种“跑龙套”身份，作为土地与社会的主体，心有余而力不足，农民没钱也没力改变现状。

设计师之思：作为一种“编剧”身份，设计出种种方案，但群众主题往往不是甲方，常事与愿违。

• 乡愿：如何做到保护与发展并举？

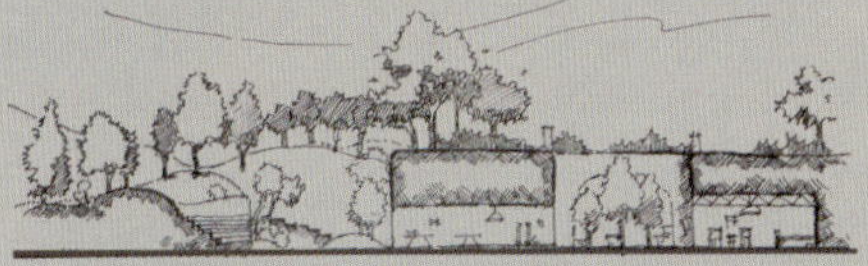

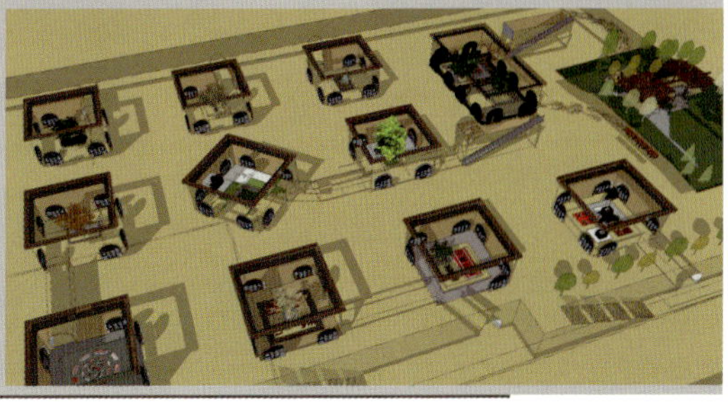

作品名称：绿隙户外家具
作者：郭宗平　李艳华

绿隙

户外家具

设计说明

这套家具的创意来自于对绿植与家具关系的思考，绿植除了作为摆放于家具上的陈设品之外，还可以与家具共生长，一个被茂盛的植物占领的桌子可以为使用者创造一个亲近自然的微环境。

基于这样的创作动机，我们在寻找一个实现它的机缘，一块开裂的木板正好可以实现创意，木板巨大的裂隙正好可以作为绿植展现蓬勃生命力的地方。桌子底部由铁皮做成可以盛放花土的盒子，并用螺栓与木板固定。与“绿隙”桌子配套的是一对质朴的方凳，凳子由方形钢管做框架，里面约束一捆整齐的干树枝，材料和形态上呼应桌子的自然与纯朴。

作品名称：蓝艺——绳编书房家具

作者：郭宗平　李艳华　周文浩

蓝艺

绳编书房家具

设计说明

中国传统的篮子编织工艺具有独特的美学价值，将其运用于现代家具设计能创造出功能与形态完美结合的好作品。这套书房家具将篮子的功能和编织工艺进行了创造性发挥。

书桌、椅子、灯具的基本框架由方形铁管焊接而成，所有的面由传统的硬质板材替换为由绳子编织的柔性平面，同时在简单的框架结构上增加了能放置书籍、报纸、文具等物件的小“篮子”，而灯罩则正好利用了编织的空隙实现了灯光的漫射，“篮子”的实用功能被发挥到极致。

绳编工艺千变万化，这套书房家具可以通过变换编织材料和编织方法改变形态，不变的框架加上可变的表面为使用者提供了发挥才艺的机会。同时一套家具通过改变编织长久使用，不失为低碳节约的好设计。

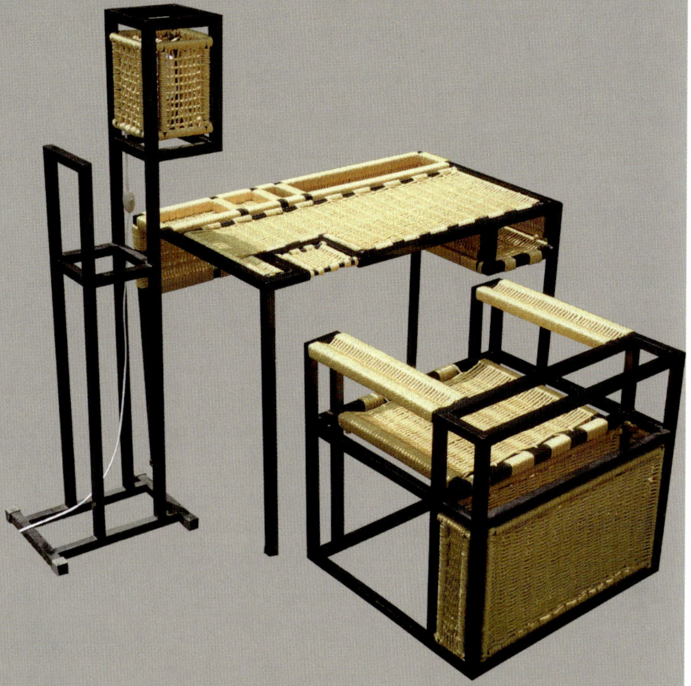

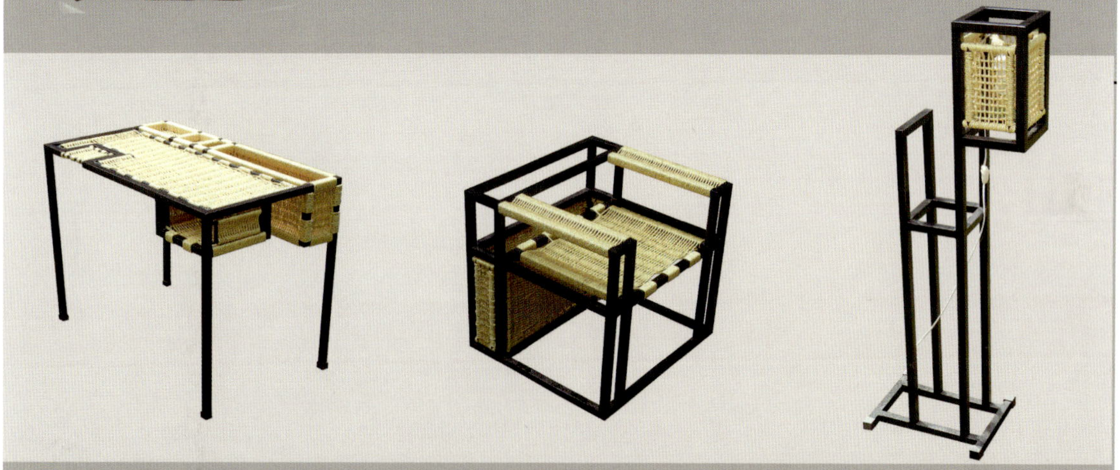

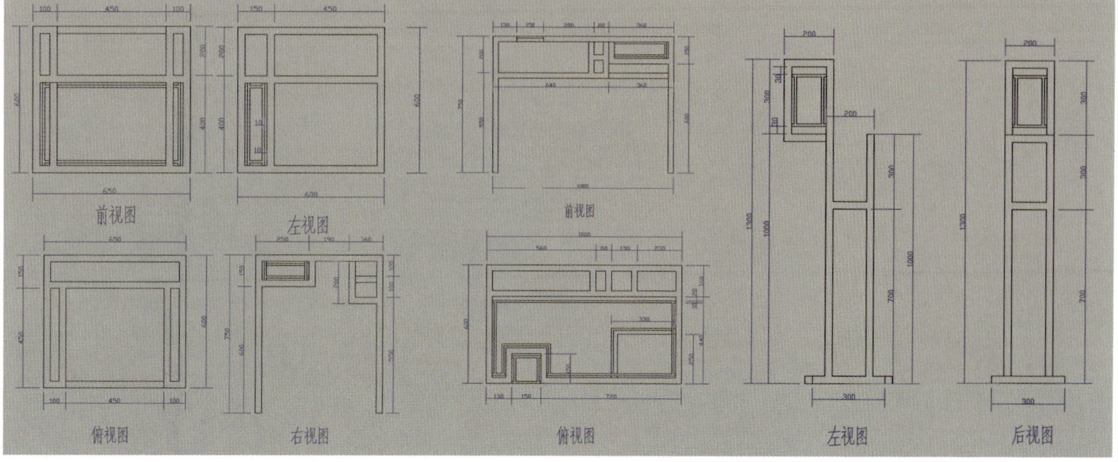

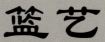

作品名称：『时间』影视主题沙龙

作者：崔笑声

“时间”影视主题沙龙

以“时间”为设计线索，表现空间身份的不确定性和情感化的叙事情节。
利用媒体界面展现“时间”主题的丰富内涵和信息互动对人感情的影响。
在空间中进行多层次的表皮肌理设计，利用材料控制光线和界面透明性。
在强调私密性的空间创造神秘感和戏剧化小环境，以衬托时光交错之感。

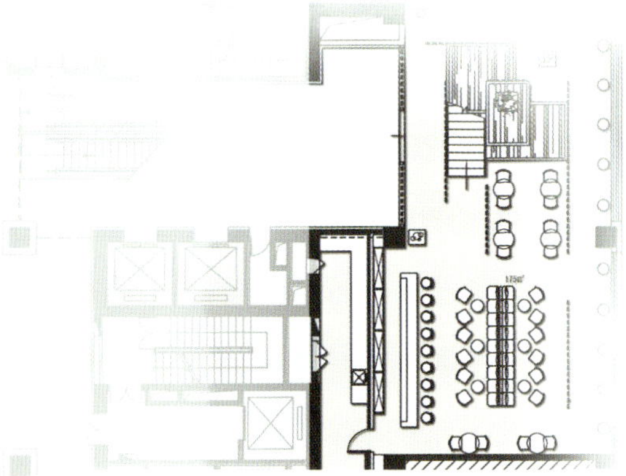

一层平面

入口效果

一层效果

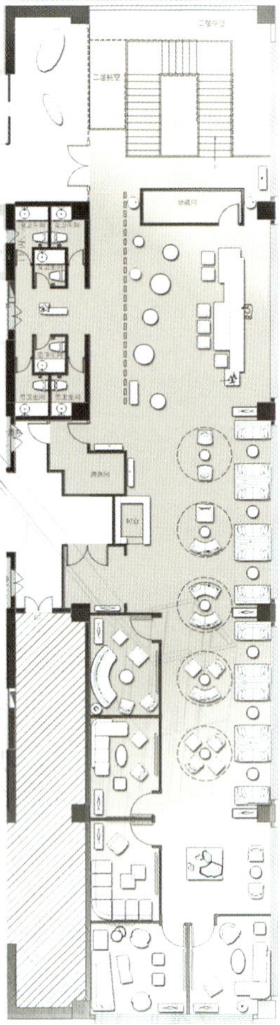

二层平面

二层效果

作品名称：榆林市阳光广场文化身份的塑造

作者：王晓华

榆林市阳光广场文化身份的塑造 BUILDING YULIN CITY SUNSHINE PLAZA CULTURAL IDENTITY

陕北是黄土高原最浑厚的地方，热爱阳光，生命崇拜的信念使陕北人创造了独特的地域文化。所以，阳光广场的空间构成是由太阳、时空方位、生命崇拜几大意象与观光、娱乐、休闲等城市公共空间的基本功能契合而成，以营造出文脉清晰的城市文化广场。八座太阳图腾柱的纹样象征世界八方，对生命的崇拜使世界各族文明共同寄托于太阳，也使陕北黄土地文化融入到世界文明。

榆林市是我国著名的边关古镇，至今保留着四百多所特色鲜明的传统民居院落。故此，阳光广场的建筑造型和构筑物在关注时代性的基础上，从形态、材质、部件、比例关系等方面都体现了它的地域身份特征和文化基因。

唢呐、腰鼓、民歌、剪纸、砖雕等，特别是千年不衰的石雕艺术是陕北黄土高原孕育和薪火相传的黄土文化瑰宝，也是其地域文化身份的充分表征。

狮子自西域来，自古被中国人看作是"瑞兽"。陕北石狮子自古有名，狮子的造型几乎渗透到陕北人生活环境的每个细节，但打造狮子的人祖祖辈辈没见过它，狮子的形象均出自于他们对生活的理解和愿望。

陕北的石狮子，各家有各家的打法，有自己的讲究。与其说他们在打造生活，不如说在铸造自己的灵魂。

为了保持原生态的地域文化品质，建议甲方将公共艺术品的制作直接委托给当地民间艺术家，让他们积极参与，共同创作。

阳光广场南北狮子大道52座神态各异的石狮子，成为最易唤起当地人乡土情结的精神长廊。

天津雷迪森广场酒店

设计借由材料的运用，巧妙地将中国文化融合其中，使新、旧感受并列且同时呈现出东、西方文化交融的独特风格。

酒店是一个万花筒，她完美无瑕地结合了东方和西方的元素。对于那些期待着非凡体验的宾客来说，仅仅称之为“酒店”是不够贴切的。酒店希望旅客们能尽情享受他们在这酒店的每一个时刻及每一个细节。

作品名称：天津雷迪森广场酒店

作者：刘鸿明 张楠 张瑞钊 梁晓琳 解光明 刘炳砚 田艳美 许绍璐 王旭卓 张争光 石怡聪

作品名称：天津古海岸文化谷工程

作者：刘鸿明　叶永权　姜欣　赵莹　杨静　白文宗　王胜男　赵国洲

项目概况及展望

天津八里台古海岸文化谷占地面积约为30万平米，
项目坐落于天津津南区八里台示范镇北侧，
与北方汽车城、天津海河教育园区相连，
项目将成为八里台镇南北经济、文化贯通的一条绿色走廊与经济纽带！

一期主要规划内容为以传承、保护当地历史文化的古海岸文化广场，
河道两岸绿化改造、滨河广场、聚宝广场、与相关配套的服务建筑；
二期规划内容为接纳海河教育园区客流的艺术文化谷建设内容主要包括古贝壳堤博物馆、书吧、咖啡吧、大学生创业中心、职工文化俱乐部等。

天津古海岸文化谷工程

建设中的文化谷

作品名称：天津市现代科技渔业园景观规划项目
作者：刘鸿明 彭震 吴建中 吕懿 叶永权 朱茂辉 赵明星 常欣 贾阳阳

天津市现代科技渔业园 景观规划概念设计

TIANJIN MODERN FISHERY GARDEN - LANDSCAPE PLANING AND DESIGN CONCEPT

项目基地基础性条件分析

区位交通

区位环境

区位现状

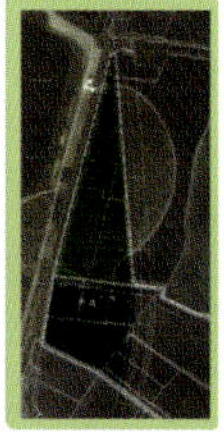

现场照片

现场照片

设计说明

1 项目基地位于天津市津南区西侧，占地701亩，西临鸭淀水库，东抵津南区生态郊野公园，基地区位条件良好。

2 本案意在通过景观规划手段改善，基地东侧紧邻的蓟汕联系线（双向8车道封闭式高速公路）带来的，噪声，尾气等不良条件带来的负面影响。同时通过生态径流设计解决淡水养殖的大面积储水，与水体净化等问题。

3 通过与淡水养殖等相关专业人事的沟通与研究，我们发现淡水养殖业受季节因素影响且每年的高效生长期为7-9月份。设计团队通过调阅2011年-2013年的当地气象资料发现，7-9月主要季风方向为东南季风。那么恰好在每年的高产季节基地便位于高速公路的下风向，同时设计团队通过噪声对室外渔业养殖的分析，建议补充林带70M来达到减弱高速公路噪声，尾气等影响从而达到鱼类生长的可接受范围。故形成现有的景观规划设计方案。

项目基地特质性条件分析

2011年

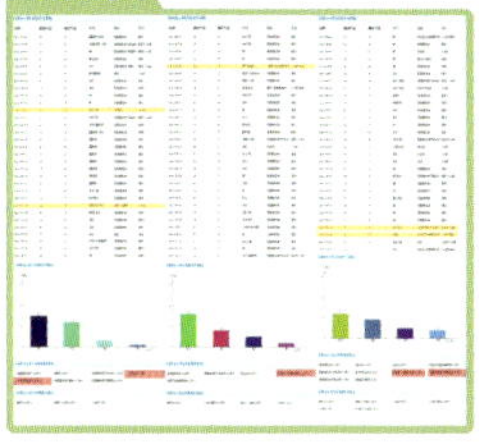

2012年

2013年

平面图

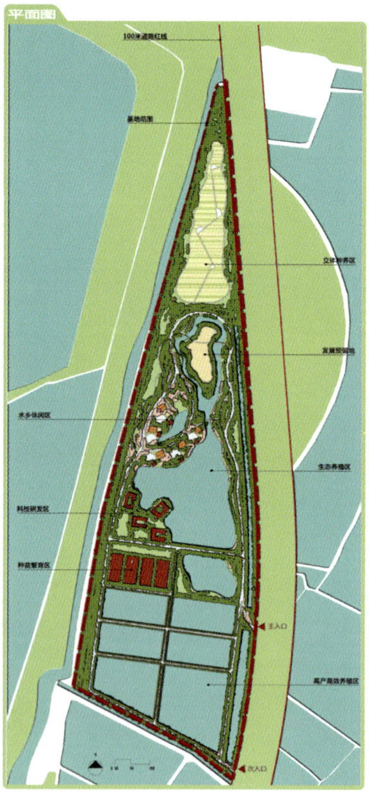
100米道路红线
基地范围
立体种养区
发展预留地
水乡休闲区
生态养殖区
科技研发区
种苗繁育区
主入口
高产高效养殖区
次入口

产品定位

立体种养区
休闲养殖区
科技研发，高产养殖

径流系统

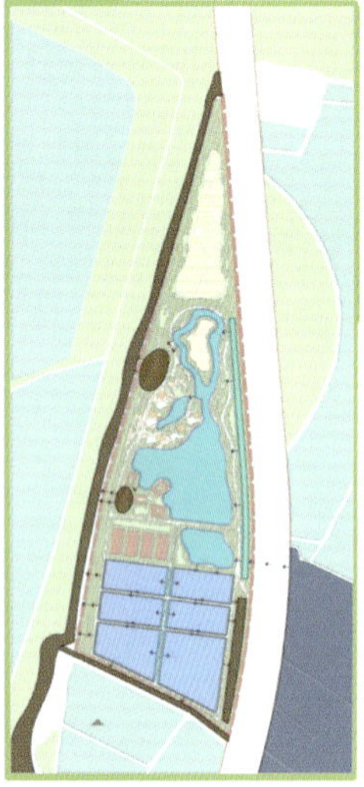

交通系统

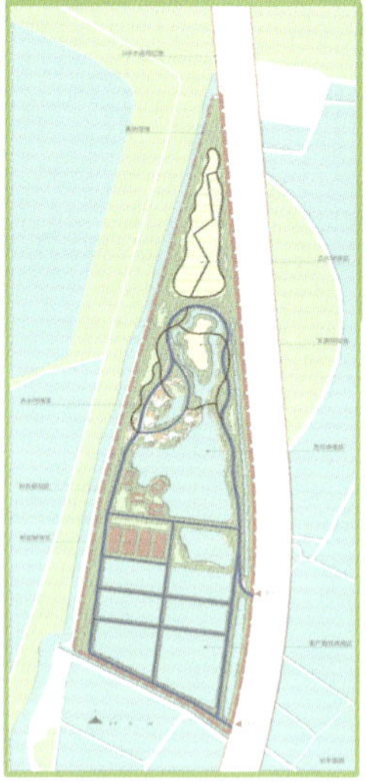

项目效果图

鸟瞰

手绘1

手绘2

作品名称：解民忧、促民生——重庆市九龙坡区创意公厕设计
作者：龙国跃 王冉 彭程 梁轩

Creative public toilet design in jiulongpo district of Chongqing

解民忧 促民生

——重庆市九龙坡区创意公厕设计

覆土建筑、仿生建筑
生态篇
The passage of ecology public toilets

■ 目标定位
Object Location

以人为本、改善民生，解决群众如厕难的问题，打造重庆市九龙坡区市政工程新形象。

■ 项目背景
Project Background

本项目是重庆市九龙坡区重点民生工程，市政府坚持以人为本，走群众路线，贯彻落实科学发展观，采取的一系列积极政策举措。为了解决群众如厕难的问题，我们结合了重庆九龙坡区地域文化为该区打造了22座创意公厕。

重庆

■ 设计难点与创新
The point of design

矛盾：以前的公厕都给人脏、乱、丑的印象，公厕都被隐藏起来；现在市政府要求市民能够第一时间看见公厕。

创新：用生态、艺术、小品化的创意公厕取代脏乱丑的传统公厕，让市民看见公厕后想去公厕如厕。本设计方案分为三个篇：生态篇、科技篇、都市篇。

■ 平面布局
Plane Layout

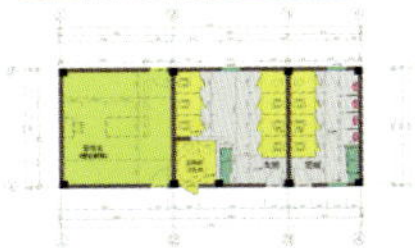

01 创意公厕生态篇 覆土建筑

公共卫生间
TOILET

效果图
Effect drawing

■ 功能分区
Function district

■ 设计原理
The theory of design

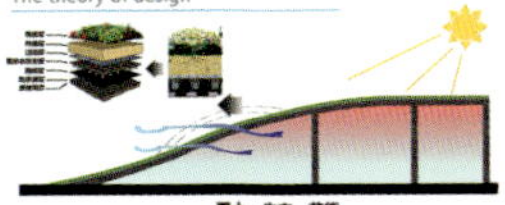
覆土、生态、节能

■ 设计特色
The specity of design

抽象树形廊架
生态休闲廊架
管理室采光口
垂直绿化
城市生态家具

公共卫生间
TOILET

■ sketchup效果立面图

正立面
右侧立面
左侧立面
背立面

02 创意公厕生态篇 仿生建筑

Creative Ecology Public Toilets

公共卫生间
TOILET

效果图
Effect drawing

■ 设计说明
Design description

当一个建筑能否能成为优秀作品，除了看它是有美观的造型、看它是否有独特的空间感受、看它是否有深厚的文化气息之外，还要看它是否运用了高效的生态技术或者新颖的生态技术。
本设计外观模仿古树枝干，建筑遮板造型模仿重庆“市树”黄桷树，通体覆盖绿色藤类攀爬，周边树槽环绕，考虑到如厕人数的单个性，构筑物两侧设立仿生树桩坐凳，供给在外等待人群休憩之用。

■ 平面布局
Plane Layout

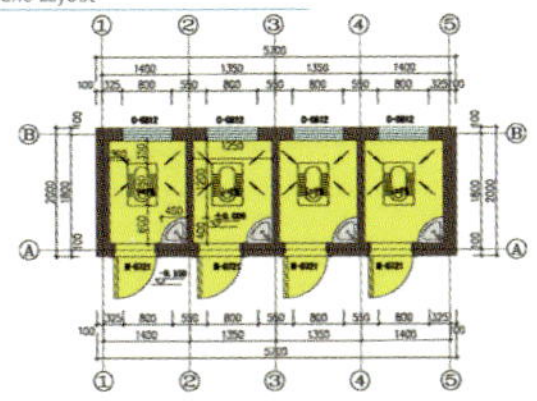

■ 设计特色
The specity of design

仿生黄桷树
花槽
仿生树桩休憩座凳
爬山虎槽
生态走廊

公共卫生间

■ 功能分区
Function district

■ 设计原理
Functional description

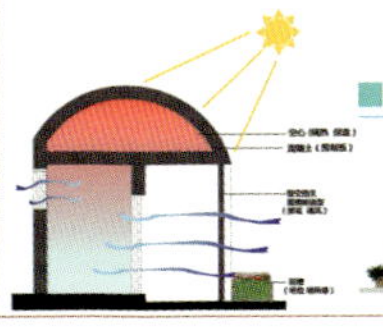

■ sketchup效果立面图

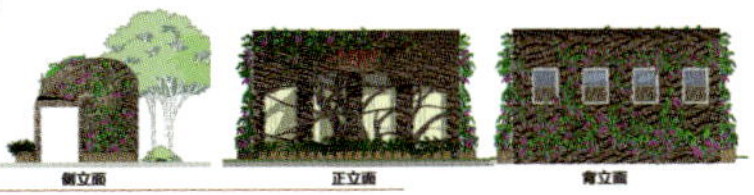
侧立面
正立面
背立面

作品名称：方标建筑设计公司办公楼
作者：韩帅　石明卫

方标建筑设计有限公司办公楼

FANTBUIL ASSOCIATES ARCHITECTS & ENGINEERS CO.,LTD.

作品名称：桂林漓江逍遥湖景区规划设计

作者：苑军　温军鹰

桂林 漓江逍遥湖景区规划设计

LANDSCAPE DESIGN

项目概况

逍遥湖景区的自然景观以山、林、溪、湖为主体。山不高，绝对高度约为四百米，山体为土石结合体。山间林木茂密，有千年古樟，百年水柳。山中有一条小溪，流量不大，但终年不断，因此形成密林中的飞瀑流泉。山间有一处明朝末年修筑的堰坝，拦截溪水而形成山林小湖。湖水面积约为十万平方米，称之为东湖。湖畔古树密林环绕，湖中几处水柳点缀。此处为景区的核心景点，其最大特色便是山间成湖，林木环抱。这在桂林众多景区中是独一无二的。

主体概念

■ 湖光山色 ■ 神游仙境 ■ 养生之道

地理位置

逍遥湖景区位于桂林市灵川县大墟镇伏荔村，桂林市竹江码头对岸，属漓江风景区，距市区仅二十公里，距漓江两公里。在桂林东线的四个旅游景区中，它是距桂林城市最近的景区。

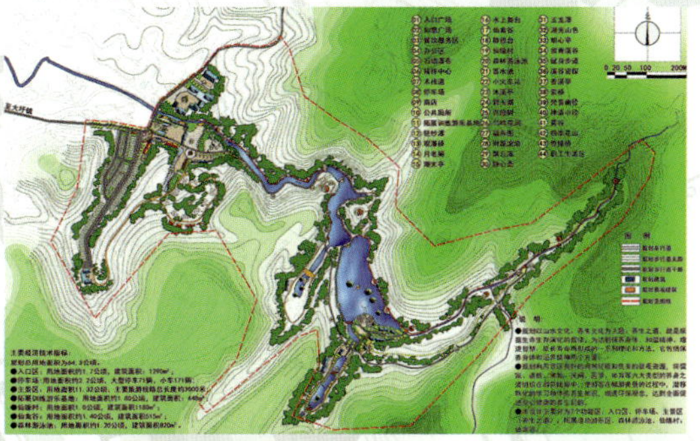

总平面图

■ 功能分析

现状景观分析

逍遥湖景区生态环境状况优良，具有发展自然生态旅游的潜力和条件。整体自然环境适合于客源对生态旅游的需要。

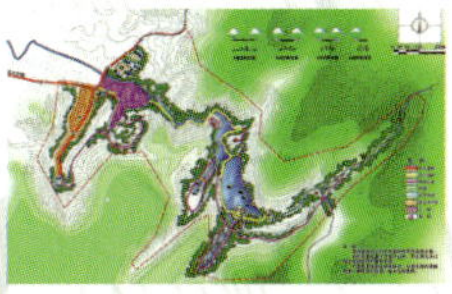

■ 交通分析

入口广场平面图

■ 范围：位于景区中部。
■ 功能：主要出入交通通道、人流集散、展览、购物、售票、综合服务等。

游览线路分析

入口区→沿木栈道逆水而上→观瀑桥→玉龙潭→仙缘村→沿木栈道进入探秘溪谷→火车站（乘坐小火车返回）→森林游泳池→仙禽谷→月老阁→休憩广场

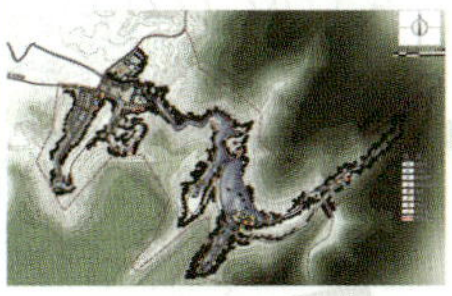

■ 公共服务设施规划

仙缘村平面图

■ 范围：位于景区东南部。
■ 功能：传统饮食文化、茶文化、养身医馆、工艺廊、书画斋、静心斋、水上舞台。

玉龙瀑效果图

飘云瀑效果图

森林泳池平面图

■ 范围：位于仙缘村南侧。
■ 功能：户外游泳池、养生馆。

入围作品／专业组

作品名称：方标世纪办公空间
作者：韩帅

咖啡区效果图

入口大堂是这个办公空间的最关键部位，是来访者的第一站。我们的大堂和常规办公空间的大堂不同，空气中弥漫着诱人的咖啡香，因为前台的背后隐藏着一个精致的咖啡厅，空间不大但是一个一点也不逊于星巴克的专业的咖啡厅。从空间上看，我们把前台和 LOGOU 墙、二层的过廊、和前台的办公空间、和咖啡台服务区等这些工作区域放在大堂的中心，而将咖啡厅放在了靠后的区域，通过一个曲径通幽的小走廊，浓浓的咖啡的香气将来访者引到了后面的别具一格的小咖啡厅，这也是整个空间设计的一个亮点。

大堂实景

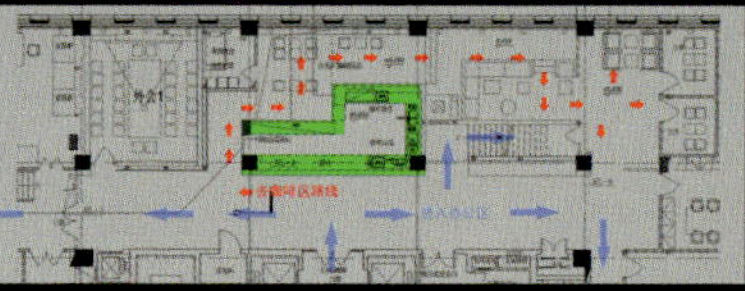

大堂及咖啡区平面

大堂效果

大堂墙面的材料我们考虑过大理石、木饰面、金属板、瓷砖，但我们最终选择了 1800*900 的白色薄瓷板这种新材料，主要是看中他的可塑性和材料的再设计。我们将一些中国传统建筑元素的图形、木结构大样、欧洲古典柱式，及一些现代建筑的平立面图形经过精细排版和在加工，雕刻于白色瓷板的表面，使人感觉这并不是一副画，而是二次加工后的一种新材料，并有着自己独特的主题

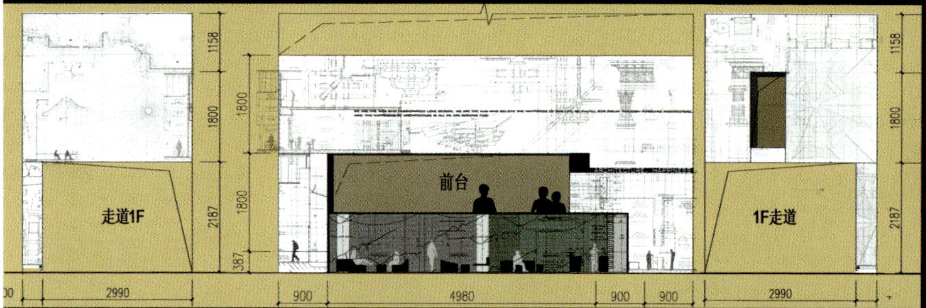

以上图为方案深化阶段的定制产品的立面，采用 1800x900 的白色瓷板，运用雕刻的手段将与建筑设计景观室内相关的 CAD 图纸素材及古今中外的建筑元素经过精心的排版发给材料商，这种私人定制材料的手法体现了业主方作为建筑设计单位的独有的企业文化，极具设计感

方标世纪会所式办公区

这座美丽如博物馆的建筑设计中心背后，有着明确的实用设计哲学，这座建筑设计中心包含一个巨型会议厅，一个会所，一个自助咖啡馆，一个茶亭，2 个挑空大堂，四大公共休息区和 4000 平米办公空间，咖啡馆一般只有在上班时间才开门营业，在工作之余，偶尔用作设计师们的沟通服务场所。该结构是建立在一幢现代化建筑的钢架混凝土单元基础的顶层上，有着各种相同元素的几何结构功能区，楼梯是用混凝土构件将由梯板、墙壁、立柱和灯带组成的统一结构单元，这个元素穿联着整体四层结构，每层限定的单元区域可以放置办公区域，这些空间拥有相当尺度的设计灵活性，既使设计理念可以融入到每一个小房间，又使所有的空间得到充分的利用，特别是角落空间的风格，通常是一个建筑师追求的风景和空间的品质高杆，施工从现有的咖啡馆处建起，其接待台横跨上一个包含不同时代中国建筑图纸墙，墙体甚至还划入了大门内的部分结构，并不是所有民族的都是世界的，08 年后，中国人已经深刻体会到这一点，未来，融合着民族血脉的新中式建筑的兴盛是必然的，但它决不是传统的复古，而是对传统的继承。

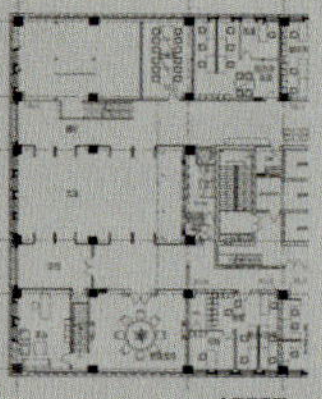

会所区平面

会所中心区及整体方案效果图

会所式办公空间，中式院落概念，公司高管办公区及接待会议区域 Big room 大屋

大会议室实景照片

实景照片及方案阶段草图，设计过程

轻轻推开老木门，时光的尘土，斑驳着岁月珍藏的本来建筑结构中穿插的精神语汇，给一切带来真正的情致。蕴含着思想的建筑空间不仅是物质的，它亦是个精神上的庇护所，俯瞰慕越，这种思想蕴含着的表征，还是儒家文化，儒家的仁与礼的立身行事法则，融入到建筑的表情、形式、空间中，无不显示出“序”的思想形成的贯通天人的智慧法度和沉稳坚定的向心力量。
门厅、访客间、造价会所、闲坐的一角，无处不尊崇五行造身，两仪成性，得金气多者则刚毅果断，得木气多者则朴素质直，得火气多者则发扬奋迅，得水气多者则明使圆融，得土气多者则慎静厚重，得阳气多者则光明轩豁，得阴气多者则沉默精细。
千百年来，中式建筑的传承发展始终是以不变应万变，虽然没有西方建筑的那种跳跃和变迁，但历经了年代和观念的洗炼，以及各地人文风情的影响的交融和熏陶，形成的优雅格调，让人一见难忘，韵味悠长。

Big room 大屋　致敬——传统
三层空间的中式院落部分是整个办公空间的核心区域，此空间是公司对外接待会议的大会议室，领导接待贵客的贵宾室，及领导的办公室，我们给大会议室起了个很直接的名字——大屋，其实类似某某轩、某某阁、某某堂多么华丽的辞藻也不如大屋两个字来的直白，同时具有深意，屋顶我们采用了中国传统的木结构建筑的代表形式——抬梁式结构，十六扇中式格栅门采用了 3.5 米的超高尺度，采用了北方民居常见的步步锦的形式，在如今充斥各种风格追求心意特立个性的建筑设计领域我们更喜欢是这样一条传统的本土化的简单形式，其实更是向我们本民族建筑领域前辈祖先的致敬

会所区实景

会所区方案草图

作品名称：耕心——黔东南地区农村景观规划更新设计

作者：张倩 王玉龙

作品名称：长和生物办公楼

作者：刘雅正　曲秋澎

Design concept

设计理念：
生物科技——生命之绿色
木质，给人亲切感、朝气、
生命的气息；石材，坚实、信赖
形态：未来主义、生物分子式、
现代科技感。
光：注重自然光的利用，
灯光作为辅助，强调导视性、
功能性的设计。

EVER UNION
BIOTECHNOLOGY
长和生物
细胞研发中心办公楼

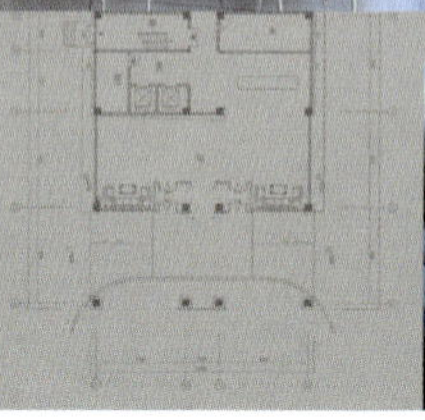

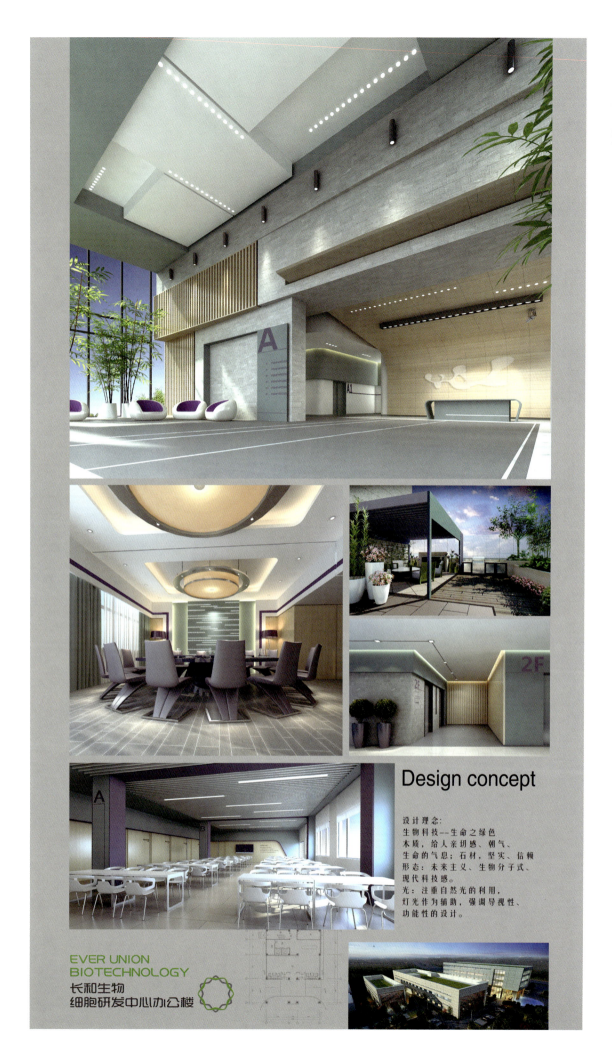

作品名称：艺术盒子—重庆市文联美术馆方案设计
作者：谭晖

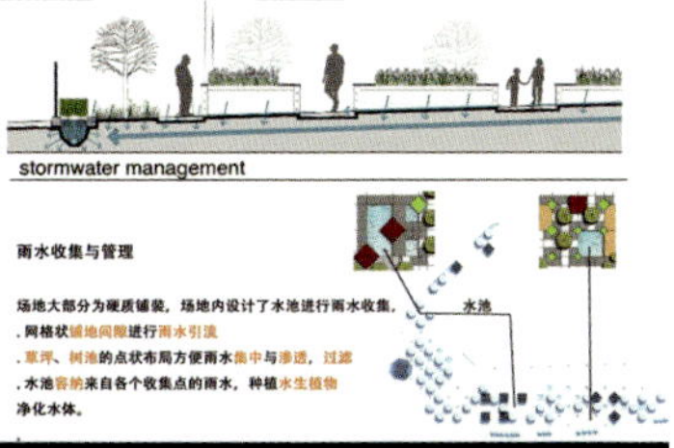

艺术盒子——重庆市文联美术馆方案设计

建筑篇

建筑——盒子通廊

1、建筑形式

在原建筑形式上加入盒子的元素，通过对盒子体块的重复、叠加、穿插等设计手法的运用，打破原建筑门头单一平面化的设计，形成可穿越的立体化空间格局，同时使建筑门头成为与广场盒子相呼应的艺术装置。

2、空间流线

盒子组合连通美术馆室内与广场外部，空间上形成无缝连接，实现室内外空间的流动性，增加了建筑的趣味性。

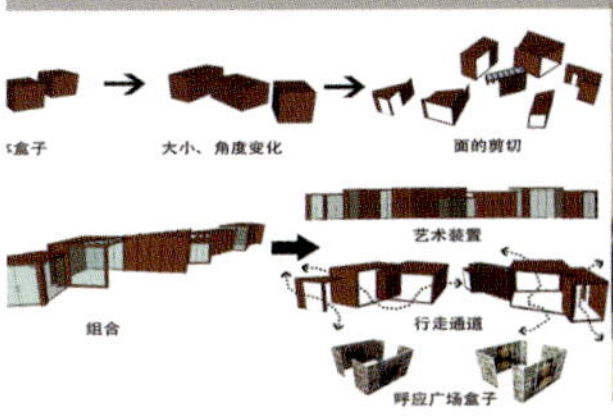

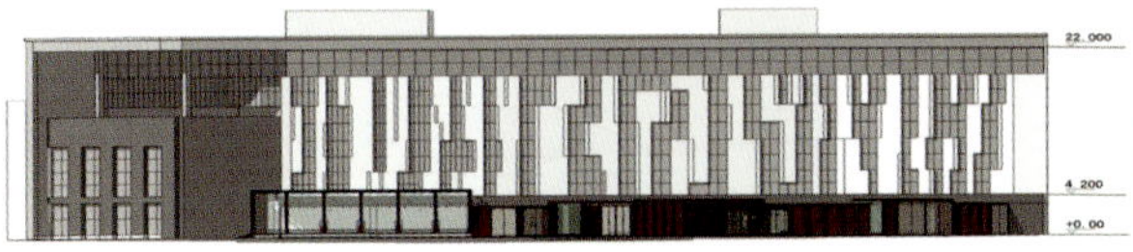

艺术盒子美术馆立面图

室内篇

室内——内部空间建构

通过对馆内空间的划分形成大的盒子“虚”体，展柜、座椅即内部小的盒子“实”体，以大小盒子的虚实结合，构成简洁而富有功能性的内部展示空间。

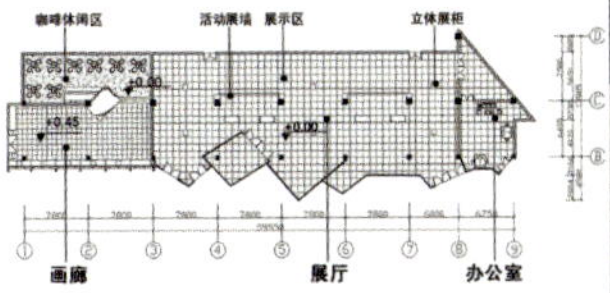

艺术盒子美术馆平面布局图

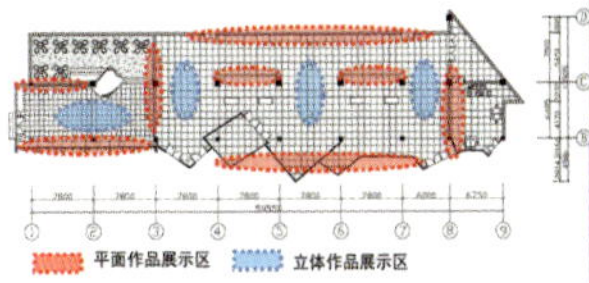

艺术盒子美术馆功能布局图

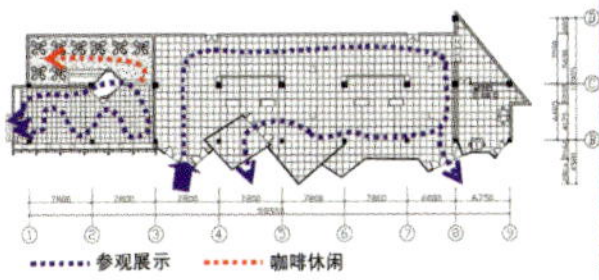

艺术盒子美术馆交通流线图

作品名称：天津空港经济区图书馆

作者：刘鸿明 张楠 张瑞钊 梁晓琳 解光明 刘炳砚 田艳美 许绍璐 王旭卓 张争光 石怡聪

作品名称：天津蓟县文化中心

作者：刘鸿明 张瑞钊 张楠 梁晓琳 解光明 刘炳砚 田艳美 许绍璐 王旭卓 张争光 石怡聪

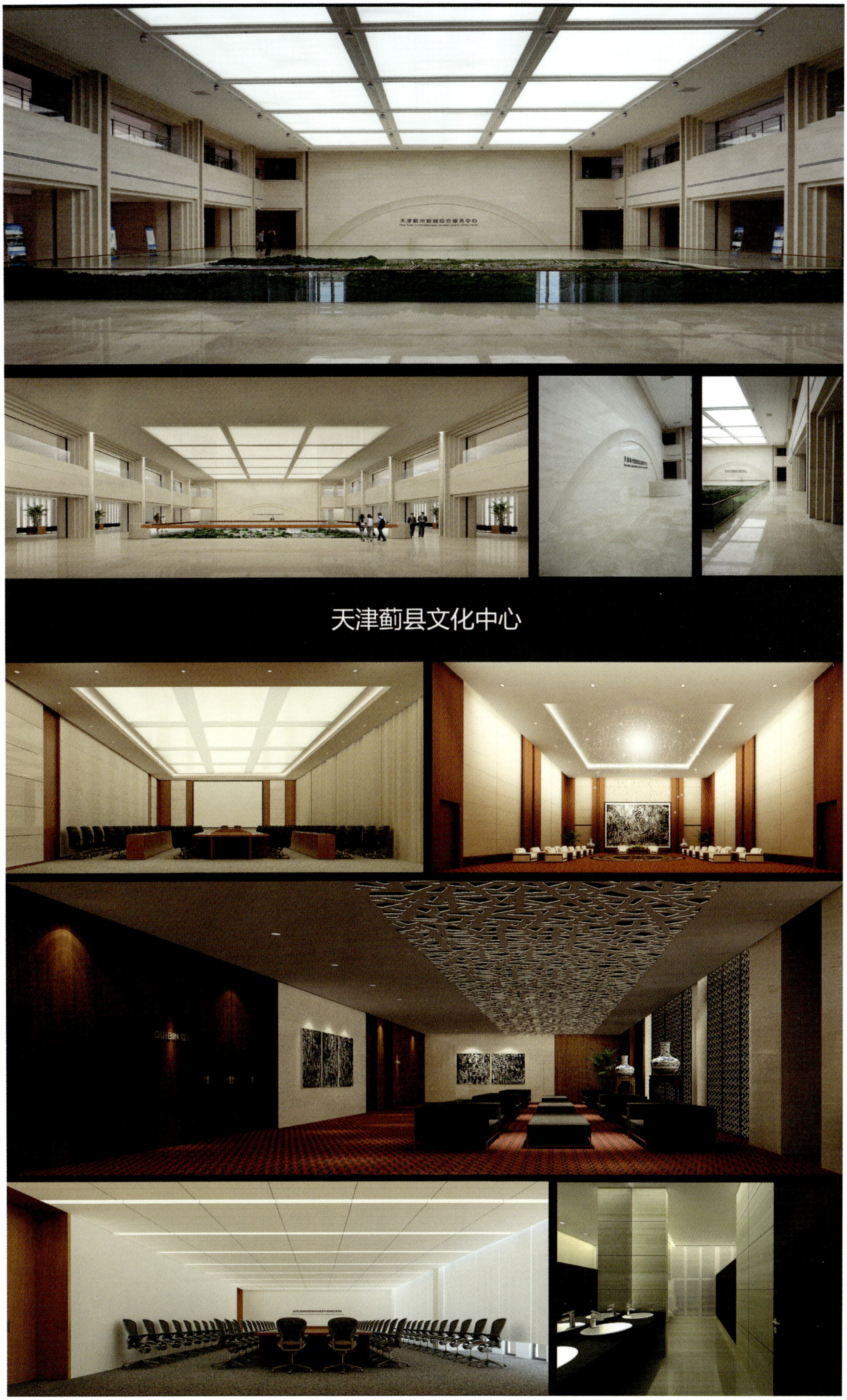

作品名称：绿色淘气乐园
作者：杨吟兵　杨酉　达发亮

绿色淘气乐园

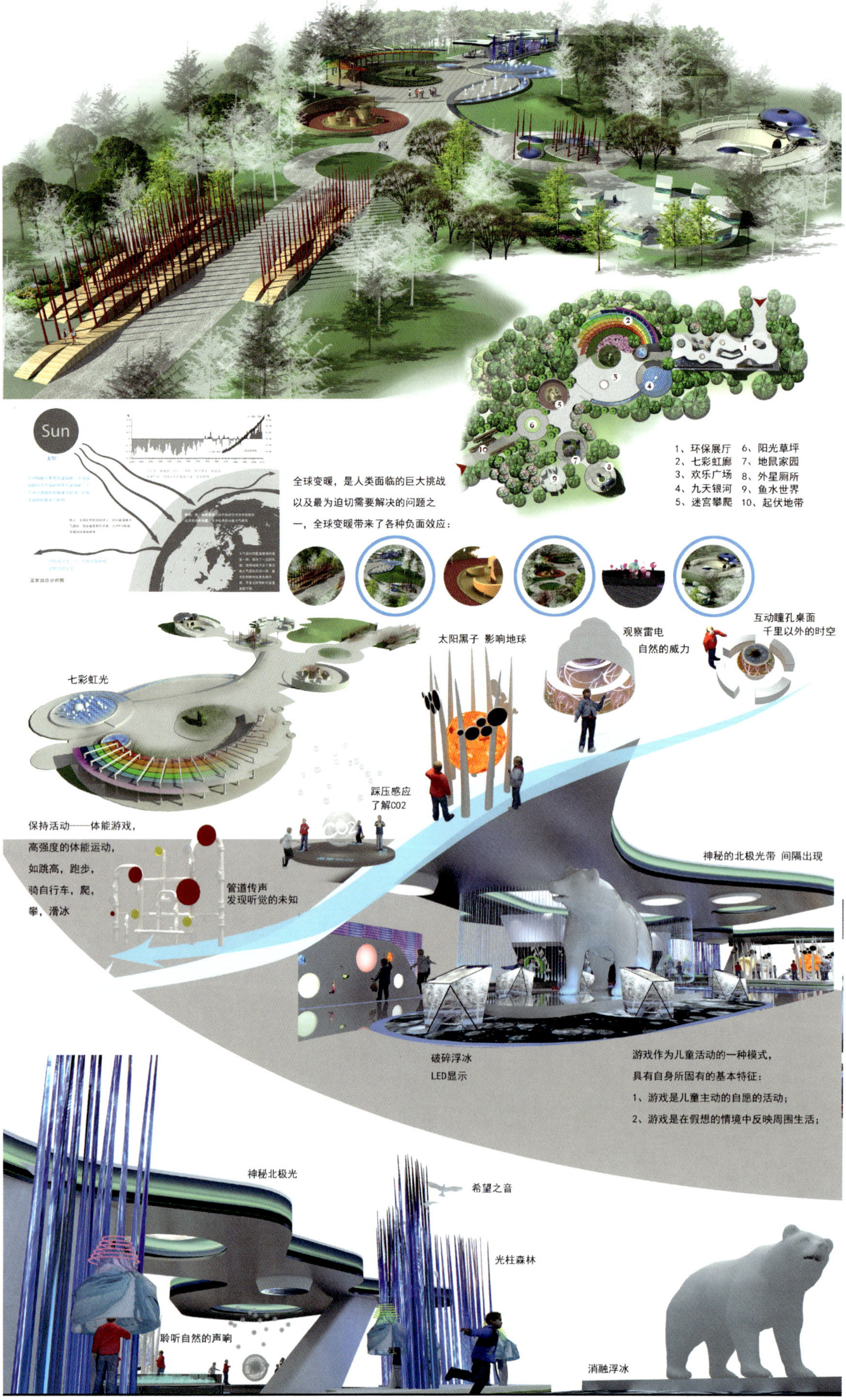

作品名称：重庆南雾源度假山庄

作者：许亮　周宇晨　邹蓉　雷清茜

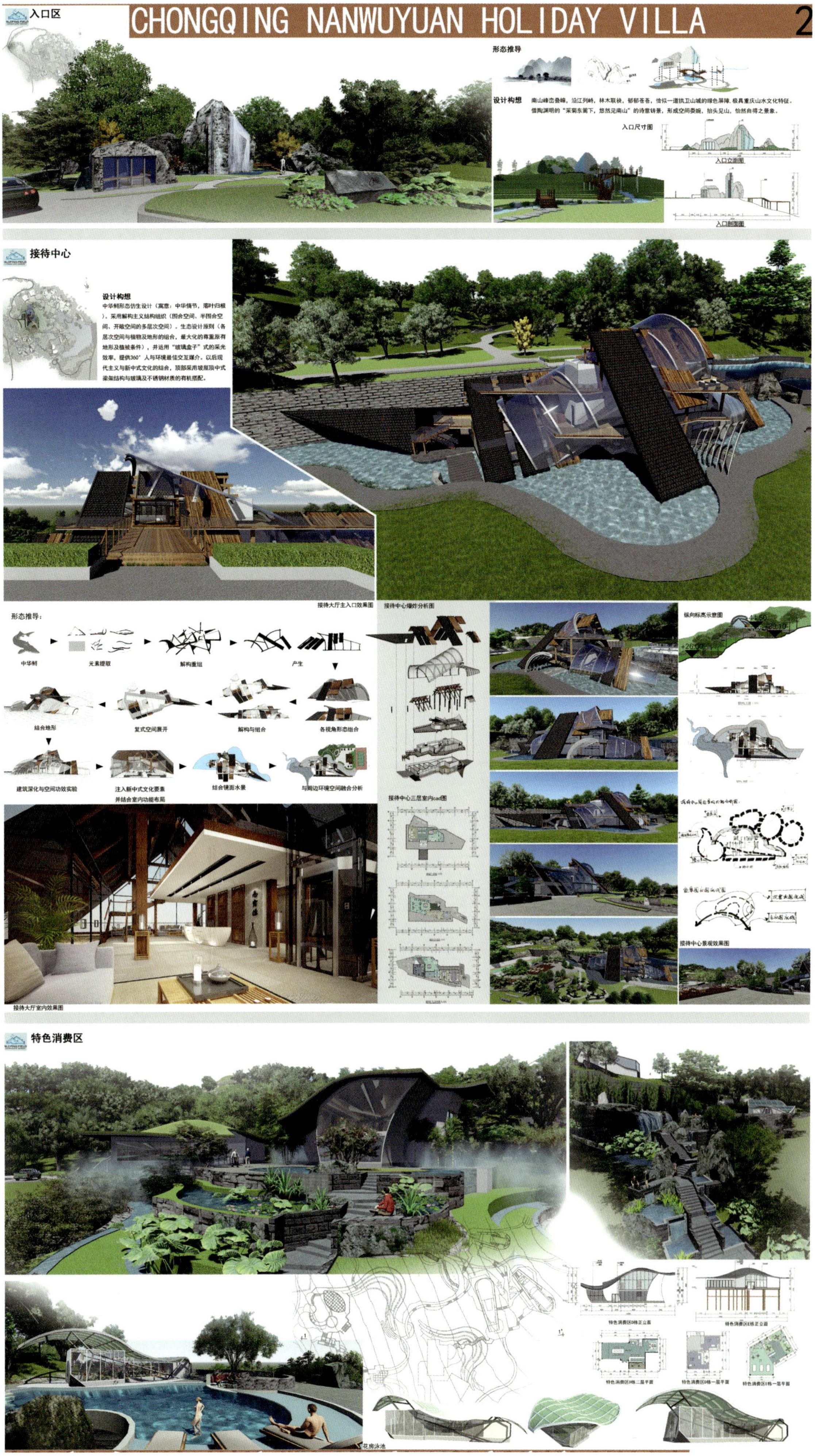

作品名称：天津财经大学教学科研综合楼

作者：刘鸿明　张瑞钊　张楠　梁晓琳　解光明　刘炳砚　田艳美　许绍璐　王旭卓　张争光　石怡聪

天津财经大学教学科研综合楼

天津财经大学教学科研综合楼，是以教学、科研、休闲，为一体的综合性项目，
人文与建筑相融合，
整个空间简洁统一，给人以干净纯粹的感觉。

作品名称：中国银行天津市分行办公楼投标设计项目
作者：周鹏

首层公共大厅效果图A

首层公共电梯厅效果图

首层公共大厅电梯厅效果图

为中国而设计
DESIGN FOR CHINA 2014

中国银行天津市分行办公楼投标设计项目

天井共享空间效果图

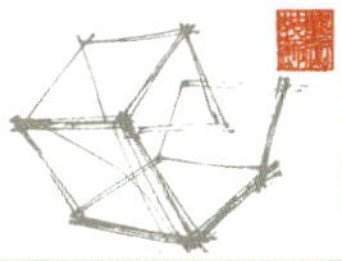

首层公共卫生间效果图

自助银行服务区(24小时)效果图

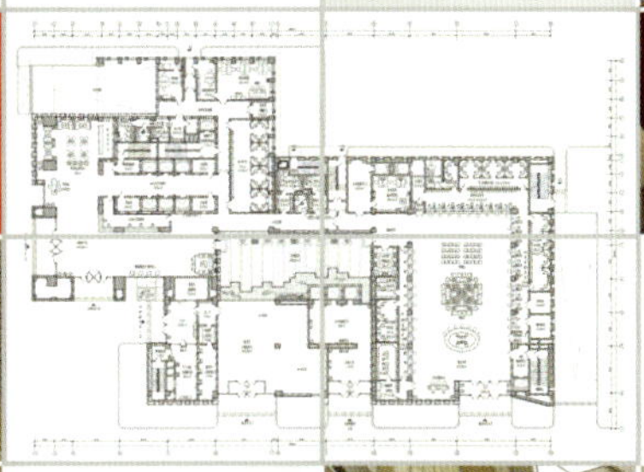

首层公共大厅效果图B

首层营业大厅效果图

作品名称：天津曹禺剧院室内设计

作者：赵迺龙

天津曹禺剧院以剧场功能为主线，竭力营造具有艺术感染力的空间环境氛围，是集展示、教育和研讨于一体的多元性和综合性的室内空间环境。本案在装饰设计上，围绕“曹禺和戏剧”这一基本概念，突出体现了主题性设计的概念。设计中力求表现出“中国韵、天津意、现代风”的主题寓意。首层纪念展厅的树形柱饰，寓意着在天津的沃土上孕育出了曹禺这个戏剧大树，而大面积的红色又彰显了浓郁的民族风情这一主题。

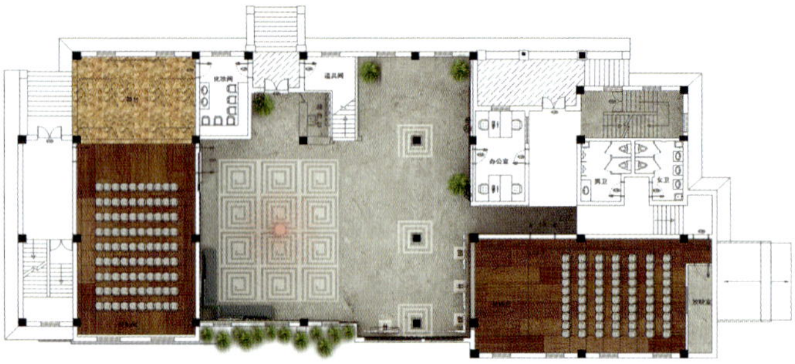

曹禺

劇場室内設計

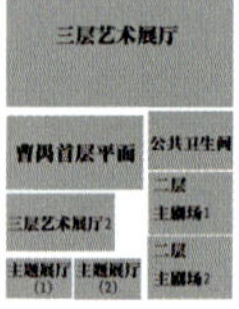

作品名称：海南甘肃家园售楼处设计项目

作者：杨恺

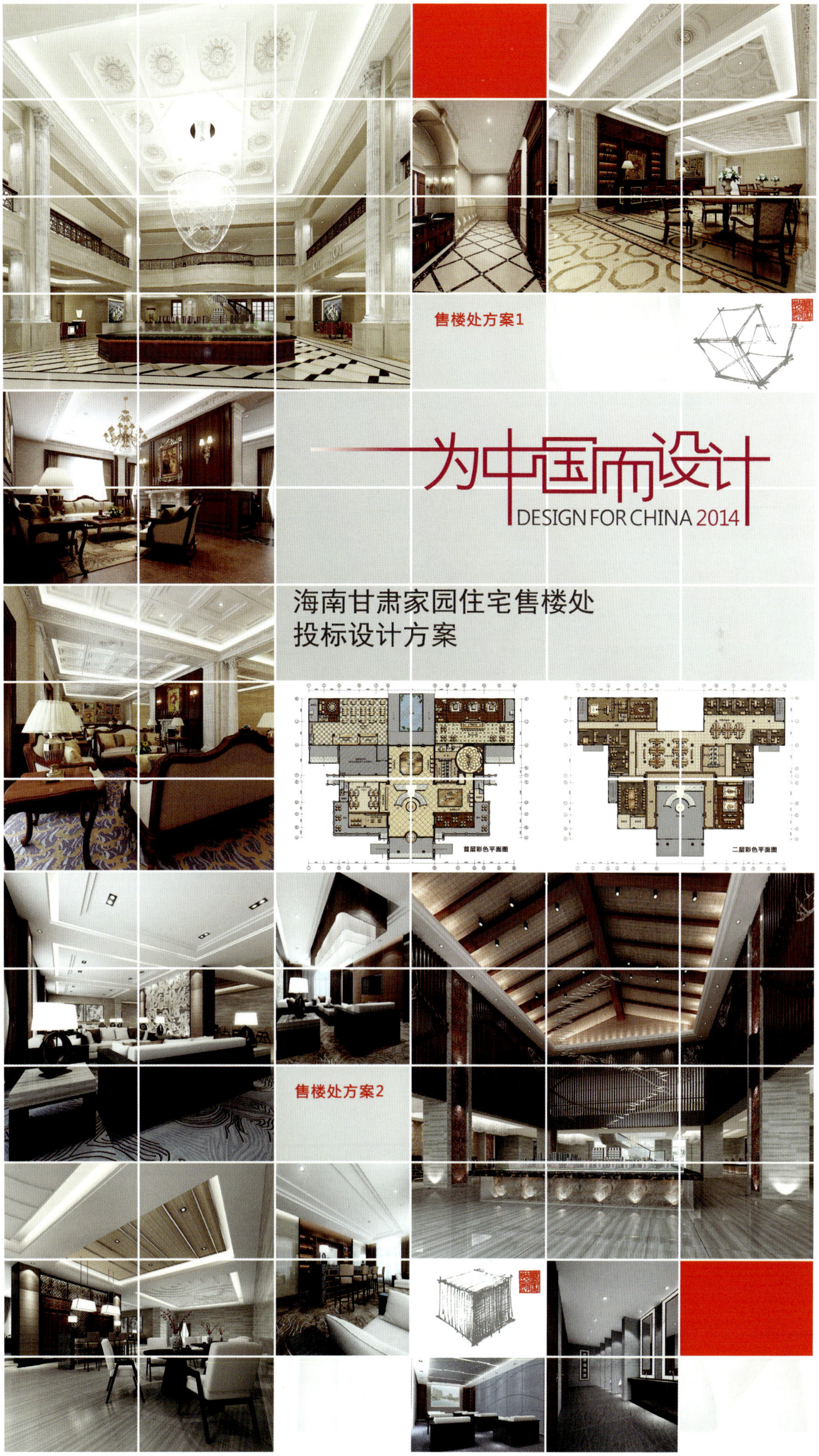
售楼处方案1
为中国而设计
DESIGN FOR CHINA 2014
海南甘肃家园住宅售楼处
投标设计方案
首层彩色平面图
二层彩色平面图
售楼处方案2

作品名称：汉中普汇中金物流园区接待中心建筑景观室内设计

作者：李建勇

入口区

汉中普汇中金物流园区接待中心建筑 景观 室内设计

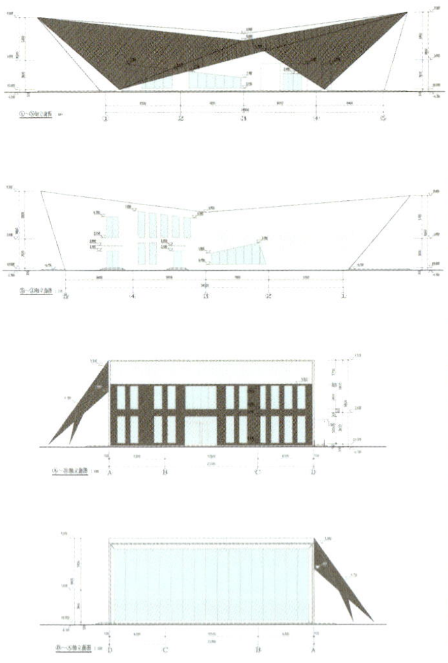

水景

水景

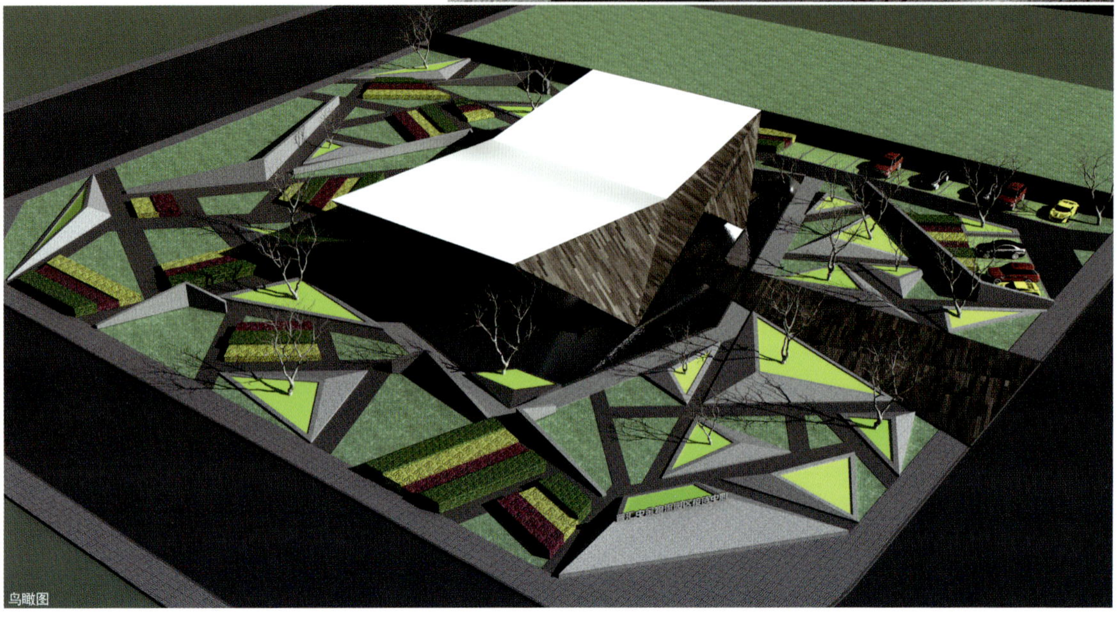
鸟瞰图

作品名称：西固汉丝路文化展示公园建筑设计
作者：梁锐

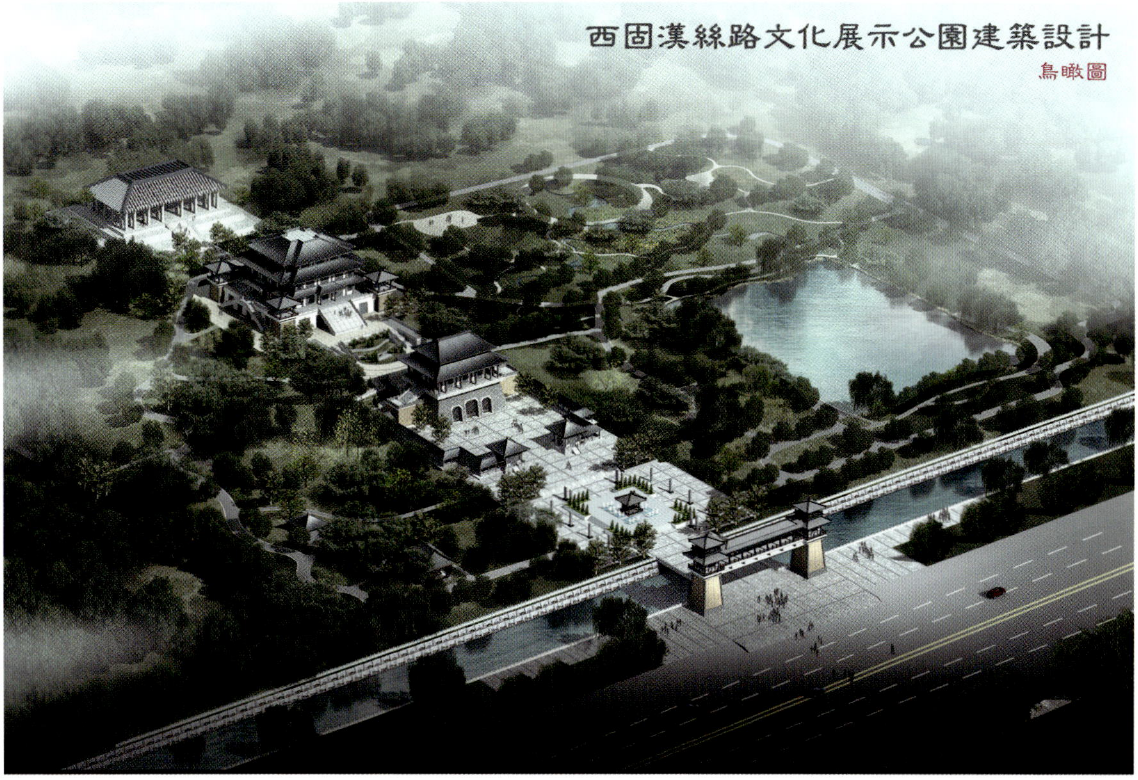

設計說明

本方案為西固絲路文化展示公園建築群設計。西固歷史悠久，素為羌戎重鎮、華夏邊陲要衝，是古絲綢之路上的重要城郭。

本方案為西固公園改造項目中新增建築群，總建築面積約4538平方米，位于公園主入口南側，形成公園南北入口主軸綫。

該建築群為漢代建築風格，旨在展示西固作為絲路古道要衝，古代各民族文化在此匯聚交流的燦爛歷史。

公園入口透視圖

金城樓建築平面圖

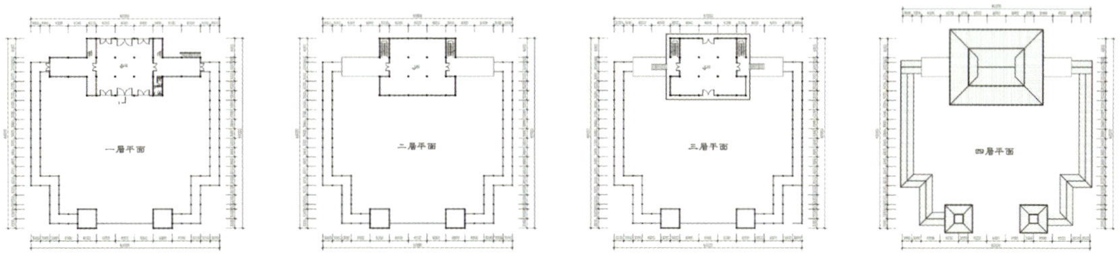

金城樓透視圖

建設基地

基地現狀

作品名称：秦风汉韵——西咸新区秦汉新城城市公共家具设计

作者：吴雪　张豪

售卖亭

造型元素：中国最早的建筑形态遗存汉阙斗栱构建的穿插关系，形成中国独有的建筑体系

色彩元素：秦汉服饰及漆器色彩——黑红

秦风汉韵

公共厕所

城市公共家具設計 西咸新区秦汉新城

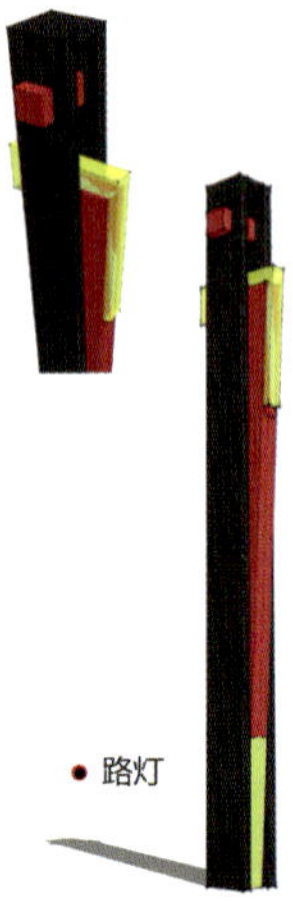
• 路灯

围墙护栏、候车亭组合

路灯、垃圾桶、休息椅组合

• 休息座椅

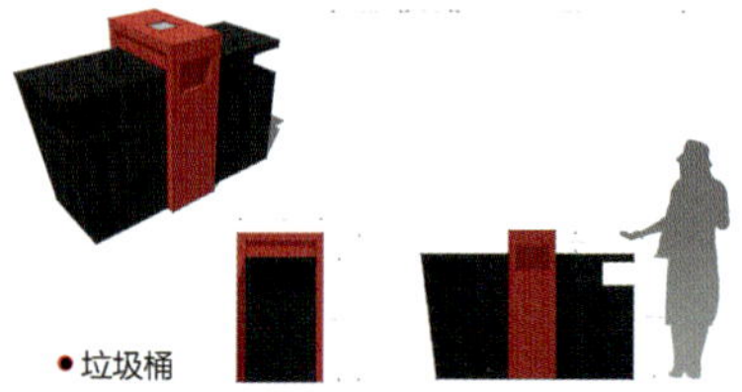
• 垃圾桶

作品名称：山东省东营市某酒店室内空间方案设计

作者：黄国涛　李鹏

作品名称：复合式空间——商业空间下的地铁站设计

作者：邵茜茜

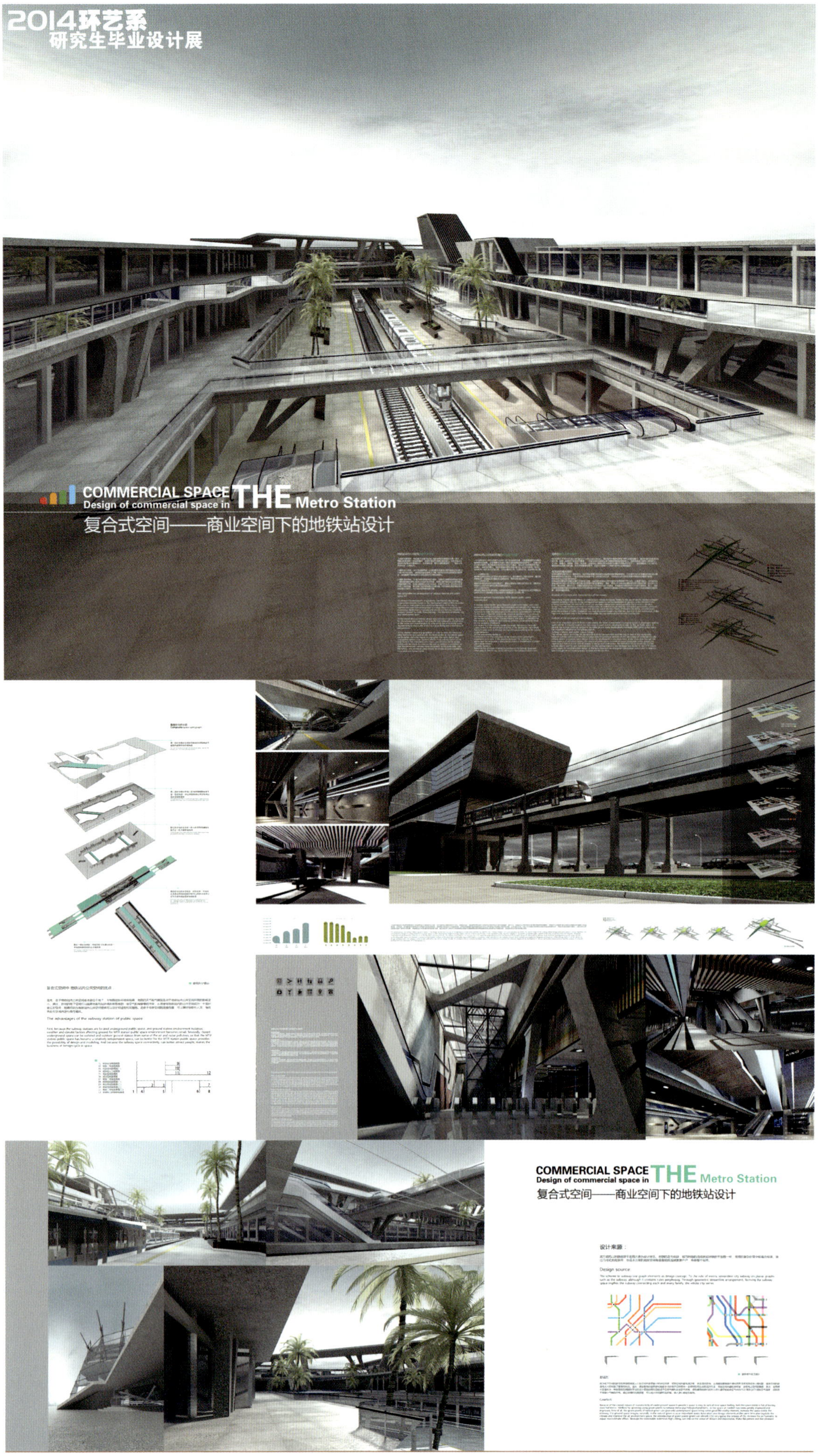

作品名称：怡园

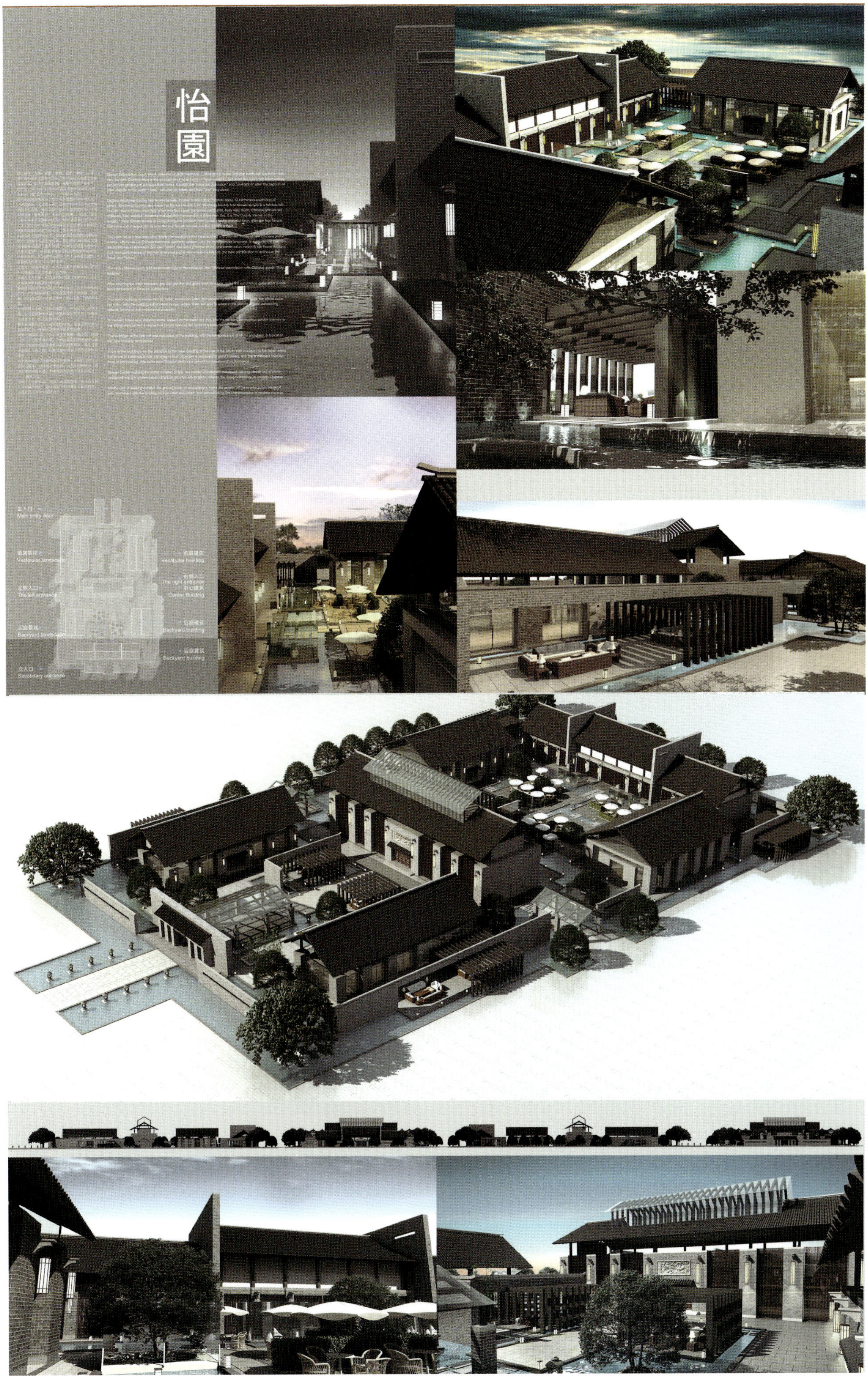
怡園
主入口
Main entry door
前庭景观
Vestibular landscape
前庭建筑
Vestibular building
右侧入口
The right entrance
中心建筑
Center Building
左侧入口
The left entrance
后庭景观
Backyard landscape
后庭建筑
Backyard building
后庭建筑
Backyard building
次入口
Secondary entrance

作者：孙博楠

MONT-BLANC CAMP
勃朗营—世界之巅
WORLD
人类文明的脚步走过了数千年的历史道路，逐渐主宰着这个星球的命运。当今社会的发展潮流使人类生活变得社会化、体制化，而渐渐统一的生活方式让真正的“自然”离我们越来越远。近些年来，大批新生代青年建立起一定的上层意识形态，渴望远离喧嚣的都市，将自己的生活置身于地球所拥有的最原始，纯粹的自然环境中。
作为环境艺术设计专业的研究生，我一直都在思考如何定义专业的指向性，如何区别形式主义和符号性的设计误区，真正意义上体现环境艺术设计的内涵。我的作品亦是如此。作品选址于法国与意大利交界处，阿尔卑斯山脉最高峰——勃朗峰山脊，定位为雪山区域的营地活动综合体，为整个区域的人类提供所需物资，休息和营救行动。
考虑到功能性所要求的用地面积，建筑的形式采用曲面弧顶，在保证建筑规模的同时，极好地应对雪山地域恶劣的气候，承重能力强。建筑本身的内涵体现在所处地段，使人类生存极限环境中的活动变为可能，作品当中涵盖了全面的功能性：物资储备，休息，餐饮和救援直升机等设备。可以完全满足人类活动的一切需要。建筑包含了一系列的节能措施，利用雪山天然自然能量提供电力供应，对所属地域自然环境达到最小的影响。
AXONOMETRIC VIEW OF THE ARCHITECTURE
RIGHT SIGHT VIEW OF THE ARCHITECTURE
THE BASIC STRUCTURE OF PROJET'S ANALYSIS
FRONT VIEW OF THE ARCHITECTURE
THE FUNCTION LAYOUT ANALYSIS DIAGRAM
THE CONDITION OF THE INLAY BUILDING
SHIELD OF THE FRAME ANALYSIS DIAGRAM
SHIELD OF THE ARCHITECTURE STARTS AT THE BACK
THE PACE OF HUMAN CIVILIZATION HAS BEEN LAST FOR THOUSANDS OF YEARS , GRADUALLY DOMINATE THE FATE OF THE PLANET. THE DEVELOPMENT TREND IN TODAY'S SOCIETY, MAKES HUMAN LIFE SOCIALIZED, SYSTEMED, AND GRADUALLY UNIFIED WAY OF LIFE FOR REAL 'NATURE' IS MORE AND MORE FAR FROM US. IN RECENT YEARS, A LARGE NUMBER OF NEW GENERATION OF YOUTH TO ESTABLISH CERTAIN UPPER IDEOLOGY, EAGER TO STAY AWAY FROM THE HUSTLE AND BUSTLE CITY, LEAVE THEIR LIVES IN THE EARTH'S MOST PRIMITIVE, PURE AND NATURAL ENVIRONMENT.
AS ENVIRONMENTAL ART DESIGN MAJOR STUDENT, I HAVE BEEN THINKING ABOUT HOW TO DEFINE THE PROFESSIONAL DIRECTIVITY, HOW THE DIFFERENCE BETWEEN FORMALISM AND SYMBOLIC DESIGN ERROR, TRULY EMBODY THE CONNOTATION OF ENVIRONMENTAL ART DESIGN. MY WORK AS WELL. IT LOCATION IN THE EDGE OF FRANCE AND ITALY, THE ALPS'S HIGHEST PEAK - MONT BLANC MOUNTAIN RIDGE, AS SNOW MOUNTAIN AREA OF THE CAMP ACTIVITIES, PROVIDES THE NECESSARY GOODS FOR THE WHOLE AREA OF HUMAN, REST AND RESCUE OPERATIONS.
CONSIDERING THE FUNCTIONAL DEMANDS OF THE LAND AREA, BUILDING ADOPTS THE SURFACE IN THE FORM OF COUPLE, AT THE SAME TIME OF ENSURE THE CONSTRUCTION SCALE, A GOOD WAY OF DEALING WITH SNOW MOUNTAIN REGION OF THE BAD WEATHER, THE ABILITY OF BUILDING-STRESS IS PERFECT. THE HEART OF THE BUILDING IS ITS MAIN VAULTED SPACE, WHICH FLEXIBLY ACCOMMODATES A RANGE OF FUNCTIONS, INCLUDING EXHIBITIONS, FUNCTIONS, RETAIL, STOCKPILES, THE REST, FOOD AND RESCUE HELICOPTERS AND PROGRAMMED ACTIVITIES ,CAN FULLY SATISFY ALL NEEDS OF HUMAN ACTIVITIES,WHICH MAKES THE ACTIVITY AT THE LIMIT CONDITION OF HUMAN EXISTENCE ENVIRONMENT POSSIBLE. ARCHITECTURE CONSISTS OF A SERIES OF ENERGY SAVING MEASURES, THE USE OF SNOW MOUNTAIN NATURAL ENERGY TO PROVIDE POWER SUPPLY, SUBORDINATE TO THE INFLUENCE OF REGIONAL NATURAL ENVIRONMENT MINIMUM.
PATTERN OF BASIS FUNCTION
THE ROOF STRUCTURE
THE CONCEPT OF THE DESIGN BASED ON LONG-YEAR OBSERVATION OF NATRAL LIVING ENVIRONMENT

作品名称：结构主义下的当代艺术中心

作者：王舒瑶

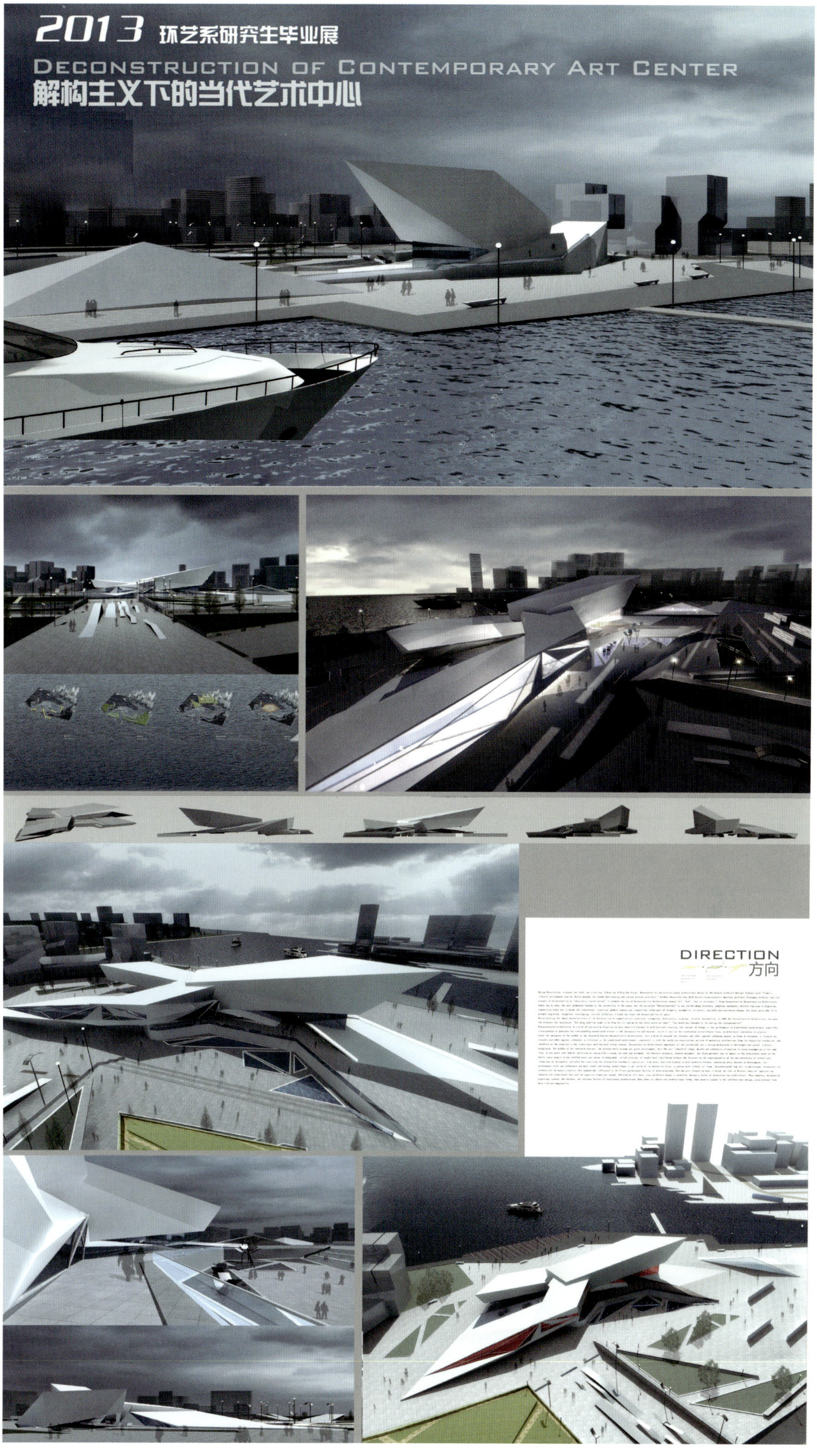

作品名称：印象19号

作者：王拓濛

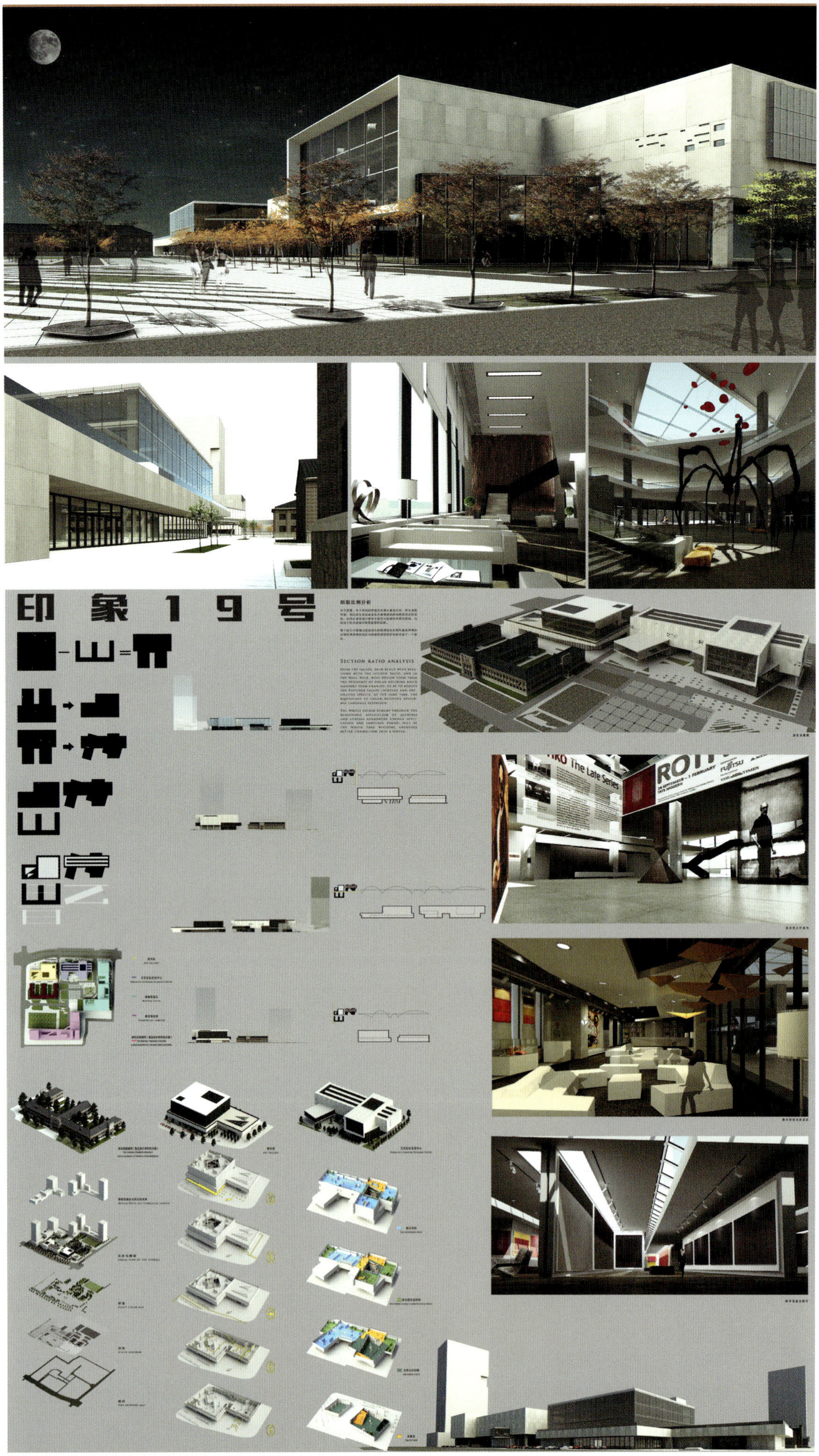

作品名称：长征红军馆景观建筑设计

作者：玉娇娇

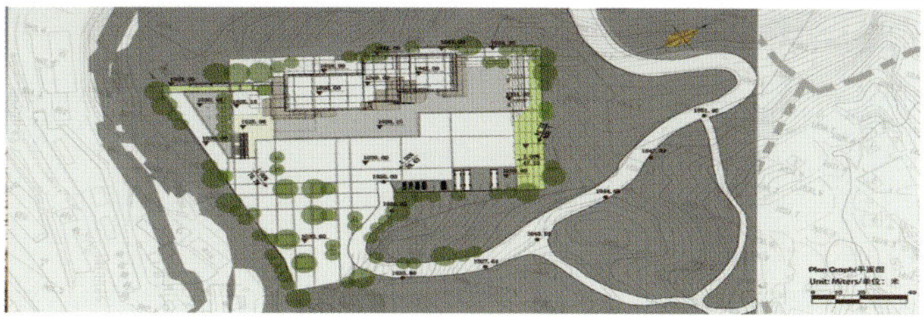

【规划设计说明】

【The Planning And Design Description】

清凉山景区的整体规划是以"讴歌伟大母亲，纪念长征女红军"作为设计理念、结合环境现状，以长征女红军故事贯穿整个园区的建设。

清凉山有着得天独厚的区位优势、文化优势和环境优势，以文化、历史、宗教三条脉络贯穿的清凉山，其特殊的历史使命为纪念长征女红军提供了全面的理论支持。

作为红色旅游的资源开发，整体规划的贯穿使游客对长征女红军进行"体验、了解、融入"的设计思路，使该区域区域具有独特的自然地理条件和文化内涵，并且大型主题雕塑、长征女红军馆、长征女红军馆前广场几大区域紧密结合，形成协调的景观环境与讲述线索，从不同角度、用不同艺术手法体现坚强勇敢、不畏艰辛的女红军战士的革命历程和伟大的长征精神。用长征这一波澜壮阔、无以伦比的历史再现，打造整体性的长征女红军革命历程纪念基地。

延安作为当时中国共产党最重要的领导中心所在地，红色文化得到了建立和广泛发展，以清凉山为阵地的革命生力军为革命呐喊助威，凝聚人心。项目建成后，也必将加强整体的文化氛围和浓郁的纪念意义，提升清凉山以及延安作为新时代红色旅游胜地的品位。

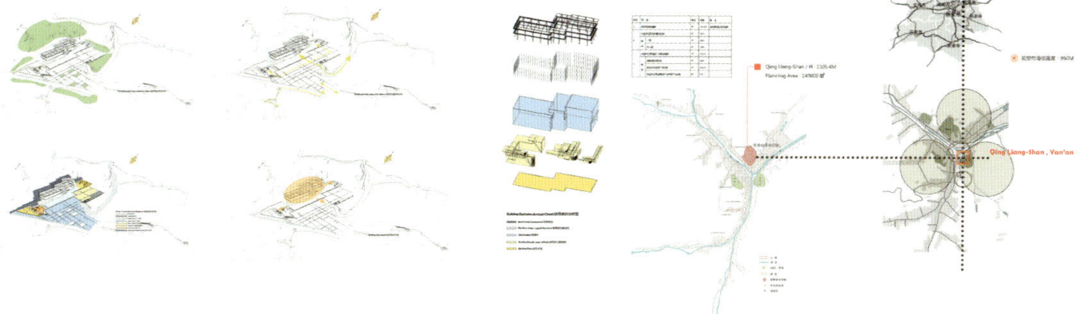

【长征女红军馆设计】

【The Long-March Military Female Exhibition Center】

【长征女红军馆前广场设计】

【Long-March Military Female Exhibition Center's Square】

【规划重点概念】

【Planning Focus Concept】

【工程简介】

【Project Profile】

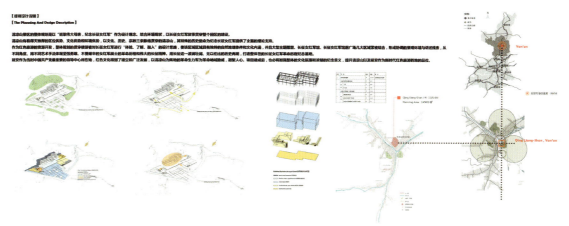

作品名称：溪栖科普湿地公园规划设计
作者：袁维

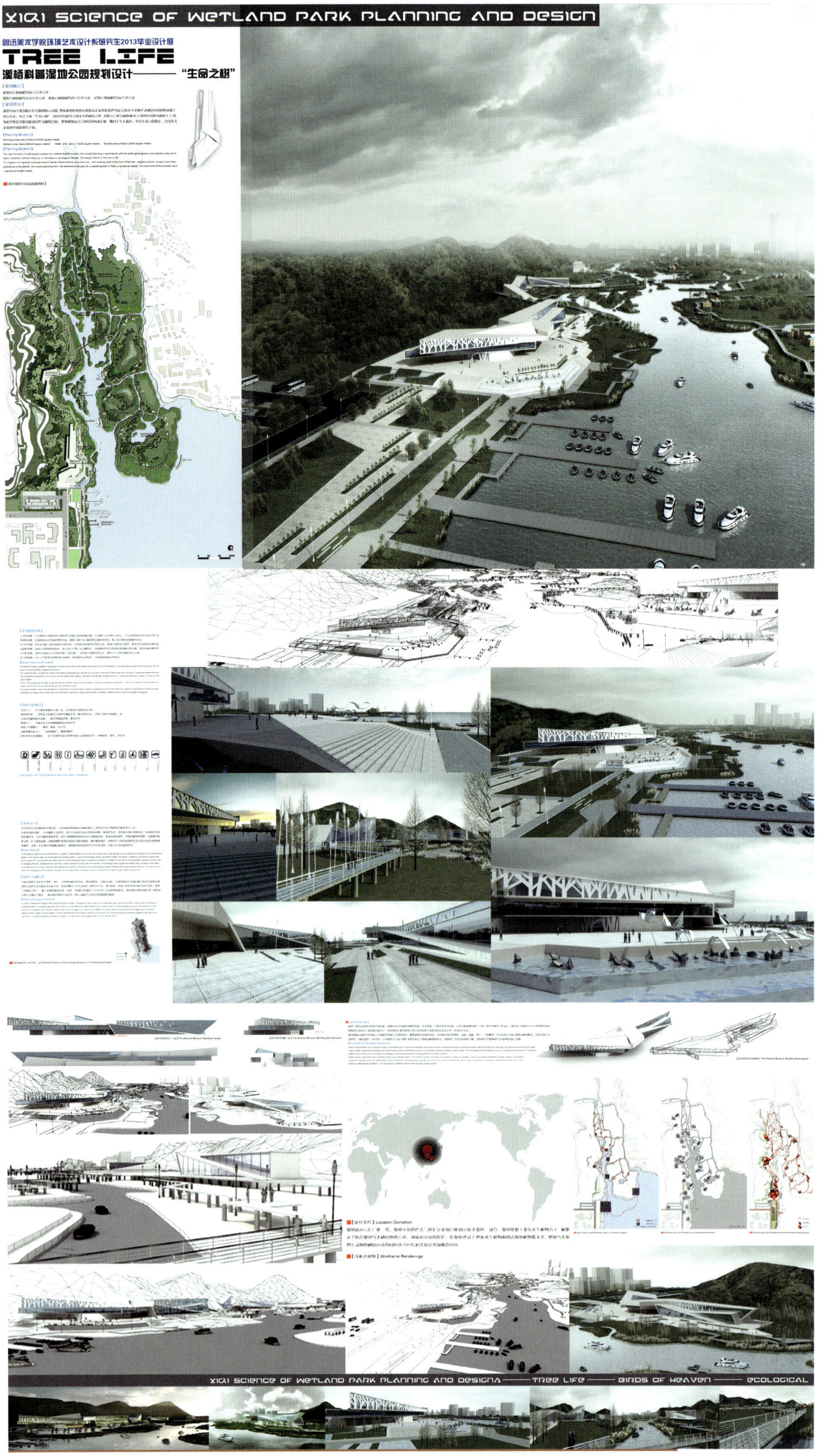

作品名称：『讴歌伟大母亲』——延安清凉山长征女红军苑景观规划设计

作者：曹德利　金常江　孙震　王拓濛　李琳　王小雨　柴也　张世芬　张爽

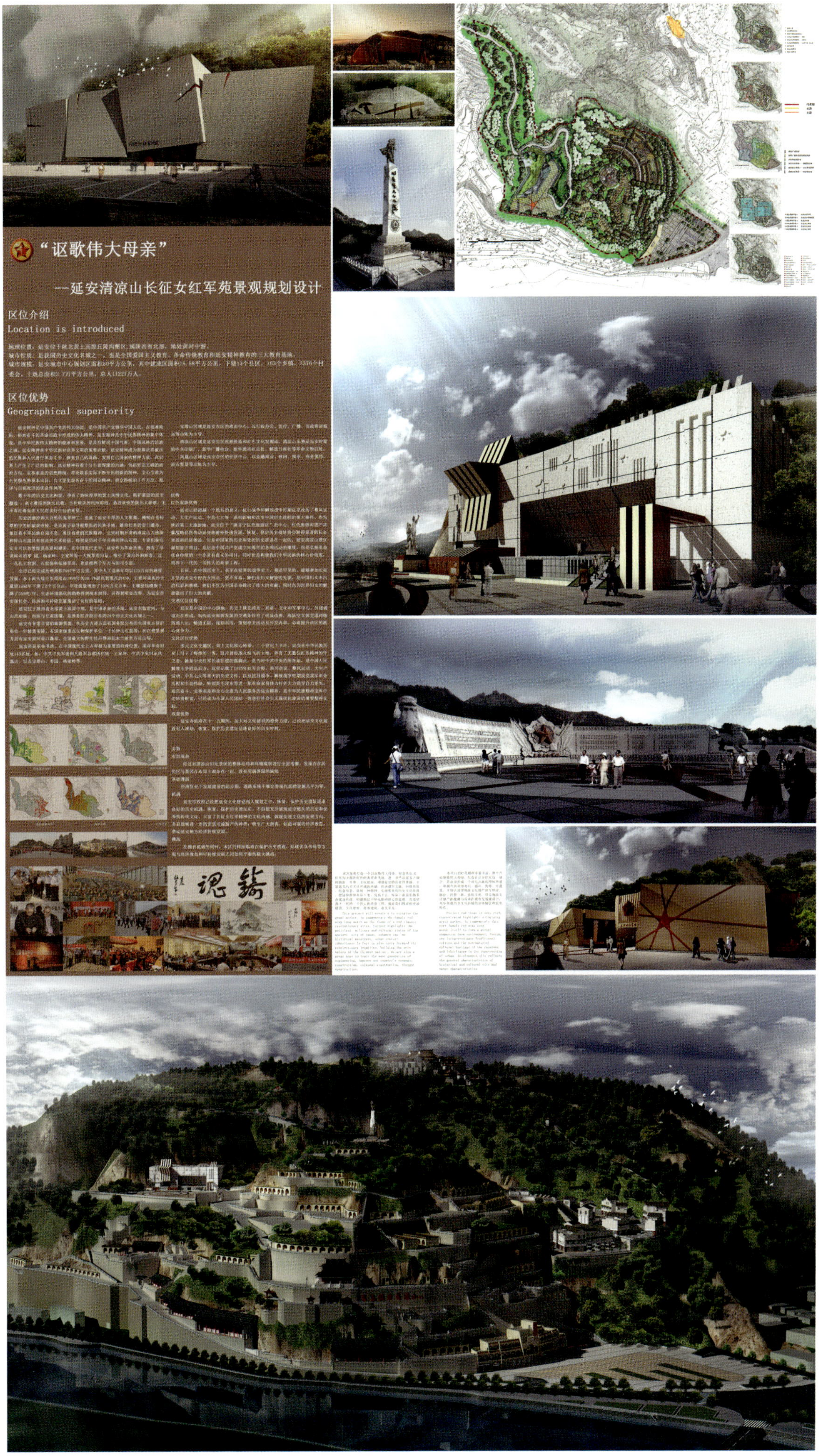
“讴歌伟大母亲”
--延安清凉山长征女红军苑景观规划设计
区位介绍
Location is introduced
地理位置：延安位于陕北黄土高原丘陵沟壑区，属陕西省北部，地处黄河中游。
城市性质：是我国历史文化名城之一，也是全国爱国主义教育、革命传统教育和延安精神教育的三大教育基地。
城市规模：延安城市中心规划区面积80平方公里，其中建成区面积15.58平方公里，下辖13个县区，163个乡镇，3376个村委会，土地总面积3.7万平方公里，总人口227万人。
区位优势
Geographical superiority

作品名称：我的砖印象——别墅设计

作者：王海亮　王蓉

客卧效果图

主卧效果图

砖，是一种可以回忆，带有历史文化气息的建材。

千年的庙宇、百年的教堂，甚至几十年前的工厂、民居，我们曾经离她那么的近。她有一种亲切，有一种优雅，有一种恬适，是今天快节奏生活中的人们对昔日的美丽回忆。“我的砖印象”整合了砖结构建筑的印象，从时代的空间语言讲述一种久违的空间精神——自然、回归、舒缓的心情。

别墅设计——我的·砖印象

客卧效果图

餐厅效果图

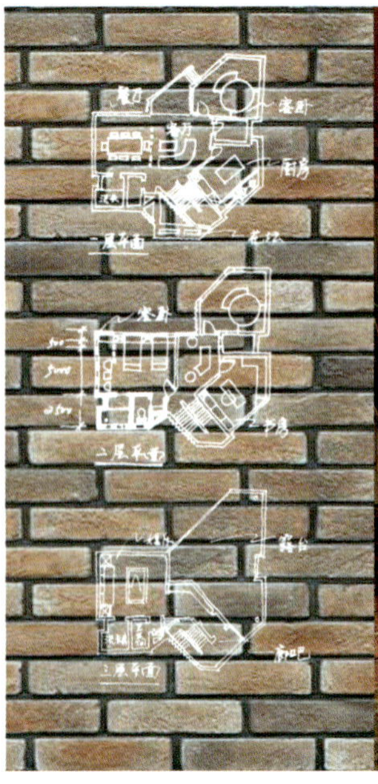

起居室效果图

作品名称：古生物博物馆设计

作者：赵笔翠　张穆明

博物馆是保护 储存我们的过去 帮我们抵挡遗忘 认识一个逝去的年代和自己的过去 并借此认识当下的自己
本案为法国里昂古生物博物馆建筑设计 建筑设计采用解构主义风格 追求破碎的想法 非线性设计的过程
在空间上给予更多的想象力 建筑外形来源于古代生物形象 经过分析与提炼用直线条来概括复杂的外形
同时体块和线的结合使建筑更加具有节奏感 从不同角度看建筑的感受是不一样的 所以建筑本身就是一件展品
合理的分区是博物馆的关键 本馆主要分为海洋生物展馆 古生物化石展馆和古生物图书馆
展馆功能分区明显 这样可以使游客轻松找到自己将要去的方向 同时减少展馆运行压力
本建筑采用有机的建筑表皮 在系统的控制下可以实现对展馆内人流密度的捕捉并在建筑表皮变换颜色
这样工作人员就会通过系统的报告随时调整进入展馆的人口数量从而保证的博物馆的正常运行

The museum is storage protection of our past help us resist forgetting know a bygone age and his past, and to present their own understanding.This case is the French Riogu biological museum architecture design architectural design using deconstructive style pursuit of broken thoughts nonlinear design processIn space for more imaginative architectural appearance comes from the ancient biological image through analysis and refined by using straight line to summarize complex shapeAt the same time block and line combine to make the building more rhythmically from different views of the building 's feelings are not the same as the building itself is a work of exhibitsReasonable partition is the key of the museum museum mainly divided into the marine Pavilion fossils and paleontology Hall LibraryThe functional constituencies obvious so that visitors to easily find themselves going direction while reducing the operation pressureThe building adopts the organic surface of architecture in system control can be achieved on the inner flow density to capture and in building skin color transform

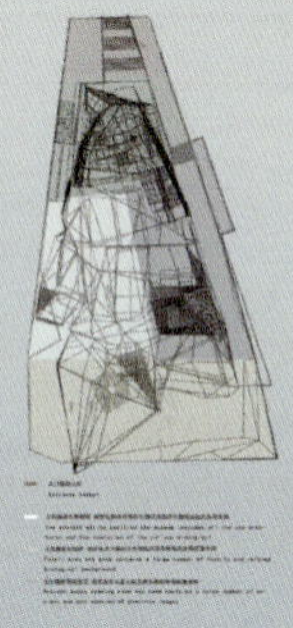

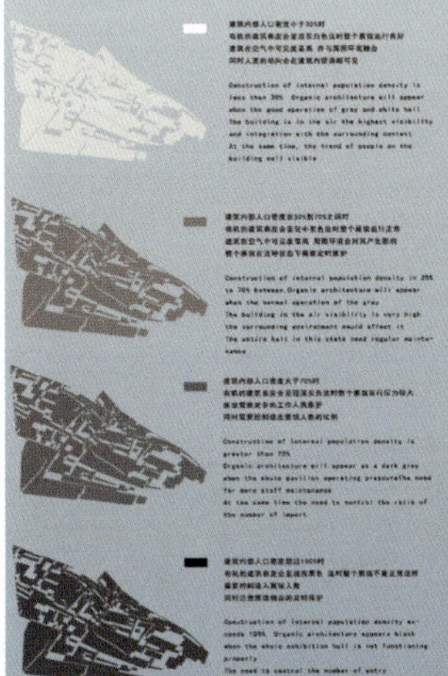

古生物博物馆设计
biological Museum Design

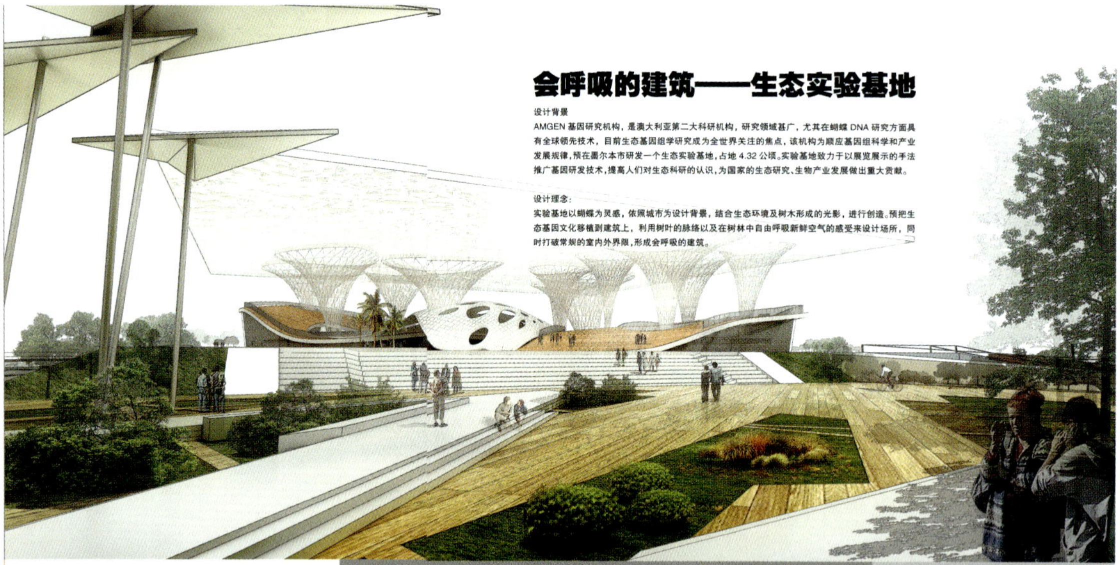

会呼吸的建筑——生态实验基地

设计背景

AMGEN 基因研究机构，是澳大利亚第二大科研机构，研究领域甚广，尤其在蝴蝶 DNA 研究方面具有全球领先技术，目前生态基因组学研究成为全世界关注的焦点，该机构为顺应基因组科学和产业发展规律，预在墨尔本市研发一个生态实验基地，占地 4.32 公顷。实验基地致力于以展览展示的手法推广基因研发技术，提高人们对生态科研的认识，为国家的生态研究、生物产业发展做出重大贡献。

设计理念：

实验基地以蝴蝶为灵感，依照城市为设计背景，结合生态环境及树木形成的光影，进行创造。预把生态基因文化移植到建筑上，利用树叶的脉络以及在树林中自由呼吸新鲜空气的感受来设计场所，同时打破常规的室内外界限，形成会呼吸的建筑。

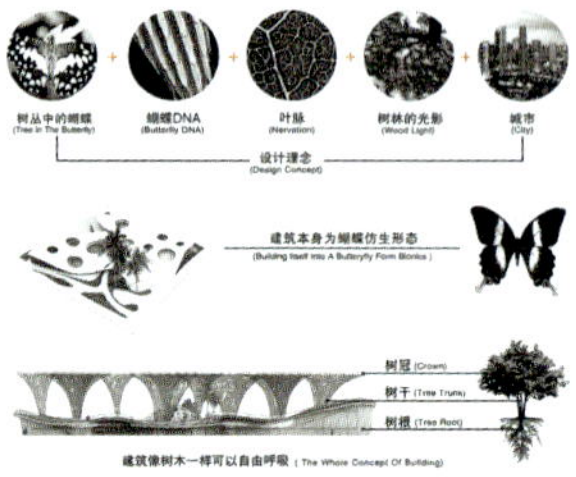

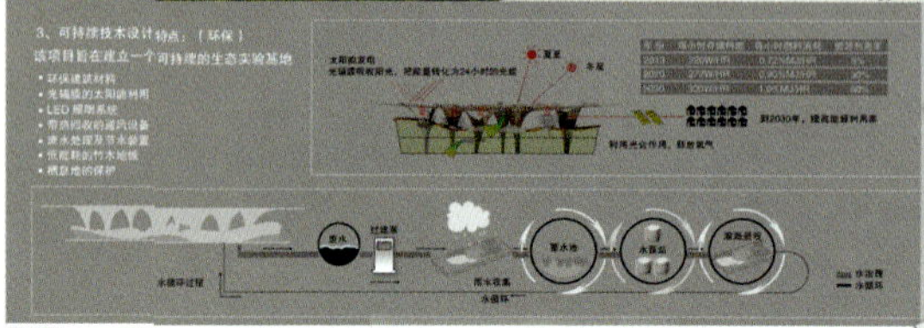

设计方案

1、会呼吸的建筑（低碳节能）

为了打造一个集视线、阳光、空气和自然景色于一身的空间；为了实现“移步换景”的效果，整个建筑采用半开放的形式，建立屋顶花园，取蝴蝶之形态并与自然之景融为一体，最大化的利用自然采光及自然通风、从不同的角度欣赏建筑，会看到不同的景色，而空间层次的组合变化也给人以新的体验。林间的光线及自由呼吸的状态也启发了设计——建筑整体设计可被看作是一片扎根于地的树林，顶部好似树冠，其上的镂空装饰灵感来自树冠间的空隙，阳光透过，产生星星点点的斑驳效果，如梦似幻，宛如静谧的树林间窃窃私语，触及人的感官极限。建筑支撑部分好似树干，起到运输传送的作用，通过收集雨水，利用自身的雨水循环系统不仅满足建筑本身的能源消耗，还可供给周边景观。建筑本身为蝴蝶仿生形态，好似蝴蝶躲在树林中乘凉。

2、生态景观（绿色）

周边的景观主要以叶脉的形态来划分空间、道路，满足不同年龄段人的使用需求，并且这些区域内部要么下沉、要么隆起，增加了空间的可利用性。基地还选取了一些能够适应城市土壤盐分以及其他条件的植物种类，以确保植物长期存活，同时利用生态适应力强的当地树种，如灌木、多年生植物、天然草地及人工草坪来改善周边环境。因此这里不仅是游人众多的活跃场所，还肩负着恢复当地的自然系统和重建野生动物栖息地的重任。

作品名称：中国山东潍坊市潍柴集团信息化中心设计方案
作者：鲁睿

绿色动力　国际潍柴

潍柴动力信息化中心设计方案

项目概况·

本工程为潍柴动力信息化中心工程，工程位于潍坊高新技术开发区潍柴工业园内。本案建筑物高三层，设计檐口高27.60米，建筑面积约为2.54万平方米，其中本次装修面积约2万平方米。建筑为钢框架结构，外墙为金属及玻璃幕墙组合。一层平面功能主要由以下几部分构成：展馆门厅、办公入口门厅、侯梯厅、电梯间、全球指挥中心、敞开办公室、部长办公室、长桌会议室、小型会议室、信息化机房、卫生间等。首层夹层平面功能主要由以下几部分构成：开放办公室、卫生间。二层平面功能主要由以下几部分构成：陈列厅、多功能厅、VIP接待室、开放办公室、大型会议室、长桌会议室、小型会议室、小展厅、卫生间、储藏室等。二层夹层平面功能主要由以下几部分构成：陈列厅、疏散平台、其他备用空间。三层平面功能主要由以下几部分构成：开放办公室、卫生间等。

候梯大厅及电梯间

侯梯大厅是重要的交通枢纽，需要体现出企业的这个本质特点。结合蓝擎发动机和太阳形象，我们提炼出“圆”的元素，既符合“绿色动力，国际潍柴”的企业文化。

设计目标·

本项目定位5A级标准写字楼。完成后将成为集展览、会议、办公等多功能于一体的现代化办公场所。

陈列厅及走廊

充分发挥建筑空间的形体优势，充分利用自然光照，蓝色的导向牌点缀了整个空间，并实现了路径导引。

作品名称：绿盾循环经济教育示范基地设计方案

作者：杨炜德

作品名称：水·融深圳·南山智园展厅设计·方案设计

作者：潘茗敏

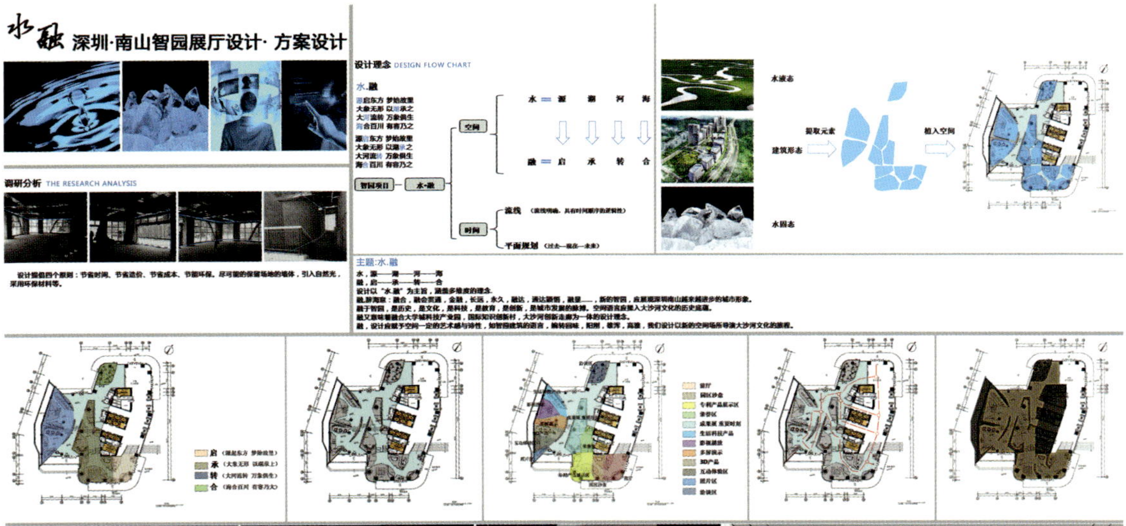

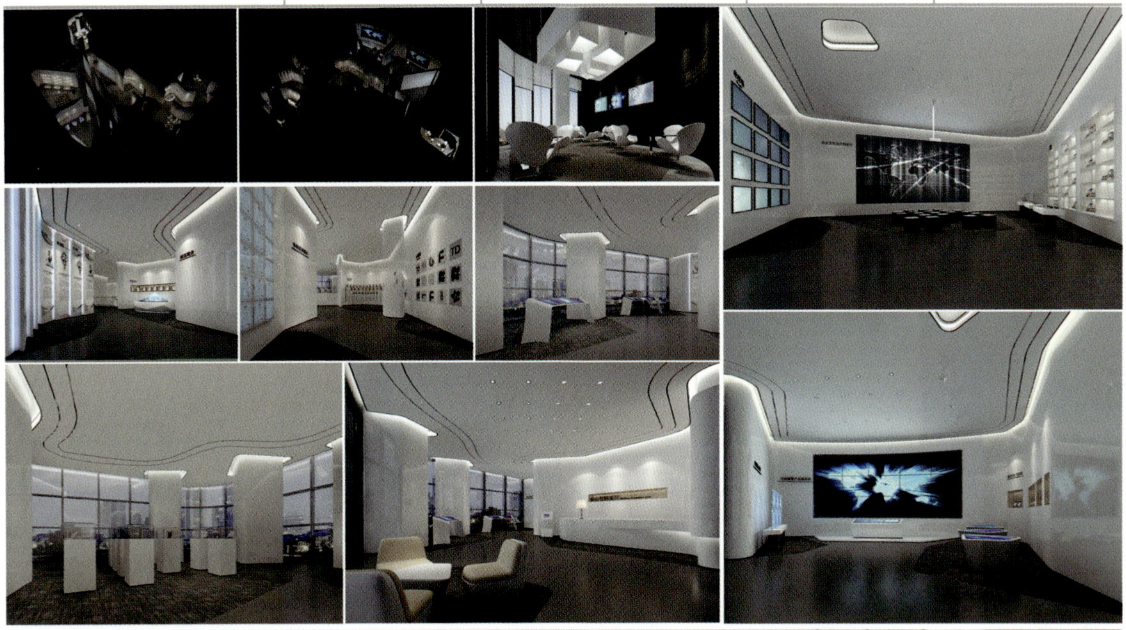

作品名称：花谷美境

作者：樊帆　陈卓

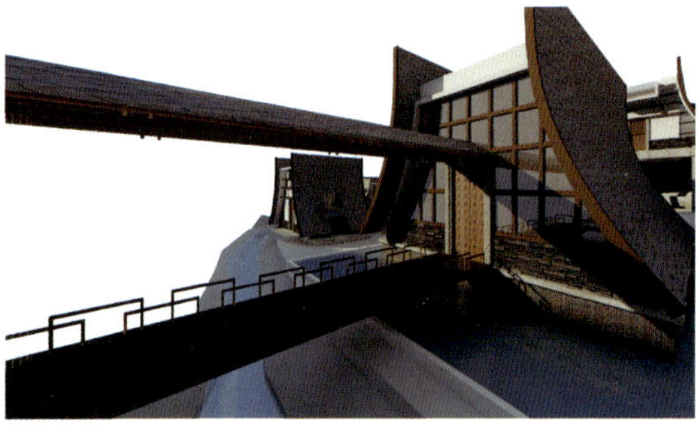

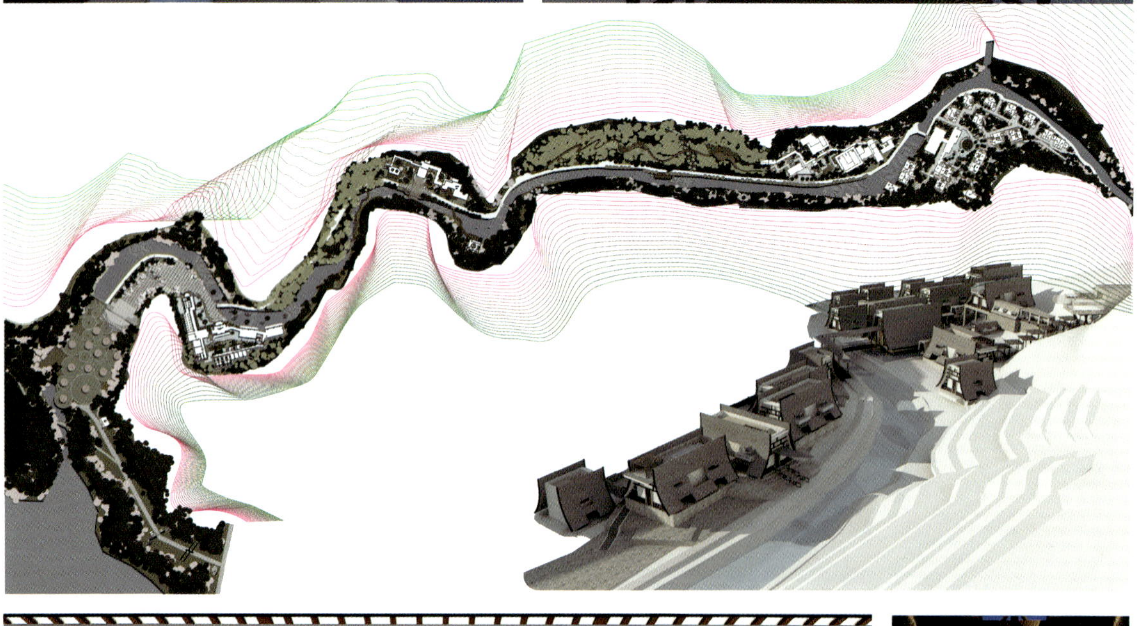

花谷美境

李时珍在《本草纲目》中说：『蜡梅花味甘、微苦，采花炸熟，水浸淘净，油盐调食』，既是味道颇佳的食品，又能『解热生津』。

古人有诗云：『枝横碧玉天然瘦，蕊破黄金分外香』，蜡梅花也可提取芳香油，花蕾供药用，浸泡生油中，制成花蕾油，可敷治烫伤；花又能解暑生津。蜡梅含有挥发油、蜡梅碱、异蜡梅碱、胡萝卜烃、黄色素等。

养生首先在于环境，城市居民需要常常到森林中洗肺，到绿色中洗眼，到潮润中洗肤。因此，融成美境风景区是生态养生的理想场所。

作品名称：景宁县大漈乡历史村落保护利用规划

作者：刘勇　姚正厅　蒋超亮　李瑜　张伯伟

9 核心区总平面

核心区总平面

根据古村落历史保护的要求，结合村庄的改造和发展要求，从用地建设和改造条件入手，在维持原有古村落整体风貌的格局上，协调新建片区的建设，展示古村落的风貌特征。

1. 大漈小学
2. 高山冷水茭白交易市场
3. 大漈乡政府
4. 垟心村
5. 潘宅村
6. 安置区
7. 景观广场
8. 农舞台
9. 大漈汽车站
10. 胡桥
11. 西二村村中心
12. 人民大会堂
13. 西一村村中心
14. 梅园小筑
15. 古民居
16. 大漈医务室
17. 进士府
18. 大漈罐博物馆
19. 乡村公共艺术活动中心
20. 时思寺文化拓展区
21. 护关桥
22. 时思寺
23. 千年柳杉王
24. 大漈旅游服务中心
25. 集散广场
26. 星级酒店
27. 停车场
28. 汽车营地

10-1 核心区空间布局规划　10-2 核心区规划用地图　10-3 核心区交通系统规划　10-4 核心区古道规划　10-5 核心区场所营造规划

11 核心区保护控制区域规划

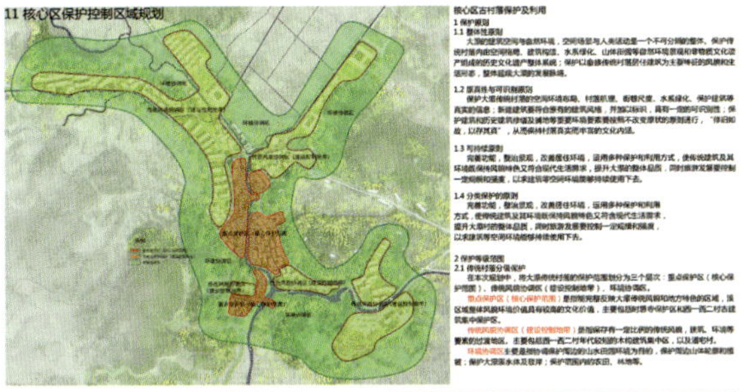

12 时思寺建筑群分析

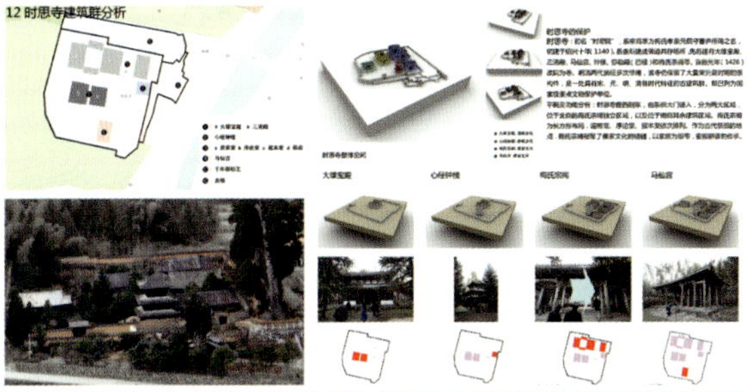

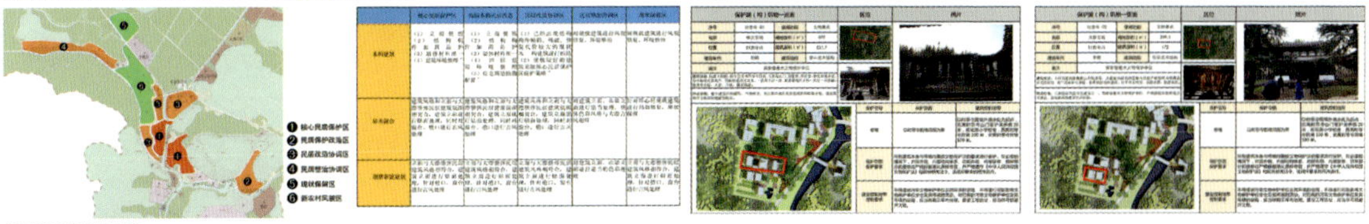

13 建筑详细改造保护措施

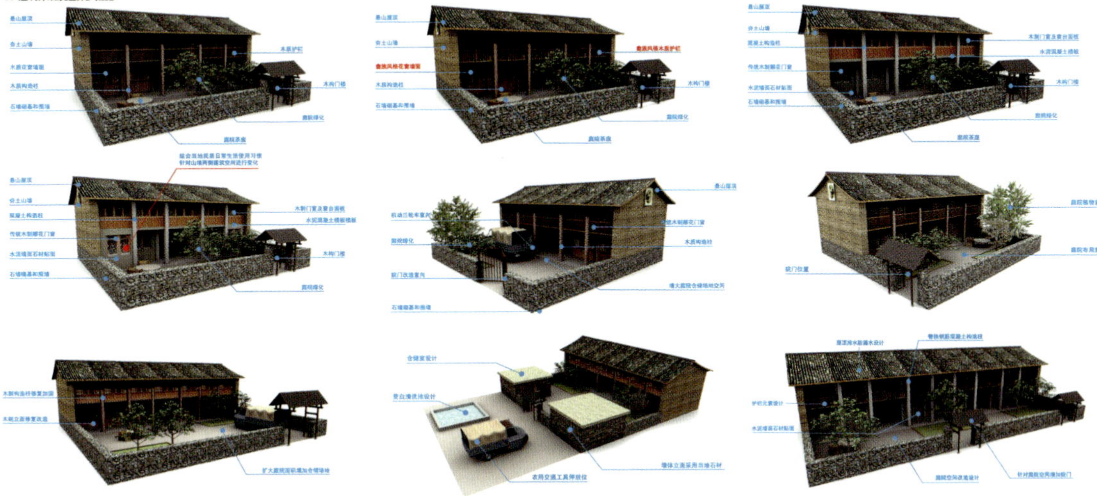

14 新建砖混建筑改造意向

15 新农村建筑

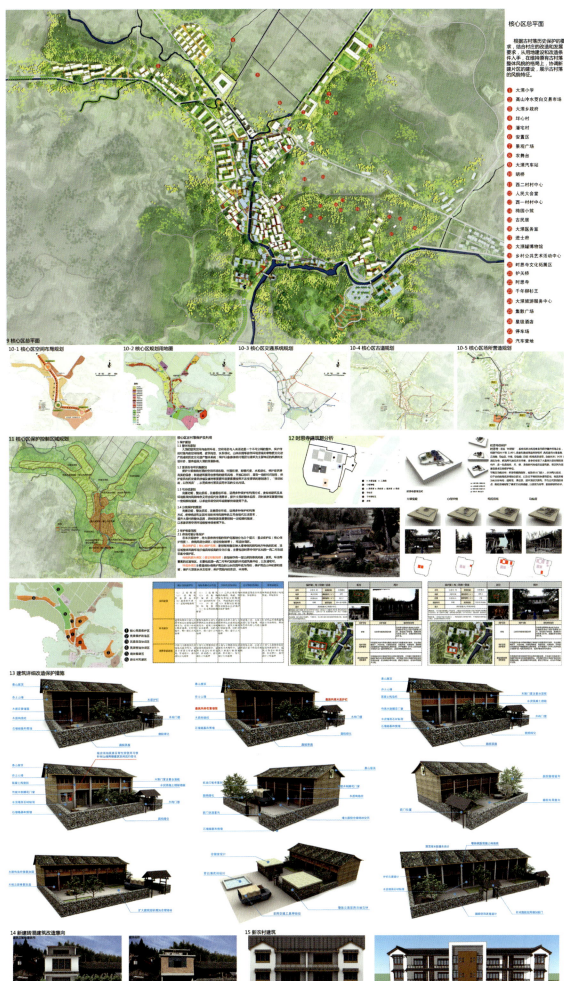

作品名称：景宁澄照乡历史村落保护利用规划

作者：刘勇 姚正厅 蒋超亮 李瑜 张伯伟

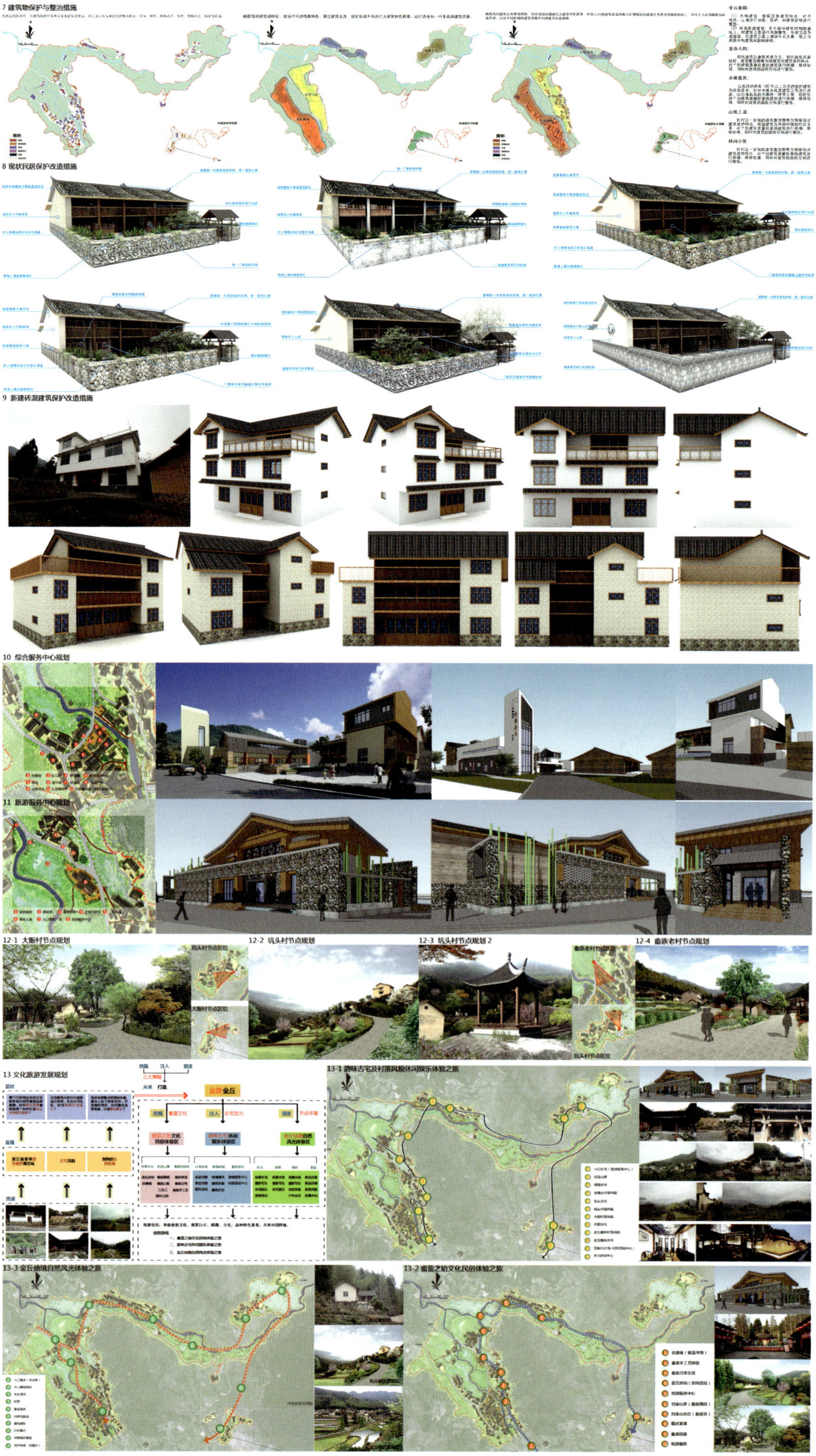

作品名称：禅意郑州
作者：刘斐

禅趣 郑州园

第九届中国（北京）国际园林博览会

一、创作背景

禅意郑州园位于北京第九届园林博览会园区内。郑州园的规划设计思想是以禅宗文化为核心，以现代造园手法，诠释“禅宗祖庭”这一郑州市文化名片精神与内涵，表达园林景观对郑州历史文化的传承方式，营造具有地域文化特征的园林空间。

二、文化诠释

中唐时期，人们把禅宗思想融入中国园林的创作中，从而将园林的“画境”升华到“意境”。

“郑州园”规划将禅悟之趣与园林之美融合在一起，以简单的材料、简洁的手法，追求景观的自然与纯净，演绎为郑州园的写意，命名“禅趣”。

1 主体建筑　4 达摩面壁　7 景亭　10 溪水
2 禅台　5 景墙　8 入口广场　11 石滩
3 下沉空间　6 游路　9 拱桥　12 标志牌

三、造园手法

以“有水一池、有竹千竿”起意，构建园子格局，规划“禅悟”、“禅坐”、“禅思”、“禅趣”四个区。

禅悟：以园区主体建筑为核心区域，建筑面向一池净水，形成一个宁静安寂的空间。主体建筑匾额题刻“悟”，“空花哪得兼求果，阳焰如何更觅鱼；摄动是禅禅是动，不禅不动即如如”了了数语表示出禅境真谛（引自唐代诗人白居易《读禅经》）。借着中心荷池及游鱼，绎化出心灵的自由“游”动，这里是物境，更是心境的物化。

禅坐：以水环绕，通过框架营造出一个虚拟空间，用对景手法来营造达摩面壁的精神空间。与外扰虚隔，暗喻面壁成佛、自我提升

禅思：为下沉空间，空间内通过枯山水的营造，为游览者提供一个休憩，思悟的场所。周边以竹林围合，空间内敛，在此静坐，忘我忘园。

禅趣：贯穿全园，以地形、水体、粉墙、植栽组织空间，并通过空间序列的处理达到空间变换、步移景异，演绎出“青青翠竹，总是法身；郁郁黄花，无非般若”的空灵。“十牛图”的点缀，于生活情趣中悟感禅理。

十牛图

入围作品 / 专业组

作品名称：陆家嘴滨江大道概念方案

作者：罗曼 张治斌

Lujiazui landscape

陆家嘴滨江大道概念方案

Design specification

规划基地位于黄浦江南岸，沿江规划范围从东园路至浦东南路。基地紧邻陆家嘴金融中心，周边用地包括浦东公园、陆家嘴商务区、沿江公共建筑带，以及东方明珠电视塔等标志性建筑。基地的滨江对岸是国际客运中心，西侧江对岸是外滩保护建筑群，区位特征非常显著。基地周边的特殊环境使这段滨江岸区位尤为突出，需要一个与其用处地位相符的景观品质彰显这一地段的社会经济价值。大部分的可利用开放空间被尽可能的规划于滨水的区域，这个构思是为了将江滨的观景空间及氛围最大化。全部空间的可达性是本项目的一个设计重点，设计布局中妥善的安排人行坡道及电梯以供残障、年老及有婴儿的家长使用，并于主要人行出入口设置了残障专用停车位。秉持"更好的城市，更好的生活"主题，提出"自然、城市让生活更美好"的设计远景，景观意象设计格局呼应了中国特有的自然景观形式"山脊"、"溪谷"、"丘陵"及"冲积平原"，凭借着极简自然风格，引领人们暂离喧嚣的城市生活，走向极具自然、休闲及惬意的水岸景观空间。

Planning base locates in the south bank of the Huangpu River, along the planning horizon from Dongyuan Road to Pudong South Road. Also, the base closes to the Lujiazui financial center, and its surrounding includes Pudong park, Lujiazui business district, public buildings along the Huangpu River, as well as the Oriental Pearl TV Tower and other landmarks. The opposite shore of the base is the international passenger transport center, while the Bund buildings of protection locate in the west opposite shore. So, the location characteristics of the base is very significant, meaning that special environment around the base makes this riverside location need a particularly prominent landscape to consistently highlight its status and social economic value.Most of the available open space is designed in the waterfront area as much as possible, and this idea is to maximize the viewing space and atmosphere in riverside. While, reachability of the whole space is a design focus in this project. In the design layout, pedestrian ramps and elevators for the disabled, the elderly, and parents with babies are properly arranged. At the same time, private parking is also set up for the handicapped at main entrances. This design upholds the theme of "Better City, Better Life", putting forward the design vision of "Nature and City Make Better Life". Besides, its landscape design pattern echoes the Chinese unique natural landscape forms of "ridge", "deep valley", "hills", and "alluvial plain". Through minimalist natural style, this design leads people temporarily to leave the hustle and bustle city life and to enter the very natural, comfortable and pleased waterfront landscape space.

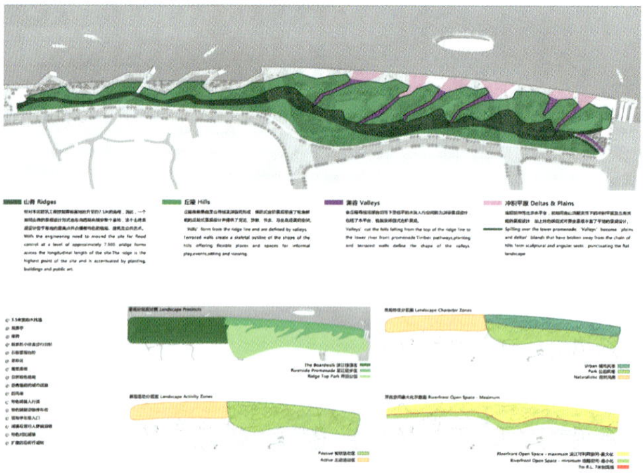

作品名称：邻里 更新 互动 自然回归生活

作者：沈莉 陈健

平面及索引

图例：
1. 社区主要出入口
2. 消防出入口
3. 商业入口
4. 地库出入口
5. 模纹广场
6. 特色景墙
7. 阳光草坪
8. 树阵休憩处
9. 儿童活动广场
10. 漫步道
11. 格子广场
12. 回车场
13. 特色入口平台
14. 宅间休息区
15. 入口平台
16. 健身径
17. 儿童嬉戏屿
18. 午后休闲茶亭
19. 阳光广场
20. 特色玫瑰拼花
21. 小水景
22. 英伦香氛DIY种植园
23. 玫瑰巷
24. 别墅区入口

空间分析

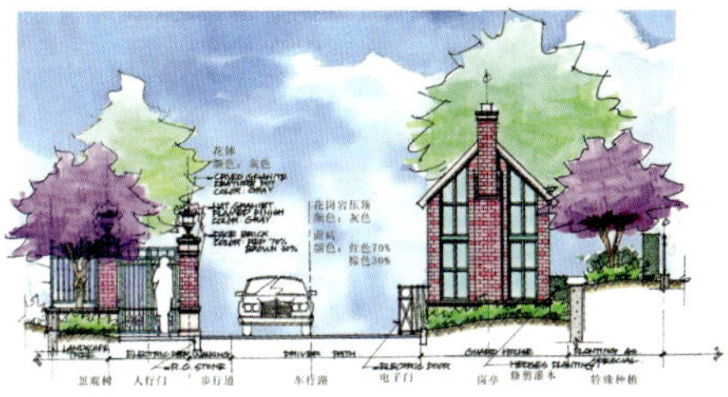

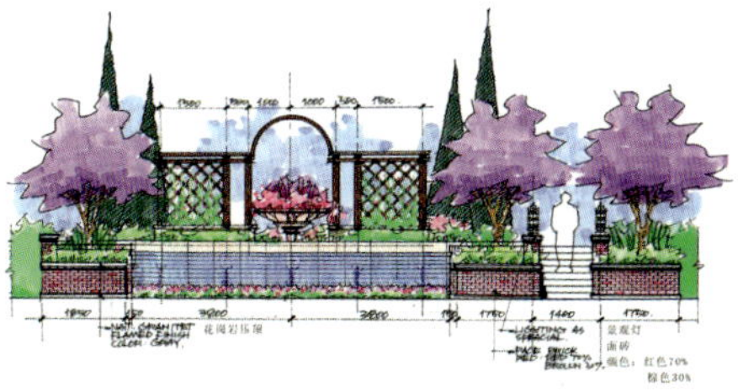

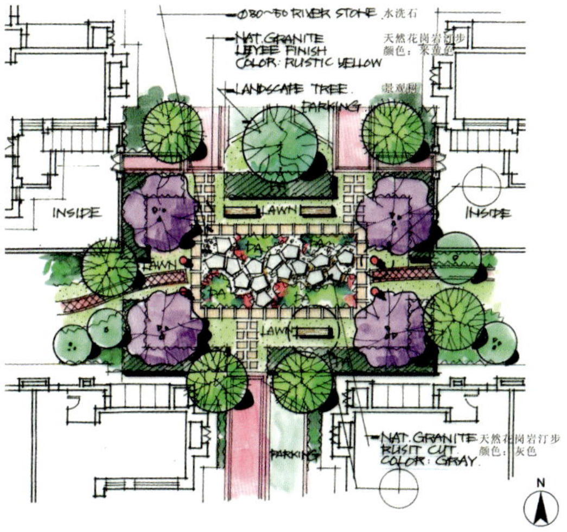

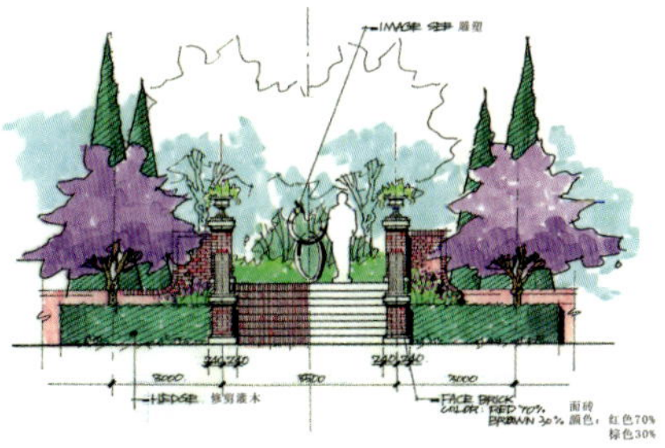

邻里关系

宅间，集合观赏、休憩、交流与交通功能，四季变化通过植物不断的感染着居民，合理的尺度，使人与人的关系更为舒缓，自由种植园的设置则更为强化人与自然的互动。

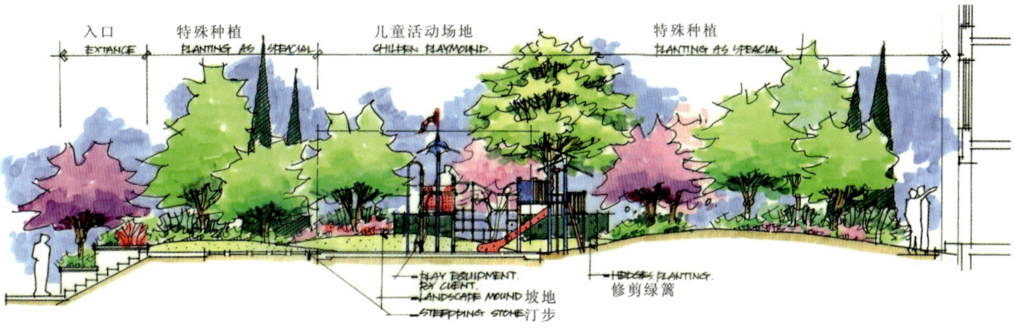

邻里•更新•互动 自然回归生活

给予孩子一个仿若绿谷的活动场地，绚丽的色彩极具感染性，游乐场成为动态并具有创造性的平台，孩子们可以将废弃物转变为他们的玩具。

儿童活动场地设计

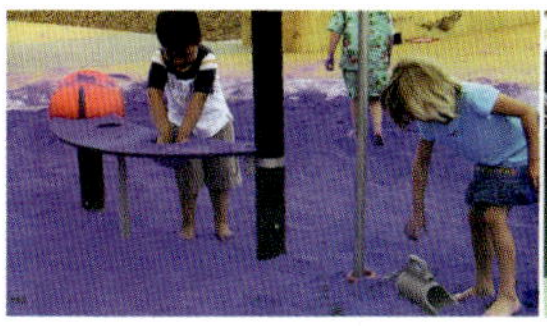

循环再生办公环境自建系统 ● ECOSYSTEM

作品名称：循环再生办公环境自建系统

作者：沈莉 陈健

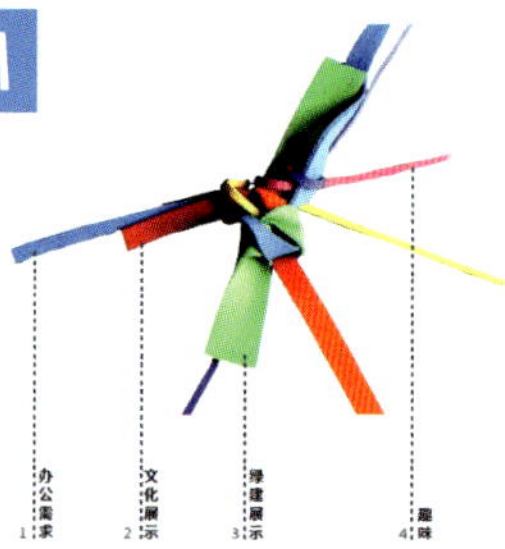

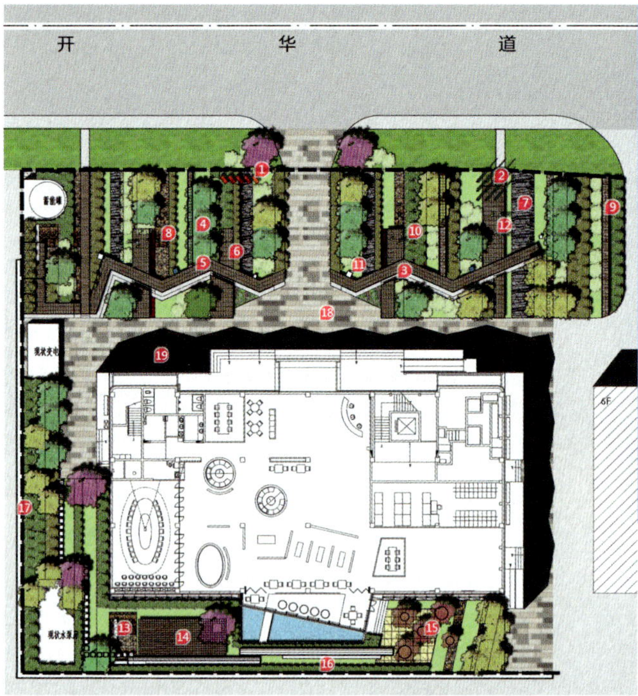

植物因子

设计细节

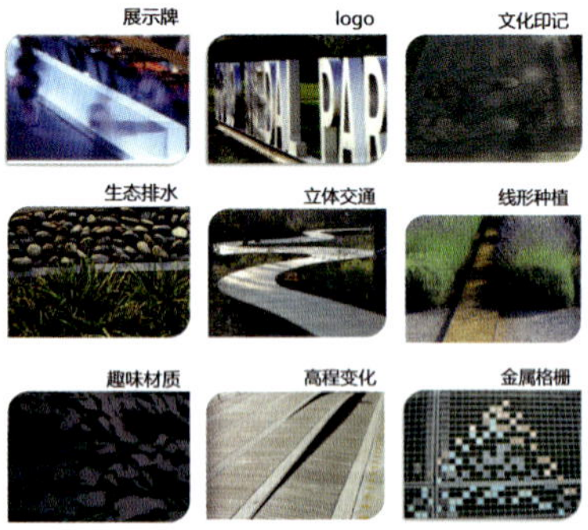

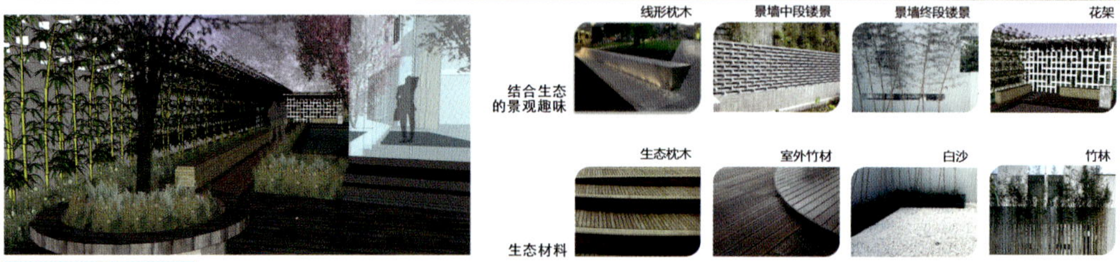

生态策略

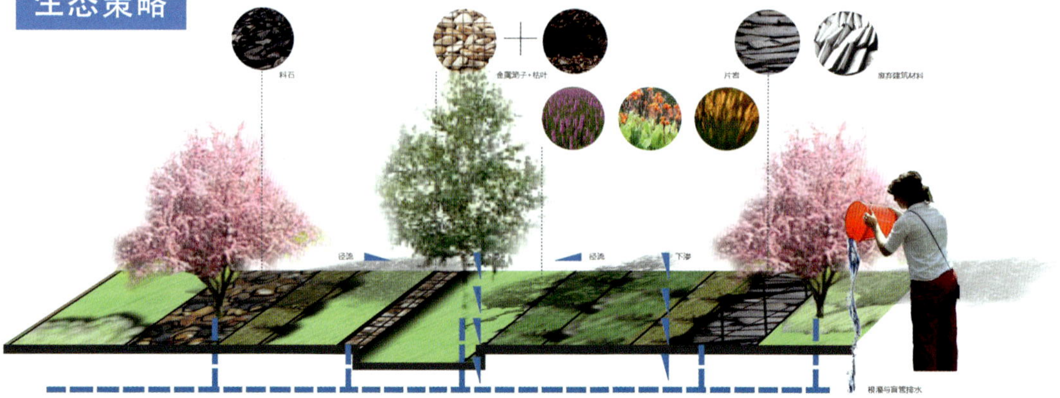

作品名称：行云流水——上海轨道交通12号线南京西路站装饰设计
作者：张胜

行云流水 上海轨道交通十二号线南京西路站车站装饰设计

行云流水，谓像天上的流云，江河中的流水。即自然不受约束，就象漂浮着的云和流动着的水一样。
中国城市轨道交通建设如火如荼，空间装饰形式多受制于空间结构的局限性，“井”字形的结构布局使车站装饰风格单一化，概念化。
“行云流水”概念的提出力图打破地下车站概念式的空间架构，强化车站的纵深感，通过元素不同节奏的排布变化，给人以律动感，弱化地下车站的压抑感。

行云流水形式演绎

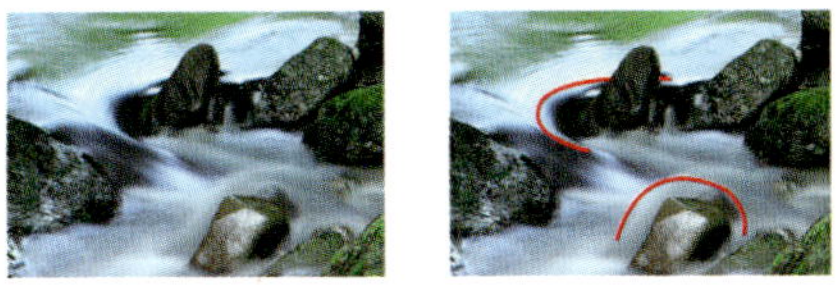

“行云流水”基础元素演绎

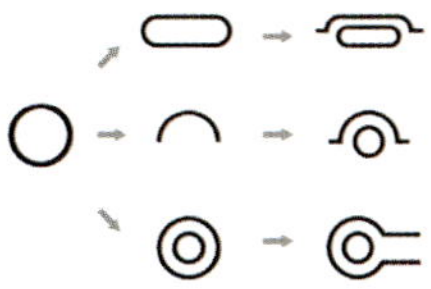

弱化车站“井”字格布局，强化车站纵深的流畅感

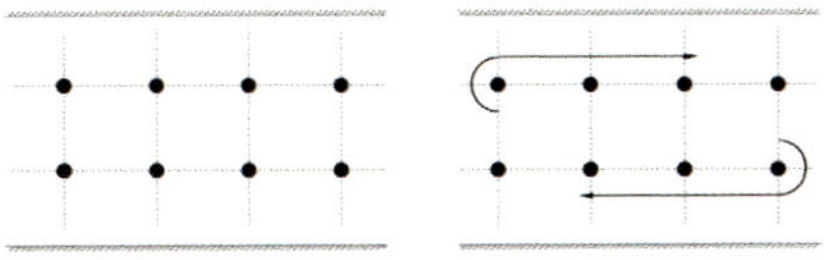

“行云流水”元素的平面布局

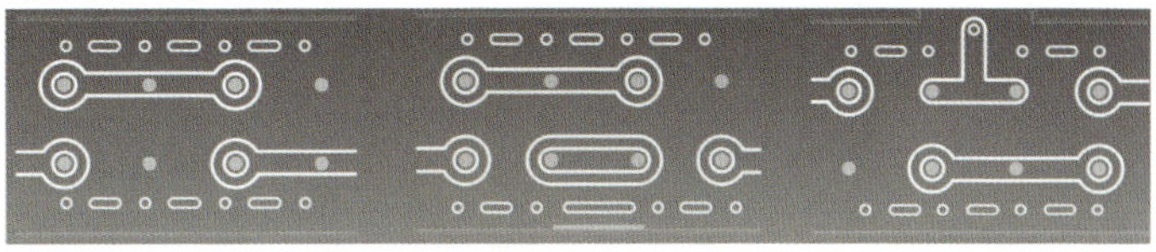

作品名称：上海市轨道交通12号线龙华站设计方案

作者：韩晓骏

自然形态的设计元素在城市轨道交通公共空间中的应用与实践
上海市轨道交通12号线龙华站设计方案

此次设计将在地铁站点空间内因地制宜的营造一种禅宗庭院般的静谧、深邃的空间气氛，与龙华古寺相呼应。

从禅宗冥想的精神中提炼构思，借鉴“枯山水”的造园造型方式与极少主义的表现形式，在禅的“空无”思想的激发下，来形成一种具有象征性的写意地铁装修模式。

表现“空相”、“无相”的高远境界。貌似简单而意境深远，耐人寻味，能于无形之处使人感悟哲理的深邃，这正是禅宗思想在造园领域的凝聚，从而再转换到公共交通空间装饰设计的大胆尝试。这种设计所追求禅意的空无，是在反省当代社会过度繁华之后，意图启发人对自然美的朴素审美意识。

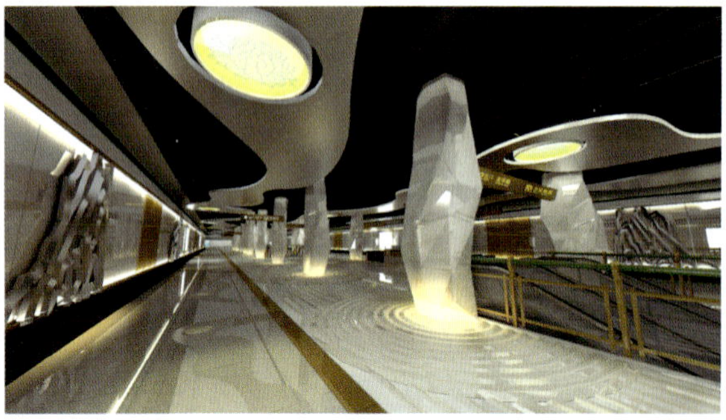

装饰造型方面：

把禅宗庭院 “枯山水”中的几大元素如　白沙、砾石、青竹、木亭、石塔与地铁装修中铺地、立柱、墙面、吊顶、等几大要素界面巧妙结合转换，并结合装修材料对这些造型元素进行简约的现代再设计。

色彩风格方面：

以素白的整体色调辅以青、黄色的装饰勾线，渲染禅意的空无与高远。

从形与色的统一来创造出地铁环境中“一花一世界”般的抽象悟境空间。

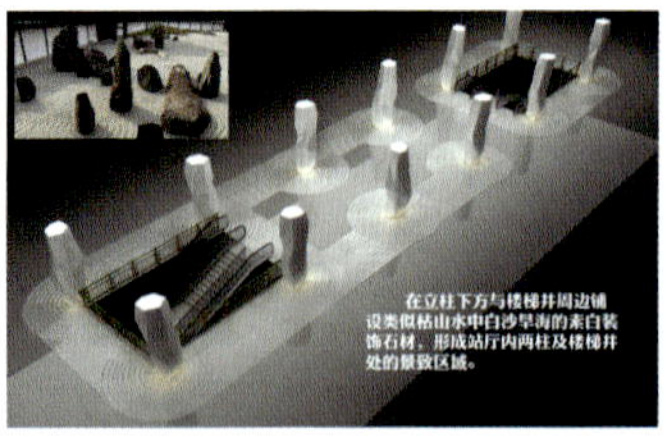

在立柱下方与楼梯井周边铺设类似枯山水中白沙旱海的素白装饰石材，形成站厅内两柱及楼梯井处的景致区域。

栏杆造型取形与佛园小径旁的扶栏，青竹扶手结合朴素木栏造型，起到点缀空间意境的作用。

墙面装饰以传统搪瓷钢板铺底，在此基础上间隔性的设置金属材质制作的线性写意山型装饰装置，庙堂佛门窗洞状装饰，并阶段性的设置禅意装饰的木格灯箱。使乘客经过时犹如穿行于隐喻山水的虚幻佛境空间。

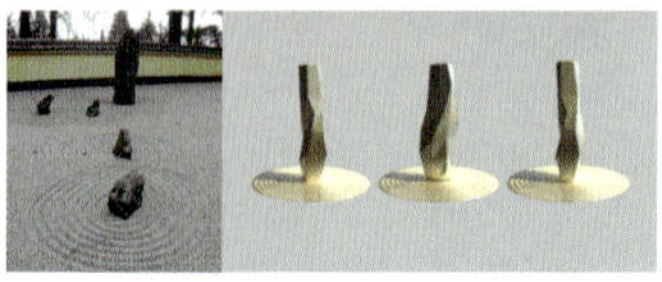

立柱以白沙上布置的岩石为设计原型，从而提炼出几何形切面状、简洁的不规则柱形，打破站厅内方柱矩阵造成的单调形式。

阶段性的设置禅意装饰的木格灯箱。使乘客经过时犹如穿行于隐喻山水的虚幻佛境空间。

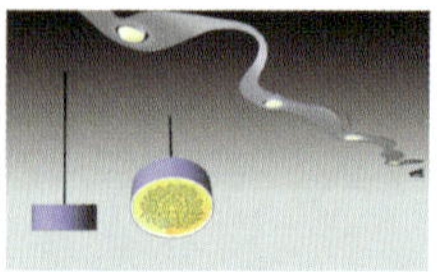

吊顶采用藤蔓式装修概念，在管道等设备下方悬挂青烟装灯带，好似屡屡青烟从庙堂缭绕。增加地铁空间的轻盈与空临感，也突出空间中的禅意与空无。

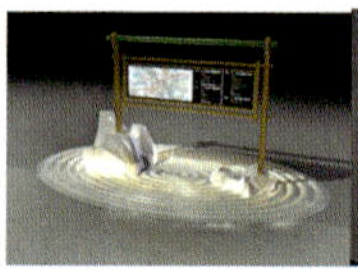

站台信息栏形式与护栏跟通，形成呼应，以白沙上的木牌为造型,突出意境

站台座椅形式与立柱跟通，形成呼应，以白沙上的砾石为造型，并以几何形切面提炼归纳形成座椅。

作品名称：地铁 2 号线陆家嘴车站概念装修设计

作者：于文欢 张胜 韩晓骏

上海轨道交通2号线陆家嘴站装修设计方案

2号线陆家嘴站概念设计将营造一个流动律动、高效高速、信息繁荣的凝聚陆家嘴精神的地铁空间。两侧是节能LED屏幕组成的连续式媒体信息播放墙，整合了广告和查询屏（ab屏）地图等功能。其上方的黑色LED 动态信息带 整合了导示、色带和辅助信息。吊顶部分以直线流动速度感的造型语言进行装饰并间隔性的设置LED 装饰灯带。

站厅效果

这次2号线设计的亮点是提出 “静态向动态转换”的设计方式，以“新技术、新功能、新归类”为设计原则。

把站厅原有的固定式静态墙面广告以LED屏幕组成整条通长的动态播放墙代替。把原先地铁按空间卖广告位的运营模式转化成按时间卖整站的广告播放时段。在某个时段就集中整站的所有媒体屏幕播放该品牌的广告片，站内的LED 灯条也随之进行色彩与动感的变幻。还可请媒体艺术家进行相关的品牌宣传片的创作，吸引商家进驻地铁。

空间向时间转化的形式打破地铁原有的运营模式，给地铁空间的功能使用带来了更多的可能性并合理的整合了站内繁多的功能信息。

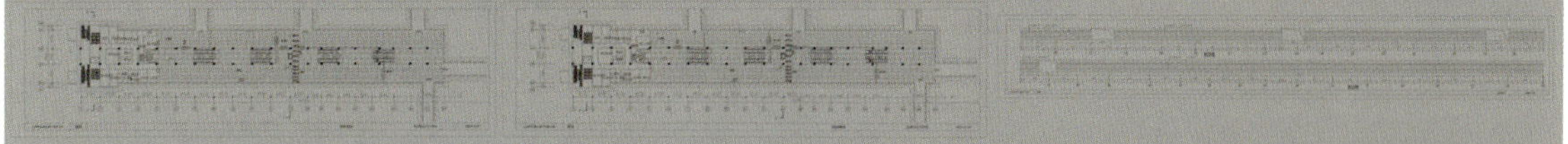

墙面媒体LED屏幕还能实时的播放一些城市中的相关数据，做及时性的互动内容。

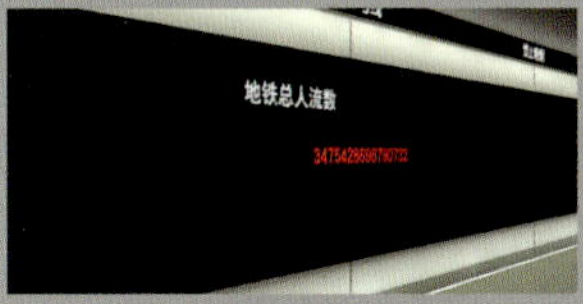

站台效果

以简洁现代的造型结合现代感的制作材质。

出入口采用玻璃钢结构 和周围的建筑协调 顶部是跟通车站的直线的元素 速度的线从车站里延生出来。

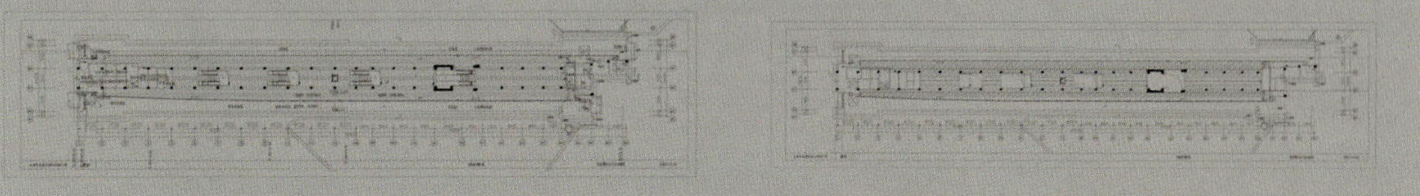

作品名称：上海地铁汉中路车站
作者：岑沫石

漢中
漢中路是南京市的一條交通幹道，東西走向，東到新街口，西到漢中門，全長 1931 米。路南屬于秦淮區，路北屬于鼓樓區
漢中路是 1930 年代首都計劃的一部分，新街口廣場開闢以後，1931 年到 1932 年，從新街口向西，在原有狹窄的旱西門大街（石鼓路）以北，新開闢一條筆直的東西道路，寬 40 米，兩旁種植懸鈴木。
長崎県美術館
上海軌道交通 12 號綫工程二期車站 室内裝飾設計方案
SHANGHAI RAIL TEANSIT LINE 12-TWO STAGE STATION INTERIOE DESIGN
通过山、水、石、木的自然元素营造一种质朴、宁静的室内空间，不同于普通常规地铁站的设计手法，在此空间中运用了水的元素结合波浪起伏的线条为主要的设计手法及思路。在大空间中凸显不同空间层面的变化。
结合山水元素的家具及公共基础设施

作品名称：上海地铁龙华寺车站
作者：岑沫石

龍華寺
上海軌道交通 12 號綫工程二期車站
室內裝飾設計方案
龍華寺是上海著名的寺廟，始建于宋代，是江南地區最古老的寺廟之一。1953 年由上海市佛教協會復制各殿佛像，重修各殿宇，新建藏經樓等。寺西之桃園于民國 17 年（1928 年）辟爲血華公園，後改名爲龍華公園，今爲龍華烈士陵園的一部分。
净潔箱
創造城市精神空間
追求泰然、從容
去尋找不可言傳的東方神韵。
水
沉靜大氣、磅礴堅毅
靈動交融
回歸自然、舒適嫻靜

作品名称：福州市麦埔村水循环景观改造

作者：李沙沙

福州市麦埔村落水循环景观改造

区位分析/Location analysis

麦埔村位于福州西南方部位，该地区主要居民主要是种植树苗为经济来源。但是该地区设备不完善，只要一有大雨，地面很容易积水，几乎没有排水设施。随着社会发展，环境污染恶劣，在周边的河流也是一条被废弃的河流。周边居民、村庄水资源受到严重的威胁。

Mai Pu village is located in the south of Fuzhou region, the main living area are to local trees as a source of. But the area of the equipment is not perfect, as long as there is a heavy rain, the ground is very easy to water, almost no drainage facilities. With the development of society, the pollution of the environment is bad, in the vicinity of the river is also one day be abandoned river. The village of water resources, serious threat to nearby residents.

现状分析/Analysis of the status quo

现状分析：由于没有任何规划麦埔，遇到雨水容易集中到低洼的道路表面，遇上暴雨更是如此。苗圃更是面临随时被淹没的状态，雨天人也无法在苗圃里面行走。

Present situation analysis: wheat, because there is no any planning to rain easy to focus to the low-lying road surface, this is especially true during a torrential rainstorm. The nursery is under submerged condition at any time, rain man could not walk in the nursery.

降雨量分析/Analysis of rainfall

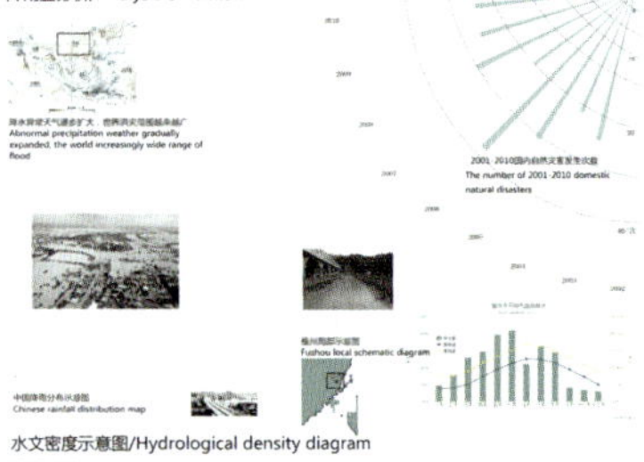

水文密度示意图/Hydrological density diagram

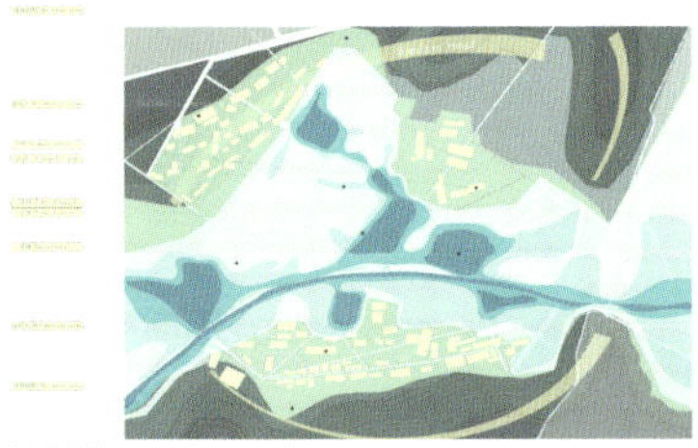

细部水文分析/Detailed water analysis

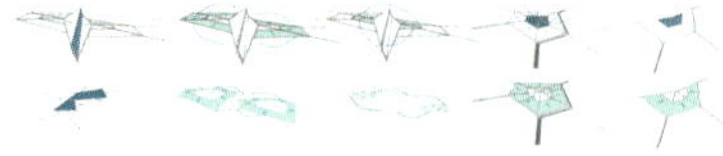

平面来源/Plane source

平面来源主要是利用宋代斗碗在延伸到斗笠，利用一个传统的雨具来表达主题，雨具来表示表达防卫雨水的来袭。

The plane is the main source of the .Song Dynasty Doo bowl in extension to using a bamboo hat,Atraditional umbrellato express the theme, rain gearTo represent the incoming defense rain.

平面图/Plans

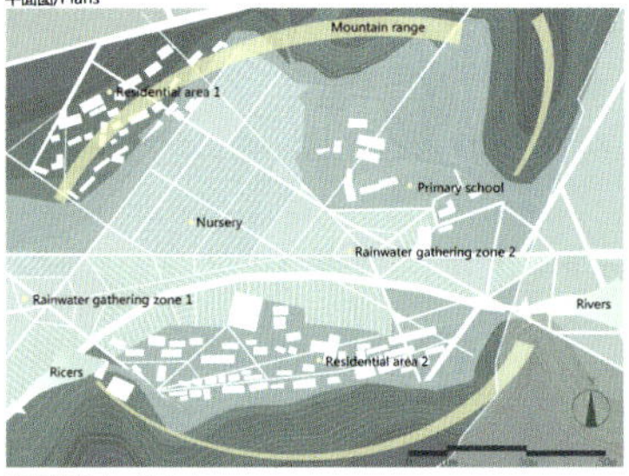

设计策略/Design Strategies

（1）该地区主要是种植树苗，但是当地几乎没有任何排水措施，当地环境极为恶劣。所以保留现存苗圃，把一些没有利用的土地因地形而设计。这样，既可以大大减少工程量，同时，可以让本土的自然景观得以充分地繁育。

（2）沿四周通过挖填方的平衡技术，创造出一系列深浅不一的水坑和高低不一的土丘，成为一条蓝-绿宝石项链，作为雨水过滤和净化带，是城市与自然湿地之间的缓冲区，形成自然与城市之间的一层过滤膜和体验界面。沿湿地四周布置雨水进水管，收集雨水，使其经过沉淀和过滤后 进入核心区的自然湿地。不同深度的水泡为乡土水生和湿生植物群落提供多样的栖息地，开启自然演替进程。

低洼池听觉景观分析/Low-lying pool auditory landscape analysis

听觉感应Hearing induction 听觉感应Hearing induction 听觉感应Hearing induction

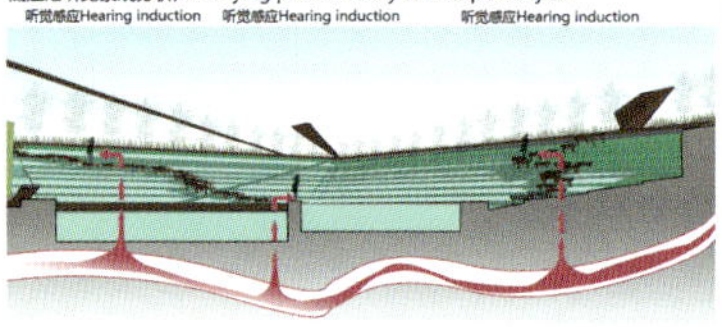

低洼池功能解析/Functional analysis of the low-lying pools

水径Water Trail 划船Rowing 探险Explore

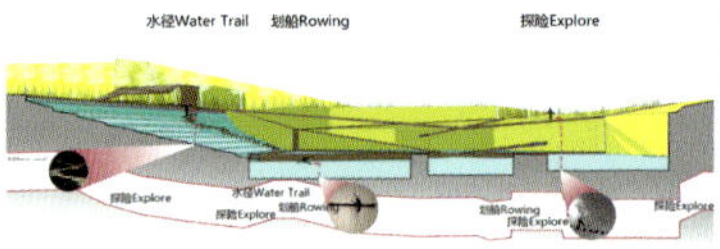

剖面分析/Profile analysis

分析效果图1/Analysis of results in Figure 1

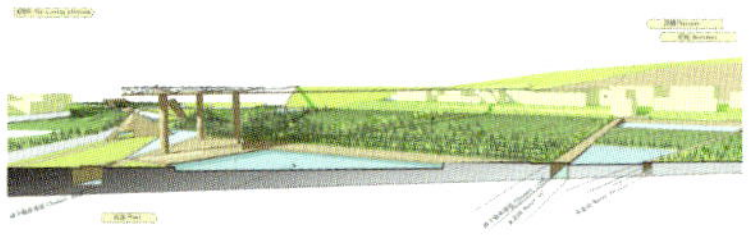

说明：春天为多雨季节，也是种植树苗季节。更是要做好排水措施。所以把雨水汇集到低洼是水池之中，把路道下面作为引水的道具。通过观景台可以鸟瞰全景，苗圃自然成为最自然的景观。

分析效果图2/Analysis of results in Figure 2

说明：夏天是南方降雨最高时期，低洼水域部分自然得到最大的用处，人们可以利用水纹景观得到娱乐，探险，水纹景观也可以在人们心中得到另一种印象。

分析效果图3/Analysis of results in Figure 3

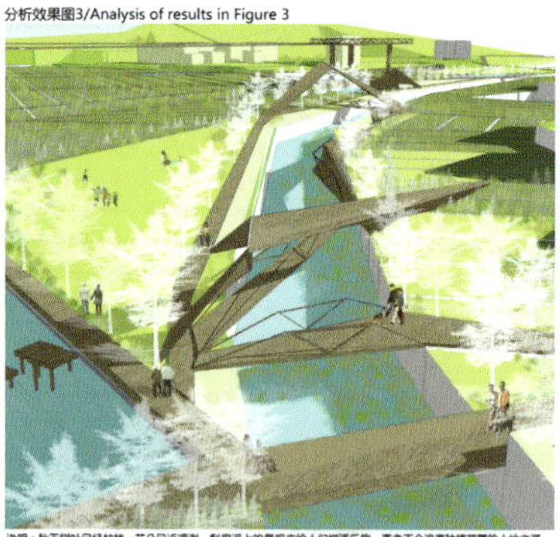

说明：秋天树叶已经枯楼，花朵已近凋谢。利用河上的景观来给人们增添乐趣，再者不会浪费种植苗圃的土地之源。同样可以达到一种休闲自在的景观。

效果分析图4/Fig. 4 Effect Analysis

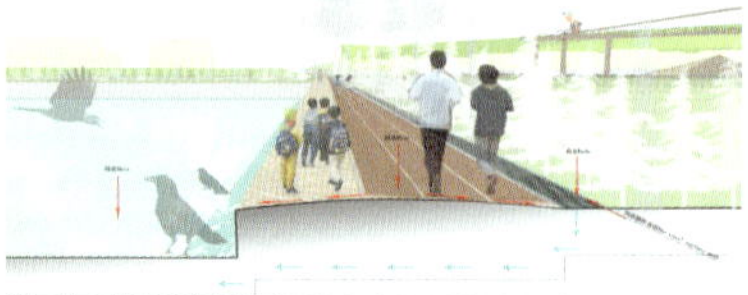

说明：改造一下原有的道路，把跑到搬运到大自然当中，这样既有利于周边学生参与运动，又可以提供一个公共的运动场。

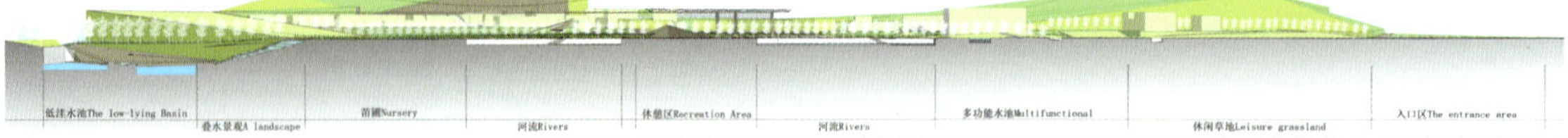

水流方向分析/The direction of flow analysis

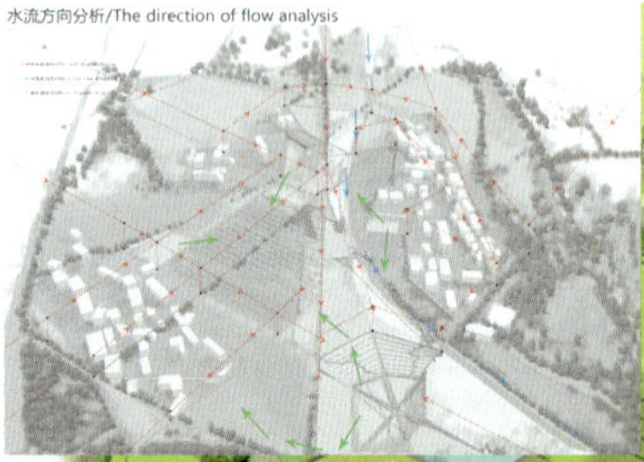

总体鸟瞰图/Overall aerial view

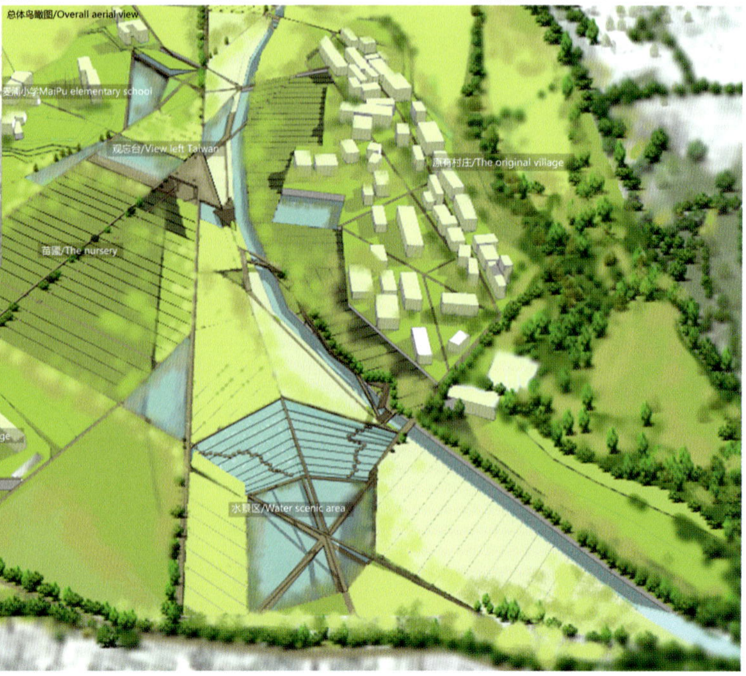

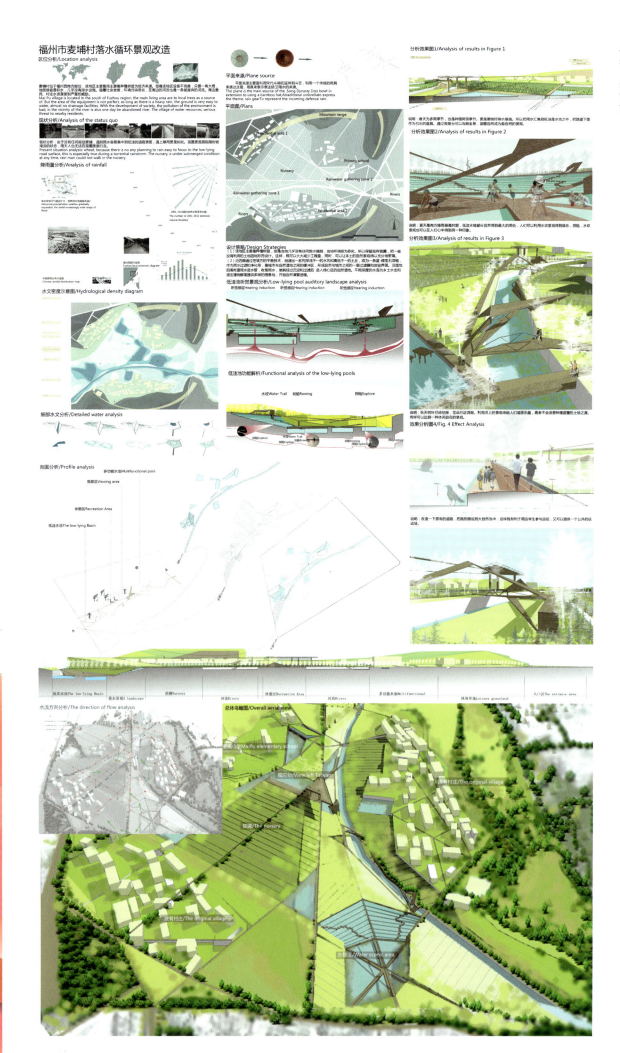

作品名称：POROSPACE——多孔性室内空间形态设计实验
作者：褚佳妮

1 “多孔性”的来源

“孔洞”是一种在自然界和人工世界中都普遍存在的结构，如海绵动物的进出水孔、太湖石的弹子窝、混凝土的蜂窝结构等。孔洞的存在赋予了这些物质多孔的结构形态，物体中孔洞所占空间的大小可用“孔隙率”一词来描述。在英文中用于表示孔隙率的单词是“porosity”，而“多孔性”一词也正是源自这个英文单词。在哲学中，“多孔性”来自于黑格尔对当时流行的一种关于“物”的构成理论的驳斥，他认为构成“物”的质料不是独立存在的，彼此之间是相互渗透的关系，构成物质多孔的本质。

2 多孔性形态的现实价值

“多孔性”是在当代哲学理论背景下受新的科学理论和数字技术影响所产生的一种新型建筑形态，是对当代社会的反馈，具有复杂性、开放性、渗透交融性等特点。

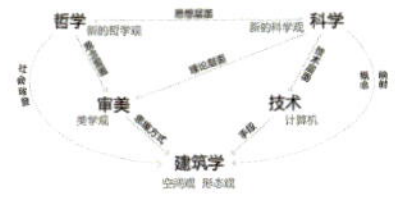

当代中国正在被设计夸张、形态各异，相互之间无关联的物体建筑所充斥，这些单体建筑的物理性累加使得城市变成了物体城市，原本的城市肌理被割裂、被铲除，城市区域无节制、无效地蔓延，物体城市终将转变成为无肌理的城市，而我们的首都北京正逐渐成为这样的一个物体城市。

多孔性建筑形态的出现打破了基于个体累加和区域无节制蔓延的“物体城市”的发展模式。通过考虑密度的生长与空间的需求，将阳光、空气等自然资源更好地引入空间，使新生成的建筑彼此之间相互融合，并与城市环境达到和谐的共生状态。“多孔性”提供了一种可持续的有机发展模式，在保证空间整体性和肌理完整性的同时解决了自然资源浪费的问题。

3 多孔性形态的设计实验

设计的课题与主题

课题——南京艺术学院设计学院图书馆“中庭”

主题——“POROSPACE”

“POROSPACE”来自“POROSITY”与“SPACE”两个英文单词的巧妙结合。其中，空间针对于图书馆功能而言，而多孔性更多的是将图书馆的服务对象“人”作为考虑的重要因素，它的含义不只停留在空间层面上，更体现在了心理感知方面。多孔性将打破原有空间的规整感和围合感，给予图书馆新的空间形态和空间内涵。

设计概念

概念一：海绵

图书馆被喻为知识的海洋，它具有海洋般广阔的包容性，而知识就如同海水，具有海水般的渗透性。在大海中，海绵作为多孔性形态的代表，为设计者提供了灵感。

概念二：太湖石

太湖石作为一种特殊的文化载体，在承载着深厚的历史文化价值的同时又散发着独特的艺术魅力，而这些同样可以被赋予给图书馆这样一个文化艺术场所。

场地分析

基地概况

南京艺术学院位于南京市区西部，呈丘陵地貌，校园内高差丰富。设计学院图书馆位于校园的南面，设计学院主楼的西南侧，与正东方向呈30度夹角，使东向日照面宽度较正南北建筑相比减少30度，但日照仍较为充足。

建筑环境

设计生成

太湖石分解图示

多孔性形态生成图解

概念草图

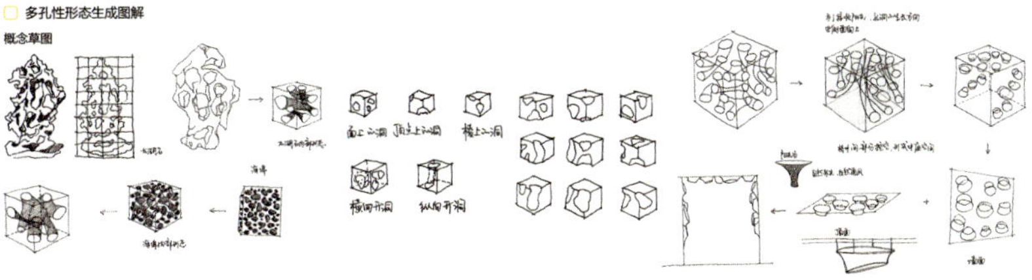

形态生成构想

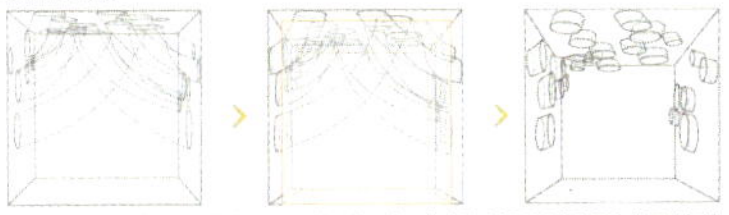

假设中庭空间产生于一个密度为100%的实体，为了使实体内部可以获取阳光并且空气流通，在实体上基于某种规律挖除一些体块形成孔洞，再根据使用功能的需要在实体内部的中间部分挖去形成中庭空间，而中庭的四周则保留了多孔性形态。

光线流动路径

形态优化

中庭需要为图书馆室内空间引入自然光线，因此将中庭设想为一个空心的长方体体块，以光线的流动路径作为孔洞的生长方向，在长方体中创建出类似于管道的孔洞结构，从而引导光线传输的方向。

在初始形体动态确定的基础上，根据所需不同的进光角度，将开口截面做斜切处理，使每个开口能最大程度地引导和调节光线。同时，不同的开口角度又在平面和立面上产生了极其丰富的变化，使墙面和顶面呈现出立体的空间层次。

设计分析

功能分区

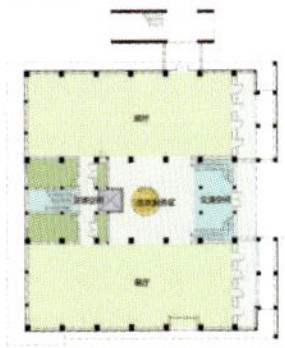

采光分析

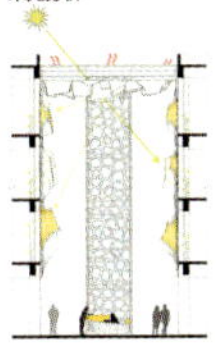

通风分析

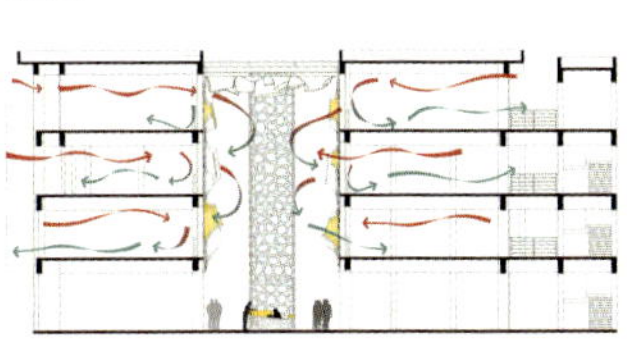

剖面图

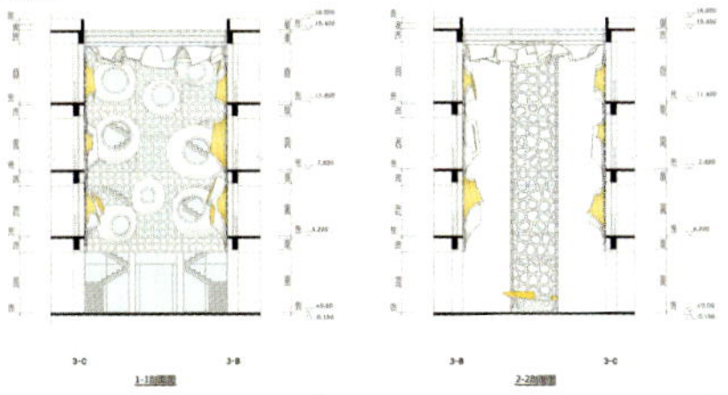

交通流线分析

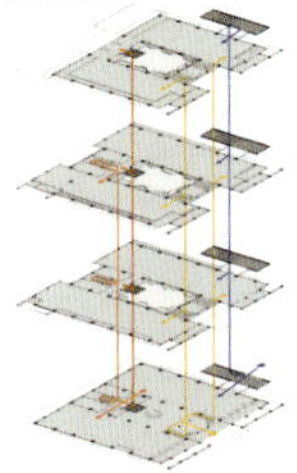

平面图

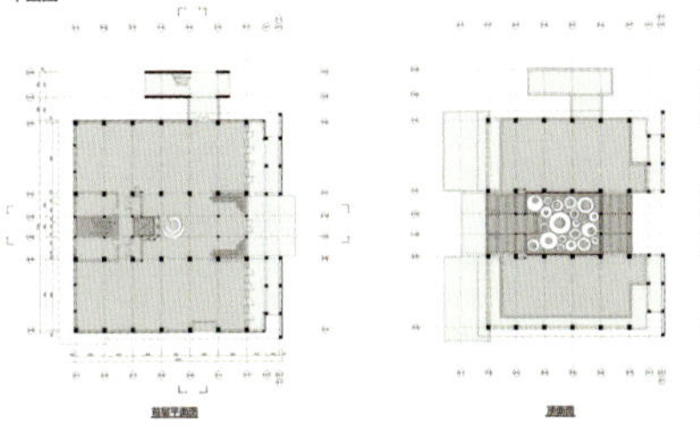

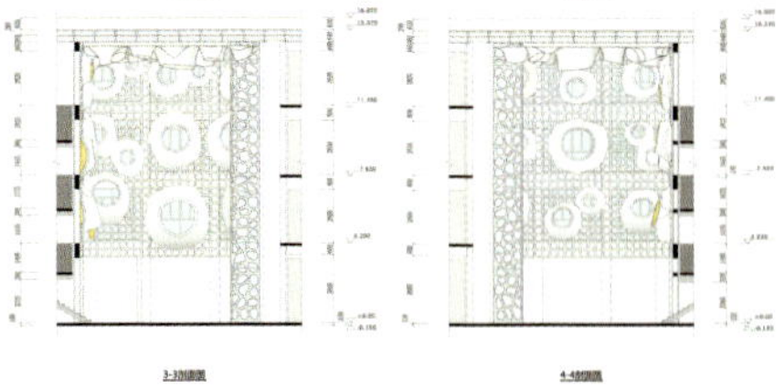

节点大样图

建筑剖切模型照片

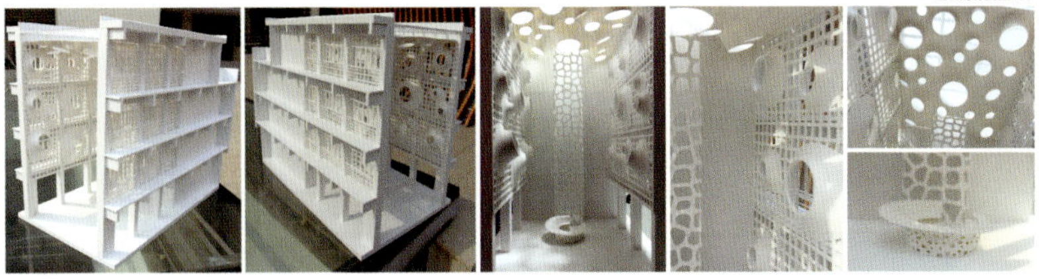

效果图

4 多孔性形态的设计展望

在当今这样一个多元化的时代，“多孔性”的出现是对当代建筑有益的补充。它不仅是一种渗透开放的建筑形态，更是一种生态的设计理念。尽管目前这种形态的构建还存在一些局限性和问题，但相比之下，它所具有的优势更应该值得我们关注。

通过以上多孔性室内空间形态设计实验，设计者试图以多孔性室内的形态生成过程和所带来的空间体验完整地诠释“多孔性”所包含的生态设计理念；以不同形态的多孔性的设计尝试深入地挖掘它在室内空间中呈现出丰富表现效果的潜力；以开放、渗透、融合的形态特征所提供的多方位空间体验充分地展现多孔性形态的空间优势和设计价值。期望人们认可并享受这种空间形式的存在，从而实现多孔性设计方式的广泛应用，为中国营造出优质、生态的城市建筑空间环境。

湘西凤凰苗族博物馆建筑概念设计

The Conceptual Design of Miao Museum

作品名称：湘西凤凰苗族博物馆建筑概念设计

作者：吴旭辉

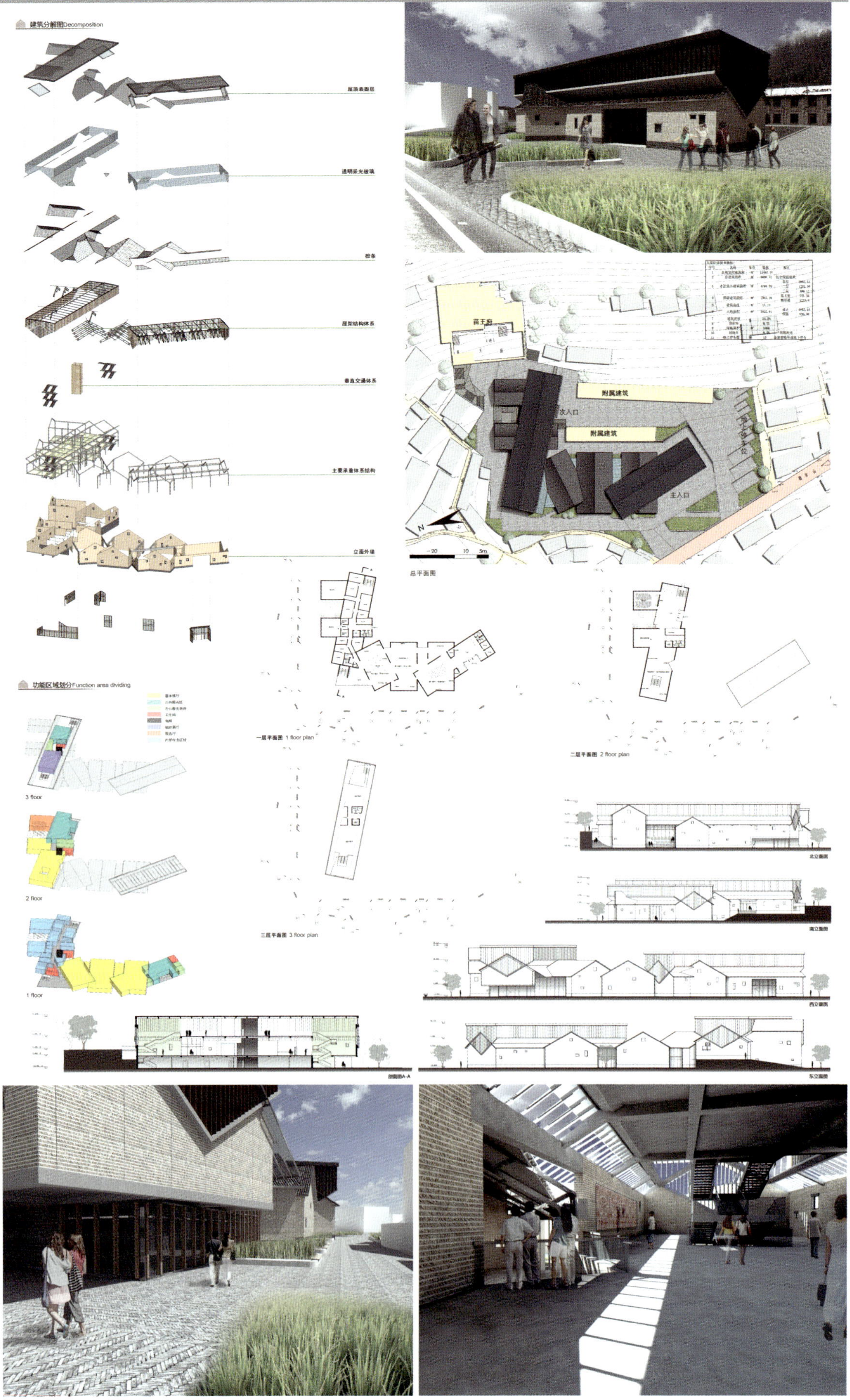

作品名称：放飞梦想——生态小学设计方案

作者：刘中原

作品名称：新加坡城市动物园

作者：那航硕

作品名称：城市会展中心城市综合体概念设计

作者：任航

东立面图
East elevation
北立面图
North elevation
西立面图
West elevation
南立面图
South elevation
平面图 plan
0 20 50 100m
N
城市会展中心
城市综合体概念设计
THE CONVENTION AND
EXHIBITION CENTER
OF THE CITY
The convention and exhibition center locate in the center of the city's CBD planning as People gathered and evacuated the whole space structure will be empty
Divided between different galleries various galleries and is closely linked
Space of the actual contrast and space of interest Series of space makes the center a organic whole Planning and external space environment design. and traffic organization coordination And the unified reasonable function layout pays attention to the efficiency of space in people-oriented to create humanized space design and comfortable Cut the space
The whole design consists of three regions: Is space indoor exhibition hall and outdoor exhibition area. respectively Pavilion connected to a parallel between the underground parking garage and patio on the ground The exhibition hall stereo connection View is open on the morphology and function can be satisfied Different needs

作品名称：阿斯兰的调色盒

作者：王帅贺

阿斯兰的调色盒

中国（鞍山）W&T设计事务所概念设计

Aslan's Toner Cartridge

——魔方与我的故事

建筑的景观搭配

由于本次设计的题目是一个充满色彩的魔方型建筑，所以铺装与绿化的搭配一定要呼应建筑，所以我们选择了不同样色的植被进行模块化分割与种植，这样在绿化一定色相变化的前提下可以完美地呼应建筑，可以做到真正意义的完美呼应。

Landscape Architecture

As the title of this design is a full color cube shaped building, so the pavement with green mix must echo the building, so we chose not the same color segmentation and planting vegetation modular, so that a certain green hue changes premise perfectly echoes buildings, can be truly perfect echo.

建筑的空间构成

这次设计使用的空间表现手法是下沉空间，下沉空间的应用从美化方面增加了空间的层次感，从实用角度也极大地增加了空间利用率，下沉空间分为地下餐厅与地下车库两部分，在合理地利用了建筑本身的空间同时也将地下收纳效应最大化。

Architectural spatial composition

The design approach is to use the performance space sink space, sink space applications increased from landscaping layering of space, from a practical point of view but also greatly increases the space utilization, sinking space into underground restaurant and underground garage two parts, the rational use of the building itself, underground storage space will also maximize the effect.

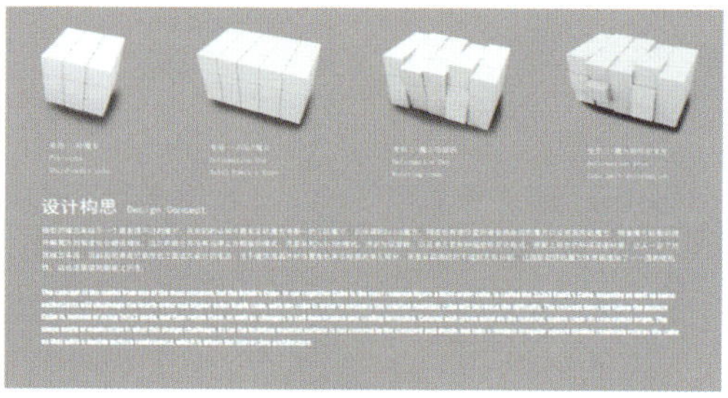

建筑立面 Building Facade

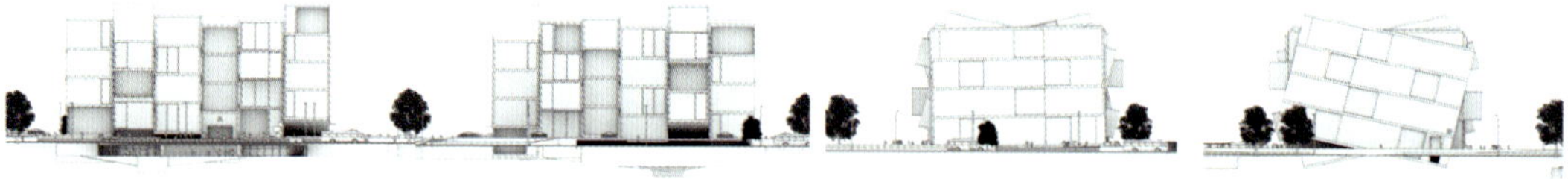

建筑南立面图 south facade building	建筑北立面图 north facade building	建筑西立面图 west facade building	建筑东立面图 east facade building

作品名称：Wind house

作者：徐睿

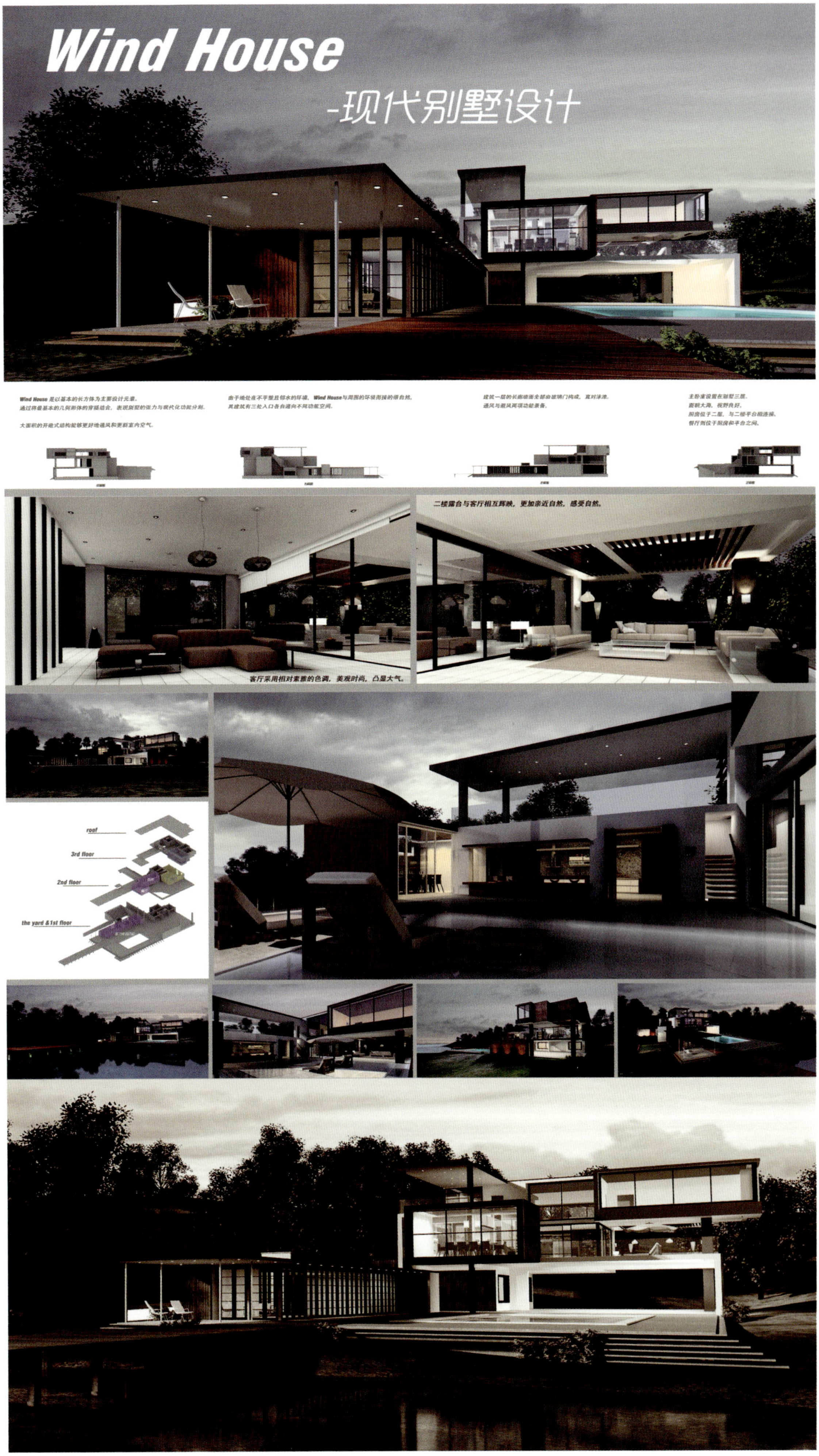
Wind House
-现代别墅设计
Wind House 是以基本的长方体为主要设计元素。
通过将最基本的几何形体的穿插结合，表现别墅的张力与现代化功能分割。
大面积的开敞式结构能够更好地通风和更新室内空气。
由于地处在不平整且邻水的环境，Wind House与周围的环境衔接的很自然。
其建筑有三处入口各自通向不同功能空间。
建筑一层的长廊墙面全部由玻璃门构成，直对泳池。
通风与避风两项功能兼备。
主卧室设置在别墅三层。
面积大海，视野良好。
厨房位于二层，与二楼平台相连接。
餐厅则位于厨房和平台之间。
二楼露台与客厅相互辉映，更加亲近自然，感受自然。
客厅采用相对素雅的色调，美观时尚，凸显大气。
roof
3rd floor
2nd floor
the yard &1st floor

入围作品 / 学生组

作品名称：海洋生态度假酒店

作者：赵凯

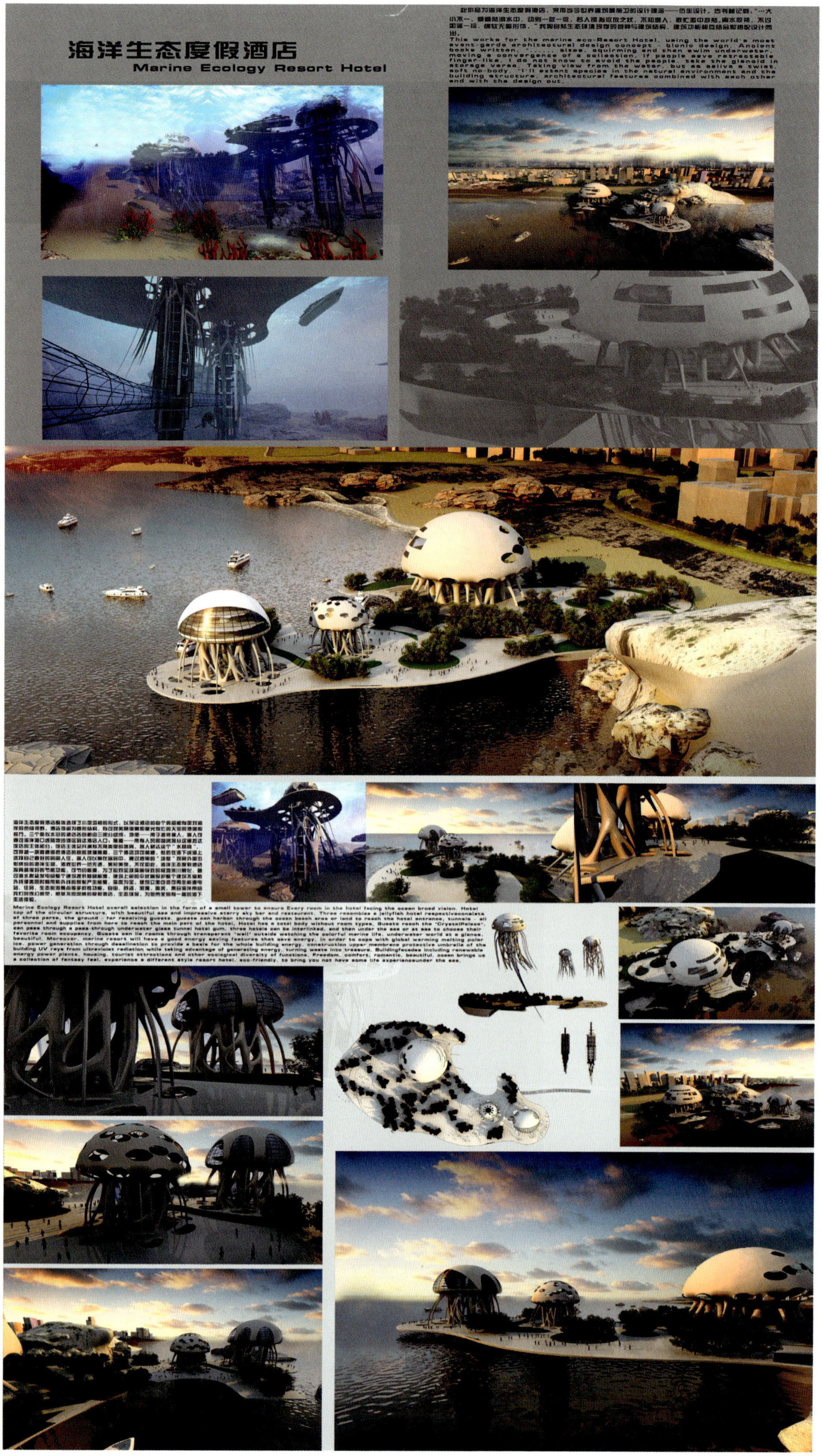
海洋生态度假酒店
Marine Ecology Resort Hotel
此作品为海洋生态度假酒店，采用当今世界建筑最前卫的设计理念——仿生设计。古书曾记载，"…大小不一，蠕蠕然游水中，动则一致一处，若人握拳收放之状，不知避人，取贮器中亦然，离水取视，不过如涎一坨，绵软无骨形体。"我将自然生态环境现存的物种与建筑结构、建筑功能相互结合和搭配设计而出。
This works for the marine eco-Resort Hotel, using the world's most avant-garde architectural design concept - bionic design. Ancient books written, "...... sizes, squirming and then swim underwater, moving a convergence of a collection, if people save retractable finger-like, I do not know to avoid the people, take the glenoid in storage verse. Taking view from the water, but as saliva a twist, soft no-body. "I'll extant species in the natural environment and the building structure, architectural features combined with each other and with the design out.
Marine Ecology Resort Hotel overall selection in the form of a small tower to ensure Every room in the hotel facing the ocean broad vision. Hotel top of the circular structure, with beautiful sea and impressive starry sky bar and restaurant. Three resembles a jellyfish hotel respectiveconsists of three parts, the ground - for receiving guests, guests can harbor through the ocean beach area or land to reach the hotel entrance, tunnels - all personnel and supplies from here to reach the main part of the hotel, Hotel has a total body without room types. Guests reach the "CrystalPalace", can pass through a pass-through underwater glass tunnel hotel gum, three hotels can be interlinked, and then under the sea or at sea to choose their favorite room occupancy. Guests can lie rooms through transparent "wall" outside watching the colorful marine life, underwater world at a glance, beautiful. Moreover, marine resort will have a good energy saving features that save energy, in order to cope with global warming melting polar ice, power generation through desalination to provide a basis for the whole building energy, construction upper membrane protective umbrella of the building UV rays from ultraviolet radiation while taking advantage of generating energy, turning waste into treasure. Buildingfacades including renewable energy power plants, housing, tourist attractions and other ecological diversity of functions. Freedom, comfort, romantic, beautiful, ocean brings us a collection of fantasy feel, experience a different style resort hotel, eco-friendly, to bring you not have some life experienceunder the sea.

作品名称：聚落•纵深——吐鲁番地区维吾尔族生土民居体验馆

作者：张琪

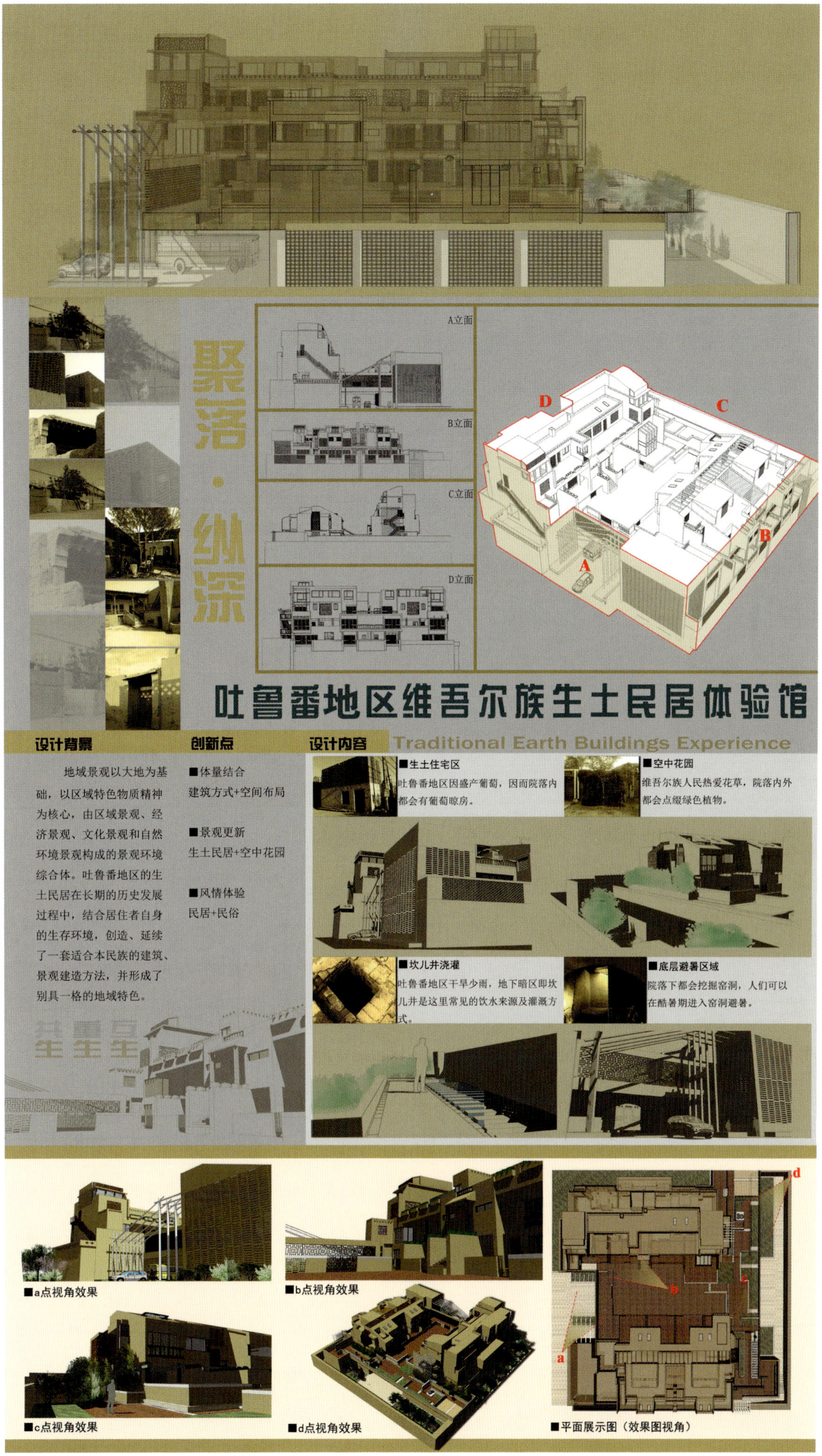
聚落•纵深
A立面
B立面
C立面
D立面
A
B
C
D
吐鲁番地区维吾尔族生土民居体验馆
Traditional Earth Buildings Experience
设计背景
地域景观以大地为基础，以区域特色物质精神为核心，由区域景观、经济景观、文化景观和自然环境景观构成的景观环境综合体。吐鲁番地区的生土民居在长期的历史发展过程中，结合居住者自身的生存环境，创造、延续了一套适合本民族的建筑、景观建造方法，并形成了别具一格的地域特色。
共生 重生 互生
创新点
■体量结合
建筑方式+空间布局
■景观更新
生土民居+空中花园
■风情体验
民居+民俗
设计内容
■生土住宅区
吐鲁番地区因盛产葡萄，因而院落内都会有葡萄晾房。
■空中花园
维吾尔族人民热爱花草，院落内外都会点缀绿色植物。
■坎儿井浇灌
吐鲁番地区干旱少雨，地下暗区即坎儿井是这里常见的饮水来源及灌溉方式。
■底层避暑区域
院落下都会挖掘窑洞，人们可以在酷暑期进入窑洞避暑。
■a点视角效果
■b点视角效果
■c点视角效果
■d点视角效果
■平面展示图（效果图视角）
a
b
c
d

入围作品／学生组

作品名称：最后的鱼『悦』——厦门市沙坡尾避风坞景观改造

作者：陈小云

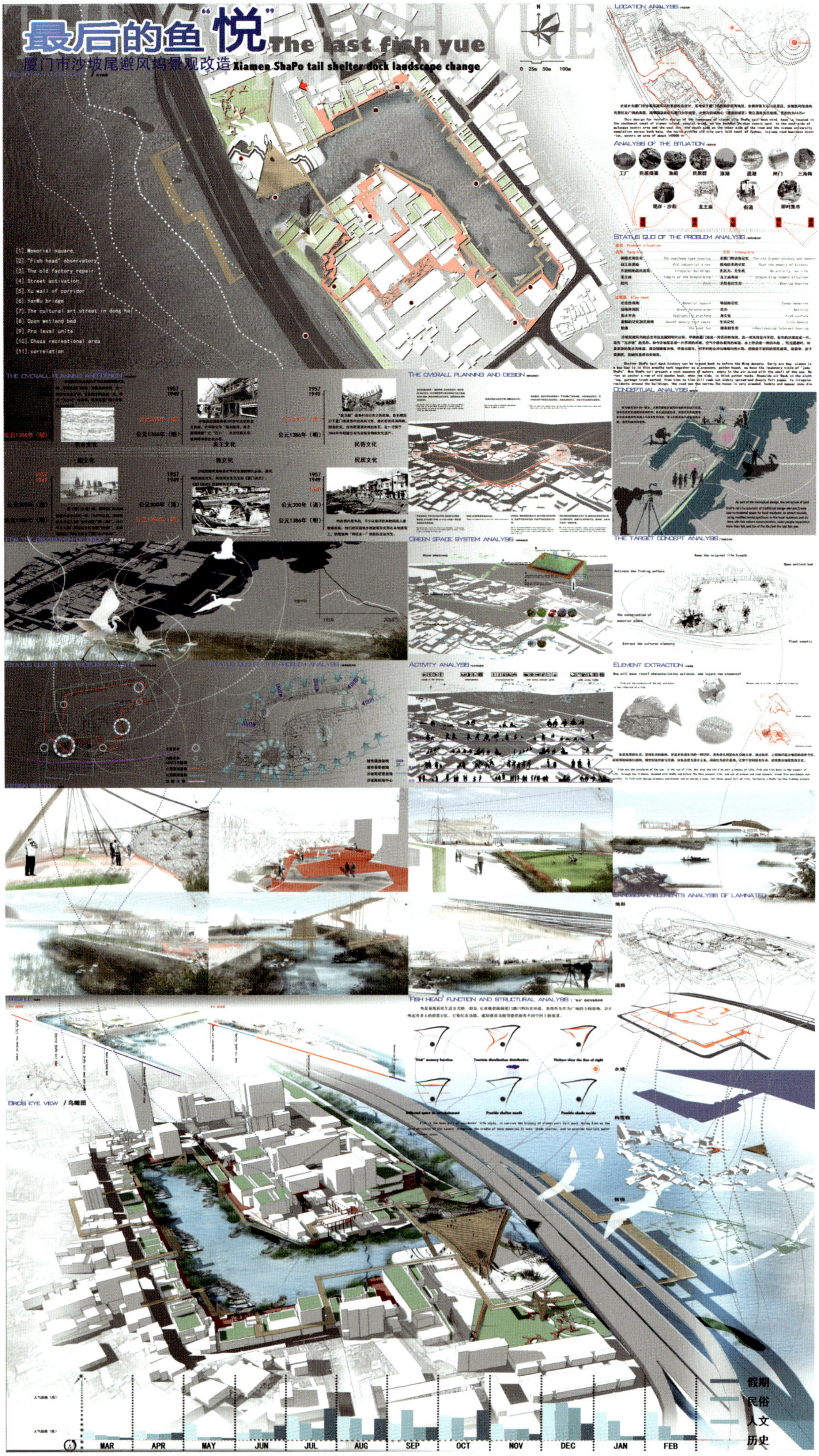

/入围作品/学生组/

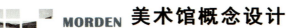

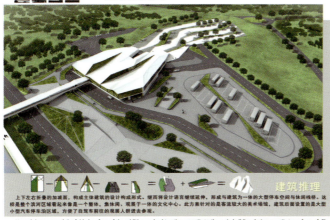

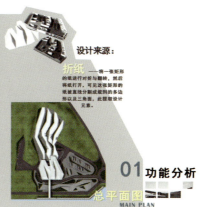

作品名称：现代美术馆概念设计
作者：宁芙儿

MORDEN 美术馆概念设计

设计来源：

折纸——将一张矩形的纸进行对折与翻转，然后将纸打开，可见这张矩形的纸被直线分割成规则的多边形以及三角面，此提取设计元素。

01 功能分析

总平面图 MAIN PLAN

建筑推理

上下左右折叠的加减面，构成主体建筑的设计构成形式。继而将设计语言继续延伸，形成与建筑为一体的大型停车空间与休闲栈桥。这样是整个滨河区域看起来像是一个整体，集休闲、观展于一体的文化中心。此方案针对的是客流较大的美术场馆，建筑后面设置的是大型小型汽车停车泊区域，方便了自驾车前往的观展人群进去参观。

Up and down around the folded surface of the addition and subtraction, constitute the main building design constitutes a form of. Then will the language extension to form a large parking space and architecture as a whole and leisure trestle. This is the entire riparian area looks like a whole, leisure, and theshow in one of the cultural center.This program is aimed at the passenger and larger art stadium,set behind the building is large, small parking parked to facilitate the view of development since the drive to crowd into the tour.

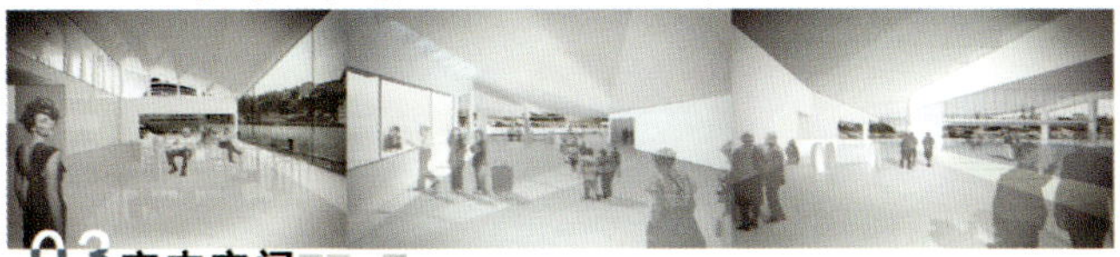

03 室内空间

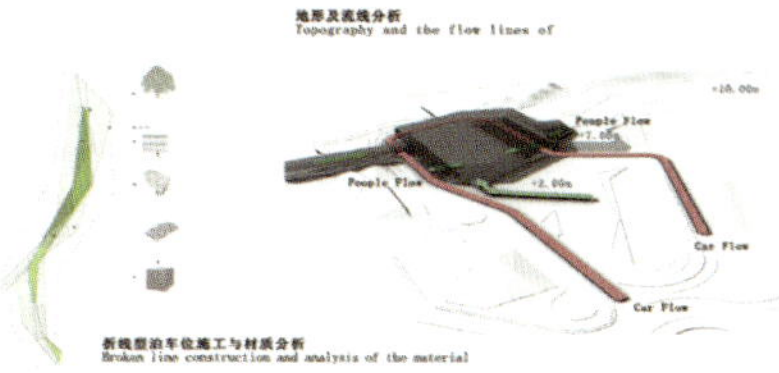
地形及流线分析
Topography and the flow lines of
People Flow
Car Flow
折线型泊车位施工与材质分析
Broken line construction and analysis of the material

建筑设计的起伏形式因地制宜，自北向南的坡地起伏变化微妙，由此建筑设计应融入环境之中创造氛围。北面的高低连接建筑二层的展厅，既北面的坡地加以合理利用作为小型车辆的停泊处。南面滨水地带为大型车辆的集散中心亦为人流密集地，人们可以通过建筑一层的大门进入展厅。美术馆具有教育功能和休闲功能形象 这两种功能形象即有相近和一致之处，即注重美术馆与大众的联系，又有不同的侧重点。

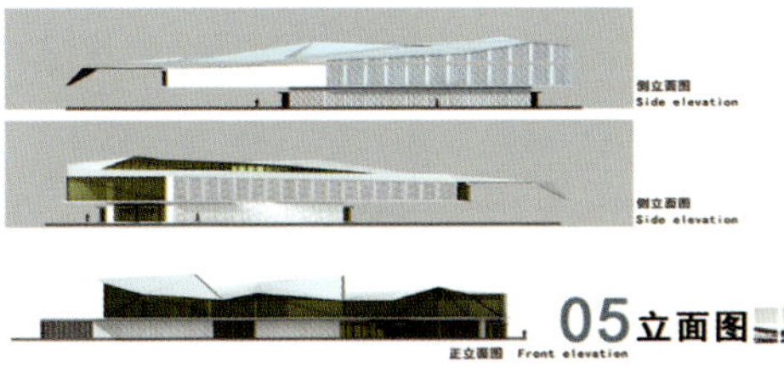
侧立面图
Side elevation
侧立面图
Side elevation
正立面图 Front elevation

05 立面图

02 建筑分析

六大综合功能：收藏、研究、陈列展览、教育、交流、服务。从功能的总体把握和宣传策略上，可分为三大部分：一是学术功能形象，二是教育功能形象，三是休闲功能形象。一个完整的美术馆，应从这三个功能形象上做文章。

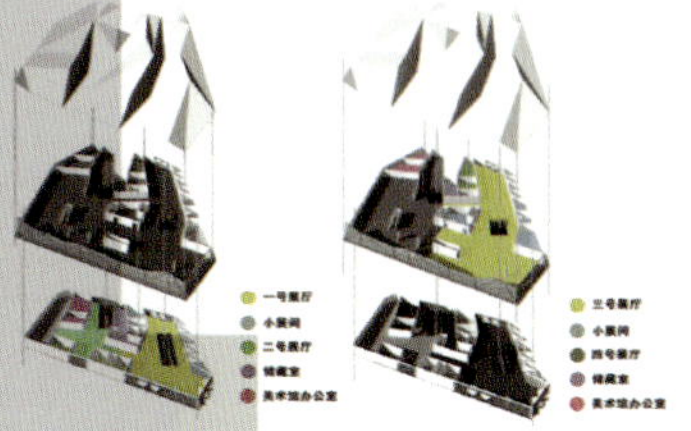
一号展厅
小展间
二号展厅
储藏室
美术馆办公室
三号展厅
小展间
四号展厅
储藏室
美术馆办公室

04 主体建筑

整个规划区域由三部分组成，包括建筑主体、大型停车区域、休闲栈桥。主体建筑的空间设计主要是根据折纸的形态生成演变而来，有不规则多边形进行组合而成。在二层设有自然采光区域满足了美术馆设计的功能性，直射阳光进入陈列室，除会引起陈列室温度上升之外，照度分布极不均匀，极不稳定。直射阳光中的紫外线含量也很高，会使展品受到损害，利用百叶窗、格栅就可阻止直射阳光进入陈列室。天然光所含的紫外线最多。在窗玻璃上涂一层吸收紫外线的涂料或贴一层吸收紫外线的薄膜，或在天窗下加一层吸收紫外线的塑料等或直接采用吸收紫外线的玻璃都可以达到减少天然光中的紫外线的目的。

The whole planning area consists of three parts, including the main building, large parking areas. The design of the main building of the space generatedaccording to the form of origami evolved irregular polygon combination. On the second floor with natural light area to meet the functionality of the Museum of Fine Arts design.Direct sunlight into the showroom, but also direct glare and spotdistribution is very uneven, the use of shutters, grilles, curtains or other can block sunlight to enter the showroom.

作品名称：苏步青数学园项目公共设施设计——『嬉学』空间系列

作者：虞金蕾

苏步青数学园项目 公共设施系列设计

——“嬉·学”空间 Play&Study Space

Series 1 无限循环的游艺空间：麦比乌斯圈

Mobius Circle
A Jungle Gym Design for Cyclic Space

设计说明

许多不太常见的数学问题其实早已被广泛应用在人们的日常生活，麦比乌斯圈就是其中之一。麦比乌斯圈作为一种拓扑图形，将平面上无法解决的问题，在一条看似两面实则连贯单面的曲面上神奇般地解决了。因此，设计者在数学主题公园的项目背景下，以麦比乌斯圈为灵感设计这款儿童游艺攀爬设施，意在为使用的儿童及观看的成人普及一些原本略抽象但新奇有趣的常用数学知识。除带来思维体验外，更将儿童亲身参与的行为体验融入其中。设施旨在同麦比乌斯圈一样营造出一个可无限循环的儿童游艺空间。设施主要用于室外。设计采用不锈钢碳素钢复合管材质制作，以生态乳胶彩漆涂于外层防晒隔热，环保材质保证儿童的健康。

顶面/TOP
正面/FRONT
侧面/RIGHT

设计效果

根据儿童的人机工程学尺寸，将麦比乌斯圈的边缘设计为攀爬扶手，一根根间距适宜的踏杠形成攀爬地带以象征麦比乌斯圈的曲面，在一定安全高度内带给孩子运动的快乐。在玩乐的过程中，不仅融入与产品的互动，更亲身体验到麦比乌斯圈所带来的奇特魅力。

Series 2 动静相容的游艺空间：克莱因

设计说明

设计者从数学领域中的克莱因瓶获取设计灵感，将这种不可定向、没有“内部”与“外部”之分的的曲面形态演化应用于设计中。把花坛与儿童钻爬娱乐设施相结合，通过设施营造动静相容的创意空间。按形态看，娱乐设施的圈状形态形成了花坛的底托，是花坛的外部。但圈状底托含有一个内部空间，提供给儿童一个环状的钻爬通道。从通道内部来看，花坛又成了一个外部空间。设计者运用奇妙的多维曲面为使用的儿童以及观看的成人带来别样的感性体验，从而理解数学的理性之美。根据室内与室外的不同使用环境，可使用不同的材质。

①花盆底部直径：60cm
②花盆开口直径：120cm
③钻爬通道最大宽度：60cm
④整体最大直径：180cm
⑤整体高度：72cm

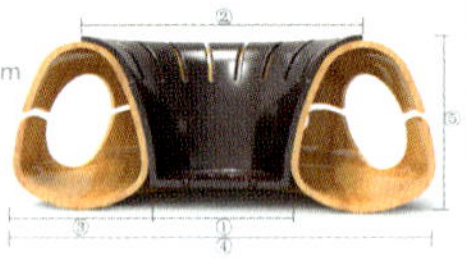

①
②
③
④
⑤

klein
An association SPACE of activity and inertia
An SPACE blurs the border between outside and inside

室外设施：
以PMMA有机玻璃板材以及环保塑料材质为主；
室内设施：
以木塑复合板材、金属复合板材、织物包裹为主。

Series 3 共享空间：∈多功能座椅 & 8字形长椅

E Multifunctional Chair
Design For Indoor Environment

以数学主题公园项目为背景，根据代数符号演化而来“∈”的多功能座椅，能为用户带来了两种不同的使用方式：一个人的独享，以及两个人的分享。“∈”在数学符号中代表了元素与集合间的从属关系。在设计中，不同的使用方式即元素，而椅子就是集合。两种截然不同的体验都是由同一张椅子产生的。而椅子的多功能性也营造出了一种人与人之间相互分享的和谐友好气氛。可放置于主题公园的室内环境中，同时也可用于其他室内场合。设计以金属管材骨架结合板材制成。

设计说明

数字8是作为长椅的绝佳形态元素。但与0的顺畅不同，8连贯的线条像被拧了起来。这样的型态易让使用者产生不愿跨入或不便面朝里坐的心态。不仅减少了椅面的可用面积，还会出现如拧起的线条般纠结、无奈的情绪。另外，8似无限符号的形态，又像暗示着现代人快节奏高压力的生活状态，只是在不断循环往复，却找不到停下来松口气，释放压力的出口。

Light

为此设计者运用起伏的线面构成，将平面数字变成层次丰富交错的立体形态，设计出别样的8字形公共座椅造型，营造出一个共享的休闲空间。既为扩增座面找到了“出口”，更找到了使用者内心无奈与纠结情绪的“出口”。用理性的数学方法解决了感性问题，引发使用者的情感共鸣，带来情感体验。设计以金属板材为基础构架，以木塑复合板材拼接出座面，并配置LED灯条在夜间使用。

8 - Style
Public Seats

*该系列设施均以苏步青数学主题公园项目为背景进行设计

作品名称：云展示——展示设计的公共性拓展

作者：张天钢

云展示——展示设计的公共性拓展

为民生——让更多的人拥有参与的权利

倡环保——灵活可变，重复使用

1 问题提出

引言

以上海世博会为例，这样一个世界性的盛会约95%的受众来自中国国内，只有5％的受众来自国外，可以说大部分国外的人们是无法身临其境的体会到上海世博会所传达的主题，只能通过电视和网络等媒体相对简单的对世博会的主题进行了解，地理距离遥远是一个重要原因。另外像一些贫穷国家（如非洲）的人们他们参与世博会的可能性就更小，也许世博会与他们毫无关系。

中国国内参与人数虽然很多，但也存在类似的问题，弱势群体（如农民，偏远山区的人们）参与性相对要小很多。

特定地点
世博会、博物馆以及其他各种类型的展览绝大部分都是在特定的地点来展示。
信息传播范围受限，信息传播有一定的被动性
很多人无法参与，弱势群体尤甚能参加2015年米兰世博会的中国人能有多少？中国农民能有多少？非洲等贫困国家的人们能有多少？
"主动出击"，使得信息传播范围最大化，实现展示设计公共性的拓展

展示设计公共性拓展，使得更多的人，尤其是弱势群体能够参与其中。

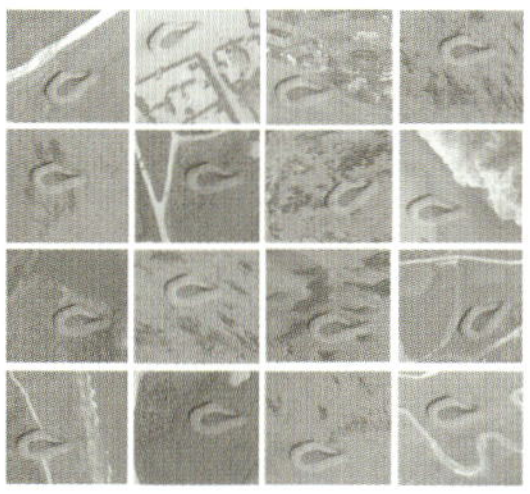

2 问题分析

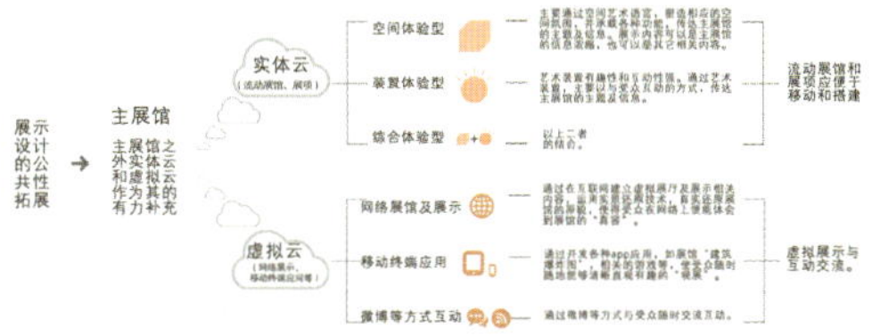
展示设计的公共性拓展
主展馆
主展馆之外实体云和虚拟云作为其的有力补充
实体云（流动展馆、展项）
空间体验型
装置体验型
综合体验型
以上二者的结合。
流动展馆和展项应便于移动和搭建
虚拟云
网络展馆及展示
移动终端应用
微博等方式互动
通过微博等方式与受众随时交流互动。
虚拟展示与互动交流。

3 设计支持

A、实体云 - 空间体验型 - 功能 结构分析

各视角形态

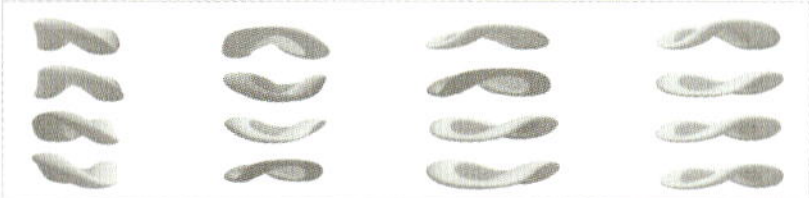

平面图

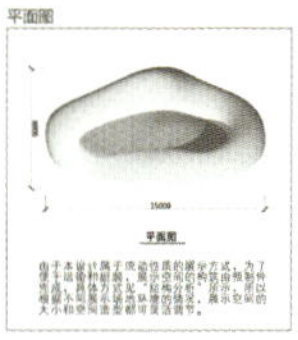

结构分析图

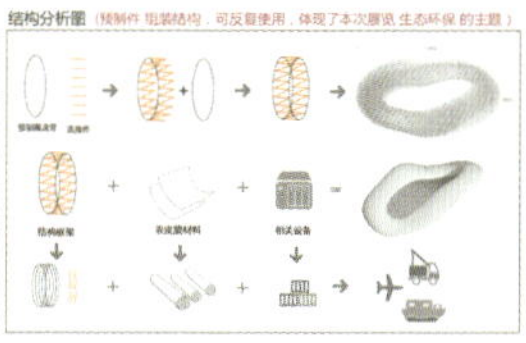

实体云效果图

实体云 - 空间体验型

实体云 - 空间体验型

实体云 - 空间体验型

B、实体云 - 装置体验型 - 功能分析

气味装置
交互装置
受众可参与，体验人机交互的乐趣。
视频装置

C、虚拟云 - 虚拟展示与互动交流

网络展馆及展示
移动终端应用
微博等方式互动

总结：
主展馆之外的实体云（流动展馆、展项）和虚拟云（网络展示、移动终端应用等）作为其的有力补充,就像天边流动的云，把展示信息带给世界各地的人们，实现展示设计公共性的拓展。

实体云 - 装置体验型

实体云 - 装置体验型

微型之家——模块化设计 Modular design

选题背景

伴随着人们生活质量以及生活要求的不断提高，人们对于其生活环境的要求也越来越高。不仅仅停留在满足居住需要的层次，而且提出了更高层次的要求。在过去很长一段时间室内设计的理念、方法、材料和技术已经越来越不适应人们的需求。设计师应该对室内设计的理念与方法进行更加充分的考虑，在室内设计的理念创新上多下功夫。室内设计的模块化发展趋势是一种崭新的潮流，是为了满足人们对于室内环境现代化、个性化以及舒适性的要求应运而生的。室内设计模块化主要是根据建筑空间的使用性质和所处环境，充分结合建筑的风格以及人们的实际需求运用各种物质技术手段和艺术处理方法，从内部把握空间，设计其形状和大小。

前期调研及场地确立——区域及交通

场地确立及前期调研——建筑平面功能分区

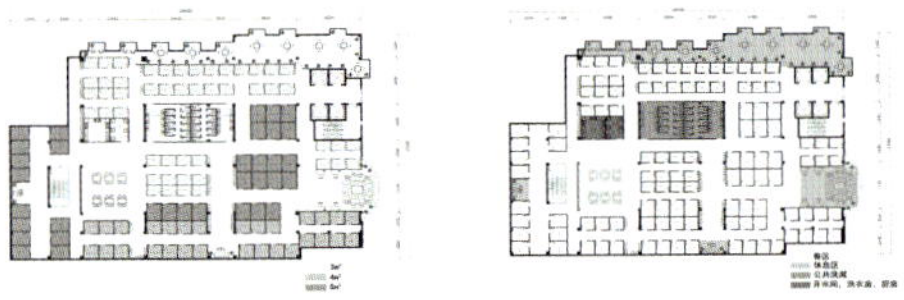

设计思路

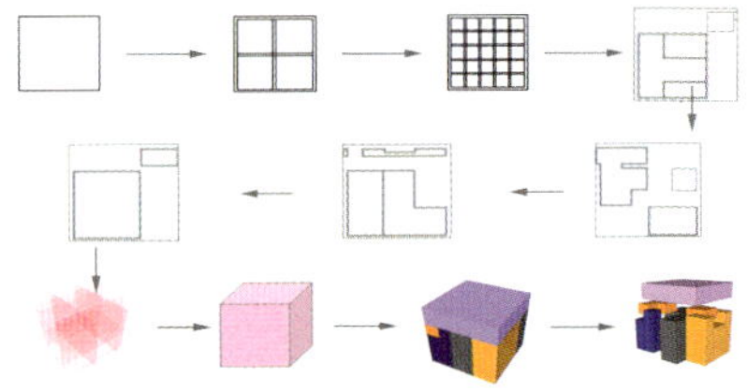

模块化设立

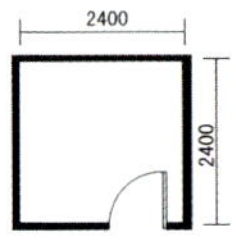

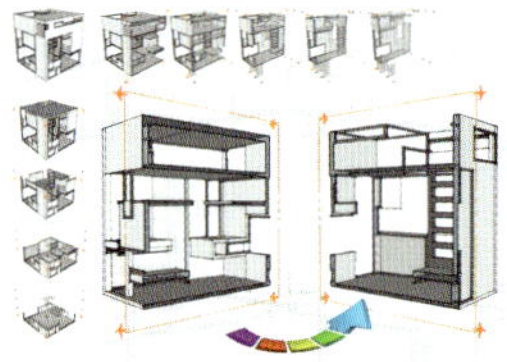

实体模型建造

外立面效果图

空间区分

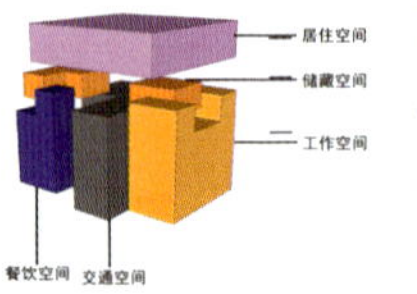

空间建筑由于通风、采光等设计方面的要求通常在建筑四周设有开口，建筑物的不同入口给人们不同的视觉感受和空间感受，同时也说明入口的形式对建筑空间的限制。空间与形式的关系，建筑的开口采用模数关系，四周相互辉映结构严谨而不失设计感。

设计特色

1、独立性，单个模数进行单独的调节与设计。
2、互换性，结构、尺寸和参数标准化，容易实现模块间的互换，使模块满足更大数量的不同产品的需要。
3、通用性，有利于实现横系列、纵系列产品间的模块的通用，实现跨系列产品间的模块的通用。

室内效果图

实验模型

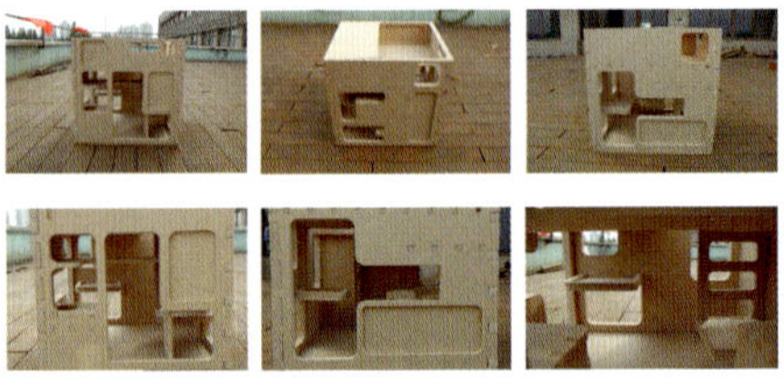

微小之家的生态应用

生态设计	材质特征
简化空间结构	优化、简化空间结构设计，减少资源消耗。避免因为空间围合、家具结构形态繁杂而造成使用材料增加。
选用环保材料	严格按照环保检测标准，挑选无污染无异味无辐射无腐蚀的涂料、木材、金属复合材料、塑料制品等等。工程竣工即可使用，无"晾味期"。
对废料再利用	精细化管理和跟踪服务，对装修工程废料的设计再利用，制造拼合材质和装饰品。
缩短装修时间	设计规划精确化，缩短现场装修时间，减少装修粉尘、噪音对环境影响。
可拆卸家具	采用可移动隔墙、可拆卸组装家具、工厂化加工、现场装配。
自然通风 自然光照	注重自然通风系统和自然采光运用。设计采用被动通风的循环系统设施。在布局设计中，不遮挡自然光，不封闭窗户，最大限度利用自然光照，节约用电。

设计的目的与意义

目的：模块化的主要目的是实现建筑内部的有序化和实用化。

意义：1、有效的解决标准化与多样化之间的矛盾，较好的协调各种设计需求，并且模块化的设计理念还体现了对于产品的绿色设计和人文设计。

2、模块化理念所倡导的模块化理念可以将产品结构进行简化，各种零部件的生产以及使用都会更加高效与协调。

实验模型制作过程

作品名称：微型之家——模块化设计
作者：孙浩　汤秋艳　李佳　王景玉　徐磊　许敏霞　赵蕊　杨锐

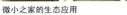

作品名称：街边之『场』——上海江苏路地铁站入口广场设计
作者：阎思达　陈野

街边之“场”

上海江苏路地铁站入口广场设计

“绿场”效果图

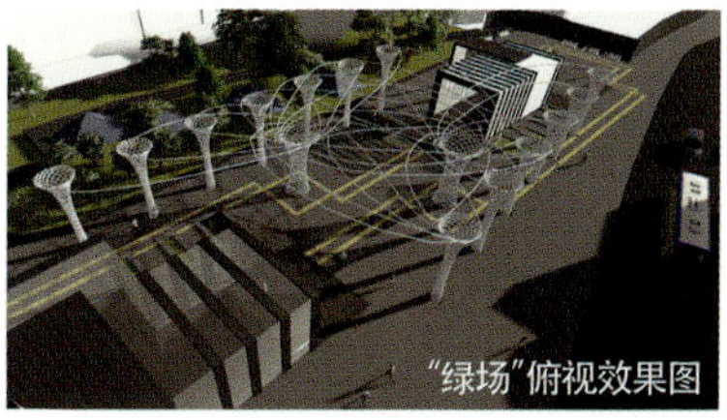
“绿场”俯视效果图

“绿场”南侧街道远望效果图

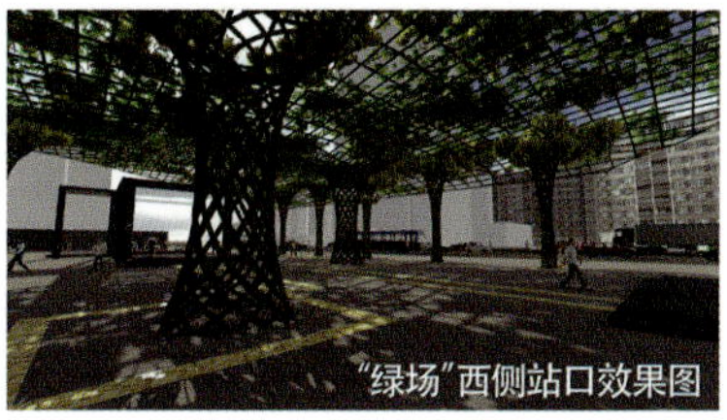
“绿场”西侧站口效果图

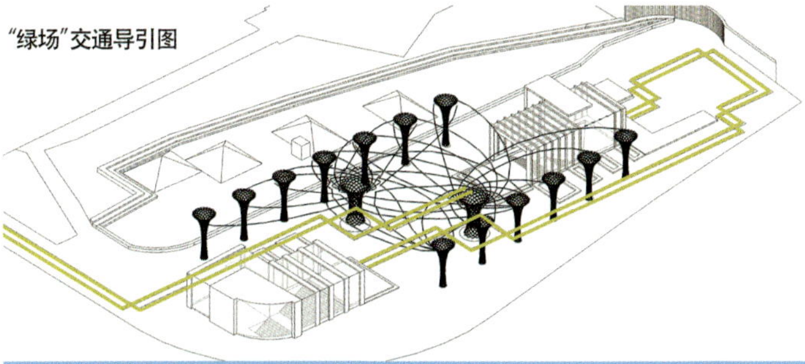
“绿场”交通导引图

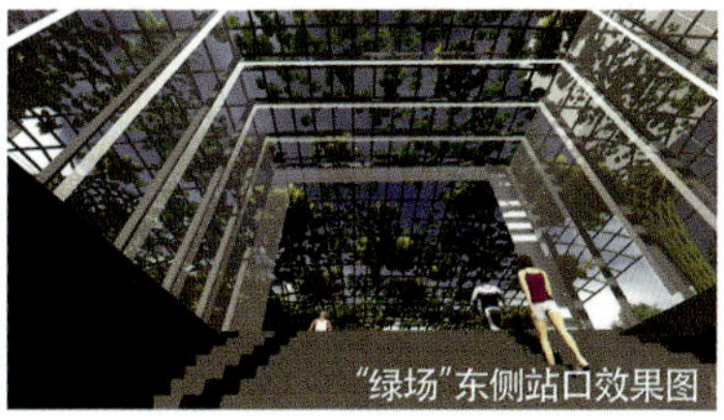
“绿场”东侧站口效果图

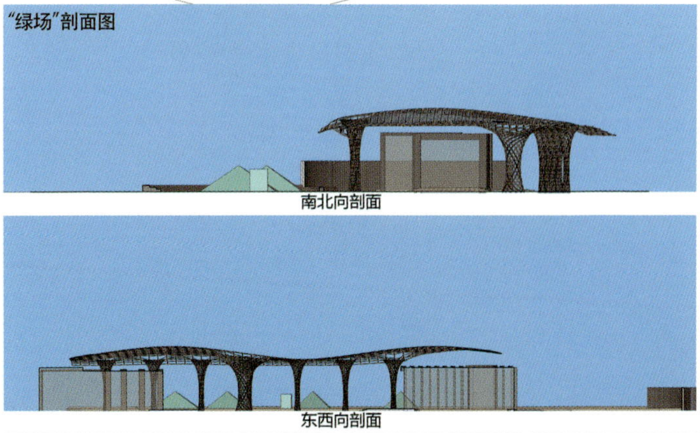
“绿场”剖面图
南北向剖面
东西向剖面

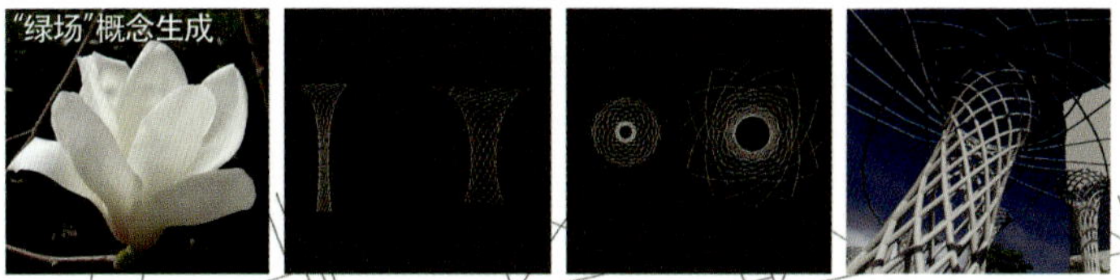
“绿场”概念生成

构建“场”的内在要素和文化本身息息相关，于是对于如何生成“场”就必须从基地的文化入手。

市花是城市形象的重要标志，也是现代都市的一张名片。国内外已有相当多的大中城市拥有了自己的市花。市花的确定不仅仅能代表一个城市独具特色的人文景观、文化底蕴、精神风貌，能体现人与自然的和谐统一，而且对带动城市相关绿色产业的发展，优化城市生态环境、提高城市品位和知名度、增强城市综合竞争力等方面，都具有重要意义。

于是本课题中“场”的构成最基本的要素就由上海市的市花——白玉兰进行抽象和提取。

根据白玉兰轮廓的抽象描绘，可以发现白玉兰花朵的外轮廓相互交汇，形成了一个类双螺旋结构。“场”的基本支撑就由双螺旋结构构成。

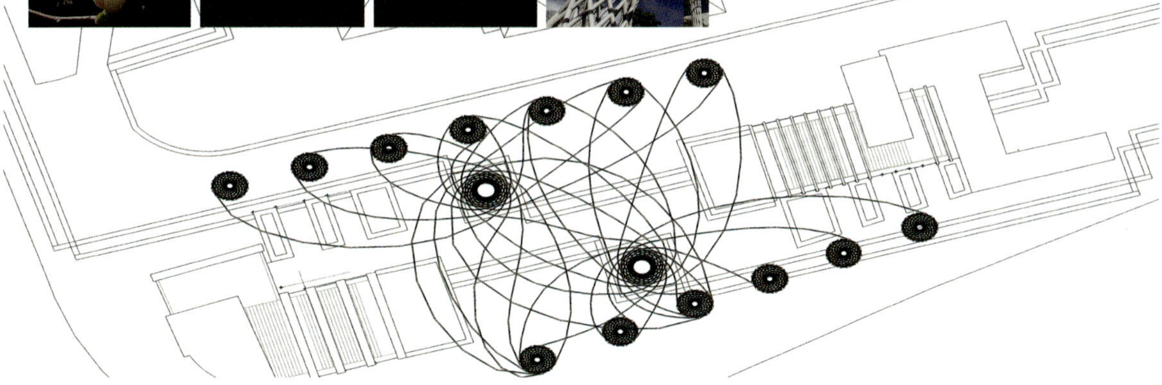

快捷商务酒店设計

business hotel 2014

Quick business hotel design

作品名称：快捷商务酒店设计
作者：刘善敏 蔡楚宇

1 设计概念 Design concept

概念

老舍先生笔下，土地是孕育滋养花朵的后院。

对于史铁生，土地更是给予抚慰与力量的故友。

而对艾青而言，土地更是她牵挂一生的家国。

土地对于老一辈，承载着的，是能让他们热泪盈眶的东西，不是脚下的污泥，更不是风中弥漫的砂砾。

如今，我们迷恋天空，得以飞翔，却还贪慕宇宙之外的另一片土地。我们该是清醒，该是珍惜这土地的每一个属性。无论是它的哺育或是滋养，它的慰藉或是让你重燃希望，它都是人的根——土地

说明

一切源于自然，天花与墙面都是混凝土形成的，给予人一种厚实、亲切之感，营造出黄土大地的气息。

黄土之上，岩石、树木、人物融于其中。酒店中的前台就是通过一块天然的山石雕刻而成，天花是由枝干组合成形。大地的宁静与安详孕育而生。

黄土大地之上，你我没有界限。中国传统的摆设与欧式古典家具的运用，融合中华文化的精髓与欧式典雅，显现出这片大地的质朴沉稳与优雅。

酒店整个设计就如一片黄土大地，在这高速发展的城市中，需要这样一个宁静的去处，去寻找我们心里的疑惑答案，寻找自己想要什么......

2 大堂平面分析 Lobby plane analysis

3 大堂效果图 Lobby renderings

4 大堂立面 Lobby facade

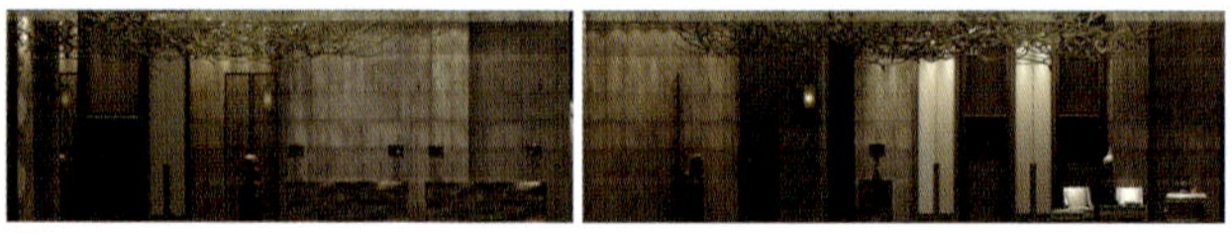

5 客房平面分析 Guest room plane

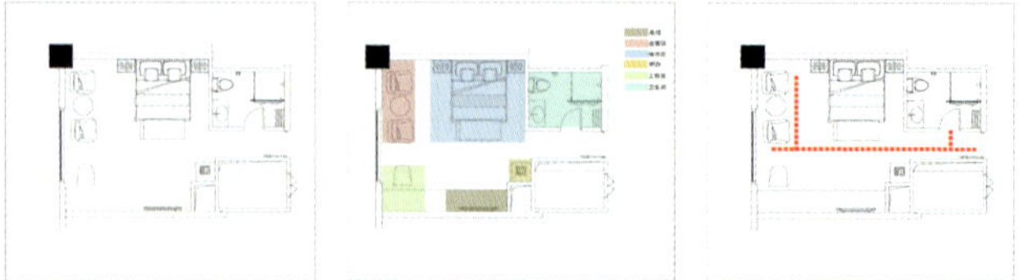

6 客房效果图 Guest rooms

作品名称：环保汽车体验馆

作者：杨杰　陈小玲

環保汽車·體驗館

無限館 Unlimited Museum

壹 设计目的：

1、利用车道进入建筑室内，拉近人与车的关系，突显新能源环保汽车的优势。

2、满足新能源环保汽车的展示销售、试乘试驾、维护补给等一系列功能需求，同时具备相应的餐饮休闲设施。

背景：为什么需要环保汽车？

调研：为什么不要环保汽车？

零

贰 设计切入：1、用建筑形态表达传统汽车与环保汽车的关系。

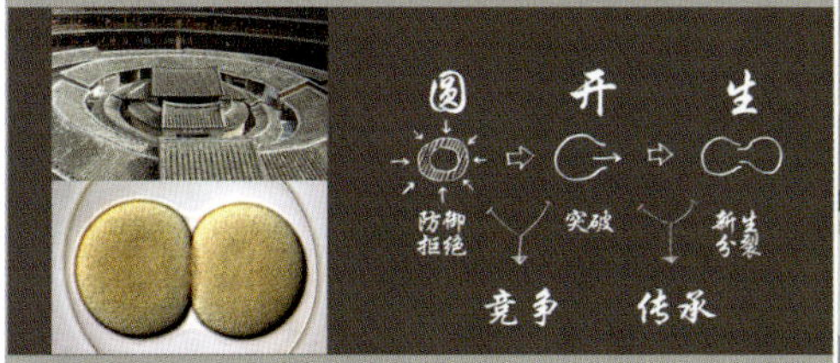

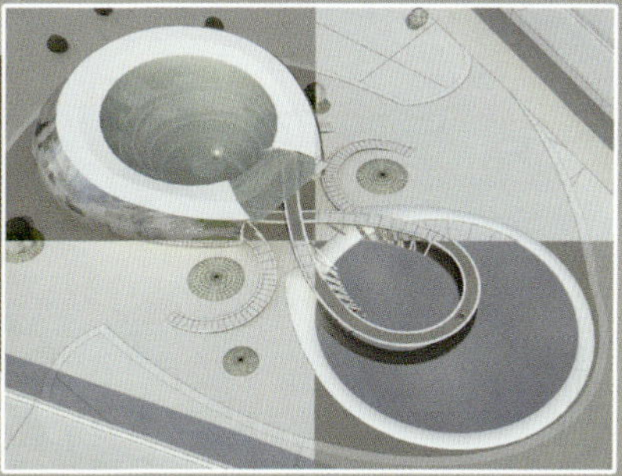

2、用车道分隔诠释传统汽车与人的旧关系与环保汽车与人的新关系。

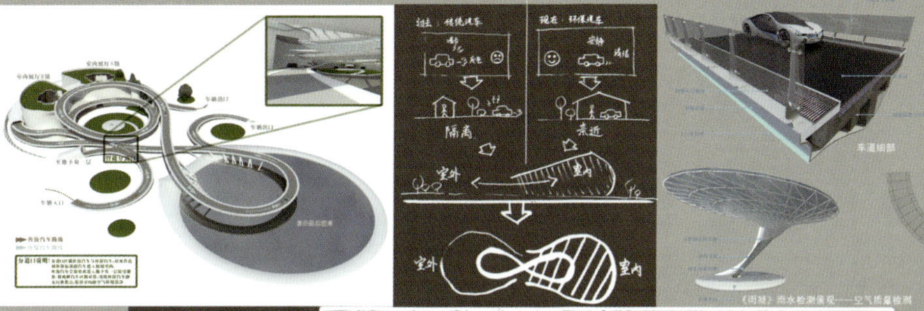

3、结合和延伸建筑景观与功能，以提示节能环保的迫切性。

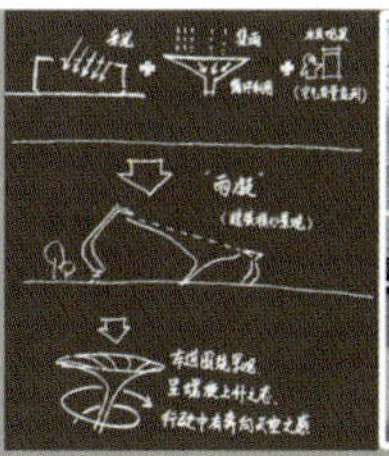

4、结合展厅等室内功能与形态、结构功能，展现对绿色可持续发展的向往。

叁 平面图：

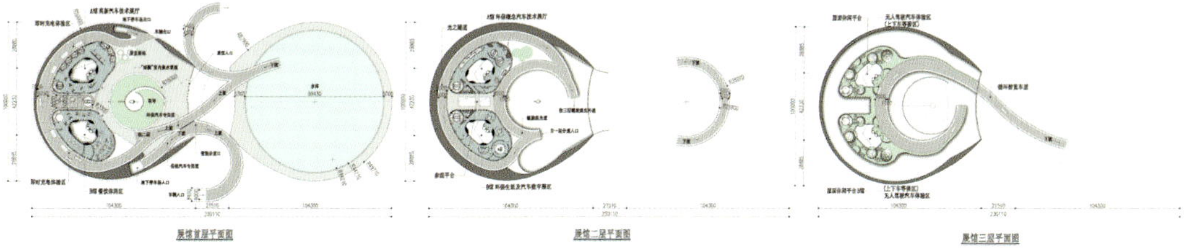

作品名称：『城市倒影』——广州西门口地铁站创意性空间设计

作者：黄芷莹　林培锋　潘志城　杨舒雅

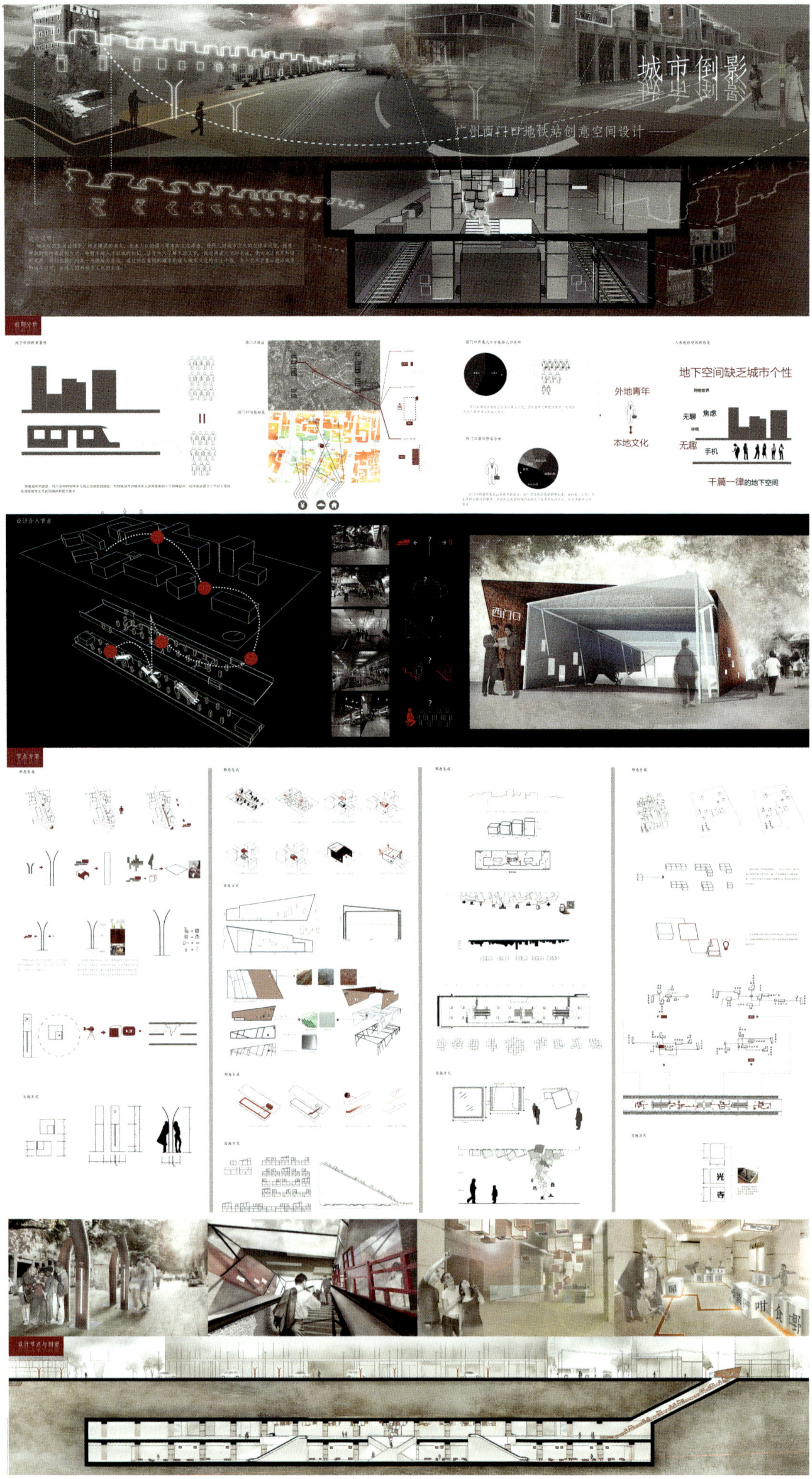

作品名称：漫动力·新生活——上海泗泾古镇动漫数字媒体产业园改造设计

作者：曹英楠　周育杰

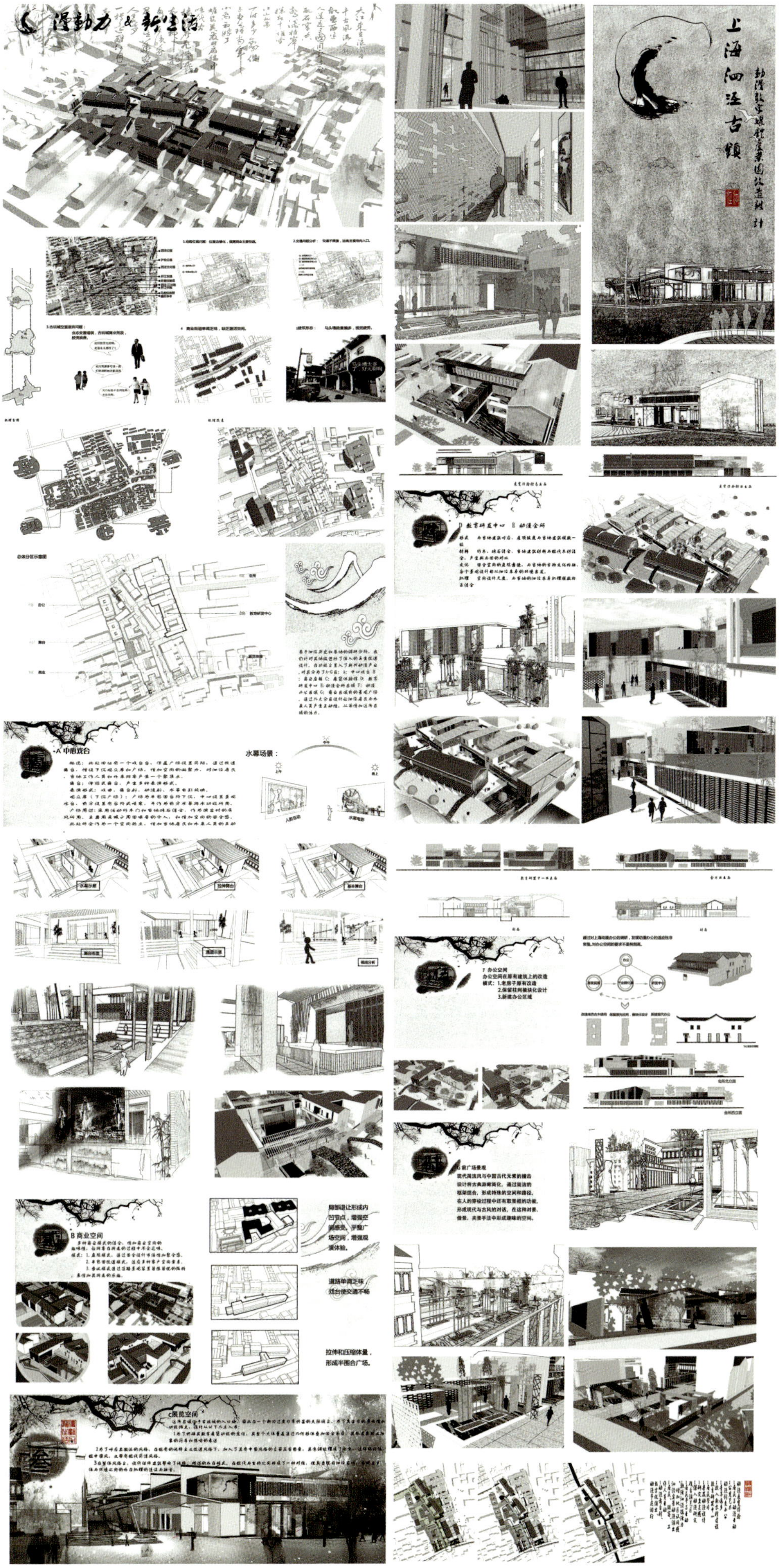

作品名称：餐具系列座椅
作者：仇一帆

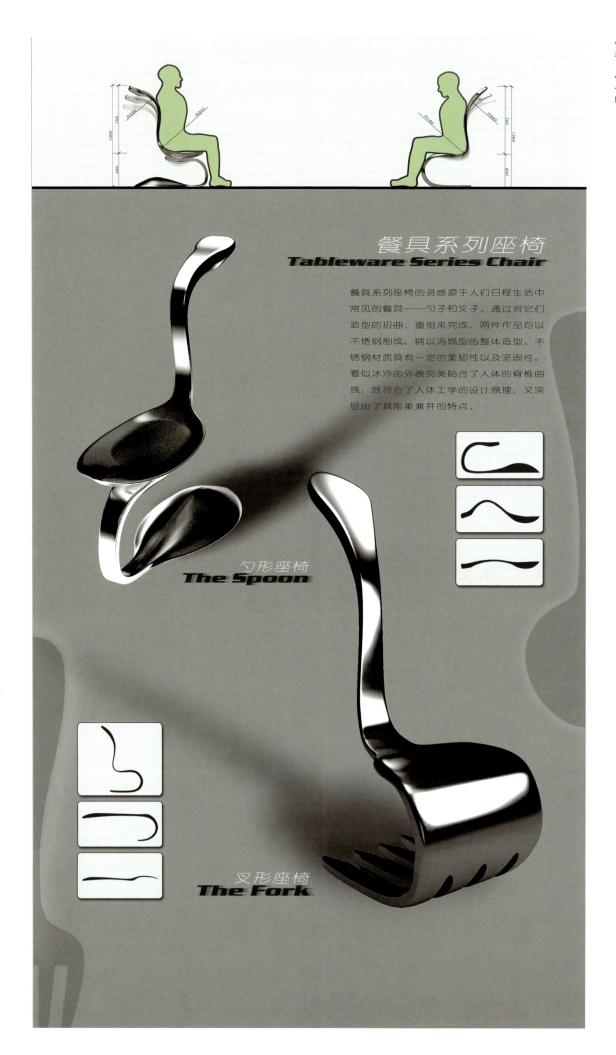

餐具系列座椅

Tableware Series Chair

餐具系列座椅的灵感源于人们日程生活中常见的餐具——勺子和叉子。通过对它们造型的扭曲、重组来完成。两件作品均以不锈钢制成，辅以流线型的整体造型。不锈钢材质具有一定的柔韧性以及坚固性，看似冰冷的外表完美贴合了人体的脊椎曲线，既符合了人体工学的设计原理，又突显出了其刚柔兼并的特点。

勺形座椅
The Spoon

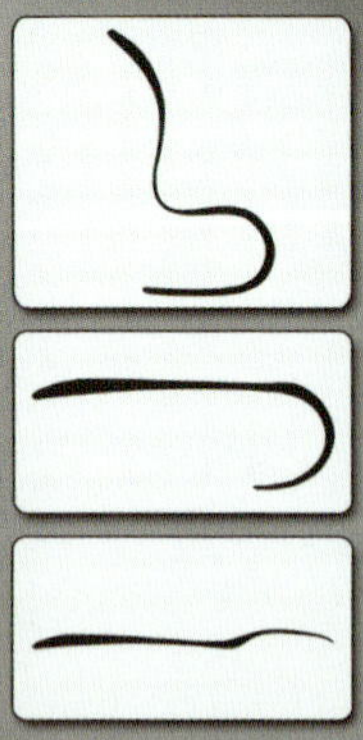

叉形座椅
The Fork

作品名称：虎文化生态岛屿设计

作者：王思天

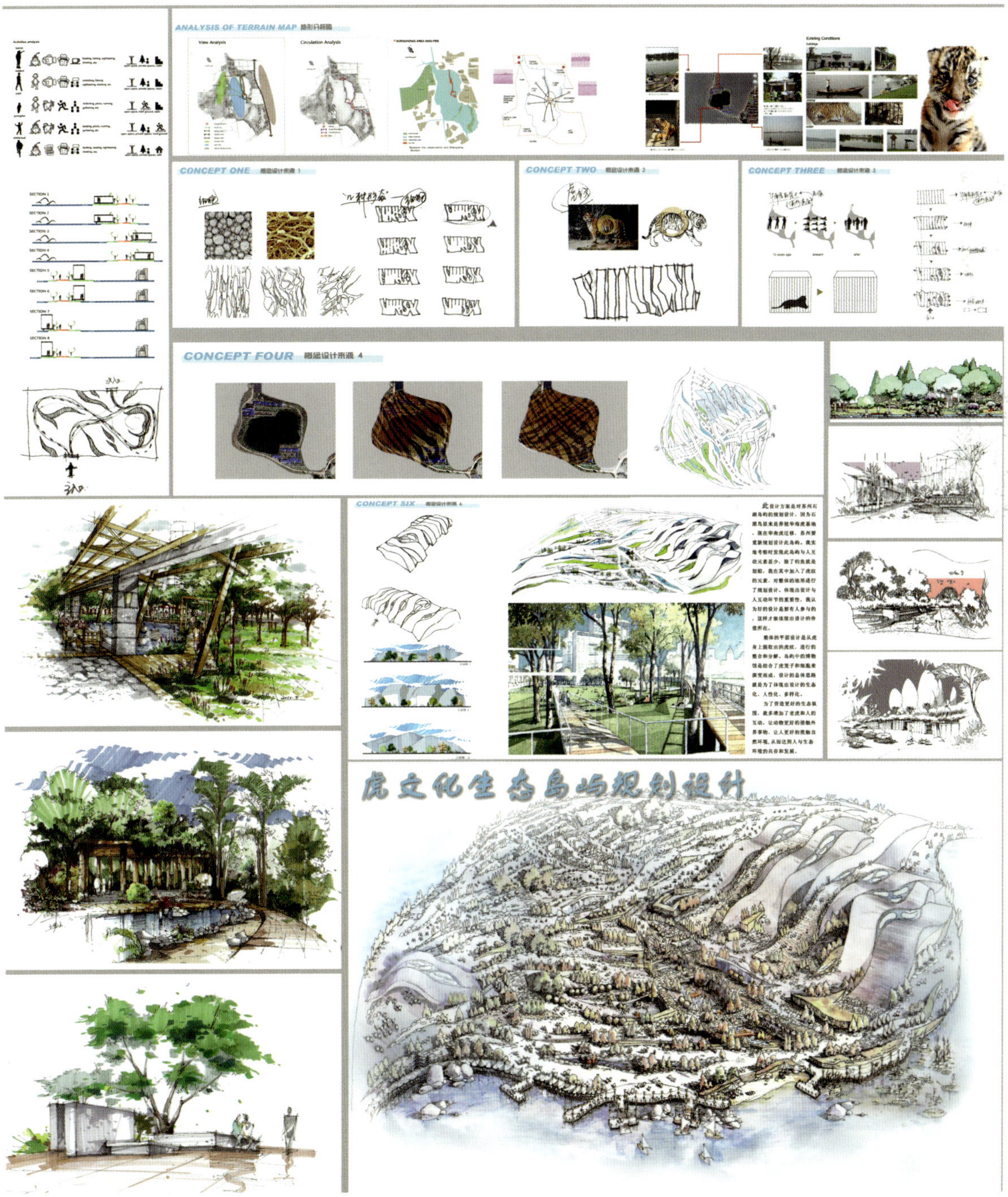
ANALYSIS OF TERRAIN MAP 地形分析图
View Analysis
Circulation Analysis
Activities analysis
CONCEPT ONE 概念设计来源 1
CONCEPT TWO 概念设计来源 2
CONCEPT THREE 概念设计来源 3
CONCEPT FOUR 概念设计来源 4
CONCEPT SIX
此设计方案是对苏州石湖岛屿的规划设计。因为石湖岛原来是养殖华南虎基地，现在华南虎迁移，苏州要重新规划设计此岛屿。我实地考察时发现此岛屿与人互动元素甚少，除了钓鱼就是划船，我在其中加入了虎纹的元素，对整体的地形进行了规划设计，体现出设计与人互动环节的重要性。我认为好的设计是需有人参与的，这样才能体现出设计的价值所在。
整体的平面设计是从虎身上提取出的虎纹，进行的整合和分解，岛屿中的博物馆是结合了虎笼子和细胞来演变而成，设计的总体思路就是为了体现出设计的生态化、人性化、多样化。
为了营造更好的生态氛围，我多增加了老虎和人的互动，让动物更好的接触外界事物，让人更好的接触自然环境，从而达到人与生态环境的共存和发展。
虎文化生态岛屿规划设计

About The Village
松阳县吴弄村古民居改造与维护

OLD FOLKS HOUSE DESIGN

DESIGN AND PROTECTION OF OLD FOLKS HOUSES

作品名称：浙江省丽水市松阳县吴弄村古民居改造和维护
作者：张应诏

设计概念 Design concept

浙江省丽水市松阳县美丽乡村古民居维护改造（蕴玉怀珠）
占地面积：约 482 平方米 建筑空间面积：约 750 平方米
定位：初步定位为上海大学美术学院艺术研究基地

作为上大美院与吴弄美丽乡村项目的重要对接点，蕴玉怀珠的维护与改造目标不仅局限于保护当地历史文化古建、发展当地旅游业态、改善当地环境和 生活意识形态。同时还应当地领导意愿，打造成乡村文化与田园艺术相结合的提供创作和展示的艺术研究基地。

现状分析 Statue analysis

蕴玉怀珠破败部位（公共空间为主）主要有两种原因造成的，一是各个时期的建筑使用人对建筑物进行的局部改造和搭建．包括在外立面设置附加物以及各种管线设施安装对建筑物的破坏；

二是历史建筑原设计中的重要部位长期缺乏相应的维护，而造成的破败情况相对明显。因此，在格局不变的情况下。一是改善脏乱问题，二是修缮破败和胡乱搭建部分，把空间充分利用起来，同时以原有工艺修缮所有手工工艺制品、更新并添加符合建筑风格的功能性用具，例如桌椅、牛腿、门窗的装饰纹样等等。

开放式灶台

标准客房现状 中庭开放空间现状 开放式餐厅现状 展厅现状 二层现状 二楼观景走廊现状

平面改造 Plan design

功能分区：公共空间、居住空间、商业空间、商务空间以及展示空间。
具体划分：负责登记和接待的前台、馆长办公室、会议室、艺术家工作室、开放式厨房、展厅、

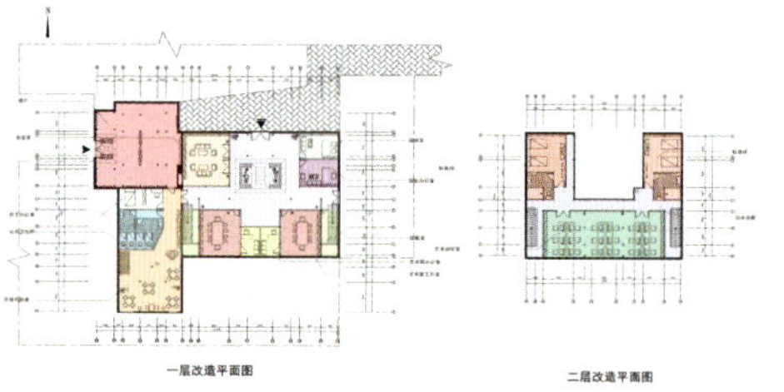
一层改造平面图 二层改造平面图

设计改造 Design

开放空间

作为建筑的主要交通部分，包括楼梯和走廊在内的公共空间是设计的重点也是难点。既要保持江南古民居四水归堂的特色原貌，又要保证人流的流动性和功能性的需要。所以最后的设计基本保留了原貌，同时添加进仿古的照明和表示系统以完善整个公共空间的时代感和设计感。

开放式餐厅

由于蕴玉怀珠定位为上海大学美术学院艺术研究会所，相对应的功能性空间必不可少，保留了灶台原貌的开放式餐厅是整个空间中的一大亮点，是体验农村生活文化的专区。

展厅

层高接近 6 米的空间结构适合搭建展厅，考虑到本身建筑结构的老化，最后没有搭建二层展厅，通过前后两个露天顶采光，会给展厅带来不一样的观赏效果。

艺术研究室

建筑二层是相对安静私密的空间，分别为艺术研究室和两间标准双人间，主要提供学生上网和休息。同时两间客房都分别带有独立的卫生间，可以接待贵宾。

功能分区：居住空间、商业空间、商务空间以及展示空间。
具体划分：负责登记和接待的前台、四间带独立卫生间的标准客房、提供餐饮的餐厅、提供饮品的咔吧，除中庭作为休闲的公共空间外还有保留灶台原貌的开放式厨房即后院。

二层改造平面图 一层改造平面图

设计概念 Design concept

浙江省丽水市松阳县美丽乡村古民居维护改造（一亩居）
占地面积：约 162 平方米 建筑空间面积：约 240 平方米
定位：初步定位为对游客开放的中高端民宿驿站。

作为上大美院与吴弄美丽乡村项目的重要对接点，一亩居的维护与改造目标不仅促进了保护当地历史文化古建，同时还发展当地旅游业态、改善当地环境和生活意识形态。

现状分析 Statue analysis

一亩居破败部位（公共空间为主）主要有两种原因造成的，一是各个时期的建筑使用人对建筑物进行的局部改造和搭建．包括在外立面设置附加物以及各种管线设施安装对建筑物的破坏；

二是历史建筑原设计中的重要部位长期缺乏相应的维护，而造成的破败情况相对明显。因此，在格局不变的情况下。一是改善脏乱问题，二是修缮破败和胡乱搭建部分，把空间充分利用起来，同时以原有工艺修缮所有手工工艺制品、更新并添加符合建筑风格的功能性用具，例如桌椅、牛腿、门窗的装饰纹样等等。

开放式餐厅现状 客房现状 中庭开放空间现状 中庭现状 开放式灶台现状

设计改造 Design

开放空间

一亩居开放空间局限于中庭。既要保持江南古民居四水归堂的特色原貌，又要保证人流的流动性和功能性的需要。所以最后的设计基本保留了原貌，同时添加进仿古的照明和表示系统以完善整个公共空间的时代感和设计感。

开放式灶台

整个后院定位为闹中取静的优雅空间，开放式灶台不仅能让游客参观体验田园生活。同时还能提供农家菜的烹饪，兼顾了商业和文化的功能，是古民居生活的一大特色。

餐厅

商业空间主要为了让顾客体验和休闲，保留原貌的同时加入一些仿古的元素会升华整个空间的历史文化感。

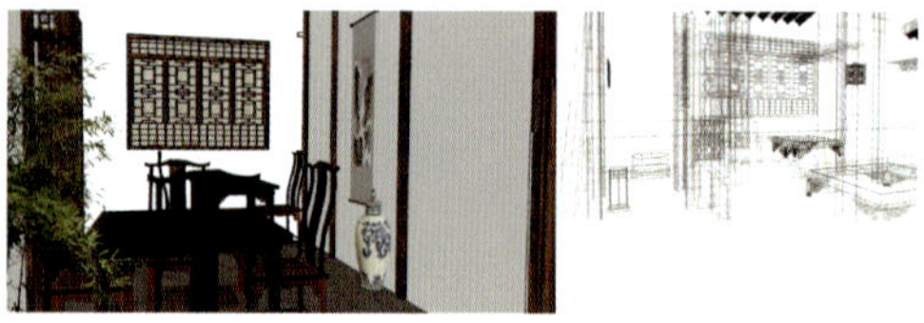

客房

建筑二层是相对安静私密的空间，分别设计为三间标准双人间，同时三间客房都分别带有独立的卫生间，可以让游客充分体验田园生活。

作品名称：禅意空间
作者：黄璐平

庭院景观设计方案——禅意空间

THE PLAN OF GARDEN DESIGN　ZEN PLACE

业主介绍：这是一对喜欢安静的中年夫妻，夫妻俩不太喜欢热闹。他们喜欢自然恬静的环境，丈夫平日里工作繁忙，闲暇时喜欢独处，一个人阅读、冥想、参禅、品茗。妻子喜爱植物，不喜欢喧嚣的聚会，只喜欢与二三知己品茗、闲聊。二人希望自己的庭院是大自然美的缩影。

设计风格：根据业主的喜好，我为他们选择了日式庭院的风格。在庭院中，自然每天都展现一个不同的方面。传统的日式庭院对石组和竹篱笆的建造有严格的规定，造就了心境平和的庭院氛围。而在这一次的设计中，我主要以现代和风为概念，保留日式元素，运用更加自由的手法，建造出一个具有强烈现代气息，又富有禅意的现代日式庭院。安藤忠雄曾说："庭院是在住屋中展开的生活核心，它引介着诸如光、风和雨这些自然现象，而他们在城市中正在被人们所忘却。"住宅不该是我们与自然隔绝的牢笼。我所做的是让自然全然渗入庭院，在浅吟低唱之间感受与自然的微妙触动。我想，这足以另人们心灵为之颤动。庭院整体的基调为：恬静、肃穆、沉稳。

2F花园因男主人喜好下棋而被打造成为了一个别具一格的棋室，宁静而别具匠心，带领主人于棋盘之中领悟人生。

-1F花园，为主人的私密花园。通常不会客，旨在为主人提供安静的阅读、冥想、放松的场所。精心打造的散步小道，可以一边散步，一边欣赏庭院里的美丽精致。

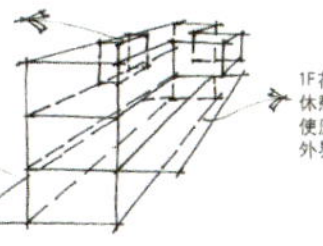

1F花园为主人主要的会客空间，拥有水景和休憩空间。外围木质格栅和植物的设置，使压迫感全无，并且人们也不用在意来自外界的视线。

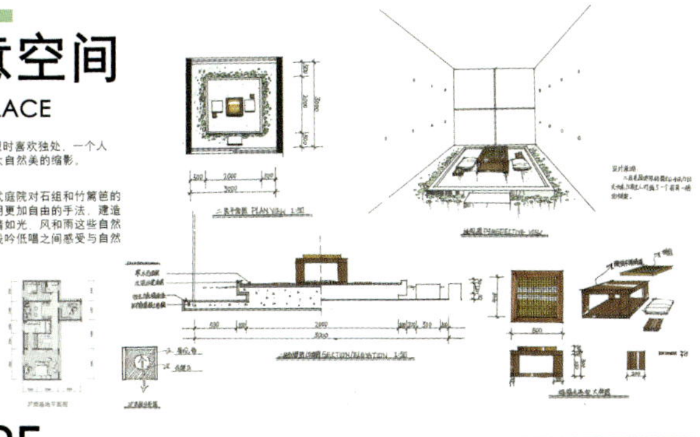

2F 二层花园设计方案

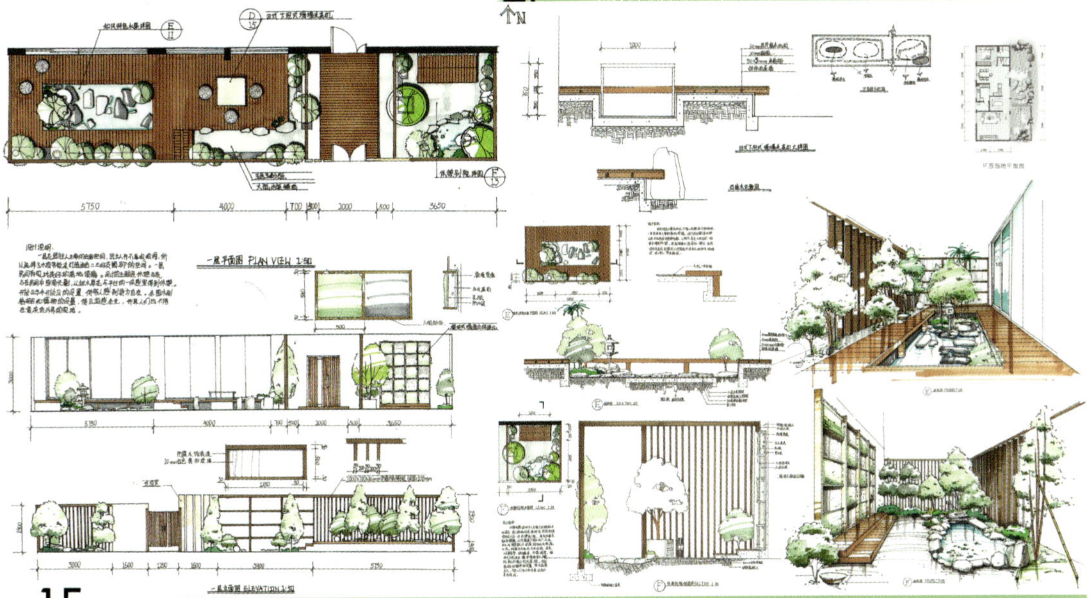

1F 一层花园设计方案

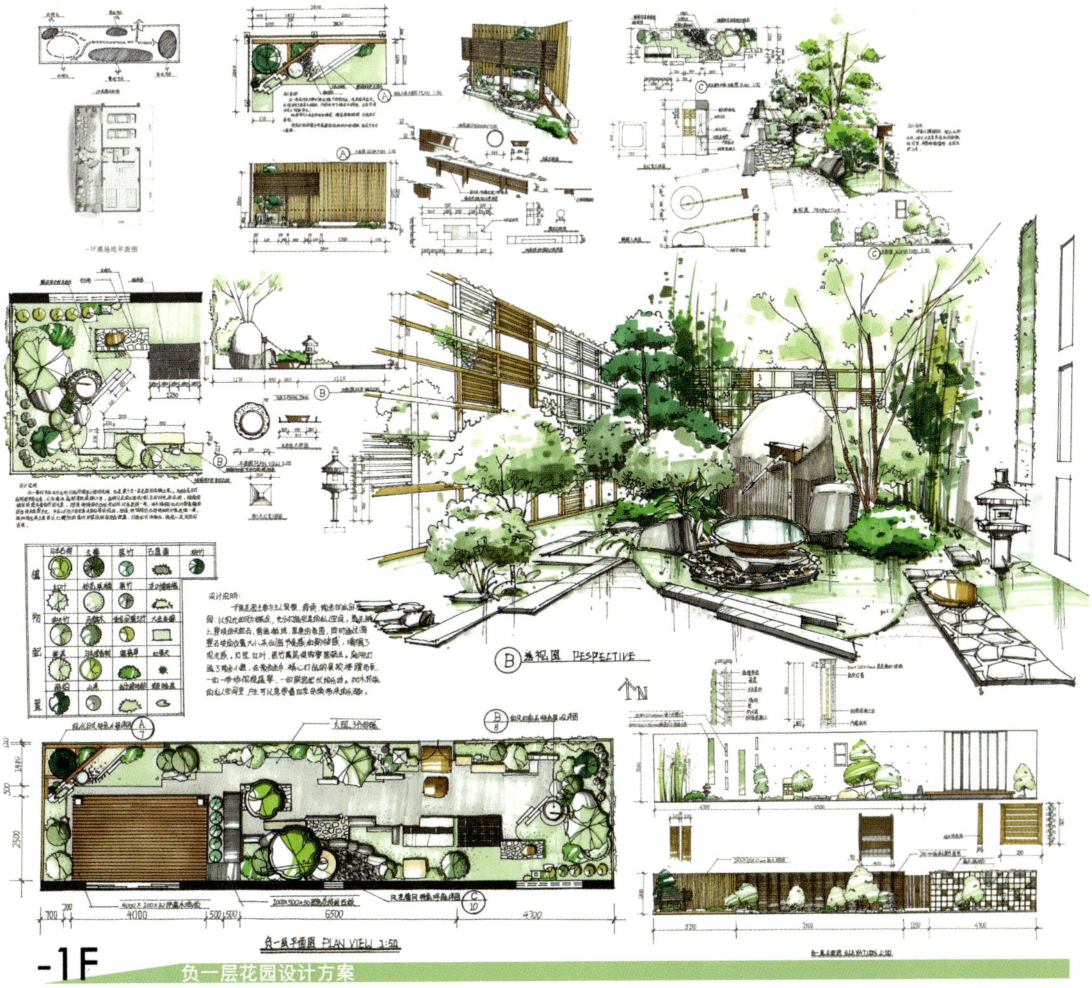

-1F 负一层花园设计方案

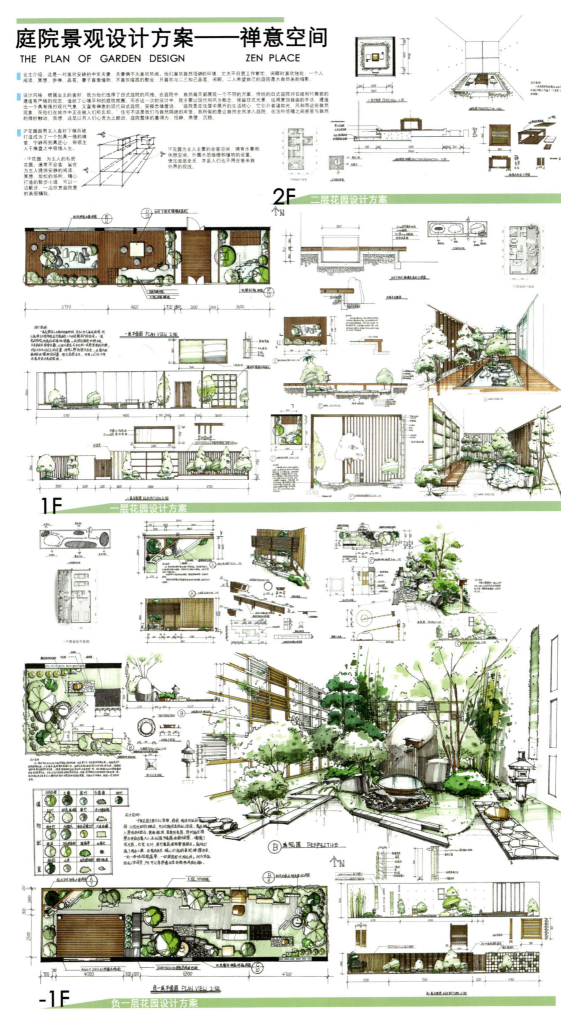

作品名称：乡土·建造——竹构建筑及材料研究
作者：王建芹 杜丽丽 成云

乡土·建造——竹构建筑及材料研究

1 课题设计从乡村建造现象与问题出发，对南京六合区八卦洲乡村建筑进行一次较深入的调查，通过实地走访，测量，提取建筑原型，并对乡土建筑材料、乡村营建低技术建造进行研究。课题设计以最容易得到的竹材，结合院落类型设计，以低投入和低技术为宗旨，设计一座乡村旅游服务竹构建筑，探讨乡村建造中的观念与方法，探究竹材料、竹构设计的生态意义。

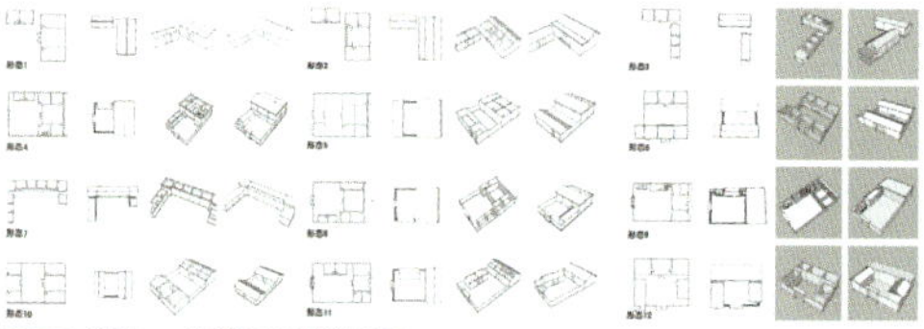

2 原型——建筑和院落类型提取。

南京八卦洲民居建筑特点有：场地以平缓、滨水、小坡地为主，高低差变化不多；建筑单元型多为一字型，方形、长方形，以单元形为基本原型，有局部二楼、三楼。

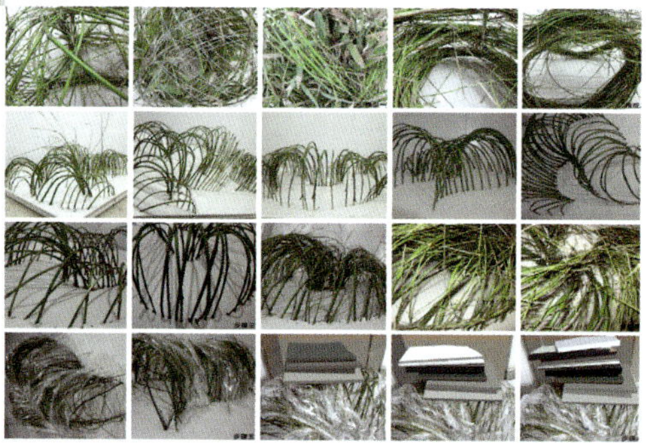

3 乡土建造研究。

土房建造：用生土夯筑地基，在此基础上，经过一层层黄土的堆积夯打，不断循环，再加以稻草填充，将整个墙体夯实，最后在顶部加上木头桁架，交叉铺设，形成网状，在其上铺设稻草，用泥土封实，房屋冬暖夏凉，屋檐出挑，防止雨水冲刷墙体。

4 实验——竹材加工和竹构技术研究。

竹材料的弯曲和塑性加工实验，按照一个特定比例，对毛竹租加工后沿空间设计草图结构形态制作草模。通过草模了解竹材料一系列相关参数，为后续深入结构组织设计做准备。竹材料分析发现一系列问题。

5 连接——竹构方法研究。

包括竹节点绑扎连接法。
竹节点钢结构套管连接；
竹节点销钉连接法；
竹竿开片编结、拼接法。

6 表皮——编结生成表皮研究。

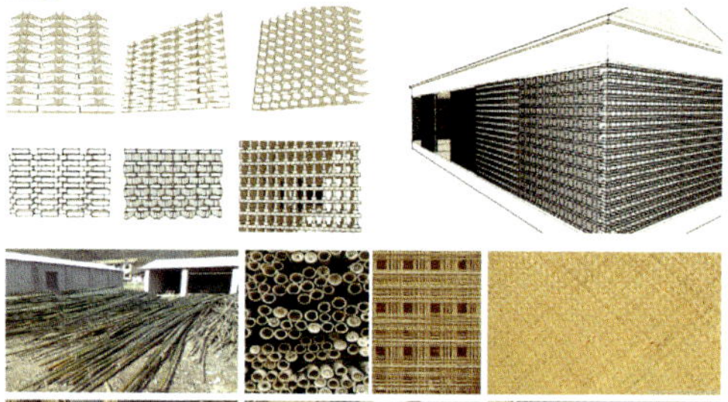

7 生成——建构理念与古老智慧结合。

竹构建筑生成表达乡村建筑类型学特征。建筑面积320平方米，构成包括一字型主屋，前后伸出三个廊屋。主屋空间结构很简单，屋顶形态参考了本地乡村建筑形式，设有局部重顶，上部开侧窗采光。

8 细节——表现竹材文化特色。

在廊屋细部设计中，将竹材处理中遗留下来大量非标准材料和毛头、断材经过简单收拾，用于立面隔断填充和装饰材料，作为次级结构的隔断立面龙骨由精心设置的宽窄错落的网格组成。
建筑墙面则是通过一块板一块板有空隙的拼接起来。在门窗的处理上和前屋一致，采用竹编的效果进行点缀。而在室内空间，隔断的处理上，主要是要一块块方形，有意识的编织效果。

9 生态——竹构设计与环境共生。

竹材料作为主导元素影响着对空间关系的组织，空间与材质呈现要素式的匹配，用以建造的实体材料介入了构图，粗糙或者细腻的表面，甚至是气味参与对空间的塑造。

10 结语——竹构建筑强调创新，但不突兀自立。

作品忠实于竹材的自然属性，重视自然赋予它的构造关系，表现材料的真实和对构筑的忠实。作为一个尝试，竹构建筑实验性设计从研究当地乡村院落原型切入，以竹构建筑为对象，从多个角度和层次与环境对话。

作品名称：社区书屋设计
作者：郑安妮

在家門口讀書

社區書屋研究設計
COMMUNITY LIBRARY DESIGN

設計說明：

社區書屋是一個为一定地域内的所有居民服务的具有公益性，教育性，休闲性等特征的文献信息集散场所。通過對社區特殊人群對象的關注，提出在家門口讀書的概念來為他們提供一個可移動、可复制、可變化的輕鬆自由的交流場所，一個在家門口的社區書屋

關注的現象問題：

社區里帶小孩的老人 —— 平常只在小區附近活動，不能離家太遠，他們還能做甚麼？
放学回家的小孩 —— 放學之後晚飯之前這段時間是玩耍還是學習？

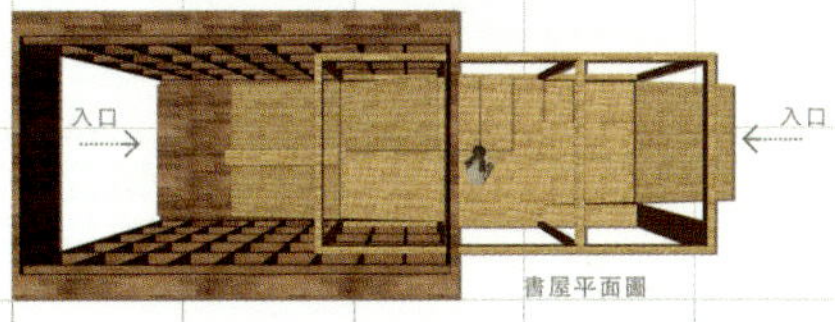

書屋平面圖

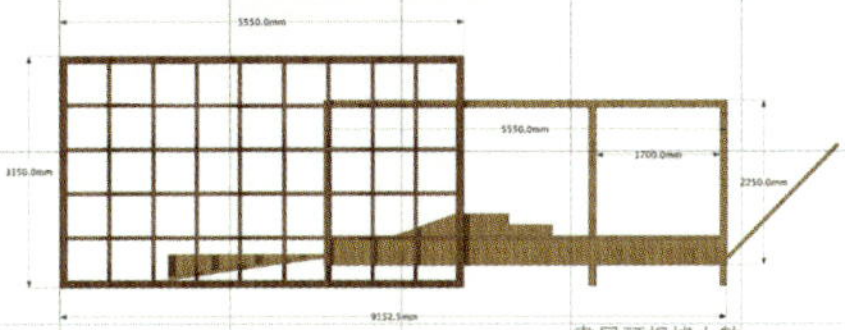

書屋可根據人數
天氣等因素調節空間大小

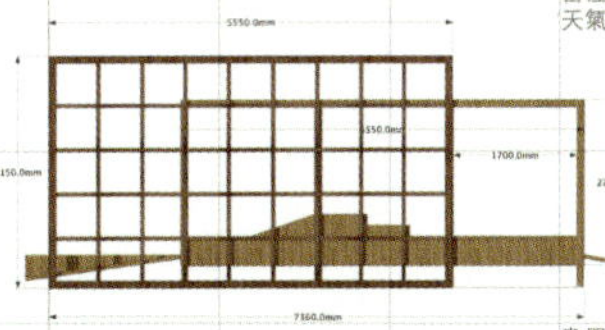

書屋可根據實際
需求變幻空間大小

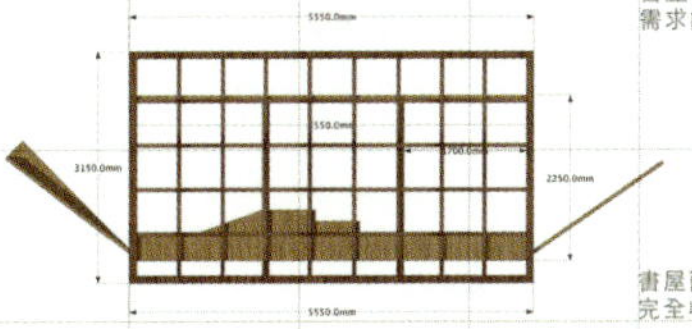

書屋兩端坡道可
完全收起

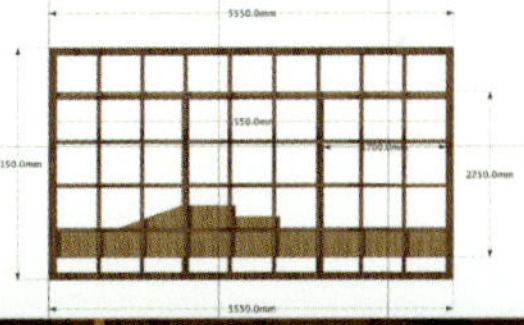

書屋完全關閉時
狀態

穿梭在小區居民屋之間的小場所，提供一個自由、輕鬆、隨性的公共空間
在這裡人們可以選擇自己舒服的方式閱讀、交談、喝茶、下棋。。。
老人看書看報，小孩在旁邊自由玩耍。。。

先找書再找椅子還是先找椅子再找書？

一般到圖書館都是先去找書架
找到書架之後挑選自己想看的書
然後再去找一張舒服的椅子
如果改變這種方式
最大限度縮小書架與椅子之間的距離
先找自己舒服的姿勢再找書

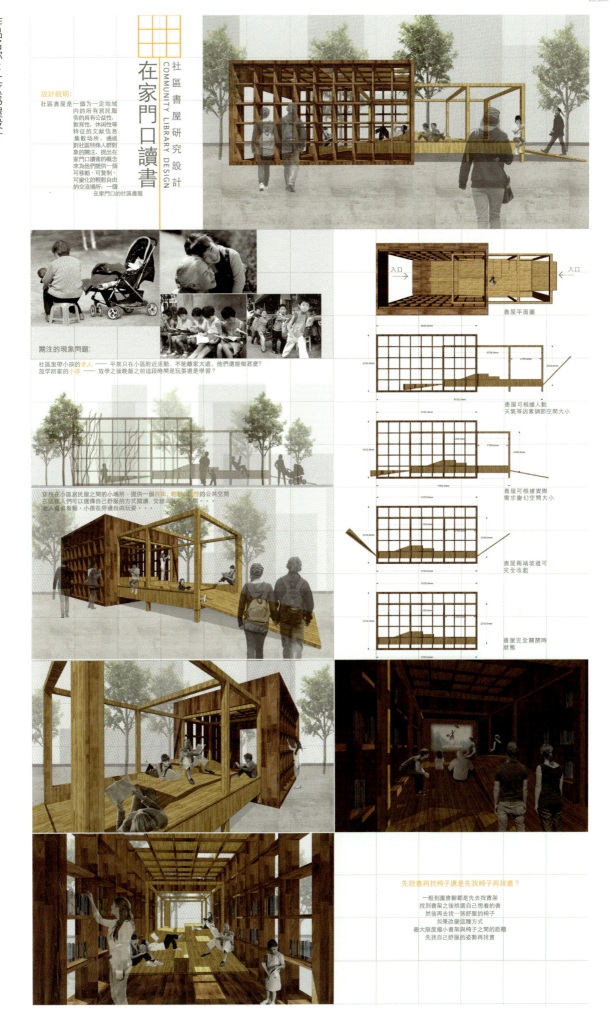

主平面图

此设计是一个规模较大的海洋主题游乐园，科幻和互动体验为最大特色。主题游乐园中由许多先进的大型游乐项目组成，其中涵盖了主题项目、游乐项目、休闲及景观灯等。在海洋主题游乐园中大量的融入景观设计，配合着奇特的建筑造型，让人进入到一个梦幻的奇妙世界。

主入口以卡通城堡为主题形象，入口广场中心有大型以海洋童话为主题形象的雕塑，配以喷泉水景，让人感受到园内浓厚的神秘感。

This design is a large scale marine themed amusement park, a sci fi and interactive experience for the most significant feature of advanced large-scale recreational projects by theme parks, which cover the subject projects, recreational projects, leisure and landscape. A large number of marine themed amusement park into the landscape design, combined with the peculiar architectural style, the people into a wonderful dream world.

The main entrance to the cartoon castle theme image, large marine fairy image sculpture in the entrance plaza center, together with the Fountain, so that people feel the park a strong sense of mystery.

局部效果图

绿化水体分析

道路分析

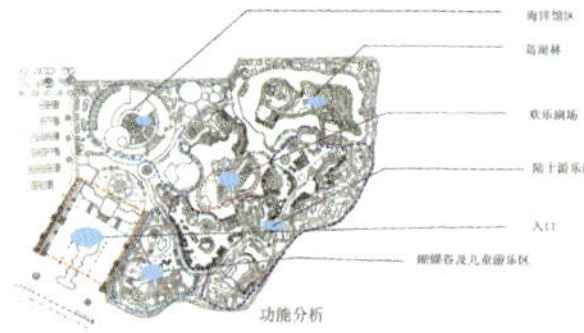

功能分析

此设计中主要场馆有：海洋馆，鲨鱼馆，海螺湾，海兽城堡，和海洋动物表演欢乐剧场。
这些场馆都大胆运用曲线造型，符合海水流动之美，与周边海岸环境交相呼应，园中还设有岛屿，可以坐船享受岛屿美景，岛上也有丰富的娱乐休闲设施，供人们体验，互动。
这里不仅有海洋的神秘，还让人们体验了陆地和水上的欢乐，大型的游乐设施给人们带来无穷的欢乐和刺激。
这是一场盛况空前的欢乐盛宴，这是一个充满神奇的梦幻乐园，这是一个未来科幻的探险王国，梦幻的奇妙世界，等你来探秘，欢迎你的加入。

The main venue of this design are: the Atoll Reef, Shark Aquarium, Conch Bay, Marine Mammals castle, and marine animal shows the Gaiety Theatre.
These venues are the bold use of the curve shape, in line with the beauty of the water flow, and the surrounding coastal environment of the cross echoesAlso has a garden island, the boat to enjoy the island beauty, the island also has a wealth of leisure facilities for people to experience, interactive.
Here not only the mystery of the ocean, but also allow people to experience the joy of the land and water, large amusement facilities to bring endless fun and excitement.
This is an unprecedented feast of joy, this is a magical fantasy theme park, which is a futuristic science fiction adventure kingdom

海洋主题游乐园方案设计 MARINE THEME PARKS

鲁迅美术学院　李琳

分析图

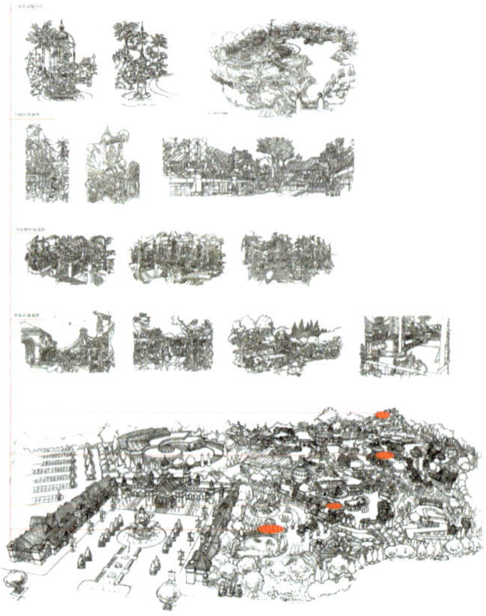

水上娱乐区效果图

作品名称：『笼/12.65m³』——引入『生态观』的绿色建构

作者：张鸣　郑明跃

BACK BONE 躺椅

作品名称：Back Bone 躺椅

作者：姜洋

主视效果图
Front View

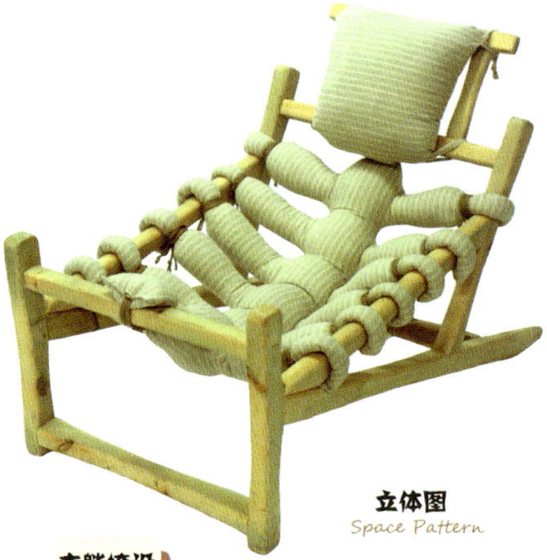

立体图
Space Pattern

设计说明
Design Specification

本躺椅设计灵感来源于“骨头”，抽象的脊椎骨形态垫子与骨头形态的支撑结构相互呼应，独具特色，兼具实用性与装饰性，符合当代年轻人的审美标准。面对当今社会激烈的竞争，这把躺椅也在呼吁人们在满足物质需求的同时,多加关心自己的身体健康。躺椅的主体结构采用原实木制作,手工打磨，坚固耐用。富有动感的曲线设计令人眼前一亮，脊椎骨形态的坐垫采用三层布料缝合，上面一层填充棉花，下面一层通穿麻绳用于固定。棉麻布料与麻绳、原木的搭配更彰显了现代人在繁忙的工作之余，对原生态的闲适生活的向往。

后视效果图
Back View

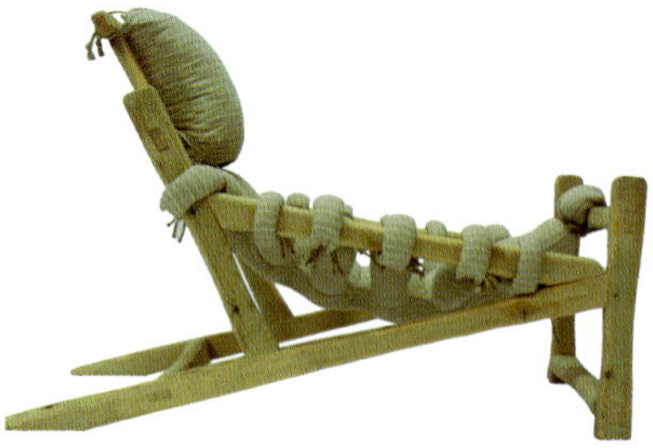

右视效果图
Right View

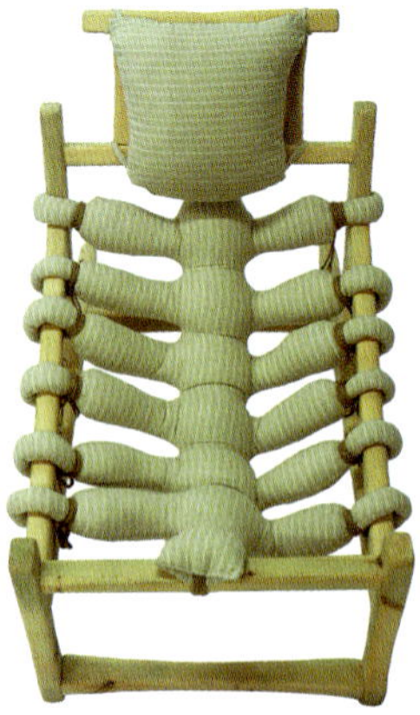

俯视效果图
Top View

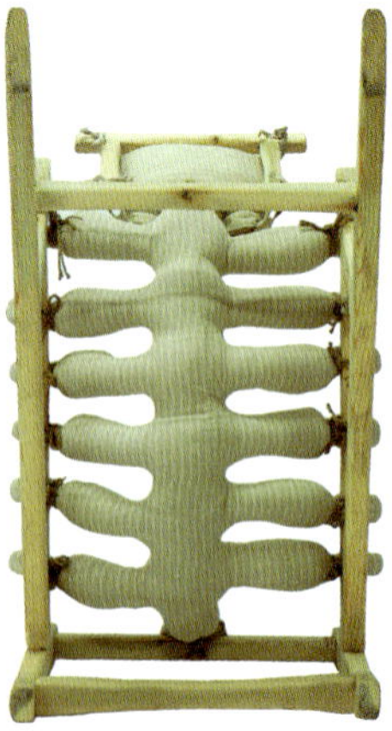

背视效果图
Back View

左视效果图
Left View

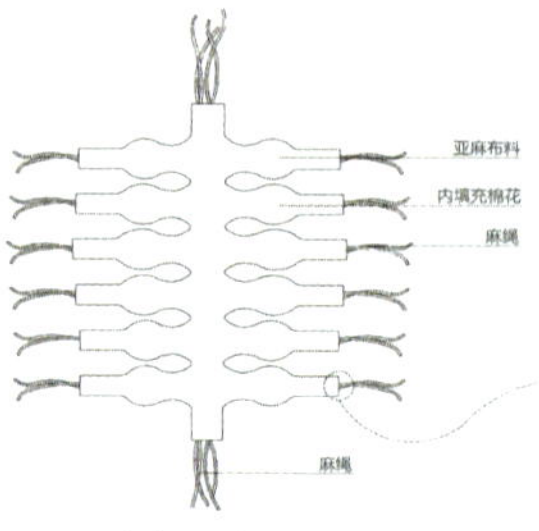

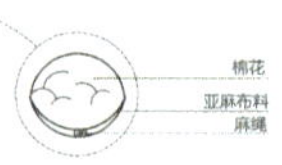

主体坐垫细节图
Cushion Detail Plan

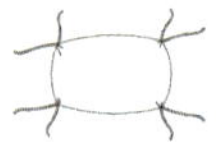

头枕细节图
Headrest Detail Plan

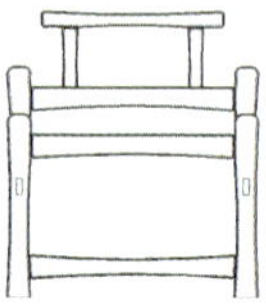

主视图
Front View

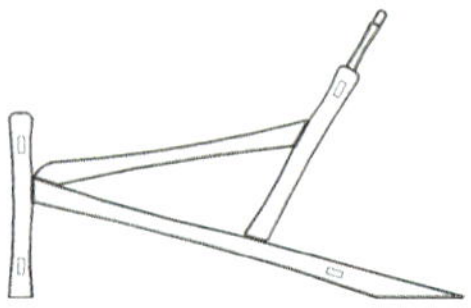

侧视图
Side View

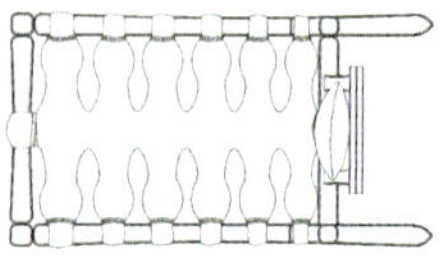

俯视图
Top View

作品名称：蚕境
作者：董自法　胡明

茶境

一叶杯中天，心去佛经外。
十之传永年，意在山水间。

——概念主题体验茶馆

壹 茶馆历史

根据中国古典典籍记载，最早的茶馆出现在唐朝开元年间(713 年 - 741 年)，称为茗铺。宋代杭州茶馆称为茶肆。茶肆内设花架，安排奇松异槐，敲锣卖歌，招揽顾客，按不同季节卖应时茶汤；有的茶肆还有专门教授富家子弟的乐器班、歌唱班。

"茶"字拆开，就是人在草木间。草木乃是人生之本，故而生活就是一杯茶，甘苦并重，恰到调制方能换来层香迭溢的境界。茶有杯容，人亦需容器。人生的容器，并不需如俗见者那般大而无当，动辄上达寰宇，下至天地。其实得一屋足矣，只是这屋应当随着自身心境和脚步而变化。因此茶馆文人墨客喜爱的娱乐场所。

茶馆的历史变化

贰 设计立意

江南有历史悠久的养蚕文化，蚕桑文化是中国文明的起点，苏州是著名的丝绸之乡，历来是中国丝绸生产和丝绸贸易较为发达的地区之一。精湛的加工技艺，丰富的丝绸品种同时它又和苏州的城市发展结下了不解之缘。且苏州太湖流域由于土壤肥沃、气候适宜，自古以来就是重要的产茶之地。提起太湖出产的茶叶，人们必然会想到碧螺春茶，贡山茶等等。养蚕文化和饮茶文化与苏州人的日常生活紧密地联系在一起，与江南水乡等文化元素一起形成了一种独特的传统文化。

传统元素　现代概念

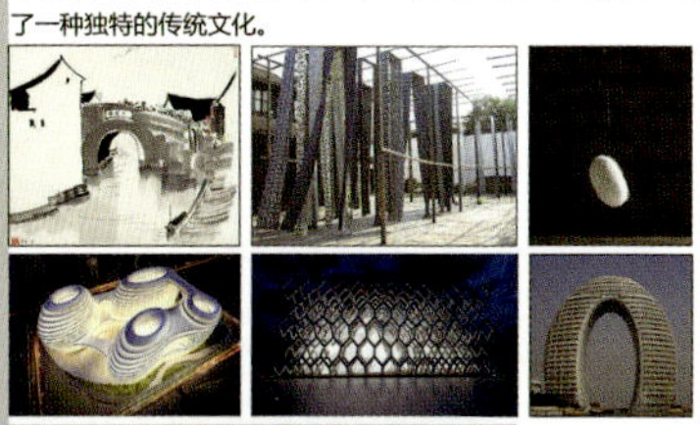

叁 设计定位

随着现代中国社会的快速发展，各大城市正在迅 速发展，各种新形式的建筑正在拔地而起，中国传统建筑形式在现代社会中重面临着巨大的机遇和挑战。当代中国各大城市中相继出现了诸多"外来者"，他们有着不同的文化背景，代表着世界现代建筑的发展趋势，冲击着中国传统建筑形式，同时也为中国传统建筑带来新的理念与元素，所以现代中国建筑应该是传统与现代的结合，精髓与概念的融合。

肆 设计思想

本案主旨在于探索中国传统茶馆与传统建筑，它既要与现代社会相融合，又要保留其本质文化属性，促使其传统文化与现代建筑发展相融合，为其本身带来新的元素，注入新的血液。更多的是在通过现代的技术和建筑形式来表达并继承传统文化。同时也是对中国传统建筑形式的反思与创新，是对传统建筑形式内容的丰富与发展，也是对外来建筑文化的学习借鉴。

伍 设计总结

变革不仅是批判，更是提出一个新的方向。

——建筑师马岩松

期我乎桑中，要我乎上宫，送我乎淇之上矣。
——《诗经·国风·鄘风·桑中》

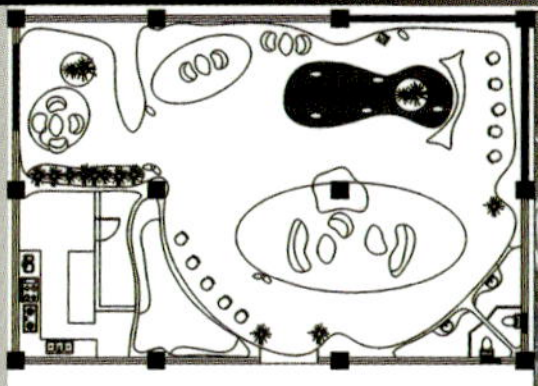

平面图

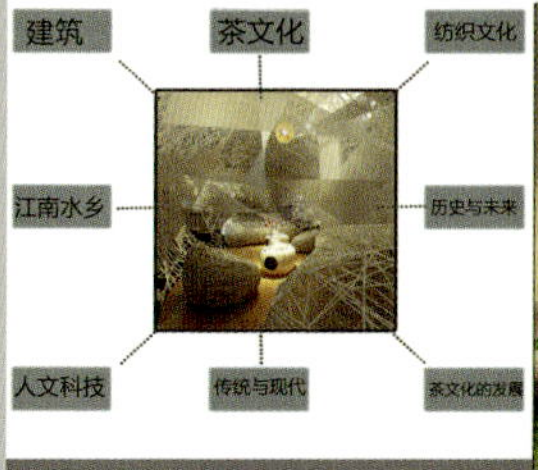
建筑
茶文化
纺织文化
江南水乡
历史与未来
人文科技
传统与现代
茶文化的发展

分析图

趣味空间——概念主题餐厅设计

作品名称：趣味空间——概念主题餐厅设计
作者：张星星 余幸悻

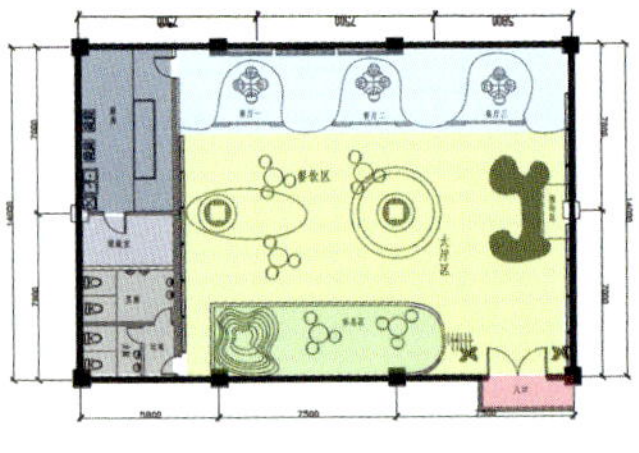

——平面图

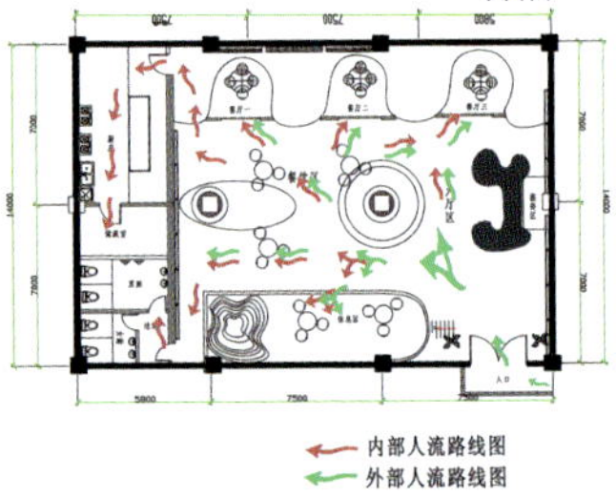

吧台的高度大约为1~1.2米，是向客人提供酒水及其他服务的工作区域，使用简洁的黑色餐厅LOGO；配合上永恒的淡蓝色光芒，在简洁中彰显出这所餐厅的趣味格调；吧台是根据音乐符号与骨头的形状来源而设计的，给人以韵动的趣味感，展现曲线的揉动；吧台的墙体运用彰显华贵沉着、典雅的高级大理石装饰而成；

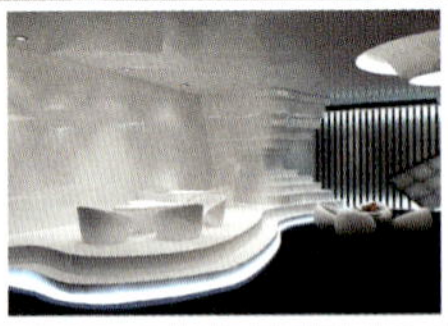

设计分析

此方案是根据现代餐厅的格调，运用曲线的柔美，灯光与材质之间的反射与折射的关系而设计的；整体空间的规划简洁大方、造型柔美、给人以静心大气的现代餐饮空间；根据整体空间的划分餐厅共区分了入口、吧台、接待区、休息区、等候区、特色区等空间；此方案更多的强调设计的个性、多样、趣味、装饰等等；使构思尽可能地超现实，强化概念的完整性，现代与传统的完美结合；抽象与具象、理念与直觉、再现与表现现代与传统、语言与意义、、、这些曾视为对立的东西走向统一，艺术上一切闪光点，都统统符合现代人的价值取向；

设计的主要思想

根据理解层面该空间定义为现代空间曲线设计的起源为数字化生存下消费者感性需求的人性化、更多的是强调设计的个性、多样、趣味、装饰等观念；使构思尽可能超现实，强化概念的完整性然后再使其逐渐靠近制造技术最终达到市场销售的现实；而人们长期在高负荷状态下生活，滋生了回归自然、追求安逸的逆反心理，希望周围的产品和环境与自己和谐一致；在空间和布局上以线性切割为主划分空间，墙与柱的结合即重新划分了空间也顾及空间的动线，舒适而具有活力；餐厅的座椅灵感来源是参考到细胞的外形而想到的，外形的造型跟整个空间相呼应，不缺乏单调；从入口到前台运用了曲线与光的结合，简洁的LOGO使前台不显得没那么空旷给视觉增添了许多趣味；淡蓝色的灯光让人感到崇高、纯洁、透明、智慧具有较强扩张力的色彩；

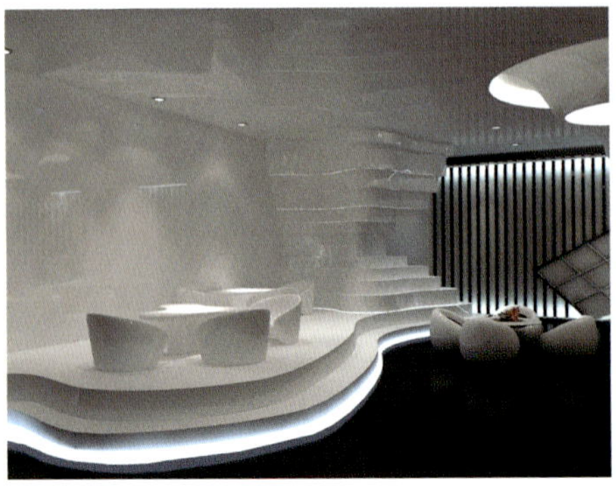

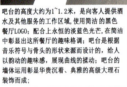

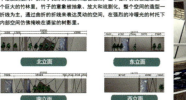

作品名称：竹之韵

作者：周义 李厚臻

竹之韵
A

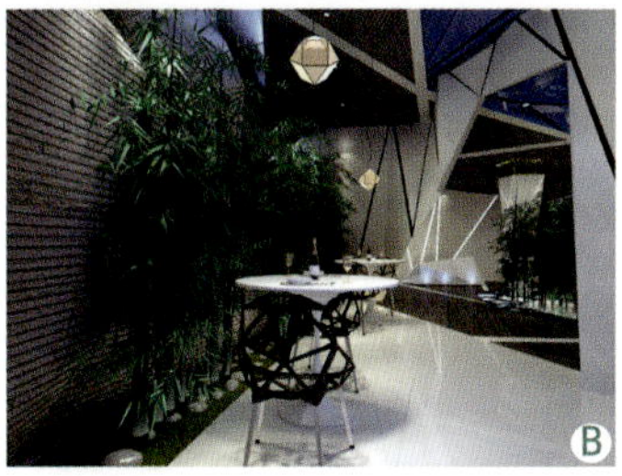
B

环境分析：地理位置：

宁波市作为一个国际化的城市，城市比较繁荣生活节奏特别快，生活压力也巨大。作为市中心的天一广场更是人山人海，每天这里的人流量特别大，在这种压力巨大的一个生活环境，人们怎么能够保持一个愉快、放松的心情。所以在这片热闹的地域必须要有一个静谧、安逸的场所来释放人们的压力，放松心情。

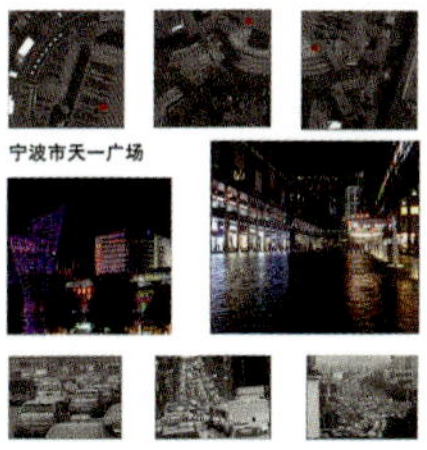
宁波市天一广场

灵感来源：

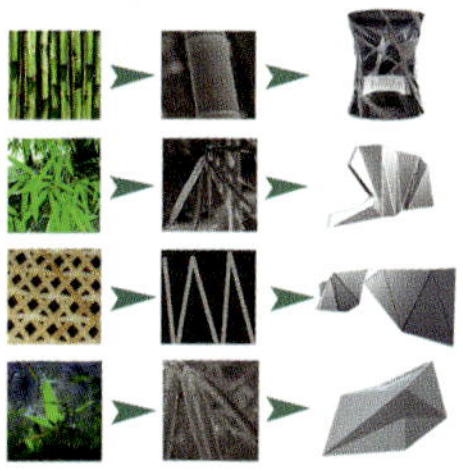

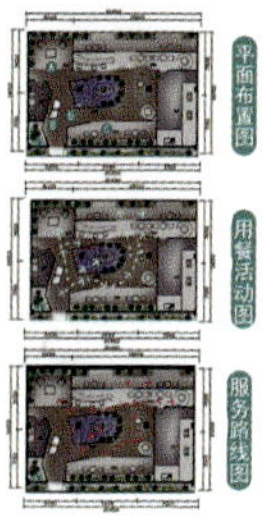

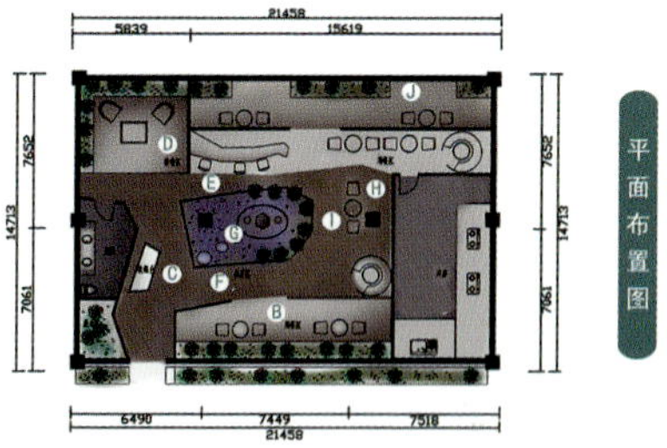
21458
5839
15619
7652
14713
7061
6490
7449
7518
平面布置图

C

D

材质的选择：

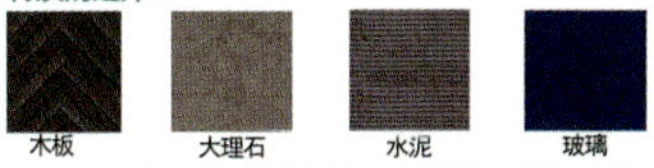
木板
大理石
水泥
玻璃

1. 木板的材质采用“榄仁木”产自东南亚 中国俗称：丽榄木，次木材木材散孔，心材黄褐色，木材具光泽，纹理交错，结构细而匀。

2. 大理石的材质采用“伍利黄”产自南非，其特点是刚性好，硬度高耐磨性强，温度变形小.不会出现划痕，不受恒温条件阻止。

风格定位：

餐厅的整体风格定位于现代简约，首先体现在墙面、隔断等大色块的选择上。在隔断的选择上，没有过多的装饰，不断汲取竹子中的各类元素或具象的还原，或抽象的模拟，万变不离其宗，始终围绕竹子的主题进行设计。

设计特点：

通过独具匠心的造型，和多元化的表现手段成功的将竹林的概念注入了一个硬质的空间。获得了良好的视觉和感官效果，整个餐厅仿佛被笼罩在一个巨大的竹林里，竹子的意象被抽象、放大和戏剧化，整个空间的造型一折线为主，通过曲折的折线来表达灵动的空间，在强烈的冷暖光的衬托下内部空间仿佛掩映在婆娑的树影里。

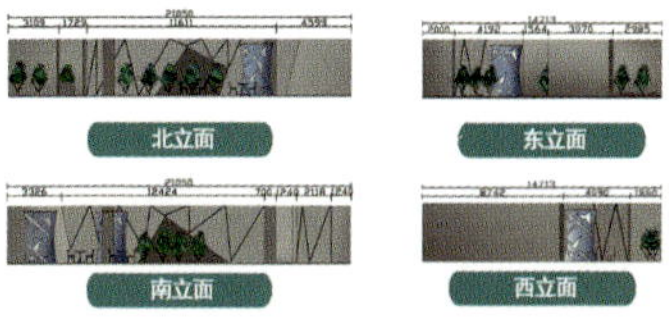
北立面
东立面
南立面
西立面

E

F

设计说明：

建筑之力必须适应自然建筑的目的永远是创造一种建筑之力与自然之力在矛盾中共生的环境在这里人与自然巧妙的结合在一起，占据支配地位的了解大自然的情绪，另一方面可以反映户外的景色，皓月当空一丝轻柔的月光洒进屋内，浪漫而温馨。整体空间如此的贴近自然以致自身也好像进入了自然，又透出淡定优雅的气质，似乎成为了自然的一种陪伴和礼赞。

G

H

I

J

作品名称：水产品养殖及展示中心设计

作者：鞠慧慧

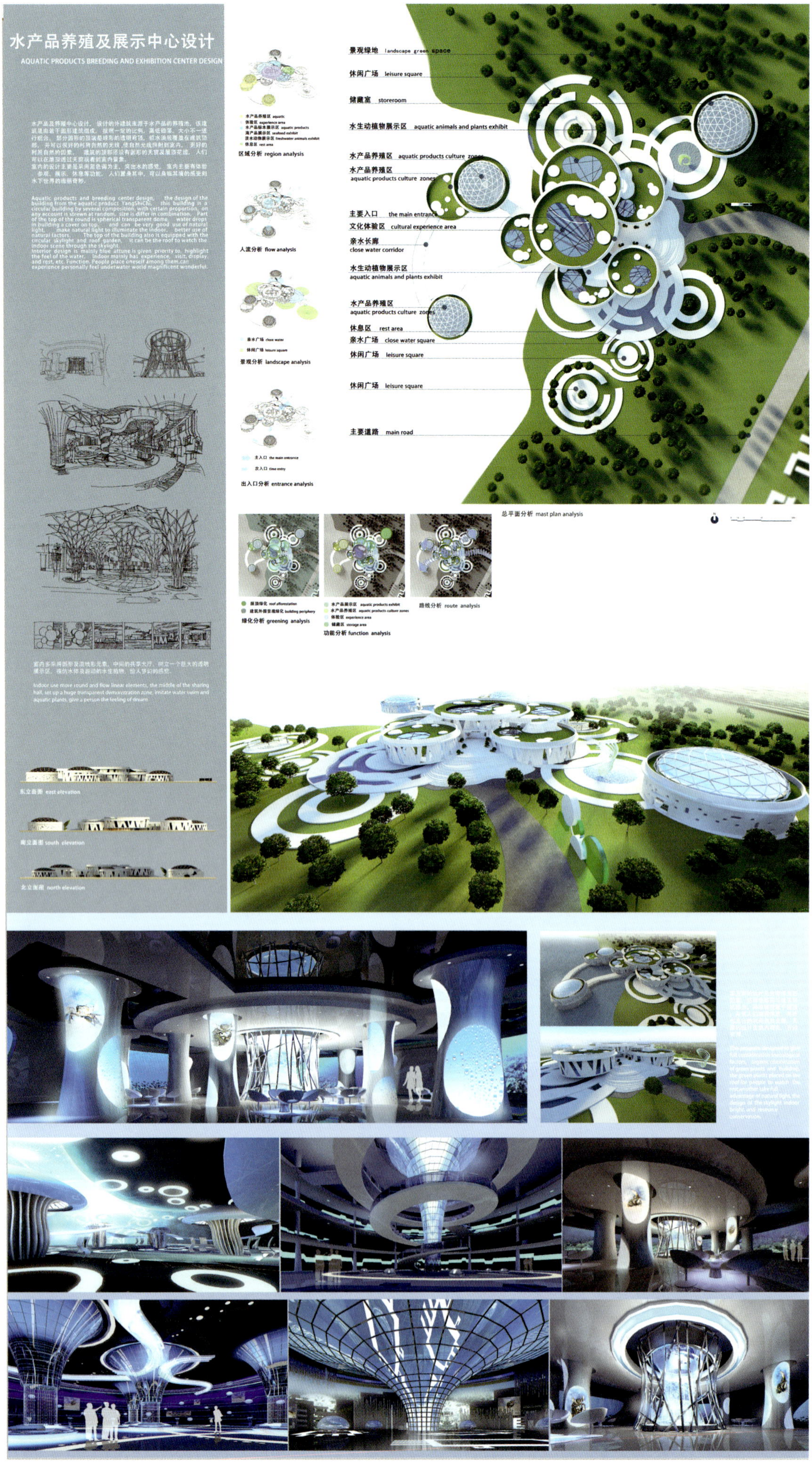
水产品养殖及展示中心设计
AQUATIC PRODUCTS BREEDING AND EXHIBITION CENTER DESIGN
Aquatic products and breeding center design, the design of the building from the aquatic product YangShiChi, this building is a circular building by several composition, with certain proportion, on any account is strewn at random, size is differ in combination. Part of the top of the round is spherical transparent dome water drops in building a cover on top, and can be very good use of natural light, make natural light to illuminate the indoor, better use of natural factors, The top of the building also is equipped with the circular skylight and roof garden, it can be the roof to watch the indoor scene through the skylight
Interior design is mainly blue attune is given priority to, highlight the feel of the water. Indoor mainly has experience, visit, display, and rest, etc. Function. People place oneself among them,can experience personally feel underwater world magnificent wonderful.
区域分析 region analysis
人流分析 flow analysis
景观分析 landscape analysis
出入口分析 entrance analysis
景观绿地 landscape green space
休闲广场 leisure square
储藏室 storeroom
水生动植物展示区 aquatic animals and plants exhibit
水产品养殖区 aquatic products culture zones
主要入口 the main entrance
文化体验区 cultural experience area
亲水长廊 close water corridor
休息区 rest area
亲水广场 close water square
主要道路 main road
总平面分析 mast plan analysis
绿化分析 greening analysis
功能分析 function analysis
路线分析 route analysis
东立面图 east elevation
南立面图 south elevation
北立面图 north elevation

作品名称：『折立方』——探索新型模块化微型住宅

作者：李佳

“折立方”
探索新型模块化微型住宅

当代城市生存之困

当下，城市——尤其是一二线城市房价长期高居不下，长期困扰广大中低收入人群，拥有一套住房似乎是遥不可及的梦想。在这种现实情况下，催生了诸如“蚁族”、“鼠族”，他们主要聚居在城市边缘或者城市底层，长期狭小压抑的蜗居生活一方面不利于这类人群身心成长，另一方面也成为社会发展的不稳定因素之一。

另外，战争、自然灾害等突发事件造成的人道主义危机，也引发对小型化，微型化的住宅建筑、居住设施等的设计思考。

本设计立足于以上思考，试图通过空间创新角度和跨学科思考，从表皮和空间形态创新出发，结合绿色设计思想，探索新型模块化微型住宅。

建筑形态生成

建筑基本形态

新型模块化微型住宅主要目标群体为家庭条件较差的大学毕业生，他们刚步入社会，收入较低，多数为单身状态，急需在奋斗的城市寻得一块成本低廉又能安身之所，他们是“蚁族”、“鼠族”的主要组成之一。

建筑基本形态为2.4米×2.4米×2.4米的立方体模块（图1），该尺寸立方体单体既具有适宜的体量保证灵活度，又有足够的室内空间布局灵活供一人使用，适应性较强，并且契合建材模数，易于建造；既能单独布置也可多个成组；既能充分利用大型室内空间形成密集居住设施，又可以分散的置于室外空间中，按需形成灵活多样空间布局（图2——图4）。

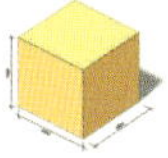
图1 基本形态

图2 布局1

图3 布局2

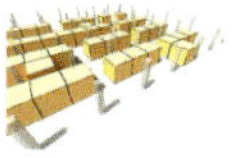
图4 布局3

建筑形态演化

1、基于两个2.4米边长的立方体，结合旋转折叠的形态形成建筑基本形态。（图5）

2、由杆件镶嵌于表皮虚空之处，完成立方体，并形成虚实结合的表皮形态，同时留出建筑开窗与出入口，板件同时演化出垂直交通空间，并形成夹层，完成形态第二步演化。（图6）

3、杆件和板件相互渗透，斜切的边界像素化并相互咬合镶嵌，杆件随像素化的模数关系同时演化成复杂形态，板件则结合像素化模数关系开方形孔洞，完成形态第三步演化。（图7）

图5 演化1

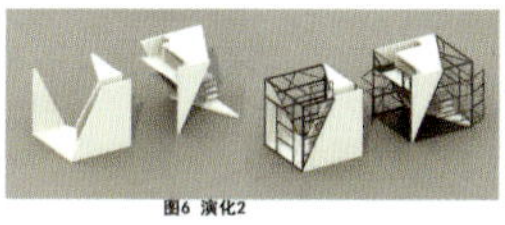
图6 演化2

图7 演化3

4、在杆件表皮上向内生长出框架铁板网结构，整体呈不规则百叶状，进一步发展了建筑的表皮形态，空间体验也更加丰富，完成形态的第四步演化。（图8）

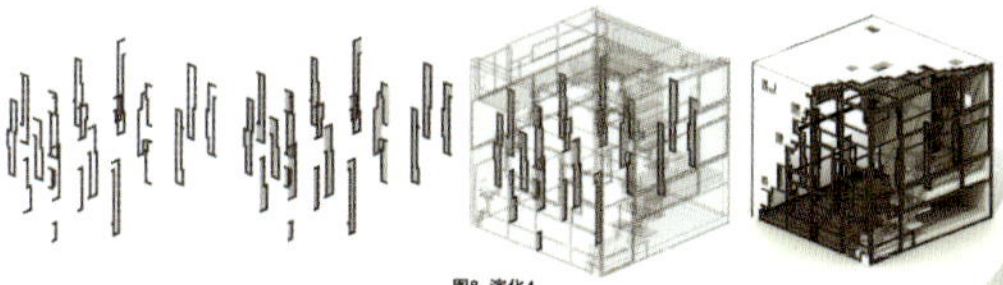
图8 演化4

建筑材料与质感

建筑主要材料是定向刨花板和方钢管

定向刨花板俗称欧松板，其原料主要为软针、阔叶树材的小径木、速生间伐材等，如桉树、杉木、杨木间伐材等，甲醛释放量几乎为零，具有优越的力学性能，握钉力强，耐冲击性能良好，防火、防虫、防腐性能优良，是一种绿色环保的优良板材。欧松板的木质质感自然宜人，易于营造良好的空间感受。

方钢采用3cm×3cm，为标准规格材料，价格低廉，易于购买建造，

欧松板与钢管结合，自然的木材与工业生产的金属质感对比，形成一种特别的表皮观感和触感。（图9）

图9 材料与质感

建造

建筑的主要包含板件加工制造和杆件加工制造两部分。木质板件使用木龙骨框架贴欧松板的做法，杆件则由钢管焊接而成（图10）。为了便于拆装，墙体与墙体、板件与杆件之间用角码连接（图11）。

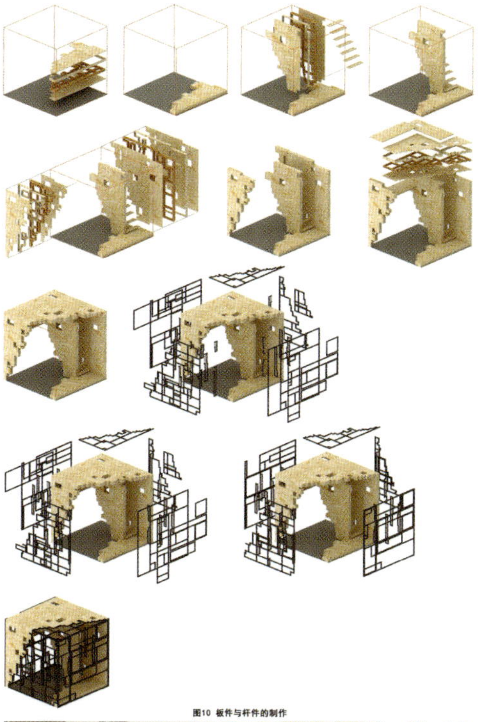
图10 板件与杆件的制作

图11 连接机构

空间效果表现

中模型验证

制作中等尺度的模型进行建造、空间尺度和cad图纸等方面的验证，为下一步1:1建造打下基础。(图12)

结语

“折立方”是一种试图通过建筑设计解决当代社会问题的一种探索，它并没有强调空间功能的划分，而是通过表皮，生成趣味性强、空间感受丰富的微型模块化住宅，达到为目标人群提供“高设计”的生活空间之目的。“折立方”虽然没有强调功能空间划分，实际上是把这项“任务”转交给建筑的使用者，从某种意义上反而丰富了建筑空间功能。“折立方”不是一个完善的设计，它仍然有许多问题，诸如管线、隐私等等，这些都有待进一步设计深化。

作品名称：家园——未来人居环境空间
作者：刘莹莹 王晶 任文鑫 杨帅 周承祖

HOME
未来人居 多功能智能化子母体空间体系
FUTURE PEOPLE CLAIM THE CREDIT CAN SPACE
家园

能源分析/Source of Energy

● 城市： 一般是指太阳光的辐射能量，在现代一般用作发电。自地球形成生物就主要以太阳提供的热和光生存，而自古人类也懂得以阳光晒干物件并作为保存食物的方法，如制盐和晒咸鱼等。但在化石燃料减少下，才有意把太阳能进一步发展。

● 海边：潮汐运动中蕴藏着巨大的能量潮汐能的大小与水体大小及潮差大小有关。实验表明，潮汐能量和海面的面积及潮差高度的平方成正比。目前利用潮汐发电是开发利用潮汐的主要方向潮汐发电是利用潮差来推动水轮机转动，再由水轮机带动发电机发电.

● 沙漠：地球表面大量空气流动所产生的动能。由于地面各处受太阳辐照后气温变化不同和空气中水蒸气的含量不同，因而引起各地气压的差异，在水平方向高压空气向低压地区流动即形成风。

● 森林：地球表面大量空气流动所产生的动能。由于地面各处受太阳辐照后气温变化不同和空气中水蒸气的含量不同，因而引起各地气压的差异，在水平方向高压空气向低压地区流动即形成风。

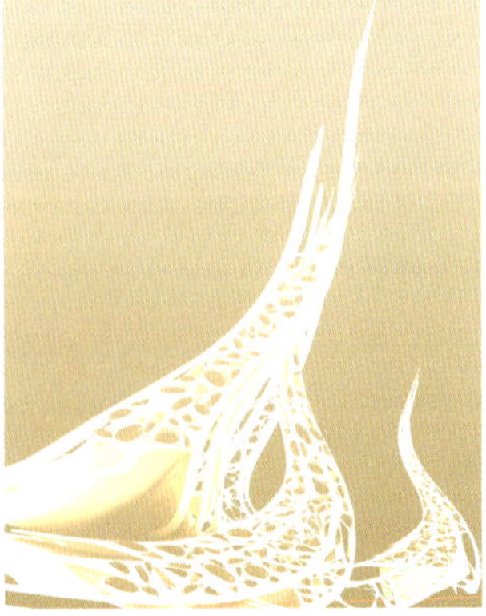

沙漠场景

沙漠占地球表面的1/3是未来人居最有利的资源空间。

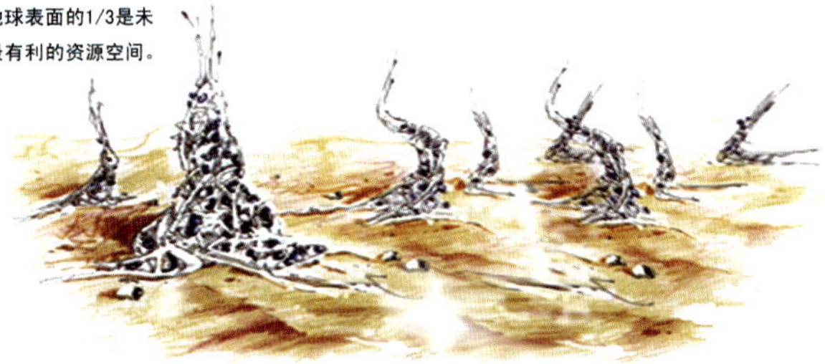

母体平立剖面

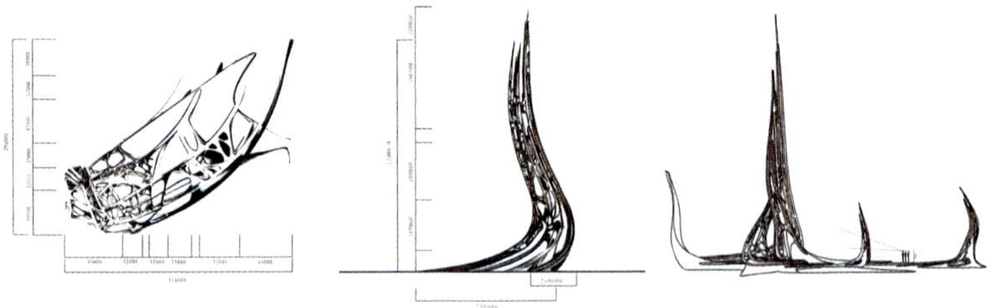

母体分析

整个建筑的结构与能源分析

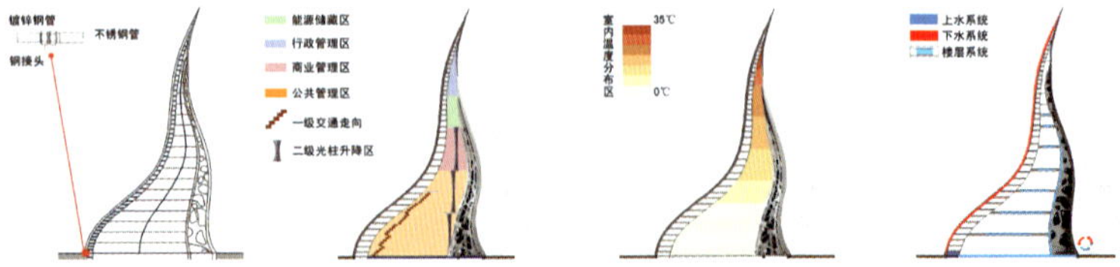
镀锌钢管
不锈钢管
钢接头
能源储藏区
行政管理区
商业管理区
公共管理区
一级交通走向
二级光柱升降区
室内温度分布区
35℃
0℃
上水系统
下水系统
楼层系统

子体及内部分析

建筑子体外观与平面图、立面图布局。

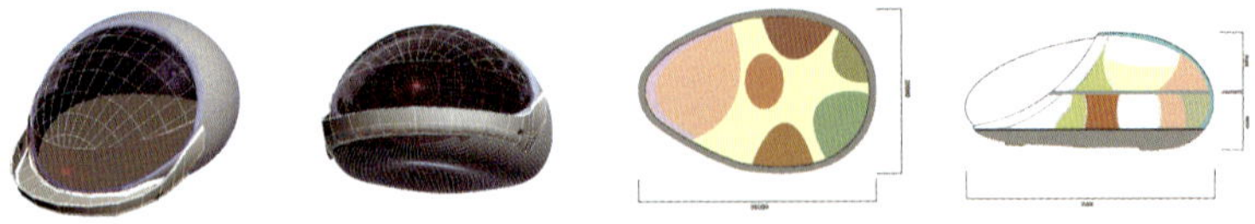

内部交通空间分析

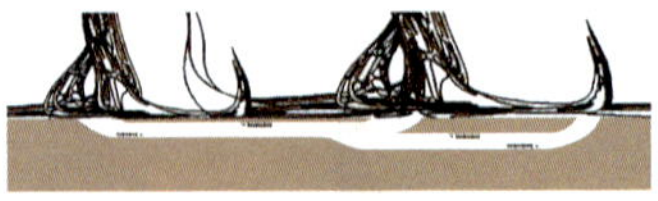

主体手绘
主体平立剖面
主体内部分析
子体外观 平立面

2 交通分析

大厅内部旋转上升空间

子体建筑行走轨道

作品名称：渗透——齐齐哈尔市嫩江流域自然体验型酒店设计

作者：那航硕

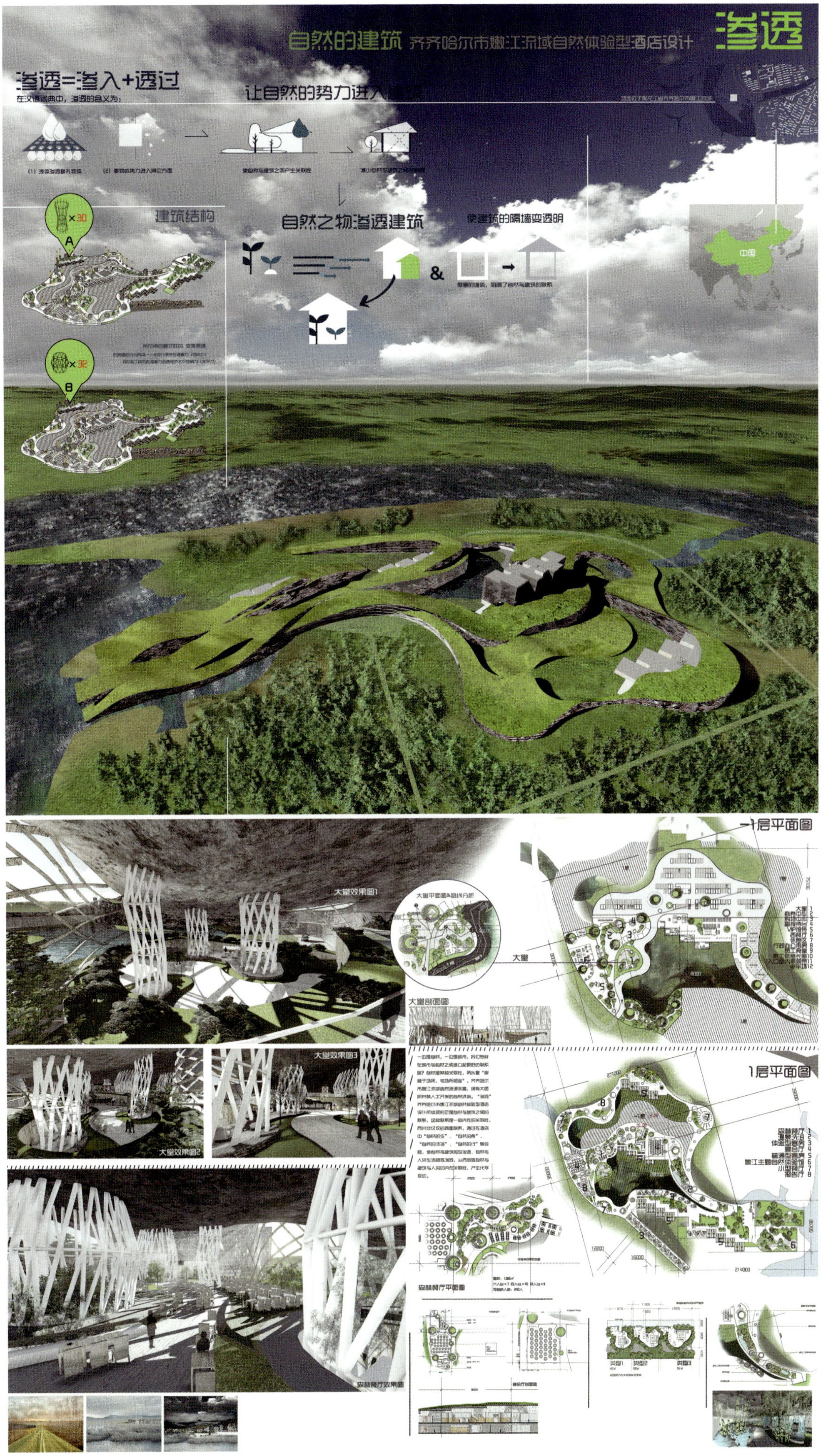

作者：刘清月

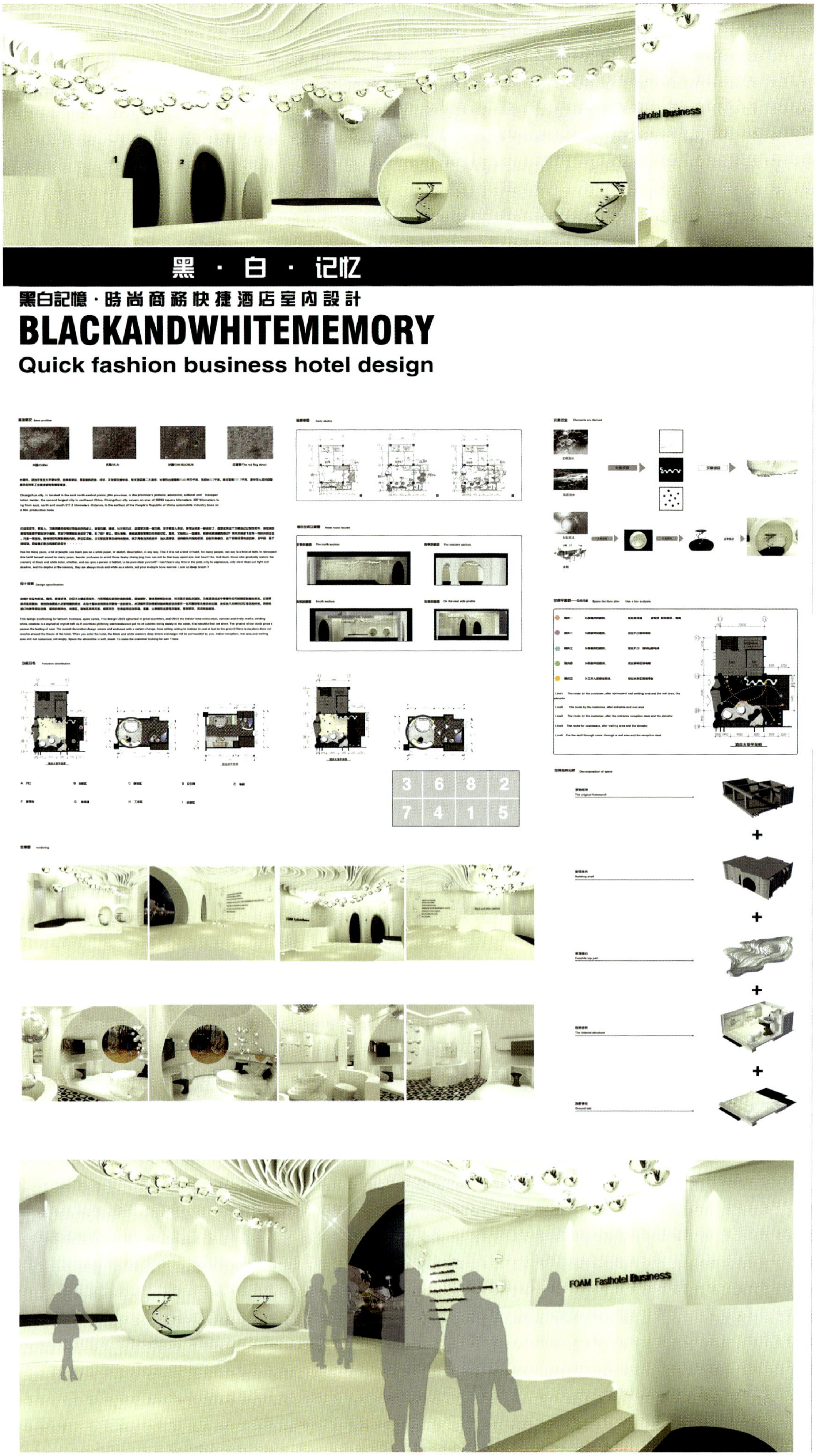
黑 · 白 · 记忆
黑白記憶·時尚商務快捷酒店室內設計
BLACKANDWHITEMEMORY
Quick fashion business hotel design
3 6 8 2
7 4 1 5
FOAM Fasthotel Business

作品名称：Modern bridge

作者：许振潮 胡秀姻 马晓敏 刘欣

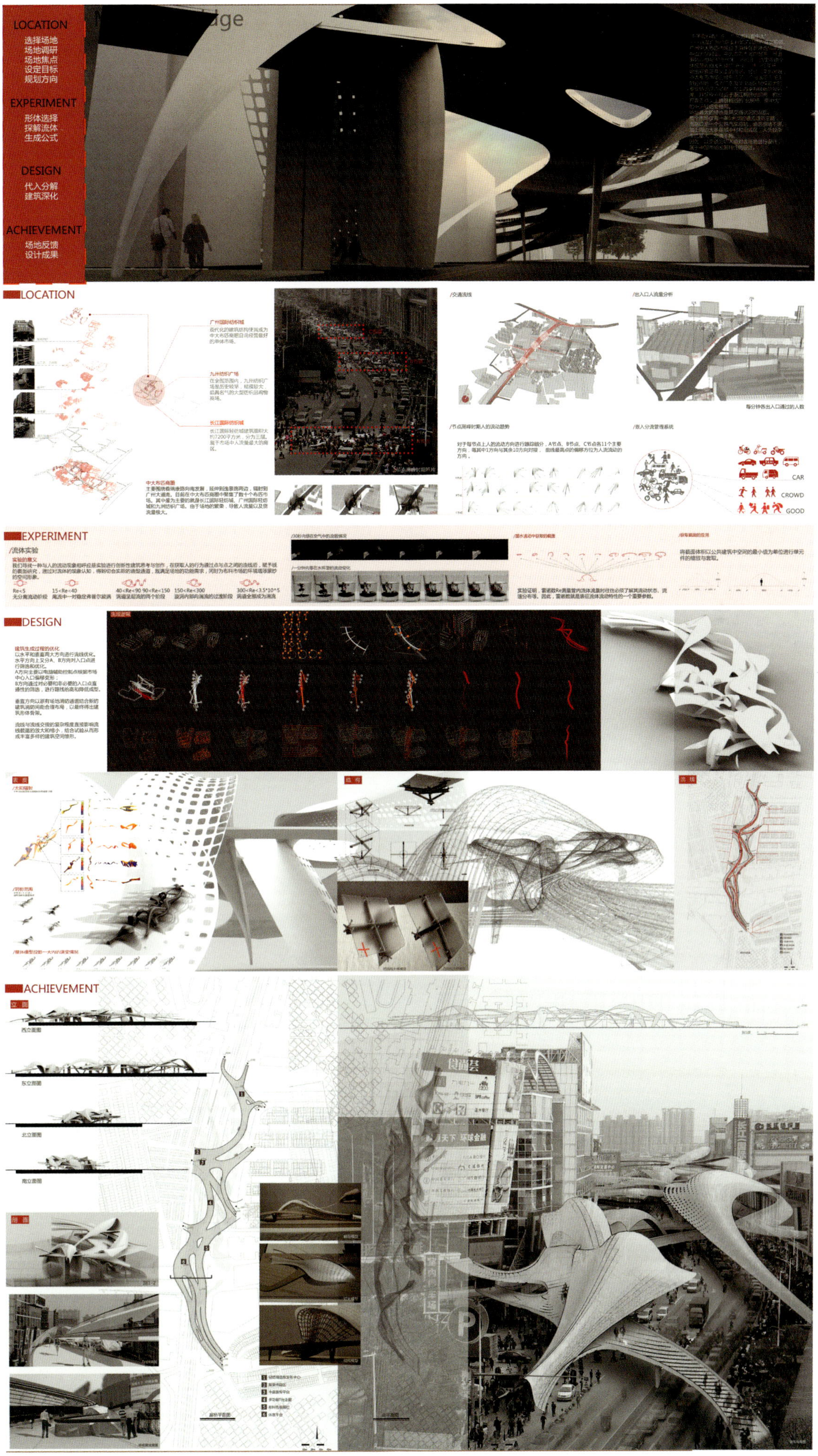

作品名称：慢·时尚——西北生土窑洞环境改造设计

作者：张艺

现状分析

入口的设计运用长条砖做出凹凸的肌理,坡道设计成台阶状,台阶两侧种有植物,整体使得本身狭长的入口空间显得很有生气。

庭院为13.4m×14.6m。其设计运用日本枯山水中的元素和现代的时尚景观元素相互结合。窑院的外立面,采用不同色块进行处理,没有了原有生土墙面的粗糙感,表现的更为整洁。

西北生土窑洞环境改造设计

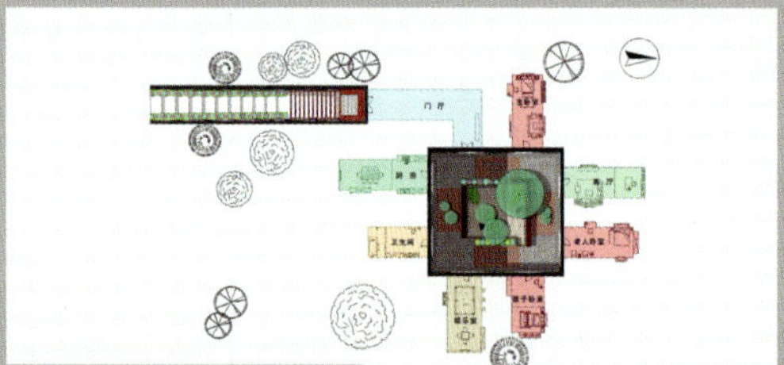

住宅共有7个房,可供7口人居住。分为客厅、主卧室、老人卧室、孩子卧室、厨房(餐厅)、娱乐室、卫生间。

总平面图

在采光问题上,窑院通常是采光分布不均。朝阳面直接面对太阳光线或间接接受地面的反射光线,有可能会因为光线太过强烈而造成光污染;而背阳面则明显采光不足。

因此,在庭院中心设置配置低矮阔叶植物,利用植物叶面对阳光进行反射部分光线向被阳面的作用;选种高大落叶生乔木,在夏季为庭院遮阴,冬季树叶落下不影响院内采光。将传统的门窗进行重新设计,以玻璃为主,增大透光率。

厨房餐厅效果图　　老人卧室效果图

主卧室效果图

墙面粉饰的“白土”是当地的特有的一种矿土。设计根据每个房间的使用人群及使用程度来进行定位,设计的重点在于突出每个房间的特点。不同的房间有不同的陈列方式。室内都采用绿色空调系统,来解决通风问题。

生活即是展示,在室内的设计上同样遵循,简洁、时尚的设计风格。运用现代的手法,使其更适合现代人的居住需求,贯彻低碳、环保的理念。采用实木、白土、黑白地砖三种主要的材料元素进行不同的组合设计。

客厅效果图

娱乐室效果图

西立面图　　入口立面图　　北立面图

慢·时尚

西北生土窑洞环境改造设计

慢. 时尚，定位为西北生土窑洞环境的改造设计，除了整体窑洞结构保留之外，室内及院落都打破传统重新设计。设计旨在与时代接轨，在表现对象的性格特点的同时，给予其全新的诠释，凸显虽慢且时尚的生活状态。

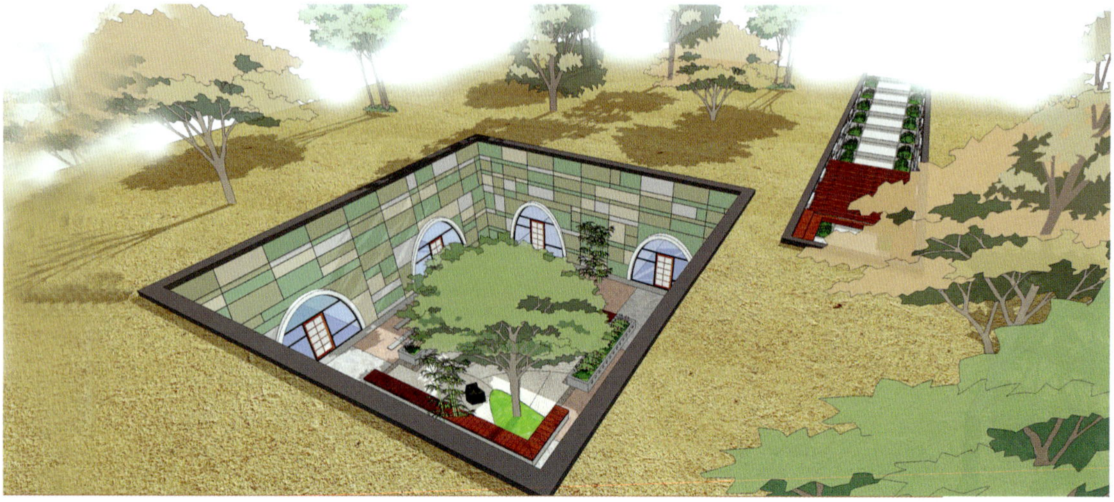

作品名称：震后重建·熊猫老家·彩虹乡村——四川雅安雪山村村后重建

作者：王艺霏

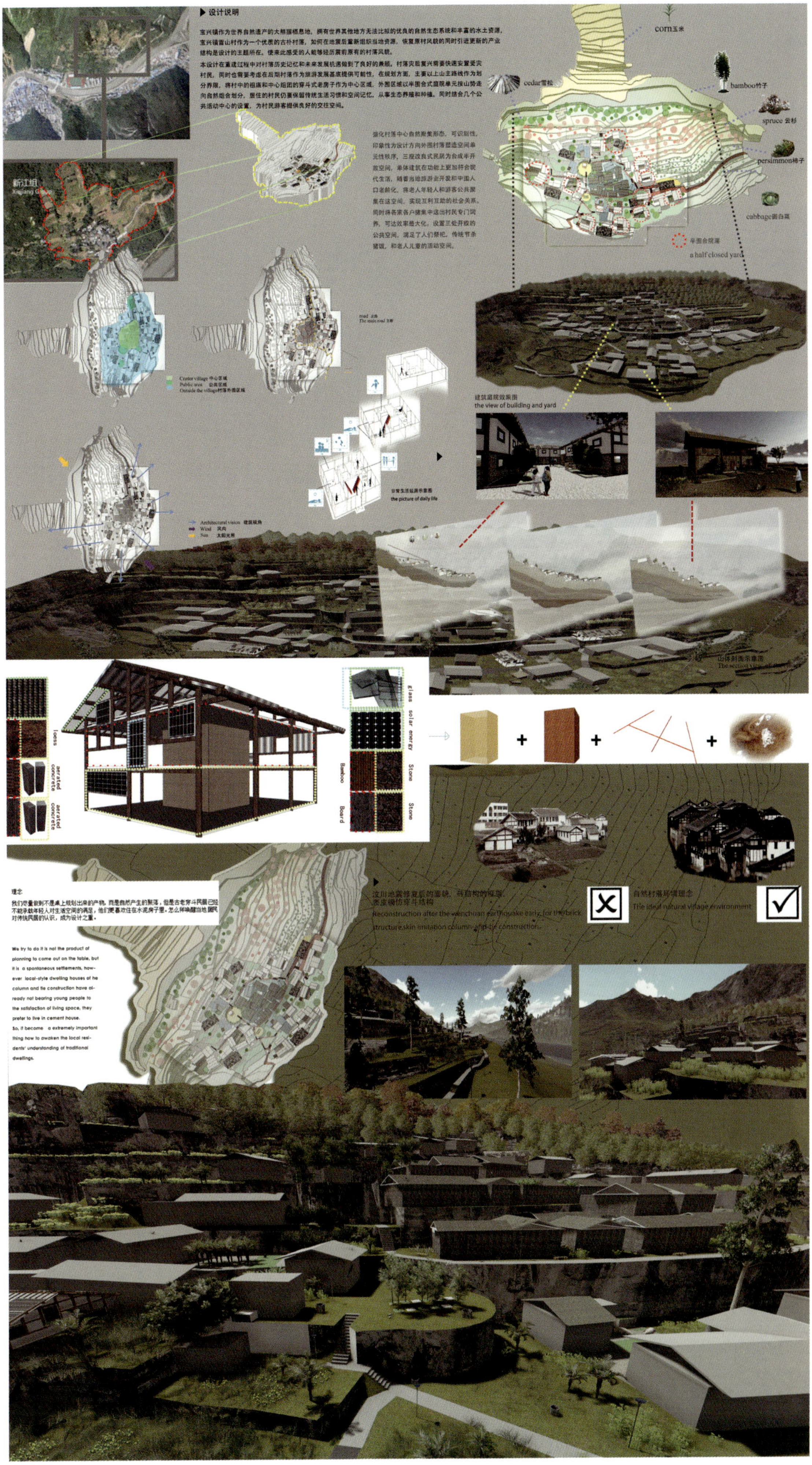
设计说明
宝兴镇作为世界自然遗产的大熊猫栖息地，拥有世界其他地方无法比拟的优良的自然生态系统和丰富的水土资源，宝兴镇雪山村作为一个优质的古朴村落，如何在地震后重新组织当地资源，恢复原村风貌的同时引进更新的产业结构是设计的主题所在。使来此感受的人能够经历震前原有的村落风貌。
本设计在重建过程中对村落历史记忆和未来发展机遇做到了良好的兼顾。村落灾后复兴需要快速安置受灾村民，同时也需要考虑在后期村落作为旅游发展基底提供可能性，在规划方面，主要以上山主路线作为划分界限，将村中的祖庙和中心组团的穿斗式老房子作为中心区域，外围区域以半围合式庭院单元按山势走向自然组合划分，居住的村民仍要保留传统生活习惯和空间记忆，从事生态养殖和种植。同时结合几个公共活动中心的设置，为村民游客提供良好的交往空间。
强化村落中心自然聚集形态，可识别性，印象性为设计方向外围村落营造空间单元性秩序，三座改良式民居为合成半开敞空间，单体建筑在功能上更加符合现代生活，随着当地旅游业开发和中国人口老龄化，将老人年轻人和游客公共聚集在这空间，实现互利互助的社会关系，同时将各家各户猪集中送出村民专门饲养，可达效率最大化，设置三处开敞的公共空间，满足了人们祭祀，传统节杀猪饭，和老人儿童的活动空间。
新江组
corn玉米
cedar雪松
bamboo竹子
spruce 云杉
persimmon柿子
cabbage圆白菜
半围合院落
a half closed yard
Center village 中心区域
Public area 公共区域
建筑庭院效果图
the view of building and yard
日常生活场景示意图
the picture of daily life
Architectural vision 建筑视角
Wind 风向
Sun 太阳光照
loess
aerated concrete
glass
solar energy
Stone
Bamboo
Board
理念
我们尽量做到不是桌上规划出来的产物，而是自然产生的聚落，但是古老穿斗民居已经不能承载年轻人对生活空间的满足，他们更喜欢住在水泥房子里。怎么样唤醒当地居民对传统民居的认识，成为设计之重。
We try to do it is not the product of planning to come out on the table, but it is a spontaneous settlements, however local-style dwelling houses of he column and tie construction have already not bearing young people to the satisfaction of living space, they prefer to live in cement house.
So, it become a extremely important thing how to awaken the local residents' understanding of traditional dwellings.
自然村落环境理念
The ideal natural village environment

入围作品 / 学生组

作品名称：齐齐哈尔『市民中心』生态体验馆概念景观设计

作者：袁向阳

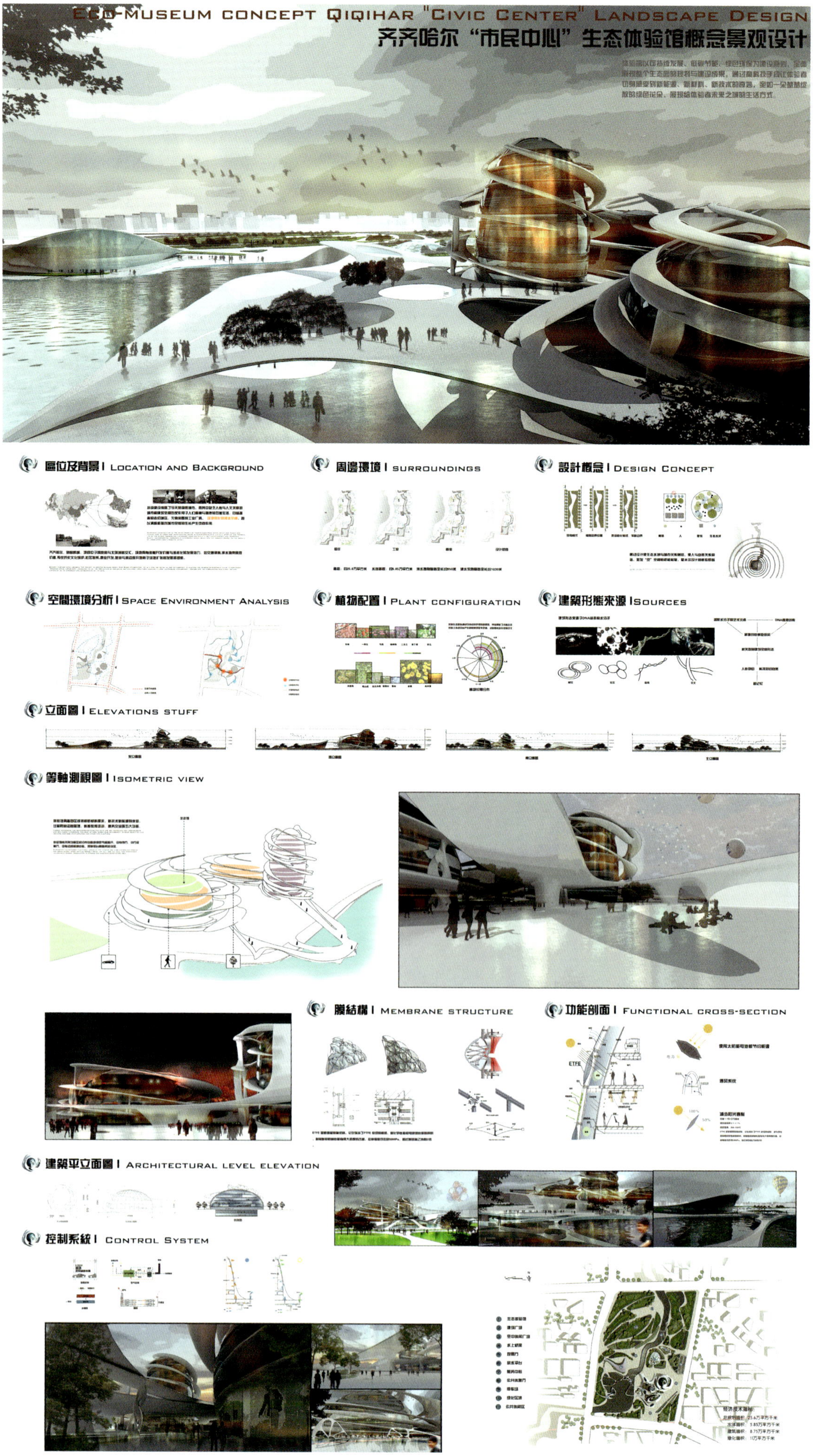

作品名称：东北地区满族文化建筑设计——长春市实践教育拓展训练学校园区规划方案

作者：刘艾鑫　罗广宇

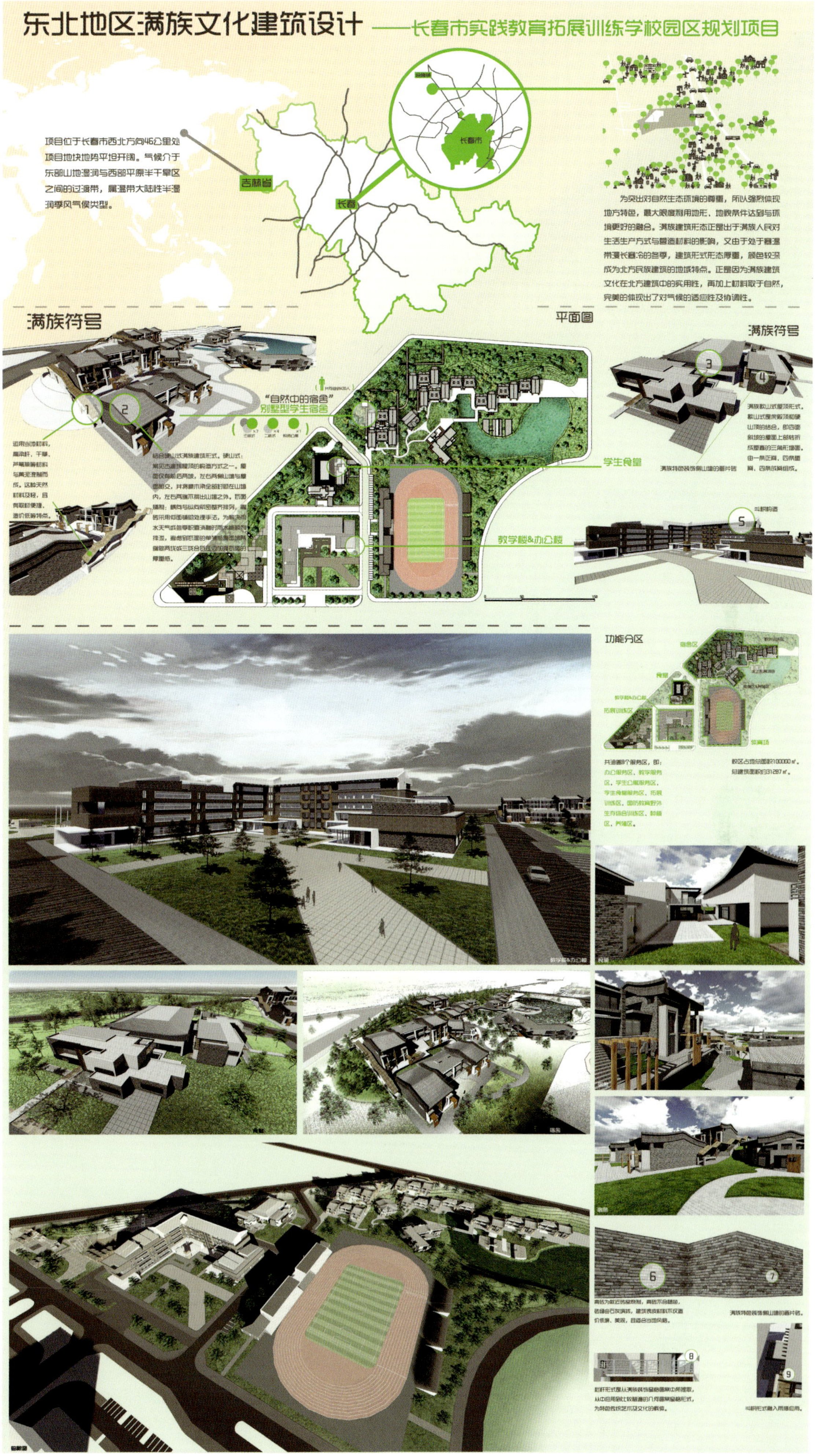
东北地区满族文化建筑设计
——长春市实践教育拓展训练学校园区规划项目
项目位于长春市西北方向46公里处项目地块地势平坦开阔。气候介于东部山地湿润与西部平原半干旱区之间的过渡带，属温带大陆性半湿润季风气候类型。
吉林省
长春
长春市
为突出对自然生态环境的尊重，所以强烈体现地方特色，最大限度利用地形、地貌条件达到与环境更好的融合。满族建筑形态正是出于满族人民对生活生产方式与营造材料的影响，又由于处于寒温带漫长寒冷的冬季，建筑形式形态厚重，颜色较深成为北方民族建筑的地域特点。正是因为满族建筑文化在北方建筑中的实用性，再加上材料取于自然，完美的体现出了对气候的适应性及协调性。
满族符号
平面图
满族符号
"自然中的宿舍"
别墅型学生宿舍
学生食堂
教学楼&办公楼
满族歇山式屋顶形式。歇山式屋庑殿顶和硬山顶的结合，即四面斜坡的屋面上部转折成垂直的三角形墙面。由一条正脊、四条垂脊、四条戗脊组成。
斗拱韵语
功能分区
拓展训练区
体育场
共涵盖8个服务区，即：
办公服务区、教学服务区、学生公寓服务区、学生食堂服务区、拓展训练区、国防教育野外生存综合训练区、种植区、养殖区。
校区占地总面积100000㎡。
总建筑面积约331287㎡。

作者：张家赫　张素素

总图 MASTER PLAN

概念 CONCEPT

从吉隆坡飞往北京的马航MH370遭遇空难，造成239人遇难。据目前消息，飞机坠毁在南印度洋。而这239个亡灵随着飞机一起沉入大海，永远迷失在大海的深处。
在海上修建一座纪念物，纪念这次空难，并为这些亡灵指引方向，找到回家的路。

在飞机坠毁海域的海面上，一座漂浮的岛屿指向航班的目的地 北京，将一个被抽象成三棱锥的灯塔倒转插入海底，夹在内部的光纤将太阳光传入海底，同时，照亮刻在内部空间墙壁上每一个亡灵的名字。

俯视图　PLAN

室内大厅

内部空间非常高耸，太阳光通过顶部的开口摄入内部，与倾斜的墙壁共同暗示一种方向性，墙壁上刻着每一位亡灵的名字，被夹在建筑体中的光纤包裹着，太阳光通过这些光纤，照亮墙壁上每一个亡灵的名字，营造一种充满纪念性的空间氛围，亡灵们顺着太阳光的方向，回到自己的家。生者们通过坡道，在这样的空间中行走，仿佛可以听到这些亡灵们的声音。

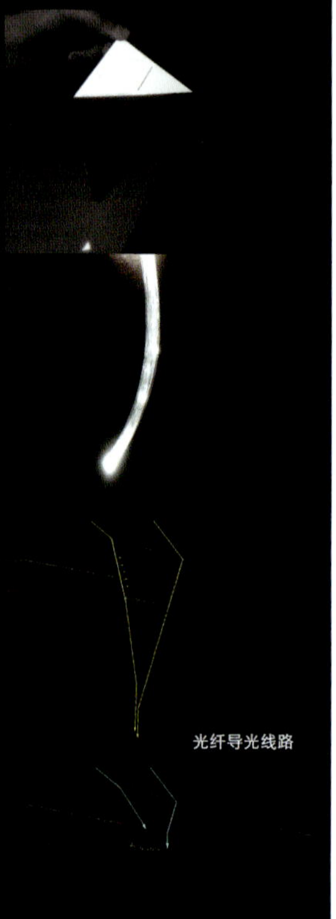

光纤导光线路

次要导光线路

建筑入口处

建筑由一个狭窄的过道进入内部空间。过道墙壁上开口，使太阳光通过墙壁内部的光纤射入。

飞机残骸

在室内的角落，一束光线照射在一片碎石上的飞机残骸。隐喻这个纪念物将光引向大海的深处，为亡灵指引方向。

作品名称：单体的复杂化演变——元大都遗址公园局部改造

作者：杨智宇

作品名称：曲线艺术的美

作者：李艾琳　李杨　刘清月

——任何一种设计运动都离不开线条，直线的简洁，曲线的阴柔，让人们在曲直不一的世界中所迷倒。新艺术运动中设计师将曲线视为自己的最爱，以各种曲线造型展示自己对自然的探索和热爱。我的设计也以曲线为灵感，展现现代曲线与商业结合后所产生的新火花

——The title: Any kind of design movement is inseparable from the line, a straight line is concise, feminine curve, make people charmed with different matters and in the world. The new art movement in the designer will curve as their favorite, in a variety of curve modeling to show their exploration and love of nature. My design curve for inspiration, also show the modern curve and business combined with the new spark is produced

■ 大堂效果 Hall effect

■ 大堂剖面圖 Figure sectional lobby

■ 大堂立面圖 Lobby Elevations

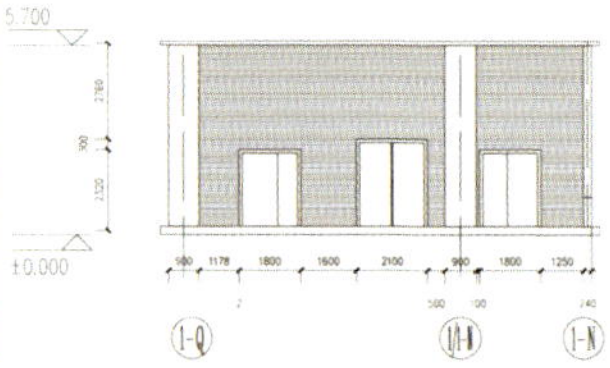

选址：
因为本次的主题是商务快捷酒店，对地理位置的要求并不高。设计最初是想建一个现代的、主题性的、价位适中、更为方便快捷的酒店。地理位置在市中心，交通便利，让旅客去各个地方都方便。用更合理的价位获得更高的居住品质，无论是办公、旅游或是购物都能应对的快捷酒店。

Site selection: Because of the quick business hotel, is the theme of the demand for the geographical position is not high. The original design was to be a modern, thematic, price moderate, more convenient hotel. Geographical location in the heart of the city, convenient transportation, every place to convenience for passengers, in a more reasonable price for higher living quality, office, travel or shopping can cope with quick hotel.

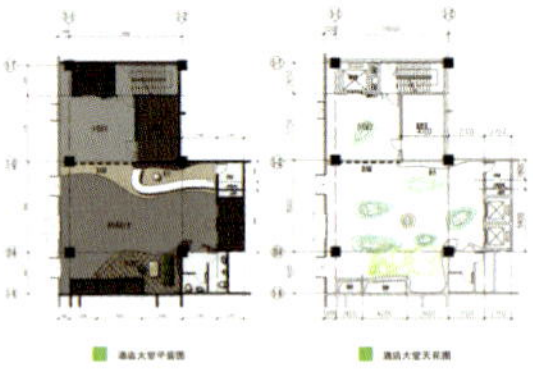

曲线艺术概况：19世纪末20世纪初，欧洲艺术家们所创造出来的与人们实际生活相关的艺术形式被称为"新艺术"。新艺术运动的设计师尤其喜爱曲线，运用各种曲线造型来表现自己对大自然的探索和热爱。曲线造型的成功运用在一定程度上成就了新艺术运动在设计史中的历史地位。曲线在各领域的成功运用也为现在的设计提供了灵感和经验。

Profile curve of art: In the late 19th century early 20th century, the European artists created related to real life people art form known as the "new art". Designers of the new art movement especially love curve and use all kinds of curve modeling to assert their exploration and love for nature. Curve modeling successfully applied to a certain extent achievement of the new art movement in the history position in the history of design. Curve successful use in various fields also provide inspiration and experience for the current design.

■ 大堂及標准客房衛生間效果 Standard room bathroom lobby and effect

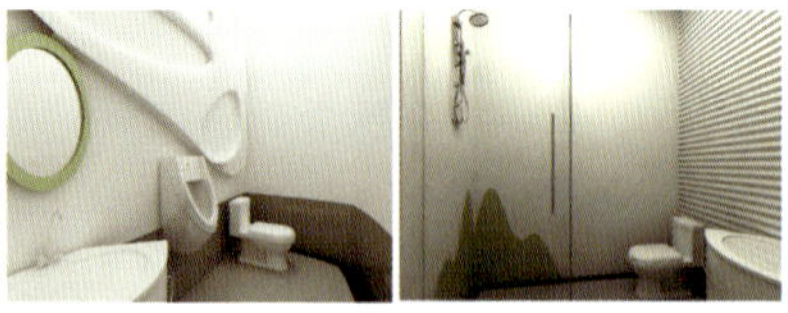

■ 標准客房效果 Standard rooms effect

■ 客房平面圖 Room Plans

■ 商務客房效果
Business Room effect

灵感来源：
我希望利用曲线把建筑的结构和部件掩盖起来，装饰在室内的曲线成为建筑的主要语言，并且让这种装饰对不显得拥塞或呆板，相反，流畅、优雅、精致、富有韵律的线条让人觉得像植物生长那样自然，它所呈现出来的美感是赏心悦目的。活泼、跳跃，类似植物根须的曲线遍布在门面、地面、墙面、楼梯、灯头甚至是灯具的装饰上，这些线条轻盈、自然，像植物似的在屋子里生长着，伸展着，蔓延着，呈现出某种生命的活力。

Inspiration: I want using the curve of the building structure and components buried, become the main language of architectural decoration in the indoor curve, and make the decoration does not appear congestion or inflexible, on the contrary, smooth, elegant, delicate, rich rhythm line let a person feel as natural as the plants grow, it is presented by the aesthetic feeling feast for the eyes. Lively, jumping, similar to the curve of the plant roots in the facade, floor, walls, stairs, ... even on the adornment of lamps and lanterns, these lines lightsome, natural, like plants growing in the house, stretch and spread, and presents some sort of life.

作品名称：流变
作者：李婷婷 孟可鑫

流 变 — 参数化“茶桌”设计

Parameters of The "Tea Table" Design

设计来源

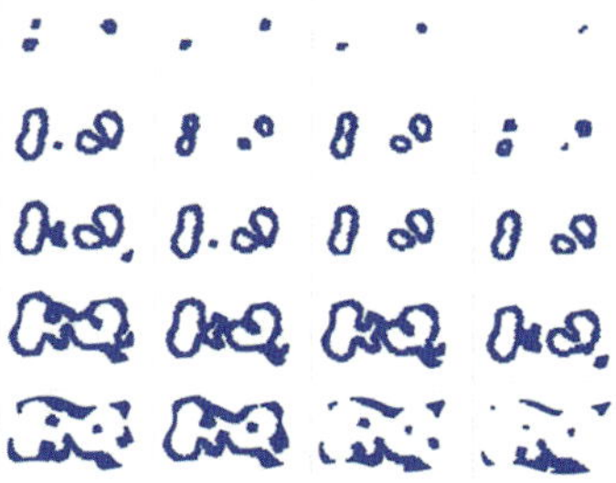

平、立面效果

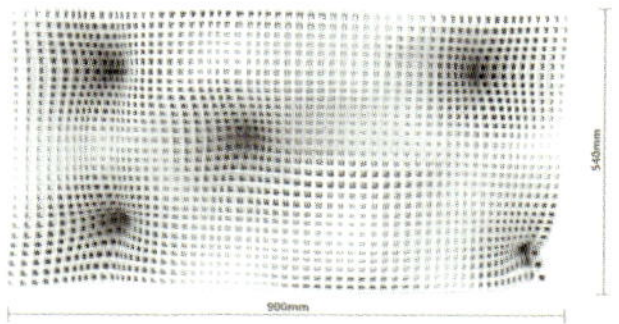
900mm
540mm

450mm

设计说明

作品以镂空长方体作为茶桌形态，长宽高分别为900mm×540mm×450mm，利用白陶在特定的温度下烧制定形，呈现轻盈、统一的网格式流动曲面。方案首先利用Rhino进行定形，在X/Y平面上建立网格，确定茶桌比例大小，利用基础面上的矩形阵列确定孔隙特征，然后根据磁力线在平面上方设置若干点，利用Grasshopper将这些点转化成连接正负极的磁力点，依照力的大小将初始平面的控制点抬升不同的高度，并生成曲面，通过曲面曲率的分析进行水流测试，寻找最佳水流流向，最后根据几何体的韵律变化特点，探讨不同边数的多边形在曲面上生成的形态造型，选择最具形式感和可能性的方案。

切片形态

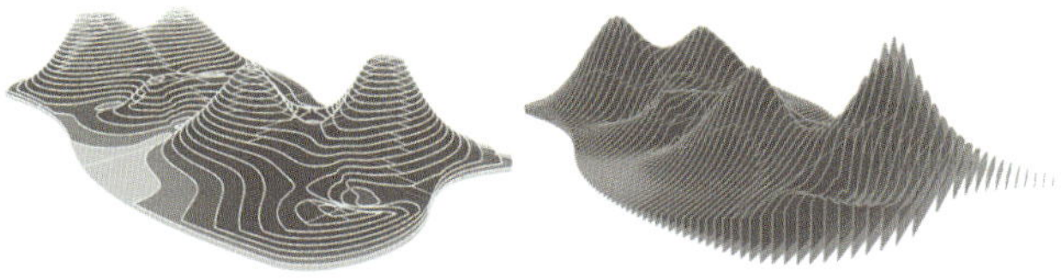

形态衍生

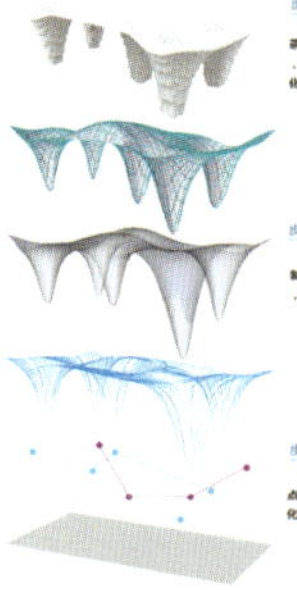
步骤六
最终确定以“镂空长方体”作为茶桌样式，根据场域内的磁场关系，几何体在表皮产生旋转、叠加变化，形态衍化生成。
步骤五
利用Grasshopper在生成的曲面上建立适合附着几何体尺寸的网格，将不同形态的几何体分割尝试，探究其在曲面上形态与功能的可能性。
步骤四
依照力的大小将初始平面的控制点抬升不同的高度，并生成曲面，通过曲率的分析进行水流测试。
步骤三
通过调节正负极磁力点的位置，使场发生变化，模拟水流特性。
步骤二
根据磁力线在平面上方设置若干点，利用Grasshopper将这些点转化成连接正负极的磁力点。
步骤一
在X/Y平面上建立网格，确定茶桌比例大小。

模型展示

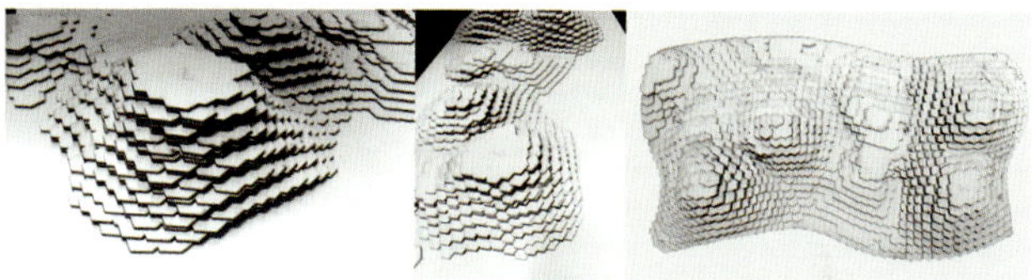

效果展示

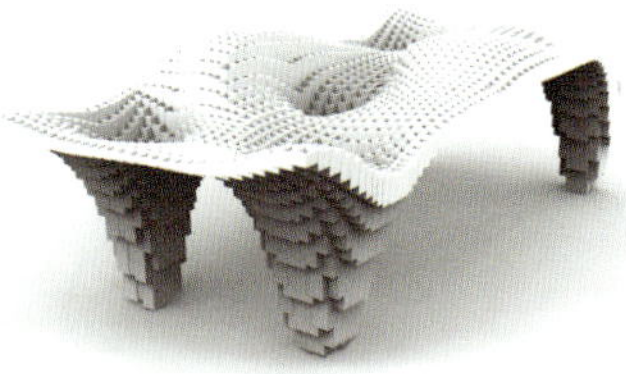

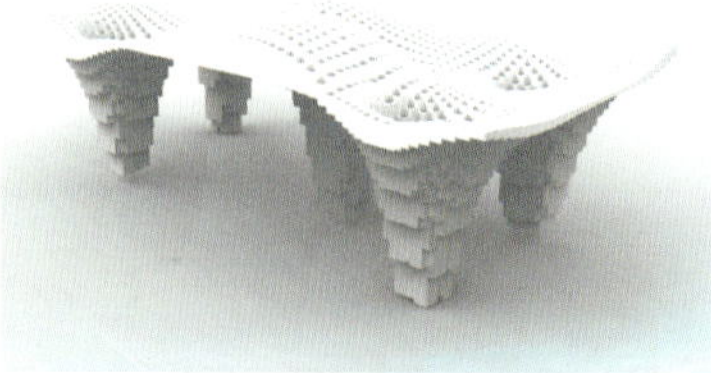

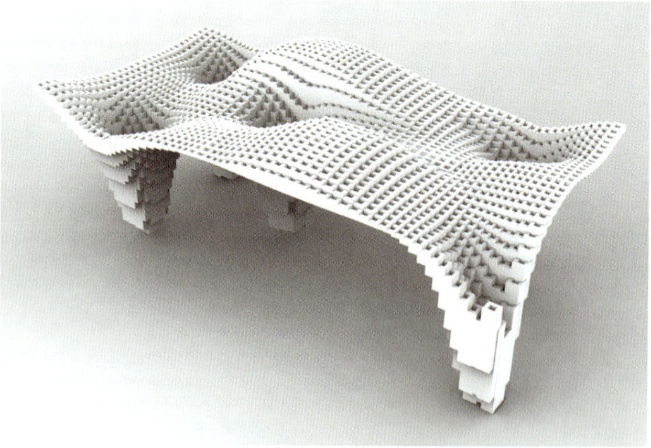

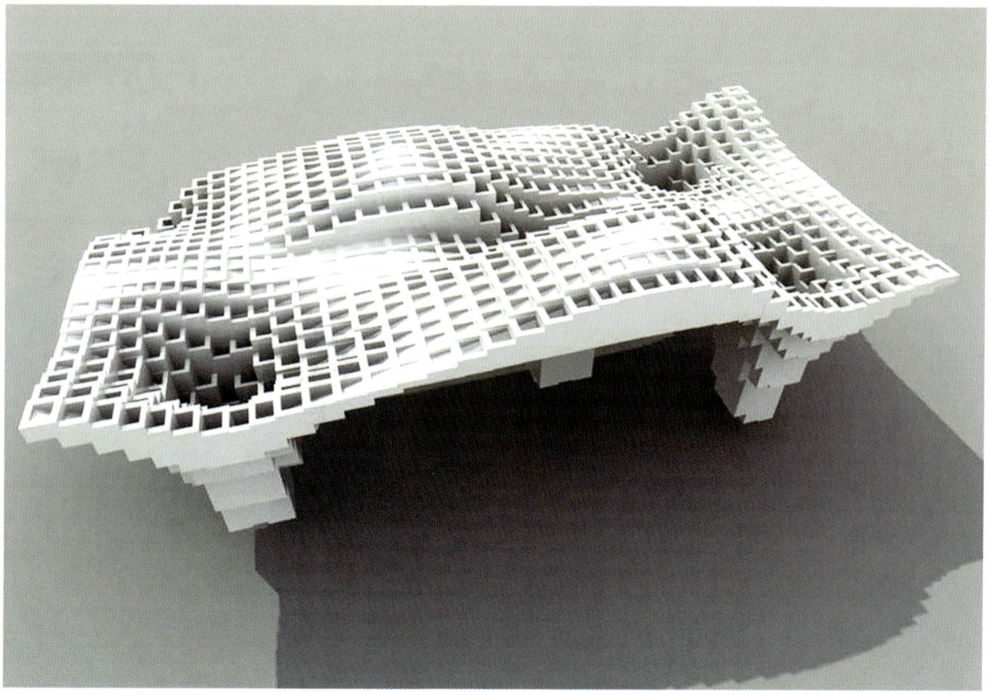

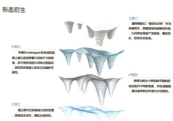

作品名称：灵动邂逅
作者：于涵夕

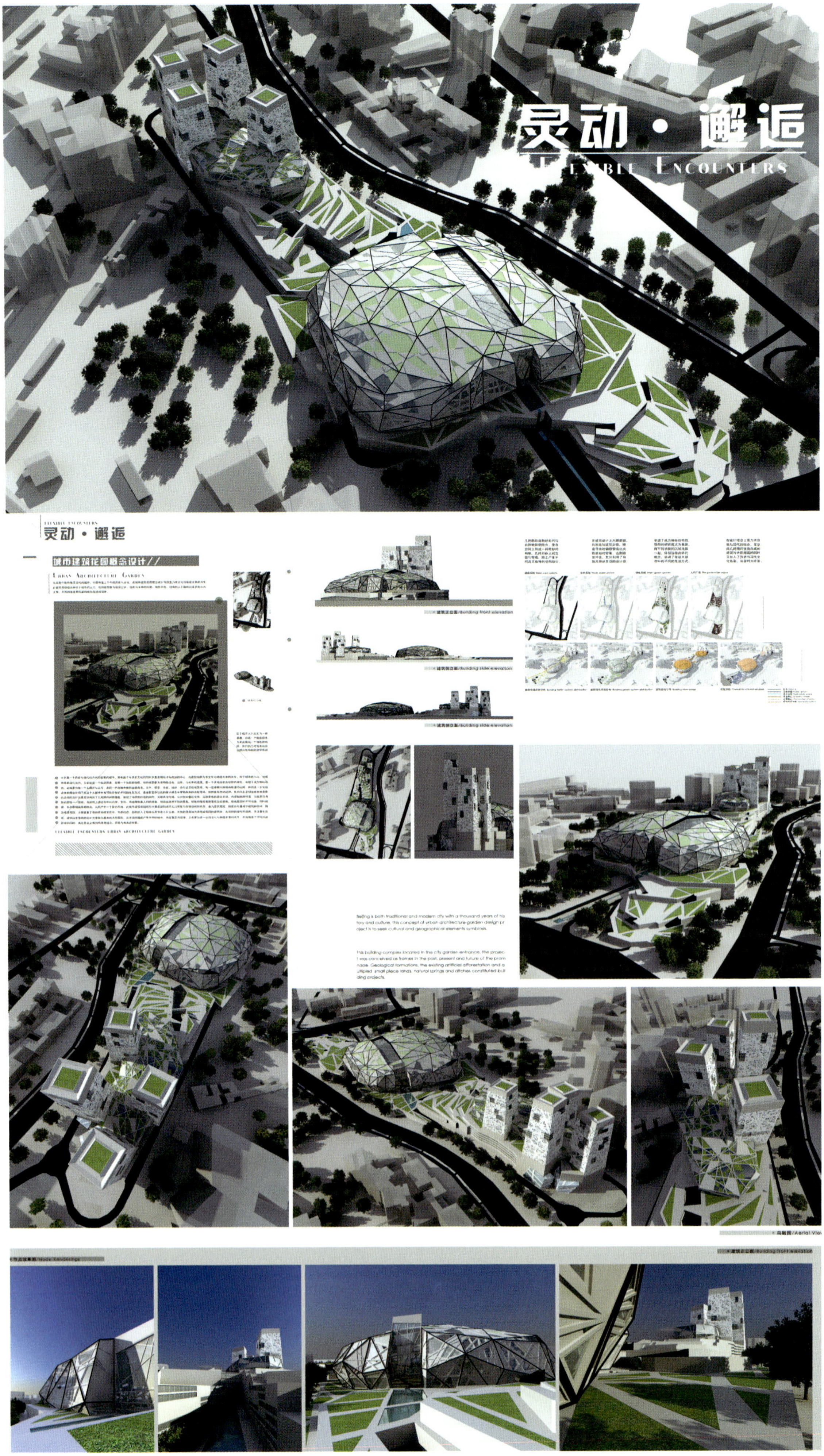
灵动 · 邂逅
城市建筑花园概念设计//
Beijing is both traditional and modern city with a thousand years of history and culture. this concept of urban architecture garden design project is to seek cultural and geographical elements symbiosis.
This building complex located in the city garden entrance, the project was conceived as frames in the past, present and future of the promnade. Geological formations, the existing artificial afforestation and a ultipied small place lands, natural springs and ditches constituted building projects.
鸟瞰图/Aerial View

作品名称：拯救消失中的水系

作者：柏思宇

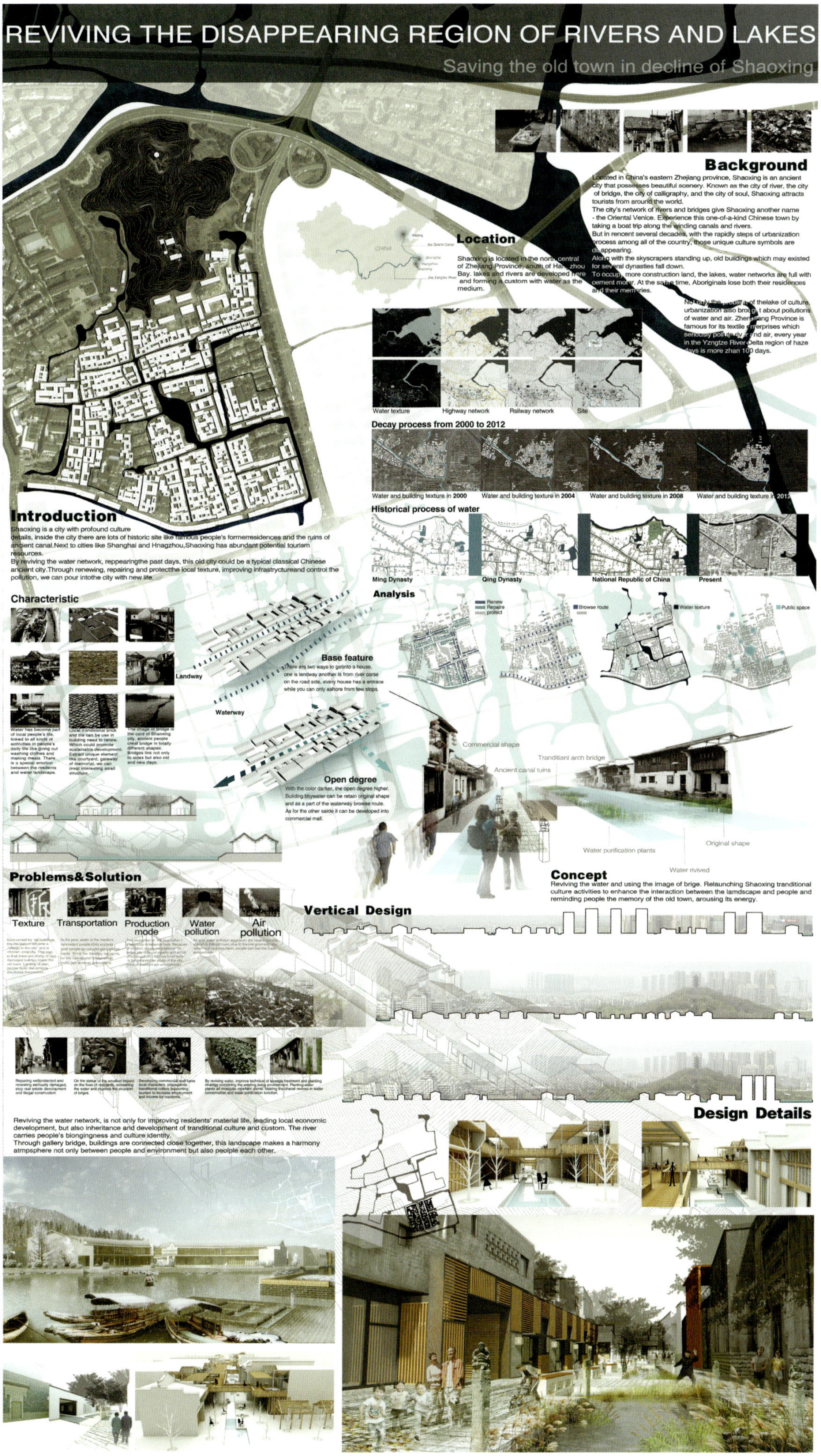
REVIVING THE DISAPPEARING REGION OF RIVERS AND LAKES
Saving the old town in decline of Shaoxing
Background
Located in China's eastern Zhejiang province, Shaoxing is an ancient city that possesses beautiful scenery. Known as the city of river, the city of bridge, the city of calligraphy, and the city of soul, Shaoxing attracts tourists from around the world.
The city's network of rivers and bridges give Shaoxing another name - the Oriental Venice. Experience this one-of-a-kind Chinese town by taking a boat trip along the winding canals and rivers.
But in rencent several decades, with the rapidly steps of urbanization process among all of the country, those unique culture symbols are disappearing.
Along with the skyscrapers standing up, old buildings which may existed for several dynasties fall down.
To occupy more construction land, the lakes, water networks are full with cement mortar. At the same time, Aboriginals lose both their residences and their memories.
Location
Shaoxing is located in the north central of Zhejiang Province, south of Hangzhou Bay. lakes and rivers are developed here and forming a custom with water as the medium.
CHINA
Water texture
Highway network
Railway network
Site
Decay process from 2000 to 2012
Water and building texture in 2000
Water and building texture in 2004
Water and building texture in 2008
Water and building texture in 2012
Historical process of water
Ming Dynasty
Qing Dynasty
National Republic of China
Present
Introduction
Shaoxing is a city with profound culture details, inside the city there are lots of historic site like famous people's formerresidences and the ruins of ancient canal.Next to cities like Shanghai and Hnagzhou,Shaoxing has abundant potential tourism resources.
By reviving the water network, reppearingthe past days, this old city could be a typical classical Chinese ancient city.Through renewing, repairing and protectthe local texture, improving infrastryctureand control the pollution, we can pour intothe city with new life.
Characteristic
Analysis
Renew
Repair
protect
Browse route
Water texture
Public space
Landway
Waterway
Base feature
Open degree
Commercial shape
Tranditianl arch bridge
Ancient canal tuins
Water purification plants
Original shape
Water rivived
Concept
Reviving the water and using the image of brige. Relaunching Shaoxing tranditional culture activities to enhance the interaction between the lamdscape and people and reminding people the memory of the old town, arousing its energy.
Problems&Solution
Texture
Transportation
Production mode
Water pollution
Air pollution
Vertical Design
Design Details
Reviving the water network, is not only for improving residents' material life, leading local economic development, but also inheritance and development of tranditional culture and custom. The river carries people's blongingness and culture identity.
Through gallery bridge, buildings are connected close together, this landscape makes a harmony atmpsphere not only between people and environment but also peolple each other.

入围作品／学生组

作品名称：消失的建筑——会所空间设计

作者：蔡士佳　史晶晶　姚漪婷

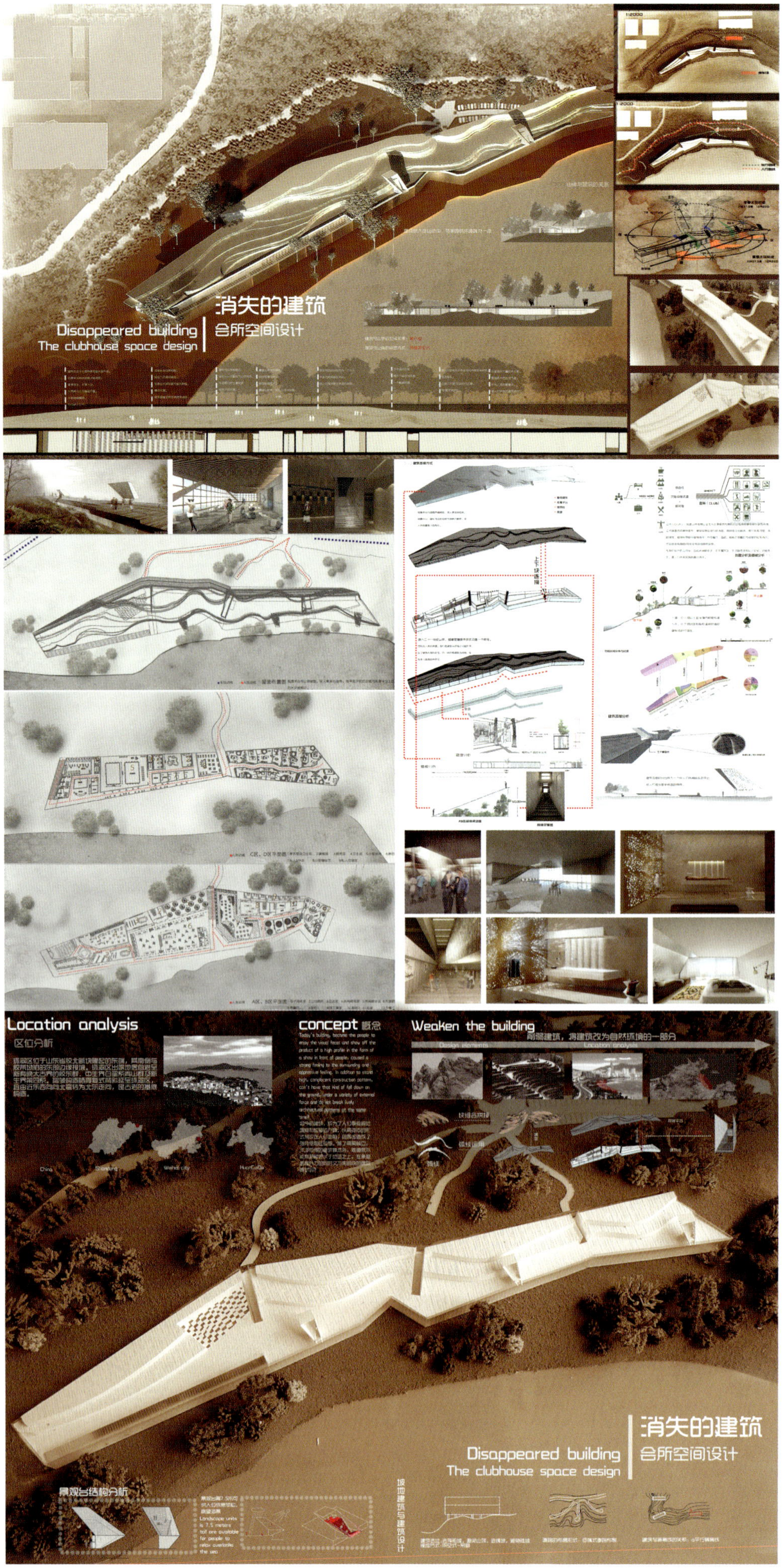

作品名称：可移动工作站

作者：史晶晶　刘蕾　郑鑫

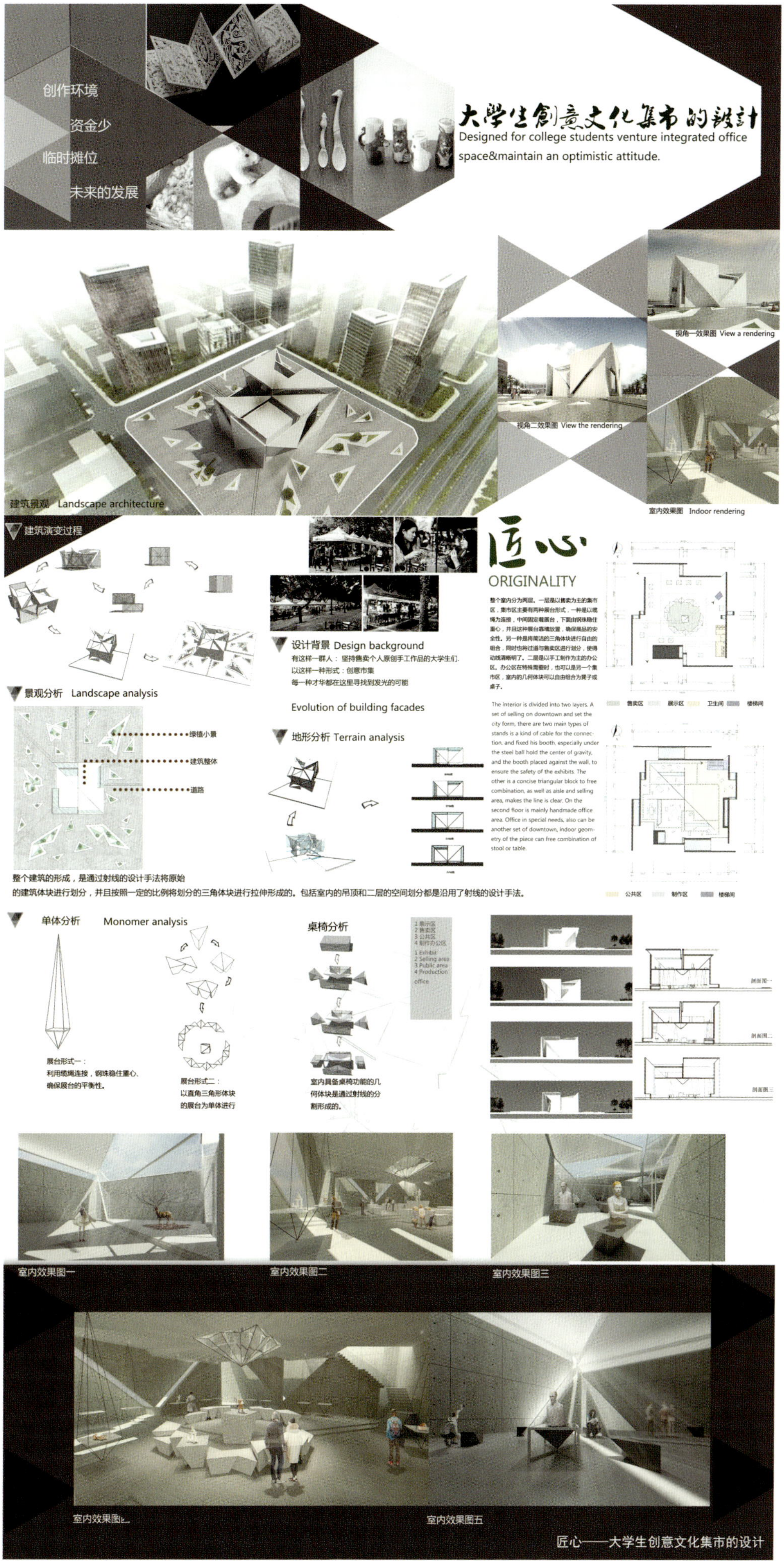
创作环境
资金少
临时摊位
未来的发展
大学生创意文化集市的设计
Designed for college students venture integrated office space&maintain an optimistic attitude.
建筑景观　Landscape architecture
视角一效果图 View a rendering
视角二效果图 View the rendering
室内效果图　Indoor rendering
建筑演变过程
匠心
ORIGINALITY
整个室内分为两层。一层是以售卖为主的集市区，集市区主要有两种展台形式，一种是以缆绳为连接，中间固定着展台，下面由钢珠稳住重心，并且这种展台靠墙放置，确保展品的安全性。另一种是将简洁的三角体块进行自由的组合，同时也将过道与售卖区进行划分，使得动线清晰明了。二层是以手工制作为主的办公区。办公区在特殊需要时，也可以是另一个集市区，室内的几何体块可以自由组合为凳子或桌子。
The interior is divided into two layers. A set of selling on downtown and set the city form, there are two main types of stands is a kind of cable for the connection, and fixed his booth, especially under the steel ball hold the center of gravity, and the booth placed against the wall, to ensure the safety of the exhibits. The other is a concise triangular block to free combination, as well as aisle and selling area, makes the line is clear. On the second floor is mainly handmade office area. Office in special needs, also can be another set of downtown, indoor geometry of the piece can free combination of stool or table.
设计背景 Design background
有这样一群人：坚持售卖个人原创手工作品的大学生们.
以这样一种形式：创意市集
每一种才华都在这里寻找到发光的可能
Evolution of building facades
地形分析 Terrain analysis
景观分析　Landscape analysis
绿植小景
建筑整体
道路
售卖区　展示区　卫生间　楼梯间
公共区　制作区　楼梯间
整个建筑的形成，是通过射线的设计手法将原始
的建筑体块进行划分，并且按照一定的比例将划分的三角体块进行拉伸形成的。包括室内的吊顶和二层的空间划分都是沿用了射线的设计手法。
单体分析　Monomer analysis
展台形式一：
利用缆绳连接，钢珠稳住重心、
确保展台的平衡性。
展台形式二：
以直角三角形体块
的展台为单体进行
桌椅分析
室内具备桌椅功能的几
何体块是通过射线的分
割形成的。
1 展示区
2 售卖区
3 公共区
4 制作办公区
1 Exhibit
2 Selling area
3 Public area
4 Production
office
剖面图一
剖面图二
剖面图三
室内效果图一
室内效果图二
室内效果图三
室内效果图四
室内效果图五
匠心——大学生创意文化集市的设计

作品名称：信息化办公空间设计

作者：郭涛

设计说明：

该项目紧靠市中心景观花园，通过加大窗间间距，使室外光线尽可能地引入室内，让人在室内办公时更多的感受到户外的自然景观，通过室内外空间的交流，让办公环境成一个呼吸的空间。本设计大量采用当代时尚元素，结合企业文化，遵循“实用、灵活、高效、安全、美观、经济”的原则，打造一个现代简约风格的办公新空间。同时秉承了“让艺术融入办公”的前沿理念，在办公室放入了艺术品，营造一个有品位的办公氛围，带给使用者不一样的办公感受，开创艺术办公新时代。

作品名称：西式餐饮空间设计
作者：潘栋尧

西式餐饮空间设计

设计方案：独栋西餐厅设计

方案名称：线性生活 Line&Live

设计理念：本次设计西式餐饮空间的设计，欧式设计结合海派设计文化和材质，运用线线型材料作为统一空间的设计元素，形成线、面、体，赋予变化的空间造型形态。在空间的塑造中产生很好的韵律、节奏及变化。以弯曲，反折，排列等手法营造整个空间；产生一种流畅的视觉空间的审美变化。突显空间创意的视觉美感。

功能布局：以上下两层划分散座与雅座区。并且为了强调趣味，强调了吧台的装饰并且在一层和二层都设有露台。

交通流线：以带有楼梯的走道作为主干道，简介入口，露台，吧台，用餐区。

材料运用：以木材，石材作为主要材料。体现自然、朴实、生态美感。

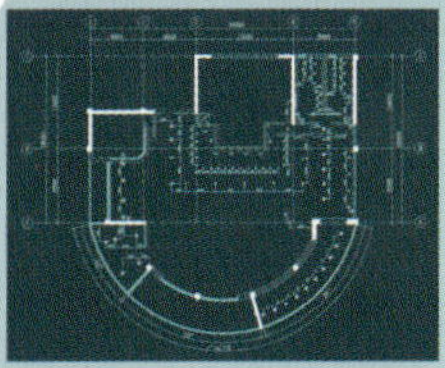

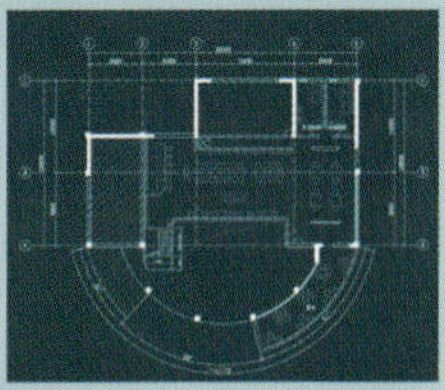

作品名称：棋遇

作者：邓冰旋 丘卉敏 张嘉欣 寇瑞冰

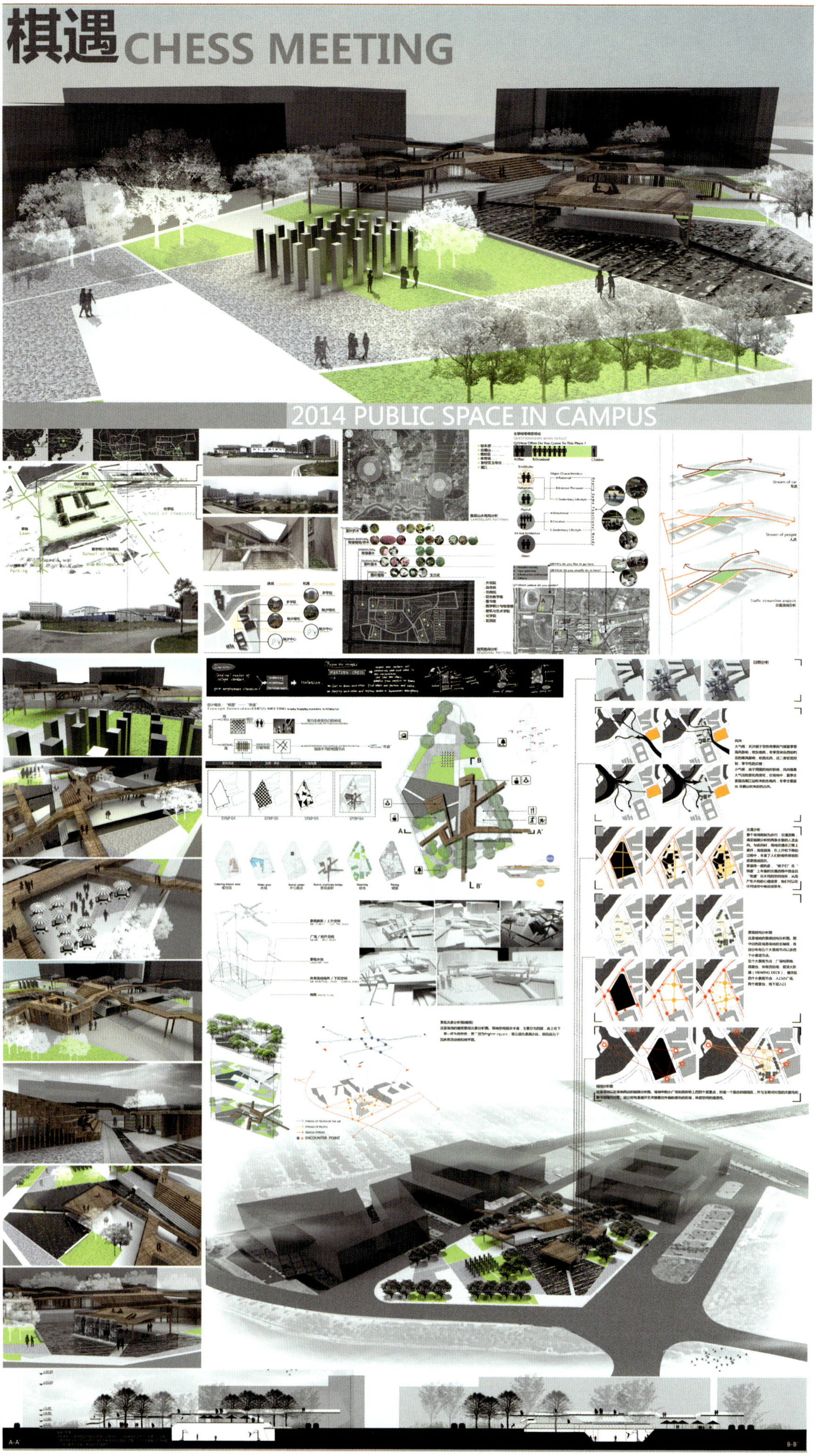

作品名称：常州市三江口新北公园景观概念设计
作者：徐艳艳

效果图分析

现代水景区

音乐草坪区

西入口广场

南入口广场1

南入口广场2

水幕电影

平面分析图

总平面分区图

公园总平面

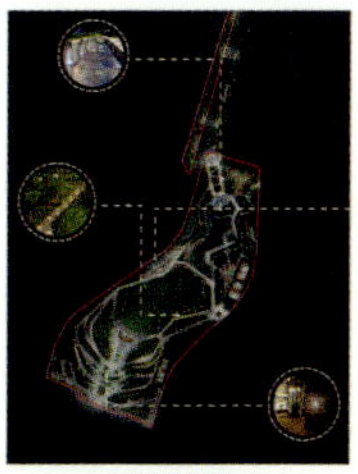

平面夜景

设计说明

三江口公园地块位于常州市新北区，设计范围为辽河以北、新老澡江河之间。地块地理位置优越，本案力求通过对公园的规划设计创造美好人居，消除人们对本区域受到化工污染，植被不易生长的不良印象，为周边土地开发吸引人气，创造景观价值，提升周边土地价值。

本案的总体概念定位：

文化传承--浴火重生文脉延续，三江汇聚光阴腾飞之势　：

生态创新--科技创意流光溢彩，自然生态浮生魅力本色

因此，在公园中给游人的感官一个释放的机会，去大自然中感受它的美。公园建成以后，作为一处运动休闲、观光游览、治理整治于一身的综合性公园必将像吉兽”朱雀”一般成为本区域的人气引爆点，为周边商业及居住区域带来耳目一新的感受。

剖面图分析

作品名称：文化沙龙书店设计

作者：张亦沁

设计说明：

此设计为文化沙龙书店的室内设计。

场地位于一片绿地中央，让人们在阅读的同时可以与大自然亲密接触。内部的空间设计整体布局流畅，融合上海海派文化空间印象以及装饰与家具的古典与现代结合，让亲临其环境的读书人感受到历史与文化的氛围和消费文化。通过设计力图营造文化气氛浓郁的温馨的书店空间。

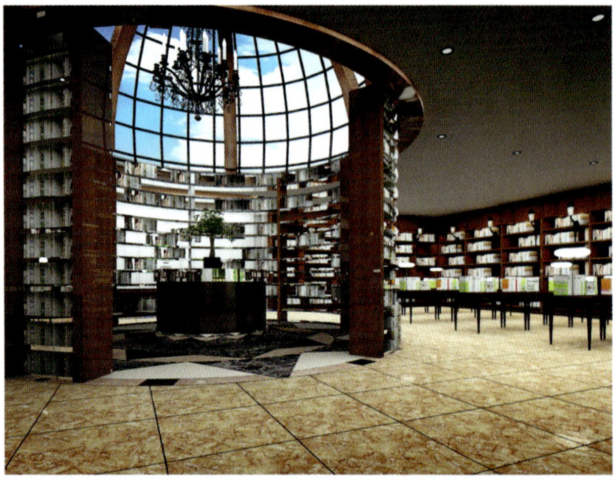

作品名称：融与合——重庆自然博物馆——中央大厅方案设计

作者：陈凯锋 覃祯

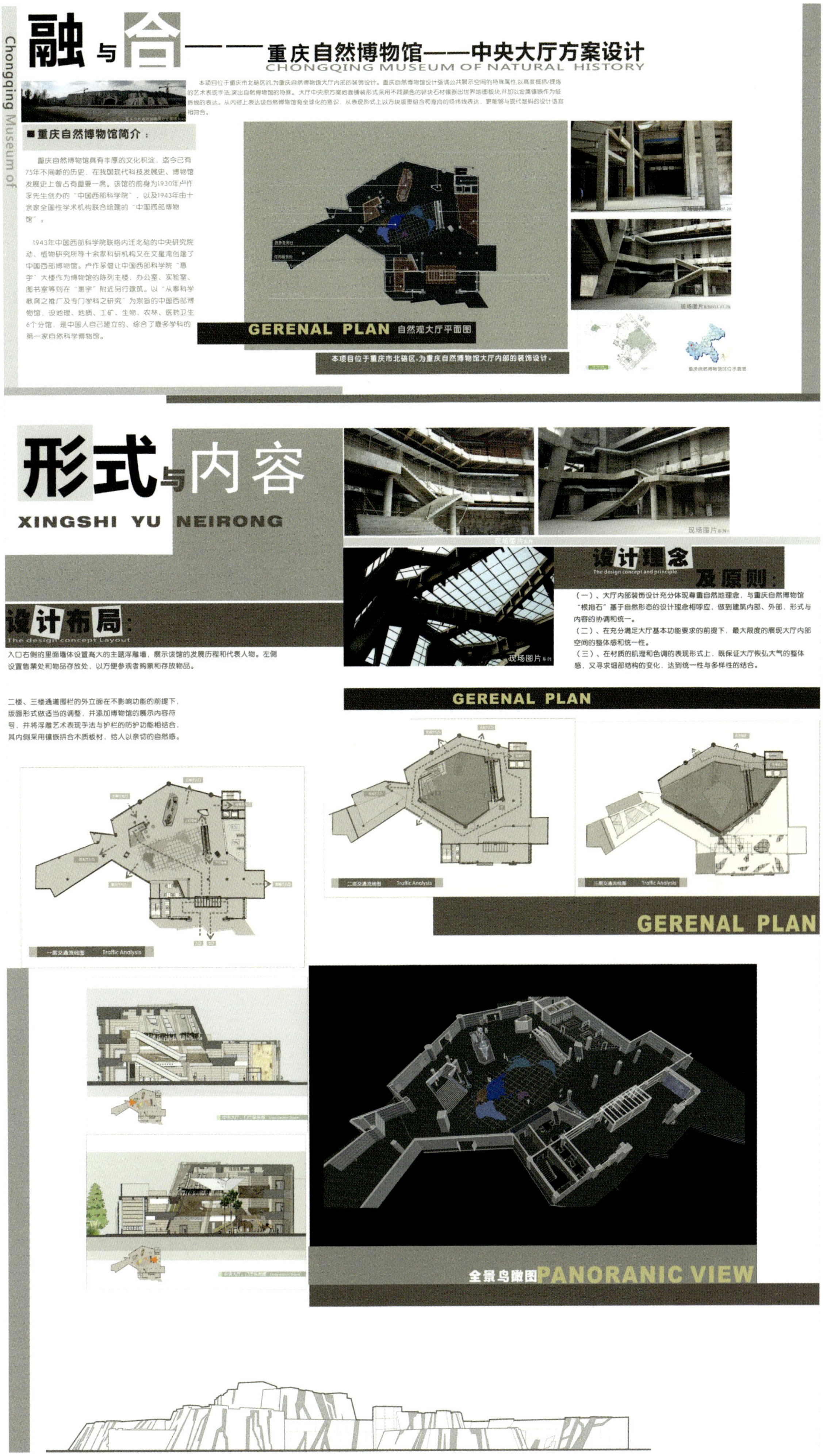
融与合——重庆自然博物馆——中央大厅方案设计
CHONGQING MUSEUM OF NATURAL HISTORY
Chongqing Museum of
本项目位于重庆市北碚区的,为重庆自然博物馆大厅内部的装饰设计。重庆自然博物馆设计强调公共展示空间的特殊属性,以高度概括/提炼的艺术表现手法,突出自然博物馆的特殊。大厅中央原方案地面铺装形式采用不同颜色的碎块石材镶嵌出世界地图板块,并加以金属镶嵌作为经纬线的表达。从内容上表达该自然博物馆有全球化的意识，从表现形式上以方块版图组合和扇向的经纬线表达，更能够与现代简明的设计语言相吻合。
■重庆自然博物馆简介：
重庆自然博物馆具有丰厚的文化积淀，迄今已有75年不间断的历史，在我国现代科技发展史、博物馆发展史上曾占有重要一席。该馆的前身为1930年卢作孚先生创办的“中国西部科学院”，以及1943年由十余家全国性学术机构联合组建的“中国西部博物馆”。
1943年中国西部科学院联络内迁北碚的中央研究院动、植物研究所等十余家科研机构又在文星湾创建了中国西部博物馆。卢作孚借让中国西部科学院“惠宇”大楼作为博物馆的陈列主楼，办公室、实验室、图书室等则在“惠宇”附近另行建筑。以“从事科学教育之推广及专门学科之研究”为宗旨的中国西部博物馆，设地理、地质、工矿、生物、农林、医药卫生6个分馆，是中国人自己建立的、综合了最多学科的第一家自然科学博物馆。
GERENAL PLAN 自然观大厅平面图
本项目位于重庆市北碚区，为重庆自然博物馆大厅内部的装饰设计。
现场图片
形式与内容
XINGSHI YU NEIRONG
现场图片
设计理念及原则：
The design concept and principle
（一）、大厅内部装饰设计充分体现尊重自然地理念，与重庆自然博物馆“根抱石”基于自然形态的设计理念相呼应，做到建筑内部、外部，形式与内容的协调和统一。
（二）、在充分满足大厅基本功能要求的前提下，最大限度的展现大厅内部空间的整体感和统一性。
（三）、在材质的肌理和色调的表现形式上，既保证大厅恢弘大气的整体感，又寻求细部结构的变化，达到统一性与多样性的结合。
设计布局：
The design concept Layout
入口右侧的里面墙体设置高大的主题浮雕墙，展示该馆的发展历程和代表人物。左侧设置售票处和物品存放处，以方便参观者购票和存放物品。
二楼、三楼通道围栏的外立面在不影响功能的前提下，版面形式做适当的调整，并添加博物馆的展示内容符号，并将浮雕艺术表现手法与护栏的防护功能相结合，其内侧采用镶嵌拼合木质板材，给人以亲切的自然感。
GERENAL PLAN
一层交通流线图 Traffic Analysis
二层交通流线图 Traffic Analysis
三层交通流线图 Traffic Analysis
GERENAL PLAN
全景鸟瞰图PANORANIC VIEW

作品名称：『黑白山水』校园公共空间环境设计

作者：田婷仪

“黑白山水”校园公共空间环境设计

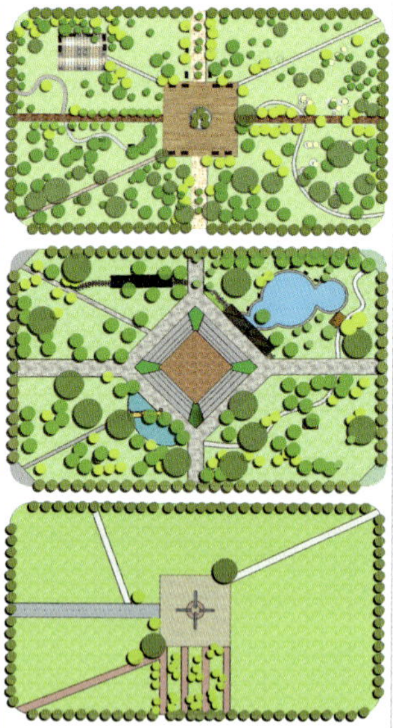

营造文化氛围良好的校园环境不仅注重人的精神需求，还应考虑物质空间形态的塑造。大学校园对人的精神进行积的熏陶，再对物质空间进行塑造，会让校园环境更具吸引力，吸引更多的人来 这里进行活动，从而满足更多人的精神需求。丰富植物景观.合理应用植物比例，提高植物群落稳定性。 丰富花园四季景观色彩，大多数被调查者认为，校园内针叶树比例较大，夏秋季节色彩单调。从生态效益看，北方的针叶树种在冬季生理活动微弱，针叶树和落叶树在冬季改善城市生态环境方面差异并不明显。 所以，在选择绿化树种时，多选择落叶阔叶树种，在季节上合理配置，增加夏秋季开花观果植物，丰富季节景观。 选择乔灌草结合的植物群选择银杏杨做高乔木层，火炬树和栾树做次高乔木，连翘、榆叶梅、大花水亚木和红瑞木做灌木层，柳叶绣线菊做地被，这样既丰富了植物群落，又使观花观果植物同时栽植，增加了中心花园景观的季相变化。 增强道路引导性，尽管花园面积不大，但仍要有明确道路系统，增加道路引导性，避免踏出小路的情况。 一个人从一个地点到达另一地点，都会选择直线，省时省力，设计者不能习惯从自己的主观意愿出发，宗全从审美的角度来进行道路设计。

每所学校都有着自己的历史，其文化氛围浓厚，本方案为校园景观改造，秉承“去其糟粕，取其精华”的原则，尊重历史，尊重文化，营造一个隐性教育的景观文化空间，潜移默化的影响师生的态度，情感，和价值观。本方案中原有的树木全部被保留，这给方案设计增加了很大难度，校园的参天大树在校园中已经成为一个重要的精神财富，他的存在很大意义上见证了学校的发展。由于校园景观设施年久未修，在使用上已有缺陷，本方案更注重实用功能，满足学生和使用者的需要，创造一个全新视觉及感受的景观空间。

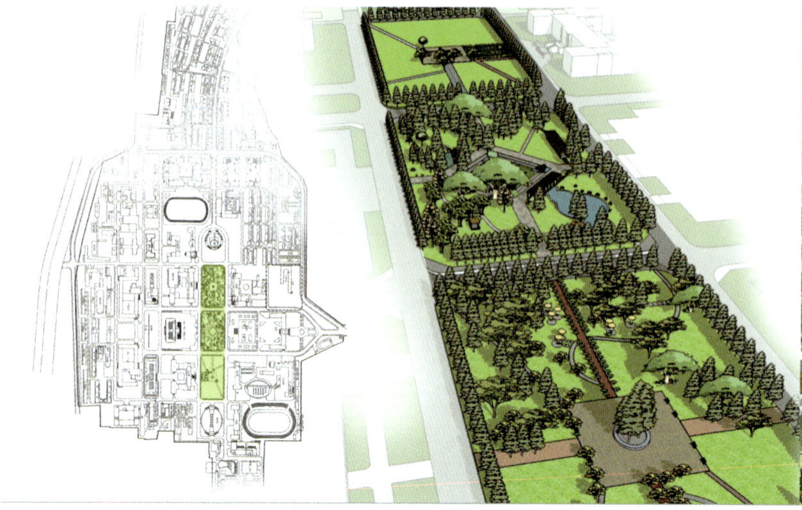

作品名称：『米素』办公空间设计
作者：袁金辉

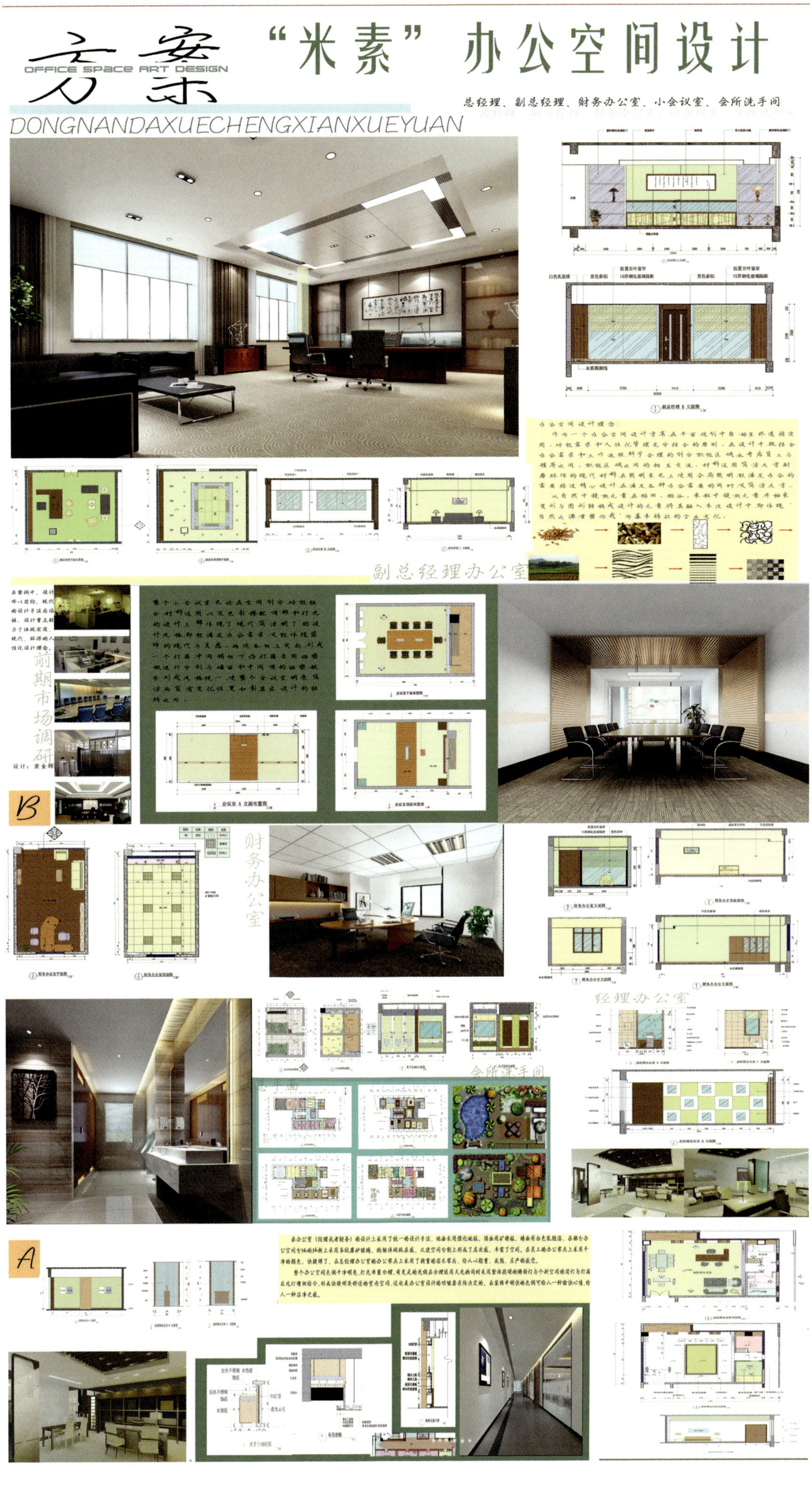

作品名称：纸介——纸文化艺术交流展馆

作者：王颖　金丹　陈艳　张思嘉　茅胡飞

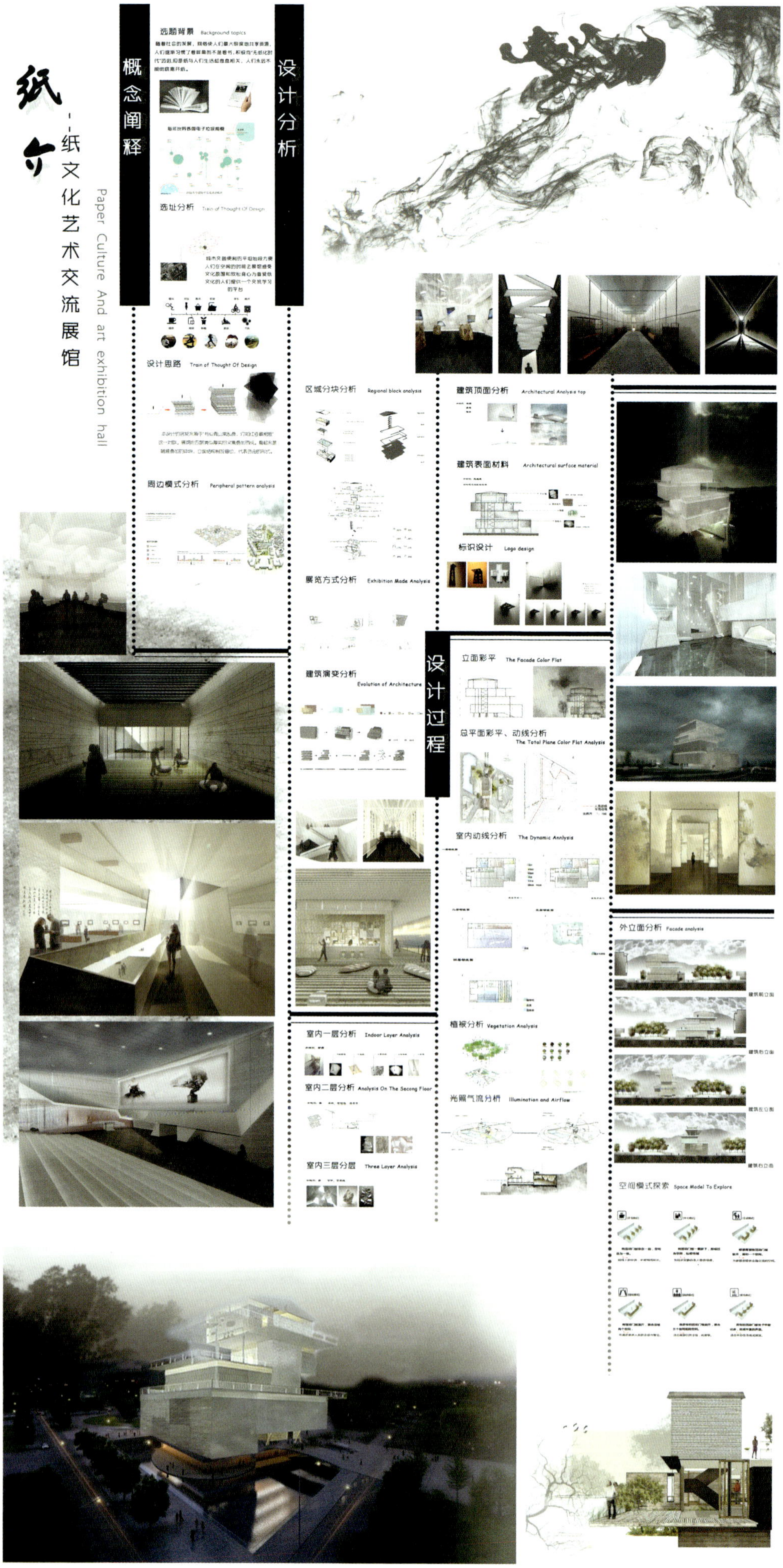

作品名称：滩上新水乡
作者：吴冬梅

03 场地问题

3.1挑战：雨洪隐患　如何缓解区域雨洪隐患危机？

温州地区本来降雨量大，且每年有台风过境，带来特大暴雨。场地西部为大罗山，暴雨时期形成大量山洪，汇入场地。

同时场地位于围垦区内，地势低平，没有坡度，河道排水全靠上游水压，非常不利于快速排洪。再次，围垦区原来的农田、围垦养殖用地多转变为建设用地，相应抬高地面高程，大大减少了原来的平原蓄水量，进而抬高了洪涝水位。

3.2场地策略

宏观策略

对策：构建两个生态湿地（蓄洪、过滤）

为了解决行洪问题，本案针对设计场地构建了两个生态湿地，即雨季蓄水，旱季放水。解决雨洪隐患在缓冲区的蓄洪，为农业生产性景观提供水资源，而且还可以净化农业排放废水的过滤，利用生态策略恢复滨海滩涂土地资源。（生态-农业-研究）

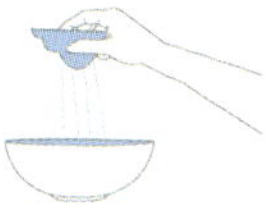

具体策略

1. 对策：设置湿地蓄水泡

依照场地雨洪安全格局和GIS地形分析，开挖的低地蓄洪区，不仅可以防汛，还可以储藏淡水资源，作为浇灌鱼田植被的补给水源。

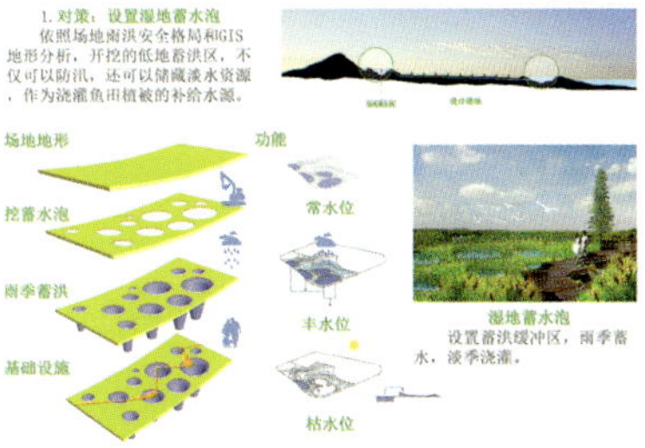

湿地蓄水泡

设置蓄洪缓冲区，雨季蓄水，淡季浇灌。

2. 对策：设置山体低洼沟

根据现状山体的冲沟和洼地，开挖蓄水沟进行滞水，减缓山地区汇水时间，降低流速，在不同坡度以相应滞洪，让凶猛的洪水温和下来。

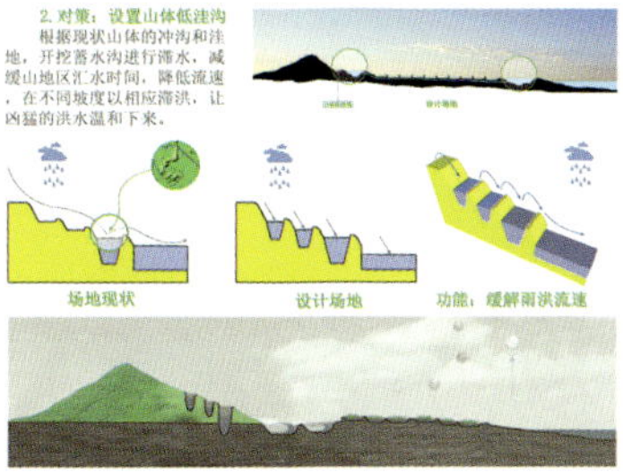

3. 对策：设置滞水鱼田

雨季时，在整个场地中主要是疏缓控制湿地蓄洪池雨洪水量排放，避免造成下游内涝；旱季时，还可以灌溉现状鱼田。

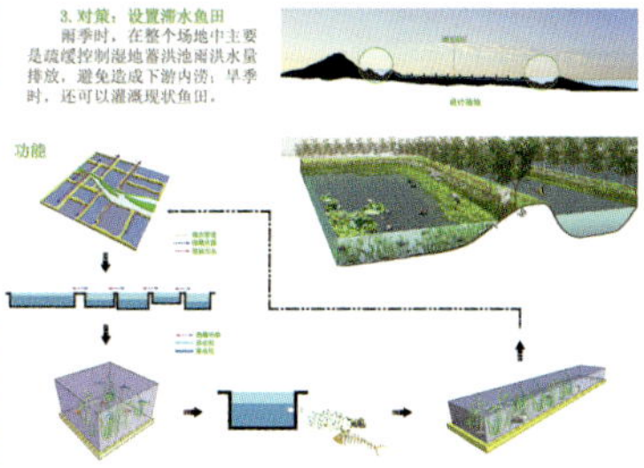

4. 对策：设置引水渠

沿场地鱼田边界设置，接局部河道水网，不仅收集场地水源，作为鱼田植被的淡水补给水源，同时也是鱼塘尾水排放通道，而且还是泄洪排水廊道。

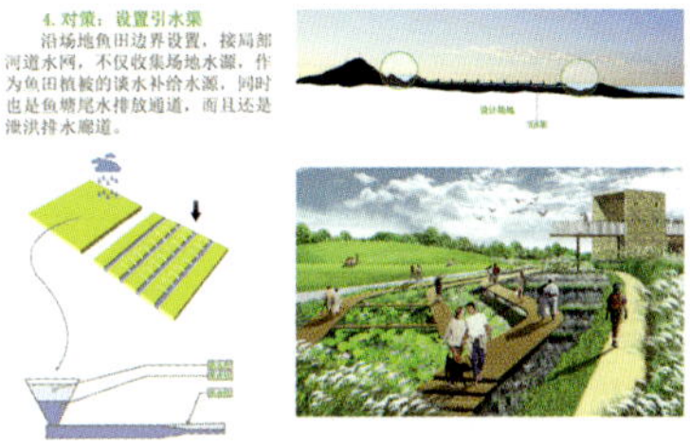

5. 对策：设置湿地净化池

沿场地鱼田边界设置，接局部河道水网，不仅收集场地水源，作为鱼田植被的淡水补给水源，同时也是鱼塘尾水排放通道，而且还是泄洪排水廊道。

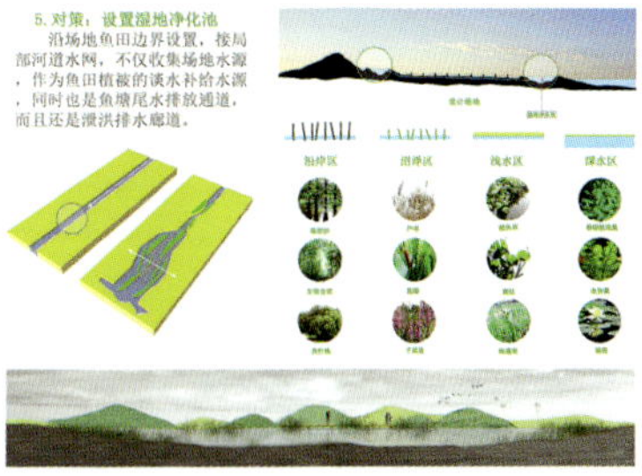

植物生长发展的各个阶段

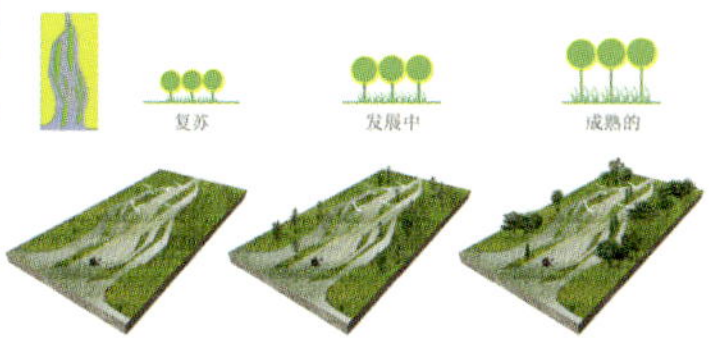

第一阶段
0-5年
植物生长的复苏阶段

第二阶段
5-15年
植物生长的发展阶段

第三阶段
15-30年
植物生长的成熟阶段

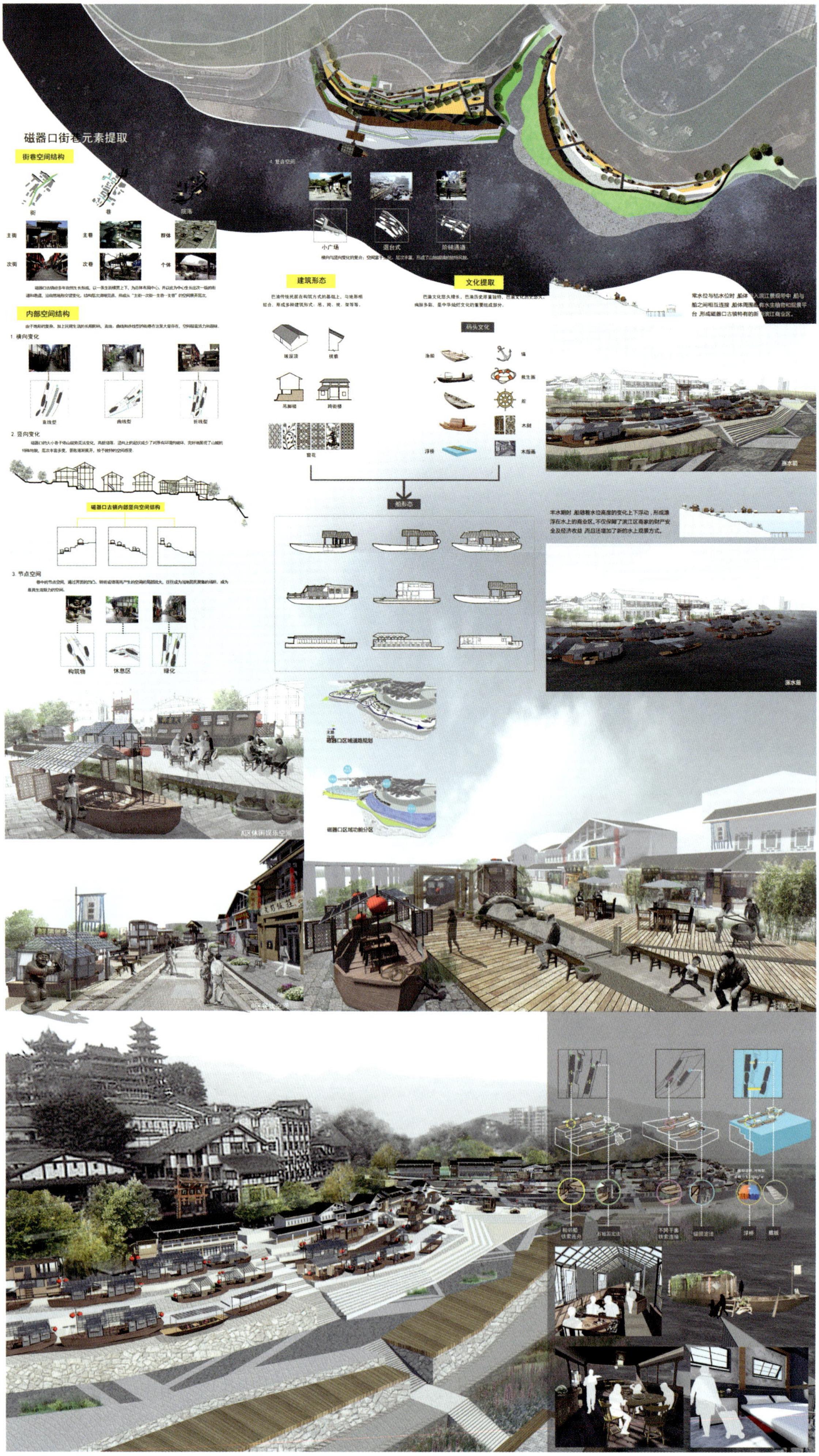

作品名称：延续·从传统街巷到都市后花园——嘉陵江磁器口制动化特钢厂河段滨水景观设计

作者：张素辉　彭馨仪　罗婷

作品名称：空中花园
作者：黄一鸿

空中立体花园

在高密度的城市商圈中，高楼林立，城市绿地不足，城市居民的公共活动空间有限，通过立体的城市人行天桥与生态景观结合，有效拓展了城市的公共活动空间，改善城市居民的生活环境和品质。对城市商圈的的公共环境发展和改善提供了思路。

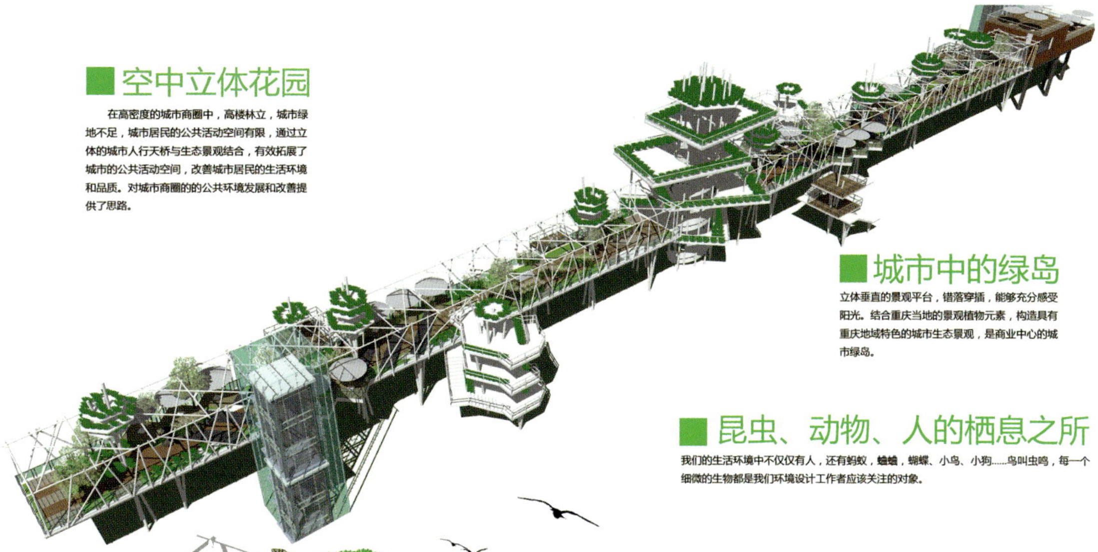

城市中的绿岛

立体垂直的景观平台，错落穿插，能够充分感受阳光。结合重庆当地的景观植物元素，构造具有重庆地域特色的城市生态景观，是商业中心的城市绿岛。

昆虫、动物、人的栖息之所

我们的生活环境中不仅仅有人，还有蚂蚁，蟋蟀，蝴蝶、小鸟、小狗......鸟叫虫鸣，每一个细微的生物都是我们环境设计工作者应该关注的对象。

城市的绿色通道、生态通道

在高楼林立的钢筋混凝土的城市中，生命的绿色总是能够让人顿感轻松和舒适。通过生态连廊能有效解决城市商圈人车矛盾，提高城市商圈的出行效率和可达性。保证行人的出行安全。

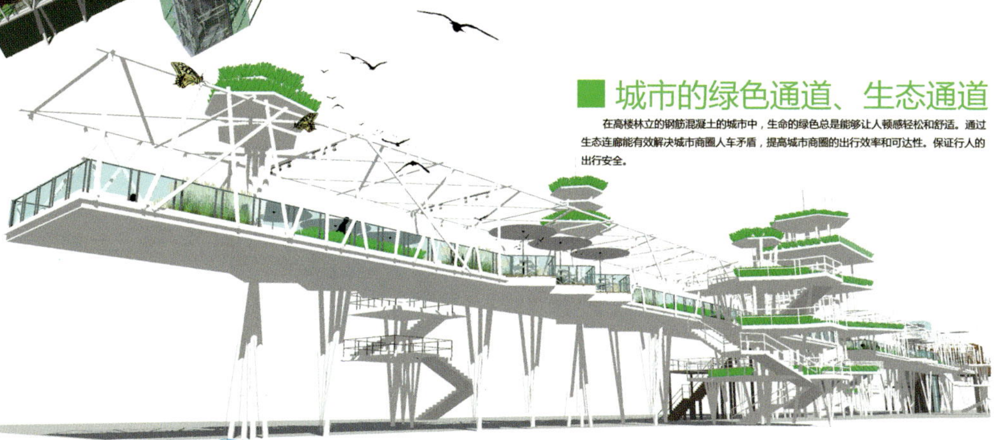

桥上景观

空中立体花园

巴比伦空中花园，是世界七大奇迹之一，又称悬园。在公元前6世纪由巴比伦王国的尼布甲尼撒二世（Nebuchadnezzar）在巴比伦城为其患思乡病的王妃安美依迪丝（Amyitis）修建的。现已不存。空中花园据说采用立体造园手法，将花园放在四层平台之上，由沥青及砖块建成，平台由25米高的柱子支撑，并且有灌溉系统，奴隶不停地推动连系著齿轮的把手。园中种植各种花草树木，远看犹如花园悬在半空中。

“绿桥”通过生态景观结合城市空中连廊，随城市的发展有机生长，形成城市中立体的生态空中步行系统，同时也是商圈中生态景观，满足现代人们出行和审美需求。设置不同标高的景观平台，结合重庆当地的植物景观，营造现代城市商圈中的“空中花园”。满足城市人们功能需求和审美需要，提高商圈绿地率，改善城市环境。

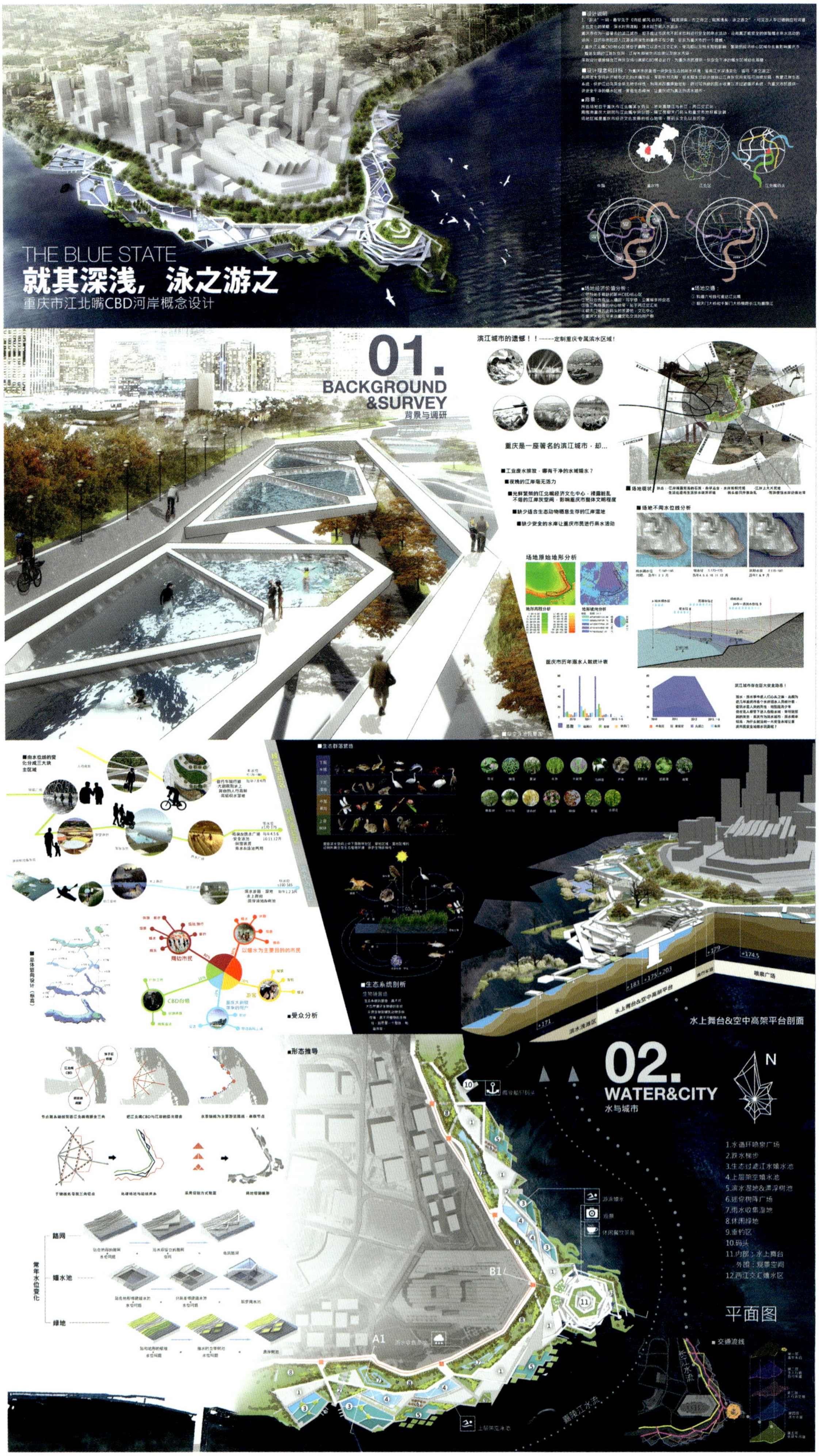

作品名称：就其深浅，泳之游之——重庆市江北嘴 CBD 河岸概念设计

作者：杨杰　易玮

作品名称：行走在故事里——最后的绿皮火车（重庆火车南站景观改造）
作者：李倩婷 吴迪

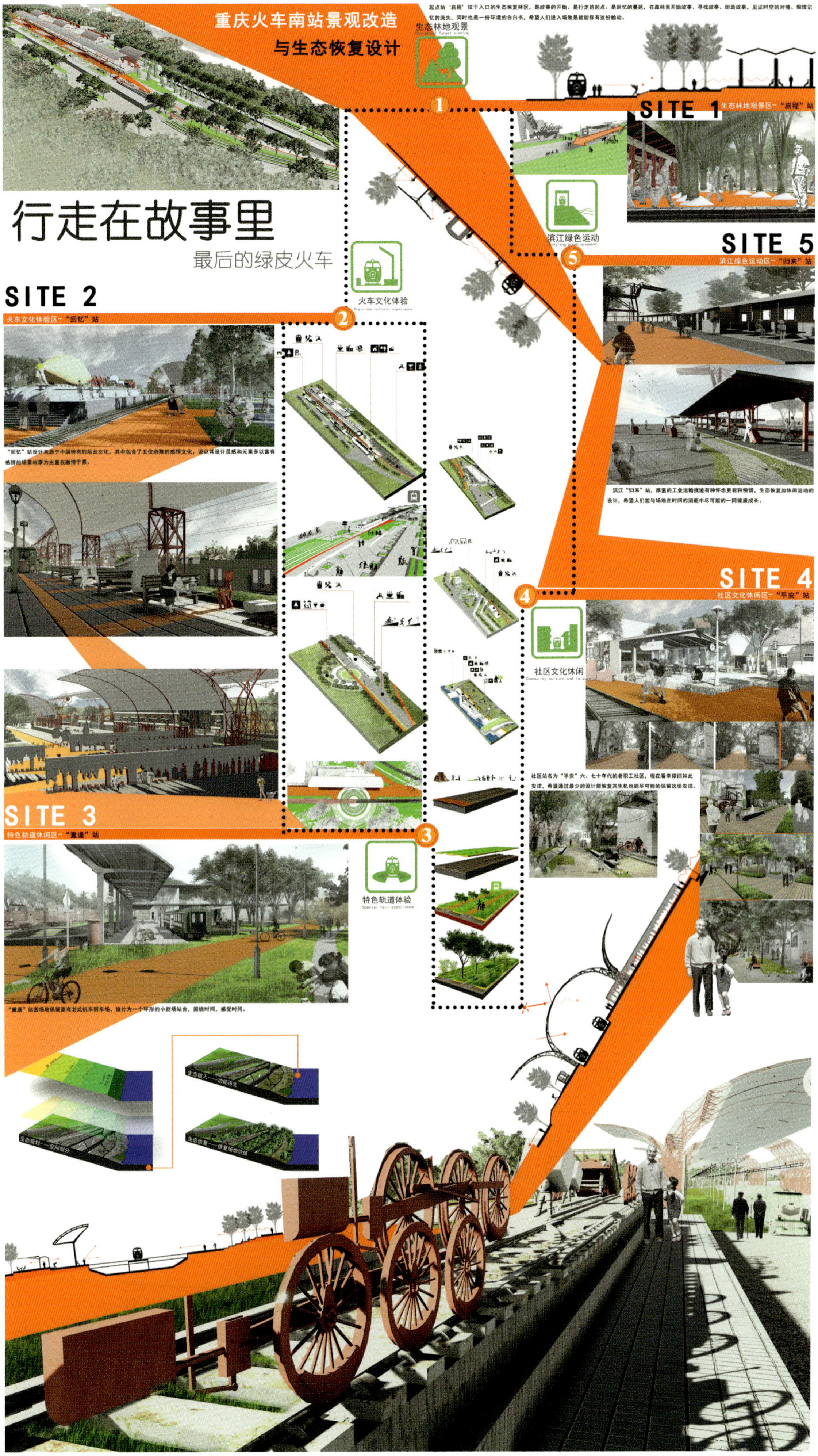

作品名称：体悟——山东省济宁市微山湖民俗文化生态博览园

作者：关国蕊 苏雯

体·悟 山东省济宁市微山湖 The Weishan Lake in Jining city Shandong 民俗文化生态博览园建筑景观室内设计

The folk custom culture ecological park landscape architecture interior design

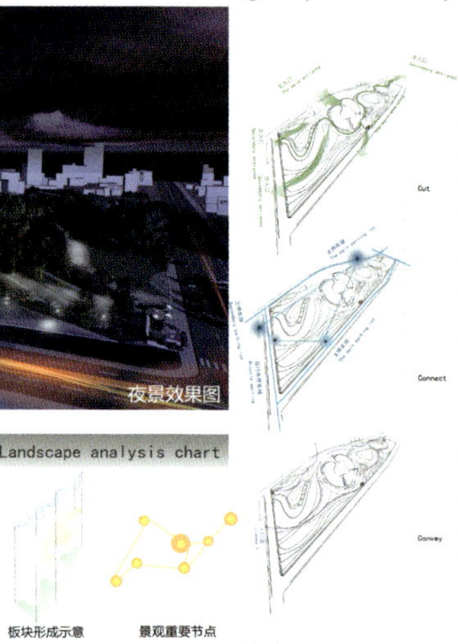

博览园设计定位 Design Expo

1原地自然，强调微山湖当地民俗文化的原汁原味真实性 。 2 “千里不同风，百里不同俗”与周边地区仿古建筑区分。将文化融入景观灵魂而非表皮。3通过现代景观手法充分体现历史文化脉络，让更多游客在加深文化脉络同时体会微山湖特有湖光河色。4运用乡土植物营造地域景观。充分利用本地特色资源将生态资源可持续发展。从而带动城市经济发展。

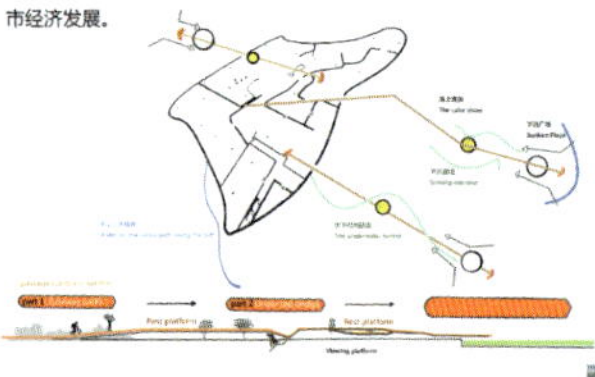

景观分析图 Landscape analysis chart

景观小节点效果图

景观节点示意图 Schematic diagram of landscape node

设计出发点 The design starting point

多感官展示民俗文化，增加场景感

展示方式：
1触摸屏
2媒体播放装置
3机械互动装置
4网络互动装置
5传统互动装置

多媒体：
1导览媒体设备
2多媒体沙盘
3多媒体投影
4动作捕捉系统
5幻影成像

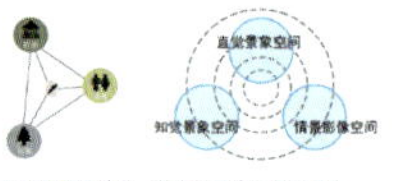

设计将平衡社会、游客及环境三者的关系

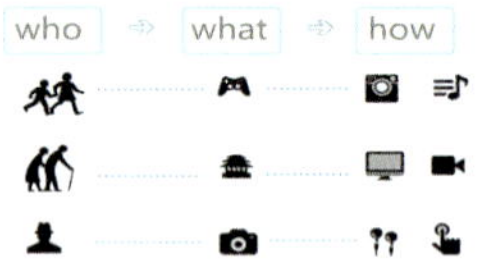

体验馆将系统介绍微山湖文化内涵，以及微山湖文化的现实意义，对于进一步弘扬民俗文化具有重要的推进作用。

The museum experience will systematically introduce the Weishan Lake cultural connotation, as well as the practical significance of Weishan Lake culture, to further promote the folk culture has important Jujin promotion.

主要植物品种 The main plant varieties

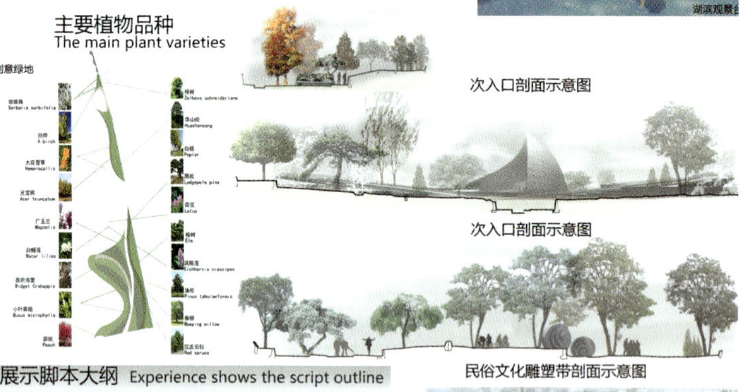

体验馆展示脚本大纲 Experience shows the script outline

碧水映荷	序厅	优美的自然环境，地理位置
渔家风情	生活馆	衣：衣着、饰物、发型、特色服饰　食：地方名吃、日常饮食、宴席 住：民居、渔家船　运河穿邦、鲜鱼行
益风易俗	习俗馆	渔家婚礼、生育仪俗、寿礼、贺礼、丧礼
百花齐放	民间文化馆	端鼓腔、渔歌、微山唢呐、火书艺术、手工艺品
人杰地灵	名人传说馆	名人：微子 目夷 张良（三贤）　少康中兴 戚继光 王叔和 仲长统 传说：梁山伯与祝英台 女娲

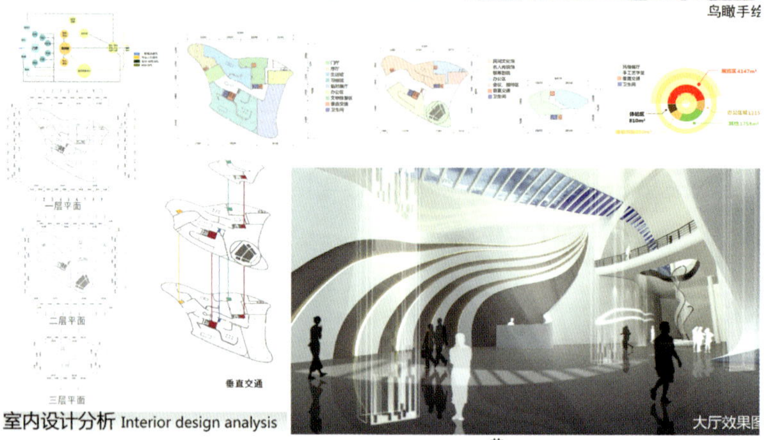

室内设计分析 Interior design analysis

展示内容布置图：

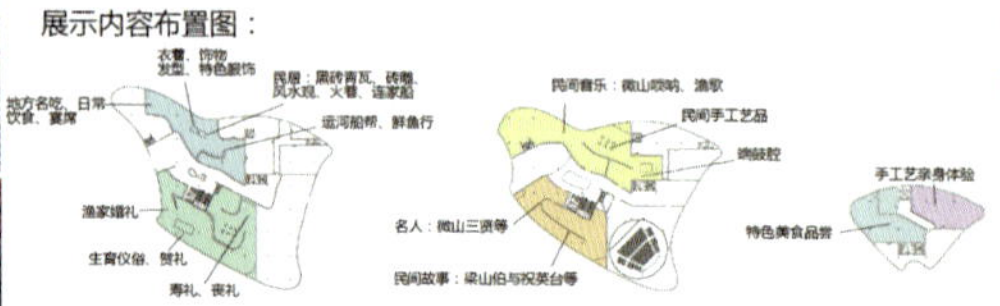

流线节点：

节点CAD图 The local node CAD diagram

作品名称：四川雅安宝兴县学山村单体建筑与景观设计
作者：郑映丽

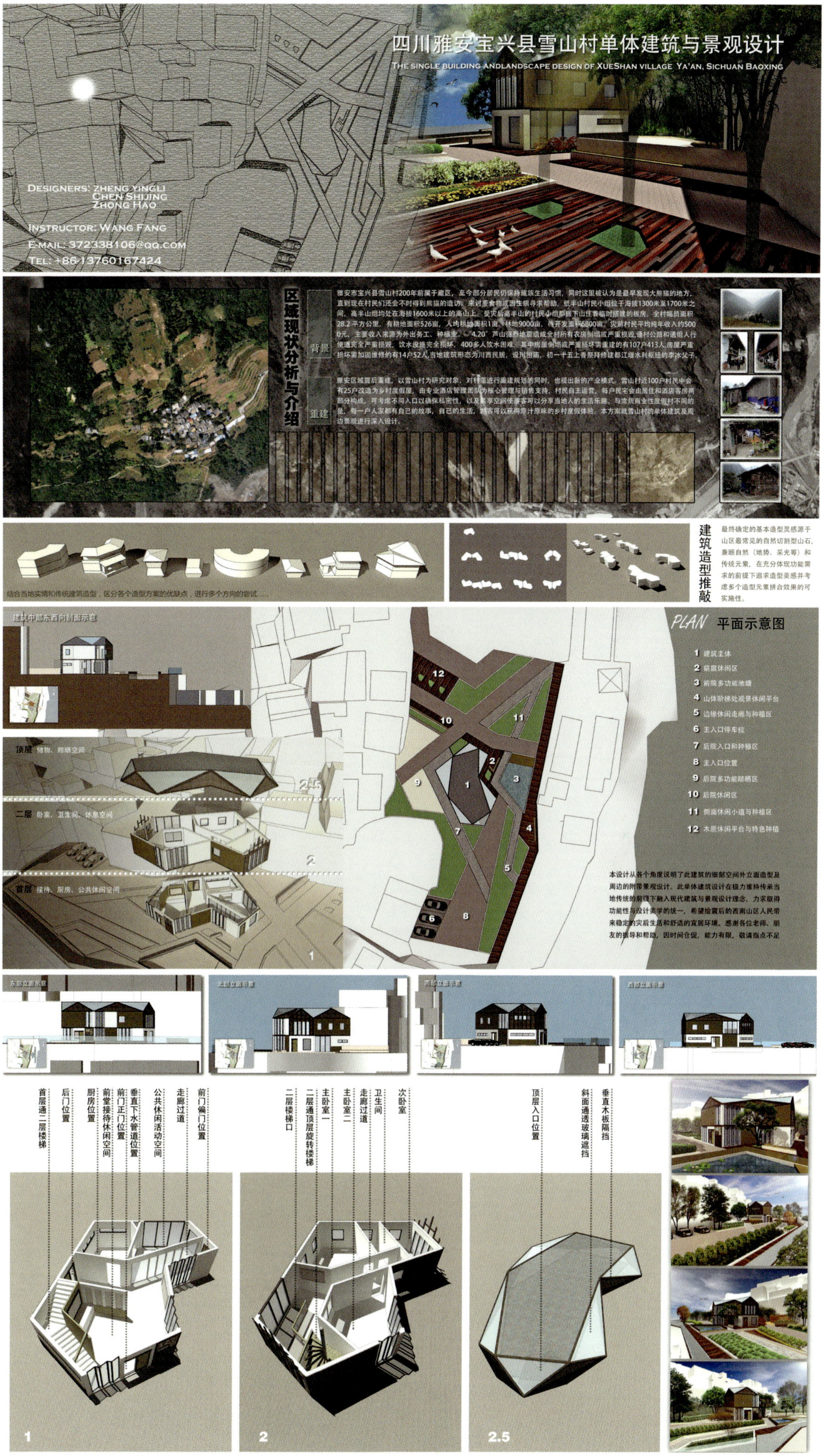

作品名称：隐藏之地——核能博物馆

作者：叶柳燕 陈泽霖

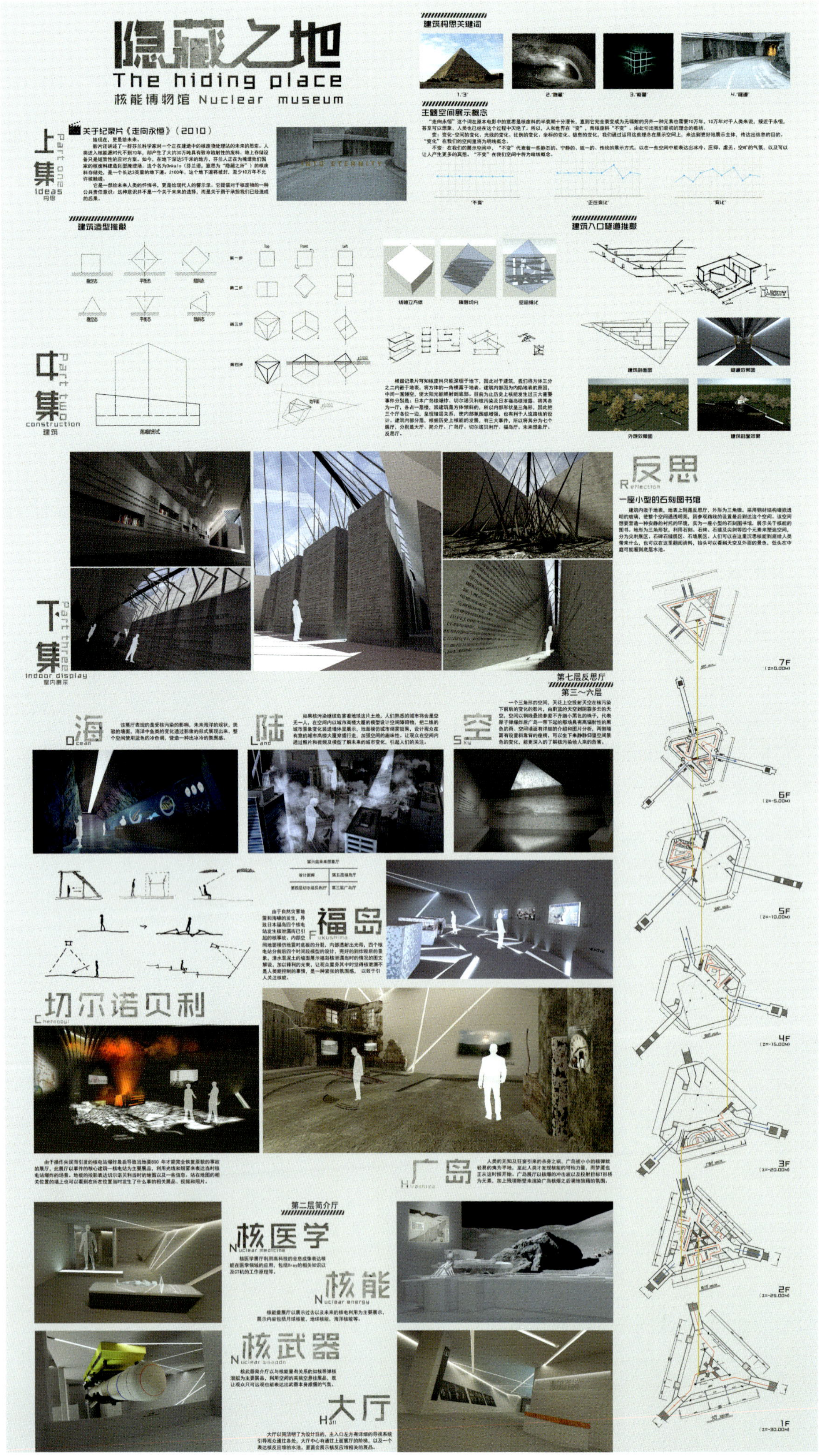

作品名称：韩城市老城区东营村规划改造与景观设计
作者：冯蕾

建筑景观节点分析

ARCHITECTURAL LANDSCAPE NODE ANALYSIS

韩城市老城区东营村
规划改造与景观设计

• 艺苑阁（大师工作室）

• 艺苑阁后院 • 怡心广场 • 沁芳榭-立方图 • 沁芳榭 • 沁芳榭-立方图

规划设计原有建筑

四合苑设计来源

四合院，是由东、西、南、北四面房子围合起来形成的内院式住宅，这种中国独有的建筑形式驰名中外，世人皆知。首选，它的历史十分悠久，早在两千多年前就有四合院形式的建筑出现。其次，四合院的构成有独特之处，它的院落宽绰疏朗，四面房屋各自独立，又有游廊连接彼此，起居十分方便；封闭式的住宅使四合院具有很强的私密性，关起门来自成天地；宽敞的院落中还可植树栽花、饲鸟养鱼、叠石造景，居住者尽享大自然的美好。

此外，四合院虽为居住建筑，却蕴含着深刻的文化内涵，是中华传统文化的载体。四合院的营建极讲究风水，风水学说，实际是中国古代的建筑环境学，是中国传统建筑理论的重要组成部分。这种风水理论，千百年来一直指导着中国古代的营造活动。中国风水学的核心就是"天人合一"的自然观，即人与自然的关系。《老子》中"人法地，地法天，天法道，道法自然，恰好说明尽管天地人均各有其内在含意，但最终都统一于生生不息的自然规律，这种自然观后来被引用到建筑上，意指人工营造的建筑环境与自然环境的和谐、融合、共生。其风格备显，充满浓郁的文化气息，有如一座中国传统文化的殿堂

古城及原有建筑分析说明

韩城古城区曾经完整地保留了明清时期所形成的基本格局和建筑群体，是全国6个保存较完整的古城之一。风格独特的庭院，鳞次栉比的明清店铺，凝重、恢弘的古建筑，曲径通幽的大街小巷，构成古城镇的古朴风貌。城内格局保护完好，保留着作为古代活动中心的具备和文化设施的文庙、龙门书院、私塾、城隍庙等规模宏大的古建筑群；还有明清古街、古店铺、民宅院落等。古城区的金城大街是历史上形成的主要商业街，集中了大量的传统商业店铺。大街两侧有大巷13条，小巷29条，这个格局从明清至今仍保存完整。

古城区又称"金城区"，该区以富有明清特色的建筑为主体，核心为金城大街。规划建设项目有：名人四合院落、金城古玩街、"闯王行宫"、韩城民俗街、明清风情酒吧街等。古城景区规划结构为：一轴两环、一核两带、多片区。一轴为金塔——金城大街——毓秀桥中轴线；两环为中心城区内环和环城公园外环；一核为四方街绿化广场；两带为韩城民俗风情体验带、县衙——书院古城形制展示步行街；多片区为金城街特色文化体验区、三庙一寺文化游览区、古城生活体验区、综合商业及度假酒店区、游客接待区、环城公园6个区。

韩城城隍庙戏台坐西向东。原为东西两台，现存西台，东台已毁。创建于明万历四十四年（1616），历代均有重修，现保持有明代建筑特征，部分构造已改为清代法式。戏台为台基式建筑，五架梁屋架结构，屋檐十字歇山顶，灰色板、筒瓦覆盖，琉璃牡丹脊饰，山花透空，吊有木制垂鱼。台以隔扇木屏将进深分作前后两间（即前后场），隔扇上部花心书有"歌舞台"三字。台基呈长方形，通面宽九点三米，总进深四点八米，台基高出地面一点二九米。舞台上空梁以八角攒斗形藻井，上部有绿彩蟠龙驾心，四周施以水墨彩绘。前檐置方形木柱两根，上托大额枋，平板枋和栏额枋，平板枋上斗拱五朵，中为补间如意斗拱，余为双杪五踩四铺作建造，顶部枋上有转角双昂五踩斗拱两铺作，双昂五踩补间斗拱五铺作，支起上下瓤檐枋和随梁枋，擎撑四边屋檐，出跳深远，四角并置垂柱与斗拱斡相接，翘起角檐，主台呈三面观式，两侧辅有耳房。

析源**历史文脉**，一个城市，一个国家，历史遗留下来的文化精髓及历史痕迹，可以说显代表着一个城市的风格，文化风范，历史记录，特别是一些古代有名气诗人，更显对此地有着影响力，有一定的文化价值与影响，从一个城市上来说，就像一个人的性格，必定有一个城市的文化底蕴，一个社会的精神文化都和历史文脉有着相关的联系，我们常说我们的国家有五千年的历史，这是一个历史文脉。

一座城的发展脉络与其文化密不可分，韩城亦如此。

韩城始建于隋代，受古代城市选址设计法则的影响，韩城古城基本呈现为"东神西人"的格局，文庙、城隍庙，居城之东方，县衙和主要居民区，居城之西方。古城原有东、西、南、北四座城门，城头挂有四块牌匾，均以韩城历史典故与山川名胜命名，南为"谗徒韩城"，北为"龙门雄地"，东为"黄河东带"，西为"梁奕西屏"。古城巷道纵横交错，号称七十二条巷，其名称大致是以所居望族姓氏、巷中庙宇、作坊行业、特殊建筑、崇文尚德、官名或其他缘由这六种类型而命名的。目前韩城公司正在建设的古城东北片区内就有潘家巷、竹园巷，未来可以借助那街巷的风俗传说与文化典故进行开发。走进韩城，了解韩城，感悟韩城，是对自身知识库的补充，也是深挖韩城历史文化资源，打造文化景区精品项目的补给站。研读韩城古城人文典故，实地调研，积累素材，可以为更好地将古城片区打造成为国内一流旅游目的地奠定坚实基础。

• 芙蓉榭立面 • 芙蓉榭 • 芙蓉榭周边

• 下沉广场剖面 • 观鱼池立面 • 听泉阁立面

• 观鱼池 • 折形踏步广场

消防分析

为给火灾扑救工作创造方便条件，保障建筑物的安全，在老城建筑周围设置环行消防车道，当环形车道有困难时，可沿高层建筑的两个长边设置消防车道。

当建筑的沿街长度超过150m或总长度超过220m时，应在适合位置设置穿过建筑的消防车道，为防止火灾时建筑构件塌落影响消防车道正常作业，消防车道距外墙宜为5m，至少达到3.5m宽，消防车道宽度不应小于4m，消防车道上空4m以下范围内不应有障碍物。并保持24小时畅通。老城消防车道最窄道路为10米，因此满足要求。

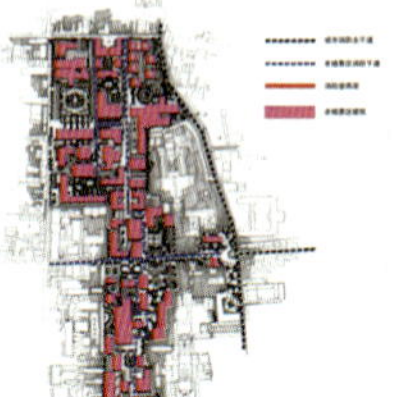

• 听泉阁

绿·境 立体农场生态住宅景观规划设计

The vertical farm ecological residential landscape planning and design

作品名称：绿·境
作者：刘振滨

竖向分析 Vertical

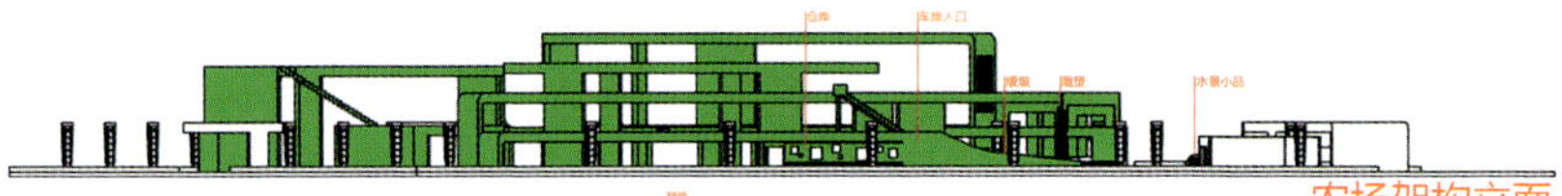

农场架构立面

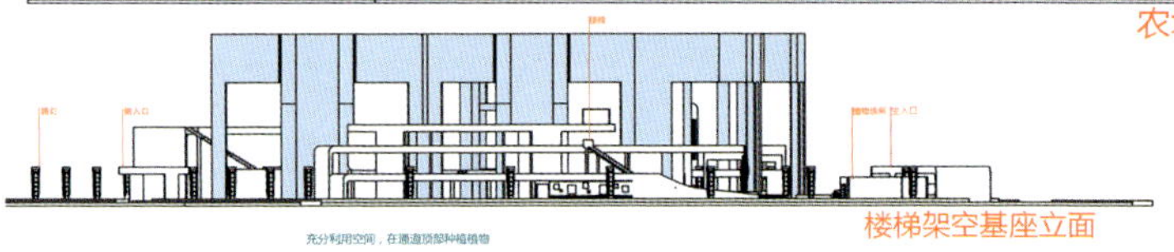

楼梯架空基座立面

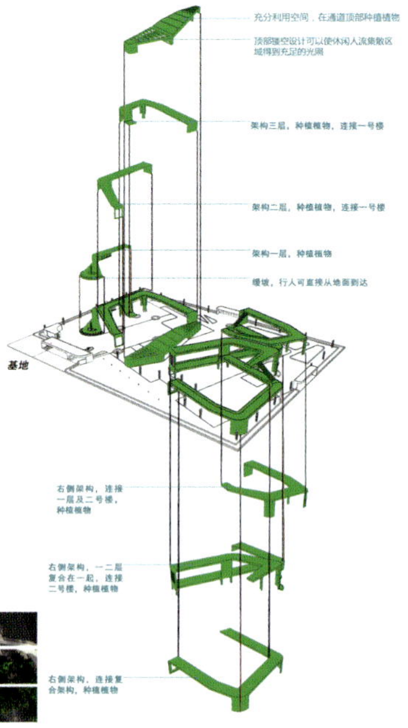

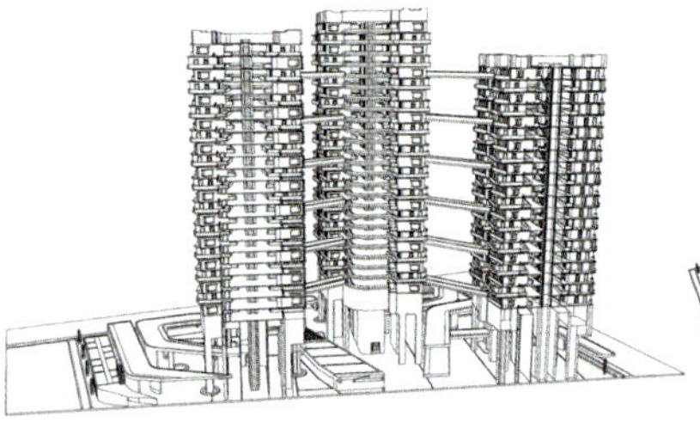

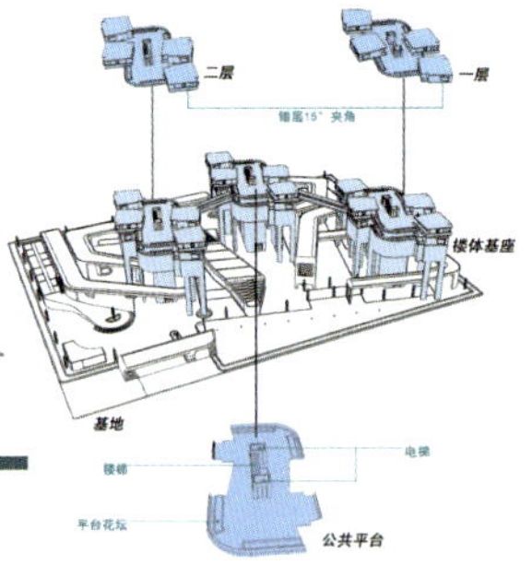

植物配置 Plant

屋顶阳台种菜蔬菜品种的筛选

屋顶阳台和架空层种植的蔬菜，按照其对温度要求的不同，大致可以分为三大类：耐寒蔬菜、喜温蔬菜和半耐寒蔬菜。
1. 耐寒蔬菜：生长适温为17~20° C，一般适宜秋播，如白菜类、甘蓝类、葱蒜类、根菜类、豆类。
2. 喜温蔬菜：生长适温为20~30° C，一般在春分至清明前后播种育苗，夏季或早秋收获，如茄果类 瓜类 豆类以及苋菜 竹叶菜等。
3. 半耐寒蔬菜 对温度的要求介于耐寒和喜温蔬菜之间 所以播种期的确立既要避开前期的高温又要避开后期的低温。

示意图	蔬菜种类	播种期	播种至收获天数	产量/kg. m²
	小白菜（青、白、花叶）	全年播种	25	1.5-5
	萝卜（红色、白色）	2月中旬至7月下旬	90-100	3-4
	胡萝卜	7月下旬至8月上旬	120	4
	大白菜（青帮、白帮）	7月下旬至8月下旬	70	3.5-4
	春菜（花叶、板叶）	10月上旬至11月	180-200	3.5-4
	包菜（平头、圆头）	7月上旬至8月上旬	120-180	2-5
	花菜（60、90、120天）	6月上旬至8月上旬	50-120	2-3
	菠菜（尖叶、圆叶）	8月-9月	40	1-1.5
	生菜（散生、结球）	3-11月	50-70	1-1.5
	香菜	4-8月	50	1

示意图	蔬菜种类	播种期	播种至收获天数	产量/kg. m²
	大葱	3-6月	150	3
	番茄（大、小）	11月至翌年3月下旬	6月后	2.5-4
	茄子（长茄、圆茄）	11月至翌年4月下旬	6月后	2
	辣椒（大、小）	4月上旬至翌年4月下旬	6月后	1-1.5
	四季豆（有架、无架）	3月底至7月底	5月底至9月底	1-1.5
	黄瓜（无刺、有刺）	3月上旬至4月上旬	5月中旬后	3
	马铃薯	1-2月	5月下旬	2
	红薯	4月上旬	9月下旬	1-1.5
	芋头	3月中旬至4月下旬	10月下旬	3
	香瓜	4月上旬	100	
	西瓜	3月中旬至4月上旬	100	

观赏性树种

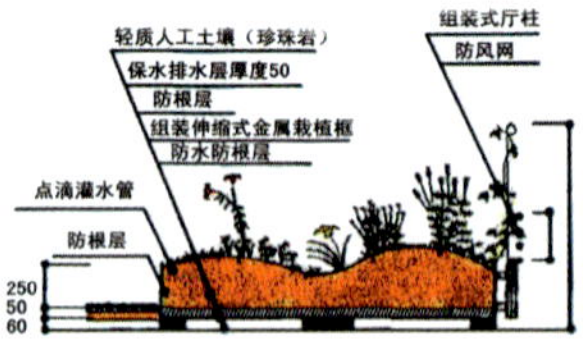

种植示意

屋顶阳台种菜灌水设施的试验研究由于屋顶阳台种菜面积小、器皿小、楼层高，温度也较地面高，水分蒸发快，灌水尤为重要。我们通过试验研究，得出的结论是：屋顶阳台种植面积较大时，用以砖混结构为主的种菜池，特别是绿叶类蔬菜以喷灌为主的；缸、盆、盘、钵、盒等器皿以滴灌为主；槽式栽培以渗灌为主。阳台和架空层种菜与大地种菜有很大区别，屋顶阳台种菜很多技术都要考虑到以人为本。

保水剂 保水剂的使用使市民减少浇水次数，甚至出差7-15天都可以不浇水。

压缩营养钵 由东北草炭、商品有机肥、植物生长调节剂、杀菌剂等采用先进的工艺制成，适合不会进行蔬菜育苗的市民使用 简单、方便、成活率高、植物免疫剂，根据植物生理特性，给3~6片叶苗龄的蔬菜进行植物免疫预防，可提高植物本身的抗逆能力，减轻病虫及气候对植物的伤害。

压膜线 用最新材料制成的附用绳，用于屋顶阳台种植的棚架蔬菜上使用，轻便、好用、耐老化（使用寿命7-10年）易消毒。

亲水泡沫 这是一种吸水性较强的软质聚氨酯泡沫，是一种无毒无味，多孔松软的弹性材料，特别适宜屋顶阳台无土水培蔬菜种植。

无纺布 为了不让泥浆在浇水时流出污染，屋顶阳台及公共场所 我们在屋顶阳台种菜的各种器皿中都铺有无纺布，这样既不影响土壤透气性又清洁干净

陶粒 用泥土滚球进土窑烧制而成，用陶粒进行屋顶阳台种植蔬菜，能充分发挥有土或无土栽培的技术优点。充分利用陶料之间的细微空隙，增加陶粒之间的接触面，从而提高渗水渗肥性 同时陶粒间粗孔道彼此相通 具有高渗水、渗肥、透气的优点，还可将陶粒放在水培槽中栽培蔬菜，减少换水次数甚至不换水。

植物诊所

对于社区内的植物病虫害进行防治工作，对养护不当进行指导工作。

日照分析

局部景观效果 Landscape

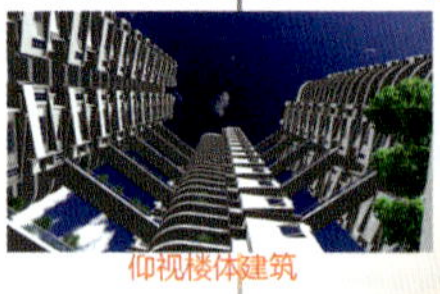

仰视楼体建筑

垂直种植

休闲区域

入口

作品名称：丝路生态旅游驿站连锁模式——带动中国西部农村发展

作者：彭振 张琼椰 曾妍雯 王宇朦

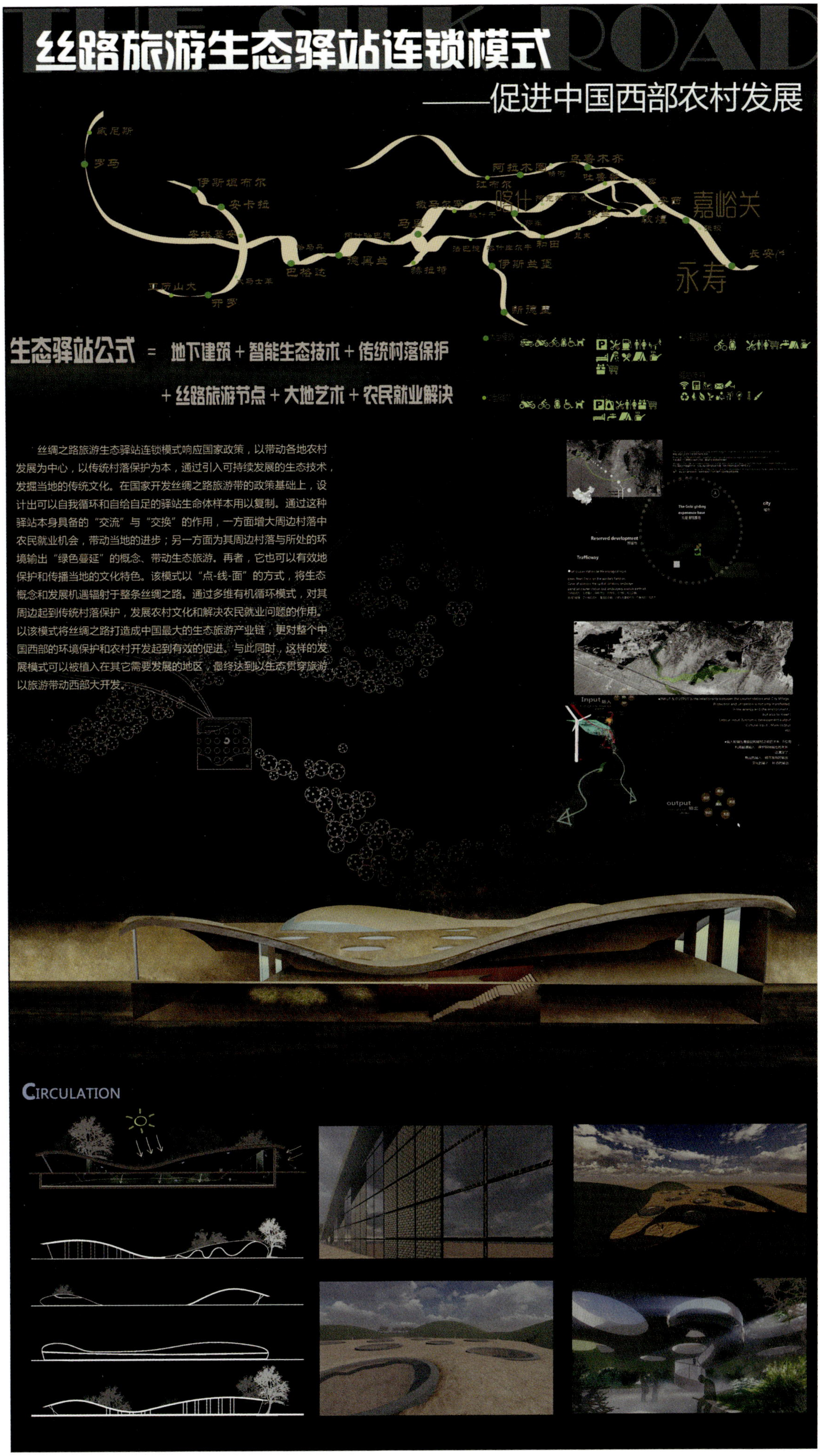
THE SILK ROAD
丝路旅游生态驿站连锁模式
——促进中国西部农村发展
威尼斯
罗马
伊斯坦布尔
安卡拉
安拉基亚
巴格达
德黑兰
阿拉木图
乌鲁木齐
喀什
和田
嘉峪关
敦煌
长安
永寿
伊斯兰堡
新德里
生态驿站公式 = 地下建筑 + 智能生态技术 + 传统村落保护
+ 丝路旅游节点 + 大地艺术 + 农民就业解决
丝绸之路旅游生态驿站连锁模式响应国家政策，以带动各地农村发展为中心，以传统村落保护为本，通过引入可持续发展的生态技术，发掘当地的传统文化。在国家开发丝绸之路旅游带的政策基础上，设计出可以自我循环和自给自足的驿站生命体样本用以复制。通过这种驿站本身具备的“交流”与“交换”的作用，一方面增大周边村落中农民就业机会，带动当地的进步；另一方面为其周边村落与所处的环境输出“绿色蔓延”的概念、带动生态旅游。再者，它也可以有效地保护和传播当地的文化特色。该模式以“点-线-面”的方式，将生态概念和发展机遇辐射于整条丝绸之路。通过多维有机循环模式，对其周边起到传统村落保护，发展农村文化和解决农民就业问题的作用。以该模式将丝绸之路打造成中国最大的生态旅游产业链，更对整个中国西部的环境保护和农村开发起到有效的促进。与此同时，这样的发展模式可以被植入在其它需要发展的地区，最终达到以生态贯穿旅游以旅游带动西部大开发。
Reserved development
Trafficway
city
Input
output
CIRCULATION

入围作品 / 学生组

作品名称：记忆·涅槃——碾畔村窑洞博物馆规划设计

作者：薛晓杰

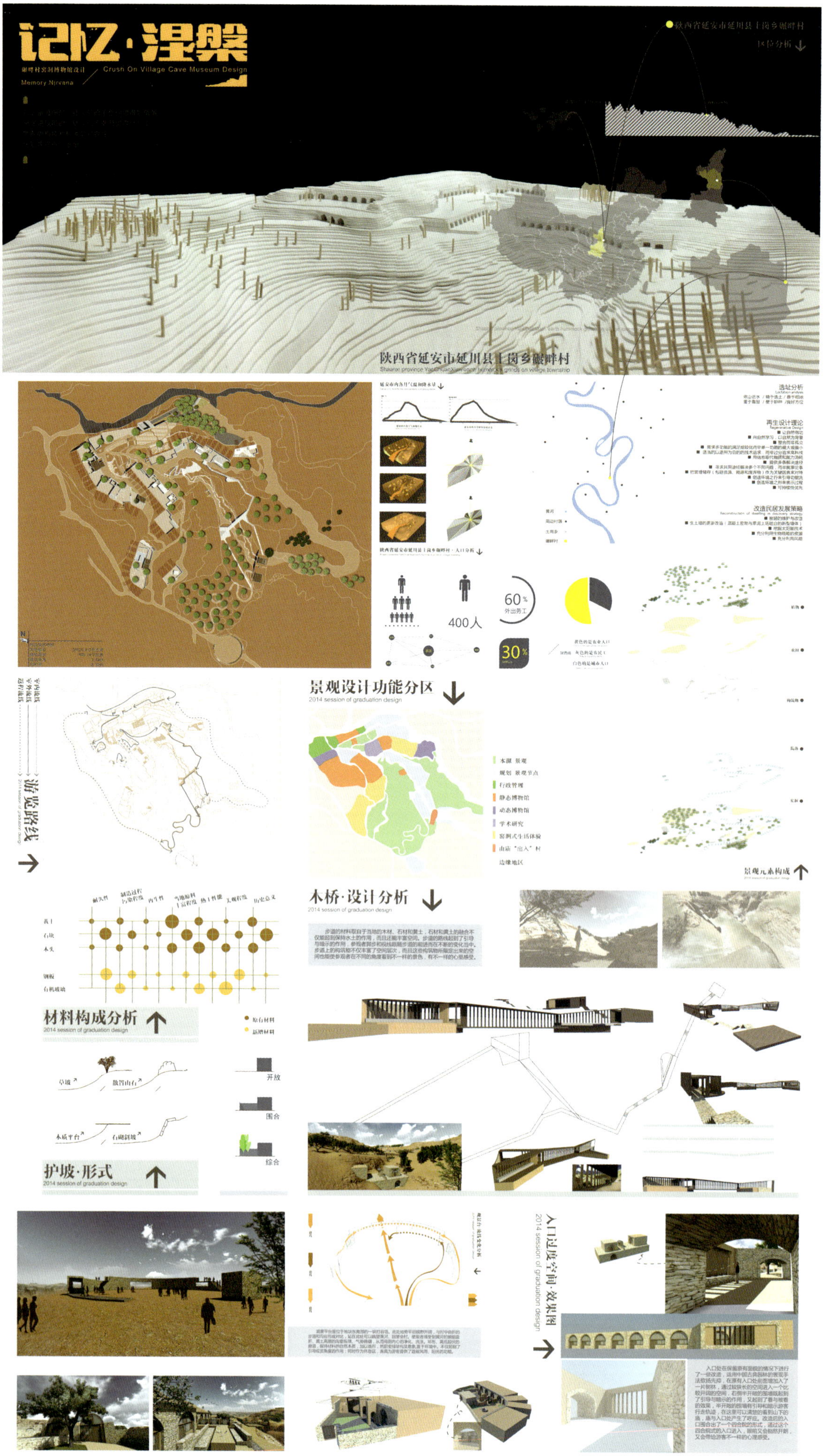

作品名称：方的三次方杨晓阳博物馆建筑设计及周边景观规划设计

作者：张子云　李寒烟　史雯澜　黄琦焜

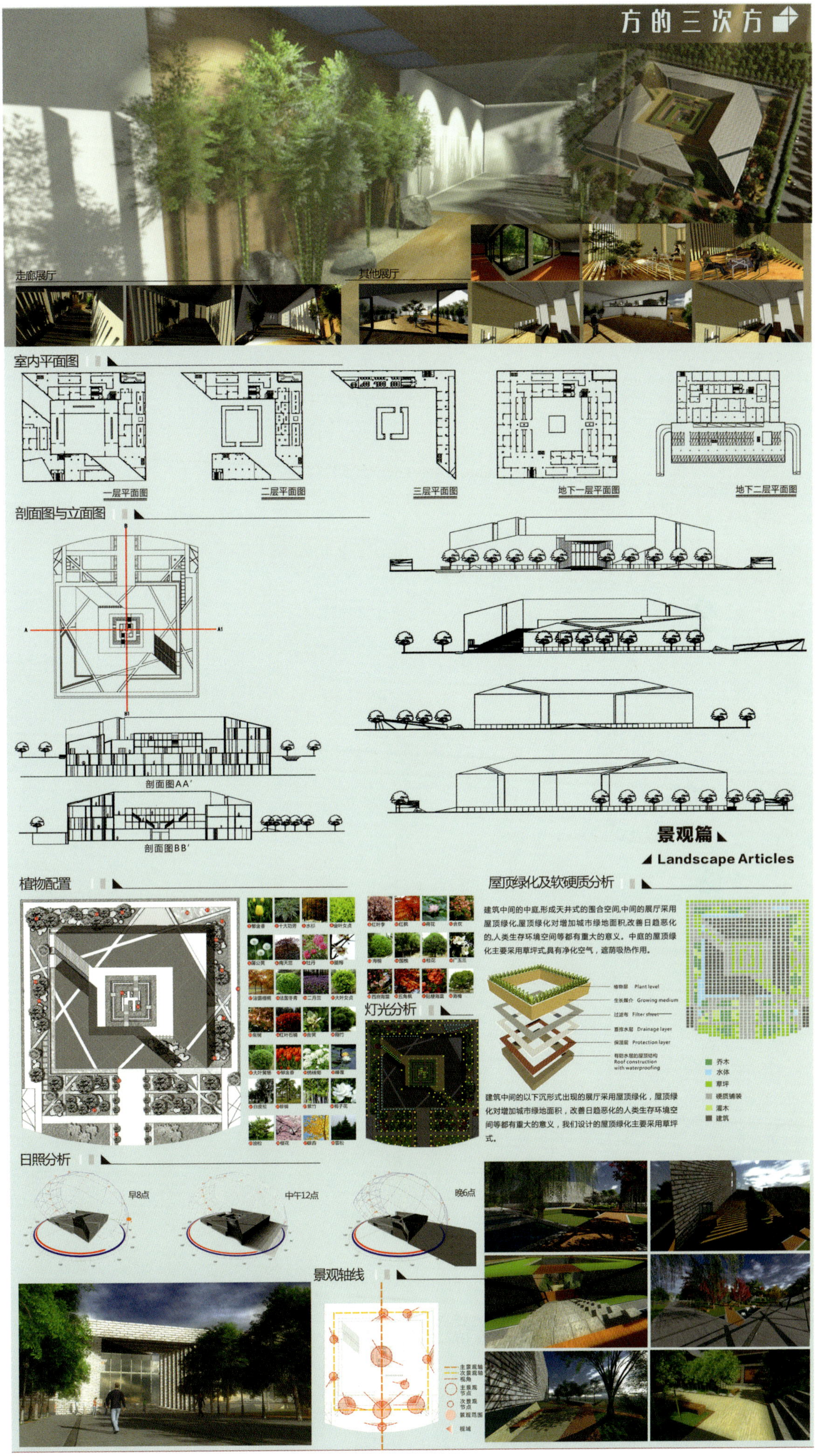

作品名称：涅槃——天津市西青区文化中心设计

作者：刘怡斐

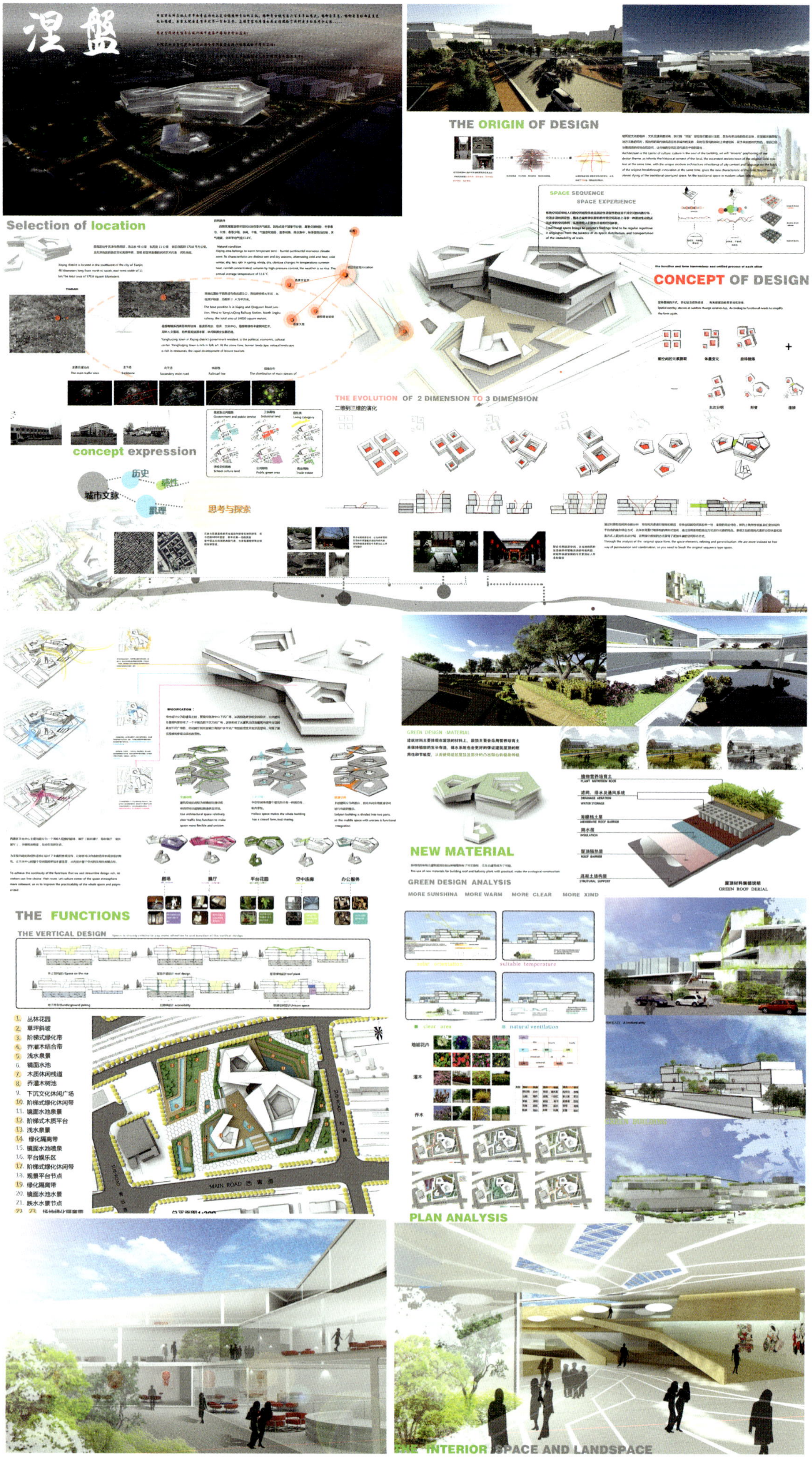

作品名称：共振——天津海河中心广场规划设计
作者：刘月阳　龚骁

共振　天津海河中心广场景观规划设计

一、项目概况 Project Overview

■ 区位分析

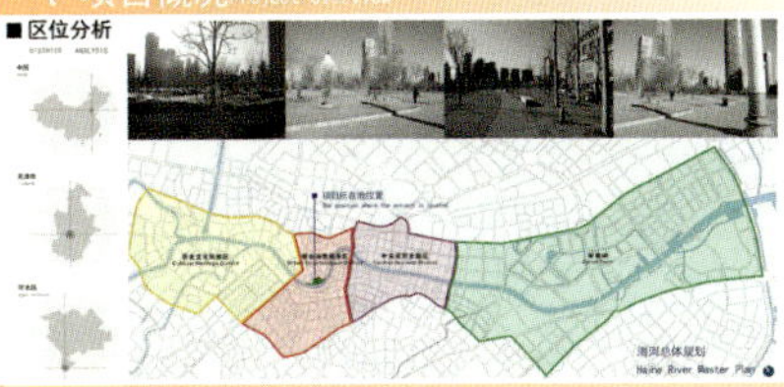

■ 项目背景 Progect background

作为北京的门户和后花园，天津一直在利用她的地理优势，把自己建设成为华北国际物流管理中心，为了刺激经济增长，使之与人们熟悉的滨海新区并驾齐驱，天津市已决定把母亲河沿岸的城市核心重新注入经济活力。

■ 项目所处位置 Project location

本规划项目位于天津市几何中心，海河总体规划确定的都市消费娱乐区，是天津中心商业区的重要组成部分。

■ 范围 Range

北至博爱道，东至大沽桥，西至北安桥，南至海河，占地面积约5万平方米。

二、设计理念 The design concept

■ 阵列 共生

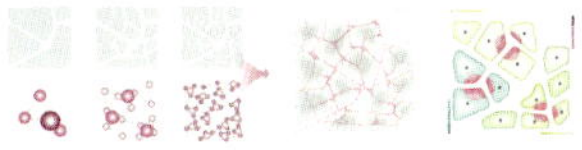

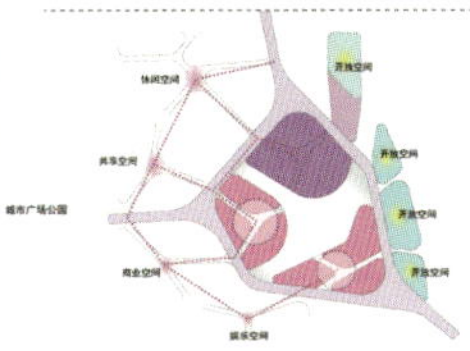

■“共振”内涵

共振寓意场地与城市的共同发展，与周围城市功能产生共振，与周边建筑的共生，以及场地自身的振兴。通过设计激发共振效应，从而使场地价值，即环境效益，经济效益以及社会效益最大化。

三、场地分析及方案定位 Research summary and scheme position

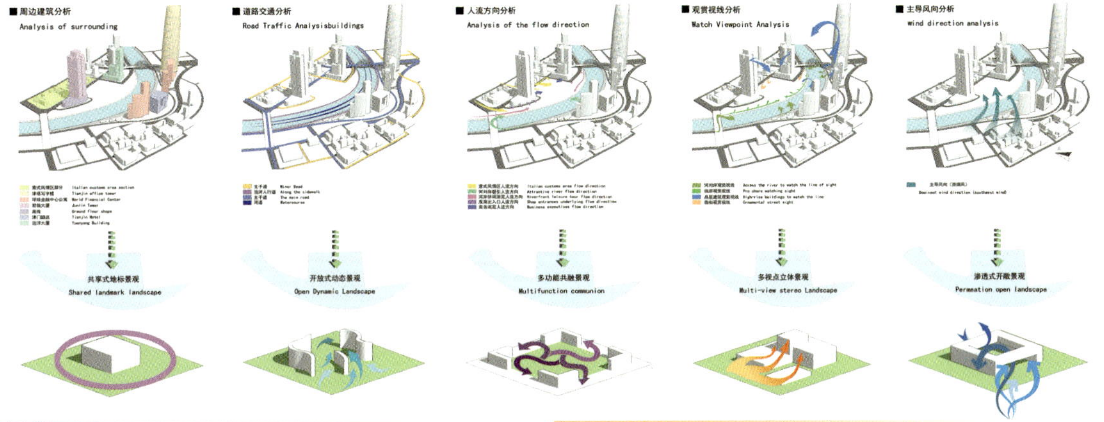

四、概念来源 The concept source

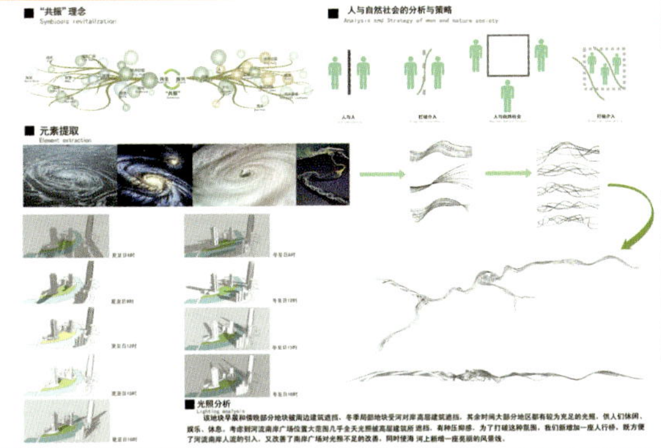

五、功能分区 Functional zoning

■ 概念说明 Concept description

新景观阐释了“群”和“孔隙”的理念，打破了千篇一律的景观形态，改善了密集型城市的新中心和周围建筑之间的关联。在此背景下，新景观成为了一处地标性建筑，是城市革新进程中标新立异之举。通透的景观形态使不同空间相互渗透，形成了一个“空间串联”结构，并整个景观之间相互联系。

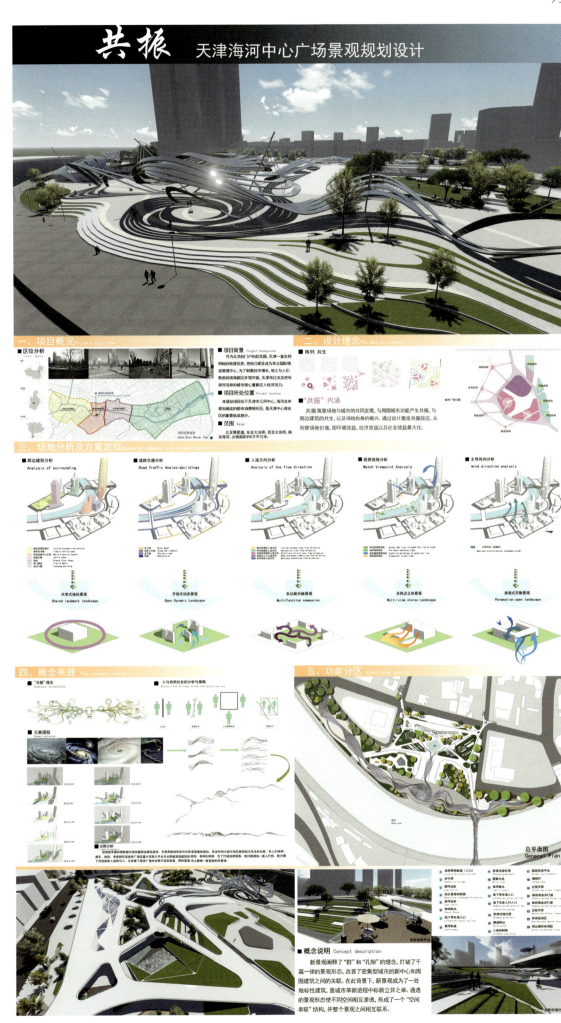

作品名称：当代国际文化活动中心

作者：段雨婷

深水蓝湾
深水蓝湾——藏匿于城市周边旧工厂中的绝美风景，厂房改造，后现代主义展示中心。
This project is designed with the purpose of renovation and expansion of the old factory.
Starting with the curve and reverse, it aims to break the factory's originally
blunt modeling with curve and reverse, at the same time create
a changeable and flexible layout building.

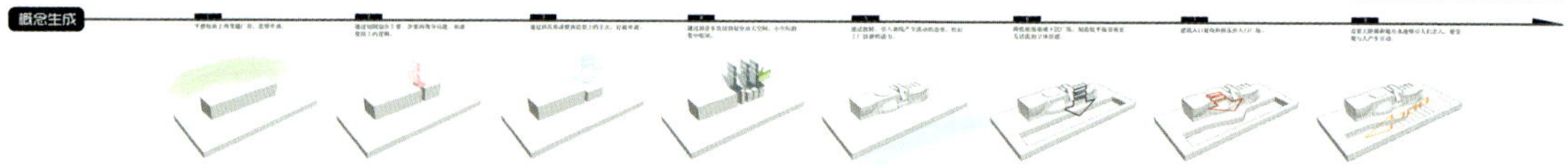
概念生成

设计说明

方案为旧工厂改造及地块内建筑景观营造。方案通过建筑内部与外部、园区内部与外部间的交流形成互相渗透、互相贯通的空间，从而吸引园区外的人走进园区，进而吸引园区内的人走进建筑。本地块为一长方形地块，设计初期思路为将地块划分为相等两部分，南侧为景观，北侧为建筑，两者之间的部分为建筑入口广场及贯通东西两侧的主要轴线。如此景观部分为下沉空间(-1)，入口平台及东西通道部分为地面标高(0)，三层高的工厂建筑为地上部分(+1)，如此在南北向的剖面上便形成了"-1，0，+1"的阶梯状递进空间，提供给来访者丰富的视觉体验。

"-1" 景观部分的设计思路起初是想避免传统的平面景观形式，利用下沉式庭院塑造一个立体景观。而单纯的利用楼梯进行竖向交通则显得枯燥乏味，不能吸引人进入，于是引入一条长阶梯将跌台式水景结合，给在行进中的人们提供纵向上的不同视角，营造出"步移景异"的效果，同时为建筑提供更多的开敞的观感。而宽阔的阶梯本身也是很好的公共交流空间，方便人们坐在上面读书、交谈。在下沉庭院西侧设有一部旋转楼梯作为这条轴线的收尾，饱含趣味。

"+1" 工厂改造部分保留原有建筑结构及部分表皮，通过增加新构件，在保留旧建筑原始的条件下让其焕发新的活力。功能划分上主要以西侧布置大空间东侧布置小空间为原则，使建筑在空间上主次分明……

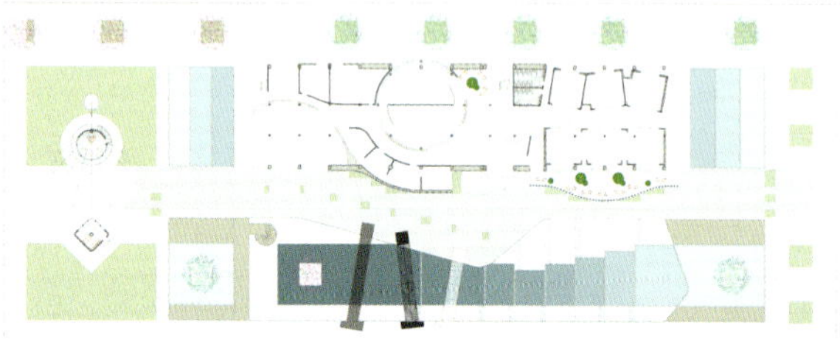

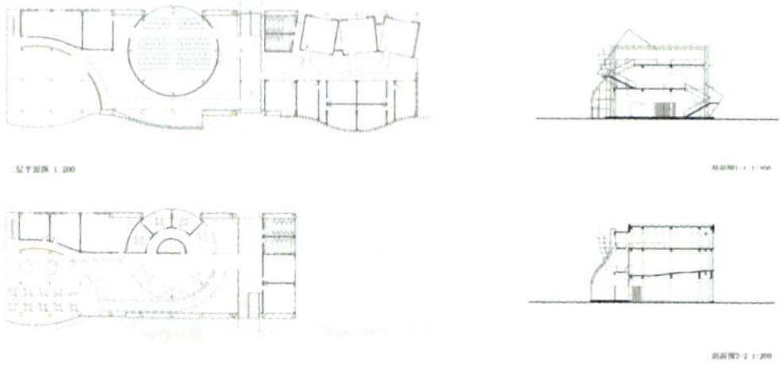

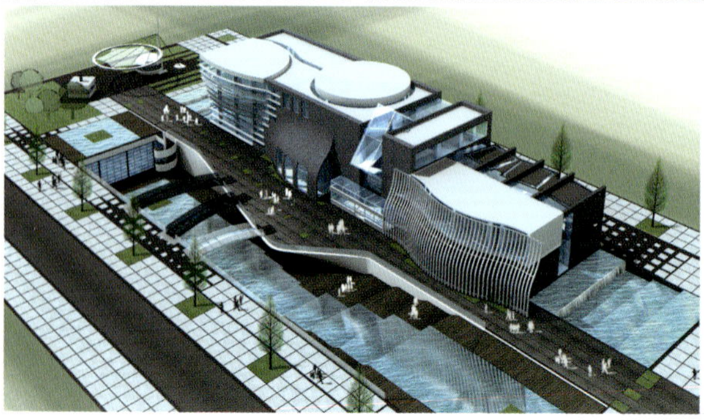

"口" 东西通道作为地块的主轴线，行进中可同时观赏南侧的下沉庭院和北侧的建筑物。下沉庭院6米的深度使得庭院内种植树木的树冠刚好与地坪层行走的人们视线平行，提供与树木零距离的亲近感。同时横跨下沉庭院上空的三座廊桥给人们身行于树冠之中的错觉。廊桥设计为拱桥，作为观景桥同时提供了地块南北向交通的便捷。东西通道在建筑入口部分将地面挑出至下沉庭院上空，形成入口广场的同时也作为观景平台使用。

作品名称：材料基因研究院办公空间环境设计
作者：田婷仪　罗曼　袁金辉　花东旭

材料基因研究院办公空间环境设计

Genetic Material Research Institute Office Space Environment Design

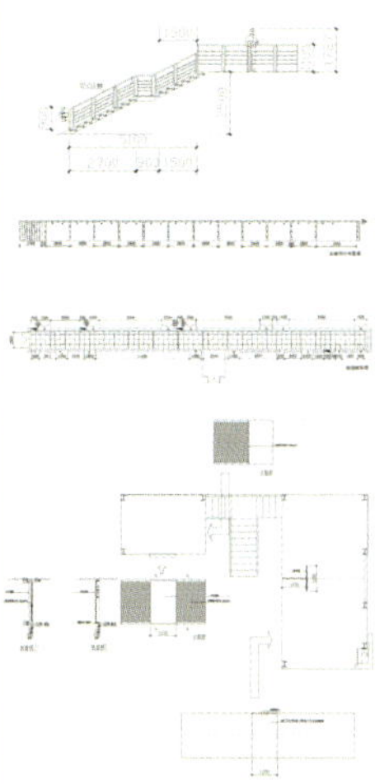

功能与文化特质相结合是空间设计的灵魂，设计首先考虑的是功能的合理，交通流线的畅通以及与其他空间的协调和衔接是设计的重点。将原建筑的神韵无形中延续到室内的设计中，从空间、材料、灯光等多个角度，刻画出一个带有科技化气息又富于时代精神，并能带给工作和学习在其中的人们以轻松愉悦心情的空间。

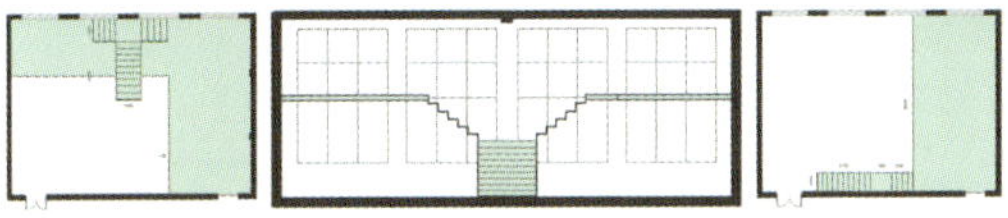

对办公空间设计的完美追求，是一种新的设计理念。优秀的办公空间设计可以调动人们对于工作的热情，通过室内光线，装饰的材料，纹理及造型来挖掘其内在品质，最终达到空间合理舒适，它不仅是一种理念的体现，也是一种艺术的表达。室内设计是最有效的利用空间满足个人，需求者的各种期望和需求的方式。

作为现代教育与办公为一体的综合性空间更是如此。它激发了人们的创新欲望、突破欲望、敢于向未来挑战的欲望！一个好的综合性空间是有生命，有语言，有个性魅力的。它的一点一滴流露这它特有内在和外在美。它的每一个功能以及每一个设计美学的因素就像闪光的星辰，围绕在其周围，流动着，变化着。在这里人们除了学习和工作之余，还会感受到更新奇的体验与感受，体验这里的环境，这里的理念以及文化内涵。

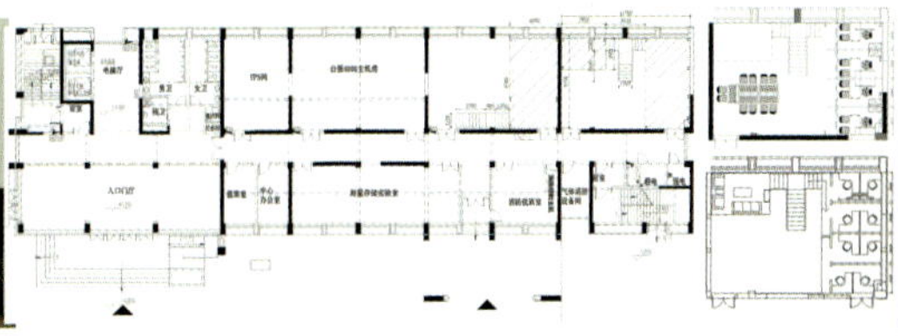

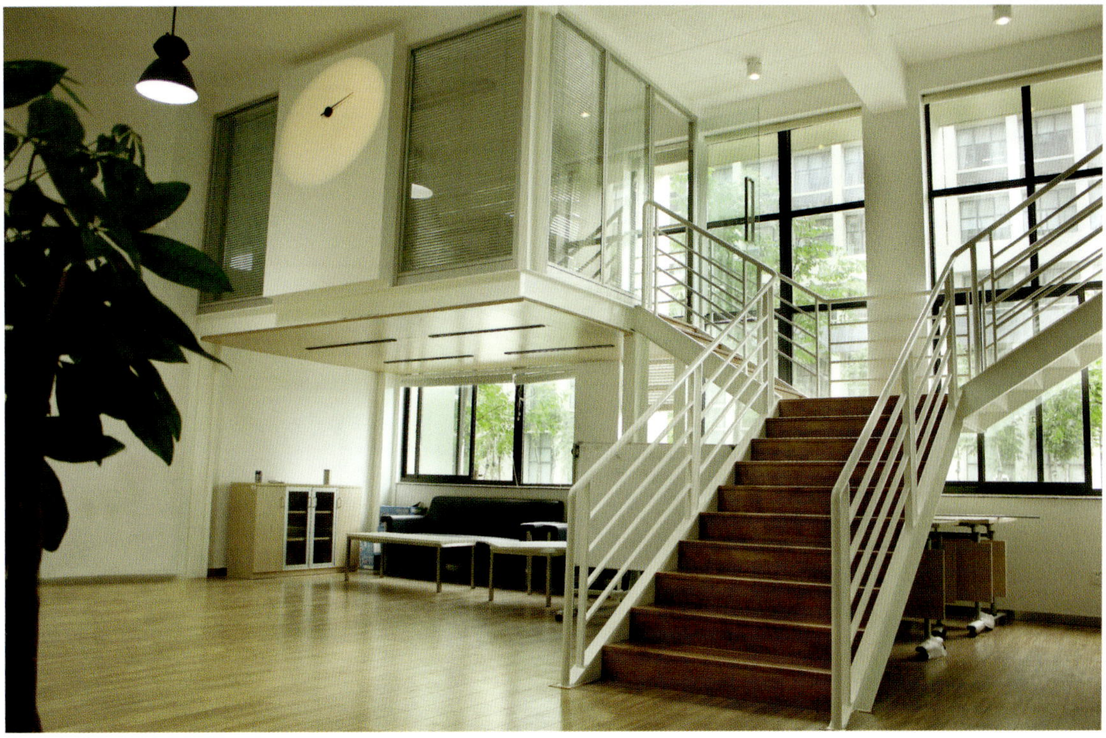

作品名称：Motivated,evolutional,adaptable——Castle
作者：王冠

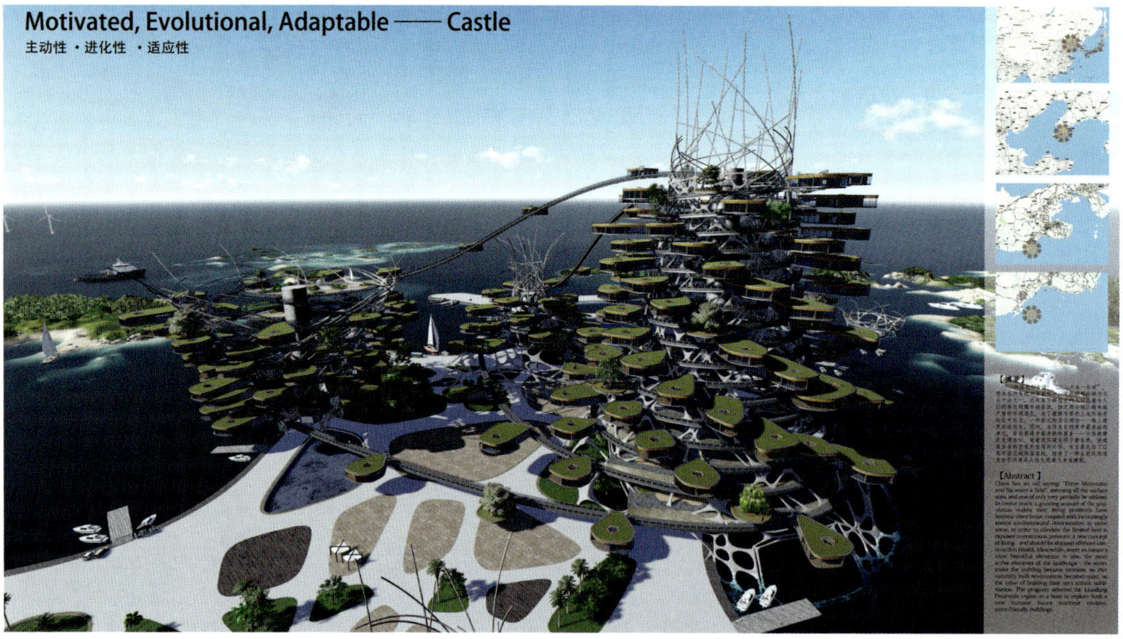

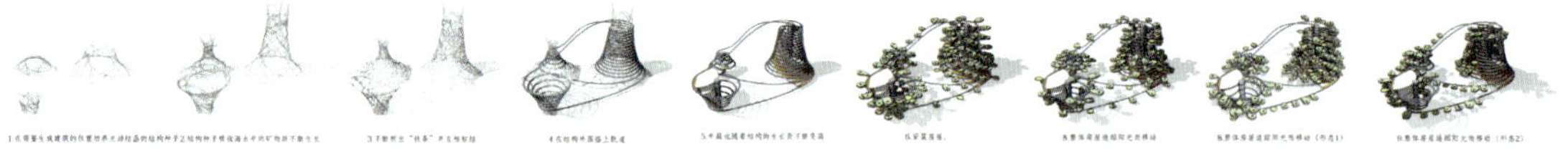

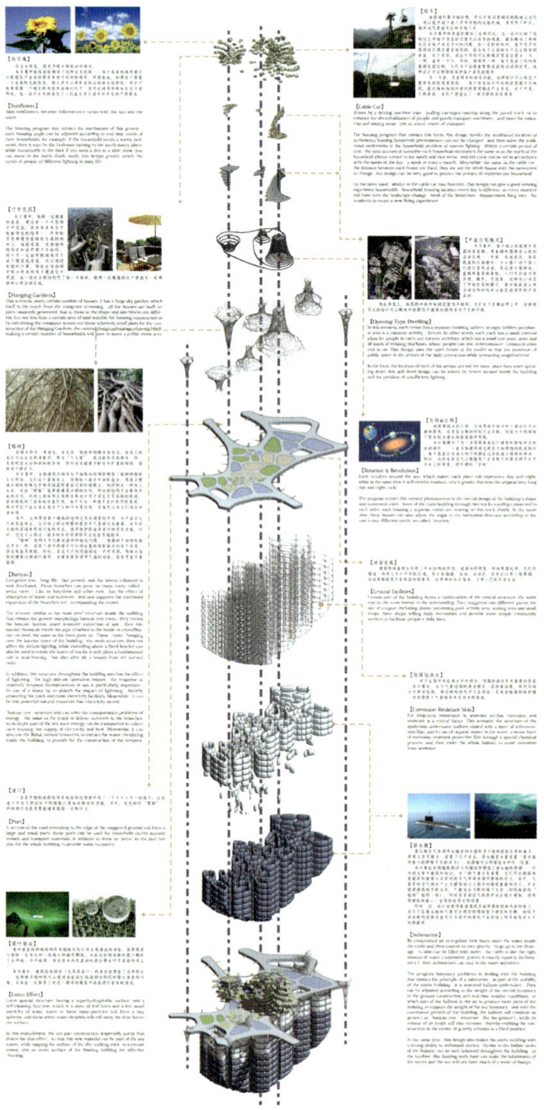

传统的仿生建筑大多只是单纯的再现自然物的表象，追求形似层面的效果。我在毕业论文中阐述了自己对有机建筑的真正意义的理解——继承具有自然本质逻辑的富有美感的建筑与景观。之后，我在毕业设计中进行了初步的探索，我抽象出了有机物的三个特征：主动移动（motivation)、进化（evolution）以及对环境的适应性(adaptation)。而在我的设计中，它们分别对应方案中的可移动式房屋、可以自主生长的结晶盐结构(现实已有探索与实践），房屋可以根据用户的自身需求对采光量进行调整，房屋整体的周期移动进而获得朝阳与背阴、自清洁的临海表皮所运用的莲叶效应，以及可以通过储水量的多寡进而改变浮力的气囊装置。运用这些源于自然界本身的机制，使得无机物不仅仅具备与有机物相似的外在形式，而且拥有了其自身蕴含的内在逻辑，进而达到论文中提到的真正的仿生建筑的目的。

/ 入围作品 / 学生组 /

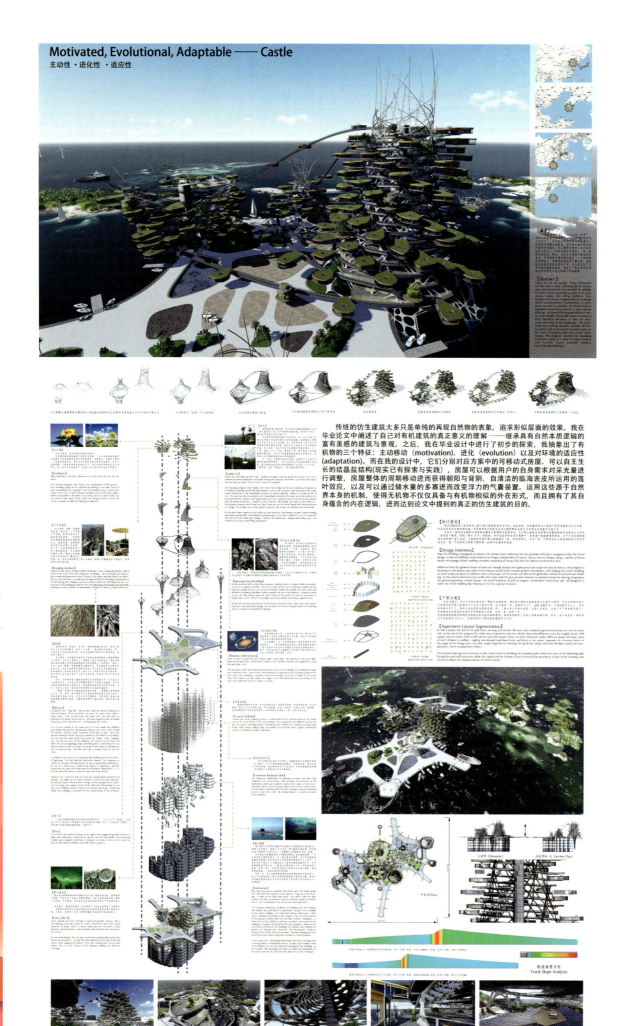

作品名称：深海之蓝生态海洋馆设计

作者：王嘉晗

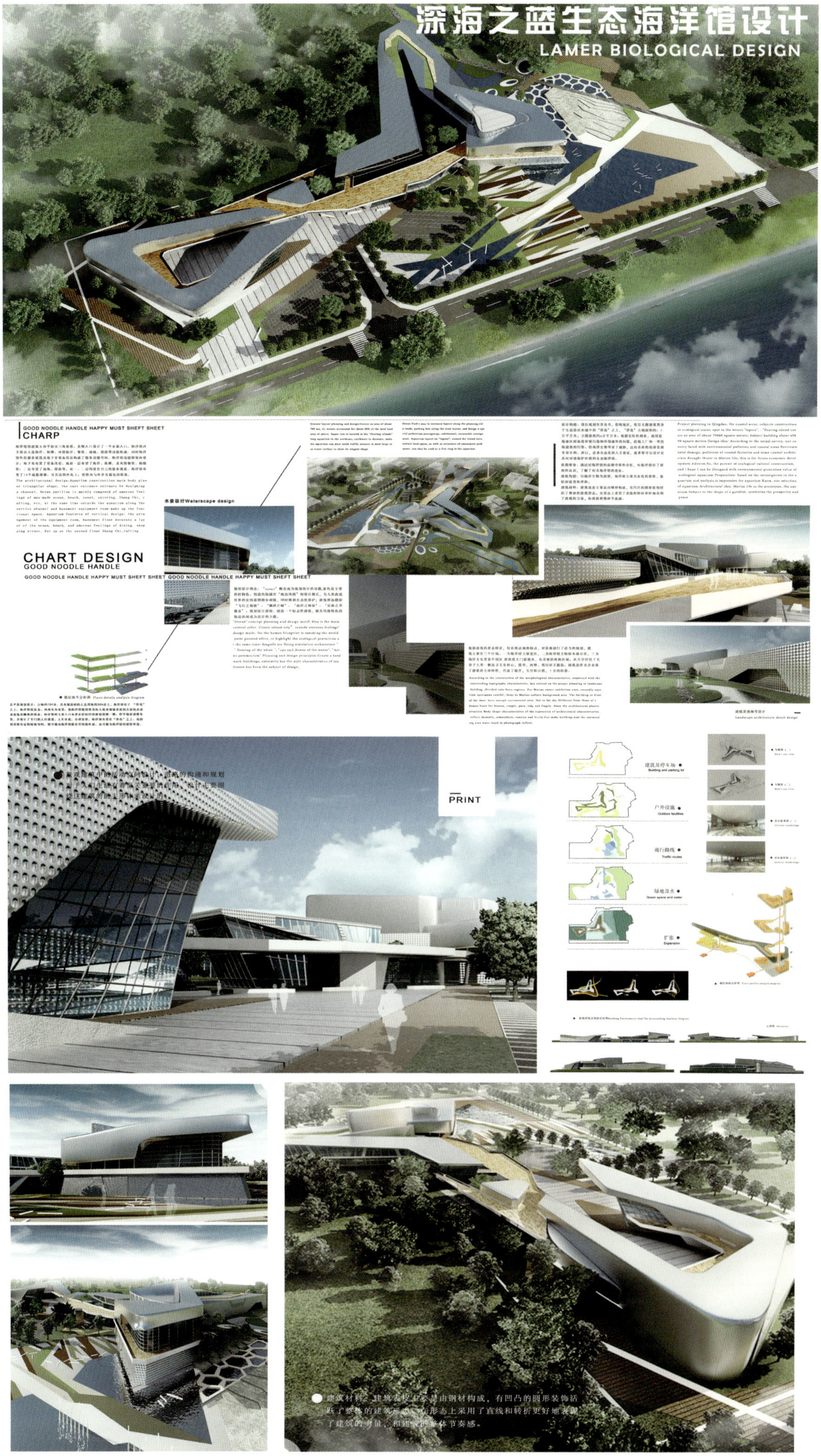
深海之蓝生态海洋馆设计
LAMER BIOLOGICAL DESIGN
GOOD NOODLE HANDLE HAPPY MUST SHEFT SHEET
CHARP
CHART DESIGN
GOOD NOODLE HANDLE
GOOD NOODLE HANDLE HAPPY MUST SHEFT SHEET GOOD NOODLE HANDLE HAPPY MUST SHEFT SHEET
水景设计Waterscape design
PRINT
建筑及停车场
户外设施
通行路线
绿地及水
扩张
Expansion

作品名称：当代国际文化活动中心

作者：吴丹

作品名称：旧工厂改造-loft设计工作室

作者：杨钧艺

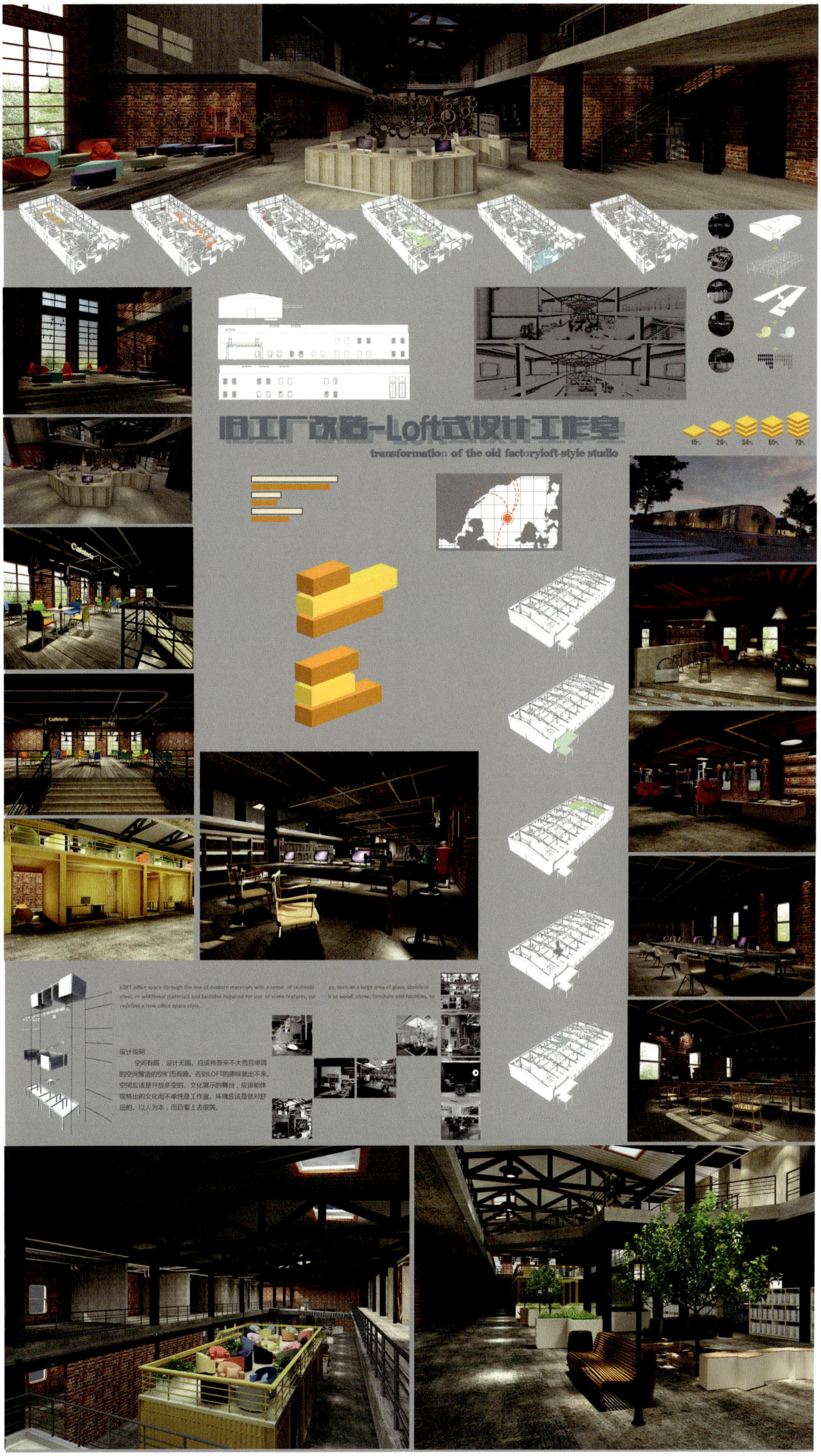
旧工厂改造-Loft式设计工作室
transformation of the old factoryloft-style studio
15%
26%
54%
65%
73%
LOFT office space through the use of modern materials with a sense of technology, such as a large area of glass, stainless steel, or additional materials and facilities required for use of some features, such as wood, stone, furniture and facilities, to redefine a new office space style.
设计说明：
空间有限，设计无限。应该将原来不大而且单调的空间营造的空旷而有趣。否则LOFT的原味就出不来。空间应该是开放多变的。文化展示的舞台，应该能体现特出的文化而不单纯是工作室。环境应该是绝对舒适的。以人为本，而且看上去很美。

生物科技馆
BIOLOGICAL SCIENCE AND TECHNOLOGY MUSEUM

作品名称：生物科技馆
作者：周密

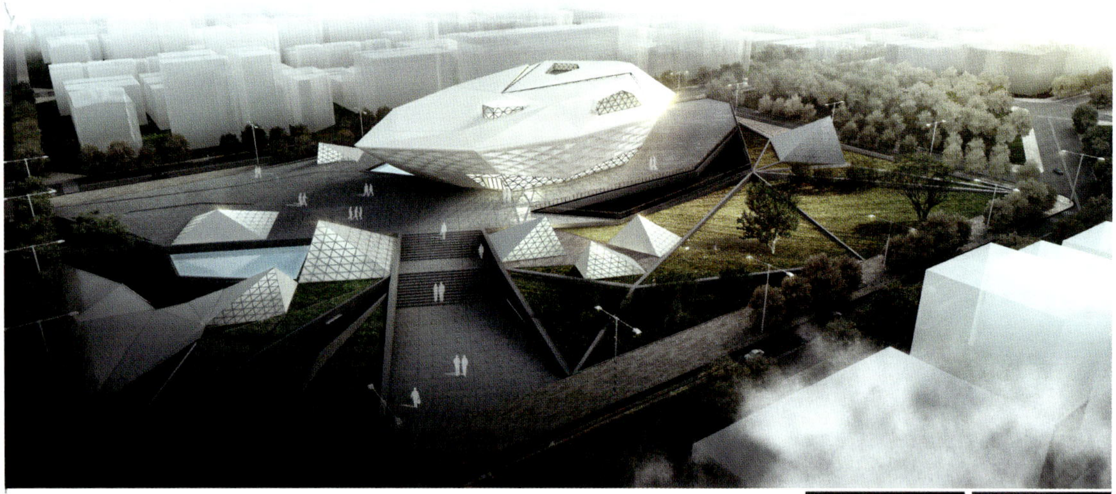

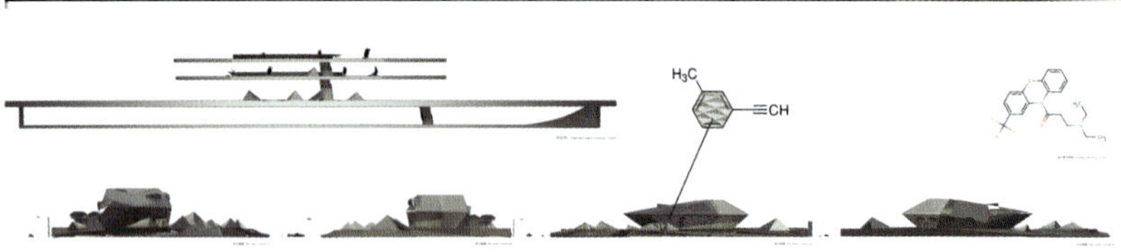

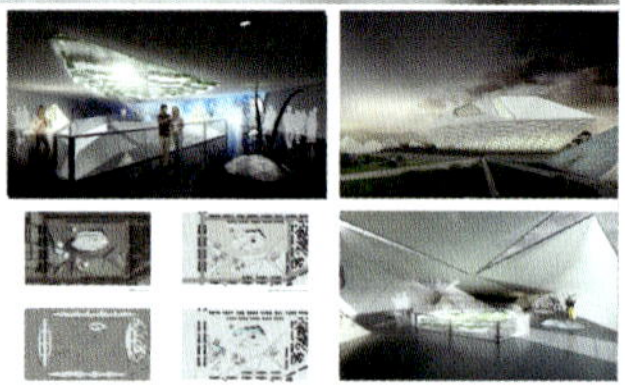

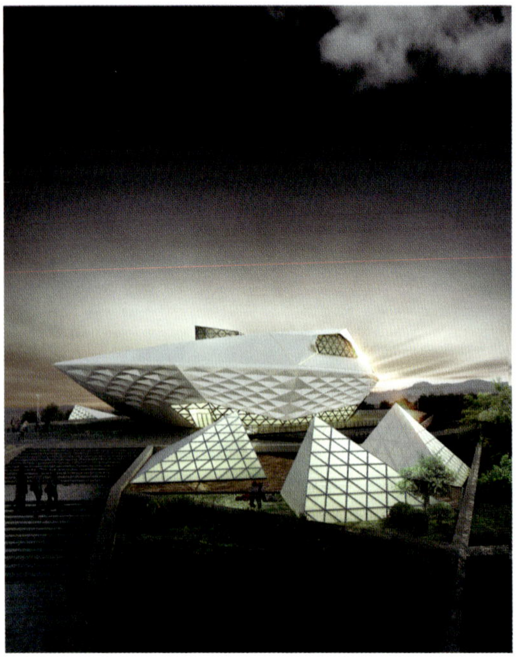

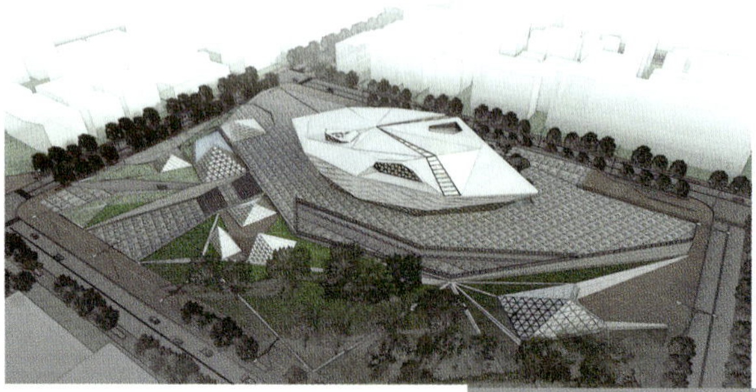

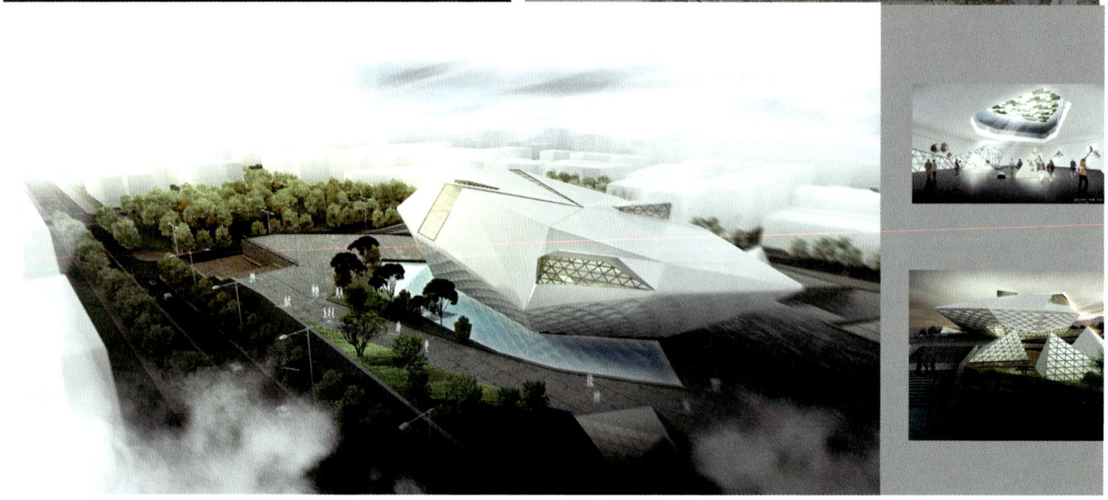

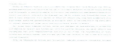

作品名称：互动文化——互动性滑雪场规划设计

作者：牟小萌

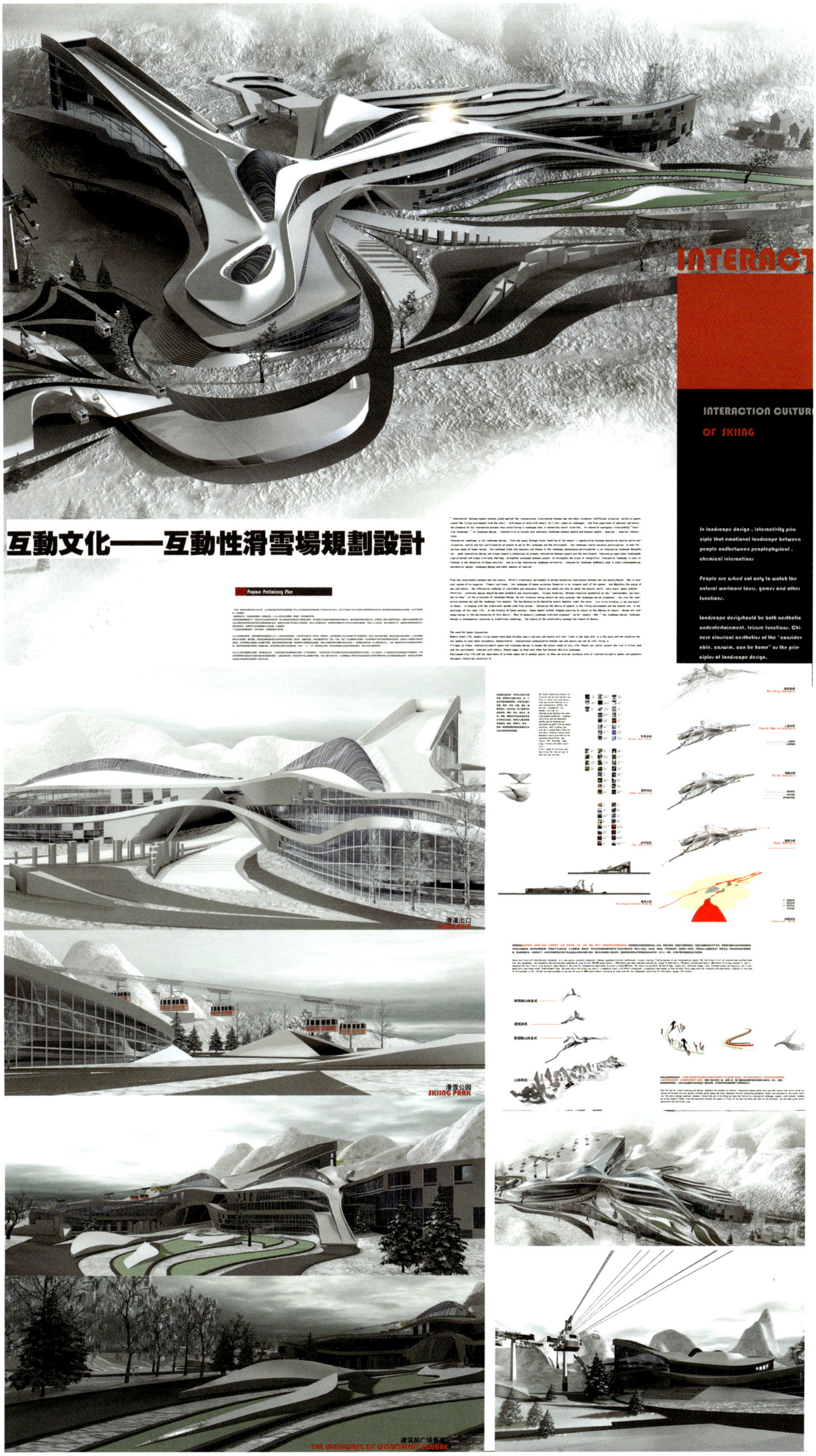
INTERACT
INTERACTION CULTURE
OF SKIING
互動文化——互動性滑雪場規劃設計
Propose Preliminary Plan
In landscape design . interactivity principle that emotional landscape between people andbetween peoplephysical . chemical interactions
People are asked not only to watch the natural worlmore tours. games and other functions.
Landscape desigshould be both aesthetic andentertainment. leisure functions. Chinese classical aesthetics of the "considerable. caswim. can be home" as the principles of landscape design.
滑道出口
滑雪公园
SKIING PARK
建筑前广场景观
THE LANDSCAPE OF CONTRACT SQUARE

入围作品 / 学生组

作品名称：城市新能源体验馆感念设计
作者：赵文夫

CRITICAL HAZE

城市新能源体验馆概念设计

CITY NEW ENERGY PAVILION CONCEPTUAL DESIGN EXPERIENCE

CITY NEW ENERGY PAVILION CONCEPTUAL DESIGN EXPERIENCE

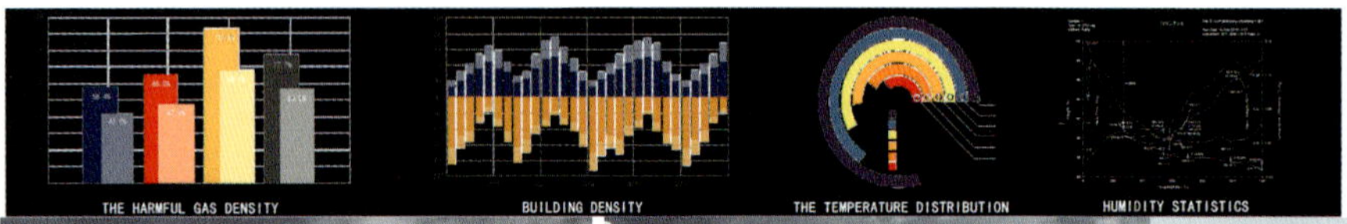

CONCEPT

ECO，就是将建筑看成一个生态系统，本质就是能将数量巨大的人口整合居住在一个超级建筑中。通过组织（设计）建筑内外空间中的各种物态因素，使物质、能源在建筑生态系统内部有秩序地循环转换，获得一种高效、低耗、无废、无污、生态平衡的建筑环境，例如星球大战中的死星，黑客帝国里的"锡安"和蚁哥正传里的蚁丘。

ECO, is to building as an ecosystem, nature is a huge number of population can be integrated live in a super buildings, through the organization (design) construction inside and outside the various factors of state space, matter and energy in building ecological system internal orderly circulation transformation,to obtain a highly efficient, low consumption, no waste, no pollution, ecological balance of the built environment, such as Star Wars death star, "zion" and the ants in the matrix in the elder brother of anthills.

BUILDING STRUCTURE

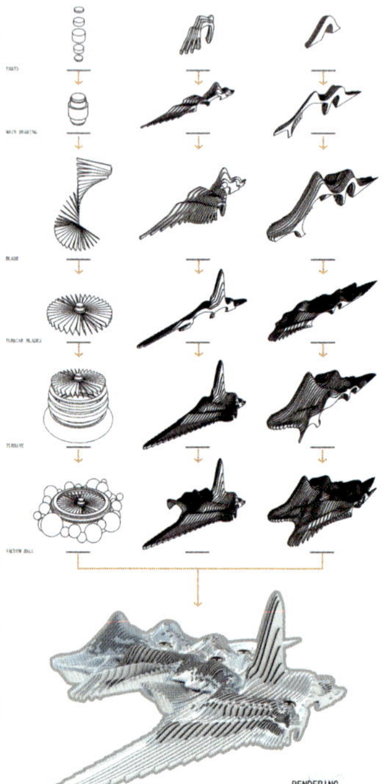

SITE: CHINA — NORTHERN CHINA — LIAONING — BOHAI BAY — DALIAN

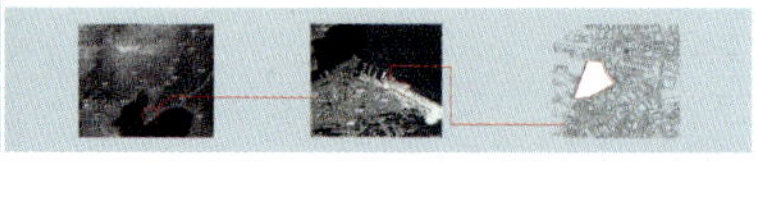

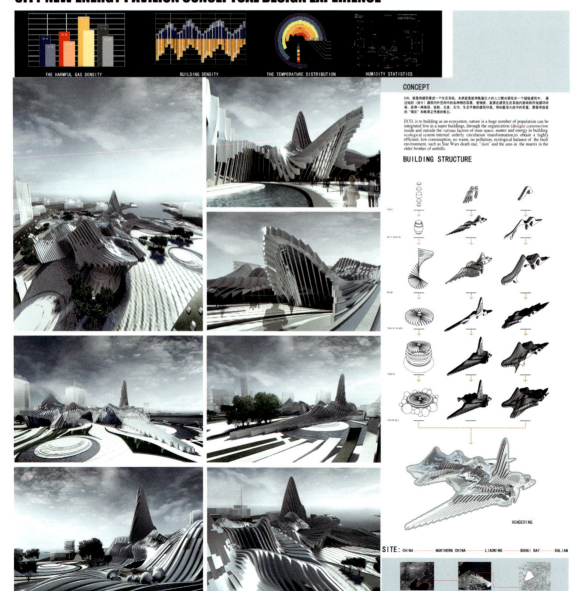

作品名称：『角斗场』桌面游戏主题酒店设计

作者：刘晨

角斗场
桌面游戏主题酒店设计

大堂效果图

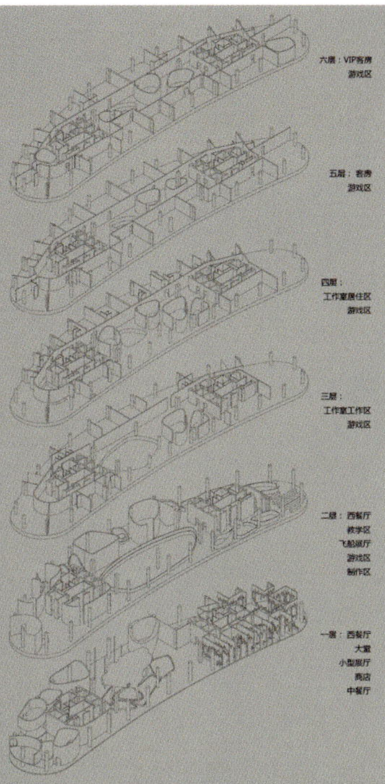

轴测图

一层效果图

二层效果图

设计说明：

酒店主题选取热门的桌面游戏主题。希望进入酒店的客人有一种进入酒店仿佛置身于游戏的桌面上的感觉。大堂通高空间放置了飞船形展厅，给人强烈的视觉震撼的同时强化游戏的感觉。中餐厅部分概念来源于城市，以抽象的手法营造桌面游戏里的新城市。酒店2-6层分散着大小各异、或开放或私密的游戏区，让入住者可以随时随地想玩就玩。游戏区概念来源于飞船降落时带来的陨石。

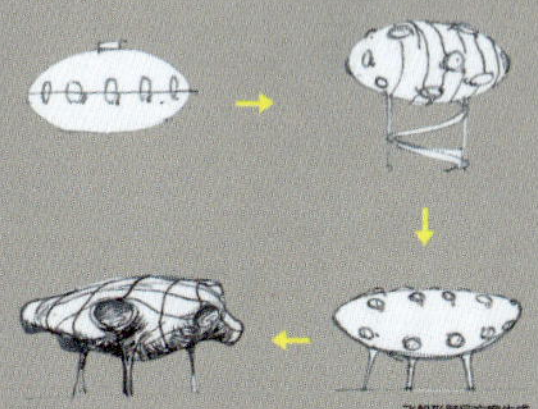
飞船形展厅方案生成

一层中餐厅效果图

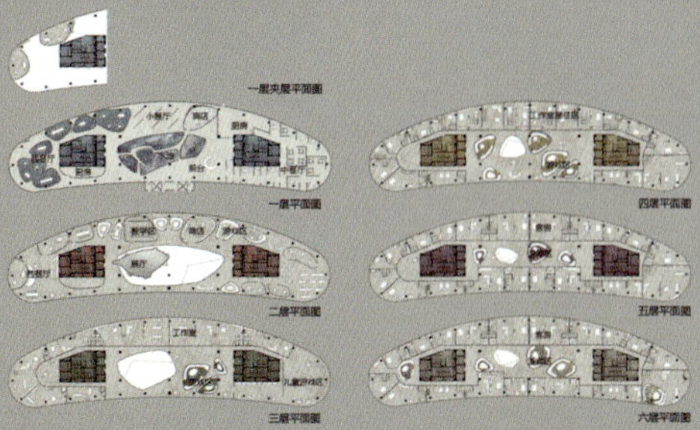
一层夹层平面图
一层平面图
二层平面图
三层平面图
四层平面图
五层平面图
六层平面图

二层游戏区效果图

六层客房效果图

六层客房效果图

作品名称：『绿岛生命』加油站——服务区空间设计

作者：马艳

设计说明：

方案设计的灵感来自发现自然界中树状结构的造型和室内造景的启发，将其生长的有生命力的状态进行提炼、变形、分区、分界到型拓展，将空间自然划分形成了自然的交通流线。将竹林景观直接搬进室内空间，营造自然、舒适、放松又不失怡情逸景的空间氛围。通过对“绿色、生命”这个主题概念的联系性的想象与思考，衍生出用树状结构的多级分杈、三维伸展自然形态为元素的设计，贯穿整个空间。有着树的外形特点，就像是路边的一颗生命之树，给旅途的旅者提供一个临时的绿洲。可以让在高速路上奔驰而疲惫的人们在这里小憩，只要来到这里便可得到休息和放松解除疲劳，在继续旅程之前为自己加能量，体验绿色生命之旅。在这里休息一会是为了更好的再次出发，安全地抵达旅途的终点。

SERVREA AREA “绿岛生命”加油站——服务区空间设计 \"Green life\" gas station - service area space design

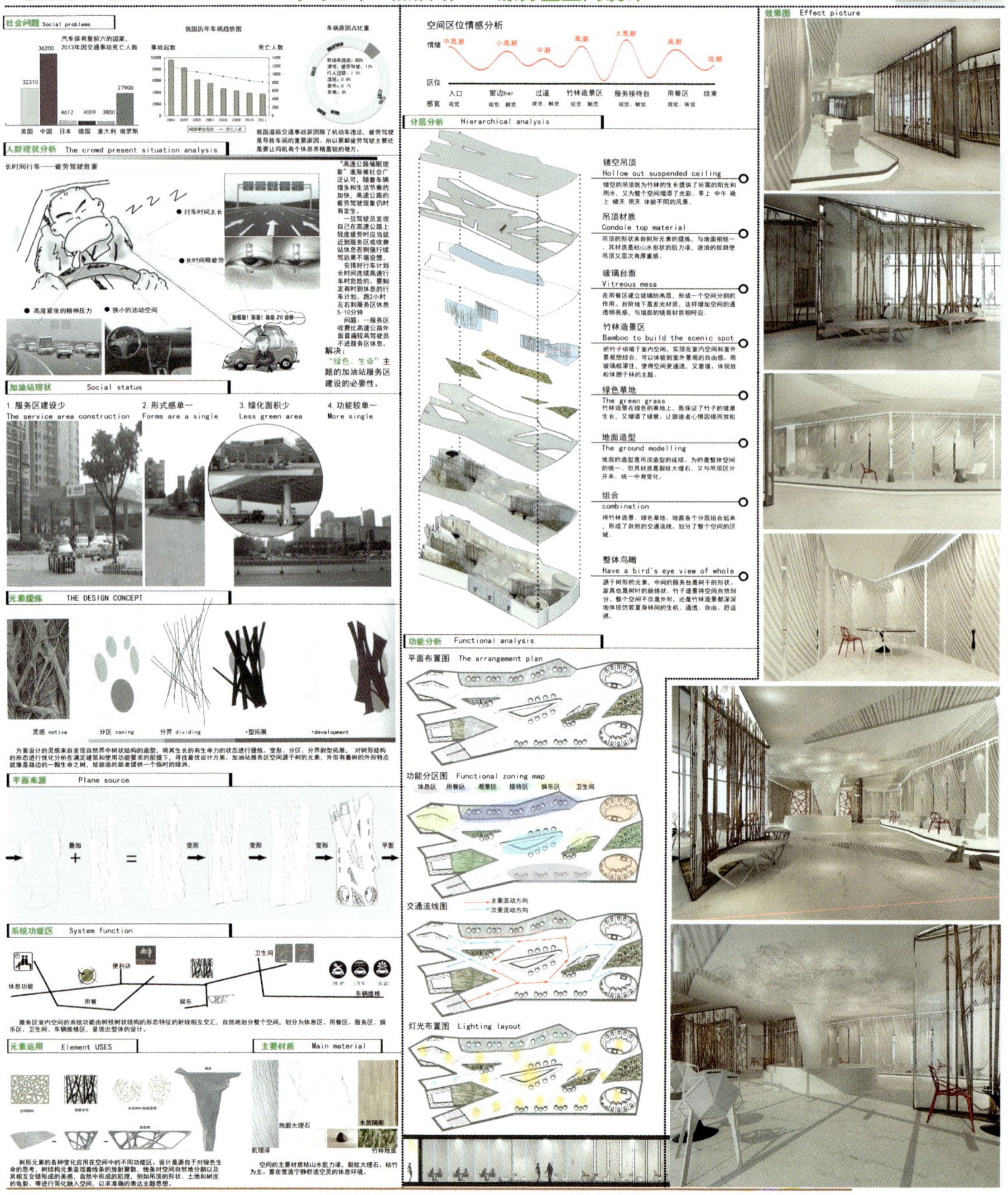

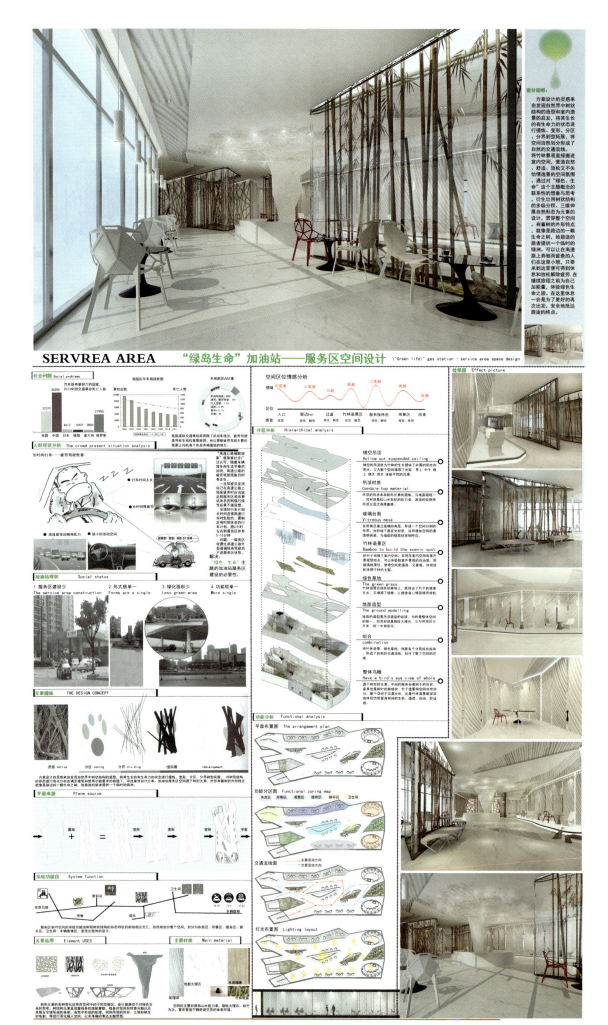

作品名称：安托山博物馆公园设计——关于展示模式的探讨

作者：黄广良

／入围作品／学生组／

箱体生态环保科技示范办公区建筑环境设计

作品名称：模块化建筑研究
作者：靳辰亮

设计背景

设计构想

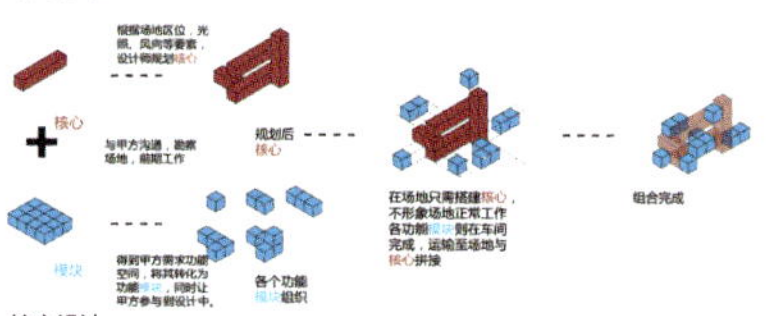

核心设计

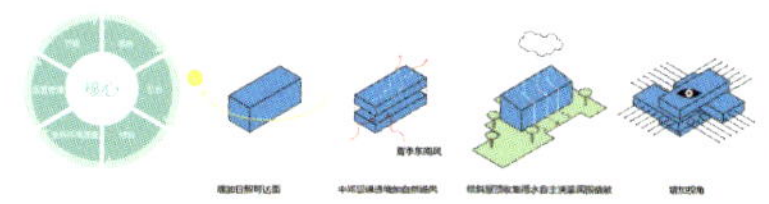

模块设计

模块细化

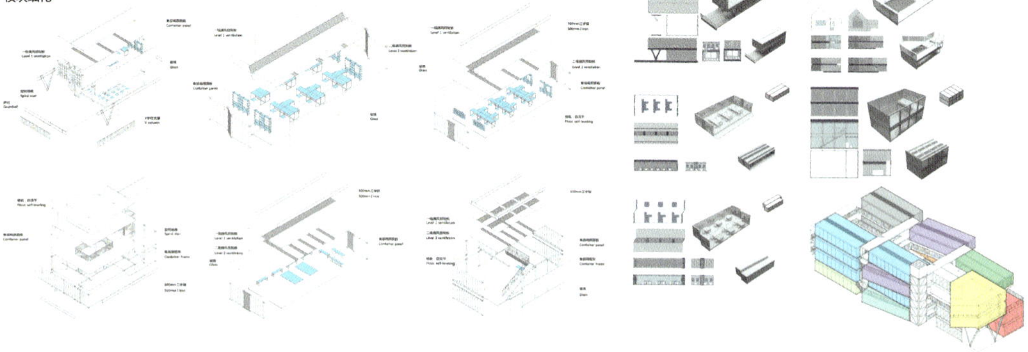

模块分布

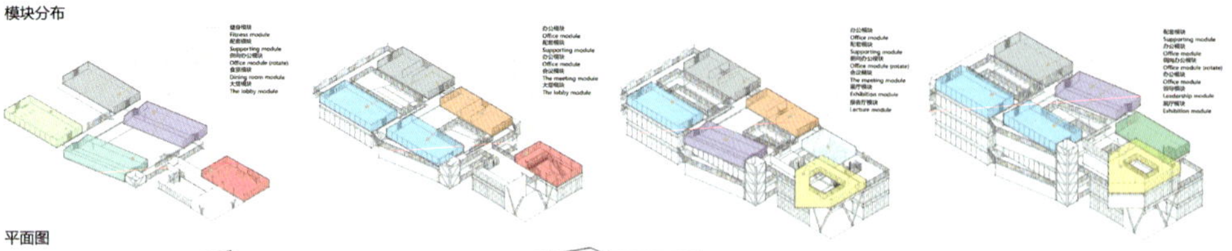

平面图

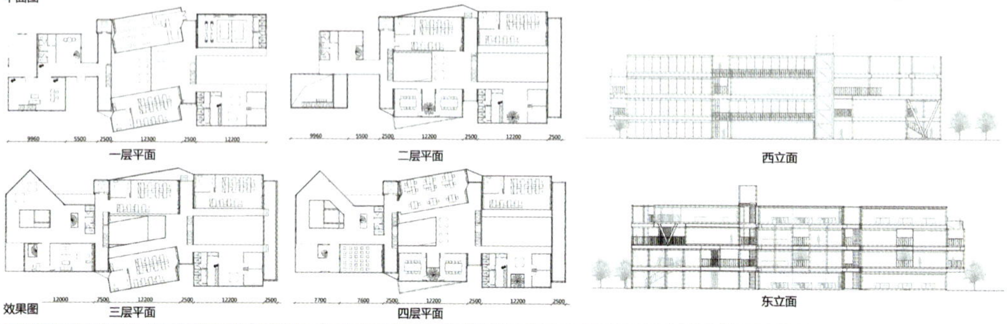

效果图

作品名称：往来之间——安托山采石场主题公园设计

作者：李立尧

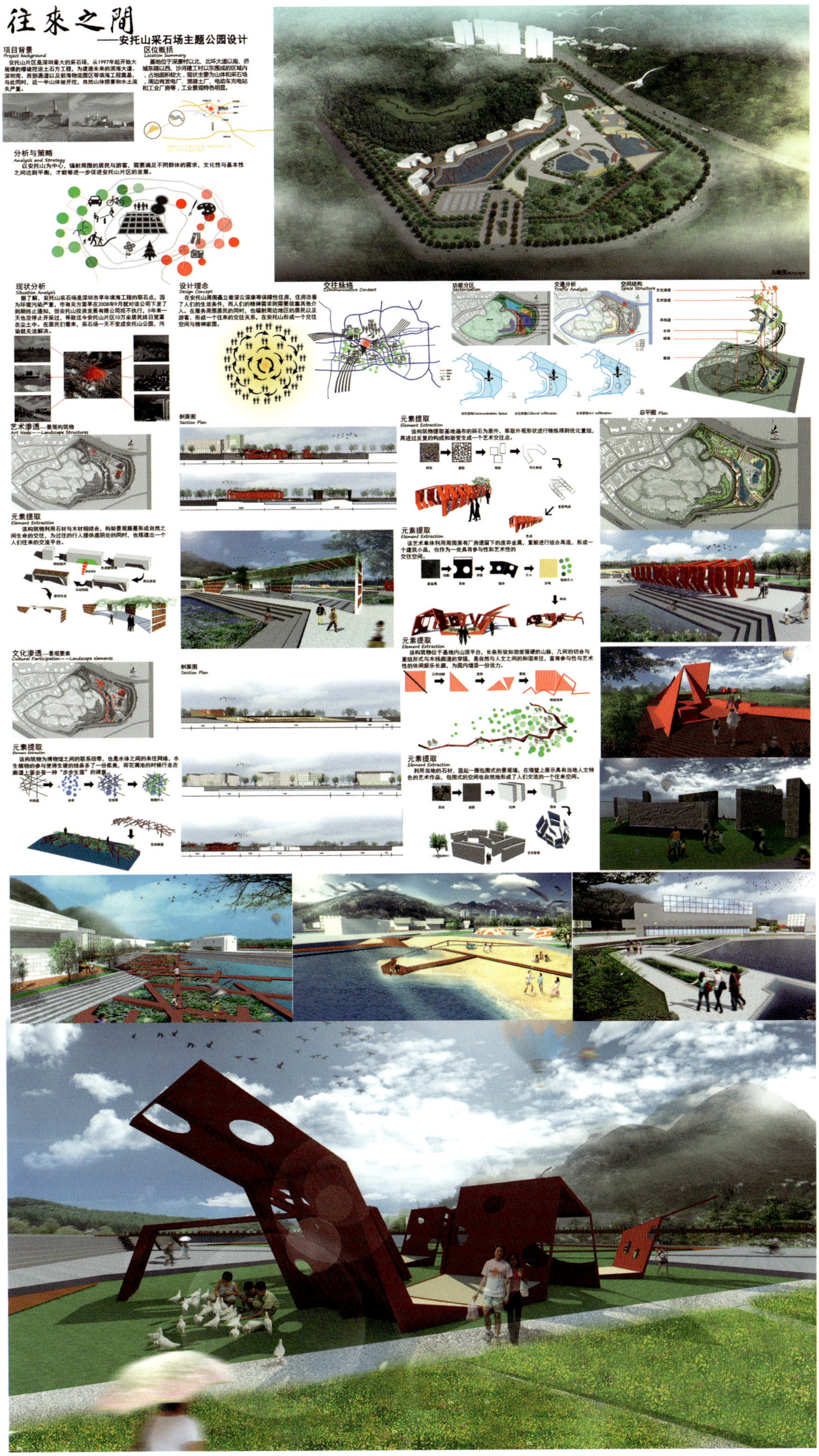

作品名称：景观的生命
作者：罗曼

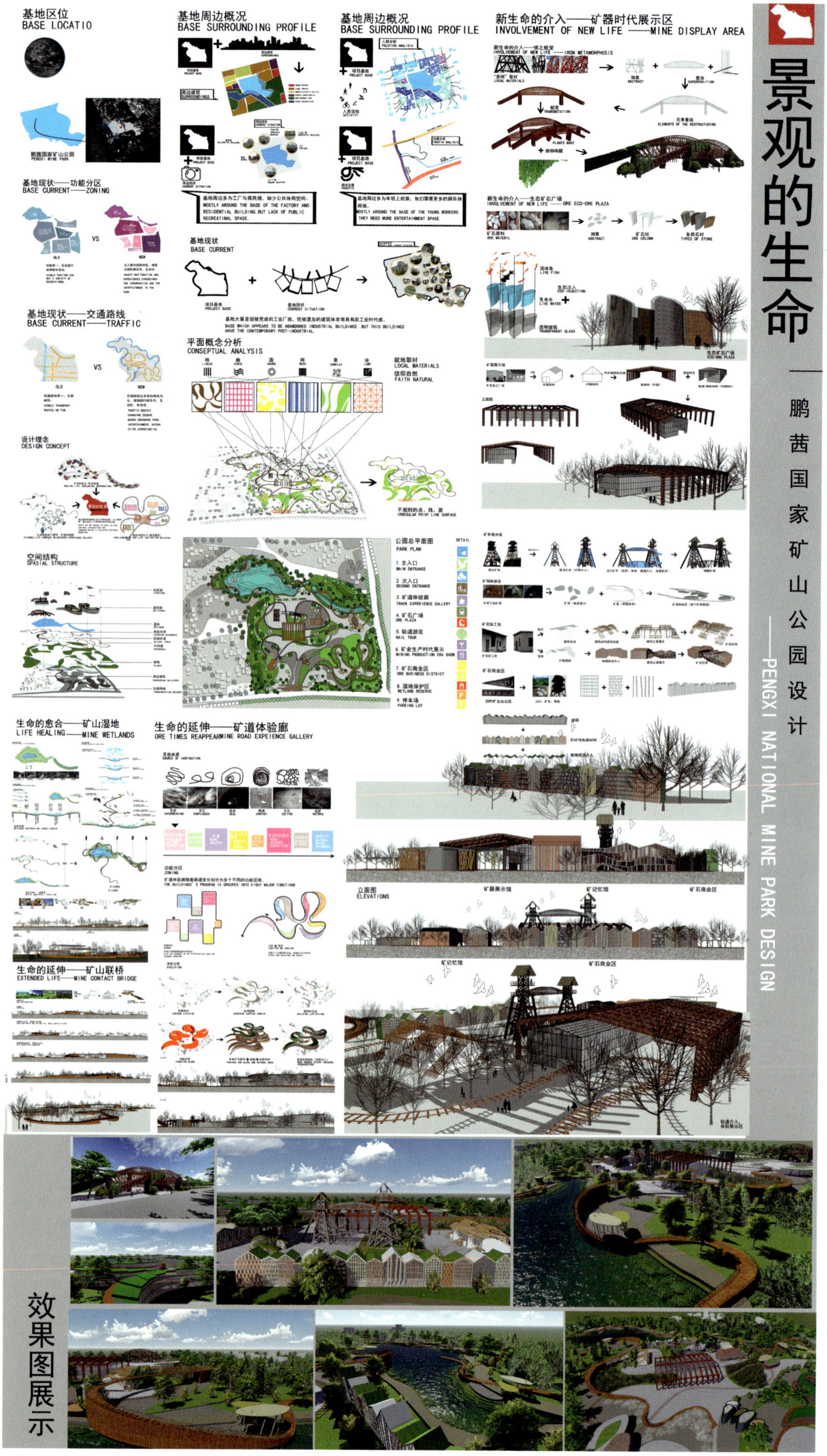

作品名称：景观再生——安托山采石场公园景观设计

作者：张辉

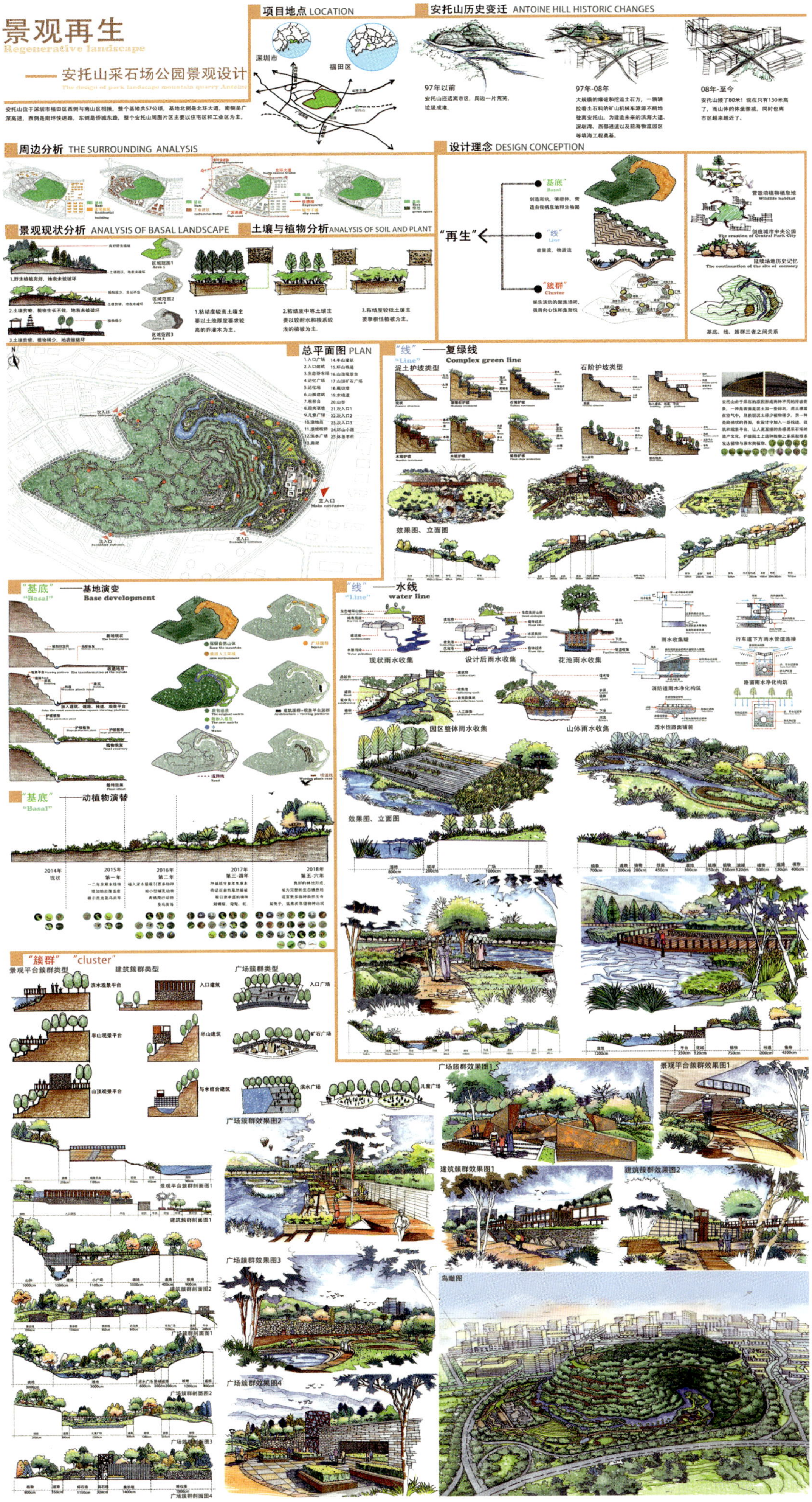

/入围作品/学生组/

作品名称：叠

作者：马羚

箱体生态环保科技示范办公区建筑环境设计
Eco-friendly Architectural Environment Design
项目背景
基地现状
区位分析
设计说明
概念生成
单个
12000*3000*2800
拆解
附加结构
五层
四层
三层
二层
一层

作品名称：『阡陌南山』广东省深圳南山区南山村公共文化设施建筑及景观设计

作者：倪泽辉

作品名称：售楼中心设计——隐心居

作者：苏广栋

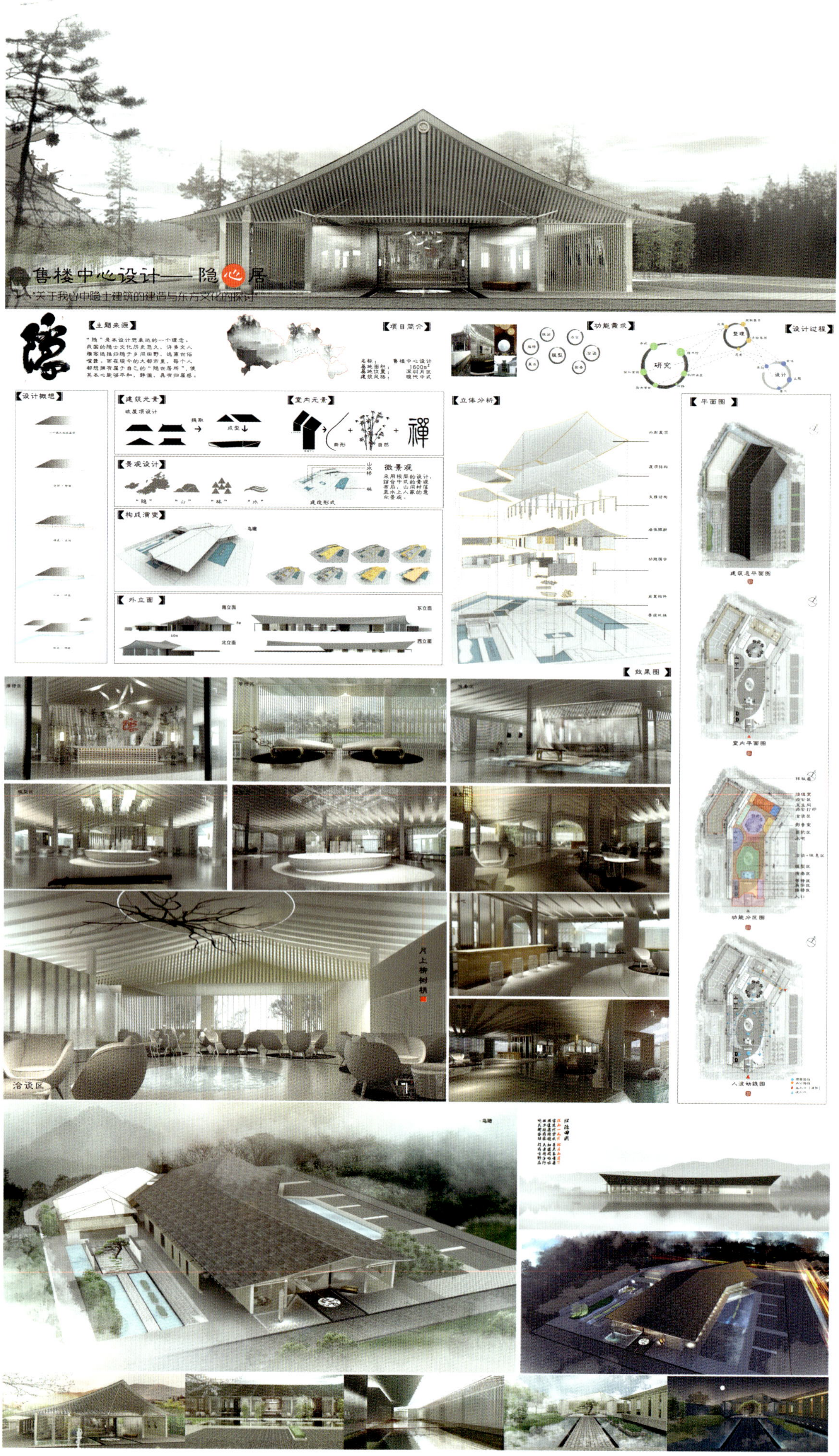

作品名称：海洋魅影
作者：施爱玲

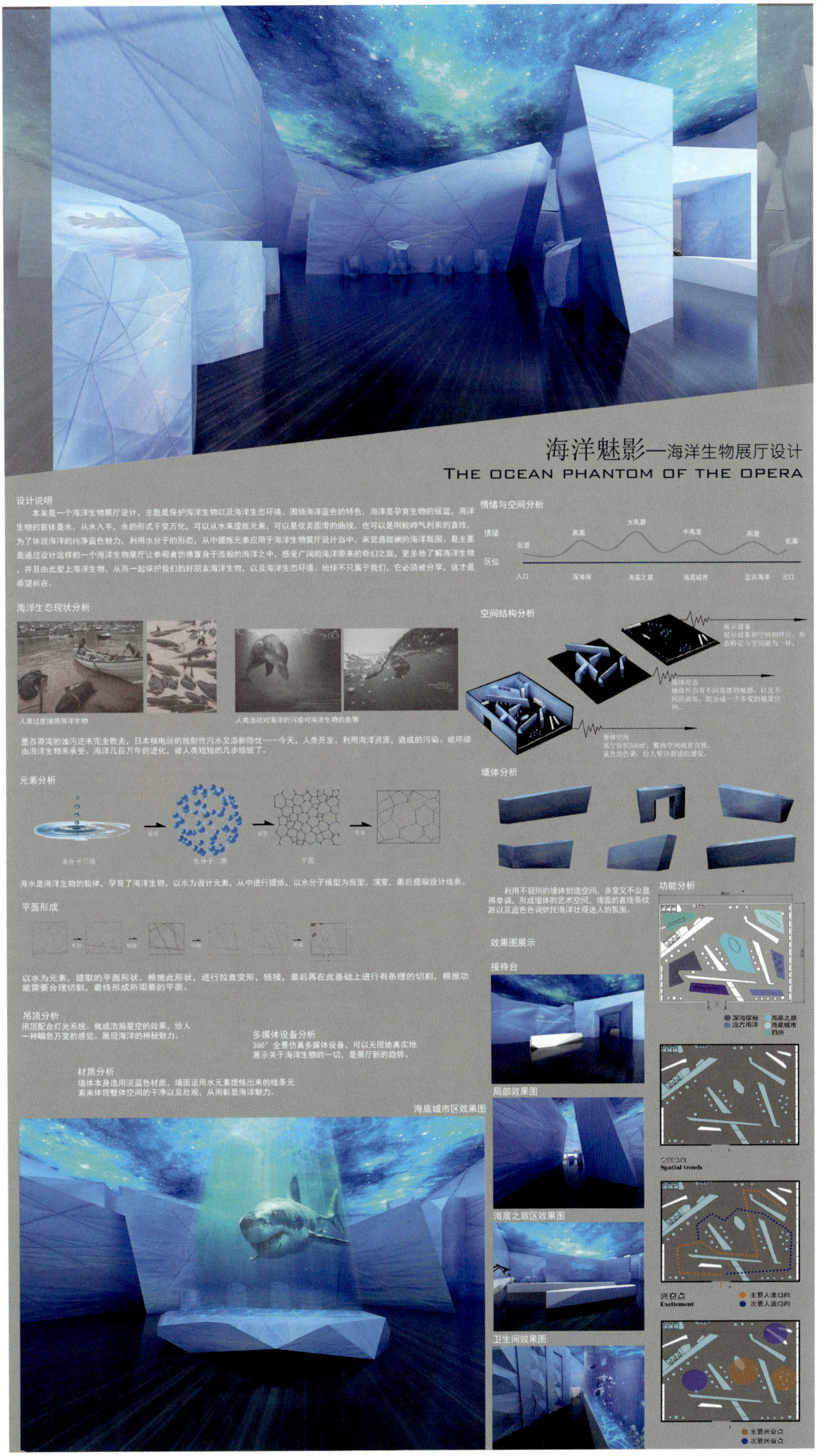
海洋魅影—海洋生物展厅设计
THE OCEAN PHANTOM OF THE OPERA
设计说明
本案是一个海洋生物展厅设计，主题是保护海洋生物以及海洋生态环境。围绕海洋蓝色的特色，海洋是孕育生物的摇篮，海洋生物的载体是水，从水入手，水的形式千变万化，可以从水来提炼元素，可以是优美圆滑的曲线，也可以是刚毅帅气利索的直线，为了体现海洋的纯净蓝色魅力，利用水分子的形态，从中提炼元素应用于海洋生物展厅设计当中，来营造斑斓的海洋氛围。最主要是通过设计这样的一个海洋生物展厅让参观者仿佛置身于浩瀚的海洋之中，感受广阔的海洋带来的奇幻之旅，更多地了解海洋生物，并且由此爱上海洋生物，从而一起保护我们的好朋友海洋生物，以及海洋生态环境。地球不只属于我们，它必须被分享，这才是希望所在。
海洋生态现状分析
人类过度捕捞海洋生物
人类活动对海洋的污染对海洋生物的危害
墨西哥湾的油污还未完全散去，日本核电站的放射性污水又添新隐忧……今天，人类开发、利用海洋资源，造成的污染、破坏却由海洋生物来承受。海洋几百万年的进化，被人类短短的几步给毁了。
元素分析
海水是海洋生物的载体，孕育了海洋生物，以水为设计元素，从中进行提炼，以水分子模型为原型，演变，最后提取设计线条。
平面形成
以水为元素，提取的平面形状，根据此形状，进行拉直变形，链接，最后再在此基础上进行有条理的切割，根据功能需要合理切割，最终形成所需要的平面。
吊顶分析
吊顶配合灯光系统，做成浩瀚星空的效果，给人一种瞬息万变的感觉，展现海洋的神秘魅力。
多媒体设备分析
360° 全景仿真多媒体设备，可以无限地真实地展示关于海洋生物的一切，是展厅新的趋势。
材质分析
墙体本身选用淡蓝色材质，墙面运用水元素提炼出来的线条元素来体现整体空间的干净以及壮观，从而彰显海洋魅力。
海底城市区效果图
情绪与空间分析
情绪
区位
低潮
高潮
大高潮
中高潮
高潮
低潮
入口
深海探
海底之旅
海底城市
远古海洋
出口
空间结构分析
展示设备
墙体形态
整体空间
墙体分析
利用不规则的墙体创造空间，多变又不会显得单调，形成墙体的艺术空间，墙面的直线条纹路以及蓝色色调烘托海洋壮观迷人的氛围。
功能分析
深海探秘
远古海洋
海底之旅
海底城市
厕所
效果图展示
接待台
局部效果图
海底之旅区效果图
卫生间效果图
Spatial trends
兴奋点
Excitement
主要人流动向
次要人流动向
主要兴奋点
次要兴奋点

/ 入围作品 / 学生组 /

作品名称：扬州东区运河景观设计
作者：杨怡

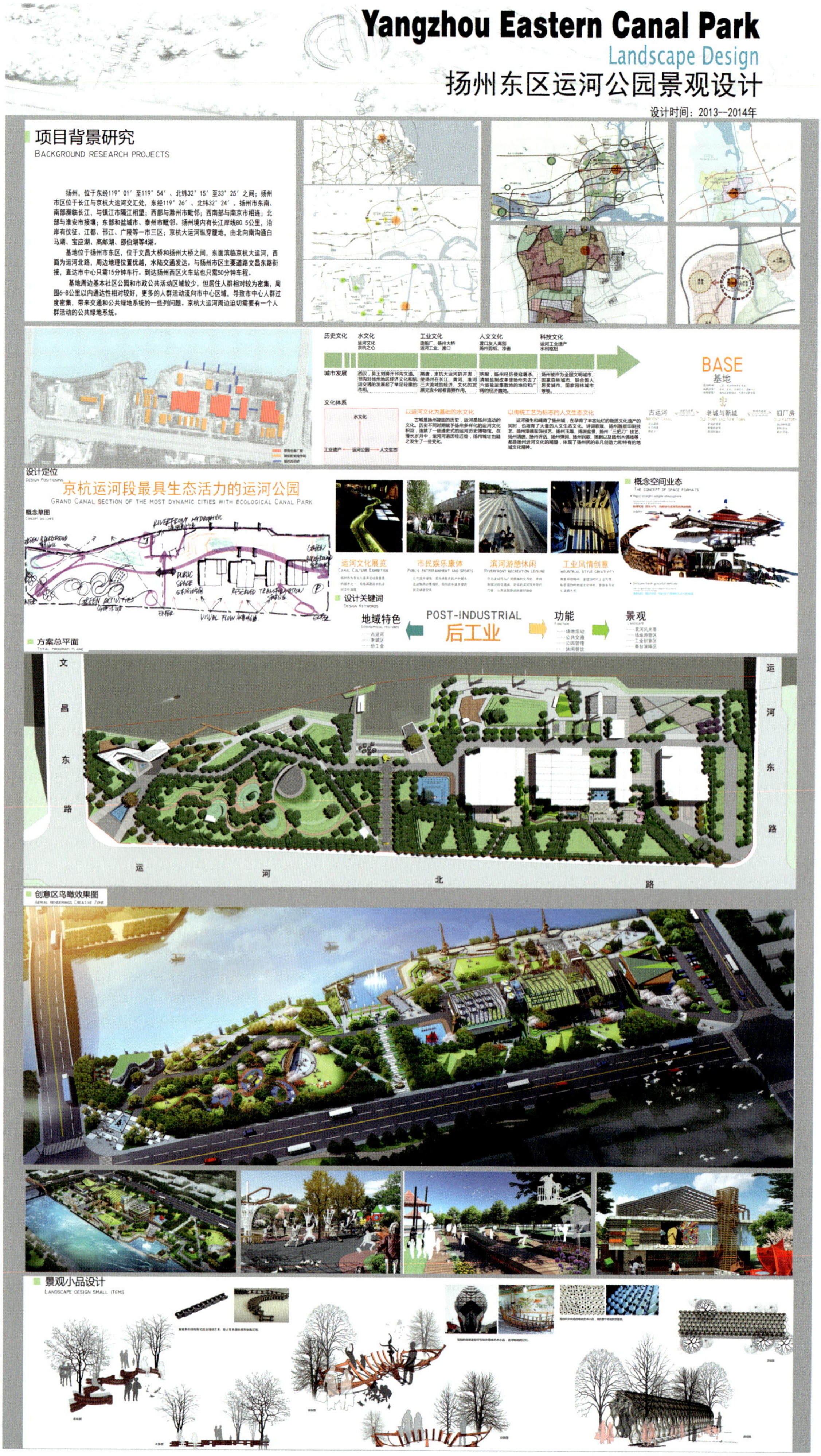
Yangzhou Eastern Canal Park
Landscape Design
扬州东区运河公园景观设计
设计时间：2013--2014年
项目背景研究
BACKGROUND RESEARCH PROJECTS
扬州，位于东经119° 01′ 至119° 54′ 、北纬32° 15′ 至33° 25′ 之间；扬州市区位于长江与京杭大运河交汇处，东经119° 26′ 、北纬32° 24′ 。扬州市东南、南部濒临长江，与镇江市隔江相望；西部与滁州市毗邻；西南部与南京市相连；北部与淮安市接壤；东部和盐城市、泰州市毗邻。扬州境内有长江岸线80.5公里，沿岸有仪征、江都、邗江、广陵等一市三区；京杭大运河纵穿腹地，由北向南沟通白马湖、宝应湖、高邮湖、邵伯湖等4湖。
基地位于扬州市东区，位于文昌大桥和扬州大桥之间，东面滨临京杭大运河，西面为运河北路，周边地理位置优越，水陆交通发达。与扬州市区主要道路文昌东路衔接，直达市中心只需15分钟车行。到达扬州西区火车站也只需50分钟车程。
基地周边基本社区公园和市政公共活动区域较少，但居住人群相对较为密集，周围6-8公里以内通达性相对较好，更多的人群活动流向市中心区域，导致市中心人群过度密集，带来交通和公共绿地系统的一些列问题。京杭大运河周边迫切需要有一个人群活动的公共绿地系统。
BASE
基地
设计定位
京杭运河段最具生态活力的运河公园
GRAND CANAL SECTION OF THE MOST DYNAMIC CITIES WITH ECOLOGICAL CANAL PARK
概念草图
运河文化展览
市民娱乐康体
滨河游憩休闲
工业风情创意
概念空间业态
设计关键词
地域特色
POST-INDUSTRIAL
后工业
功能
景观
方案总平面
文昌东路
运河北路
运河东路
创意区鸟瞰效果图
景观小品设计
LANDSCAPE DESIGN SMALL ITEMS

作品名称：对话·自然

作者：刘明　邱新生

/ 入围作品 / 学生组 /

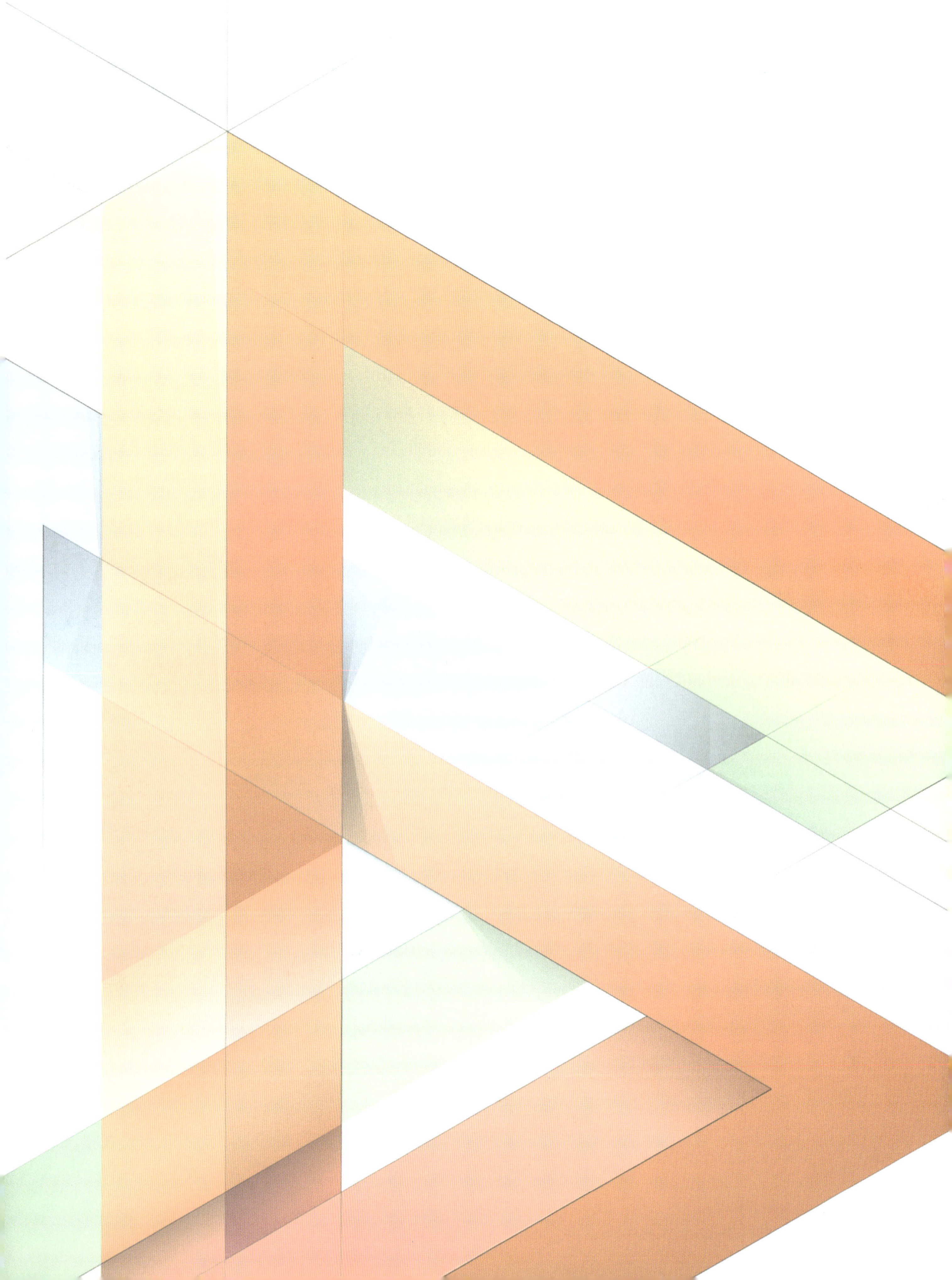